U0344810

ZAOZHI GONGYE SANFEI ZIYUAN
ZONGHE LIYONG JISHU

造纸工业"三废"资源综合利用技术

汪苹 宋云 冯旭东 等编著

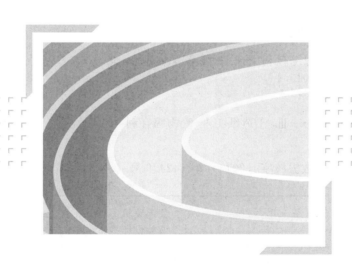

化学工业出版社
·北京·

本书从制浆造纸工业的废液、废气、废渣等方面系统地介绍国内外比较成熟的资源综合利用技术和正在研发的技术，同时介绍了制浆造纸过程中的能源综合利用技术。

本书可供从事制浆造纸生产和环境保护工作的从业人员、环境保护管理工作人员，以及从事制浆造纸和环境保护相关的科研人员参考，也可供高等学校环境工程、化学工程、能源工程等专业的师生参阅。

图书在版编目（CIP）数据

造纸工业"三废"资源综合利用技术/汪苹等编著 . —北京：化学工业出版社，2015.1
ISBN 978-7-122-21150-7

Ⅰ.①造… Ⅱ.①汪… Ⅲ.①造纸工业-废物综合利用 Ⅳ.①X793

中国版本图书馆 CIP 数据核字（2014）第 142479 号

责任编辑：刘兴春　　　　　　　　　　　文字编辑：刘莉珺
责任校对：吴　静　　　　　　　　　　　装帧设计：韩　飞

出版发行：化学工业出版社（北京市东城区青年湖南街 13 号　邮政编码 100011）
印　　刷：北京永鑫印刷有限责任公司
装　　订：三河市胜利装订厂
787mm×1092mm　1/16　印张 33½　字数 827 千字　2015 年 5 月北京第 1 版第 1 次印刷

购书咨询：010-64518888（传真：010-64519686）　　售后服务：010-64518899
网　　址：http://www.cip.com.cn
凡购买本书，如有缺损质量问题，本社销售中心负责调换。

定　　价：180.00 元

前言
FOREWORD

造纸工业是我国国民经济中具有循环经济特征的重要基础原材料产业，与国民经济发展和社会文明息息相关。近年来，我国造纸工业发展迅速，据统计：2010 年，我国纸及纸板产量 9270×10^4 t，消费量 9173×10^4 t，比 2005 年分别增长 65.5％和 54.7％。规模以上造纸工业企业纸及纸板工业总产值由 2622 亿元增至 5850 亿元，增长 123.1％。目前，我国纸及纸板人均消费量 68kg，高于世界平均水平。

在造纸工业快速发展的同时，污染物排放减少，据统计：2010 年，废水中主要污染物化学需氧量（COD）排放 95.2×10^4 t，比 2005 年的 159.6×10^4 t 降低 40.4％，排放强度由万元产值 0.069t 降至 0.018t，降幅为 73.9％，实现了增产减污。"十一五"期间，吨纸浆平均综合能耗（标准煤）由 0.55t 降至 0.45t，降低 18.2％；吨纸及纸板平均综合能耗（标准煤）由 0.83t 降至 0.68t，降低 18.1％；吨纸浆、纸及纸板平均耗水量由 $103m^3$ 降至 $85m^3$，降低 17.5％；吨纸及纸板平均消耗原生纸浆由 427kg 降至 340kg，降低 20.4％。

我国造纸工业虽然在节能减排方面已经取得了长足进步，但是面对资源短缺、能源紧张、环境压力大等世界性难题，我国造纸工业仍然肩负着转变发展方式、加快结构调整、加大节能减排力度、提高资源综合利用效率、走绿色发展之路等重要任务。造纸工业是采用可再生物质为原料生产规模最大的加工业，在生物质循环利用和低碳生产技术的开发利用方面，具有独特的优势。造纸工业在节能、节水、废物综合利用和污染减排方面还有很多工作有待进一步完善。

本书从制浆造纸工业的废液、废气、废渣等方面系统地介绍国内外比较成熟的资源综合利用技术，同时介绍了制浆造纸过程中的能源综合利用技术，希望本书的出版能够为从事制浆造纸生产和环境保护工作的从业人员、环境保护管理工作人员及从事制浆造纸和环境保护的相关科研人员提供帮助，为推动我国制浆造纸行业的可持续发展奉献绵薄之力。

本书架构由北京工商大学汪苹教授提出，并负责组织人员编著。具体内容主要由以下编著者完成，第一篇由北京工商大学冯旭东负责编著，潘馨等参与部分编著工作；第二篇由轻工业环境保护研究所宋云和吕竹明负责编著；第三篇由轻工业环境保护研究所宋云和张琳负责编著，吕竹明参与部分编著工作；第四篇由齐鲁工业大学孔凡功负责编著；第五篇第十七章至第二十三章由齐鲁工业大学赵传山和韩文佳负责编著，第二十四章由轻工业环境保护研究所宋云和李晓鹏负责编著；第六篇由轻工业环境保护研究所宋云和张琳负责编著。

　　本书主要参考文献有中国造纸学会编写的《中国造纸》等期刊和行业内专家学者的研究成果，详细内容列于每章之后参考文献部分，并再次向他们致以谢意。

　　由于编著者的学识和时间有限，编著中难免有疏漏和不足之处，谨请读者和同仁予以指正。

编著者

2015 年 1 月

目录
CONTENTS

第二篇　制浆造纸废水综合利用技术

第十章　推荐造纸厂中水回用技术　　177

第三篇　造纸工业废渣综合利用技术

第十一章　废水生化处理污泥综合利用技术　　205

第二十四章　温室气体减排与指数核算　469

第六篇　废纸再生"三废"综合利用技术

第二十五章　废纸分选与废物利用技术　489

第二十六章　制浆过程废水回用技术　504

第二十七章 脱墨废渣综合利用 （509）

第一篇

制浆废液综合利用技术

第一章 | 推荐黑液碱回收技术

第一节 黑液的性质

我国目前大部分造纸厂采用碱法制浆，原料中 50%～60% 的成分（大量木质素和半纤维素等降解产物、色素、戊糖类及其他溶出物）进入黑液。黑液是制浆过程中污染物浓度最高、色度最深的废液，几乎集中了制浆造纸过程 90% 的污染物。每生产 1t 纸浆提取黑液约 $10m^3$（$10°Bé$❶），其特征是 pH 值为 $11～13$，BOD_5 为 $34500～42500mg/L$，COD_{Cr} 为 $106000～157000mg/L$，SS 为 $23500～27800mg/L$。

黑液的组成和性质与纤维原料的种类和蒸煮药剂等因素密切相关。表 1-1 列出了 10 多种不同纤维原料和蒸煮条件，所产生的碱法浆黑液的组成和性质列于表 1-2。

表 1-1 不同原料碱法制浆工艺条件[1]

原料	用碱量(Na_2O 计)(对绝干原料)	硫化度/%	液比	最高温度/℃	升温/min	保温/min
红松	17.5	25	1:2.5	150	90	280
马尾松	17.0	25	1:2.5	150	90	280
落叶松	19.0	25	1:2.5	150	90	280
慈竹	20.0	25	1:3.0	160	60	120
甘蔗渣	14.0	22	1:4	150	90	120
龙须草	8.6	18	1:3	140	90	120
苇	17.0	18	1:3	150	60	150
荻	14.0	20	1:3	155	60	120
稻草	9.3		1:2.8	160	60	120
麦草	14.0		1:2.8	160	60	180
棉秆	22.3	25	1:3	160	60	180

表 1-2 各种原料碱法蒸煮黑液的组成与特性[1]

分析项目	原料品种										
	红松	马尾松	落叶松	慈竹	甘蔗渣	龙须草	苇	荻	麦草	稻草	棉秆
浓度(20℃)/°Bé	12	7.5	10.2	13.5	8.0	8.0	10.0	6.8	7.0	11.0	14.7
总固体/(g/L)	187.20	112.50	137.50	217.50	120.80	120.00	133.00	94.32	103.00	130.50	220
有机物/(g/L)	133.70	79.20	95.00	148.00	82.50	92.90	93.00	64.77	72.40	92.15	144.27
无机物/(g/L)	53.50	33.40	42.30	69.40	38.30	27.20	40.30	29.55	30.60	40.85	75.73
有效碱/(g/L)	7.07	4.03	6.85	11.22	2.77	0.75	3.36	5.26	0.41	1.67	10.10
SiO_2/(g/L)	0.40	0.25	0.80	1.20	2.85	3.58	3.56	2.25	5.96	9.76	0.47
总碱/(g/L)	37.10	22.50	29.70	37.36	18.00	14.90	26.50	20.70	23.80	28.55	52.00
总还原物/(g/L)	7.43	2.78	1.72	2.27	1.91	2.41	4.15				5.48
Na_2S/(g/L)	6.88	2.08	0.93	3.68	1.93	1.07	1.67	2.92			4.23

---

❶ 15.6℃时波美度（°Bé）与密度的数值关系分别为：（1）重波美度（Bh）$\rho = 144.3/(144.3 - Bh)$，$\rho$ 为 g/cm^3；（2）轻波美度 Bl $\rho = 144.3/(144.3 + Bi)$，$\rho$ 为 g/cm^3，下同。

分析项目	原料品种										
	红松	马尾松	落叶松	慈竹	甘蔗渣	龙须草	荻	荻	麦草	稻草	棉秆
Na_2SO_3/(g/L)	0.02	0.35	0.05	0	0.16	0	0.47	0.20			#
$Na_2S_2O_3$/(g/L)	2.16	1.96	3.08	0.74	0.98	3.38	1.77	4.44			5.22
Na_2SO_4/(g/L)	3.44	2.02	1.41	4.70	2.25	1.84	3.79	1.47			3.94
总硫/(g/L)	5.40	3.26	3.45	5.99	3.13	2.41	2.86	3.98			7.61
总钠/(g/L)	40.80	25.70	32.00	55.40	29.20	22.20	28.30				57.40
木素/(g/L)	54.72	29.39	41.68	48.48	28.14	26.21	39.42		24.73	31.28	47.39
挥发酸/(g/L)	10.50	9.00	10.90	23.60	13.36	9.36	11.70	10.96	10.25	12.25	25.60

注：有效碱、总碱、总钠均以 Na_2O 表示，总还原物以 Na_2S 表示。

从表 1-2 可以看出，碱法制浆黑液固形物的组成主要包括有机物和无机物。无机物是由钠盐化合物组成，其中一部分是游离的氢氧化钠、碳酸盐以及由原料灰分带入的二氧化硅等生成的钠盐，其余是与有机物结合的钠盐；有机物主要包括碱木素和碳水化合物的碱性降解产物，如挥发酸、醇等（表 1-3）。此外，还有相当一部分目前还分析不出来的物质。

在对我国多种造纸原料的黑液成分进行了大量分析后，归纳出黑液组成的规律如下：①各种黑液固形物中有机物占 65%～70%，无机物占 30%～35%，有机物与无机物之比为 2.2±0.3；②各种黑液固形物中的木质素含量均在 20%～30% 之间；③各种黑液固形物中的有机酸含量为 6%～12%；④各种黑液固形物中的总钠含量为 18%～26%。

表 1-3　11 种原料碱法蒸煮黑液总固形物的组成[1]

分析项目	原料品种										
	红松	马尾松	落叶松	慈竹	甘蔗渣	龙须草	荻	荻	稻草	麦草	棉秆
有机物/%	71.49	70.33	69.22	68.05	68.36	77.38	69.72	66.90	70.30	69.00	65.60
木质素/%	29.20	26.18	30.40	22.30	23.40	21.80	29.60		24.00	23.90	21.50
挥发酸/%	5.61	8.00	7.95	10.85	11.08	7.80	8.80	11.61	9.95	9.40	11.60
无机物/%	28.31	29.67	30.78	31.95	31.64	22.62	30.28	33.10	29.70	31.00	34.40
总钠/%	21.80	22.80	23.20	25.50	24.19	18.40	21.30				26.00
总硫/%	2.88	2.90	2.51	2.78	2.59	2.01	2.08				3.46
总碱/%	25.60	25.80	22.08	22.20	19.20	16.00	25.65	28.40	29.80	28.20	30.42
Na_2SO_4/%	1.84	1.79	1.03	2.16	1.86	1.53	2.84	1.56			1.79
SiO_2/%	0.21	0.22	0.58	0.52	2.36	2.98	2.68	2.38	5.80	7.48	0.21
有机物/无机物	2.50	2.37	2.26	2.13	2.14	3.41	2.30	2.02	2.36	2.22	1.91

注：无机物总碱均换算为 NaOH 计。

从以上分析可以知道，黑液中的有机物含量高，直接排放会严重污染水体，而通过采取一定手段进行综合利用，从而达到资源综合利用的目的。可以分离回收其中的有用成分，如木质素；也可以通过浓缩黑液进行燃烧回收热能和无机物，即碱回收；还可以通过浓缩气化技术，得到可燃气体。

第二节　黑液提取和纸浆洗涤技术

一、黑液提取和纸浆洗涤的技术原理

黑液提取和纸浆洗涤是同一过程的两个方面。黑液提取是要尽可能多地提取高浓度黑液，以便黑液的回收和综合利用。纸浆洗涤则是将纸浆与黑液分离，以保证纸浆的洁净，并为筛选、漂白等工序创造良好的操作条件。从化学品回收的角度来看，希望得到较高的黑液提取率，减少洗涤用水量以减少黑液蒸发浓缩过程中的能耗。从洗涤的要求来看，希望把纸浆洗得越干净越好，以减少后续工序的操作困难和漂白剂的消耗，同时应尽量减少纤维的损失，提高纸浆的得率。因此，黑液提取和纸浆洗涤的总要求是在保证纸浆洗涤质量的前提下，尽量减少洗涤水用量，保持较高的黑液浓度，同时取得较高的黑液提取率。

未经洗涤的纸浆，其中黑液的分布是 80％～85％ 存在于纤维与纤维之间，15％～20％ 存在于纤维细胞腔内，5％ 存在于纤维细胞壁的孔隙中。因此，若要提取出纸浆中的黑液从而达到洗净纸浆的目的，需采用挤压或扩散的方法。在黑液提取和纸浆洗涤过程中，大部分黑液可以通过挤压作用或过滤作用进行分离，而存在于细胞腔尤其是细胞壁中的黑液则需要利用浓差扩散作用分离出来。因此，黑液提取和纸浆洗涤过程需要依据过滤、挤压及扩散等多种作用原理的结合，才能使纸浆洗得干净，黑液的提取率高。

依据过滤过程的基本规律，可以知道：增加过滤过程的压力差、增加过滤面积、降低黑液的黏度有利于提高过滤速率。

依据扩散过程的原理可以知道，扩散速率为传质系数和浓度差的乘积。传质系数与传质层流边界层的厚度成反比，还与温度有关。一般情况下，浓度差越大，越有利于溶质的扩散；搅拌速率越大，层流边界层的厚度越薄，传质系数就越大，越有利于扩散过程的进行。

根据挤压作用的原理，增大挤压过程的压力，有利于高浓纸浆纤维间的黑液挤压出来，但挤压到一定干度后，由于纤维间的毛细管变细，在毛细作用下，一旦外压和毛细管压力达到平衡，黑液就不会再被挤压出来了。因此，需要结合挤压和扩散作用才能尽量提高黑液的提取率。

二、黑液提取和纸浆洗涤的工艺流程

黑液提取和纸浆洗涤可采用压力洗浆机多台串联和筛选设备组成封闭的洗涤筛选系统，以提高效率，节约用水。封闭筛选的关键设备压力缝筛已国产化，缝宽 0.25mm，能满足生产白度（ISO）80％漂白麦草浆的筛选要求。

以下介绍三种封闭洗涤和筛选的工艺流程。

（一）平面阀波纹板洗浆机串联逆流洗涤流程

1. 工艺流程

非木材纤维洗浆通常用鼓式洗浆机串联逆流洗涤。平面阀波纹板洗浆机用于粗浆黑液提取，3 台串联或 4 台串联运行，单位面积纸浆负荷：麦草浆 1.8～2.2t/(m² · d)，芦苇浆、蔗渣浆 2.5～3t/(m² · d)；黑液提取率：麦草浆 80％～85％，芦苇浆、蔗渣浆 85％～90％，黑液浓度 6°Bé～9°Bé。有些草类制浆企业，如山东太阳纸业，在鼓式真空洗浆机之前加设挤浆机，实现挤压与扩散置换洗涤相结合，对提高黑液提取率、节水和节能有良好的效果。新的洗筛流程是把两者结合起来，筛选机置于最后一台洗浆机之前，采用中浓压力筛进行封闭式热筛选，清水从最后一台洗浆机加入，进行逆流洗涤，见图 1-1。

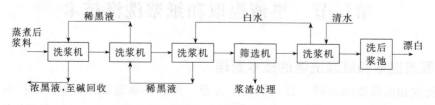

图 1-1　新的洗筛流程

2. 使用效果

根据山东华泰、临清银河、武汉晨鸣、河南漯河银鸽等纸业公司的草浆生产线运行经验，采用封闭式洗涤筛选系统节水效果显著，生产1t未漂风干浆节水约60m³。包括漂白在内的清水耗用量，据华泰纸业实测为110m³/t浆，与传统的洗、筛、漂相比，节水超过100m³/t浆。

（二）封闭热筛选—三段洗—挤浆机组合机组提取黑液工艺流程及其运行效果

1. 工艺流程

蒸球（或连蒸）蒸煮的浆料喷入喷放锅，用鼓式机滤液槽中的黑液进行稀释后，泵入压力除节机进行预筛，良浆经一段筛后送入鼓式机进行三段逆流洗，出浆经双辊挤浆机进一步提高出浆浓度，减少浆中残碱洗涤损失并减少热水用量。压力除节机的浆渣与一段筛及二段筛的浆渣合并进跳筛。通过跳筛的良浆进入中浓除渣器，然后进入二段筛，再进入一段筛。跳筛上的浆渣与中浓除渣器的浆渣合并，经浆槽进入斜筛，过滤出的黑液回流入洗浆机的滤液槽，浆渣外运。提取黑液经过滤机除去细小纤维后送蒸发站[2]。工艺流程见图1-2。

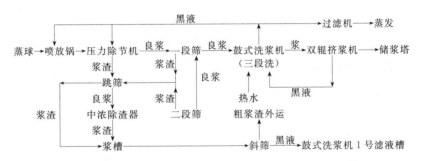

图 1-2　某公司封闭热筛选—三段洗—双辊挤浆机组合设备提取黑液工艺流程

2. 运行效果

该流程把封闭热筛选置于多段逆流洗浆之前，从图1-2看出，斜筛排出浆渣带出的黑液浓度接近提取黑液浓度（即TS约10％）。因此，由浆渣带走的黑液固形物损失比较大，据测算，其固形物损失率约为2.5％。该组合设备，如鼓式机采用三段洗，则设备固形物提取率约86％，如采用四段洗，则设备固形物提取率可以达到88％左右。

生产应用结果表明，现有各种黑液提取设备组合机组都需要进一步改进及优化组合，才有可能使提取率真正达到90％以上。经综合分析，拟出麦草浆黑液提取设备的优化系统，供企业改造或投建新提取车间时参考选用。

在图1-2洗浆机组基础上进行的优化组合。根据介绍的黑液提取工艺流程中的五（4＋1）段洗，把原有的4台鼓式真空洗浆机串联逆流洗改为5台串联。与常用四段洗系统比较，该流程具有降低筛选用水量及提高黑液提取率的效果。由于草浆过滤性能差的特点及鼓式机置换洗涤效果不好等，该组合机组即使采用70℃左右的高温热水进行逆流扩散置换洗涤，黑液提取率最高也仅能达到88％左右。实践表明再提高的可能很小。

（三）改进后的挤浆机—鼓式机—封闭筛选优化组合提取黑液工艺流程

如在图 1-2 洗浆机组之前添置一个挤压段，把蒸煮放锅浆料中 50％ 左右的黑液挤出后，再用 5 台 （4＋1） 鼓式机进行串联洗，这样可以改善鼓式机浆层的过滤性能，尤其是第一段鼓式机的上网状况和剥浆干度，可提高系统的生产能力和洗涤效果。此外，还可以使封闭筛选排渣带走黑液固形物损失相应减少约 50％。挤浆机—鼓式机—封闭筛选优化组合提取黑液工艺流程见图 1-3。预计该优化组合系统黑液提取率可以由原有的 88％ 提高到 92％ 左右[2]。

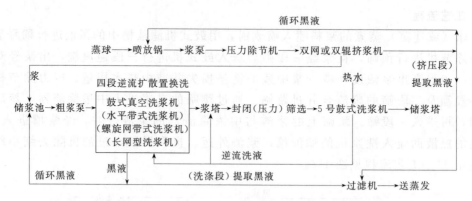

图 1-3　挤浆机—鼓式机—封闭筛选优化组合提取黑液工艺流程

三、提高黑液提取率的经济效益

有效地提取蒸煮废液并对其进行处理，是减少化学法制浆过程废液排放对环境影响的关键。提高碱回收效率的关键是提高黑液提取率，因此洗浆也可以说是碱回收的第一道工序。目前，我国大型碱法木浆及硫酸盐法木浆黑液提取率可达到 95％ 左右。竹子、芦苇、蔗渣浆等黑液提取率为 85％～90％。由于麦草纤维短，杂细胞含量多，多糖含量高，黑液中硅含量高，纸浆滤水困难，麦草浆黑液提取率相对较低。大中型（＞75t/d）麦草浆厂黑液提取率为 80％～85％，个别可达 85％ 以上。因此，非木材纤维，尤其是麦草碱法化学浆，提高其黑液提取率是进一步提高碱回收效益，降低废水处理工程投资及运行费用的关键。

黑液提取率越高，浆厂产碱与产能越多，外排废水中的有机物和无机物含量也越低。因此黑液提取率与浆厂经济效益和废水处理工程的投资与运行费用都有密切关系。以麦草浆为例，在所提取黑液浓度相近的情况下，麦草浆黑液提取率由 80％ 提高到 90％，预计可增加的经济效益如表 1-4 所列。麦草浆黑液提取率与废水处理工程的投资及运行费用关系如表1-5 所列。

表 1-4　麦草浆黑液提取率由 80％ 提高到 90％ 每年可增加的效益

碱回收规模 /(t/d)	年多产碱及增加效益		碱炉多产汽及增加效益		合计效益 /万元
	多产碱量/t	增加效益/万元	多产汽量/t	增加效益/万元	
75	54	75.6	7500	43.5	119.1
100	716	100	10000	58.0	158.0
130	930	130	13000	75.4	205.4

注：烧碱外购价以 1400 元/t 计；蒸汽以 58 元/t 计。

表1-5 麦草浆黑液提取率与废水处理工程的投资及运行费用关系

黑液有效提取率/%	废水处理进水浓度/(mg/L)	废水处理工程投资		废水处理工程运行费用	
		/[元/(m³·d)]	/(万元/t浆)	/(元/m³)	/(元/t浆)
70	2050	1640	41.0	1.213	303
75	1790	1496	37.4	0.99	248
80	1530	1352	33.8	0.81	203
85	1270	1204	30.1	0.66	166
90	1010	1060	26.5	0.54	136

注：COD发生量按蒸煮工段1300kg/t浆，漂白工段60kg/t浆，污冷凝水43kg/t浆，排水量250m³/t浆。

从表1-4和表1-5可以看出，提高碱回收系统黑液提取率对提高浆厂经济效益和降低废水处理工程投资与运行费用是很重要的。黑液提取率为90%与提取率为70%相比较，前者废水处理工程投资费用仅为后者的2/3左右，而其运行费用还不到后者的1/2。如果黑液提取率能达到90%，则更有利于废水的达标排放。

采用新型双鼓洗涤压榨机，出口浆浓可达32%，带到漂白系统去的纸浆残碱含量极低，黑液提取率近100%，这就大大提高了浆厂的碱回收率，提高了浆厂的经济效益。

四、纸浆洗涤与黑液提取的设备

(一) 锥阀鼓式真空洗浆机

新型锥阀鼓式真空洗浆机是在鼓式真空洗浆机的基础上研制开发的。锥阀洗浆机是用真空作为过滤动力，采用锥形分配阀，结构紧凑，易于配合密封，保证真空度，避免串气。锥阀鼓式真空洗浆机的鼓体由格条分成一定数量互不相通的格室，格室通过滤管与四周均匀布孔的锥阀阀体相接。随着转鼓的转动，格室依次接通分配阀阀芯的真空区（分为过滤区与洗涤区）和剥浆区，当格室转到真空过滤区段时，由于真空系统的抽吸作用在网面形成浆层；转到真空洗涤区段时，经四段洗涤液喷淋，原来浆层中的废液被洗涤液所置换；最后转到剥浆区段，接通吹气系统，破坏格室真空，托起浆层，剥浆入出料槽。至此浆料的整个洗涤、浓缩及黑液提取过程完成。锥阀真空洗浆机的现场运行状况见表1-6。

表1-6 锥阀真空洗浆机现场运行状况

技术指标	45m²洗浆机	60m²洗浆机	技术指标	45m²洗浆机	60m²洗浆机
进浆浓度/%	2	2.5	生产能力/(t/d)	80	90
出浆浓度/%	10	9	黑液浓度/°Bé	8.5	8
残碱量/(g/L)	0.28	0.30			

锥阀鼓式真空洗浆机可以单台、多台串联使用，它结构合理，性能优越，生产能力大，黑液提取率高；洗浆质量清洁均匀，纤维流失小；应用性能达到国内领先水平。适用于各种浆料的洗涤，其浆料洗净度高，提取黑液浓度高，可减少造纸企业黑液污染。

(二) 平面阀鼓式真空洗浆机

真空洗浆机在国内外都是使用比较广泛的纸浆洗涤设备，一般是多台串联使用。国内生产的真空洗浆机按过滤面积分最小5m²，最大100m²。进浆浓度0.8%～1.5%，出浆浓度

$10\%\sim16\%$。洗涤能力木浆平均 $5\sim6t/(d\cdot m^2)$，蔗渣浆、芦苇浆和竹浆为 $2\sim3t/(d\cdot m^2)$，麦草浆 $1\sim2t/(d\cdot m^2)$。

山东某造纸企业的漂白麦草浆生产线，洗涤采用平面阀鼓式真空洗浆机组，投入运行后，各项指标均达到或超过设计能力及技术要求。主要工艺参数（现场实测）列于表1-7。

表 1-7　采用平面阀鼓式真空洗浆机组的主要工艺参数

生产能力	150t/d(风干麦草浆)	五段洗后残碱含量	$\leqslant0.5g/L$
进浆浓度	2.5%	四、五段洗后出浆干度	10%
转鼓转速	1r/min	上浆层厚度	20mm
打浆度	23°SR	提取黑液浓度	8.5°Bé(15℃)
麦草浆高锰酸钾值	$\leqslant10$	黑液提取率	88.9%

开机前，检查各槽体内有无杂物，防止杂物损坏滤网。各排污管路全部关闭。水腿管线上所有软管连接应密封好，调节好分配阀、密封法兰填料密封。关闭水腿管上的蝶阀。所有润滑点注油。分配阀阀芯与转鼓阀座间隙已调整好。密封装置调整到既保证不漏气，又不会使转鼓与密封带摩擦力过大。

启动时，依次启动转鼓、洗网水管、压料、搅拌电动机，检查各传动部分运转是否正常，有无异常噪声。中间槽体放入稀释液。打开进浆阀门送入浆料，进浆浓度调在 $1.5\%\sim2.5\%$ 范围内。待浆位较高时，开启水腿蝶阀，并送入加速水，随之形成真空，鼓面逐渐上浆。当浆层及真空度正常时，逐步开启洗涤阀门。

停机时，先停止进浆，到基本无浆可剥时，关闭除转鼓及洗网水管以外的所有传动，用清水冲洗鼓面，完全清洗后，即停止转鼓转动，关闭洗网水管。排出槽体内积液，转动刮刀，清洗刮刀体及洗网水管上附着的浆料，以防开机时撕坏滤网。

试车过程需注意的事项：供浆量及进浆浓度保持稳定。真空浓缩机喷淋水量应保持 $7\sim9t/t$ 浆，温度 $70\sim75$℃，其余各段喷淋稀释滤液为逆流使用，自行平衡流量。分配阀真空度为 $0.01\sim0.03MPa$。防止剥浆风机电动机进水，风机避免空载运转，以免烧坏电动机。

该设备经河南银鸽公司、山东晨鸣集团等28家造纸企业投入使用，表明效果良好。麦草浆提取产量达到 $1.5\sim2t/(m^2\cdot d)$，洗后残碱含量在 $0.1g/L$ 以下，提取黑液浓度为7.5°Bé（15℃），黑液提取率达到90%以上（部分企业的应用性能指标见表1-8）。

表 1-8　部分企业应用大型平面阀洗浆机应用性能指标

使用单位	规格/m^2	出浆浓度/%	黑液提取率/%	生产能力/[$t/(m^2\cdot d)$]	洗后残碱/(g/L)
山东晨鸣纸业集团齐河板纸公司	100	10~11	90	1.6	0.08
宁夏美丽纸业集团	70	10~12	91	1.5~1.8	0.10
山东博汇纸业集团	100	10~11	90	1.5~1.6	0.09
武汉晨鸣汉阳纸业股份公司	90	10~12	91	1.5~1.6	0.08

注：鼓式洗浆机应用指标是以4台串联逆流洗涤，碱法蒸煮麦草浆为例。

鼓式置换洗浆机是在同一转鼓上实现洗涤液的多次置换逆流洗涤，效率高，用水省，但自动控制要求高。

（三）不锈钢螺旋网带洗浆机

不锈钢螺旋网带洗浆机采用不锈钢螺旋网带（开孔率45%）为支撑和动力传递，上面覆盖的聚氨酯网上翻边 45°角，整体为箱体结构，不锈钢网两侧边胶封并由夹网保持密封，网下由带辊支撑，钢带下由高压离心风机抽吸，带辊辅助脱液。钢带滤网在箱体内运行，克服了跑液、跑浆问题，提高了黑液回收率，钢带、滤网为有端连接，更换方便，同时可以在一层布置。

该设备上浆容易，适应性广，解决了黑边黑背现象；操作简便，运行稳定，为平面网带型布置；结构紧凑，占地少，土建投资省，运行费用低，为我国麦草浆黑液提取提供了一种较为先进的设备。

(四) 真空辊式夹网洗浆机

真空辊式夹网洗浆机是一种全置换型洗浆机。其原理与水平带式真空洗浆机、鼓式置换洗浆机（DD）相似，具有真空鼓式洗浆机、水平带式真空洗浆机的优点，可满足草浆黑液提取的需要。

真空辊式夹网洗浆机由 5 个真空辊和 2 条滤网组成，具有 1 个成型段和 4 个逆流置换段，传质速率快，置换效果好，采用浸没式置换洗涤，浆料及洗涤液都置换于槽体内，有效地防止了跑、冒、滴、漏问题；滑动摩擦面少，传动功率降低，节能效果显著，使用寿命长；结构简单，操作方便，占地少，造价低。

(五) 鼓式置换洗涤机

奥斯龙公司研制的鼓式置换洗涤机（drum displacement washer，DD 洗浆机），则是由洗涤液的压力而实现置换过滤洗涤的。其流程见图 1-4。DD 洗浆机的转鼓沿圆周被分隔成上浆成型区、4 个置换洗涤区、真空区和脱落区共 7 个区段。浆料使用浆泵以 (30~80)kPa 的压力进入上浆成型区。它可在 1 台洗浆机上实现四段逆流洗涤。第四洗涤区使用清洁的热水洗涤，前几个洗涤区依次使用后面排出的稀废液，稀废液进入前一个洗涤区前必须经增压泵提高压力以形成脱水压差。洗涤区之后是一个真空区，由真空泵把浆料的干度提高到 14%~16%。最后进入脱落区，由压缩空气产生的脉冲把浆片吹落到输送机，送入储浆池。国内已有厂家如吉林纸业有限公司、佳木斯造纸股份有限公司引进 DD 洗浆机，用于洗涤硫酸盐木浆，生产能力为 7.5t/(d·m²)。

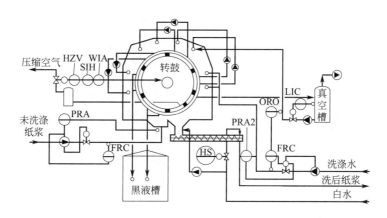

图 1-4　DD 洗浆机工作流程[3]

以佳木斯造纸股份有限公司引进的 DD 洗浆机为例，其性能和设计参数如表 1-9 所列。

表 1-9 DD 洗浆机其设计参数和性能

转鼓规格	$DN4000mm \times LN6000mm$	出口浓度	$8\% \sim 12\%$
过滤面积	$75m^2$	洗液压力	100 kPa
洗涤段数	三段	洗液温度	$< 90℃$
浆种	硫酸盐针叶木浆	稀释因子	$2.5m^3/t$
硬度(卡伯值)	$40 \sim 50$	黑液浓度	$15\% \sim 18\%$
供浆压力	$15 \sim 50kPa$	生产能力	$440 \sim 440t/d$
入口浓度	$4.5\% \sim 6.0\%$		

从生产运行角度看，在浆种不变的条件下，影响 DD 洗浆机运行的主要因素有浆料出入口浓度、进浆流量、温度、洗浆水的流量、转鼓速度及设备本身的调整等。

为使 DD 洗浆机稳定、有效地运行，应监测影响产量和洗涤效果的参数，并通过调整这些参数达到最佳的洗涤效果。在仪表控制方面采用 PLC 联锁控制，所设计的仪表控制回路可确保最佳的运行条件，避免误操作发生。

洗浆机的产量取决于通过鼓面浆层黑液的流量，其滤水性能是浆种的特性参数，受进浆压力的影响很大。

增加供浆流量可以提高进浆压力，进而增加转鼓转速，在最大产量下，转鼓转速保证进浆压力恒定且低于报警限。

末段洗涤供水量可以自动或手动调节，洗涤水压力不能高于 100kPa。由于转鼓冲洗喷嘴堵塞及鼓面浆层吹卸不佳，造成浆料随鼓循环，致使洗涤水压力升高，导致供浆压力升高和转鼓速度加快。

卸料压缩空气是经分配阀的黑液通道密封引入 DD 洗浆机内的，它直通到鼓面滤板之下，对压缩空气的要求取决浆层的厚度和紧度。当控制阀门压力为 450kPa，最大为 600kPa 时，其耗量为 4L/s。

（六）压力扩散洗涤器

压力扩散洗涤器主要包括外壁、筛框及其组件、支撑导向环、支撑圆缸、顶部卸料装置、液压系统等构成，如图 1-5 所示。洗涤器主要由带锥度的抽提筛及由抽提筛围成的抽提

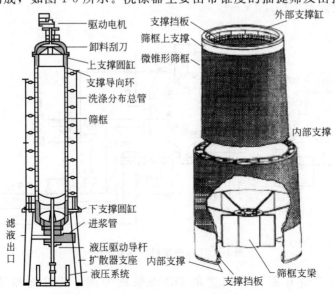

图 1-5 压力扩散洗涤器构造及筛鼓装配示意[4]

室构成。抽提筛框有 4 根或 6 根支撑臂，支撑臂被装配在液压缸的垂直导杆上。

浆料洗涤的工作原理如图 1-6 所示。

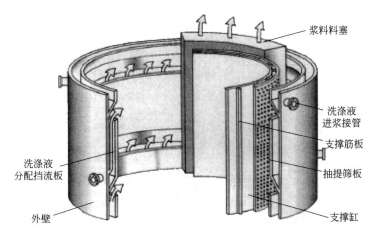

图 1-6　浆料洗涤的工作原理[5]

浆料以 10%～12% 的浓度进入压力扩散洗涤器的底部，在锥形筛框和洗涤水挡流板间有 15cm 宽的环形通道，浆料从此环形通道中上升，如图 1-6 所示。环绕在扩散洗涤器外壁上均匀分布着一些垂直稀释喷嘴。洗涤液从此进入压力扩散器，通过和上行浆料中的黑液发生置换实现洗涤过程，这样，洗涤滤液经器壁和挡板形成的通道进入浆料层中，黑液被置换出来，通过抽提筛进入中心收集通道，抽提滤液经洗涤器底部被排出。挡流板既能均匀地分布洗涤水进入浆层，还能防止浆料阻塞喷嘴，洗涤后的浆通过排料器均匀地从顶部排出。

这种洗涤器生产能力为 15～30t/(d·m²)，而相应的无压力连续扩散器只有 2～3t/(d·m²)。因此，压力式连续扩散器的特点是设备结构紧凑，生产能力大。压力式扩散器可用作硫酸盐木浆提取浓黑液的第一段，安装在蒸煮器和喷放锅之间的喷放管路上。浆料在 0.5～0.7MPa 的压力下以冷喷放法由蒸煮器内排出进入扩散器。一种生产能力为 665t/d 的压力式扩散器直径 2m，高 15m（最高的可达 24m）。扩散器内筛板与扩散器壁有一不大的间隙，浆中置换出的黑液由此排出。扩散器的中心部分是整个高度上都带孔的稀黑液（洗涤液）室，稀黑液自底部进入并保持一定的压力。在扩散器中，浆料沿稀黑液室和筛环壁间的环形间隙由上而下运动。这样稀黑液在压力下穿过浆层进行洗涤，置换出的浓黑液通过筛板流入外层圆环形间隙，并沿扩散器壁上升，经由上部的总管排出。洗后浆料经叶片卸料器，由扩散器底部排出。压力式扩散器还有其他新形式，但原理基本相同。

（七）外流压力筛

随着造纸工业的不断发展，压力筛的筛选技术得到迅速发展。近年来，外流压力筛发展更加迅速，不仅筛选能力、筛选效果、筛选浓度不断提高，而且应用范围也在不断扩大，且筛选能耗低，纤维损失少，良浆质量好。近几年较流行的一种外流压力筛——升流式外流压力筛，它可分别应用于浆处理中的粗筛选和精筛选，其简要结构如图 1-7 所示。

升流式外流压力筛的主要特点如下。

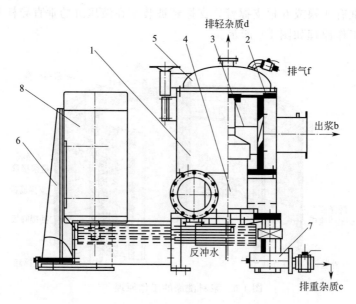

图 1-7　升流式外流压力筛

1—筒体及支座；2—筛鼓；3—转子体；4—传动部分；5—上盖；6—电动机支座；7—排重杂质装置；8—电动机

（1）进出浆方式及筛选过程不同　传统的外流压力筛是从壳体的上部进浆的，浆从筛鼓的上端进入筛鼓内，在旋翼的作用下，良浆通过筛鼓的孔（缝）进入筛鼓与壳体之间的区域，从壳体的下部出浆，未通过筛鼓的杂质从筛鼓的下端进入壳体的底部排出。由于杂质需从筛鼓的上端进，下端出，所经过的路线较长，因此能耗大，影响筛选能力。而新型的升流式外流压力筛，则是从壳体的下部进浆，也就是说，浆料由壳体的下部进入筛鼓，浆料中的重杂质则直接沉入壳体底部，进入连接壳体底部的重杂质捕集罐。该重杂质捕集罐采用间歇排渣。而良浆与较轻的杂质则从筛鼓的下端进入筛鼓，在旋翼的作用下，良浆通过筛鼓孔（缝）进入筛鼓与壳体之间的区域，通过设置在壳体中部的出浆管排出。从这一过程可以看出，由于重杂质不进入筛鼓，因此所经过的路线很短，这样就提高了生产能力，降低了能耗。这一点对于粗筛选的外流压力筛优越性尤为显著，因为粗筛选的浆料重杂质多。

（2）筛鼓、旋翼使用寿命长　压力筛在筛选过程中，杂质对筛鼓旋翼的磨损相当严重，特别是近年来开发的波纹筛板，其波纹形状很容易被磨损。波纹一经磨损后，其筛选效果和筛选能力明显受到影响，必须更换。而升流式外流压力筛由于其进浆方式不同，重粗杂质不进入筛鼓内，这样就减少了杂质对筛鼓、旋翼的磨损，使筛鼓、旋翼的使用寿命延长，降低备品备件的投入。

（3）无缠绕转子　应用于粗筛选的升流式外流压力筛采用的转子为无缠绕转子，它区别于旋翼螺杆连接的传统型转子，其旋翼通过燕尾槽固定在圆筒的键上，无须用螺杆连接（见图 1-8）。这样杂质就不会缠绕在旋翼上，大大降低能耗，并且更换旋翼方便。但该转子与筛鼓的间隙不可调，只能由制造厂确定。对于应用于精筛选的转子，其旋翼形状与传统的外流压力筛的旋翼相差不大，只是倾角不同。

（4）含有底刀的筛鼓　在设计用于粗筛选的外流压力筛时，在筛鼓上设置了一定数量的底刀，该底刀按一定的间距和一定的倾角排列，这样的设计不仅可以对浆料起到导流作用，

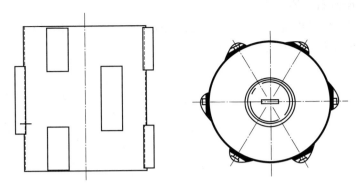

图 1-8　无缠绕型转子

同时还可以起到疏解的作用，使浆料容易通过筛鼓的孔（缝）。实践证明含有底刀的筛鼓能大大提高筛选能力，并且筛鼓不容易磨损，使用寿命长。

进浆浓度是影响压力筛生产能力的主要因素之一。浓度的高低要根据旋翼的线速度决定，较高线速度下，其进浆浓度可高，反之则低。在一定的旋翼线速度下，使筛正常工作的浓度范围随筛鼓的开孔（缝）尺寸和形状的不同而不同。通常孔（缝）尺寸越小，最佳进浆浓度越低。

一般粗筛选时，所选用的旋翼线速度较高，筛鼓的孔尺寸较大，旋翼与筛鼓的间隙也较大（在粗筛选时常常选用孔筛），其进浆浓度可以选择高浓度，一般范围为1.5%～4.0%，这样产量就高，用水量就少。而对于浆料进行精筛选时，其旋翼线速度较粗筛选低，并且筛缝尺寸较小，旋翼与筛鼓的间隙也小，其进浆浓度选择小于1.5%，产量就较低。在精筛选时浓度太高会影响筛选效果与良浆质量，因此，通常选择较低的进浆浓度。

第三节　黑液浓缩技术

黑液浓缩的目的是通过蒸发器去除黑液中的水分，提高黑液中的有机物的含量，利于黑液的燃烧，节约助燃剂的用量。黑液的黏度与蒸发效率密切相关，黏度越大，黑液的流动性越差，蒸发效率越低。

一、黑液降黏技术

（一）黑液黏度的影响因素

黑液的黏度受各种因素的影响，如高分子聚合物（主要是木质素和碳水化合物的聚合物）、聚糖和硅含量等物质的多少以及这些物质中各分子间内聚力的大小都对黑液的黏度有影响。同一种黑液，其温度、浓度、有效碱含量不同时，黏度也不同。

1. 纤维原料对黏度的影响

不同原料的黑液其黏度各不相同，我国 6 种主要原料黑液的黏度大小按以下顺序排列：木浆＜荻苇浆＜麦草浆＜蔗渣浆＜稻草浆＜龙须草浆。

2. 浓度、温度对黏度的影响

研究表明，黑液的黏度随温度升高而下降，随浓度升高而上升。以麦草浆黑液为例，不同温度下黑液黏度与浓度的关系如图1-9所示。

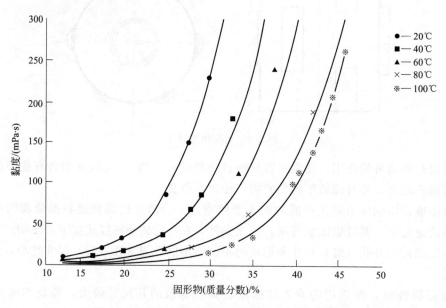

图1-9 麦草浆黑液的黏度与浓度、温度的关系[5]

当温度一定时，每种原料黑液都有一个"临界浓度"，超过这个浓度，黑液的黏度急剧增加。100℃时麦草浆黑液临界固形物浓度大致在40%。

3. 有效碱含量对黏度的影响

一般来说，提高黑液有效碱的含量，可以降低黑液的黏度。当黑液有效碱含量低于1%时（对固形物，以NaOH计），往黑液中加碱，可以降低黏度；当有效碱含量高于5%时，再往黑液中加碱，黏度值变化不大。

4. 黑液硅含量对黏度的影响

黑液中硅含量的增大会使其黏度增大。麦草浆黑液的硅含量一般在2.0%～5.5%（对固形物）。图1-10显示在麦草浆黑液中去除硅（硅含量为0.23%）和增加硅（添加适量Na_2SiO_3，使硅含量对固形物含量百分数为4%、6%、8%）之后对黏度的影响，证实硅含量确实是麦草浆黑液黏度高的一个重要原因。

5. 黑液低聚糖含量对黏度的影响

以麦草浆黑液为例，黑液中的糖类主要以五碳糖为主，总糖含量不足20%（对固形物），其中单糖为5%，多为葡萄糖和木糖；低聚糖含量为10%～15%，以聚木糖为主。对黏度产生影响的主要是聚糖，由实验证实，若麦草浆黑液聚糖含量从15%降至10%，则黏度可降低20%～25%。

6. 黑液中木质素-糖类复合物含量对黏度的影响

木质素-糖类复合物（LCC，lignin-carbohydrate complexes）是一种木质素和糖类的聚合物，分子量很大，是黑液中的主要高分子聚合物。麦草浆黑液中的LCC含量显著高于木材原料黑液中的LCC。图1-11为抽提去LCC后的麦草浆黑液与原黑液黏度的比较，可知LCC含量是影响麦草浆黑液黏度值的重要因素之一。

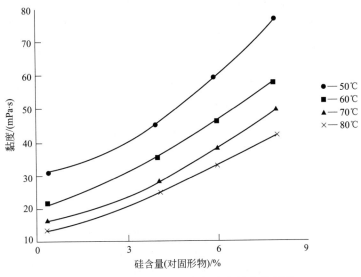

图 1-10 麦草浆黑液黏度与硅含量的关系[6]

（二）麦草蒸煮同步除硅降黏技术

1. 技术原理

黑液的流动性能与其黏度有关，黏度越大，黑液的流动性越差，提取越困难。黑液的黏度受各种因素的影响，如高分子聚合物（主要是木素和碳水化合物的聚合物）、聚糖和硅含量等物质的多少以及这些物质中各分子间内聚力的大小都对黑液的黏度有影响。同一种黑液，其温度、浓度、有效碱含量不同时黏度也不同。

在蒸煮高温高压及一定反应时间的条件下，稻麦草原料中溶出的 SiO_2，与 Al_2O_3 生成一种硅铝不溶物，附着在浆料上，从黑液中分离出来，从而降低黑液黏度。

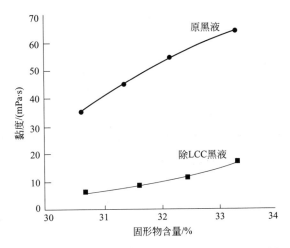

图 1-11 除 LCC 和未除 LCC 时麦草浆黑液的黏度[6]

2. 实施方式

麦草片，长度 10mm 左右，含水率 10.30%；用碱量 15%（以 NaOH 计），硫化度 15%，在蒸煮液中添加一种主要成分为 Al_2O_3 的除硅剂，投加量为 15g Al_2O_3/kg 麦草。液比为 1∶6，升温时间 2h（以小放汽后 105℃开始计时），最高温度 155℃，保温时间 2h。

除硅剂由炼铝工业的副产品 A、氯碱工业下脚料 H、石灰石 M 组成，混合比（质量比，下同）为 A∶H∶M=100∶（0～10）∶（0～5）。炼铝工业有多种副产物，其中含有氧化铝或氢氧化铝的都可以用于本技术。用于本技术的氯碱工业的下脚料应是含有碱性物质的。本技术的组合物主要成分为铝、钠、钾、钙、镁等的氧化物，几乎不含氧化铁。该混合物粉碎后，易溶于热碱溶液，因此本技术提出的除硅剂可以加在蒸煮之前的配碱用或直接加到蒸煮锅内。如加在配碱槽内需搅拌和加热，加热温度 80℃以上以促进溶解。每吨非木材纤维需加除硅剂 10～60kg。配好的碱连同除硅剂一齐加到蒸球中蒸煮。制浆工艺可以采用硫酸盐法、烧碱法或碱式亚钠法。由于该除硅剂良好的溶解性，致色杂质少，而无需杂质分离手段，通过蒸煮，铝和硅生成的不溶物就吸附在浆料上。在洗涤过程中，浆料与黑液分离，使硅自然离开黑液，而达到降低黑液中硅含量的目的。

3. 实施效果

在实验室 15L 小型电热蒸煮器上，采用麦草标准未除硅硫酸盐法制浆，得到的黑液含硅量 5 次均值是 3.54g/L，如表 1-10 所列。

表 1-10　未加除硅剂麦草制浆黑液中含硅量[6]

项　　目	1	2	3	4	5	平均
pH 值	11.08	11.52	11.22	11.29	11.12	11.25
黑液浓度(20℃)/°Bé	8.7	8.8	9.5	8.6	10.32	9.14
含硅量/(g/L)	3.92	3.73	3.92	3.07	3.08	3.54

采用相同的制浆工艺，加不同量的除硅剂（除硅剂混合比 A：H：M＝100：10：6）时，除硅效率达 55%～97%，当每吨麦草加 25kg 混合除硅剂时可以达到最佳除硅效果，见表 1-11。

表 1-11　投加不同量除硅剂麦草制浆黑液中含硅量[6]

项　　目	1	2	3	4	5	6
pH 值	11.56	11.86	12.04	11.03	12.44	10.98
黑液浓度(20℃)/°Bé	8.9	10.0	9.0	8.4	7.7	8.2
除硅剂用量/(kg/t麦草)或‰	10	15	17.5	25	30	50
含硅量/(g/L)	1.34	1.59	0.41	0.12	0.15	0.35

（三）黑液热裂解降黏技术

1. 技术原理

根据已有的经验，麦草浆黑液的浓度超过 40% 后，由于黏度的迅速升高，蒸发就比较困难，即使采用先进的板式降膜蒸发器，出蒸发站浓黑液浓度的设计值最高只有 45%。经圆盘蒸发器后黑液入炉浓度也不超过 50%，在碱回收炉内需要大量的热能来蒸发黑液中的水分，而草浆黑液固形物的发热值低，不容易维持炉膛下部较高的温度，造成碱回收炉的操作困难，甚至需要重油助燃，这些都要求尽可能提高入炉黑液的浓度。

影响提高草浆黑液浓度的最重要因素是黑液的黏度。黏度太高，黑液输送困难，蒸发效率低，蒸发器易结垢，甚至可能会堵塞管道、泵或黑液喷枪，通常能泵送黑液的黏度为 200～300mPa·s。由实验证实，若麦草浆黑液聚糖含量从 15% 降至 10%，则黏度可降低 20%～25%。黑液黏度主要由黑液中长分子链间的相互交织和大分子间的摩擦作用决定，如果能降解这些大分子，使长分子链被打断，大分子减小，黑液的黏度就会显著降低。

2. 操作

黑液的热处理主要是在一定的温度（170～190 ℃）下，让黑液中的残碱在一定的时间内和溶解在其中的聚糖及一些木质素大分子物质发生反应，并使这些物质降解，从而达到降低黑液黏度的目的。由于麦草浆聚糖含量高黏度高，所以热处理是改善麦草浆黑液提取性能的一种比较有效的方法。

其简要工艺流程见图 1-12。

图 1-12　麦草浆黑液热裂解工艺流程

热裂解的工艺参数：裂解温度为 175℃，裂解时间为 1h。

3. 处理效果

图 1-13 为碱法麦草浆黑液热裂解前后黏度的变化情况，可以看到，麦草浆在经过热裂解后，黏度改善非常明显，这为将黑液浓度蒸发到 65％以上创造了条件。

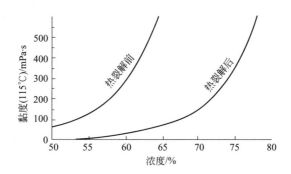

图 1-13　碱法麦草浆黑液热裂解前后黏度的变化

二、黑液蒸发浓缩技术

黑液蒸发工段的任务是尽量提高去碱回收炉的黑液浓度，以提高碱回收炉的热效率。目前新型蒸发器出站的木浆黑液浓度已普遍达到 75％。随着黑液结晶蒸发等新技术的应用，蒸发器出液浓度已可提高到 76％～84％，浓度为 85％～92％的超高黑液浓度的蒸发技术也正在研发中。

造纸厂的蒸发设备主要有板式蒸发器和管式蒸发器两种。全板式蒸发站相对于管式蒸发站及板管结合的蒸发站，蒸发能力和蒸发效率更高，单位电耗更低（同等蒸发能力下，全板式蒸发站为 39kW·h/kg 水，二板三管为 41kW·h/kg 水）；不容易积垢，不用经常停机清垢；每台板式蒸发器都有相对独立调节进液量和浓度的能力，不受系统的干扰，能适合生产能力的波动，操作方便；有自动仪表控制，不易发生冒液和干管的现象；开停机迅速，易于改变蒸发负荷。

蒸发过程可以采用不同的蒸发器组合，以克服单一型蒸发器适应面窄和各方面性能不能统筹兼顾的缺陷。下面介绍几个多种蒸发器组合的蒸发方案。

（一）草浆两板三管组合 5 效蒸发流程

黑液蒸发站一般采用板管结合式的工艺流程。在浓度较低的Ⅲ～Ⅳ效采用长管升膜蒸发器，而在浓度较高的Ⅰ～Ⅱ效则采用板式降膜蒸发器。黑液流程采用Ⅲ效→Ⅳ效→Ⅴ效→Ⅱ效→Ⅰ效混流式[7]。板管结合式的工艺流程见图 1-14。

为了克服管式蒸发器的缺点，并达到节省投资和充分利用不同型蒸发器适用不同浓度黑液的特点，推出了板式降膜与管式升膜相结合的流程。其流程形式基本上与长管升膜蒸发器的流程相同。在浓度较低的Ⅲ～Ⅳ效采用长管升膜蒸发器，而在浓度较高的Ⅰ～Ⅱ效则采用板式降膜蒸发器。黑液流程采用了Ⅲ效→Ⅳ效→Ⅴ效→Ⅱ效→Ⅰ效混流式。管式升膜蒸发器的投资和运行费用都较低，在较低的黑液浓度时能充分发挥其特长，故出末效黑液的浓度不宜高于 22％～25％，而在黑液浓度较高时由于其流速降低，黏度提高，在管式蒸发器中的

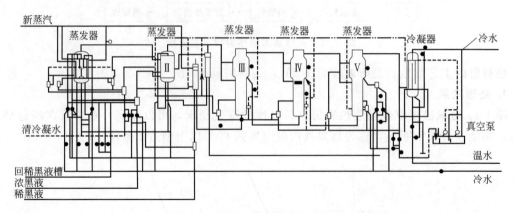

图 1-14　两板三管组合蒸发站流程

传热系数降低，其结垢的倾向也增加，因而使整个蒸发站的效率降低，尤其麦草浆黑液的蒸发问题更为突出。而板式降膜蒸发器在高浓度高利度的情况下，也能保持较高的传热系数且结垢的倾向也大大降低，即使结垢也容易清洗，在Ⅰ效的板式降膜蒸发器一般用隔板分成A、B、C三室，分别以 A—B—C、B—C—A、C—A—B 的顺序进半浓液，出浓黑液，用以提高出黑液浓度及减轻结垢。在此流程中冷凝器采用板式降膜冷凝器；板式降膜冷凝器具有传热系数高、不易结垢、阻力小等优点，因此对水质水压要求低。

　　由于全板式降膜蒸发站的投资及电耗比二板三管组合蒸发站要高得多，因此对于碱炉配有圆盘蒸发器，要求蒸发站出站浓黑液浓度只需 40％～42％，生产规模在 75～100t/d 的蒸发站，推荐使用管板结合蒸发流程。

（二）短管自然循环-管式降膜组合式蒸发流程

　　短管自然循环-管式降膜组合式蒸发站具体流程如图 1-15 所示。

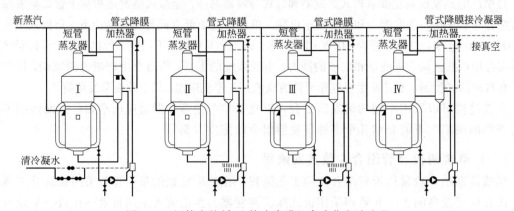

图 1-15　短管自然循环-管式降膜组合式蒸发站流程

　　老蒸发站绝大部分采用短管蒸发器或长管升膜蒸发器。由于草浆黑液的黏度大，含硅量高，这类蒸发器易结垢，蒸发强度低，效率低，当纸浆产量提高时蒸发器的能力往往满足不了需要。目前常采用的方法是在最初设计时Ⅰ效前预留一台位置作为增浓效，但如果串联在原系统中，则相当于增加一效，由于总温差并没有改变，因此总蒸发量没有提高。有些增加 1 台三室板式降膜增浓效，生产能力有所提高，这是由于改造后板式降膜蒸发器的传热系数高，以及其余管式蒸发器加热面积配置有余量和蒸发黑液的操作浓度有所降低而使其传热系数提高的结果。山东某造纸厂蒸发站采取在原每效短管蒸发器上并联一管式降膜加热器，用来增加各效的加热面积，而原来的流程完全不改变，整个改造费用较低，但效果非常明显[7]。

(三)　由蒸发器和增浓器组成的蒸发器系统

如前所述，老式蒸发系统，一般都是要在黑液燃烧工段，通过一步直接蒸发把黑液浓度提高到入炉燃烧浓度，因此在蒸发工段使黑液提高的浓度低于入炉燃烧的浓度；或者有的蒸发器根本不能把黑液浓缩到入炉燃烧所需的浓度，这样在燃烧工段就取消不了直接接触蒸发，因此也就消除不了臭气污染。但是，在环保要求非常严格的今天，取消直接蒸发势在必行。这就需要在这些蒸发系统中增设增浓器。蒸发器和增浓器通常有 3 种组合方式：

① 增浓器作为独立系统，与普通蒸发器并联布置 ［图 1-16(a)］；
② 增浓器与多效蒸发器的前端并联，但以后跟蒸发器顺序并联在一起 ［图 1-16(b)］；
③ 增浓器作为多效蒸发器序列中的一个效（通常为第一效）［图 1-16(c)］。

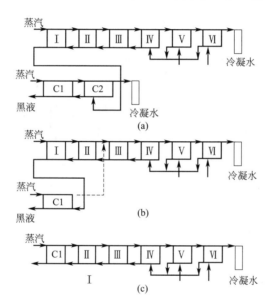

图 1-16　增浓器在系统中的组合方式

第一种方式的优点是：增浓器操作完全独立于普通蒸发器操作，如果增浓器或普通蒸发器经常遇到结垢等问题，可以独立处理。特别是在使用中间浓黑液槽时，更是如此。这种方式的缺点是增浓器的节汽效率（蒸发效率）较低。当然这个缺点并不很严重，因为增浓器蒸发的水量比普通蒸发器要少得多（一般只有 10% 左右）。如果采用 3 效的独立增浓器，则会由于沸点升高以及在蒸汽和冷凝水温度上的局限性，而导致低传热温差 ΔT。

第二种方式可能是最通用的，具体实例见图 1-17 和图 1-18。

这种组合的增浓器，蒸汽的节汽效率（蒸发效率）要大于独立的 Ⅱ 效增浓器。但在将增浓器与系统串接在一起后，显著地减少了直接供给常规蒸发器 Ⅰ 效的蒸汽。总蒸汽量中有 60%～70% 供给 Ⅰ 效，而 30%～40% 去增浓器。因此，能用于提高 Ⅵ 效蒸发器节汽效率的蒸汽量减少了。而且这个组合方式造成蒸发器序列在热负荷和温度分布上的若干问题，即后 Ⅳ 效的热负荷与 ΔT（以及二次汽流量）较高，而前两效较低，这样可能使生产能力降低。但假如前两效很容易结垢，这种做法也有好处。增浓器出口压力（以及相应的整个增浓器的

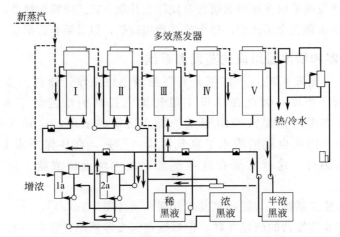

图 1-17 升膜蒸发器与增浓器组合的蒸发系统

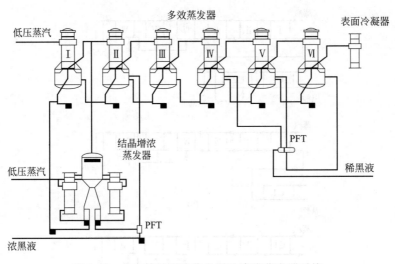

图 1-18 具有结晶增浓蒸发器的降膜蒸发器系统

温度和 ΔT）与常规蒸发器的运行联系在一起，如果希望整个增浓器有较大的温差，可将部分蒸汽供到Ⅳ效去。但注意，不要使增浓器的沸腾温度过低，那样会使黑液黏度过高。

第三种组合方式是最通用的降膜蒸发器系统，因为它们的 ΔT 比长管升膜蒸发器更低，所以不会产生长管升膜系统那样的沸点升高问题。Ⅶ效蒸发器系统可生产直至 74% 固形物的黑液。在这种组合中，增浓器可以是降膜式或其他形式，其余蒸发效则通常都是降膜式。这种组合方式的节汽效率（蒸发效率）最高。

第四节 黑液燃烧技术

黑液在碱回收炉中的燃烧，从宏观上说有悬浮燃烧（即黑液液滴燃烧）、垫层燃烧和炉壁燃烧三种模式。燃烧时，黑液和空气中的氧发生化学反应。不同的燃烧模式、如何分配是碱回收炉合理操作的关键。它是由喷黑液和供风方式来控制的。现在认为，碱回收炉的操作希望得到最大的垫层燃烧，尽量减少悬浮燃烧和飞失，尽量避免炉壁燃烧。

碱回收炉燃烧的制约因素包括传热面的污垢、烟道通气的堵塞、总还原性硫化物（TRS）和 SO_2 的排放、排烟的透明度、垫层的稳定性和灭火情况、腐蚀和材料条件以及锅炉管内条件等，它们都限制碱回收炉的运行。

一、黑液燃烧原理

黑液燃烧虽然与其他燃料的燃烧有许多类似的地方，但在碱回收炉内，工艺过程的化学反应比较复杂。除了一般劣质燃料的元素如碳、氢、氧之外，黑液还含有相当多的碱金属（钠和钾）和硫。燃烧产物不仅有二氧化碳和水蒸气，也包括回收的制浆蒸煮化学药品，如碳酸钠和硫化钠。重要的反应包括硫酸钠还原、烟雾粒子的形成、硫的释放和回收反应。

（一）烧碱法黑液燃烧

草浆的蒸煮大多采用烧碱法或烧碱-蒽醌法。一些阔叶木的蒸煮也采用烧碱法或烧碱-蒽醌法。烧碱法和烧碱-蒽醌法蒸煮液中不含硫化钠，所以黑液固形物组成中没有硫化物。烧碱法黑液在碱回收炉中燃烧时不补加芒硝，可以在苛化过程中补加纯碱来补偿碱损失，或者直接补加烧碱。

（二）烧碱法黑液燃烧过程

烧碱法黑液燃烧过程可相对地分为 3 个连续进行的阶段：靠炉气热量干燥黑液（固形物脱水）；有机固形物热分解和炭化，碱随之碳酸化；炭（黑液固形物）充分燃烧和碳酸盐碱灰熔融。实际反应过程中，前一段的结束和下一段的开始是相互重叠的；还在黑液干燥时，烟气中的 CO_2 气体便开始使游离碱碳酸化。当黑灰（黑液固形物）还含 10%～15% 水、温度 150～200℃ 时，黑液有机部分在湿态下就开始热分解。随着黑灰脱水，温度很快升高，有机物分解速率明显变快，在所谓的炉室第二区，所有气相挥发产物燃烧起来，并生成最简单的气体：CO、H_2、CO_2 和水蒸气。随着挥发产物的分解，黑液有机固形物炭化（焦化），也就是转变为炭。同时，与有机物结合的碱发生碳酸化反应，结果在燃烧第二阶段终期，转变为碳酸盐。第三阶段，随着炭的充分燃烧，温度急剧升高，无机固形物（Na_2CO_3）熔融。纯碳酸钠熔点 850℃，而燃烧区的温度决定于进风量，为 1200～1400℃。在燃烧第三阶段发生的一些副反应中，由于液态碱熔融物和炉衬材料的相互作用，在熔融物中总会发现少量硅酸钠、铝酸钠、铬酸钠和一些其他化合物。其他金属杂质中，应提及的是主要来自木材灰分的 NaCl、由于苛化过程使用石灰而落入熔融物的钙盐、设备腐蚀形成的 2 价和 3 价铁的氧化物和盐（碳酸盐、硅酸盐等）。

二、黑液燃烧新设备

全水冷壁喷射炉又称为方形喷射炉，其燃烧炉部分的炉壁、炉底、炉顶均采用水冷壁设计，且配有余热回收锅炉，生产过程的自动化程度较高，所以，碱和热的回收效率都达到了较高的水平；缺点是结构较为复杂，一次性投资费用高，维修及操作技术难度大等。碱回收炉本体可分为"碱炉"及"锅炉"两个部分。碱炉是黑液干燥燃烧和放出热的设备，熔融物由底部流入溶解槽，高温烟气进入锅炉。进入锅炉的高温烟气将热量传给锅炉中的水，使水变成蒸汽，所以锅炉是吸收热量产生蒸汽的设备。

在纸浆生产过程中，碱回收炉有三项重要的化学工艺作用：碱回收炉是生产碳酸钠和硫化钠的化学反应器；碱回收炉是燃烧黑液有机物的燃烧器和蒸汽发生器；碱回收炉烧掉了溶解于黑液中的有机物，消除污染，保护了环境。

为提高碱炉效率，碱炉技术发展很快。目前单汽包低臭型碱回收炉在木浆厂已普遍应用。碱炉正向大型化、超高压、超高温的方向发展。新建的大型碱回收炉（如金海纸业）的蒸汽参数已经是 8.4MPa、480℃，目前正向 9.3MPa、492℃ 和 10.3MPa、515℃ 发展。一台新型的日燃烧固形物为 2200t 的碱回收炉，其过热蒸汽压力 8.4MPa、温度 480℃，当碱回收炉热效率为 72% 时，过热蒸汽产量可达 350t/h；烟气中 SO_2 含量不超过 $100mg/m^3$，粉尘含量不超过 $33g/m^3$。进炉的黑液浓度也有大幅提高，黑液浓度从 72% 提高到 82%，可提高锅炉效率 3%，增加背压发电机发电量 3%。

以芬兰 Koukas O Y，2700 t/d 的单汽包低臭型碱回收炉为例，将其特点简介如下。

1. 炉壁结构

（1）炉壁由带翅片的不锈钢表面层的复合钢管设计成膜式壁，在工厂进行翅片相互间的焊接，构成大面积的膜式水冷壁。它具有良好的耐腐蚀能力，使用寿命长。

（2）在一面的炉壁角装有一个剥离式感压箱，它在某种炉内压力下会自行剥离，以预防由于气体爆炸而引起大面积的损坏，保护炉子整体的安全。

（3）膜式水冷壁构成完全压力密封的炉子。为安全考虑，有一面简化壁结构是没有任何内侧壳体而仅有一种很轻微电镀的或不锈钢板覆盖热量的保温层。

（4）炉子底部亦是不锈钢表面层的复合钢管构成膜式水冷壁，完全密封不漏水，具有安全的水循环，同时可防止炉内臭味漏出，并预防臭气引起的腐蚀。这样大大减少了维修工作量和提高碱炉的安全性。

（5）溜子槽水夹套在轻微负压下工作，以防向外漏水发生爆炸。

2. 水冷屏（凝渣管）与省煤器

（1）水冷屏作为保护过热器元件底部弯管，防止从炉膛来的直接火焰辐射，这样能有效防止由于物料温度升高对过热器元件的腐蚀。

（2）水冷屏使烟气通过过热器之前部分冷却。当燃烧的黑液浓度为 70%～75% 时，燃烧空气的分配：一次风量 30%，二次风量 60%，三次风量 10%。在炉子底部完全碳化的垫层上方，适合于二次空气的燃烧。

（3）黑液向下喷射在炉底碳化的垫层上方，但不是喷射在炉壁上。相应高度的黑液喷嘴分布在炉壁四周，喷嘴数量与碱炉的蒸汽产量和规格相适应。

3. 单汽包碱炉的优点

（1）单汽包碱炉的沸腾管束全部为焊接结构，可消除双泡包对流管束胀接处易发生泄漏的故障。因此单汽包设计比普通双汽包碱炉要安全得多。

（2）单汽包设计由于没有下汽包，故在升降温度过程中汽包内外温差及上下壁温差所引起的温度应力要比双汽包炉低，因此开机、停机速率快。

（3）单汽包由于没有上下汽包间的沸腾管束，因此单汽包对流管束无堵灰，吹灰次数大为减少。

（4）单汽包炉的水循环系统比双汽包炉更可靠。按瑞典标准要求，水循环速度至少达到 0.5m/s。

三、黑液燃烧新设备应用情况

青山纸业股份有限公司从芬兰引进的单汽包低臭型碱回收炉，浓度为65％黑液直接进炉燃烧，将来还可适应80％浓黑液进炉燃烧，日处理能力可达1100t黑液固形物，并在国内首次采用三列每列三电场静电除尘机组。该公司2003年碱回收率93.8％，碱自给率100％，年回收烧碱量$3.3×10^4$t。

山东日照森博浆纸有限责任公司的单汽包碱回收炉，日处理能力为1204t黑液固形物，设计工作压力618MPa，工作温度480℃。采用三次供风，其中二次风量占总风量的50％～60％，供风风嘴分布采用左右侧墙交叉供风，这样能减少飞灰，又能在炉膛底部形成一调温区，使燃烧稳定；装备8支黑液喷枪和6支油枪；蒸发采用结晶蒸发黑液增浓技术，入炉黑液浓度达到73％，使得碱回收炉热效率提高3％～6％；SO_2、TRS排放量大大减少；芒硝还原率提高到97％以上；碱炉运行更安全，稳定性有很大提高。

第五节　苛　化　技　术

燃烧黑液产生的无机熔融物溶解于稀白液或水中，形成的溶液由于含有少量的$Fe(OH)_2$而呈绿色，称为绿液。绿液的成分较为复杂，硫酸盐法绿液通常含有Na_2CO_3、Na_2S、Na_2SO_3、Na_2SO_4、$Na_2S_2O_3$、$NaCl$、Na_2SiO_3等，其中主要成分为Na_2CO_3和Na_2S；烧碱法绿液通常含有Na_2CO_3、$NaCl$、Na_2SiO_3等，其主要成分为Na_2CO_3。

将石灰加入绿液中，使绿液中Na_2CO_3转化为$NaOH$的过程称为苛化。苛化过程中产生的清液称为白液，作为蒸煮药液，其主要成分为$NaOH$。白液在澄清过程中产生的沉淀物被称为白泥，其主要成分为$CaCO_3$。用澄清或过滤的办法将其分离，经洗涤除去残碱后，再回收石灰或综合利用。

一、苛化原理

苛化过程的反应分两步进行。

第一步为石灰的消化，即生石灰中的CaO与绿液中的水反应形成$Ca(OH)_2$乳液并放出热量（以石灰计），其化学反应式为：

$$CaO + H_2O \longrightarrow Ca(OH)_2$$

第二步为苛化，即$Ca(OH)_2$与绿液中的Na_2CO_3进行苛化反应，生成$NaOH$，同时形成$CaCO_3$沉淀，其化学反应为：

$$Ca(OH)_2 + Na_2CO_3 \longrightarrow 2NaOH + CaCO_3 \downarrow$$

将以上两个反应式合并写成苛化总反应式为：

$$CaO + H_2O + Na_2CO_3 \longrightarrow 2NaOH + CaCO_3 \downarrow$$

从上面的反应式可以看出，苛化过程中反应物与生成物中均存在着水难溶物质（即CaO和$CaCO_3$），所以苛化反应是可逆的。在苛化反应过程中，由于$NaOH$浓度增加，

Na_2CO_3浓度逐渐下降,即增加OH^-,减少了CO_3^{2-}。根据共同离子效应理论,使$Ca(OH)_2$溶解度下降,$CaCO_3$溶解度上升。当两者溶解度趋于相等时,苛化反应达到平衡。

二、苛化液分离流程

传统的白液和绿液均采用重力澄清池除去白液和绿液中的悬浮固形物。除去固形物的效率较低,澄清度较差;且洗涤设备落后,国内有些管理不良的企业,白泥残碱含量高达2%以上,不仅使有效碱白白流失,还污染了环境。为提高白液和绿液澄清度,先进的大型制浆厂大多已取消白液和绿液澄清池,改用压力过滤机。白液澄清池改为盘式压力过滤机后,可将白液澄清度从50mg/L降到20mg/L。绿液澄清池一般出口澄清度小于100mg/L,如采用新型的X-过滤机,可使澄清度达5~20mg/L。但新型过滤机价格昂贵,建议采取澄清器与一般过滤相结合的办法。

我国某造纸厂采用预挂式过滤机过滤苛化澄清后的乳泥,其工艺流程如图1-19所示。

由于过滤面积仅有35m²,其生产能力仅为290~360m³/d,而该厂每天产生乳泥420~480m³。为了处理完420~480m³的乳泥,就必须提高预挂机网槽液位,增加滤饼厚度,提高预挂机的转速。这样做的结果是:白泥含残碱量达3%~4%,干度52%~55%。由于白泥湿度大,排白泥管经常堵塞,操作工的工作强度大,而且由于白泥含残碱量太高,不适宜做水泥的原料,白泥的排放成为一个严重的问题。由于苛化槽澄清的清液直接送大碱槽,造成碱液含泥量增多,每10d需在大碱槽排泥一次15~20m³,碱液损失严重,也污染了环境。

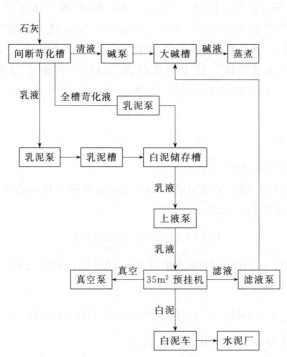

图 1-19　我国某造纸厂采用预挂式过滤机过滤苛化澄清后乳泥的工艺流程

为了增加乳泥处理量,对工艺流程进行了改造,如图1-20所示。主要是在预挂式过滤机前增加了1台三层澄清器。

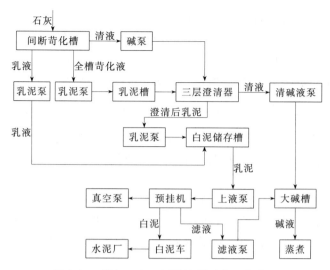

图 1-20　增加 1 台三层澄清器后的工艺流程

按改造后的工艺流程，每天预挂机只需处理乳泥 240～300m³，白泥干度为 60%～65%，残碱 <1%，满足水泥厂原料的需求。而且，碱液经多次澄清过滤后，大碱槽积泥量大为减少，大碱槽排泥周期延长至 5 个月，降低了碱的流失，减少环境污染。

三、白泥的回收

白泥是碱回收在回收火碱的同时产生的一种危害相对较小的碱性二次污染物，是由石灰通过苛化转变而成的半干状固体废物，其主要成分是碳酸钙。目前全国的造纸企业每年产生白泥约 150×10^4 t，而绝大多数企业对待白泥还是采取外运填埋或直接排放掉。不仅浪费资源，同时造成环境严重污染。

白泥主要的处理方法有三种。

第一种是煅烧。在日本、美国及欧洲等发达国家和地区，造纸以纯木浆为主，白泥可以采用直接煅烧的方法制备石灰来回收，只是采用的专用燃烧炉构造特殊，造价昂贵且用白泥烧制石灰的成本也明显高于一般的石灰石，一般情况下是普通石灰石售价的两到三倍。针对我国以草浆造纸为主的情况，白泥煅烧还存在以下问题：①煅烧成本过高，而且品质不宜保证；②白泥中的硅酸盐具有腐蚀性，在高温煅烧时经常腐蚀石灰窑壁。所以由于成本及技术等原因煅烧法还不适于在国内进行推广。

第二种是制备造纸填料碳酸钙。由于草浆白泥中硅含量较高（一般在 10% 左右）以及钠盐的存在，其回收并不能像纯木浆白泥可以煅烧成石灰返回到消化直接回用。苛化白泥的可行处理方法是水洗法。水洗法是将苛化工段排出的白泥经过数道水洗、碳酸化处理及过滤工序除去其中的大部分杂质和残碱制备成可供造纸应用的填料。目前，回收填料碳酸钙粒度的控制和纯度的提高是制约白泥回收的关键。

第三种是利用白泥代替石灰石生产水泥。

（一）石灰回收工艺

苛化过程中消耗生石灰（CaO）生产蒸煮用的白液，同时产生白泥。生产 1t 纸浆在碱回收过程中可产生 0.5～0.65t 的干白泥，白泥的主要成分为 $CaCO_3$。

石灰回收工艺过程概述：石灰回收就是在 1100～1250℃ 的高温下，把苛化工段产生的白泥又转化成为 CaO，以便重新使用于苛化过程。

由白泥回收活性石灰，碳酸钙的吸热分解反应是主要的化学反应：

$$CaCO_3 \longrightarrow CaO + CO_2 - 177kJ/mol$$

换算后，相当于 1kg 纯 CaO 反应所需热量为 3170kJ。此外，由于白泥送去煅烧时含水率为 40%～50%，所以还得耗用高于此量近 $\frac{1}{2}$ 的热量，用于蒸发水分。$CaCO_3$ 理论分解温度为 825℃，但为得到具有反应活性的石灰，要在更高的温度下煅烧白泥。白泥煅烧的总热耗，在很大程度上取决于排入烟囱的烟气温度。一般排烟温度冷却到 150～200℃，1kg 煅烧石灰平均耗热 10000kJ。

白泥的煅烧方法有转窑法、流化床沸腾炉法及闪急炉法等。

（1）转窑法　转窑法是传统的生产方法。转窑法由于操作简单，运行稳妥可靠，技术成熟。所以在白泥煅烧石灰的过程中得到了较为广泛的应用，其生产工艺流程如图 1-21 所示。

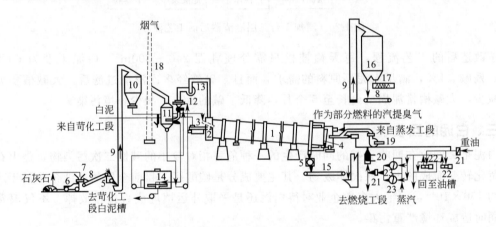

图 1-21　转窑法石灰回收系统

1—石灰回转窑；2—沉降室；3—白泥螺旋给料器；4—燃烧器；5—粉碎机；6—石灰石铲车；7—加料斗；8—带式输送机；9—斗式提升机；10—石灰石仓；11—分离器；12—文丘里装置；13—引风机；14—粉尘增浓器；15—耐热带式输送机；16—石灰仓；17—螺旋输送机；18—烟囱；19—一次风机；20—电加热器；21—滤油器；22—螺杆油泵；23—重油加热器

自苛化系统来的白泥，用螺旋输送机送至圆筒形石灰回转窑的装料炉头。电动机通过减速器和齿轮传动驱动回转炉转动。减速器的无级变速装置可使回转炉的转速在 0.5～2.0r/min 的范围内变动。

在石灰回转窑内白泥的煅烧主要有三个阶段，即干燥段、预热段和煅烧段。从苛化工段送来的白泥一般含有 40%～50% 的水分，进入石灰回转窑后，由于炉体有一定的斜度，当炉子旋转时，白泥缓慢地向热端（炉头）移动。在高温烟气的作用下蒸发干燥并形成颗粒状白泥，横断面直径 10～20mm。这些球粒在通过整个回转石灰窑期间，均能保持自己的形状。粒化作用促使焙烧均匀，减少粉末损失。干燥后的白泥进一步预热到 600℃ 左右时 $CaCO_3$ 开始分解，在 825℃ 时 $CaCO_3$ 开始迅速分解，即进入到煅烧段，煅烧段的温度可达到 1100～1250℃。

新补充的石灰石，先经粉碎机粉碎，再用皮带运输机送入储仓，经圆盘给料机和螺旋输送机送入炉内。进入回转石灰窑的补充石灰石量约占石灰总量的 15%。石灰石在沉降室外顶部溜入窑尾与白泥相混合。白泥与石灰石在窑内经历干燥、预热和煅烧而生成球状石灰。焙烧好的石灰，掉入冷却器。在冷却器内被进入的二次风冷却，再由冷却器掉到漏斗，经溜槽到熟料螺旋、斗式提升机等设备进石灰储仓。

煅烧用的一次风，用鼓风机送入炉内。二次风则利用炉内所形成的抽力经冷却器进入炉内，也有专设二次风机的。

烟气净化设备可用静电除尘器或文丘里旋风分离装置。烟气由炉尾进沉降室，经六管旋风除尘器和水膜除尘器，除掉其中绝大部分的粉尘，再用排烟机排入烟囱。

燃油从大储油槽送到炉头的工作油槽，再经油泵、加热器等送到燃烧器，并由回流管回到工作油槽。

（2）流化床沸腾炉法　流化床沸腾炉法是一种较新的白泥煅烧方法，流化床沸腾炉法白泥煅烧工艺流程如图1-22所示。

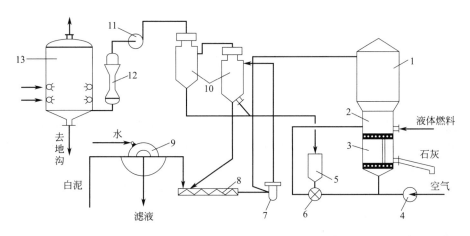

图1-22　流化床沸腾炉法白泥煅烧工艺流程

1—沸腾炉；2—煅烧室；3—炉底小室；4—空气风机；5—进料仓；6—干白泥入炉风机；7—粉碎机；8—螺旋混合器；9—白泥真空过滤机；10—旋风分离器；11—排烟机；12—文丘里管；13—涡流式气体洗涤器

在如图1-22所示的流程中，白泥在真空过滤机上脱水至干度65%～70%后，进入螺旋混合器；在螺旋混合器中同时补加部分干石灰粉和用于消化的少量水，然后，将含水率8%～10%的混合物送入粉碎机中，在其中同来自沸腾炉的高温烟气进行混合。将粉碎机中形成的细小粉尘和烟气一起送入旋风分离器。将旋风分离器捕集的粉尘（主要是碳酸钙），部分返回到螺旋混合器，部分送到进料仓。将从旋风分离器出来的烟气，通过文丘里气体洗涤系统后排空。从进料仓来的绝干粉状白泥送到流化床上后，在850～900℃的高温下产生分解反应，生成CaO，由于白泥中含有一定的残碱，在反应温度下成熔融状态，细小的粉尘颗粒互相黏结，边黏结边燃烧，在流动状态下结成石灰小球，煅烧形成的石灰颗粒由出料器排入冷却室，冷却后排出炉外。

（3）闪急炉法　与前两种方法相比较，采用闪急炉法煅烧白泥时，白泥煅烧产生石灰的反应速率快，石灰颗粒小，基本呈粉状，所以对设备的密闭程度要求较高。闪急炉法煅烧白泥的工艺流程如图1-23所示。

在闪急炉法白泥煅烧系统中，苛化来的白泥在真空过滤机中脱水增浓后与部分干白泥混合，再与高温烟气在笼形磨中进行接触式干燥，干燥后的白泥经旋风分离器后进入干白泥储

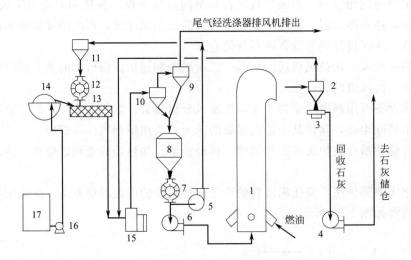

图 1-23　闪急炉法生产流程

1—闪急炉；2—旋风分离器；3—圆盘给料器；4—送石灰风机；5—进干白泥风机；6—进泥风机；
7—星形给料器；8—干白泥储仓；9~11—二级旋风分离器；12—星形给料器；
13—螺旋输送机；14—真空洗渣机；15—笼形磨；16—泥渣泵；17—泥渣储槽

仓。干白泥通过星形给料器和送泥风机送入闪急炉炉底，炉底旋风分离器将白泥吸入闪急炉内，与高温火焰接触进行闪急煅烧，此时炉内煅烧温度可达 1100℃，干白泥在 0.5~1.0s 的时间内即可分解为 CaO 和 CO_2。从闪急炉顶部排出的高温烟气和 CaO 粉末等经过旋风分离器分离后，CaO 经圆盘给料器等设备去石灰储仓，而高温烟气则循环回笼形磨。

（二）白泥回收工艺

1. 利用白泥作为水泥原料的技术

（1）技术原理　利用水泥立窑排放的有余热的烟道气，通过高效流化床干燥器干燥白泥，使白泥的干燥成本降低；由于烟道气含有酸性气体二氧化碳、二氧化硫，在干燥的过程中除去白泥中的残碱。干燥后得到除碱后的白泥，与其他的黏土、石膏、煤、萤石等原料混合，均化，在立窑烧成熟料，最后经水泥磨，就可以得到建筑水泥。

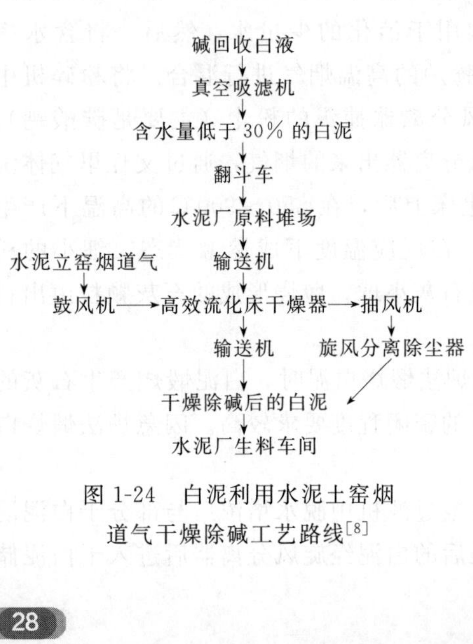

（2）工艺流程　将碱回收白液（含碱质量分数为 0.3%~0.5%）置于真空吸滤机过滤，得到含水低于 30% 的白泥浆料，运到水泥厂原料堆场，通过输送机输送到流化床干燥器，在流化床干燥器与水泥土窑烟道气接触，由于水泥立窑烟道气含有酸性气体二氧化碳、二氧化硫，干燥后可得到除碱后的白泥，气体从高效流化床干燥器上方出口用抽风机引出，经过旋风分离除尘器，进一步回收细小颗粒的白泥，与高效流化床干燥器底部的粗颗粒混合，一起送到水泥厂生料车间（图 1-24）。干燥并除碱后的白泥与其他的黏土、石膏、煤、萤石等原料混合，均化，在立窑烧成熟料，最后经水泥磨，

碱回收白液
↓
真空吸滤机
↓
含水量低于 30% 的白泥
↓
翻斗车
↓
水泥厂原料堆场
↓
水泥立窑烟道气　　输送机
↓　　　　　　　　　↓
鼓风机 → 高效流化床干燥器 → 抽风机
↓
输送机　　旋风分离除尘器
↓　　　　↙
干燥除碱后的白泥
↓
水泥厂生料车间

图 1-24　白泥利用水泥土窑烟道气干燥除碱工艺路线[8]

就可以得到建筑水泥。

该工艺的水泥立窑烟道气出口温度一般为800～1100℃，白泥浆料在流化床干燥器的平均停留时间为5～10min，干燥后得到的白泥含水率为1%～3%，碱含量可以减少到0.1%～0.3%，烟道气出口的二氧化碳、二氧化硫酸性气体含量也大量减少。

（3）工艺特点

① 充分利用了造纸厂的废物白泥，减轻了白泥排放的污染危害，还可以为水泥厂提供碳酸钙资源。

② 充分利用和节省能源，以往很多水泥厂烟道气出口热能都没有加以利用而白白浪费，本技术用于白泥浆料干燥，一方面得到水泥原料，另一方面利用了废热，还净化了水泥立窑烟道气，减轻了酸性废气污染环境，立窑烟道气的粉尘也在该系统中得到净化，排放的烟气中污染颗粒也大量减少。

广西南宁糖业股份有限公司，将烘干的造纸厂白泥代替部分石灰石，白泥接加量控制在生料量的8%～12%，用于干法立窑水泥的生产。在综合利用造纸制浆碱回收白泥中碳酸钙资源的同时，降低能耗，使废物能够变为有用的资源，既可以减少污染物的排放量，又可以获得部分利润，能够有效利用白泥碳酸钙资源，生产出低能耗、高品质水泥。

2. 利用白泥制备轻质碳酸钙技术

（1）技术原理　用白泥制备轻质碳酸钙产品的方法，包括以下工序：过筛除杂、清洗、研磨、过筛、压力过滤脱水、烘干。压力过滤脱水工序中所需的压力范围为（0.3～3.0）MPa。压力过滤脱水工序是关键工序，可使白泥物料的浓度由15%～25%达到50%～75%，彻底解决了白泥碳酸钙浆料脱水困难的难题。再经烘干后的轻质碳酸钙产品干度可到99.5%左右。

（2）工艺流程　图1-25为本技术的工艺流程。

图1-25　白泥制取轻质碳酸钙的工艺流程[9]

将碱回收的半固体白泥过筛除杂后，进行清洗，再利用白泥专用砂磨机进行研磨解絮规整粒度。过筛后再使用压力过滤机对白泥物料进行脱水，在（0.3～3.0）MPa的压力下，使物料的浓度由15%～25%达到50%～75%，再经过烘干后，使轻质碳酸钙产品达到99.5%左右。最后再把烘干好的轻质碳酸钙产品（PCC）进行分袋包装，即制备成了用途广泛的轻质碳酸钙产品。

（3）技术特点　该工艺方法进一步提升了白泥回收的经济附加值，所制备的轻质碳酸钙产品能够广泛应用于塑料、橡胶、涂料以及造纸等领域，具有可观的经济效益，从环保角度讲，也具有显著的社会效益。

3. 采用旋分离器的白泥回收新工艺

如图1-26所示一种白泥回收新工艺，包括以下工序：配料、一次除杂、清洗、碳酸化、二次除杂、研磨、三次除杂、储存；其中的一次除杂、二次除杂、三次除杂的这三次除杂工序是离心分离，所述的离心分离是采用旋分离器。

将原料白泥进行配料，即将白泥与水混合，充分搅拌，制成悬浊液后，放进旋分离

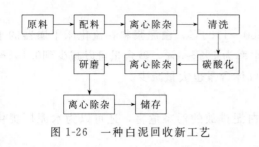

图 1-26 一种白泥回收新工艺

器进行离心分离除杂，入清洗罐清洗。白泥浆液在清洗罐中经过加水进行搅拌，然后沉淀，再放水，而后加水循环，其 pH 值下降。洗涤后的白泥浆料泵入碳酸化罐，并加入 CO_2 气体进行碳酸化处理，碳酸化时间依 pH 值确定。当 pH 值符合要求时，白泥再进入旋分离器进行离心分离除杂，并存入储罐，则成为初级白泥。然后将初级白泥原料泵入特制的砂磨机进行研磨，经过研磨后，白泥物料的粒径在 $4\sim8\mu m$ 之间。然后再进入旋分离器进行离心除杂，即为成品[10]。

本工艺具有以下效果：

① 可以完全克服利用筛网的一切缺点，杂质的去除不受限制和制约；

② 产品的粒度和白度比利用筛网除杂提高 20%；

③ 降低成本，节约费用，省工省时；

④ 降低了尘埃数量，使工作环境更加洁净。

4. 白泥精制填料碳酸钙新工艺

（1）技术原理　针对白泥主要成分是碳酸钙（占 85% 左右），少量的硅酸钙（占 10% 左右）和微量的其他物质，硅酸钙与碳酸钙的密度等物理、化学性能都非常相似，要用物理方法分离很困难，这是无法将白泥精制成商品碳酸钙的一个原因，而对硅酸钙基本没有过高要求的造纸行业，开发作填料是完全可行的。关键是要对白泥均整解絮，使碳酸钙颗粒在某一范围，能满足造纸加填需求即可。因此，在洗涤、过筛除杂、碳酸化处理、研磨等传统工序回收碳酸钙基础上，采用一种白泥精制填料碳酸钙新工艺，其主要特征是均整解絮加辅助碳化一步完成，能使白泥精制的碳酸钙颗粒粒径、形状及 pH 值满足造纸湿部加填工艺的要求。

（2）工艺流程　该技术的工艺流程如图 1-27 所示。

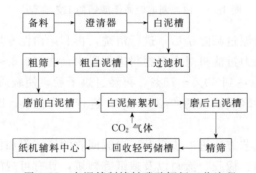

图 1-27　白泥精制填料碳酸钙新工艺流程

如图 1-27 所示，苛化工序的白泥送至澄清器中进行澄清洗涤，澄清后用膜泵泵入白泥槽，搅拌调白泥浓度 20%，白泥浆送入白泥预挂式洗涤机，出泥干度 55%，白泥落入粗白泥槽中，加热水，稀释到 18%，清液送碱回收，回收残碱。再将粗白泥槽白泥送入一级 100 目旋振筛，除去大颗粒粗渣。初步去除白泥中的未被完全燃烧物，如煤粒、炉灰、炭黑、炭粒、油烟子等细小杂物。白泥进入磨前白泥槽，再送白泥进解絮机并同时通入 CO_2 气体进行碳化，根据物料颗粒大小调整介质加入量。磨后白泥进入磨后白泥槽，再将白泥泵入 250 目精筛，成品进入回收轻钙储槽。测定白泥的 pH 值为 10，白泥调浓到 15％进入成品槽，即送往纸机做轻质碳酸钙填料，配抄高档双胶纸，所得填料轻质碳酸钙成品，经分析测定，结果如下。

白度：90.02％ISO　　　　　　　　　　pH 值：10

沉降体积：2.5mL/g　　　　　　　　　325 目筛余物：小于 0.1％

D_{50}：D_{50} 为 4.0μm，平均粒径 6.5μm。

该工艺包括备料、澄清洗涤、粗筛、均整解絮和碳化、精筛和成品储存；其特征在于：均整解絮和碳化一步完成，即白泥均整解絮的同时通入 CO_2 气体进行碳化，均整解絮和碳化后，碳酸钙粒径 D_{50} 为 3.0～7.0μm，平均粒径为 5.5～8.5μm。精选后碳酸钙白度达到 89％ISO 以上，pH 值为 8.4～10.5。

主要工艺技术条件如下。

均整解絮和碳化工艺条件是：CO_2 气体压力：2.5～3.5kgf/cm^2（1kgf/cm^2 = 98.0665kPa，下同），白泥浓度为 14％～18％，温度 40～60℃；粗筛目数为 80～150 目，精筛目数为 200～325 目。

① 备料：白泥备料温度 70～90℃，浓度 20％～25％，白度 80％～85％ISO。

② 澄清洗涤：澄清后再采用预挂式过滤机或者真空洗渣机洗涤、段间扩散，回收残碱，降低白泥 pH 值。

③ 粗筛：筛网 80～150 目，采用旋振筛等设备，除去大颗粒粗渣，筛余物（120 目）小于 2.5％。

④ 均整解絮和碳化：二氧化碳气体压力：2.5～3.5kgf/cm^2，白泥浓度为 14％～18％，温度 50～60℃。

均整解絮和碳化前：

D_{50} 为 2.0～7.5μm，平均粒径为 7.5～13.5μm，沉降体积为 2.0～2.2mL/g，pH 值为 9～13。

均整解絮和碳化后：

D_{50} 为 3.0～7.0μm，平均粒径 5.5～8.5μm，沉降体积为 2.6～3.5mL/g，pH 值为 9～10.5。

均整解絮只需确定解絮介质的添加数量，就能确定碳酸钙颗粒粒径变化大小，可满足不同纸机、不同纸产品的需要。

⑤ 精筛：筛网 200～325 目，采用旋振筛等设备，除去除白泥中所含的微小煤粒、炉灰、炭黑等细小的有色粒子，筛余物（325 目）小于 0.5％。

⑥ 成品储存：碳酸钙白度大于 89％ISO，成品储存槽需配置搅拌器，成品即可泵送造纸车间辅料中心。

（3）技术特点　在结合传统白泥回收碳酸钙工艺的基础上将均整解絮和碳化一步完成，其生产流程简单，工艺控制灵活，尤其是关键指标沉降体积可根据需求调整。

岳阳纸业股份公司采用上述白泥精制填料碳酸钙新工艺，并建立了一条 80～100t/d 白泥精制填料碳酸钙新工艺生产线。用该新工艺生产的碳酸钙产品成功就用于中、高速纸机上加填生产高级彩印新闻纸、轻量涂布纸、颜料整饰胶版纸、轻型印刷纸等中、高档纸产品中，白泥精制填料碳酸钙产品质量达到或个别质量指标优于商品轻钙。而生产成本只有商品轻质碳酸钙的 1/3 左右，具有显著的经济效益、社会效益和环保效益。目前，该公司正在运行的白泥精制填料碳酸钙生产线是国内外第一条工业化规模的白泥精制填料碳酸钙生产线。

5. 研发白泥制造页岩砖技术

目前白泥制造页岩砖还处于实验阶段，张博廉等[11]就竹浆厂用碱回收白泥生产页岩砖进行了研究。他们使用某竹浆厂苛化白泥，先进行干燥，页岩取自某页岩砖厂。按照页岩砖生产工艺，将页岩粉碎至小于 2mm，按不同配比将苛化白泥加入页岩中混合后，加适量水搅拌均匀，放入钢模中在 10MPa 压力下压制成型，在 105℃ 干燥至含水率小于 2% 后，放入箱式电阻炉内，依据烧成制度（升温速率均为 5℃/min），在程序控温下保温一定时间，待自然冷却后取出，测试制品的压缩强度等性能及物相组成。

影响页岩砖压缩强度的因素如下。

（1）原料配比　图 1-28 为白泥掺量对页岩砖压缩强度的影响。

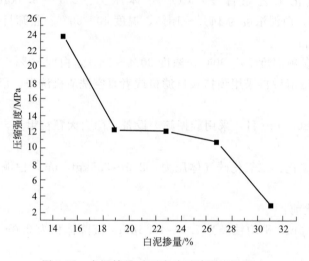

图 1-28　白泥掺量对页岩砖压缩强度的影响

由图 1-28 可知，随着白泥掺量的逐渐增加，烧结砖的压缩强度逐渐下降。因为页岩的主要矿物成分是伊利石、高岭石、石英及少量方解石等，化学成分主要为 SiO_2、Al_2O_3、Fe_2O_3、K_2O、Na_2O、CaO、MgO 等，苛化白泥的主要成分是粒度为 $<50\mu m$ 的 $CaCO_3$，另有少量残碱，在砖坯烧结过程中，微细的 $CaCO_3$，一旦被分解成 CaO 后，CaO 和页岩中的石英、黏土矿物反应，就生成硅灰石、长石类矿物相，不会有大量的游离氧化钙（f-CaO）残留。但随着页岩砖生坯中白泥掺量的增加，未与页岩反应的 f-CaO 逐渐增多。致使白泥分解产生微小空洞，页岩烧结产物在烧制品中的不连续部分面积逐渐增大，与未发生固相反应的颗粒结合强度逐渐变小，因此压缩强度逐渐降低，在白泥掺量达到 31% 时，压缩强度已低于 5MPa，不能达到要求。在纯页岩砖的烧结温度下（一般为 950～1100℃），当白泥掺量在 15% 时其抗压强度可以达到烧结普通砖国家标准（GB 5101—2003）中的 MU20 的强度等级；在白泥掺量低于 27% 时强度可以达到标准 MU10 等级。

（2）烧结温度、保温时间　烧结温度、保温时间对页岩砖压缩强度的影响见图 1-29 和图 1-30。

由图 1-29 和图 1-30 分析得出，随着烧结温度提高，保温时间延长，页岩砖的压缩强度

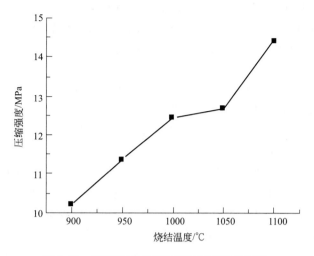

图 1-29 烧结温度对页岩砖压缩强度的影响

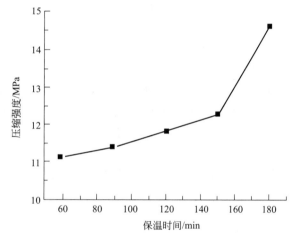

图 1-30 保温时间对页岩砖压缩强度的影响

均逐渐增大。这是由于在烧结过程中，苛化白泥和页岩中的组分在高温下发生固相反应，生成硅灰石（$CaSiO_3$）、钙铝黄长石［$Ca_2Al(AlSiO_7)$］、钙长石［$Ca(Al_2Si_2O_8)$］，苛化白泥中的残碱与黏土矿物反应生成稳定的钠长石［$Na(AlSi_3O_8)$］，这些稳定矿物的生成都有利于砖的机械强度提高。随着烧结温度的提高、保温时间的延长，会使这些反应更彻底，从而产生了更多的增加砖压缩强度的物相。

对页岩砖 XRD 的分析表明，在白泥掺量为 15％时，烧结砖主要是石英、长石及少量硅灰石物相。随着烧结温度的增高和煅烧时间的延长，长石类的衍射峰逐渐增强，而页岩烧结砖的石英特征衍射峰强度逐渐降低，且无 f-CaO 特征衍射峰，说明掺入的苛化白泥与页岩中的矿物发生了固相反应，这正是烧结砖压缩强度随烧结温度和保温时间的升高及延长而增大的主要原因。在烧结温度为 1100℃时，烧结砖的主要物相有石英、钙长石、钙铝黄长石等。随着白泥掺量的提高，其烧结砖中石英相逐渐减少，而长石类及 f-CaO 逐渐增加。由于 f-CaO 的增多，使其强度逐渐变小，导致白泥掺量超过 27％后烧结砖强度的急剧降低。

采用正交试验得到如下结论：对烧结砖压缩强度的影响程度由大到小的因素是白泥掺

量、烧结温度、保温时间。白泥掺量对烧结砖压缩强度的影响远大于烧结温度和保温时间。最优方案为白泥掺量 15％、在 1100℃下保温 3h 的烧结砖性能较好，该条件下所烧制的烧结砖的压缩强度为 34.6MPa，达到烧结普通砖国家标准（GB 5101—2003）中的最高标准 MU30 要求。

利用白泥与页岩生产烧结砖时，苛化白泥掺量大，实现了苛化白泥的资源化利用，符合同体废物综合利用应立足于能大量消耗、利用彻底、不产生二次污染，产品销路广、生产工艺简单的原则，并具有节土的优势，符合我国可持续发展的政策。

6. 研发白泥-石膏法烟气脱硫技术

对于制浆造纸厂，一般都有自备热电站，其烟气必须进行脱硫净化，其中最常用的脱硫技术为石灰石-石膏法，使用的脱硫剂就为石灰石（主要成分为碳酸钙），所以研发利用白泥作为电厂脱硫剂使用，有利于制浆造纸企业的污染减排和废物综合利用。

（1）湿法烟气脱硫原理　湿法脱硫是目前在实际运用中应用最广、工艺应用最多的脱硫方法，它们约占世界上现有烟气脱硫装置的 85％，其原理是：采用碱性浆液或溶液作为吸收剂在吸收塔内对含有 SO_2 的烟气进行喷淋洗涤，使 SO_2 和吸收剂反应生成亚硫酸盐和硫酸盐。常用的湿法工艺有石灰石/石膏法、钠碱法、双碱法、氨法、氧化镁法以及海水脱硫等。

而其中的石灰石-石膏湿法脱硫作为一种高脱硫率、高可靠性、高性能比的脱硫工艺，在我国火电厂脱硫系统中应用得最为广泛。截至 2008 年底，我国 300MW 及以上的火电厂 90％以上都采用石灰石-石膏湿法脱硫技术[12]。根据廖永进等对广东省 13 个已投入运行的石灰石-石膏湿法脱硫工程的调查研究，石灰石的费用是石灰石-石膏湿法工艺的一项主要成本，平均各工程每年的脱硫剂费用超过 1300 万元，约占脱硫装置总成本费用的 17％。

（2）石灰石/石膏湿法烟气脱硫技术　采用石灰石/石灰的浆液吸收烟气中的 SO_2，以脱除其中的 SO_2。其工艺流程是烟气先经热交换器处理后，进入吸收塔，在吸收塔里 SO_2 直接与石灰浆液接触并被吸收去除。治理后烟气通过除雾器及热交换器处理后经烟囱排放。吸收产生的反应液部分循环使用，另一部分进行脱水及进一步处理后制成石膏。具体工艺流程如图 1-31 所示。

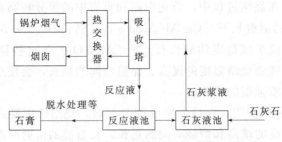

图 1-31　石灰石/石膏湿法烟气脱硫工艺流程

石灰石-石膏湿法脱硫对吸收剂的要求如下所述。在《火电厂烟气脱硫工程技术规范石灰石/石灰-石膏法》（HJ/T 179—2005）中规定为了保证脱硫石膏的综合利用及减少废水排放量，用于脱硫的石灰石中 $CaCO_3$ 的含量宜高于 90％（相当于总 CaO 高于 50.4％）。石灰石粉的细度应根据石灰石的特性和脱硫系统与石灰石粉磨制系统综合优化确定。对于燃烧中低含硫量燃料煤质的锅炉，石灰石粉的细度应保证 250 目 90％过筛率；当燃烧中高含硫量煤质时，石灰石粉的细度宜保证 325 目 90％过筛率。

白泥主要成分是粒度极细的 $CaCO_3$ 和少量 CaO，主要化学成分与粒径检测数据见表 1-12～表 1-14。

表 1-12　白泥与石灰石主要化学成分对比　　　　　　单位：％

项　目	总 CaO	MgO	SiO₂	Al₂O₃	Fe₂O₃
石灰石(福建)	54.8	0.5	0.7	0.1	0.1
木浆白泥	51.0	2.8	3.4	1.4	1.2
草浆白泥	44.4	0.6	7.5～11.0	0.5	0.2

表 1-13　山东晨鸣集团齐河板纸有限公司白泥粒径检测数据

粒径范围/μm	≤16	≤20	≤32	≤45
累计百分数/％	62	70	85	91

表 1-14　福建青山纸业白泥粒径分析

项　目	60 目	100 目	150 目	200 目	250 目	300 目	300 目以上
干基/％	0.3	1.8	4.1	5.6	3.6	6.5	78.2
湿基/％	0.2	1.2	2.7	3.7	2.4	4.3	85.5

表 1-12 对比数据显示，木浆白泥的主要化学成分与石灰石相近，且指标符合用作锅炉烟气脱硫剂的要求。从表 1-13 和表 1-14 的检测数据来看，白泥的粒径细度已满足或基本满足石灰石的粒径细度 325 目（$45\mu m$）且保证 90％过筛率的要求。

吴金泉等[13]的研究表明：对木浆白泥、石灰石进行脱硫活性对比试验后发现，脱硫反应 2h 和 4h 时，木浆白泥转化率分别为 97.2％和 98.7％，石灰石的转化率则分别为 93.8％和 98.0％。试验结果表明，木浆白泥物理性能和化学活性要优于石灰石。综上所述，木浆白泥可以代替石灰石用作烟气脱硫剂。而对于草浆白泥，虽然其 CaO 含量没有达到技术规范的要求，但由于白泥中除了 CaO 外还含有 Na_2O 和 MgO 等成分，可以补充 CaO 的不足，所以草浆白泥也适于替代石灰石做脱硫剂使用。

白泥-石膏法脱硫工艺流程设计包括烟气系统、吸收氧化系统、白泥浆液制备系统、石膏脱水系统、排放系统。白泥湿法脱硫工艺流程见图 1-32。

锅炉烟气经电除尘器除尘后，通过增压风机，经喷水降温增湿（或 GGH 换热器）后从中下部进入吸收塔。吸收塔内向上流动的烟气与设置在三层喷浆层中的喷嘴喷下的白泥循环浆液雾滴逆向接触，烟气中的 SO_2 及少量 SO_3、微量 HCl 和 HF 被洗涤吸收进入白泥浆液中。吸收塔最下段是氧化兼储液段，由罗茨风机鼓入空气将白泥浆液中的反应产物 $CaSO_3$ 强制氧化为石膏结晶（$CaSO_4 \cdot 2H_2O$）沉淀物。

由白浆液泵将吸收塔下部储液段中的溶液抽出，并通过白泥浆液输送泵补入来自白泥浆液池的适量新鲜白泥浆液，新鲜白泥浆液向上输送到进入吸收塔中上部喷淋层中，经喷嘴进行雾化，可使气体和白泥浆液得以充分接触。采用单元制设计，每台白泥浆液泵只与其各自管系相连的喷淋层相连接，便于运行操作调控。含有石膏的浓白泥浆液由吸收塔底部通过排渣泵排出，然后进入石膏脱水系统，将石膏副产品含水率降至 15％以下。脱水系统主要包括石膏水力旋流器（作为一级脱水设备）、白泥浆液分配器和真空皮

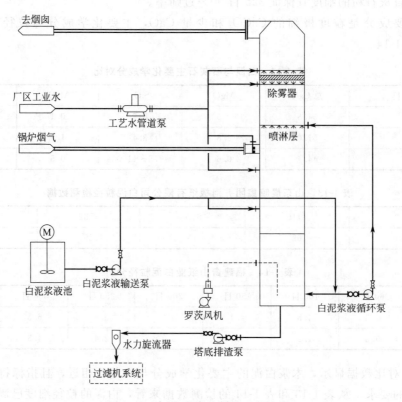

图 1-32　白泥-石膏法脱硫工艺流程

带脱水机。

脱硫净化处理后的烟气流经吸收塔上部的除雾器，将其所携带的白泥浆液雾滴除去。除雾器按设定程序采用工艺水进行冲洗即可防止除雾器堵塞，同时又作为系统补充水，以稳定吸收塔液位。

出吸收塔的洁净烟气温度 50～52℃，水蒸气饱和，洁净烟气通过烟道进入烟囱排向大气。必要时，可通过设置 GGH 换热器将烟气加热到 75℃以上，以提高烟气的抬升高度和扩散能力。

2004 年 5 月，福建鑫泽环保设备工程有限公司在国内率先将白泥试用作广西国发林纸两台 20t/h 锅炉烟气的脱硫剂，并初见成效。在对脱硫吸收塔及配套装置进行了多次研究和改进后，开发了与白泥或石灰石（石灰）配置的 XZKP 型高效空塔喷淋烟气脱硫装置。迄今，该脱硫装置已在国内 280t/h 及以下的锅炉烟气脱硫装置中推广应用，均使用木浆白泥，产值逾 1.2 亿元，为当地 SO₂ 污染物的减排工作做出了贡献。2009 年 2 月，福建鑫泽环保设备工程有限公司的"造纸白泥烟气脱硫技术"被评为国家重点环境保护实用技术（B类），在山东晨鸣纸业集团齐河板纸有限责任公司实施的"锅炉烟气白泥、石膏法脱硫净化系统工程"，被评选列入"2009 年国家重点环境保护实用技术示范工程"。

福建省青山纸业股份有限公司（以下简称福建青纸）150 t/h 锅炉烟气脱硫工程为例。该工程竣工后于 2010 年 8 月进行了 168h 试运行，结果表明，在锅炉 64％以上负荷运行状态下，白泥脱硫剂均能使烟气脱硫达标。

造纸白泥脱硫装置，设计上少了石灰石-石膏法中的石灰石原料破碎与筛分系统，也相应节省了用于购买石灰石原料的运行费用，因此投资与运行费用均相应降低。

参考文献

[1]　武书彬．造纸工业水污染控制与治理技术［M］．北京：化学工业出版社，2001．

[2]　林乔元．麦草浆洗筛及黑液提取工艺和设备的优化组合［J］．中国造纸，2002，1：53-56．

[3]　谢来苏，詹怀宇．制浆原理与工程［M］．第2版．北京：中国轻工业出版社，2008．

[4]　范丰涛，张照忠．新型压力扩散洗涤器的结构与工艺操作［J］．中华纸业，2002，23（6）：17-20．

[5]　汪苹，宋云主编．造纸工业节能减排技术指南［M］．北京：化学工业出版社，2010．

[6]　汪苹，张珂，等．草浆黑液除硅方法［P］．CN93114946.0．

[7]　刘秉钺．制浆黑液的碱回收［M］．北京：化学工业出版社，2006．

[8]　聂威，等．采用造纸白泥做水泥生产原料的方法［P］．CN200610124165.5．

[9]　王亚双，崔木春，等．用白泥制备轻质碳酸钙产品的方法［S］．CN200410077991.X．

[10]　张士进，齐云洹，等．白泥回收新工艺［P］．CN 200610048427.4．

[11]　张博廉，冯启明，等．造纸苛化白泥页岩砖生产工艺研究［J］．中国造纸，2011，30（1）：33-36．

[12]　王雨嘉，廖永进．"白泥"在湿法脱硫系统应用中的化学成分分析及活性评价［C］．第九届锅炉专业委员会第二次学术交流会议．2009：169-172．

[13]　吴金泉．白泥脱硫剂的开发应用［J］．中国造纸，2011，30（7）：52-56．

第二章 | 推荐制浆废液木质素回收技术

第一节　制浆废液做黏结剂

目前，我国 90% 的造纸企业采用碱法制浆，每年产生几亿立方米的黑液。碱法制浆过程中，50% 以上的原料有效成分转入黑液中，其中大部分是木质素、半纤维素及糖类。若直接排放，会严重污染环境。利用凝聚、生化处理，不但操作费用高，而且造成资源的浪费。由于进入黑液的木质素、半纤维素及糖类的分子结构单元中含有酚基、甲氧基及羟基，酚基可与甲醛缩合、缩聚成酚醛树脂类聚合物，甲氧基、羟基使聚合物具有较强的黏结力[1]，以黑液代替部分苯酚制黏合剂，不仅环境危害得以控制，还可为黏合剂生产提供大量廉价原料，可获得可观的经济效益。

一、制浆废液做黏结剂的原理

（一）酸法回收木质素

木质素是造纸黑液的主要难降解成分之一，是自然界中仅次于纤维素的第二大天然高分子材料。天然木质素是一类具有三维空间结构的芳香族高分子化合物，由苯甲烷构成，含有酚羟基、甲氧基和酚醚键，通式可记为 R—OH，在蒸煮过程中，由于烧碱的作用，使醚键断裂，木质素大分子逐步降解为碱木质素即木质素钠盐 R—ONa，完全溶于黑液中，呈亲水胶体，用酸中和黑液时发生了亲电子取代反应，即氢离子取代了碱木质素中的钠离子，使碱木质素胶体受到破坏，产生难溶于水的木质素，从黑液中分离出来[2]：

$$2R\text{—}ONa + H_2SO_4 \longrightarrow 2R\text{—}OH + Na_2SO_4$$

（二）木质素的活化

木质素本身反应活性低，工业化利用一直受到限制，所以木质素的活化成为现阶段研究的重点。木质素难以利用是其结构与性能决定的，结构主体之间的链接方式主要是醚键及碳碳键，这两种键分子极性小、键能高，难以反应，而且甲氧基含量高，羟基含量低，苯环上位阻大，从木质素黏结剂合成中就可以看出，木质素与甲醛合成酚醛树脂时，其活性明显不足。由此可知，提高羟基含量同时降低甲氧基含量，增强木质素反应活性是木质素反应的基础。下面主要阐述以合成黏结剂为目的的各种木质素活化方法。

1. 化学方法

在制备黏合剂时，为了增强木质素的反应活性，化学方法处理木质素主要集中在脱甲基化、羟甲基化、还原等手段，从而使木质素大分子结构降解，分子量降低，活性增加。

（1）脱甲基化　木质素的脱甲基化是指木质素芳环上的甲氧基转化为羟基，脱甲基过程中木质素平均分子量不断下降，分子量的多分散性增加。在合成树脂过程中，木质素芳环上的甲氧基妨碍邻近 C_9 链上的羟甲基发生缩聚反应，脱甲氧基变成酚羟基后，酚羟基体积小、活性大，可以提高木质素的反应活性。

（2）羟甲基化　木质素的羟甲基化是指木质素在碱性条件下与甲醛生成羟甲基的反应，其中有两个反应：①木质素芳环上存在的空位上发生的羟甲基反应；②羧甲基化、氧化、硝化和氯化芳环侧链上的羟甲基化反应。将木质素催化体系中进行酚化和羟甲基化活化反应可以有效解决木质素活性低的问题，这些激活木质素中羟基的催化体系包括：强碱或碱性分子筛催化体系、锰盐催化体系、双氧水亚铁催化体系等。

（3）还原　研究木质素的还原反应的目的主要是通过控制还原条件活化木质素产生苯酚等有价值的化工产品。

2. 生物方法

生物方法活化木质素即利用各种酶，如氧化酶、木质素过氧化酶、锰过氧化酶或者漆酶等，将木质素结构解聚或改变其官能团结构，从而与其他活性物质反应提高黏合剂性能。

3. 物理方法

物理方法主要是在不加入任何其他物质的条件下，运用各种频率的波及过滤分离等手段，对木质素进行活化，如超声波、超滤等方法。超滤法处理木质素主要是将木质素按照分子量的大小进行分级，根据需要取出某一分子量范围的级分进行利用，超滤可以提高木质素的均一性，但无法改变其化学结构从而增加其活性，而且超滤后的木质素利用不完全。超声波方法活化木质素是超声波以波动和能量两种形式作用于木质素的各种化学键，从而断开结合力强的化学键如甲氧基，并且促进与木质素有关的氧化、还原、取代、分子破碎以及自由基引发的聚合、降解等化学反应，增加木质素的反应活性[3]。

（三）制备木质素/酚醛树脂黏结剂的原理

酚醛树脂黏结剂具有优越的性能，由其粘接的制品具有黏结强度高、耐水、耐热和耐腐蚀等性能，但是酚醛树脂存在着热压温度高、时间长和对单板含水率要求高等缺点，因而在使用中受到一定的限制，而且由于苯酚是石化产品，所以酚醛树脂胶黏剂的价格相对较高[4]。

木质素是重要的天然多酚类高分子物质，其分子中含有大量的酚羟基，除紫丁香基苯丙烷以外，其他两种结构（愈创木基苯丙烷和对羟苯基苯丙烷）的酚羟基邻位是空位，说明该酚羟基具有较高的反应活性（既可与羟甲基脲结合，又可与游离甲醛反应）[5]。木质素与甲醛的反应原理如图2-1所示。

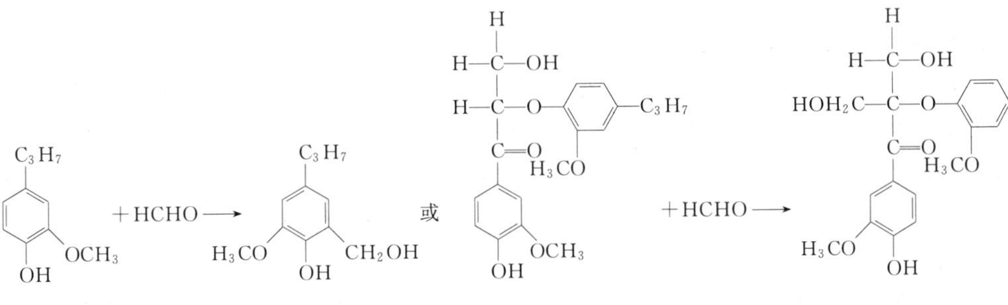

图 2-1　木质素与甲醛的反应原理

因此，从黑液中提取的木质素可以部分替代苯酚，通过共缩聚法合成木质素酚醛树脂或作为酚醛树脂的添料使用。

二、制浆废液做黏结剂的工艺

1. 木质素的提取工艺

以黑液为原料做黏结剂重点在于从黑液中提取木质素，下面介绍几种主要的木质素提取工艺。

（1）超滤法提取　汪永辉等[6]研究了用超滤-酸析方法从黑液中提取木质素，其工艺流程见图 2-2。采用超滤分离技术可浓缩黑液中的木质素，这样可比原黑液直接酸析提取粗木质素节约用酸量 75%，提纯后的粗木质素的质量亦更佳。利用该工艺，黑液的 COD 去除率达 60%～65%；BOD 去除率达 80%[7]。

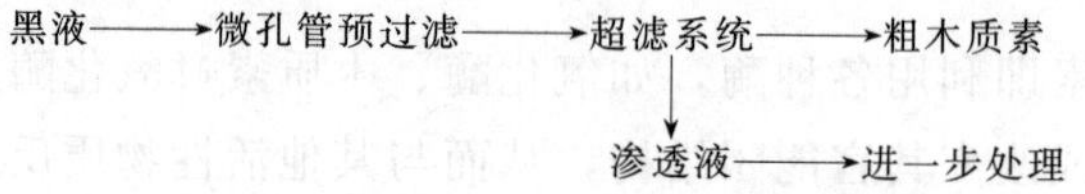

黑液 ⟶ 微孔管预过滤 ⟶ 超滤系统 ⟶ 粗木质素

渗透液 ⟶ 进一步处理

图 2-2　超滤-酸析提取木质素工艺流程

（2）酸析法提取　周志良[8]等采用凝聚-离心法对黑液预先除硅，再用酸析法沉淀黑液中的木质素，见图 2-3。这样可以节约用酸量，体现较好的经济效益和环境效益。

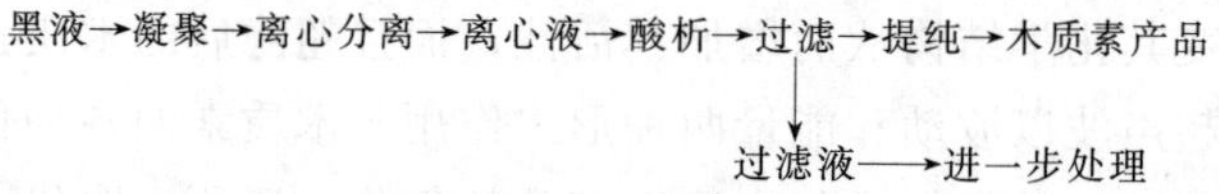

黑液 ⟶ 凝聚 ⟶ 离心分离 ⟶ 离心液 ⟶ 酸析 ⟶ 过滤 ⟶ 提纯 ⟶ 木质素产品

过滤液 ⟶ 进一步处理

图 2-3　凝聚—离心—酸析工艺流程

2. HS-制浆废液黏合剂生产工艺流程

赵建国[9]等人研究了 HS-制浆废液黏合剂生产工艺。亚硫酸盐木浆造纸废液中，含有大量可利用的木质素、树脂、糖、醛等还原性物质及盐类。先经过发酵制取酒精、酵母，充分利用糖类物质。所得废液再经蒸发、浓缩等工艺等到具有一定黏合作用的产品，其主要成分为木质素磺酸钙。此工艺采用盐基置换法，可使胶体颗粒适当变小，黏合剂的强度提高。其工艺流程如图 2-4 所示。

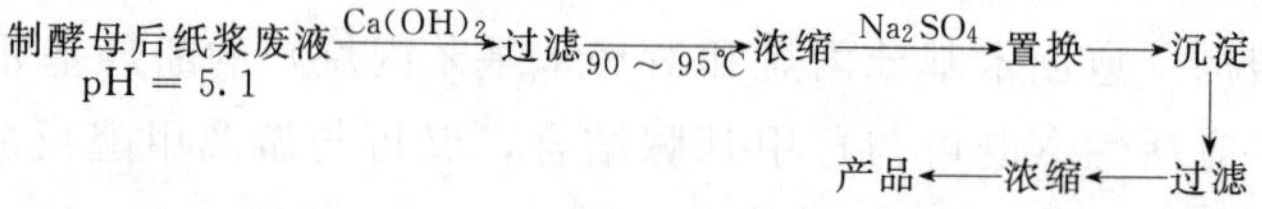

制酵母后纸浆废液 $\xrightarrow{Ca(OH)_2}$ 过滤 $\xrightarrow[90～95℃]{}$ 浓缩 $\xrightarrow{Na_2SO_4}$ 置换 ⟶ 沉淀

产品 ⟵ 浓缩 ⟵ 过滤

图 2-4　HS-制浆废液黏合剂生产工艺流程

3. 木质素/酚醛树脂的制备工艺

木质素/酚醛树脂的制备是以酚醛（PF）树脂制备工艺为基础添加木质素而制成的。将木质素粉末溶于一定浓度的 NaOH 溶液中，使固液比达到要求，升至一定温度保温一段时间；随后将已熔化的苯酚与所需加入量的 NaOH 溶液一起加入到木质素溶液中缓慢加热，保温一段时间；再加入甲醛溶液，在一定温度下保温至树脂黏度为 300～500Pa·s，冷却后出料[10]。

经过对大量的文献进行总结，总结出了影响木质素/酚醛树脂黏结剂性能的几个主要因素有：醛酚比、木质素的掺入比、不同酸提取的木质素、催化剂用量、反应体系的 pH 值、反应时间、反应温度等。

（1）醛酚比　研究表明，随着醛酚比（物质的量比）的增大，酚醛树脂黏合剂的黏度增大，胶合强度提高，游离甲醛含量提高，固含量下降。这是因为在合成反应中过量的甲醛有利于形成多羟甲基酚，可提高树脂的交联密度，从而黏度和胶合强度增大，但同时胶中的游离甲醛含量也较高。当酚醛比从 1.5 上升到 1.7 时，黏度和固体含量变化较小，游离甲醛含量从 0.126% 上升至 0.173%，而当醛酚比从 1.3 上升到 1.5 时，游离甲醛含量上升幅度较小，胶合强度提高至 2.50MPa。下面是不同黑液添加量对黏结剂性能的影响，如表 2-1 所列[11]。

表 2-1　不同黑液添加量对黏结剂性能的影响

n(苯酚)：n(甲醛)	黏度(40℃)/(mPa·s)	固体含量/%	游离甲醛含量/%	胶合强度/MPa
1：1.1	50	59.03	0.104	2.16
1：1.3	70	56.51	0.122	2.24
1：1.5	150	56.01	0.126	2.50
1：1.7	170	55.34	0.173	2.64
1：1.9	350	53.06	0.193	3.21

理论上，当醛酚比为 1.5 时，树脂固化后形成的胶联网状结构最完整，聚合物分子链中的羟甲基能全部与酚环上的邻位或对位活泼氢缩合，形成亚甲基，具有最大的胶合强度[12]。

（2）木质素的掺入比　表 2-2 为木质素掺入比例对黏结剂性能的影响。

表 2-2　木质素掺入比例对黏结剂性能的影响

掺入比例/%	动力黏度(40℃)/(mPa·s)	固体含量/%	游离甲醛含量/%	胶合强度/MPa
0	5.6	47.80	0.01	1.48
5	10.0	44.00	0.01	1.47
10	11.7	49.04	0.03	1.42
15	16.2	51.15	0.05	1.28
20	20.2	51.66	0.68	1.15
25	41.0	52.75	1.03	1.05

从表 2-2 看出，随着木质素掺入比例的增大，所制得的酚醛树脂胶动力黏度增大，固含量也呈单调上升；游离甲醛含量随木质素掺入量的增大呈增大趋势，胶合强度随掺入量的增大呈减小趋势，但均符合国家标准（≥1.0MPa），木质素可以替代部分苯酚合成木素酚醛树脂胶黏剂，这是由于木质素特殊结构决定的，即木质素是具有苯丙烷骨架结构的化合物，其中含有酚羟基、醇羟基、羧基、硫醇基、甲氧基等官能团，是反应性能较好的高分子化合

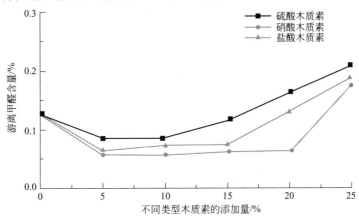

图 2-5　不同酸提取木质素的添加量对游离甲醛含量的影响

物，这些单体主要有愈创木基丙烷结构，紫丁香丙烷结构和对羟基苯基丙烷结构。木质素大分子结构由于酚羟基的存在，与甲醛能发生类似于苯酚与甲醛的反应，由此得到类似于酚醛树脂结构的高分子化合物，这种物质可以用作黏结剂。综合各项性能，木质素替代部分苯酚的掺入比例为 5%～15%[13]。

（3）不同酸提取的木质素　目前，对于木质素的提取，普遍采用酸为硫酸、硝酸和盐酸。下面把分别用这三种酸提取的木质素对游离甲醛含量和对胶合强度的影响进行比较。

① 不同酸提取木质素的添加量对游离甲醛含量的影响　由图 2-5 可知，随着 3 种木质素替代的增加，游离甲醛含量呈先下降后上升的趋势。由于当木质素含量较少时，木质素的酚化程序促进了木质素的活性，使得木质素酚羟基可与甲醛进一步反应，降低游离甲醛的含量。而当木质素超过一定量时就会发生副反应生成甲醛，导致游离甲醛含量上升。用硝酸提取的木质素能够替代苯酚的量最多可达 20%，可以使游离甲醛含量降至 0.063%；而硫酸和盐酸提取的木质素替代苯酚量达到 15% 时，游离甲醛含量分别是 0.105% 和 0.075%，所以硝酸降解木质素的效果优于硫酸和盐酸降解，使木质素可以充分地参加反应，从而更有效地减少游离甲醛的含量。

② 不同酸提取木质素的添加量对胶合强度的影响　由图 2-6 可知，随着硫酸木质素和硝酸木质素替代量的增加，黏结剂的胶合强度呈先上升后下降的趋势，硝酸木质素改性黏结剂的胶合强度明显高于其他两种酸木质素。这是由于硫酸木质素和盐酸木质素的纯度不高含有糖类等杂质，这些杂质不参与反应，导致胶合强度下降。当硝酸木质素的替代量为 20% 时，胶合强度达到最大值 4.60MPa。

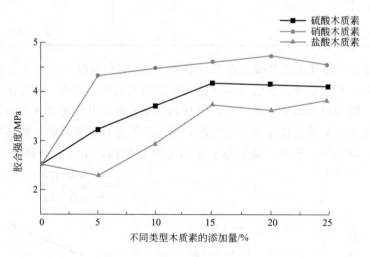

图 2-6　不同酸提取木质素的添加量对胶合强度的影响

综上可知，木质素的加入降低了黏结剂游离甲醛含量，提高了固体含量和胶合强度，当硝酸木质素的替代量为 20% 时，黏结剂的各项性能均优于其他两种木质素酚醛树脂黏结剂。因此，硝酸提取的木质素对酚醛树脂黏结剂改性效果为最优[14]。

（4）催化剂

① 催化剂种类　木质素酚醛树脂黏结剂合成一般采用碱为催化剂。下面把 5 种不同碱类催化剂对木质素黏结剂性能的影响进行比较。

表 2-3　催化剂种类对木质素黏结剂性能的影响

催化剂种类	动力黏度(50℃)/(mPa·s)	pH 值	固含量/%	游离甲醛含量/%	胶合强度/MPa
LiOH	6.0	11.05	36.4	0.06	3.45(破损)
NaOH	17.0	11.19	41.4	0.11	2.42(破损)
KOH	12.0	10.90	38.8	0.07	2.83(破损)
Li_2CO_3	4.0	10.65	15.7	0.10	3.62(破损)
Na_2CO_3	由于反应所得产物全为固体小颗粒无法测定性质				

由表 2-3 可知，除 Na_2CO_3 外，其他催化剂均可制得性能较好的黏结剂。从黏结剂的主要性质来看，动力黏度和固含量以 NaOH 为催化剂时最大；游离甲醛含量较小，符合国家标准；胶合强度则是用 LiOH 和 Li_2CO_3 作催化剂时更大。碱之所以可以作为木质素酚醛树脂黏结剂合成的催化剂，这是因为碱性催化剂作用下，缩聚过程主要是羟甲基与羟甲基或酚核上的活泼氢之间的缩合，形成亚甲基或醚键连接，缩聚体之间主要是通过亚甲基键连接起来的；另外，碱的存在，可对木质素改性，使木质素在碱性条件下与甲醛反应生成羟甲基，从而提高木质素的反应活性。考虑到催化剂原料的获取难易和成本，选择 NaOH 作为催化剂较好[15]。

② 催化剂用量　当在硝酸木质素掺入量比为 20%，酚醛比为 1.5 的条件下，NaOH 加入量分别为 0.4%、0.6%、0.8%、1.0% 时，制得的木质素酚醛树脂黏结剂的性能，见表 2-4[16]。

表 2-4　氢氧化钠加入量对黏结剂性能的影响

氢氧化钠加入量/%	动力黏度(40℃)/(Pa·s)	固含量/%	游离甲醛含量/%	胶合强度/MPa
0.4	15	41.61	0.25	0.89
0.6	97	51.32	0.20	1.67
0.8	27	53.95	0.23	1.71
1.0	110	57.91	0.41	1.92

由表 2-4 可知，随着氢氧化钠加入量的增加，硝酸木质素酚醛树脂黏结剂的动力黏度呈上升趋势；固体含量和胶合强度也同步增加；游离甲醛含量在氢氧化钠加入量 0.4%～0.8% 时变化不大，并符合 GB/T 14732 要求，但 NaOH 加入量为 1.0% 时则显著上升并超过该标准。考虑到成本，NaOH 加入量为 0.6% 较好。

（5）反应的 pH 值　通过加入不同碱量控制反应体系在不同 pH 值下进行，如图 2-7 所示[17]，随着 pH 值的增加，反应体系的黏度和游离甲醛逐渐减小，羟甲基含量呈先增加后减小的趋势，当 pH 值为 11.5 时，羟甲基含量达到最大，黏度和游离甲醛都较小。

将不同反应 pH 羟甲基反应后的羟甲基化木质素树脂（HKLF）与酚醛树脂（PF）按1:3（质量比）共混压板，胶合强度如图 2-8 所示。在羟甲基反应中随着反应 pH 值的增加，将活化后的木质素与酚醛树脂 1:3（质量比）共混压板后，胶合强度出现 2 个峰值，即当反应 pH 值为 10.0 和 11.5 时。

综上，羟甲基反应时的反应 pH 值应控制在 11.5 左右。

（6）反应时间　反应时间短，自由基数量不太多，黑液天然高分子活化不充分，接枝效率低，产物的表观黏度低。而反应时间太长，形成的反应产物表观黏度太大，与物料不易混合均匀，同时也容易凝聚成团而失去结合性能。许多文献表明，最佳反应时间为

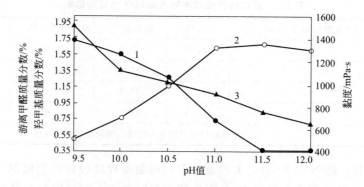

图 2-7 pH 对羟甲基反应体系黏度、游离甲醛和羟甲基含量的影响

1—游离甲醛；2—羟甲基；3—黏度

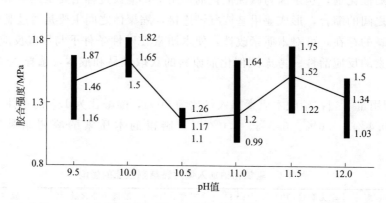

图 2-8 不同碱量羟甲基化反应后的木质素与 PF 共混压板结果

45~60min。

（7）反应温度的确定 反应温度是一个非常重要的反应参数，不仅能影响反应的速率，而且高温可能破坏高分子链结构，使其过早形成高分子缩聚体而失去黏结活性。为此，采用程序升温法，先在 60℃时加入苯酚进一步溶解黑液中的木质素并与之反应 15min，升温至 80℃反应 10min，然后分批加入甲醛，第一次加入甲醛总量的 70%，反应 15min，再加入第二批甲醛，至反应结束[18]。

三、制浆废液做黏结剂的应用

（一）型煤黏结剂

造纸黑液提取的碱木质素具有良好的分散、渗透、吸收和黏结等性能，且其分子间长链结构相互交织，能使煤粉黏结，成型后强度得到提高。因此，木质素是一种良好的新型煤粉黏结剂。

中国科学院山西煤化所的 FS 系列黏结剂是以纸浆黑液和疏水性成分制成防水性型煤黏结剂。我国 1996 年建成的第一化肥用工业型煤厂，就是用黑液做黏结剂。在亚硫酸纸浆废液中添加适量黏土制成复合黏结剂，可提高型煤的热压缩强度，纸浆废液用量和浓缩费用都比单用纸浆废液减少 50%。

土耳其用褐煤与亚硫酸钙纸浆废液和亚硫酸铵纸浆废液成型生产型煤，纸浆废液黏结剂浓度 8%～10%，生产的型煤压缩强度比较满意，耐水性也较好。德国用亚硫酸纸浆废液和褐煤、焦炭、泥炭等混合成型，缓慢焦化，可制得压缩强度满意的焦炭。

王艳芳等以纸浆废液为主黏结剂，配入能提高型煤热强度的辅助黏结剂，采用无烟粉煤为成型原料，研制出符合化肥或发生炉造气用煤质量要求的型煤。开发了两种纸浆废液类复合剂，一种是纸浆废液——MJ$_1$MJ$_2$复合黏结剂，用其制作型煤时，无机物添加量较纸浆——黏土黏结剂少，且有较好的防水性；另一种是纸浆废液——MJ$_4$复合黏结剂，用其制成的型煤尽管不防水，但灰分增加量极少或基本不增加，两种黏结剂制成的型煤各项指标均满足气化用煤质量要求。使用两种辅助黏结剂的成型工艺均很简单，与纸浆废液配合使用时，不需专门制备，只需按比例与煤一起配入，成型煤烘干即可使用[19]。

（二）以纸浆废液为黏结剂的团块

造块可以定义为一个增大粒度的过程，即不管采用何种方法，它能使固体颗粒固结形成较大的实体。造块方法通常可以分为四大类，即搅拌法、压力法、热处理法和液体造块法，除热处理法外通常使用黏结剂。通常，只有酸法造纸工艺的纸浆废液经加工后可作为黏结剂使用[20]。造块过程由于加入了含水分的纸浆废液黏结剂，因此生球团中含有较多的水分，同时，加入的炭粉也含有一定的水分，通常团块中含水率超过 10%，因此生球团在使用前要进行干燥。涂赣峰等对干燥过程进行了研究，结果显示以纸浆废液为黏结剂，其相对密度不应小于 1.20g/cm³，加入量 9%左右，可以保证造块工艺的需要。

（三）木材黏结剂

在木材黏结剂中，用量最大的是脲醛树脂、酚醛树脂和三聚氰胺甲醛树脂黏结剂。近年来，在北美和欧洲定向结构板（OSB）迅速发展，使聚氨酯（PU）黏结剂需求量增大。但是，上述 4 种黏结剂的原料均来源于不可再生的石油产品，并且前三种黏结剂在制造和使用过程中都会释放出甲醛，污染环境。木质素含有丰富的官能团及具备同酚醛树脂相似的结构，在黏结剂中引入木质素不仅可以改善黏结剂的性能，降低甲醛释放量，而且可降低成本。改性后的木质素与其他树脂交联程度提高，成为一种具有潜力的黏结剂原料。

1. 木质素酚醛（LPF）树脂黏结剂

Khan 等用羟甲基化甘蔗木质素代替 50%的苯酚制得性能与水溶性酚醛树脂近似的 LPF树脂。羟甲基化改性是将占据木质素芳环活性位置的甲氧基转化为酚羟基的反应。它能够较大程度提高木质素的活性点数目，但是制备工艺复杂，成本也较高。

Forss 等通过超滤作用从造纸废液中提取大分子质量的木质素来改性酚醛树脂，木质素用量较大，但其热压速率比酚醛树脂慢。

杨连利等利用反相微乳法从黑液中回收木质素，代替部分苯酚制备出低成本的木材用酚醛黏结剂，最佳工艺条件下产品的粘接强度为 2.7MPa；将制得的黏结剂和骨胶以质量比1∶1共混改性，不但增加了酚醛胶的粘接强度，还大大降低了骨胶的凝固点，改性黏结剂的黏度为 61mPa·s，粘接强度为 9.9MPa。

方继敏等用黑液经酸析得到的木质素为原料制备了木质素酚醛树脂，木质素能取代40%～50%苯酚，制取的黏结剂游离甲醛质量分数均小于 0.1%，低于酚醛树脂中甲醛含量。黏结剂黏度为（45～50）mPa·s，固含量 45%～50%时，黏结剂的剪切强度为 1.52～1.74MPa，达到国家标准Ⅰ类板对黏结剂强度的要求。

2. 木质素-脲醛（LUF）树脂黏结剂

脲醛树脂用于制造人造板有一系列优点，但是脲醛树脂存在耐水性差、释放甲醛污染环境这两大问题，采用木质素改性脲醛树脂则可有效解决。

Baskin 等发明了一种无毒、稳定的木质素脲醛树脂黏结剂。该发明将木质素磺酸盐和不饱和羰基化合物及饱和醛分 2 步反应，得到接枝共聚物，然后再与脲醛树脂混合。该黏结剂中接枝共聚物的比例高达 80%，该产品能代替脲醛树脂，对人造板的物理学性能没有任何负面影响。Lin 等首先用甲醛对木质素进行羟甲基化，然后再与脲醛树脂混合制得黏结剂产品，其游离甲醛含量低于 1%，对皮肤和眼睛无刺激，且性能稳定。彭园花等采用连续浸提和半纤维素酶处理方法，制得木质素含量高达 97% 的产品，再与甲醛和尿素反应制备木质素-脲醛树脂。木质素在树脂合成反应中不仅参与反应，还可充当捕捉剂，木质素的纯度越高，对甲醛的捕捉能力越强。

3. 木质素-三聚氰胺甲醛（LMF）黏结剂

三聚氰胺甲醛树脂性能虽好，但价格较高。木质素对三聚氰胺甲醛树脂改性，可降低成本。Bomstein 等采用木质素磺酸盐与三聚氰胺甲醛共聚合制得黏结剂，木质素磺酸盐的比例高达 70%；用亚硫酸盐造纸废液和甲醛在碱性条件下加热缩合，加入少量的三聚氰胺，直到黏度为 250~300mPa·s(25℃)，得到一种耐水性好的木材黏结剂。

4. 木质素-聚氨酯（LPU）黏结剂

该类黏结剂耐冲击性能和耐化学药品性能均较好，尤其耐低温性能更优，但其成本远高于传统的木材黏结剂。另外，传统聚氨酯的一个缺点是难以降解和回收利用，给环境造成了较大的污染。木质素在聚氨酯黏结剂中作为外加剂，也可取代部分二元醇与异氰酸酯反应生成 PU。Brahimi 等用甲醛改性木质素得到羟甲基化木质素，可以明显改善木质素与聚氨酯的接枝反应。Chahar 等用甘蔗木质素代替 50% 聚乙二醇时，LPU 的粘接强度最高。但是由于木质素的玻璃化温度较高，木质素的引入会使 PU 的玻璃化温度增高。如果用木质素与环氧丙烷反应制备羟丙基化木质素，可以提高木质素醇羟基含量，使其活性大大增加。刘全校等以羟丙基化木质素和二异氰酸酯为原料，采用溶液流延法制备了木质素型聚氨酯[21]。

（四）其他

木质素还可以用作肥料黏结剂。木质素产品用作肥料黏结剂的特征是黏合力强，并且具有改良土壤和促进肥效的双重效果。

第二节　纸浆废液做减水剂

一、制浆废液做减水剂的原理

水泥中加入减水剂，可以改善混凝土质量，降低水泥用量。碱法（含硫酸盐法）和亚硫酸盐法两种制浆方法得到的木质素的结构差别很大，性能差异也大。在碱法制浆条件下，木质素以碱木质素的形式溶解于废液中。由于碱木质素存在亲水基团，使废液具有一定的表面活性，掺入混凝土中能起到一定的减水作用，但缺点是不利于混凝土强度的提高，使用效果不稳定，因此使用受到限制。在亚硫酸盐制浆条件下，木质素被磺化以木质素磺酸盐的形式存在，目前已广泛用作混凝土减水剂。

木质素磺酸盐属阴离子型表面活性剂，具有半胶体性质，能在界面上产生单分子层吸附。木质素磺酸盐掺入水泥浆中，离解成大分子阴离子和金属阳离子，大分子阴离子吸附在水泥粒子的表面使水泥粒子带负电荷而相互排斥，促使水泥粒子分散。同时，木质素磺酸盐使水泥二次凝聚粒子分散开来，释放出凝体中所含的水。此外，木质素磺酸盐中含有缓凝基团羟基和醚键，具有缓凝作用，这种对水泥初期水化的抑制作用使化学结合水减少，相对的游离水增多，使水泥浆的流动性提高。由于木质素磺酸盐同时具有上述三种作用，使它在低掺量时具有较好的减水作用[22]。

目前国内常用的木质素型减水剂大多以木质素磺酸盐或其改性产品为主要成分。用黑液木质素制木质素磺酸盐型减水剂的方法有以下四种：物理改性法；化学改性法，即在木质素中引入磺酸基或改变其活性基团，使其与单体（甲醛）接枝共聚；复配法，即通过机械混合方法，将不同的减水剂或外加剂均匀地混合为一体，可克服单一应用一种木质素磺酸盐减水剂时在某些性能上的不足；联合法，就是采用化学改性和复配相结合的方法。通过这些方法制得的减水剂均具有较高的减水性和良好的透气度，且对水泥的凝固无不良影响[23]。

(一) 碱法制浆黑液的磺化改性

碱法制浆黑液的改性是将黑液的碱木质素提纯之后进行改性，其中最具实际应用价值的方法还是磺化改性，即在木质素大分子中引入亲液基团——磺酸基，制成木质素磺酸盐。磺化改性方法包括高温磺化、磺甲基化和氧化磺化。

1. 高温磺化

高温磺化是将碱木质素与 Na_2SO_3 在 180℃ 左右反应，在木质素侧链上引进磺酸基制得水溶性好的产品。

2. 磺甲基化

磺甲基化是将碱木质素在碱性条件下于 170℃ 与甲醛和 Na_2SO_3 反应，即一步磺甲基化。或是先羟甲基化，再在碱性条件下于 170℃ 与 Na_2SO_3 反应，即两步法磺甲基化。通过磺甲基化反应使磺酸基主要连接在木质素苯核的 C5 位置上，也有少量连接在侧链上，从而增加了木质素的磺化度。

3. 氧化磺化

通过氧化改性提高木质素活性。一方面通过脱甲基化作用提高木质素苯丙烷单元的反应活性；另一方面使高缩合度的木质素降解，使木质素和反应物接触反应机会增大。再通过磺化反应提高碱木质素的水溶性和分散性[24]。

(二) 木质素磺酸盐改性

1. 物理改性

因木质素磺酸中含有纤维素、半纤维素和还原糖等杂质，它们的存在一定程度上会对混凝土性能产生不利影响，如过分缓凝和引气性大造成的混凝土强度和耐久性的降低等。所以除掉分子量过小和过大组分，剩下分散作用强的中等分子量的组分是其改性的途径之一。常用的木质素磺酸盐的 4 种分离提提纯方法，即树脂法、超滤法、长链胺法和溶剂萃取法等。物理改性手段不改变木质素磺酸盐的分子结构，因此对木质素磺酸盐性能的改善作用有限，且物理改性成本高，不宜工业化推广和应用，但木质素磺酸盐的基础理论研究方面具有一定的应用价值。

2. 化学改性

为了使木质素磺酸盐的分散减水效果得到大幅提高，主要还是通过化学方法改变木质素磺酸盐的分子结构，进而对其性能造成根本影响。木质素磺酸盐中含有各种官能团，可进行氧化、还原、水解、醇解、酸解、酚化、酰化、磺化、烷基化、缩聚或接枝共聚等许多化学反应，其中，通过化学手段进行改性的方法主要集中在氧化、磺化、酚化、羟甲基化、曼尼希反应和缩聚、接枝共聚等。

（1）氧化改性　木质素磺酸分子是由约50个苯丙烷单元组成的近似于球状三维网络结构体，其中心部位为磺化的原木质素三维分子结构，外围分布着被水解且含磺酸基的侧链，最外层由磺酸基的反离子形成双电层。通过氧化，可以使这种三维网络结构打开，使更多的反应活性点暴露，以利于后续的化学改性；并且，这种分子结构也不利于木质素磺酸盐在水泥颗粒表面的吸附，也不能提供好的吸附保持性和高的表面活性。氧化改性多采用过氧化氢作为氧化剂，因其还原产物是水，是绿色氧化剂。氧化改性过程中，pH值、过氧化氢的用量及使用催化剂是木质素磺酸盐改性的主要影响因素，无催化剂条件下木质素磺酸盐的酚羟基结构遭到破坏，酸性条件下的分子量比碱性条件下高，碱性条件下羟基含量升高，酸性条件下发生脱磺反应，氧化过程同时发生了氧化降解和氧化缩合反应。

（2）磺化、酚化、羟甲基化改性　磺酸基团是减水剂的主导官能团，电势高，能起到显著的分散减水效果。因此，向木质素磺酸盐中进一步引入磺酸基团，增加其含量，可有效提高木质素磺酸盐的表面活性和分散减水性。由于木质素的结构中存在很多愈创木基结构，反应活性点少，因此，很多研究把氧化和磺化结合起来。有研究表明，先氧化再磺化的反应产物分散作用明显好于先磺化后氧化的反应产物；氧化反应可使木质素磺酸钙的反应活性提高，有利于磺化反应的进行。还可以先通过酚化提供更多的反应活性点，然后通过羟甲基化和亚硫酸盐磺化法引入磺酸基团。木质素磺酸盐的酚化主要发生在愈创木基结构和紫丁香结构的苯丙烷碳原子上，发生取代反应，而后的羟甲基化发生在苯酚结构的邻位。

（3）曼尼希反应改性　曼尼希反应（Mannich反应，简称曼氏反应），也称作胺甲基化反应，是含有活泼氢的化合物（通常为羰基化合物）与甲醛和二级胺或氨缩合，生成 β-氨基（羰基）化合物的有机化学反应。因木质素磺酸盐中含有丰富的官能团，可以通过曼尼希反应引入非离子表面活性官能团氨基，也可进一步进行磺化反应引入磺酸基，来提高木质素磺酸盐的表面活性。

（4）缩聚、接枝共聚改性　木质素磺酸盐的缩聚、接枝共聚改性主要是木质素磺酸盐与活性单体进行缩聚和接枝共聚反应。这些活性单体大多来自高效减水剂所用原料，即木质素磺酸盐中间体与多系列高效减水剂中间体（包括羰基脂肪族、萘磺酸盐甲醛缩合物、聚羧酸类）进行接枝共聚而制成的一种新型减水剂。在合适的合成条件下，减水分散效果与这些高效减水剂接近，有效降低了高效减水剂的合成成本，提高高效减水剂与混凝土的适应性，如使用高效减水剂混凝土容易出现的离析、泌水和扒低现象等，并且通过这种方法合成的新型减水剂要比相同比例下直接复配效果好得多[25]。

3. 复配改性

通过机械混合方法，将不同的物质或外加剂均匀地混合为一体，一般经过化学反应或加热处理。为充分利用减水剂自身突出的某一特性和克服单一应用时存在的某些性能的不足，将两种或两种以上的减水剂按一定比例复配在一起，达到弥补自身某些性能不足的缺陷，同时又使某一性能的协同作用得到加强。如聚羧酸盐与改性木质素的复合物，萘磺酸甲醛缩合物与木质素磺酸钙等。

4. 联合改性

采用化学改性和复配相结合的方法，制取高性能减水剂。木质素磺酸盐经改性后加入适量的表面活性剂复配后，表面活性得到改善。

二、制浆废液做减水剂的工艺

（一）制浆废液做减水剂的工艺流程

1. 碱法制浆黑液做减水剂的工艺流程

目前我国90%的造纸企业采用碱法制浆，下面介绍一个碱法制浆黑液制作减水剂的工艺。中国宣纸集团公司[26]利用制浆黑液制作混凝土减水剂，研究出了一套比较成熟的黑液治理新技术。该工艺利用均化、磺化、纯化和喷雾干燥等技术，提高木质素磺酸盐品质；并采用接枝共聚技术，将木质素磺酸盐减水剂与聚羧酸系等高效减水剂进行接枝共聚，形成新的高分子基团，其工艺流程见图 2-9，生产设备流程见图 2-10。

图 2-9　黑液制作混凝土外加剂工艺流程

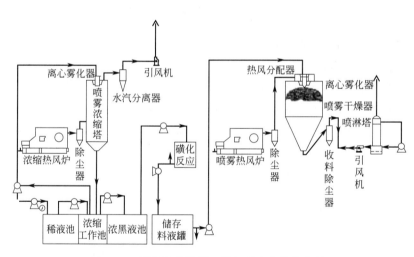

图 2-10　黑液制作混凝土外加剂生产设备流程

黑液中的草本木质素在碱性条件下，加入磺化剂亚硫酸钠等的同时，加入催化剂在75～95℃进行磺化反应，其生成物按胶凝材料质量掺入 0.2%～0.3%，可达 9%～12%的减水率，由于催化剂的作用，其反应条件温和（木质素磺化条件为 150～200℃），改善了劳动条件，节约了能源。

用氧化剂使黑液中部分草本木质素分子链断裂，进行磺甲基化羧酸聚化和自由基磺化反应等，然后再进行聚合反应，高效减水剂制备的反应条件同样比较温和，生成物按胶凝材料质量掺入 0.4%～0.6%，减水率可达 15%～18%。

2. 酸法制浆废液做减水剂的工艺流程

木质素磺酸钠（以下简称木钠）来源于酸法制浆废液，是帮助造纸业消化处理纸浆废液、降低河道污染、保护环境的一种重要的环保产品。生产 1t 木质素磺酸盐，能帮助企业处理 2.5t 含量为 40％左右的纸浆废液，相应地降低了纸浆企业废液排放的化学污染。陈国新等[27]利用木钠制备改性脂肪族高效减水剂，克服了普通脂肪族高效减水剂在应用时出现的混凝土离析、泌水、颜色发红等缺点，同时也有效地使用了木质素磺酸盐，既降低产品的成本，又减少了环境污染物。其合成工艺采用无热源法及分步加水工艺，在反应釜中加一部分甲醛溶液，反应放出热量使体系温度升至 50～55℃，控制滴加混合液速度以控制体系合适的回流比。滴加完毕后，加入一部分水并向体系中继续快速滴加剩余甲醛，同时滴加木钠溶液，升温至一定温度，保温 2～6h，加入剩余的水，降温至 50℃以下出料，得到红褐色液体状的高效减水剂 HLC-RS(M)，其合成工艺路线见图 2-11。

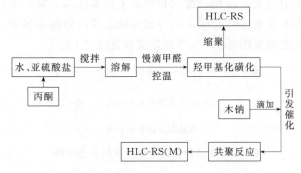

图 2-11　脂肪族高效减水剂的合成工艺路线

（二）制浆废液做减水剂的影响因素

1. 磺化阶段的影响因素

采用碱法制浆工艺产生的黑液，制备普通减水剂，首先要对碱木质素进行改性，其中最为常用的就是用磺化剂对其进行磺化改性，而水泥净浆流度则是评定改性工艺效果的一个重要指标。水泥净浆流动性是衡量水泥颗粒在水中分散效果的标准。由于木质素磺酸盐是带有多个阴离子基团的表面活性物质，可吸附在水泥颗粒与水的界面上，引起水泥颗粒表面的双电层结构变化，增大其静电斥力，阻碍水泥颗粒的凝聚，同时这些阴离子基团也改善了水泥粒子的亲液性，从而可以增加水泥在水中的分散性，最终使水泥在混凝土中能够和其他材料更好地混合，提高混凝土构筑物的质量。衡量混凝土减水剂的另一个重要指标是混凝土的减水率。混凝土的减水率是指掺加减水剂的混凝土，与不掺加减水剂的基准混凝土在坍落度相同的情况下拌和混凝土用水量减少的百分数，减水率大说明混凝土的分散效果好，用较少的水量，即可以获得良好的流动性和混合均匀性[28]。

（1）使用多羟基磺化剂对制浆废液进行磺化　使用多羟基磺化剂制备碱木质素减水剂工艺的影响因素有过氧化氢的添加量、黑液的 pH 值、磺化剂的用量、磺化温度和磺化时间等。

① 过氧化氢的添加量　根据碱木质素的结构特性，如缩合度高、甲氧基含量较高、可接入磺酸基的位置较少、活性较差等，需氧化改性提高木质素的活性。加入的过氧化氢，一方面通过脱甲基化作用提高木质素苯基丙烷单元的反应活性；另一方面使高缩合度的木质素降解，使木质素和反应物接触反应机会增大。当添加量过小时，过氧化氢由于优先和木质素的还原性物质反应如 S^{2-}，而没有起到活化木质素分子的作用，因此对净浆流度影响不大。

当过氧化氢添加量过大时，由于可被过氧化氢活化的木质素分子的官能团有限，继续增加过氧化氢不能进一步提高净浆流度。研究表明，在改性过程中最佳过氧化氢添加量为 2.5mL（200g 黑液，磺化剂加量 18g，磺化温度 120℃，磺化时间 3h，黑液 pH＝12），这样既可有效地提高改性效果，又可以氧化黑液中的 S^{2-}，减少后续调节 pH 值过程中硫化氢气体的释放。

② 黑液的 pH 值　适当地降低反应液的碱度有利于提高木质素的磺化效果，但是 pH 值较低时，木质素容易从黑液中局部少量析出或者大量地析出，析出以后的木质素在后续的磺化反应中进行非均相反应，反应活性大大降低，影响了磺化效果，造成净浆流度的急剧下降。所以在磺化过程中只能用稀酸调节黑液 pH 值的范围至 11～12，以保证较好的磺化效果。

③ 其他　研究表明用多羟基磺化剂制备碱木质素减水剂的最佳工艺条件是，将含固量 40％的黑液调节 pH 值到 12，升高温度到 60℃，加入质量分数为 1％的过氧化氢，反应 20min，升温到 120℃，加入黑液质量分数 9％的磺化剂，磺化 3h[29]。

（2）接枝磺化工艺的影响因素　将碱法制浆废液进行磺化的另一种较为常用方法为接枝磺化法，利用亚硫酸钠、甲醛与木质素发生磺化反应，并在预定时间和温度下进行缩合反应，即可得到高效减水剂。接枝磺化工艺的影响因素有亚硫酸钠的用量、甲醛的用量、磺化温度及缩合反应温度等。

① 亚硫酸钠的用量　亚硫酸钠的用量直接影响反应产物的磺化度，进而影响其对水泥浆体的分散性能。当亚硫酸钠用量较少时，减水剂分子上接入的磺酸基较少，产物的磺化度偏低而分子量偏高，导致其较差的水溶性和较小的电负性，进而使其对水泥的减水分散作用降低；当亚硫酸钠用量过多时，大量的磺酸基引入减水剂分子上，产物具有较高的磺化度，使其分子量偏低，这是因为磺酸基庞大的体积形成了很大的空间位阻，影响了下一步的缩合反应，从而影响了分子链的长度，使产物分子量偏低，分散性变差。

② 甲醛的用量　甲醛用量不仅影响产物的缩合程度，也会影响木质素的羟甲基化，进而影响磺化度。甲醛分子中的羰基是强极性基团，化学性质比较活泼，易发生亲电加成反应。当甲醛用量过少时，聚合分子量过低，说明产物链节数量不够，支链数量少，致使减水剂分散性小。随着甲醛的用量增加，聚合反应的速率加快，产物的分子量增大，反应物中羟甲基含量增多，反应活性增强，分散性好。但当甲醛的量增加到某一值时，由于羟甲基化程度太大，聚合物发生交联，形成空间网状结构，分子量过大，反而降低了减水剂的分散性。同时，甲醛过量会导致产品中游离甲醛增多，对人体有害，而且还会增加成本[30]。

③ 磺化温度　温度会影响磺甲基化反应的进行，从而影响磺化产物的性能。实验表明，温度越高越有利于磺甲基化反应的进行，从而有利于磺化产物分散性能的提高。

综上，楼宏铭等[31]研究出了接枝磺化工艺的优化条件为：m（亚硫酸钠）：m（黑液）＝0.72，m（甲醛）：m（黑液）＝1.82，磺化温度 55℃，缩合温度 98℃。其中，竹浆黑液中固含量为 50％，木质素含量为 25％，甲醛为 37％，亚硫酸钠和甲醛均为工业级。

2. 接枝合成阶段的影响因素

制浆废液经过磺化处理后产生的木质素磺酸盐，可以和萘系减水剂进行接枝共聚，通过化学改性制备具有合适的亲水亲油基团、带有苯环的梳状结构大空间位阻型和合适分子量分布的木聚萘系高效减水剂。通过优化合成工艺参数，可以实现在不降低性能的前提下提高纸浆废液与萘系高效减水剂的质量配比，从而降低木聚萘系高效减水剂的生产成本。木聚萘系减水剂在木质素磺酸盐、萘磺酸和甲醛的反应中，萘系减水剂分子主链上引入了木质素磺酸盐的支链结构，增大了减水剂在水泥颗粒上的吸附量，使吸附了减水剂的水泥颗粒在颗粒间电荷斥力不变的情况下提高了水泥颗粒分子间的位阻斥力，从而使水泥颗粒之间的分子排斥力进一步增强，阻止了水泥颗粒间絮凝，达到了控制坍落度损失过快的目的。优化的工艺参数主要包括接枝合成反应过程中的温度和时间、木质素减水剂与萘系减水剂的投料比等因素。

（1）保温时间对水泥净浆流动度的影响　通常情况下，缩合反应产物的分子量随保温时间的延长而增大，由于减水剂的性能与分子量密切相关，因此控制反应时间至关重要。当保温时间过短时，减水剂对水泥净浆流动度的影响不是很明显，主要原因是此时分子合成不完全，产物的分子量较小，而要形成合适分子结构需要更长时间的分子碰撞缩合。当反应时间过长时，体系内又因为生成了许多大分子凝胶状物质，影响了它的分散性能和减水作用。综合考虑，最佳保温时间选择在3h左右。

（2）投料比对水泥净浆流动度的影响　对于缩合产生的高分子物质来说，最终缩合产物性能由单体链节在主链上所占的比例决定。因而控制不同的投料比是获得理想产物性能的一种有效方式。通过实验发现，木质素减水剂与萘系减水剂两者不同的配比对产品性能有较大影响。当投料比太高时，木质素减水剂的含量增多，合成的木聚萘系减水剂分子量偏高，黏度增大，反应不易进行；但木质素减水剂含量过低，又容易使反应速率加快，分子量分布不均匀，分散性能降低。这是因为萘系减水剂本身就属于高分子表面活性剂，因此在同系物中必然存在亲水性和亲油性的平衡值，即只有在分子中亲水基的亲水性和亲油基的亲油性配合恰当时，得到的木聚萘系减水剂的分散体系才会具有最佳分散效果。但在减水剂的实际生产中，除了减水效果外，生产成本也是一个重要的考虑因素。在满足性能的前提下，应尽可能地降低成本。因此在实际生产中，企业可以把投料比定在效果稍差一些的投料比为25％的木聚萘系减水剂上。这样不仅可以节约成本，而且性能方面也能满足混凝土的施工要求，不影响使用效果[32]。

三、制浆废液做减水剂的应用

（一）普通减水剂

黑液中的草本木质素在碱性环境条件下，加入磺化剂亚硫酸钠等的同时，加入催化剂在75~95℃温度进行磺化反应，其生成物按胶凝材料质量掺入0.2％~0.3％，可达9％~12％的减水率，由于催化剂的作用，其反应条件温和（木本木质素磺化条件150~200℃），改善了劳动条件，节约了能源。

丁寅等[33]采用催化氧化再磺化工艺制备了水溶性草浆黑液木质素磺酸盐混凝土减水剂。混凝土试验结果表明，经磺化改性后的产品分散性能得到明显改善，在0.25％掺量下，混凝土减水率达11.4％，含气率4％，有一定的缓凝作用；对混凝土压缩强度有较大的提高，3d和28d压缩强度比分别达到125％和110％，对混凝土早期强度的改善更明显，其适宜的掺量范围为水泥含量的0.1％~0.5％，适合于配置C40（及以下）中低强度混凝土。

樊耀波等[34]将麦草造纸黑液中提取的木质素进行磺化改性，探索作为水泥混凝土减水剂的可行性。研制了ZS-3号减水剂。同时对麦草造纸黑液资源化治理工艺中产生的含磺化木质素多糖液进行了水泥混凝土减水性能试验。研制了ZS-2号减水剂。实验结果表明，ZS-3使水泥混凝土减水率达10％，7d压缩强度增加18％，28d压缩强度增加5％，达到水泥混凝土普通减水剂性能。ZS-2 使水泥混凝土减水率达 10％，7d 压缩强度增加 73％，28d 压缩强度增加 26％，达到水泥混凝土高效减水剂性能。

(二) 高效减水剂

第一代高效减水剂——萘基高效减水剂和蜜胺树脂基高效减水剂是 20 世纪 60 年代初开发出来的，性能较普通减水剂有明显提高。高效减水剂减水率可达 20％以上。目前主要以萘系为主，占 67％。特别是我国，大部分高效减水剂均是以萘为主要原料的萘系高效减水剂，其特点是减水率较高（15％～25％），不引气，对凝结时间影响小，与水泥适应性相对较好，能与其他各种外加剂复合使用，价格也相对便宜。萘系减水剂常被用于配置大流动性、高强、高性能混凝土。但是，单纯掺加萘系减水剂的混凝土坍落度损失较快。

刘艳玲[32]研究了纸浆废液接枝共聚萘系减水剂制备木聚萘系减水剂的可行性。通过调整木质素减水剂和萘系减水剂的质量比，优化接枝共聚时间和温度，成功实现了两种减水剂的接枝共聚。红外光谱分析表明，形成的木聚萘系减水剂是一种新型物质，其性能优于萘系减水剂。具备高减水、高保坍的性能，克服了萘系减水剂坍落损失过快的缺点。

中建三局的黄波[35]将普通减水剂或高效减水剂在一定条件下加入正在缩合的萘磺酸盐中，在适宜条件下参与反应聚合，即可得到性能更为优良的减水剂，减水率可达到 20％～26％。用傅里叶红外光谱仪对改性草本萘系减水剂和萘系减水剂进行红外光谱测试，从光谱图对比分析可看出，高效减水剂已接枝到萘磺酸盐分子上。经湖北省质检中心检测，其各项性能优良，减水率达 26％。利用武汉某纸厂大型露天废水池中芦苇、麦草制浆黑液，成功地生产了 100 余吨改性草本萘磺酸盐减水剂，在试生产过程中发现，在加入高效减水剂半成品反应的 0.5h 内，甲醛的刺鼻气味消失。经武汉工程大学分析测试中心检测改性草本萘系减水剂游离甲醛含量 0.1mg/kg。将试生产的改性萘磺酸盐高效减水剂用于 C15～C40 各强度等级的混凝土生产供应共计约 10000m³，全部采用泵送，混凝土施工性能良好，强度和抗渗都达到了设计要求。改性萘磺酸盐高效减水剂产品经湖北省建筑工程质量监督检验测试中心检测性能优良。

第二代高效减水剂是氨基磺酸盐。陈国新等[30]利用棉籽粕黑液对传统氨基磺酸系高效减水剂进行改进，研究了其改性工艺。改性产物的分散性能较未改性产物略有下降，但保水性能明显改善。

第三代高效减水剂是羧酸系，是既有磺酸基又有羧酸基的接枝共聚物，其性能也是最优良的。杨柳等[36]选用目前较有代表性的醚类聚羧酸系高性能减水剂和木质素磺酸钠减水剂复配，通过实验，研究复配后产品对新拌混凝土工作性能以及硬化混凝土强度的影响。实验结果表明：聚羧酸系高性能减水剂与木质素磺酸钠减水剂按一定比例均匀混合，可复配出满足 GB 8076 国家标准要求的缓凝型高效减水剂和泵送剂；复配产品的减水率明显提高，混凝土 3d、7d、28d 强度均有所提高；通过复配技术可有效降低减水剂的成本。

第三节　纸浆废液做驱油剂

一、制浆废液做驱油剂的原理

三次采油（EOR）是 20 世纪 70 年代以来兴起的技术，它用来回收一次采油（泵出法）

和二次采油（注水法）后因毛细作用存在于储库岩中的大量原油。主要驱油方法有化学法、注气法和热力法。化学驱油法的目的是注入具有超低界面张力（$10^{-2} \sim 10^{-3}\,mN/m$）的表面活性溶液以顶替出更多的原油。表面活性剂驱油剂具有双亲官能结构，当其溶于水时，分子主要分布在油水界面上，可以降低油水界面张力。油水界面张力的降低意味着黏附功的减小，即油易从地层表面洗下来，提高洗油效率。对目前的化学驱油法而言，石油磺酸盐仍具有无可替代的优势，但石油磺酸盐大多难以生物降解，使用后引起环境污染是制约化学驱油体系广泛应用的最主要因素。另外，其价格受到石油市场的很大影响。因此，寻找更价廉无毒的替代品或添加剂是非常重要的[37]。

制浆废液中的木质素分子结构中存在着芳香基、酚羟基、醇羟基、羰基、羧基等多种活性基团，因而可以通过磺化、氧化、烷基化、胺化、接枝共聚等改性反应，在木质素中接入亲水、亲油基团或改变分子量大小，提高其表面活性，从而使木质素的一些改性产品具有一定的驱油能力。因此，无论从资源利用、从环境保护的角度，还是从提高石油采收率、降低石油开采成本方面，木质素基驱油剂的研究、开发和利用都具有重要意义。

以碱法造纸得到的是碱性木质素，以亚硫酸法造纸得到的是木质素磺酸盐。碱性木质素上缺乏强亲水性官能团，同时可发生反应的位置较少，所以水溶性和化学反应性能都不好，特别是在中性及酸性条件下溶解度很低，这些缺陷大大限制了它的应用范围。木质素磺酸盐有较强的亲水性，缺乏长链亲油基，因而单独使用效果不佳，但因来源丰富，价格低廉，成为人们开展改性研究的焦点。改性研究主要集中在增加木质素的亲油基方面，包括对碱性木质素进行烷基化，再用高磺酸钠及高锰酸钾进行氧化以及利用醚化或取代反应，在木质素磺酸盐分子中引入烷烃得到改性的产品[38]。

木质素降低水溶液表面张力的能力相当有限，不能形成油、水之间超低界面张力，要制备木质素基驱油剂，就需要对其改性。制备过程中，提高木质素亲水性主要通过磺化法或磺化与氧化配合使用；提高木质素亲油性可通过烷基化、胺化、缩合等方法。

（一）提高木质素亲水性的方法

1. 磺化

木质素的改性方法虽然很多，但最具实际应用价值的改性方法还是磺化改性。磺化改性包括高温磺化、氧化磺化和磺甲基化。高温磺化是将碱性木质素与 Na_2SO_3 在 180℃ 左右反应，在木质素侧链上引进磺酸基，制得水溶性好的产品。木质素为网状大分子结构，屏蔽效应比较明显，表面可以被磺化，但其网状内部由于磺酸基无法进入而不能磺化。可以先用氧化剂（如 $KMnO_4$、H_2O_2）等进行氧化，将其打断为小分子后再进行磺化，然后再用偶联剂进行偶联，这样就可以得到磺化度较高的木质素磺酸盐，分子量可以控制，分散效果将会更好。磺甲基化是将碱木质素在碱性条件下于 170℃ 与甲醛和 Na_2SO_3 反应，即一步法磺甲基化；或者是先羟甲基化，再在碱性条件下于 170℃ 与 Na_2SO_3 反应，即两步法磺甲基化。据报道，磺甲基化反应主要发生在苯环上，也有少量发生在侧链上[39]。

2. 氧化

木质素的结构中有多个部位都可以与氧化剂发生适度的氧化降解反应。氧化后木质素大分子被部分降解，产物亲水能力提高。如竹材碱木质素烷基化后，再进行氧化反应。其产物表面活性大大提高，降低表面张力的能力超过十二烷基磺酸钠及十二烷基苯磺酸钠。

（二）提高木质素亲油性的方法

1. 烷基化

在木质素的酚羟基上引入长链烷基是提高木质素亲油性的常用方法。烷基化使木质素亲油性有所增强，但表面活性与表面活性剂相比仍有一定差距，这主要是因为碱木质素本身的两亲性较差，经烷基化处理后，虽然引入亲油的烷基链，但仍缺少强的亲水基团；再经磺化引入亲水基团后，表面活性明显增强。

2. 胺化

在木质素的结构单元中，酚羟基的邻、对位以及侧链上的羰基上的 α 位上均有较活泼的氢原子，此类氢原子容易与甲醛、脂肪胺发生曼尼希反应（胺化），制成木质素胺。

3. 接枝共聚

接枝共聚是木质素游离酚羟基与多个官能团化合物发生的交联反应，交联剂为卤化物、环氧化物等。木质素与环氧丙烷共聚后，亲油性有所改善。

4. 缩合

木质素在非酚羟基位置可与一些官能团发生缩合反应。在适宜条件下，缩合反应后可以得到分子量增高、亲油性较好的改性木质素。

以上方法中，提高木质素亲水性的主要方法是磺化，氧化降解可进一步提高磺化后的亲水性。烷基化主要用来提高木质素的亲油性；在不同的条件下，接枝共聚、缩合和胺化对木质素亲油性和亲水性都有影响，而在木质素基驱油剂的制备中主要用来提高木质素的亲油性[40]。

二、制浆废液做驱油剂的工艺

（一）直接用黑液作为驱油剂

将草浆黑液直接用于稠油开采，可为黑液的大量利用提供一个新的方法。稠油是指在油层温度下黏度大于 $100mPa \cdot s$ 的脱气原油草浆黑液中所含的碱性物质（氢氧化钠、碳酸钠和硅化物等）与稠油中的环烷酸、脂肪酸和芳香酸等反应，可生成表面活性剂，从而可降低油水的界面张力，使黑液与稠油发生乳化形成乳状液，降低了稠油的黏度，使稠油易于开采。其反应过程为：

$$R—COOH + NaOH \longrightarrow R—COONa + H_2O$$
$$2R—COOH + Na_2CO_3 \longrightarrow 2R—COONa + H_2O + CO_2$$
$$2R—COOH + Na_2SiO_3 \longrightarrow 2R—COONa + H_2SiO_3$$

黑液中碱木素及其降解产物属活性物质；黑液的黏度大于水，在驱油过程中可降低水油的流度比；黑液的表面张力低于水，并对地层有良好的润湿性；这都是提高稠油采收率的有利因素[41]。

黑液驱替效果主要受以下因素影响。

1. 原油酸值对黑液驱替效果的影响

黑液驱采收率随原油酸值增大而增加。黑液作为驱油剂的主要有效成分是活性碱。原油酸值越高，则与碱作用时生成的表面活性剂越多，驱油率越高。碱驱的必要条件是原油酸值大于 $0.2mg KOH/g$ 油。驱替酸值低于此值的原油时，黑液的效果好于同浓度的碱水，其原因是黑液中除活性碱外还含有碱水素等表面活性物质。此外，0.3%黑液的黏度（$2.8mPa \cdot s$）高于 0.3%碱水的黏度（$1.22mPa \cdot s$），在岩心内黑液有较高的水油流度比。

2. 盐对黑液驱替效果的影响

氯化钠在阴离子表面活性剂溶液中起两种作用。钠离子的加入一方面减少了表面活性剂在界面吸附后产生的扩散双电层厚度，部分中和表面活性剂阴离子的负电荷，减弱了阴离子之间的相互排斥，使表面活性剂在界面上排列更紧密，因而使界面张力进一步降低；另一方面使脂肪酸钠盐在水相中溶解性下降，部分转入油相。在氯化钠浓度较低时，前一种作用占主导地位，驱油率随氯化钠浓度增加而升高；较高时后一种作用占主导地位，氧化钠浓度继续增加时驱油率下降。少量氯化钙的加入引起驱油率大幅度下降。

3. 温度对黑液驱替效果影响

驱油率随温度升高而上升。温度升高时稠油黏度降低，稠油中的酸性成分更容易扩散到油水界面并与黑液中的碱反应生成表面活性剂，这两个因素均导致驱油率升高[42]。

（二）复配黑液体系作为驱油剂

为了提高原油的采收率，近年发展了复合驱，这是指两种或两种以上驱油成分组合起来的驱动，对化学驱，可用碱、表面活性剂、聚合物等驱油成分，按不同的方式组成各种复合驱，如稠化碱驱、稠化表面活性剂驱、碱强化表面活性剂驱、表面活性剂强化碱驱，以及由碱（A）、表面活性剂（S）和聚合物（P）组合起来的 ASP 三元复合驱。复合驱通常比单一的驱动有更高的原油采收率，它主要通过各种正协同效应使原油采收率得到提高[43]。

黑液复合驱油剂是由黑液、聚合物和表面活性剂三种组分构成。由于三者的协同作用，使驱油效率明显提高。在这种组分中，三者既发挥各自的作用，又弥补了单独使用时的不足。从单方面考虑，聚合物驱油主要机制是提高驱替液的有效黏度，以获得较好的流度比，提高驱替液的波及体积；表面活性剂驱的主要机制是降低油水界面张力；碱驱的机制比较复杂，较普遍公认的机制是：①降低油层内的界面张力；②油层的润湿性由亲油转变为亲水；③油层的润湿性由亲水转变为亲油；④乳化和捕获；⑤乳化夹带；⑥增溶油水界面处形成的刚性薄膜。这几种机制中，降低油层内的界面张力是主要的。黑液复合驱油剂的驱油效率明显高于单纯黑液的驱油效率，这一结果表明，驱油剂黏度的改变和洗油能力的加强，确是提高原油采收率的重要因素。经研究认为，黑液对原油有很强的乳化作用，当黑液复合驱油剂与岩心中的水驱残余油接触时，就形成水包油型乳状液，降低了界面张力，当乳状液在岩心中运移时，小油珠相互聚并被捕获携带，表面活性剂的加入又增强了黑液复合驱油剂降低界面张力的能力；聚合物在复合驱油剂中起到改善流度比，提高波及体积的作用。这三者的协同效应，使黑液复合驱油剂驱油的效率大为提高[43]。

黑液体系驱油是按以下过程进行的：一定温度条件下岩心饱和水→饱和油→水驱→至产出液含水率达 98%，注黑液体系→水驱→至产出液含水率再次达 98% 后结束。所研究的产出液是从水驱开始至结束过程中所产出的全部液体。图 2-12 为室内模拟驱油实验的流程。

目前，一般选择石油磺酸盐为表面活性剂和黑液进行复配，因为石油磺酸盐的浊点很高，在砂岩表面上吸附少，成本较低，界面活性高，耐温性能好。

黑液体系的性质主要包括：黏度、界面张力、润湿性和乳化稳定性四个方面。

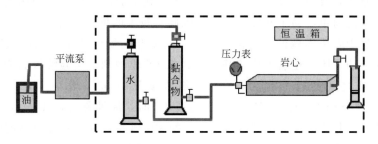

图 2-12 室内模拟驱油实验流程

为了有效驱油，被驱替的油珠必须聚并形成油墙，这要求驱油体系与原油间有非常低的界面黏度。油墙向前运动时，更多的残余油珠与油墙聚并，残余油得到进一步驱替。Strassne 认为：原油与注入水体系的高界面黏度与原油中的天然表面活性物质有关，原油中的沥青质和胶质在油水界面的吸附是造成高界面黏度的原因。在注入水加入驱油剂后，由于驱油剂中活性物质在界面上的吸附能力远远强于原油中的天然表面活性物质，活性物质分子顶替了界面上原来吸附的沥青质和胶质，从而降低了界面黏度，有利于油墙的形成。

岩心表面的润湿性用相对润湿指数表示，其值大于 1 为亲油，小于 1 为亲水。黑液体系可使岩心表面的亲水性减小。由于强亲水的表面可使注入水易于通过小毛细管渗流并圈闭大毛细管的剩余油而影响原油采收率，所以表面亲水性的减小可使原油采收率得到提高。

乳化-携带与乳化-捕集是提高原油采收率的两个机制，可通过乳化稳定性判断作用的机制。黑液体系与原油的乳化稳定性可用不稳定系数衡量，其值越小，乳状液越稳定，乳化-携带机制起主要作用；其值越大，越不稳定，乳化-捕集机制起主要作用。

油水界面张力（IFT）是三元复合驱提高原油采收率的一个极为重要的指标，只有当驱油配方和原油之间的 IFT 值降到 10^{-2} mN/m 以下，原油才能经济有效地采出。通常原油与水之间的液相界面张力都比较大，在 $20 \sim 50$ mN/m，因此要使被油藏中圈闭的油滴或残余油滴通过狭窄孔径流动，就应在原油与注入液之间形成超低液相界面张力。因为超低液相界面张力减小了油滴通过狭窄孔径时的形变功，减少毛细管阻力，使孔隙介质中的油滴从岩石表面拉开的形变功大大减小，驱油效率大大提高。油水液相界面张力随驱油剂浓度的增加而降低。但降低的幅度在一个数量级范围内，这表明复配体系驱油剂加入到注入水中，有利于注入水的驱油作用[44,45]。

三、制浆废液做驱油剂的应用

（一）木质素磺酸盐

1. 木质素磺酸盐做驱油剂

碱木质素磺酸盐（简称 PS 剂）是由造纸废液经浓缩加入酚、醛和硫酸等在高温下复配或反应后提炼出的一种新型表面活性剂。将水驱油与注 PS 剂驱油进行比较，可知注入水中加入少量的 PS 剂，可以明显改善水驱油效果。对其进行室内模拟试验，结果表明 PS 剂具有降低油水界面张力和原油黏度的能力，因此能够作为改善油田驱油效果的添加剂应用到油田生产中。从注 PS 剂现场应用情况来看，PS 剂驱油受效井数多、有效期长，可以改善水驱油效果，提高原油采收率。又由于 PS 剂是以水为载体的注入剂，在现场实施中具有地面改造投入较少，工艺简单，易于开展的特点，因此有较大的推广价值。

华北油田的赵 108 块属稠油、高含硫油藏，油藏非均质性严重。以造纸废液为基本原料，引入亲水和亲油基团，还引入抗硫基团，制成 PS 驱油剂。实验结果表明：赵 108 块原油与 PS 剂水溶液之间的界面张力，在 PS 剂浓度从 0.05％增至 1％时，界面张力由 13.91mN/m 降至 6.83mN/m；当 PS 剂浓度达到 2％时，原油乳化，几乎不形成油水界面，界面张力达超低点。赵 108 块原油与浓度为 1％的 PS 剂混合时，混合液黏度随两者的体积比变化而变化，当两者体积比小于 1∶4 时，混合液黏度比原油黏度还高，但当体积比达 1∶9 时，混合液黏度为 21.0mPa·s，是原油黏度的 1/3。室内驱替实验表明：PS 剂驱可提高采收率 10％；注入时机以水驱含水率为 96％时再注入 PS 剂较佳[46]。

2. 木质素磺酸盐（Ls）做牺牲吸附剂

作为阴离子表面活性剂，木素磺酸盐分子不具有良好的亲水-疏水结构。因其低的两亲性及高分子量而不适作石油回收过程中首选的表面活性剂，故其作用主要是以助剂的形式并体现为牺牲吸附剂及共表面活性剂两方面。

所谓的牺牲剂即是用廉价的化学品"覆盖"库岩表面，以减少石油磺酸盐的吸附沉淀损失。Hong 等研究了用 Ls 作牺牲吸附剂在表面活性剂流动法中的可行性，他们用混合的 Petrostep460 和 420 作首要的表面活性剂，考察了 Ls 对表面活性剂的影响，包括阳离子交换、矿物溶解及盐水容许等方面，其结论总概括如下：

① 用 Ls 进行预冲洗处理，表面活性剂的损失减少了 50％。

② Ls 引起可溶性矿物溶解，产生了不期望的多价阳离子，但 Ls 与之键合。

③ 用 NaCl 盐水预冲洗可适当削弱多价阳离子的作用，而减少了首要表面活性剂的损失。

由其结论可以看出 Ls 作牺牲剂是有效的，但未考虑 Ls 与石油磺酸盐作共表面活性剂协同效应的可行性，且未能测定其系统的界面张力，故无法在不同条件下比较界面活性。

协同机制首先由 Chiwetelu 等提出，他们探索了用 Ls 部分替代石油磺酸盐的可行性，并观测到两种主要影响：Ls 添加入 Petrostep420 和 450 体系中导致油水界面张力的进一步降低（为单独使用石油磺酸盐的 60％～90％）和黏度的显著增加。或许由于以上两种影响，石油回收率比单独用石油磺酸盐多 23％。

目前木素磺酸盐对石油回收的有效性已广为接受，但寻找适宜 Ls 的工作仍在继续。应当指出的是，亚硫酸盐法废液因主要成分为 Ls 曾一度引起人们的注意。但由于制浆过程中随机磺化引起的 Ls 分子具有多分散性，极大地影响了其性能。Kumar 等对加拿大几乎所有亚硫酸盐法废液的研究结果表明，它们对油水界面张力只能产生些许影响而不适用于回收过程中。碱木质素因分子量低及多分散性较小等特点而渐受重视[47]。

（二）黑液体系

1. 黑液＋石油磺酸盐＋聚合物

曲岩涛等[48]利用准三组分相图，研究了黑液与聚丙烯酰胺和石油磺酸盐形成的复合体系的黏度、界面张力等特性。利用线性和微观模型驱油试验，研究了利用黑液体系来提高采收率的机制。结果表明，最佳驱油体系有四种驱油机制可以提高原油采收率，即超低界面张力、乳化-携带机制、乳化-捕集机制和自发乳化。用转滴法测定了各黑液体系与模拟油之间的界面张力，通过绘制准三组分相图发现，黑液体系与模拟油之间可以产生超低界面张力。由于超低界面张力的存在，可以使水驱过程的不动油转化为可动油，从而使原油采收率得到提高。由于配方中的石油磺酸盐浓度较高，而体系的黏度又不高，所以溶质的扩散速率较快，石油磺酸盐可以很快地聚集在油/水界面上。但由于水相中离子环境的影响，使浓集在界面上的活性剂继续向油相扩散，所以界面张力又开始上升。这时在黑液的高浓度区，由于黑液中的碱与原油中的酸性组分的反应，在油/水界面上生成了大量的活性组分，在这期间，化学反应生成活性剂的速率大于活性剂向两相中扩散的速率，表现为界面张力不断下降，界面张力最低点不断向黑液浓度高的方向移动，随后，由于反应物浓度的降低，使生成活性剂的速率小于活性剂向两相中扩散的速率，吸附在界面上的活性剂浓度逐渐降低，界面张力也随之升高。

张统明等[49]研究了改性碱木质素（自制）作为三次采油表面活性剂和石油磺酸钠复配，与原油产生超低界面张力条件并进行了岩心驱替试验。结果表明改性碱木质素能和石油磺酸钠、碱、聚合物配合将油水界面张力降至超低范围，接近或优于纯石油磺酸盐 ORS-41 体系。用改性木质素代替 50%ORS-41 表面活性剂，复合驱采收率可达到 20% 左右，略高于纯 ORS-41 三元复合体系的复合驱采收率（18.7%），使用改性碱木质素可较大幅度地降低驱油成本，具有广泛的应用前景。

杨艳丽等[50]以正交试验法将黑液与表面活性剂石油磺酸钠碱进行复配，通过室内模拟驱油试验测定采收率，对复合体系进行评价并对其作用机制进行研究，表明：①石油磺酸盐的浊点很高，在砂岩表面上吸附少，成本较低，界面活性高，耐温性能好，但抗盐能力差。石油磺酸盐在地层中的吸附滞流和与多价离子的作用，导致了在驱油过程中的损耗。②造纸黑液的主要成分是碱（NaOH）和碱木质素（潜在碱）。碱与稠油中的环烷酸等反应可生成活性物质（如环烷酸钠），这些活性剂和木质素使稠油成为 O/W 型乳状液，从而大大降低油-水界面张力和稠油黏度，还可将油层润湿变成亲水性。③又由于黑液的黏度大于水，在驱油过程中可降低水油的流度比；黑液的表面张力低于水，对地层有良好的润湿性，这些都是制备采收率较高的驱油剂的有利因素。石油磺酸钠、造纸黑液与碱形成的复合体系较优配方：石油磺酸钠质量分数为 0.6%；黑液质量分数为 1.5%；NaOH 质量分数 0.4%。此条件下的复配型复合体系驱替柴油，采收率可达 80.84%。

2. 黑液＋二苯胺磺酸钠＋聚合物

二苯胺磺酸钠是一种表面活性较高的阴离子表面活性剂，其驱油效果优于常用的表面活性剂，如石油磺酸盐等。但其价格较为昂贵，并不适合在油田开采上大量使用。杨艳丽等[51]以正交实验法将黑液与表面活性剂二苯胺磺酸钠、碱进行复配，通过室内模拟驱油实验测定采收率。实验结果表明，当二苯胺磺酸钠质量含量为 0.6%，黑液质量含量为 1.8%，NaOH 质量含量为 0.4% 时，采收率可达 84%。

3. 黑液＋二苯胺磺酸钠＋聚合物

赵颖华等[52]以造纸废液中的碱木素为原料，通过缩合、磺化等反应过程，合成出改性木质素磺酸盐，改善了木质素磺酸盐的表面及界面性能。室内研究结果表明，改性木质素磺酸盐能与烷基苯磺酸盐类表面活性剂产生较好的协同效应，该复合体系在较宽的活性剂、碱浓度范围内能与大庆原油形成超低界面张力，三元复合体系驱油效率比水驱提高 15% 以上，可节约三元复合体系中表面活性剂成本 30% 以上。

参考文献

[1] 左继成, 刘艳辉. 碱法纸浆研制木材用结合剂 [J]. 辽宁化工, 2001, 30 (9): 377-378.

[2] 杨连利, 李仲谨. 造纸黑液中回收木质素制备黏合剂的研究 [J]. 包装工程, 2004, 11 (25): 181-183.

[3] 孙其宁, 秦特夫, 李改云. 木质素活化及在木材胶黏剂中的应用进展 [J]. 高分子通报, 2008, 9: 55-59.

[4] 李炜. 木质素基木材胶黏剂的研究进展和应用现状 [J]. 中国胶黏剂, 2008, 17 (3): 47-50.

[5] 仲豪, 张静, 龚方红, 等. 木质素在脲醛树脂胶黏剂中的应用 [J]. 中国胶黏剂, 2010, 19 (11): 32-35.

[6] 汪永辉, 等. 超滤法从造纸黑液中提取木质素制备活性炭 [J]. 上海环境科学, 1994, 13 (2): 10-13.

[7] 苏志忠. 碱法造纸黑液中木质素的提取及补强橡胶技术进展 [J]. 三明师专学报, 2000, (1): 63-68.

[8] 周志良, 等. 化学法综合治理草浆造纸黑液的研究 [J]. 环境科学, 1991, 12 (6): 48-51.

[9] 赵建国, 徐进. 铸造用 HS-纸浆废液黏合剂的研究 [J]. 陕西化工, 1997, (2): 30-32.

[10] 国婷, 陈克利, 杨淑蕙, 等. 从制浆黑液中分离木素及木素-苯酚-甲醛 (LPF) 树脂制备的研究 [J]. 林产工业, 1999, 26 (1): 25-28.

[11] 徐若愚, 张静, 龚方红. 制浆黑液在酚醛树脂胶黏剂中的应用 [J]. China Pulp & Paper, 2011, 30 (10): 24-27.

[12] 黄世强, 孙争光, 李盛彪. 环保胶黏剂 [M]. 北京: 化学工业出版社, 2003: 343-349.

[13] 徐鸽, 严光宇, 廖增文. 木素用于酚醛树脂胶黏剂改性 [J]. 环保与综合利用, 2011, 30 (5): 55-59.

[14] 徐若愚, 张静, 龚方红. 酸木质素改性酚醛树脂结剂的研究 [J]. 林业实用技术, 2011, 11: 60-62.

[15] 徐鸽, 张静, 周健. 草木制浆混合黑液制备黏合剂 [J]. 环保与综合利用, 2009, 28 (2): 48-50.

[16] 徐鸽, 张静. 造纸黑液木质素用于制备人造板胶黏剂的研究 [J]. 环境污染与防治, 2009, 31 (2): 64-66.

[17] 穆有柄, 王春鹏, 赵临五, 等. E₀级碱木质素-酚醛复合胶黏剂的研究 [J]. 现代化工, 2008, 28 (2): 221-224.

[18] 刘德启. 草浆造纸黑液改性制备木质素酚醛树脂结合剂 [J]. 耐火材料, 2000, 34 (6): 337-339.

[19] 潘婵, 方继敏, 杨红刚. 草浆造纸黑液用于黏结剂生产的研究 [J]. 安全与环境工程, 2004, 11 (2): 24-26.

[20] 涂干峰, 张世荣, 任存志, 等. 纸浆废液黏结剂性能及内配碳稀土精矿团块干燥过程研究 [J]. 有色矿冶, 2000, 16 (5): 31-34.

[21] 陈树柏, 陈玉坤, 郭伟男, 等. 黑液的治理回收及其在胶黏剂中的应用 [J]. 粘接, 2008, 29 (7): 33-36.

[22] 杨问波, 穆环珍, 黄衍初. 造纸制浆废液减水剂研究 [J]. 环境科学与技术, 2000, 92: 8-10.

[23] 李淋, 魏雨虹, 刘秉钺. 制浆黑液中木素的综合利用新进展 [J]. 黑龙江造纸, 2003, 1: 15-18.

[24] 梁虎南, 孙志刚. 制浆黑液改性制混凝土减水剂 [J]. 西南造纸, 2006, 35 (2): 35-36.

[25] 王万林, 王海滨, 霍翼川, 等. 木质素磺酸盐减水剂改性研究进展 [J]. 化工进展, 2011, 30 (5): 1039-1044.

[26] 赵代胜. 利用宣纸制浆黑液生产减水剂 [J]. 中华纸业, 2010, 31 (7): 62-63.

[27] 陈国新, 杜志芹, 沈燕平, 等. 木质素磺酸钠接枝改性脂肪族高效减水剂的研究 [J]. 新型建筑材料, 2011, 8: 44-46.

[28] 张运展, 于俊杰, 张鹏, 等. 碱性和中性亚硫酸盐法制浆废液作水泥减水剂的研究 [J]. 中国造纸学报, 2004, 19 (2): 81-83.

[29] 郑雪琴, 黄建辉, 刘明华, 等. 碱木素磺化改性制备减水剂及其性能的研究 [J]. 造纸科学与技术, 2004, 23 (5): 29-32.

[30] 陈国新, 祝烨然, 黄国泓, 等. 棉浆粕黑液改性氨基磺酸系高效减水剂的研究 [J]. 混凝土, 2012, 3: 108-110.

[31] 楼宏铭, 刘青, 张海彬, 等. 造纸竹浆黑液的接枝磺化工艺及高效减水剂 [J]. 高分子材料科学与工程, 2009, 25 (6): 103-106.

[32] 刘艳玲, 高建明, 邓璇, 等. 纸浆废液接枝共聚萘系高效减水剂的研究 [J]. 混凝土与水泥制品, 2010, 4: 17-19.

[33] 丁寅, 缪昌文, 毛咏琳. 草浆黑液的化学改性和作为混凝土减水剂的应用 [J]. 新型建筑材料, 2007, 8: 46-49.

[34] 樊耀波, 穆环珍, 徐良才, 等. 麦草木质素水泥混凝土减水剂研究 [J]. 环境科学, 1994, 16 (4): 46-48.

[35] 黄波. 草本纸浆黑液制减水剂研究 [J]. 中国建材, 2007, 1: 85-86.

[36] 杨柳, 王玲, 张萍. 聚羧酸系高性能减水剂与木质磺酸钠复配缓凝型高性能减水剂及泵送剂的研究 [J]. 试验研究, 2012, 1: 61-62.

[37] 周强, 陈中豪, 陈铭烈. 草类碱木素在采油中的作用 [J]. 纸和造纸, 1998, 2: 46-47.

[38] 隋智慧, 林冠发, 朱友益, 等. 三次采油用表面活性剂的制备与应用及其进展 [J]. 日用化学工业, 2003, 33 (2):

105-109.

[39]　李凤起，朱书全．木质素表面活性剂及木质素磺酸盐的化学改性方法［J］．精细石油化工，2001，2：15-17.

[40]　崔凯，周玉杰，张建安，等．木质素改性制备驱油剂的研究进展［J］．现代化工，2008，28（2）：253-256.

[41]　马宝岐．草浆黑液在稠油开采中的应用［J］．中国造纸，1994，4：64.

[42]　马宝岐，黄风林．碱法造纸黑液驱油研究［J］．油田化学，1994，11（3）：226-229.

[43]　唐功勋，王海英，许乐寿，等．黑液驱油的应用研究［J］．油气采收率技术，1996，3（1）：7-13.

[44]　赵福麟，孙士孝，崔桂陵，等．黑液体系驱油研究［J］．石油学报，1995，16（1）：53-60.

[45]　杨艳丽．造纸黑液复配做油田驱油剂的研究［J］．西安：陕西科技大学，2006：30-31.

[46]　李仲谨，杨艳丽，蒲春生．碱木素在稠油开采中的应用［J］．精细与专用化学品，2005，13（16）：14-15.

[47]　周强，陈中豪，张红东．草类碱木素的催化磺化改性及其在石油回收中的应用［J］．中国造纸学报，1998，13：87-92.

[48]　曲岩涛，赵福麟．黑液体系驱油机理的研究［J］．石油大学学报（自然科学版），1994，18（6）：50-55.

[49]　张统明，徐广宇，周宇鹏，等．改性碱木质素表面活性剂在三次采油中的应用研究［J］．油气井测试，2004，13（1）：12-15.

[50]　杨艳丽，王征帆．造纸黑液改性做驱油剂室内模拟试验研究［J］．当代化工，2008，37（5）：465-470.

[51]　杨艳丽，王征帆．复配型驱油剂的室内模拟实验研究［J］．应用化工，2010，39（4）：541-542.

[52]　赵颖华，徐艳姝，王海峰，等．木质素磺酸盐的改性及其在三次采油中的应用［J］．大庆石油地质与开发，2005，24（4）：90-92.

第三章　推荐亚硫酸铵制浆废液生产有机无机复混肥技术

中国是一个木材资源贫乏的农业大国，拥有非常丰富的非木材纤维资源，草浆产量居世界首位。草浆造纸在实现作物秸秆资源转化、提高农民收入和发展地方经济的同时，也存在对环境的负面影响，不仅用水量大，而且也是一个污染严重的行业。淮河流域集中了不少制浆造纸企业，过去由于环保力度不够，一度对淮河造成较为严重的污染。1995 年国务院颁布《淮河流域污染防治暂行条例》之后，流域各造纸企业采取各种工艺，积极进行污染综合治理。现存的大部分企业虽然实现了达标排放，但是仍然存在着资源浪费和环境影响问题。近几十年来在解决发展与污染问题上国家出台了多项产业政策，科研部门及企业也进行了大量的探索及研究工作。

非木材纤维制浆方法主要有碱法和亚铵法两种。碱法制浆工艺，碱回收工程不仅投资大，而且处理难度大、费用高，废水资源化利用率低，一般企业难以承受。有鉴于此，许多科技工作者因而对采用亚铵法制浆造纸和制浆废液综合利用进行了大量研究和探索。亚铵法制浆的化工原料是亚硫酸铵（氮肥）和氨水（或尿素、碳铵等），其制浆造纸废水不含重金属和剧毒、有害物质，pH 为中性，是一种无机、有机混合化学肥料，具有化肥与农家肥的特点，速效而持久。对土壤有较好的肥效和改良作用，可以用于农业灌溉，尤其是有益于北部农村碱性土壤的改造。

在亚铵法制浆废水用于农业灌溉的研究上，国内一些科研机构从 20 世纪 70 年代开始，进行了长期、系统的研究及实际推广应用，总结了宝贵的经验。研究证明，利用亚铵法制浆造纸废水进行农灌，符合中国国情，适应行业发展，是一项减污、节水、增效、拓展农业收入、促进造纸业发展和改善环境状况的较好途径。1991 年全国企业技术工作会议文件指出：亚铵法制浆是"化害为利、变废为宝"的新工艺，其废水不但不污染农田，而且是一种有机复合肥料，可灌溉农田，一般可使农产品增产 20％以上，并节约尿素等肥料。"亚铵法制浆造纸及废液肥田技术"曾被列入"八五"国家重点技术推广项目[1]。

第一节　亚硫酸铵纸浆废液生产有机无机复混肥的原理

一、亚硫酸铵纸浆废液的特性

造纸工业废水主要是蒸煮废液，在制浆过程中，植物原料中约有 1/2 的物质溶解在蒸煮液中，作为废液排出。据分析，蒸煮废液固形物中含有机物 84.4％、总氮 6.21％、总有机质41.66%（见表3-1），江西农业检测部门检测出造纸废液干固形物中含腐殖酸20%以上、含Ca 7.24%、Mg 3.20%，还含有众多微量元素，而Pb、Cu、Ni、Zn、Cd、Cr等有害重金属、有机污染物、有害微生物大大低于国家规定的最高容许值（见表3-2），并且制浆原料中的木质素在制浆过程中大部分被降解，残留在废水中的木质素多由具有多种活性基团的苯基丙烷单元组成，适合直接用于农业生产或进一步加工生产肥料。据计算，一个年产5000t的纸厂，可满足万亩（1亩＝$\frac{1}{15}$ hm² ＝666.67m²）以上的农田用氮，具有巨大的农用潜力[2]。

表 3-1　国内某亚铵法麦草浆废液干固物的化学组成与含量

干固物成分	含量/%	干固物成分	含量/%
有机物	84.4	总氮	6.21
木质素磺酸胺	48.5	总硫	
总糖	11.2	无机物	12.4
总有机碳	41.66	挥发性有机酸（以醋酸计）	8.9

表 3-2　亚铵法麦草蒸煮废液与碱法制浆废液含毒物质分析　　　　单位：mg/L

方法	pH值	总碱度	六价铬	汞	砷	酚	氰化物
亚铵法	6.84～7.02	0	0	0	0	0	0
碱法	9.0	24.07	0	0.015	0.040	15.44	0

二、研制缓释氮肥的原理

木质素是化学制浆废液的主要污染物质之一，其碳氮比（C/N）高达250，是土壤腐殖质的良好前体物质，它在土壤中不能立即被腐解，只能在微生物作用下逐渐降解。因此，有学者指出，可利用木质素的这一特性通过木质素的氧化性氨化反应，将氮素以一种适当的形式与木质素分子结合，生成氮修饰木质素（nitroge-modified lignin）。这种含氮木质素中的氮素只有被土壤微生物降解释放，转化为无机氮素后才能被植物吸收利用，因此可作为一类潜在的农业氮肥或腐殖质，进而研制缓释氮肥。缓释氮肥即可延缓氮素释放速率，减少氮素损失并供植物持续吸收利用的氮肥。不但可消除制浆废液的污染，而且可延缓肥料的溶解速率，提高肥料的利用率，减少肥料对环境的影响。

亚铵法制浆废液中含有的大量木质素磺酸盐，也可改性生成含氮木质素。并且制浆废液中除含有大量的木质素、半纤维素等有机物质外，还含有植物生长所必需的大量营养元素，如氮、磷、钾、硫等，若加以综合利用，则可带来可观的环境效益和社会效益。

木质素化学加氨反应是木质素大分子中的羰基和羧基与氨进行共价结合的结果，木质素分子中含有这两个基团，但量较少。在氧气作用下，氧作为一种比较缓和的氧化剂，在碱性介质中可产生HOO·和HO·两种自由基同时攻击木质素。氧首先吸引木质素酚盐阴离子的电子而产生苯氧自由基，苯氧自由基与HOO·或氧反应可生成氢化过氧环己二烯结构，然后发生侧链与甲氧基脱除反应使芳香核开环，大分子聚合度下降，分子量降低，从而引进氮素，达到固持氮素的目的。木质素分子中的酯键和醚键也可以断裂形成新的羰基和羧基，参与氨解反应。氧气含量越高，形成的羰基和羧基就越多，所以通入的气体中氧气含量越高，氨化效果越好。

在碱性条件下木质素被氧化，发生侧链与甲氧基脱除反应以及芳香核开环生成的芳香酚类化合物、环氧化物等，也可以与氨发生氨解反应[3]。

三、造纸黑液固形物有机 NPK 复合肥的原理

选用特定的助凝剂、胶凝剂和交联剂等药剂，在常温常压下按一定顺序和一定比例向造纸黑液中加入，通过搅拌使造纸黑液在短时间内（5min）由液态转为固态，由强碱性转为中性，制得造纸黑液固化物有机 NPK 复合肥。经检测，其含有丰富的腐殖酸（含量达 20% 以上）和钙、镁（分别为 7.2%、3.20% ）等多种植物生长的必需营养元素。通过对棉花、花生、水稻施用造纸黑液固形物有机复合肥的效果研究表明：施用造纸黑液固形物有机 NPK 复合肥有较好的肥效。

用含有大量羟基的蛋白多糖类物质和某聚合物作胶凝剂，该胶凝剂在强碱条件下，羟基不断地游离出 H^+ 与黑液中的 OH^- 反应，聚合物在碱性条件下进行先加成后消去反应。消去反应后的羟基中的氧，再与交联剂中的金属交联形成网状结构，使黑液的大量有机物包裹在网内，形成局部过饱和而以固态析出，从而达到固化黑液的目的[4]。

第二节　亚硫酸铵纸浆废液生产有机无机复混肥的工艺

一、黑液浓缩固化工艺

亚铵制浆废液排放量大、有效物质含量低，必须进行浓缩提高有效物质含量才可利用。浓缩液固形物达到预定浓度时，用泵连续送到浓液储槽用于后续进行喷雾固化和直接喷雾造粒生产有机无机复混肥。根据生产需要，浓液喷雾固化可采用两种工艺路线：一种采用直接喷雾干燥法制成富有高含量木质素磺酸盐的商品，可满足建筑、陶瓷等工业的需求，同时也可用作农业上生产有机无机复混肥的原料；另一种是以草炭、风化煤、发酵秸秆等有机物为载体，将浓缩液喷雾在物料上，造粒成球，并用回转干燥窑高温热风烘干，然后，进入附有脉冲降尘功能的刀片式破碎机内粉碎，制成小于 30～40 目的复合有机粉体，作为生产有机复混肥的主要原料。亚铵制浆废液浓缩固化预处理工艺流程如图 3-1 所示。

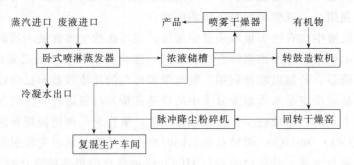

图 3-1　亚铵制浆废液浓缩固化预处理工艺流程

该工艺技术具有如下特点：

（1）蒸发浓缩速率快，费用低，若用来生产有机复混肥，则可节省原料成本开支。

（2）该工艺不但可为亚铵制浆造纸企业将提取出来的 80%～85% 的废液加以利用，而且可为后续粗浆洗筛过程排出剩余废液进行二级生化达标处理创造极为有利的条件。此外，在废液蒸发浓缩过程中排出的水蒸气，经过冷却形成冷凝水可以回收再利用，对于日处理废

液量 400t 的企业，每天可节约用水 250～300t。

（3）利用浓缩废液黏结天然有机物制成颗粒复混有机物，采用闭路工艺进行干燥粉碎，产生的粉尘经过脉冲降尘和重力除尘室除尘回收，整个车间环境达到清洁生产的要求（正常情况下含 30～50mg/m³，远低于国家允许标准）。重力除尘室粉尘有机物回收量为生产量的 1%～1.5%，可再利用，达到减少生产成本、提高效益的目的。

二、有机无机复混肥生产工艺

用制浆废液制成的复混有机物粉料颗粒细、密度小，在生产运行过程中容易飞扬，影响整个生产环境和产品质量指标。根据多年来在研制和生产有机复混肥的经验，选择闭路循环工艺流程（见图 3-2）。

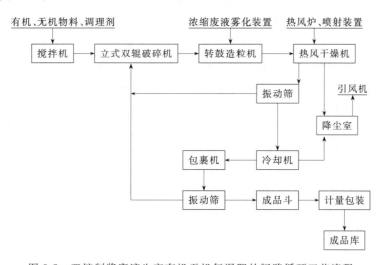

图 3-2　亚铵制浆废液生产有机无机复混肥的闭路循环工艺流程

采用闭路循环工艺具有以下特点：

（1）本工艺除需排出煤渣外，无任何固体排放物。排出的煤渣可用于生产砖或平地等，对环境不造成污染。

（2）生产过程中产生的粉尘，采用负压降尘复原和经过重力降尘室除尘后，再送尾气洗涤池用水净化后达标排放。同时，回收尾气中大部分有机、无机肥料。

（3）在造粒设备部分增加喷浆装置，可利用浓缩废液的黏性功能进行喷浆造粒，提高成球速率，减少水分含量，增加单位时间生产量（比常规工艺提高 50%～60%），不仅节省能耗和人工费用，还可充分利用废液资源，减少外加有机物料用量，并进一步降低产品的生产成本。

（4）采用循环洗涤吸收，液体量较少，且液体中为肥料养分，可作造粒用水，故在复混肥生产过程无废水排出。

（5）整个工艺流程中，可实现数字化程控控制或机械化人工控制，用工量少，操作方便。

三、亚铵制浆废液生产有机无机复混肥的配制方法

商品化有机无机复混肥料的有效养分、有机质、水分、重金属离子、蛔虫卵死亡率、大肠菌等含量必须符合 GB 18877—2002 的规定，才能进入市场销售。按照国标中规定的氮磷

钾有效养分含量≥15％生产有机无机复混肥时，亚铵制浆废液氮磷钾有效养分含量不适应现代农业生产需要，且还会增加农民施肥的用工次数，同时，也难于贯彻平衡施肥的科学种田准则。市场调查表明，这类氮磷钾有效养分含量低于15％的有机无机复混肥产品，市场营销很难推广。根据近十几年来在有机无机复混肥研制开发工作中取得的经验证明，有机无机使用量比例为1：（0.3～0.4）时，可明显改善作物产量、品质、肥料利用率、作物的抗逆性、土壤微生物活性、食品有害物质含量等。为此，利用造纸工业废液资源的优势，把氮磷钾有效养分含量定位到25％～30％，有机质含量定位到20％～15％，再根据不同土壤肥力、养分供应状况、作物需肥特点，按照平衡施肥要求，规定配方含量，补充所需定量氮磷钾、微量营养元素原料，并通过科学配伍再进行混合搅拌、粉碎、浓缩废液喷浆造粒、热风干燥、冷却、包膜、筛分等工序，以制成专用型有机无机复混肥。

复混肥成品的理化特性：颗粒分数（1.00～4.75mm）≥90％，黑褐色，pH值5.5～6.5，总养分（$N+P_2O_5+K_2O$）≥25％，水分≤6％，有机质≥20％（腐殖酸≥8％），有害重金属离子（As、Cd、Pb、Cr、Hg）含量低于国标规定，暴露在空气中易吸湿结块。

配制关键技术在于有机复混物配制的有机质含量必须达到50％以上，造粒时喷浆浓缩废液的固形物浓度必须在35％以上，喷浆速率调整到消耗废液量为混合原料的10％～12％，颗粒水分8％～10％。由此，在制备有机复混物过程中，天然有机物含水率要求控制在20％～25％，浓缩废液和天然有机物质量复配比例应不低于3：2，制成的有机复混物粉料细度40目左右，粉料水分5％～7％，这样在配方中每吨产品添加有机复混物350～370kg，加上喷浆造粒时浓缩废液固形物中含有的有机质数量，每吨产品中有机质含量≥20％。因此，每生产1t产品，需要用不低于0.4t的浓缩废液，从中约回收氮（N）25kg，氧化钾（K_2O）8kg以上，添加的有机物料有50％来自废液[5]。该技术具有显著的经济效益及生态环境带来的社会效益。

第三节　亚硫酸铵纸浆废液生产有机无机复混肥技术的应用

一、缓释氮肥

穆环珍[6]等用碱木质素与尿素混合、造粒、制成长效尿素，含氮量大于41％。土壤盆栽实验证明，脲酶活性降低，肥料水溶性减弱，长效尿素供氮水平较普通高40％～110％，两年冬小麦、夏玉米大田试验分别平均增产21.4％和12.1％。见表3-3。一方面增长肥效，提高了氮素的利用率；另一方面改善了土壤结构，提高土壤综合肥力，在土壤中不残留，减少了尿素的流失。

表3-3　长效尿素对冬小麦和夏玉米的增产效果

品种	处理	穗数 /(10⁴ 个/hm²)	株数 /(株/hm²)	穗粒数 /粒	千粒重 /g	实产 /(kg/hm²)	增产率 /％
冬小麦	普通尿素	5.48		24.2	44.0	55.13	—
	长效尿素	6.54		24.8	45.0	66.93	21.4
夏玉米	普通尿素	—	684.3	398.4	246	66.33	66.33
	长效尿素	—	684.3	500.0	244	74.3	12.1

二、缓释长效复合肥

由于氮素易通过挥发、淋溶、反硝化损失，磷肥易被土壤中的 Al^{3+}、Fe^{2+} 及 Ca^{2+}、Mg^{2+} 固定，形成稳定的沉淀或与铁、铝氧化物形成闭蓄态磷而逐渐丧失有效性，造成化肥施用当季的利用率很低。木质素的吸附作用性质能够较好地保持化学肥料的有效性并能使其缓慢释放，是一种良好的有机复合控释材料，将 N、P、K 肥料与木质素混合，木质素通过物理吸附作用和范德瓦尔斯力使营养元素缓慢释放，形成缓释长效复合肥[7]。

穆环珍[8]等进行了尿素-磷酸二铵-木质素复合肥和尿素、磷酸二铵对冬小麦的生物性状与产量的对比试验，结果表明，木质素复合肥的缓释长效作用优于对照，促进了对冬小麦的冬期生长和分蘖，有利于减少不孕小穗，提高穗数、千粒重，在等施肥量条件下，冬小麦产量可提高 18% 以上，节肥、增产效果明显。

三、磷肥的改良剂

由于施入土壤中的磷素容易被固定，降低其有效性，浪费了资源，增加了施肥成本，也增大了因水土流失而引起的水体富营养化的潜在危险。通过减弱土壤对磷肥的固定，提高磷肥在土壤中有效性，降低磷肥的施用量，是提高磷肥施用效益，防治化肥污染的重要途径。研究表明[9]，木质素能降低土壤对磷的固持能力，随着木质素用量的增加，土壤对磷的吸附能力减小，木质素可提高土壤中磷的活性，具有保护施入土壤中磷的有效性的作用。这是因为一方面木质素对磷矿粉的酸解及对 Ca^{2+} 的螯合作用而使磷矿粉活化，有效磷含量增加；另一方面是木质素的胶体性质抵抗了土壤中 Al^{3+}、Fe^{3+} 和 Mn^{2+} 对活化磷的固定作用及水溶性磷的流失。

我国普通过磷酸钙产量较大，但较难干燥，运输、储存、使用均不方便。然而在其中加入木质素（最好是木质素磺酸钙），利用其强大的吸水能力，可以使普通过磷酸钙成为粉状的、方便使用的磷肥，而且能提高其肥效，改善土质[10]。

四、木质素螯合微量元素肥料

当土壤中氮、磷、钾和钙、镁、硫的含量丰富时，有时短缺一种或几种微量营养元素，就可能成为农业继续增产的限制因素，微量元素是指含有作物营养元素硼、铜、铁、锰、锌和钼中的一种或几种的化合物，这类营养元素与其他营养元素对作物生长过程同样重要，但需要量很小。

在木质素磺酸盐溶液中加入硫酸亚铁或硫酸锌、硫酸铜、硫酸锰，搅拌溶解，滤去不溶物，即得相应的木质素螯合微量元素液体肥料，木质素磺酸锌和木质素磺酸铁是普遍、施用最为广泛的品种。

研究发现[11]，在等养分营养液与相同施肥水平下，不管是土培试验还是砂培试验，与无机微肥或 EDTA 微肥相比，木质素磺酸盐螯合微肥均能降低生菜硝酸盐含量，对沙培生菜有较好的增产效果，在酸性土壤上施用，土壤残留铵态氮含量比对照土壤均高出很多，说明木质素磺酸盐螯合微肥也可以减少肥料氮素的流失，还发现土壤酸化程度低，土壤盐分下降，有效磷、有效钾及有机质均有一定程度的提高，土壤肥力增强，有利于农业生态的可持续发展。

五、稻草浆黑液复合肥

我国水稻种植广泛，北自黑龙江，南到海南，都可种植水稻。稻草属于单子叶禾本科一年生植物，组织疏松，木质素含量低（约 11.93%），蒸煮易于成浆，是制浆造纸的好原料。但是稻草资源一直没有得到充分的利用。稻草制浆废液由于硅含量高，半纤维素碱性降解物-低聚糖含量高，致使黑液黏度大，固形物发热量低，等温膨胀容积指数（VIE）低，这使得稻草制浆废液碱回收存在很多问题，但是直接排放会造成环境污染。

利用稻草制浆造纸，只能利用稻草原料的 40%（主要是原料中的纤维素部分），其余的木质素、硅、半纤维素和纤维素的降解产物等均作为废物排放。制浆造纸过程加入的化学药剂、动力锅炉产生的灰渣、稻草备料产生的草末也都要废弃处理。这不仅增加了生产成本，而且不符合可持续发展的原则。

如果能充分利用这些废物制成肥料，不仅可以降低造纸厂污染治理的费用，还可以废物利用，符合当今环保的要求。白淑云等[12]研究了稻草亚硫酸铵制浆过程中产生的废物的数量及有效成分，并利用这些废物制备有机复合颗粒肥料。研究发现：①用稻草亚硫酸铵法制浆每生产 1t 浆能产生 1280~1440kg 的废液（绝干固形物）、200kg 的草末、360~630kg 的粉煤灰和灰渣，稻草亚硫酸铵法制浆的全废液经过氧化氨解改性处理，可以使废液的有机氮含量提高 3 倍；②稻草亚铵法制浆废液和草末中的腐殖酸含量分别为 26.90% 和 18.20%，黑液经氧化氨解反应改性后的全氮含量为 15.15%，有机氮的含量达到 5.28%；③利用草末、粉煤灰和稻草亚铵制浆废液可以制备含缓释放氮、有效硅和腐殖酸的复合肥料。

六、亚铵法制浆造纸循环经济工艺

我国大多数造纸行业是利用纤维含量高、价廉易取、货源充足的麦草、稻草、棉秆、芦苇等农业废弃的秸秆作为制浆造纸的主要原料。在废液中含有一定量的木质素、半纤维素、低聚糖和作物可利用的氮、磷、钾等大量、中量、微量营养元素。

由中科院南京土壤研究所土壤与环境测试中心和天津轻工业学院对亚铵法得到的麦草纸浆废液的化学测试报告得知，安徽新宇纸业有限公司日排放废液近 300t，其中含氮量相当于 7.5~8t 尿素，含钾量相当于 3.5~4t 硫酸钾，有机物（主要是碳水化合物）相当于 15~18t 麦草的量，而且还含有少量的磷、硅及微量营养元素。安徽新宇纸业有限公司为了振兴地方经济，创建环境友好生产条件，与中国科学院南京土壤研究所技术合作，开展利用纸浆废液变废为宝、治理环境、清洁生产、开发新型肥料、振兴企业经济的研究探索工作。近几年来，利用亚铵制浆造纸废液作为主要有机肥源，结合不同土壤肥力特性和养分供应状况、不同作物对养分需求规律和特点以及不同施肥管理措施的需要，研制开发了多种系列新型有机肥料产品，投放市场以来，受到广大用户的欢迎，不仅使企业的废液利用率达 80%，废水实现达标排放，而且还产生了可观的经济效益。可见，通过纸浆废液的变废为宝资源化再利用，对于地方纸业和农业经济的振兴和发展及其环境保护，都能产生积极影响。表 3-4 是施用复混肥对黄瓜、茄子、辣椒等蔬菜产量的影响。

表 3-4 复混肥与无机肥对蔬菜性状的产量对比

作物	处理	产量		与无机肥比较		与等价复混肥比较	
		小区产量/kg	亩产量/kg	增产/(kg/亩)	增产比例/%	增产/(kg/亩)	增产比例/%
黄瓜	冲施肥	554	6155.6	763.9	+14.17	72.2	+1.19
	无机肥	485.25	5391.7				
	等价复合肥	547.5	6083.4				
茄子	冲施肥	638	7088.9	1091.6	+16.55	494.4	+7.05

续表

作物	处理	产量		与无机肥比较		与等价复混肥比较	
		小区产量 /kg	亩产量 /kg	增产 /(kg/亩)	增产比例 /%	增产 /(kg/亩)	增产比例 /%
辣椒	无机肥	539.75	5997.3				
	等价复合肥	593.5	6594.5				
	冲施肥	375.5	4172.2	372.2	+9.79	122.2	+3.02
西红柿	无机肥	342	3800				
	等价复合肥	364.5	4050				
	冲施肥	701	7788.9	1448.3	+22.84	−133.4	−1.7
	无机肥	570.65	6340.6				
	等价复合肥	713	7922.3				

注：黄瓜、茄子、西红柿为整个生育期间总产量，辣椒产量计算到 7 月 6 日。

亚铵制浆造纸废液变废为宝作为肥料资源利用，不仅解决了纸业单位治理废液达标排放难的问题；而且，从废液科学利用角度来看，在减少企业治污费用的同时，为企业找到了新的经济增长点，由此推动了地方纸业和肥业的平衡发展，有效地支援和促进农业经济振兴，提高农产品产量和品质，增加农民经济收入，保护耕地资源，提高耕地质量，防治生态环境污染。这种良性循环的成熟经验和技术，值得大力推广[13]。

参考文献

[1] 陈红枫，郝翠昌. 亚铵法纸浆造纸循环经济模式探讨 [C]. 中国环境保护优秀论文集，2005：176-179.

[2] 朱启红，伍钧. 制浆废液木质素肥料研究进展 [J]. 腐植酸，2004，(2)：18-23.

[3] 朱启红. 亚铵法制浆废液研制缓释复混肥及其肥效研究 [D]. 成都：四川农业大学，2005.

[4] 徐美生，居德金，严明，等. 造纸黑液固化技术及有机复合肥肥效试验研究 [J]. 环境与开发，2001，(16)：17-18.

[5] 林先贵，束中立，吴锡军，等. 亚铵制浆废液生产有机无机复混肥的工艺及其肥效 [J]. 中国造纸，2004，(23)：45-48.

[6] 穆环珍，曾文，黄衍初，等. 木素氮肥增效剂研制与增产效应研究 [J]. 农业环境保护，1999，18 (6)：251-253.

[7] 魏长亭. 亚硫酸铵法麦草制浆黑液资源化新工艺的研究 [D]. 安徽：合肥工业大学，2010.

[8] 穆环珍，曾文，黄衍初，等. 增效磷肥的研制与增产效应研究 [J]. 农业环境科学学报，2003，22 (1)：38-40.

[9] 张清东. 木质素对土壤-磷吸附作用的影响 [J]. 农业环境科学学报，2006，25 (1)：152-155.

[10] 石庆忠. 介绍一种过磷酸钙的防结块剂 [J]. 磷肥与复肥，2003，8 (2)：19-21.

[11] 王德汉，彭俊杰，廖宗文. 木质素磺酸盐对尿素氮转化与蔬菜硝酸盐积累的影响 [J]. 上海环境科学，2003，22 (2)：106-107.

[12] 白淑云，刘秉钺. 稻草亚铵制浆废弃物的综合利用 [J]. 黑龙江造纸，2008，4：24-27.

[13] 林先贵，束中立. 亚铵制浆废液资源化及其在造纸和农业经济中的作用 [J]. 纸和造纸，2005，24 (11)：36-42.

第四章 推荐其他成熟技术

第一节 制浆黑液提取塔罗油

木材原料一般都含有松香酸和脂肪酸，尤其针叶树含量更为丰富。在用碱法或硫酸盐法制浆过程中，松香酸和脂肪酸发生皂化反应而生成钠盐，这些钠盐借电解质作用聚结成沫子浮在液面，其中还含有硫化物、中性物、单宁氧化产物以及其他一些杂质，总称为皂化物或硫酸盐皂。这种皂化物容易从黑液中分离出来，可用来浮选矿石。如果把它酸化，则可使松香酸及脂肪酸重新游离出来生成暗褐色的油状物，这就是通常所说的粗塔罗油。将粗塔罗油进一步精制，可得松香、脂肪酸、塔罗油沥青等产品，它们都有较高的经济价值。相对于硫酸盐纸浆而言，塔罗油是硫酸盐制浆过程中的一种副产品[1]。

世界上塔罗油的主要产地是美国、瑞典、前苏联、加拿大及日本等国。在 20 世纪 90 年代统计，世界塔罗油的年产量为 210 万吨，其中美国 110 万吨，瑞典 39 万吨，前苏联 26 万吨，加拿大 11 万吨，我国每年回收塔罗油 2.5 万吨[2]。正是由于我国塔罗油产量小的缘故，对塔罗油的研究和开发工作一直未受到重视，在塔罗油的研究和利用方面几乎是空白。

一、粗塔罗油的组成

塔罗油、硫酸盐松节油、碱性木质素是硫酸盐法和烧碱法松木制浆工业重要的副产品。塔罗油和硫酸盐松节油是由松木中的松脂转化而来，碱性木质素则是由木质素转化产生。粗塔罗油外观色泽很深，颜色由暗红色到黑褐色，通常为黏稠的液体，有难闻的气味和辛辣味，不溶于水；精制塔罗油为浅黄色液体。典型的粗塔罗油物性数值如表 4-1 所列。

表 4-1　典型粗塔罗油的物性数值

项　目	数　值	项　目	数　值
相对密度(15.5℃)	0.95～1.24	闪点/℃	177～204
酸值(以 KOH 计)/(mg/g)	100～175	折射率	1.498～1.506
皂化值	120～180	挥发分/%	4.00～5.00
碘值	140～160	灰分/%	0.45～0.50
脂肪酸/%	20～60	机械杂质/%	≤0.10
松香酸/%	20～65	恩氏黏度/s	500～560

粗塔罗油的主要成分是树脂酸、脂肪酸和中性物。同时还含有少量氧化树脂酸、硫化物、硫醇等杂质，颜色深，有恶臭和苦味，粗塔罗油的组成与树种、气候、采伐季节、树龄、木材存放的时间与堆存时间的长短、硫酸盐纸浆厂制取硫酸盐皂的方法等许多因素有关。目前来源于粗塔罗油的油脂和松香，都是化工、轻工、电子、医药、材料工业的重要原材料，有很高的使用价值。综合而有效地利用塔罗油，既可节约资源、保护环境，也能提高企业经济效益。

在以松木为原料的硫酸盐法制浆蒸煮过程中，木材中的油脂和树脂成分由于碱的皂化而溶解在黑液中，同时一些中性成分也析出并混杂于黑液中，木质素则转化为碱性木质素溶解在黑液中。当黑液浓缩时，硫酸盐皂逐渐浮于黑液之上形成硫酸盐皂层。分离后得到的硫酸盐皂化物经过洗涤除去皂化物中 $60\%\sim80\%$ 的木质素以及大约 50% 的纤维和杂质后，再送往酸化系统。皂化物酸化后，分解成粗塔罗油、碱性木质素、纤维和石膏等组分，同时释放出 H_2S 和 CO_2 气体。反应器上层则为纯度较高的粗塔罗油，下层为废酸、废水和固体沉淀物等，中层为含塔罗油和碱性木质素等成分的混合物，即粗塔罗油废渣[3]。

粗塔罗油的成分取决于工厂的位置、所使用的原木配比，同时也与黑液浓度、黑液温度和残碱等诸多因素有关。普通的测定方法是酸值的测定，即中和 1g 粗塔罗油所需的 KOH 质量（mg）。由纯松木生产的粗塔罗油具有最高的酸值，可达 $160\sim165mg/g$，而阔叶木配比占 50% 以上的工厂所生产的塔罗油酸值为 $125\sim135\ mg/g$。

不同地区产的塔罗油具有不同的化学组成，但其主要成分为树脂酸、脂肪酸及中性物，经分离后即可得到塔罗油松香、塔罗油脂肪酸、塔罗油沥青、蒸馏塔罗油和头油（又称主馏油）。

树脂酸是分子式为 $C_{20}H_{30}O_2$ 的各种异构酸和歧化产品的混合物。据分析，塔罗油中含有左旋海松酸（痕量）、新枞酸、长叶松酸、枞酸、海松酸、异海松酸及歧化产品脱氢枞酸、二氢枞酸和四氢枞酸。

脂肪酸的成分比较复杂，包括饱和脂肪酸和不饱和脂肪酸。饱和脂肪酸中有月桂酸、棕榈酸、硬脂酸等，其中主要是棕榈酸；不饱和脂肪酸中有油酸、亚油酸、亚麻酸、蓖麻酸等，其中以油酸、亚油酸为主。

据分析，我国塔罗油中性物由单萜类、倍半萜烯、二萜烯、三萜烯、树脂醇、树脂醛、甾类化合物、脂肪醛、酚类及芪类十大类化合物所组成，其中主要成分为树脂醇、脂肪醛和甾类化合物。

二、制浆黑液提取塔罗油的工艺

在蒸发工段，黑液槽里的皂化物经过收集、洗涤、均化、酸化、分离和干燥后变成了粗塔罗油。其生产工艺流程如图 4-1 所示。

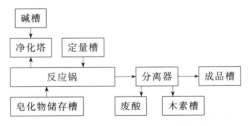

图 4-1　粗塔罗油的生产工艺流程

（一）皂化物的分离

从硫酸盐法制浆黑液中分离和收集皂化物，不但可以作为生产塔罗油的原料，而且由于皂化物具有强烈的发泡趋势，所以在黑液的提取、浆料的洗涤、黑液的蒸发增浓中，引起许多麻烦。泡沫多，在洗浆和黑液蒸发过程中影响操作，容易造成碱和硫的流失。皂化物在蒸发器中还是形成污垢的重要成分；同时工厂的实践证明，皂化物对蒸发器结垢有重要影响，在黑液中添加皂化物，可以使钙垢增加 30%。

除了影响蒸发器污垢量之外，皂化物还影响碱回收炉的黑液燃烧能力。燃烧皂化物，即使在低浓度情况下也将增加 TRS 的排放。并且，在一定的燃烧量条件下增加了减回收炉向火面部件的污垢。研究表明，黑液中的皂化物量与碱回收炉的灭火现象有联系。

蒸发前，在稀黑液槽中分离皂化物，可以使 40％～80％的皂化物在稀黑液系统中得到回收。从稀黑液槽中分离皂化物，区分和测定皂化物与黑液的界面是非常重要的。黑液槽中，皂化物与黑液的界面一般用人工导热性能和黏度感应等方法测定。

皂化物的分离提取主要有静置法和电凝聚法。

1. 静置法分离皂化物技术

静置法因其生产过程不发生大量泡沫，操作简便、稳定、效率高，不必另加设备而被广泛采用。静置法分离提取皂化物要控制以下几点。

（1）黑液槽的容积　皂化物在黑液中有一定的溶解度，而且皂化物的上升要克服黑液下降的阻力，所以如果没有足够的停留时间，皂化物就很难分离出来。所以黑液储槽的容积要有足够的空间让黑液在此停留足够长的时间。

（2）黑液槽里皂化物层的厚度　厚度越高，排出的皂化物浓度越高，夹带的黑液量越少。而排皂时皂化物层过低会使皂化物带走的黑液过多，影响分离效果。但皂化物层过高会使皂化物容易进入到蒸发器内，影响蒸发站的生产。实际生产时在不影响蒸发站正常生产的条件下，半浓黑液槽每周除皂 1～2 次，稀黑液槽每 1～2 周除皂一次。

（3）循环搅拌，提高分离效率　皂化物进入收集槽后，在继续静置的同时，通过循环泵不时地循环搅拌，提高分离效率。分离效率和有效分离速率（皂化物上升要克服黑液下降的阻力所达到的速度）之间基本上呈直线关系，如图 4-2 所示。

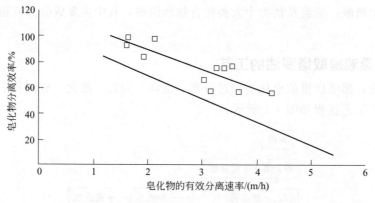

图 4-2　分离效率和有效分离速率间的关系

2. 电凝聚法分离皂化物技术

电凝聚采用直流电，在黑液液面上采用电晕放电，使皂化物微粒凝聚浮到黑液液面上。电压为 10000～100000V，电流一般为几分之一微安。采用电荷凝聚使皂化物微粒凝聚成为大颗粒迅速从黑液中分离出来。

把直流电极插入黑液中可得到同样的结果。电压要低于使水分解的电压。工业生产应用的结果已有报道，液流经过电场处理，出口黑液中的皂化物含量减少。电凝聚和机械空气分散相结合，在中试用的皂化物分离器中提高了分离效率。

电凝聚器之前，进料黑液经过机械空气分散器处理有助于皂化物分离。由于空气的浮选作用，皂化物分离效率可提高 10%～20%。

某工厂采用蒸煮助剂，促进液体渗透。这种助剂能阻碍皂化物凝聚。它在纸浆洗涤过程中，提高了皂化物的溶解度，有助于纸浆和皂化物的分离。但黑液在皂化物分离器中不能有效地分离皂化物，使蒸发器发生严重污垢。电凝聚器有助于皂化物粒子的凝聚，显著改善皂化物回收。

（二）皂化物的洗涤和均化

皂化物在储存槽进一步静置分离后，和洗涤液一起被送进洗涤槽，强碱性的洗涤液可以有效地除去皂化物中 60%～80% 的木质素以及大约 50% 的纤维和杂质。洗涤槽内的冷却转子将皂化物的温度降低到 40℃，经验表明，在 40℃ 时皂化物的黏度最低，且在黑液里的溶解度降低，而高密度的洗涤液可以使从皂化物里分离出来的黑液加速下沉，最后从槽底排出。洗涤过的皂化物在均化槽泵出循环，用蒸汽直接加热到 70℃，再供往酸化系统。

洗液与皂的比例为皂∶盐∶水＝7∶2∶1，每槽皂循环洗涤时间不小于 1h[4]。

洗涤的皂化物和未洗涤的皂化物在酸化之后效果是不同的，洗涤之后的皂化物在酸化后所得粗塔罗油中杂质明显地减少，色泽也较浅，黏度也有所下降，未洗涤的皂化物则不然。

（三）皂化物的酸化

1. 无机强酸做酸化剂

皂化物酸化时除用硫酸外也可用硝酸、盐酸等无机酸。以硫酸和磷酸的混合酸来进行酸化反应将生成浅色的粗塔罗油。

粗塔罗油生产中一个重要控制条件是硫酸的加入量，为有利于酸化反应的正向进行，所以在生产中一般都要加入稍过量的硫酸，以保证酸化反应的彻底进行和提高酸化的速率，如加酸不足则酸化反应不完全，将有部分皂化物溶于塔罗油中，影响酸化反应的沉降分离，影响粗塔罗油的得率和质量，一般控制残余硫酸的含量为 5～20g/L（废酸中），加酸量过大则影响粗塔罗油的质量，会加速设备的腐蚀。

皂化物和酸在反应器里反应后，分解成粗塔罗油、木质素、纤维和石膏等组分，同时释放出 H_2S 和 CO_2 气体，这些气体被送往洗涤器进行洗涤。石膏、木质素和纤维等组分比较容易沉淀，所以在反应器里设有搅拌器不断搅拌，防止这些组分与粗塔罗油提前分离，沉积在反应器。

生产规模的皂化物连续酸化流程如图 4-3 所示。连续化生产流程中，设有两个皂化物槽，轮流交替工作。酸化以后分离出来的木质素残渣溶解于白液内。连同塔罗油生产过程的其他废液一同送往碱回收车间。因此，整个塔罗油的生产系统并不污染工厂排水。

2. 氟化硼或其配合物作酸化剂

硫酸盐皂的酸化虽为简单反应，但选择合适的酸化剂及酸化工艺至关重要，它直接影响塔罗油的品质。采用无机酸如硫酸、盐酸、硝酸等作酸化剂是常用的传统方法，技术方法成熟，得率较高，这其中又以硫酸最为常用。但过量的强酸在精馏中容易腐蚀设备，同时用强酸会引发许多副反应，影响酸化质量，而且在酸化过程中又引入杂质元素（硫、氯等），使回收成本增加，环境压力增大。

Tate 在 20 世纪 80 年代提出用氟化硼或其非硫络合物作酸化剂，将硫酸盐皂转化为塔罗油，该方法效率高，酸化效果好，免去了硫酸盐皂的分离，没有再次引进硫元素，但鉴于氟化硼的特殊性质，回收难度大，成本高，而且其络合物毒性大，所以该方法仅限于实验研

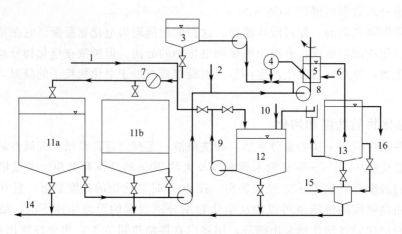

图 4-3 生产规模的皂化物连续酸化流程

1—皂化物；2—热水；3—30％的硫酸储槽；4—pH 自动控制；5—反应器；6—蒸汽；7—皂化物混合器；
8—管道混合器；9—洗涤液（中和过的残酸）；10—中和用的白液；11a，11b—皂化物储槽；12—中和槽；
13—分离器；14—废液至回收系统；15—溶解木质素用的白液；16—粗塔罗油

究并没有用于工业生产。

3. 二氧化碳作酸化剂

自 20 世纪 70 年代开始，一些学者开始探索用二氧化碳酸化硫酸盐皂的方法。二氧化碳作为一种温和的酸化剂，不会腐蚀设备，不会引入新的杂质，不会破坏塔罗油的成分，酸化质量高。为了将硫酸盐皂较完全地转化为塔罗油，酸化后溶液 pH＜3.5，而单纯用二氧化碳直接酸化时 pH 值仅能达 7~8，故常先用二氧化碳酸化部分硫酸盐皂后再用加入硫酸酸化。Vadell 进行了方法改进，将水和与水不互溶的有机溶剂加入到硫酸盐皂液中，然后用二氧化碳酸化，这样有机酸进入有机溶剂，而氢氧根进入水相，适时除去水相，重新加入水使反应平衡不断右移，硫酸盐皂则可被完全酸化。由于需要不断地移除水相，该酸化方法操作效率不高，且有机溶剂消耗比较大，成本较高。后来随着超临界萃取技术的发展，Lawson 等采用了将二氧化碳在高压下转化为超临界状态以酸化硫酸盐皂并完成有机酸萃取的方法，Hunibers、Parvinen 等继续改进该方法，采取了在一定压力下酸化并将油相和包含碳酸氢钠的水相分层分离的方法，酸化工艺简单，操作成本低，酸化效率高。

目前虽然硫酸法还是最常用的酸化方法，但随着对高品质松香的要求提高和环境压力增大，二氧化碳酸化法发展迅速，在生产中所占比例已经提高到 35％以上，相信随着酸化工艺的改进，这一比例还会增加。

对硫酸盐皂进行净化可除去大部分不皂化物杂质，而用二氧化碳作酸化剂的酸化方法既没有引入新的杂质，也没有破坏塔罗油的成分，可以得到较高品质的塔罗油[5]。

（四）粗塔罗油的分离

酸化后的混合物从反应器溢流进入分离器，在分离器内，基本上分成三个层面，上层为塔罗油，中间层为木质素及纤维，下层是废酸，废酸层利用循环泵循环，避免木质素沉淀，再由液位控制装置调节，使废酸连续溢流入废酸槽；塔罗油则溢流进入塔罗油泵送槽或油干燥系统。废酸槽内的废酸经与涤气系统的循环药液中和后，一部分作为皂化物的洗涤液，余下的即送回蒸发系统。

　　分离器内的塔罗油废酸分界面位置非常重要，如果分界面过高则分离效果不佳，粗塔罗油里含有废酸或木质素等杂质；如果分界面过低则可能使塔罗油从废酸、木质素管排出。所以在废酸槽里的分离器废酸排出口设置有一个可调溢流装置，通过调节此装置的高度来控制分离器内的塔罗油废酸分界面。

　　废酸和木质素排出后加入从涤气器来的碱液中和，使中和后废酸的 pH 值达到 $10\sim12$，以分解废酸内的木质素，避免废酸管道堵塞。酸解反应生成的废气都送往涤气器，在涤气器里，废气里的 H_2S 被碱液吸收，使废气中的 H_2S 的浓度从千分之几降至 10×10^{-6} 以下，最后由抽风机送往臭气收集系统。吸收 H_2S 后的碱液被送去中和从分离器排出的废酸。

（五）油干燥系统

　　油干燥系统是由塔罗油间接加热器、闪蒸槽及闪蒸汽冷凝器、冷凝水输出泵组成。

　　从分离器排出来的粗塔罗油水分含量大的为 $2\%\sim3\%$，在粗塔罗油槽用蒸汽间接加热粗塔罗油，使残余的水分蒸发，同时用真空泵把这些水蒸气抽走送往涤气器。干燥后塔罗油的水分含量降至 1% 以下，同时，温度也降低到 $80\sim90℃$，较接近于最佳储存温度，最后泵送入成品槽。

　　在分离器和粗塔罗油槽之间设置有一个液位槽，正常生产时，液位槽总是保持一定的液位，这样可以避免真空泵直接从分离器抽吸出塔罗油，影响分离器内的分离效果[6]。

（六）粗塔罗油的连续精馏技术

　　塔罗油及其制品的用途极广，这是由于塔罗油的脂肪酸部分可以代替干性油和半干性油或相应脂肪酸，而树脂酸可以像脂松香一样地加以利用。但塔罗油作为脂肪酸和树脂酸的混合物以及它含有中性物和深褐色泽、难闻气味等使其用途受到限制。但因粗塔罗油的成分复杂，热敏性和腐蚀性都很强，分离相当困难。蒸馏法具有操作简单、成本低、产品质量好等优点而得到了广泛的应用。

　　美国是粗塔罗油精馏工业发展最早的国家，生产规模也最大。美国第一个粗塔罗油蒸馏装置建成于 1935 年，1949 年美国（Arizona）化学公司以石油工业精馏技术为基础的第一个粗塔罗油精馏装置建成投产。于是塔罗油的加工转向这种技术发展起来[7]。

1. 蒸馏工艺的选择

　　由于塔罗油中的各主要成分对高温都比较敏感，树脂酸在 260℃ 下长期加热时会发生脱羧现象，放出 CO_2 而形成碳烃类化合物。脂肪酸与树脂酸相比则较稳定，在 270℃ 下还不会发生分解，但在高温下能发生聚合作用。当温度达到 200℃ 以上时，脂肪酸能与塔罗油中存在的高分子脂肪醇、甾醇产生酯化作用，形成不挥发的酯类，导致塔罗油蒸馏时，不皂化物和沥青含量的增加。为此粗塔罗油蒸馏需要在真空条件下进行，并要求蒸馏塔的上、下部压差要小，蒸馏温度要低，蒸馏速率要快。

　　常见的减压蒸馏方法有两种：间歇蒸馏和连续蒸馏。间歇蒸馏只有一个蒸馏塔，操作简便，工艺生产稳定，设备数量少，维护费用低，对原料组成的波动影响不大，但生产能力小，操作时间长，粗塔罗油长期受热，易发生分解或聚合反应。连续蒸馏具有生产能力大，蒸馏时间短，能缩短粗塔罗油中各组分的受热时间，从而减少了沥青的形成，提高了松香和脂肪酸的得率，但要求原料组成相对稳定，在生产规模比较大的情况下可降低设备投资。但是从连续蒸馏设备中得不到高浓度的树脂酸和脂肪酸，只有通过精馏才能得到纯净的高浓度的树脂酸和脂肪酸产品。

　　粗塔罗油连续精馏有两种不同的方法：一种是先从粗塔罗油中除去沥青，后将树脂酸、脂肪酸及轻馏分分离，这种方法叫解吸-精馏法；另一种是先蒸去轻馏分，再蒸去脂肪酸，最后从含有树脂酸和沥青的浮残中分离出树脂酸，这种方法叫精馏-解吸法。由于精馏-解吸法加长了树脂酸、脂肪酸与醇类组分的受热时间，会产生更多的高沸点组分，使得沥青含量大大增加。因此目前工业上大都采用解吸-精馏法进行粗塔罗油的精馏。

　　2. 脱沥青方法的选择

　　从粗塔罗油中脱除沥青的方法有三种：第一种是在常压下采用汽提塔脱去沥青；第二种是采用两个再沸降膜蒸发器脱除沥青；第三种是采用高真空的高效填料塔去除沥青。三种方法工业上均有采用，但各有优缺点。汽提塔需要耗用大量的蒸汽，能耗大，蒸汽会带出粗塔罗油中的许多有气味成分而造成环境污染，由于没有回流，对轻、重中性物的分离效率不高，甾醇等一些高沸点中性物会带进松香塔而残留于松香中。由于没有精馏，不能有效地从沥青中回收树脂酸。采用再沸降膜蒸发器，蒸馏时间短，脂肪酸和树脂酸的回收率较高，但脱沥青的效果一般，由于物料黏度较大，易在成膜后引起局部过热，甚至易发生焦化现象，直接影响到产品的质量。而采用高真空的高效填料塔既不需要大量的蒸汽，同时可把沥青脱除的较干净，产品质量较好，但蒸馏时间相对较长，沥青量略有增加。

　　3. 粗塔罗油精馏流程的选择

　　对脱除沥青后的粗塔罗油普遍采用三塔制进一步分离各组分而得到产品，常用的流程有三种。

　　流程一（见图4-4），脱除沥青后的粗塔罗油进入精馏塔1，初分成富含树脂酸和富含脂肪酸的两部分。富含脂肪酸部分进入精馏塔2，从塔顶得到头油，从塔釜得到脂肪酸。富含树脂酸部分进入精馏塔3，从塔顶蒸出蒸馏浮油，从塔釜得到松香，蒸馏浮油送回精馏塔1进行再分馏。但由于蒸馏浮油的沸点高，给分离造成一定的困难。另外，从精馏塔2得到的脂肪酸产品中树脂酸含量较高，不能得到高纯度的脂肪酸产品。

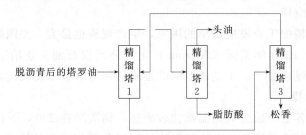

图 4-4　塔罗油精馏流程一

　　流程二（见图4-5），脱除沥青后的粗塔罗油进入精馏塔1，从塔顶蒸出粗脂肪酸，产品松香则从塔釜抽出。精脂肪酸进入精馏塔2的中部，从塔顶蒸出轻馏分和脂肪酸的混合物，塔釜得到蒸馏浮油。轻馏分和脂肪酸的混合物进入精馏塔3，塔顶蒸出头油，塔釜得到脂肪酸产品。

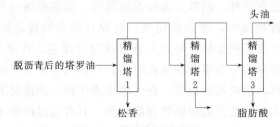

图 4-5　蒸馏塔罗油流程二

流程三（见图 4-6），脱除沥青后的粗塔罗油进入精馏塔 1，从塔顶蒸出粗脂肪酸，从塔釜得到成品松香。粗脂肪酸进入精馏塔 2，从塔顶蒸出头油，塔釜得到的富含有一定量树脂酸的脂肪酸进入精馏塔 3，从精馏塔 3 的塔顶蒸出脂肪酸产品，从塔釜得到蒸馏浮油。

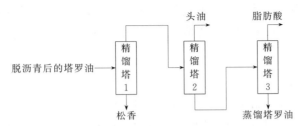

图 4-6　塔罗油精馏流程三

在上述三种流程中，流程二与三较流程一好，产品的质量较高。流程三与流程二相比，头馏分只需经过一次冷凝，而在流程二中，头馏分要经过两次冷凝过程，所以流程三的能耗要小得多，生产成本相对较低。此外，脂肪酸在高温下会发生聚合作用生成高沸点组分，这部分组分可在流程三的精馏塔三中加以除去，得到的脂肪酸产品的纯度相对较高，所以说流程三比流程二好，能得到高质量的脂肪酸产品。流程三也可满足生产不同型号蒸馏浮油产品的要求。目前美国普遍采用流程三的工艺路线，在其他国家也得到广泛采用[8]。

三、制浆黑液提取塔罗油的应用

塔罗油的主要成分为脂肪酸和松香酸，广泛应用于肥皂、润滑剂、浮选剂以及油漆、油墨等工业生产[9,10]。

（一）塔罗油脂肪酸

塔罗油脂肪酸主要由油酸和亚油酸组成，它的许多衍生产品都取决于羧基官能团和双键的作用。塔罗油脂肪酸最重要的用途是生产化学中间体，如二聚酸、环氧酸、C_{21} 二元酸表面活性剂、油酸、亚油酸、共轭亚油酸、酰胺和腈等。

福建省沙县林化厂生产的塔罗油脂肪酸已被江苏省沛县轻化工厂代替棉子油生产二聚酸；福州化学漆厂用它替代大豆油生产氨基、醇酸调和漆；福建师范大学高分子研究所用它研制生产塑料加工用的偶联剂。

（二）塔罗油松香

20 世纪 70 年代后期，国际上由于脂松香和木松香的来源逐渐减少，而塔罗油松香的质量显著提高。塔罗油松香已经作为松香的主要来源应用于造纸、涂料、肥皂、橡胶、胶黏剂和高分子等工业。

造纸工业中应用塔罗油松香作为纸浆施浆过程中的胶料已有多年的历史，如将塔罗油松香与马来酸酐反应合成马来松香强化施胶剂，能使纸张不泛黄，有低的孔隙率和高的强度，效果很好。

油漆和涂料工业中的应用，如松香甘油酯是生产色漆必不可少的基料；松香乙二醇酯可生产纤维素酯和树脂清漆；松香季戊四醇酯作为清漆的基料，可提高油漆的耐水性和漆膜的干燥速率；松香改性酚醛树脂、松香改性醇酸树脂和甲羟基松香等都有广泛的用途。此外，改性松香、歧化松香、氢化松香和聚合松香等的衍生物品种很多，用途也很广。

橡胶、塑料工业中的应用，如松香皂是合成橡胶的重要乳化剂。松香经改性后的衍生物作为塑料的增塑剂、胶黏剂的品种也很多。

（三）塔罗油沥青

塔罗油沥青是由树脂酸、氧化树脂酸、高碳烃、高碳醇和甾醇等组成的。与 60 号石油沥青相比较，其臭味小、毒性低、延伸度好。国外塔罗油沥青多用于生产乳化沥青、低级胶泥，或作燃料回收能源。塔罗油沥青可制成涂料、防潮纸、牛皮纸和纤维板的胶料，以及石油钻探中用的润滑剂等。

（四）塔罗油油头

塔罗油油头含有低沸点脂肪酸，是以 C_{16} 和 C_{18} 脂肪酸为主的混合物，其中棕榈酸约占35 ％。国际市场上棕榈酸主要从棕榈油和棕榈核油中提取，供应一直很紧张。若能从塔罗油油头中回收棕榈酸，将为我国的香料和化妆品工业提供很好的原料。

（五）塔罗油改性酚醛树脂

张巧玲[11]利用造纸厂纸浆废液中分离出的蒸馏塔罗油，合成了改性酚醛树脂，并对反应机理和树脂结构进行了分析。用蒸馏塔罗油对酚醛树脂进行改性可直接将树脂中的游离酚降至1％以下，从而满足其应用中提高强度的要求，同时降低了能源消耗。用蒸馏塔罗油对酚醛树脂进行改性，拓展了塔罗油的应用领域，用塔罗油代替部分苯酚，降低了原料成本。通过对酚醛树脂的酯化改性，在分子中引入支链，增加了分子的柔顺性，提高了产品的塑性，特别是在轮胎加工生产中有利于填充料的分散，改善了胶料的综合加工性能。

（六）塔罗油生产生物柴油

塔罗油还可以用来生产绿色燃料，例如生物柴油。生物柴油因其具有可生物降解、无毒、环境友好等优点，越来越引起人们的关注。目前有一种由塔罗油转化为生物柴油的方法已经在土耳其某工厂获得应用[12]。

塔罗油之所以引起研究者的关注，将其作为生物柴油的制备原料，主要原因是其高的性价比。价格方面，塔罗油明显低于精制大豆油、菜油等生物柴油的工业化原料，可提高生物柴油的市场竞争力；性能方面，塔罗油脂肪酸不同于传统原料，含有更多的油酸，较少的亚油酸，几乎不含亚麻酸，可有效避免燃烧时胶结，且塔罗油制备的生物柴油中硫含量和芳香烃含量较低，能有效降低有害气体的排放。虽然部分研究表明，塔罗油制备的生物柴油运动黏度较大，这一弊端可通过与其他低运动黏度生物柴油调合解决。总之，塔罗油是一种非常有发展潜力的生物柴油原料，应引起国内研究者和生产者的重视[13]。

第二节　制浆红液生产酒精

随着能源、资源、环境问题的日趋严峻，生物炼制（bio-refinery）已成为世界各国的战略研究方向。据预测，到 2020 年将有 50％的有机化学品和材料产自生物质原料，2000—2020 年将是世界各国大力发展生物质能的关键时期。到 2010 年我国生物质能的利用量约占到一次能源总消费量的 1％，2020 年将达到 4％。由于纤维素和半纤维素可作为乙醇发酵的原料，自从世界各国逐步调整政策减少或禁止将粮食（淀粉）转换为燃料乙醇后，利用年产量巨大的植物纤维资源，生产纤维质乙醇和其他大宗化学品的技术成为发展工业生物技术的重点。在《化学进展》2007 年第 7/8 期出版的《生物质能源与化工专辑》中，许多学者已从不同角度对我国发展木质生物质炼制的研究进展和产业化面临的关键技术问题进行了评述。

在酸法制浆过程中会产生大量的蒸煮废液（俗称红液），一般每生产 1t 纸浆约排放 10t 红液。废液中成分复杂，含有高浓度的有机物和深褐色色素，固形物多，残糖高，pH 值偏低，COD 值极高。若不经处理直接排放，会对环境产生巨大的污染。因此，红液的处理和利用已成为当务之急[14~16]。

一、制浆红液生产酒精的原理

我国造纸工业长纤维纸浆（如针叶木浆）短缺，草类原料约占造纸原料的 1/4，是由植物薄壁组织等组成的细小纤维，由于纤维较短不适于造纸，制浆造纸过程中被筛出排入废水中，每年有数十万吨之多，既浪费了原料又污染了环境。但是，它们已经进行了机械粉碎和化学预处理，比较容易被纤维素酶酶解，进而发酵生成酒精等产品。草类原料备料过程中还分离出为数不少的备料废渣（叶、髓等），经过适当预处理后也可进行上述转化[17,18]。

二、制浆红液生产酒精工艺

由红液生产酒精，可分为三个步骤：发酵前红液的准备、发酵、蒸馏。

红液的准备包括中和、中和液的澄清和冷却。钙盐基红液常用石灰乳液中和其中的亚硫酸和有机酸，中和产生的亚硫酸钙在澄清器中澄清分离，清液大多用板式热交换器冷却至发酵温度，一般为 30~38℃，视菌种的耐温能力而定。

红液的发酵，是将酵母菌引种到红液中，在厌氧条件下菌种将糖分解成酒精与 CO_2，其发酵流程多采用悬浮酵母的连续发酵流程。为了补偿发酵过程中酵母的死亡与损失，在发酵槽中必须加入一定量的营养盐与空气以调节酵母的繁殖速率，一般 $1m^3$ 红液加入磷酸 6mL，硝铵 0.2kg，发酵时间约 20h。红液发酵所得成熟酵液中含有 1.0% 酒精和其他挥发性物质，如酯、醛和高级醇，还有红液本身带入的一些挥发性物质，甲醇、醋酸、糠醛、丙烯醛、丙酮、松节油等，甚至还产生具有强烈臭味的硫化物，如硫醇等。

从醪液中蒸馏出酒精。工业上多采用三塔制蒸馏系统，蒸馏出粗酒精，粗酒精再精馏提纯，使纯度达到 95% 以上，红液制取的酒精都用于工业，因此也称工业酒精。

三、制浆红液生产酒精应用

造纸厂细小纤维经过制浆处理，脱去了部分木质素，纤维素含量达 60%~70%，容易被纤维素酶酶解发酵。废液在发酵前必须进行预处理，以除去抑制微生物活动的毒性物质。再用稀酸或酶对半纤维素和残余纤维素和纤维素的半降解产物进行水解，得到葡萄糖、木糖等单糖。针对不同单糖加入不同酵母可进行酒精发酵[19]。

山东大学微生物研究所由细杂纤维液态发酵生产的纤维素酶（粗酶液），补加少量由曲霉菌株产生的高-葡萄糖苷酶，并结合改进补料方法进行液态酒精发酵［纤维素酶用量 12.5IU（FPA）/g（细杂）］，细杂纤维酶解率 89.3%、酒精得率 21.0%，纤维素酶解率 79.5%、酒精转化率 66.7%，醪液酒精浓度 5.4%（体积分数）。采用由备料废渣固态发酵生产的纤维素酶进行固态酒精发酵时，起始纤维素酶用量 20IU（FPA）/g(细杂)，经补料后纤维素酶实际使用量降至 10IU（FPA）/g(细杂)，细杂纤维酒精得率 17.6%（质量分数）、纤维素酒精转化率 52.0%，酒醅酒度 5.1mL/100g。

由于细杂纤维酒精转化率低（液态发酵 21.0%、固态发酵 17.6%，玉米面 37.0%），尽管经过补料，醪液或酒醅酒度仍不太高（5.4%、5.1%）。因此，在细杂纤维同步糖化发酵过程中添加一定数量的淀粉质原料，利用纤维素酶中的淀粉酶，进行纤维素-淀粉质原料共发酵，酒醅、醪液酒度和酒精产量都可以有大幅度的提高。以玉米面作为淀粉质原料时，该酒精产量减去不加玉米面的对照后，计算得到的玉米面酒精得率接近理论值，说明玉米面已得到充分利用，在未增加任何操作费用的情况下，酒醅酒度从原有的 5.1mL/100g 提高到 8.7mL/100g，达到（或接近）了工业化生产的要求。

根据现有研究结果，在细杂纤维与玉米（面）共发酵系统中，玉米面配用量应不低于细杂纤维量的 50%。实际生产中可采取增加玉米面（淀粉质原料）投入（配用）量的方式增加酒精产量。

细杂纤维-玉米（面）共发酵系统每配用 1t 细杂纤维可代替玉米（面）570kg（液态发酵）或 430kg（固态发酵）。备料废渣固态发酵生产纤维素酶、提取粗酶液后进行细杂纤维液态同步糖化、发酵过程，可以缓解纤曲（纤维素酶粗制品）直接拌入细杂纤维的固态糖化发酵过程中固态物料运搬量大、半固态酒醅酒精分离技术（包括部分酒醅固液分离和60°～65°酒精的后续加工）等问题，细杂纤维的酒精转化率也高，同时也便于酒精厂采用[20]。

在制浆造纸产业中应用生物炼制技术是涉及一个产业各方面的系统工程，尚需要研究者从各方面进行研究和探索。这种建立在制浆造纸产业基础上增加原料预抽提处理以及制浆后的木质素分离的生物炼制模式，能实现木质生物质的生物量全面和有效利用，既给制浆造纸工业提供一条可持续发展的新思路，又能克服在单纯的木质生物质生物转化（即进行水解糖化再加工为其他产物）过程中，纤维素转化率低的局限性。

可以预见，结合制浆造纸的木质生物质炼制将是木质生物质利用的一个理想选择。而由于与木质生物质炼制的结合，将会使制浆造纸工业在对原材料和能源的合理利用、产品的价值以及环境保护等方面都将提升到一个新的高度，从而摆脱目前造纸工业面临的困境。建立在制浆造纸产业为主要平台的生物炼制模式是历史赋予造纸工业可持续发展的一个契机，也将是造纸工业的前途所在。

参考文献

[1]　刘秉钺. 制浆黑液的碱回收 [M]. 北京：化学工业出版社，2006.

[2]　蒋忠道. 我国木浆塔罗油生产现状 [J]. 全国造纸信息，1995：13.

[3]　赵梦婕，蒋新元，许坤杰，等. 粗塔罗油废渣的主要成分含量分析 [J]. 环境科技，2012，25 (1)：29-32.

[4]　杨明山，孙里. 硫酸盐法制浆副产品生产及其污染处理 [J]. 纸和造纸，1998，4：41-42.

[5]　隋管华，赵振东，陈清松，等. 高品质木浆浮油的制备方法及利用研究进展 [J]. 现代化工，2008，28 (2)：210-213.

[6]　李爱萍. 松木硫酸盐制浆粗塔罗油（CTO）的生产 [J]. 湖南造纸，2004，1：13-16.

[7]　傅国秀. 我国木浆浮油的提取和加工特点 [J]. 林产化工通讯，1994，3：30-33.

[8]　吴俊成. 硫酸盐浆厂粗塔罗油精制方案探讨 [J]. 中国造纸，2000，1：62-65.

[9]　张步钿. 妥尔油精馏及其开发利用 [J]. 现代化工，1995，11：23-33.

[10]　章穗芳. 粗塔罗油的用途广泛 [J]. 造纸信息，1997，10：15.

[11]　张巧玲. 蒸馏妥尔油改性酚醛树脂的合成与应用 [J]. 应用化工，2005，34 (9)：579-581.

[12] 于建仁，张曾，迟聪聪．生物质精炼与制浆造纸工业相结合的研究［J］．中国造纸学报，2008，23（1）：80-84.

[13] 林炎平，陈学榕．塔罗油制备生物柴油的研究现状［J］．中国造纸学报，2010，25（3）：73-79.

[14] 邹敦华，林英，廖永德．亚硫酸盐蒸煮红液的综合利用［J］．造纸科学与技术，2004，23（6）：106-108.

[15] 龙道英，高兴发，蓝美青，等．利用红液及酒精和酵母废液生产饲料酵母的研究［J］．造纸科学与技术，2010，29（5）：67-69.

[16] 胡湛波，柴欣生，王景全，等．以制浆造纸产业为平台的生物炼制新模式［J］．化学进展，2008，20（9）：1439-1446.

[17] 曲音波，高培基．造纸厂废物发酵生产纤维素酶、酒精和酵母综合工艺的研究进展［J］．食品与发酵工业，1993，3：62-65.

[18] 陈惠忠，高培基，王祖农．同时酶解发酵（SSF）转化造纸厂废细小纤维为酒精［J］．食品与发酵工业，1986，8：18-22.

[19] 何洁，刘秉钺．制浆黑液中糖类物质的回收利用［J］．黑龙江造纸，2004，3：24-26.

[20] 曲音波，高培基，荣寿枢．草浆厂细杂纤维与淀粉质原料共发酵生产酒精［J］．中国造纸，1999，2：66.

第五章 | 黑液气化技术

生物质能是一种可再生能源，它作为化石能源的补充能源，正在引起人们的广泛关注。黑液是在制浆过程中产生的废液，含有大量木质素、纤维和半纤维素，可以作为一种生物质能源。黑液气化技术可将黑液转化为可燃气体原料，因此黑液气化技术对于利用黑液转化为生产电能、热能和生物燃料等具有很大的研究与实用价值。

第一节 黑液气化技术原理

一、黑液气化的原理

碱法制浆产生的黑液中有机物含量占固形物的 $65\% \sim 70\%$，无机物含量占原料的 $30\% \sim 35\%$，还有大量的游离碱、硫化物和有机物。瑞典的 Seriges Provnings 对硫酸盐浆黑液进行的元素分析，结果如表 5-1 所列。

表 5-1　黑液的元素分析

元素	C	Na	S	H	K	Cl	N	O	总计
质量分数/%	36.40	18.60	4.80	3.50	2.02	0.24	0.14	34.3	100.00

从上表可以看出，干燥的黑液中碳元素和氢元素的总量约占 40%，可以作为一种生物质能源，利用其生产电能、热能和生物燃料。传统的黑液综合利用技术主要是碱回收，其关键设备汤姆林逊（Tomlinson）碱回收锅炉始于 1934 年，它使硫酸盐制浆变得经济可行，随后的 70 多年里，虽然汤姆林逊回收技术和设备得到了逐步改进，但技术上没有突破。黑液气化技术（BLG）是在还原条件下加压，通过在气化室里气化有机物质得到纯净、易燃、富含氢的裂解气体，通常被称为合成气，包括氢气、一氧化碳、甲烷等，可以用来生产化学品或燃料（如二甲醚），合成天然气、甲醇、氢气或合成柴油。

1978 年，Rockwell[1] 就通过试验证明了将黑液气化为可燃气体原料的可能性。瑞典 K Kvaerner 公司的 Chemrec 常压高温黑液气化法以及随后改进的 Chemrec 加压高温黑液气化法，美国 MTCI 公司的 MTCI 低温流化床黑液气化法，都具有很大的研究与实用价值。经过近 40 年的研究和发展，气化过程的设计已经实现工业化，美国、瑞典已有商业化运行的黑液气化装置，黑液气化（BLG）技术被认为可替代传统的碱回收技术。

二、黑液气化法分类

根据气化过程中是否添加气化剂，可将气化过程进行分类。不加气化剂的气化常称为干馏气化，有气化剂参与的气化，根据气化反应的类型不同，可以将其分为空气气化、氧气气化、水蒸气气化、氢气气化和二氧化碳气化等。

（一）干馏气化

干馏气化就是无气化剂环境下采取高温处理的一种方式，通常被称为高温裂解。产物可分为焦炭（含有大量的无机盐，可以通过洗脱的方式分离）和可燃性气体。可燃性气体的主要成分是二氧化碳、一氧化碳、甲烷、乙烯和氢气等，其产量和组成与热解温度及加热速率有关。

（二）有气化剂的气化

1. 空气作为气化剂

在该气化过程中，空气中的氧气与生物质中可燃组分发生氧化反应，提供气化过程所需的热量。空气中含有约79％的氮气，氮气不活泼，一般不参与化学反应，但氮气的存在，会吸收部分反应热，降低反应温度，阻碍氧气的充分扩散，降低反应速率。而且不参与反应的氮气稀释了可燃气中可燃组分，降低了燃气热值。在空气气化的燃气中，氮气含量可高达50％以上，燃气的燃烧值一般较低[2]。

2. 纯氧作为气化剂

在此气化过程中，如果严格地控制氧气供给量，既可保证气化反应所需的热量，不需要额外的热源，又可避免氧化反应生成过量的二氧化碳。与空气气化相比，由于没有氮气参与，提高了反应温度和反应速率，缩小了反应空间，提高了热效率。但是，生产纯氧需要耗费大量的能源，应进行经济核算。

3. 水蒸气作为气化剂

在此气化过程中，水蒸气与碳发生还原反应，生成一氧化碳和氢气，同时一氧化碳与水蒸气发生变换反应和生成甲烷化反应，燃气中氢气和甲烷的含量较高。

4. 水蒸气-空气作为气化剂

该方式比单独使用空气或水蒸气作为气化剂的方式优越。因为减少了空气的供给量，并生成更多的氢气和碳氢化合物，提高了燃气的热值。此外，空气与木质素的氧化反应，可提供其他反应所需的热量，不需要外加热系统。该技术可以克服空气气化产物热值低的缺点。

5. 二氧化碳作为气化剂

在此气化过程中，二氧化碳与碳发生氧化生成一氧化碳。二氧化碳气化的主要反应是强烈的吸热反应。

6. 氢气作为气化剂

主要气化反应是氢气与固定碳及水蒸气生成甲烷的过程，故此反应可燃气的热值较高。氢气气化反应为吸热和体积缩小的反应，需要在高温高压下进行。

目前的研究及商业化运行一般采用的气化剂为空气、水蒸气、氧气。

三、黑液气化的过程

气化过程使有机的复合碳氢混合物转变成比较单一的气体分子。按气化室的操作温度可分为为低温（约600℃）和高温（950～1000℃）。黑液气化一般可分为4个阶段：干燥、挥发、焦炭燃烧和熔融物反应。

（一）干燥阶段

在干燥阶段中，保留在黑液内部的水分被蒸发，液体沸腾导致体积膨胀和表面破裂。主要发生在 180～190℃ 之前，这一阶段主要以蒸发水分为主，是热传递控制过程。

（二）挥发阶段

第二阶段是挥发阶段，从 190～255℃ 之间，黑液的部分固形物会热分解产生液体的油状物及气化苯酚和乙烯苯；255～590℃，黑液继续裂解，产生了木质素大分子的碎解产物和小分子有机物。黑液热解，是热传递控制过程。对于在热转换率较高的环境下，如小颗粒黑液气化或在流化床中气化，挥发作用在温度达到 650～750℃ 就基本完成了。如果上述过程发生在惰性气体环境下，此阶段通常被称为高温裂解。在这一阶段由于生产大量气体，故黑液的体积会膨胀数倍。经过挥发后黑液残留的部分就是焦炭，主要由残留的有机碳、炭、无机物-钠盐等组成。

（三）焦炭气化或焦炭燃烧阶段

第三阶段为焦炭气化或焦炭燃烧阶段，已经膨胀变大的焦炭体积快速减少。残焦中的炭进一步被氧化形成一氧化碳和二氧化碳。这时黑液的内部温度可能高于炉内温度 300～400℃。

（四）熔融物反应阶段

在最后阶段发生熔融物反应，大量的氧化反应在炭床上发生，无机盐被软化或熔化，残留的硫酸钠被还原成硫化钠。发生如下化学反应：

$$Na_2SO_4 + 2C(s) \longrightarrow Na_2S + 2CO_2$$

$$K_2SO_4 + 2C(s) \longrightarrow K_2S + 2CO_2$$

裂解气体将在第二阶段的燃烧炉内燃烧，作为发电和产汽用燃气轮机的燃料，或者用作进一步加工成化学品的原料，如甲醇。

黑液中的无机成分变成熔融物还是干燥固体，取决于气化器的设计。

第二节　黑液气化回收技术工艺流程

整个黑液气化回收系统包括：气化炉、H_2S 回收塔、气体的冷却和加热系统、燃气涡轮机、蒸汽涡轮机、热量回收蒸汽发生器及气体压缩传输设备（见图 5-1）。

浓缩后的黑液和空气从气化炉的顶部注入，在数秒内发生干燥、热分解、气化（气化炉几乎是绝热的，通过调整空气量来调节反应器内的热平衡）。固体产物脱离反应器进入分离管道时，顺序经过循环冷却和水洗（用白液），得到绿液和水蒸气，绿液从底部流出，水蒸气（含其他气体）从另一面的出口逸出。气体产物经过废热蒸发器冷却后进入 H_2S 吸收塔，在吸收塔内被吸收的 H_2S 又被输送回气化器，已经脱除 H_2S 的燃气被输送到燃气涡轮机内燃烧发电，燃气涡轮机燃烧的余气进入热回收蒸汽发生器生产高压蒸汽，产生的高压蒸汽再进入蒸汽涡轮机进行第二次发电。H_2S 脱除过程在低于 100℃ 的温度下进行，采用液体试剂作为吸收剂。采取低温和液体脱除 H_2S，在有效地脱除 H_2S 的同时保证了碱微粒的吸收，避免碱微粒随燃气转移到燃气涡轮机内造成对燃气涡轮机的腐蚀。气体在 H_2S 脱除前的冷

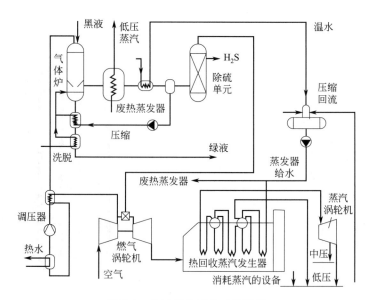

图 5-1　黑液气化回收系统装置

却，是在废热蒸发器中进行的，在这里大多数的冷却热能转化为水蒸气的气化能，冷却水与气体分离后循环进入下一步管道。经过净化的气体，可以在燃气涡轮机内燃烧。由于这些气体的热值比天然气低，燃气和空气的比值增大，所以，需要增大气体转送能力。增大气体转送能力可以通过多种办法获得，如增加压缩机的比率等。热量回收蒸汽发生器生产高压水蒸气，也可以转变成中压或低压蒸汽，以适应生产的需要[3]。

一、流化床气化设备

流化床气化方式是指黑液在干燥和气化过程中均处于流动状态，根据气流的方向不同又分为上流式气化和下流式气化。上流式气化是指经热处理后的气化剂从下而上穿流，黑液自上而下移动的气化方式。下流式气化是指气化剂和黑液一起从反应器顶部进入混合反应区，气化剂又与焦炭一起从下方排出的气化方式。由于焦炭含量大且与燃料气混合，上流式气化对燃料气净化效率影响非常明显。

（一）上流式气化炉

上流式气化炉为内部供热和外部供热相结合的流化床气化炉（见图 5-2）。

从图 5-2 可知，黑液在顶部由喷射器喷入反应器内，炉内安装有热交换器，由燃烧气体产生的火焰经过热交换管道传递热量来升温或者维持炉温；由气流入口处喷射强气流而形成流化态，产生的气化气和部分焦炭由顶端引出，挟带的焦炭经旋风分离器得到分离，并重新回炉气化，气体由气体出口排出，气化得到的熔融物由反应器底部排出。

（二）下流式气化炉

下流式气化炉采用黑液干燥后的固体粉末进行气化，见图 5-3。

从图 5-3 可知，气化炉的外壁是温度为 1100℃的高温电炉，气化剂经过外电炉加热形成高温气体，并夹带固体黑液粉末由顶端进入反应器，固体黑液粉末与高温气体混合接触后，在反应器内迅速气化。残留物和燃气从底部分离后分别引出。

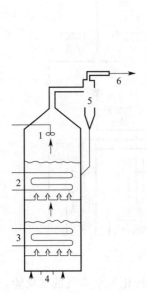

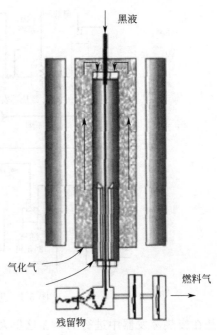

图 5-2　上流式流化床黑液气化炉

1—黑液喷射器；2,3—热交换器；

4—气流入口；5—旋风分离器；

6—气体出口

图 5-3　下流式流动床

气化炉原理

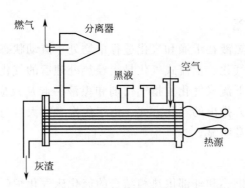

图 5-4　间接加热低温气化炉结构

（三）横流式气化炉

该装置是装有喷射引擎的气化器（见图 5-4），其反应器内分布有间接加热的列管，喷射进入反应器的黑液固体颗粒被吹入反应器的空气或蒸汽等气化剂维持流动的状态，以有利于向气化器的尾部移动。气化后的可燃气经反应器上方的灰气分离装置排出。该反应器主要用于低温气化反应，反应器内温度一般低于 700℃，从气化器底部分离出来的无机物未熔化，所以也被称为间接加热低温气化炉。

二、循环流化床反应炉

循环气化是指气化剂、一定量的回流气与混合流动状的黑液固体颗粒发生气化的方式。循环气化的方式可与固定床气化组合使用，能改善可燃气的质量（如气体含尘量低等）。该气化炉结构见图 5-5，该气体炉主体部件是上部反应器，上部反应器包括用于分散喷射废液进料口、在内部包盖反应器的金属内炉筒、用于分离固体或是熔融无机盐和可燃气的分离部分。其中循环回流气的气流来自于出口的可燃气，作为气化剂用于重新回到反应器中进行气化反应，可以通过调节其回流量适当地改善燃气质量。

三、耐火内衬材料

气化炉的耐火衬里和喷嘴材料的选择是黑液气化设备研究的另一个重点。耐火材料衬里和喷嘴均是在高温环境下工作的，相关学者已经进行了一些黑液气化样品熔融浸泡的研究。结果表明，熔融首先腐蚀耐火材料浸泡导致表面扩张，再加上表面膨胀导致了耐火衬里剥落，丧失了结构完整性。由于高温和碱度，黑液气化过程有必要确定材料在气化条件下的稳定性和耐久性。最重要的是，当与含钠丰富的组件反应时，耐火材料的热性能和力学性能可被破坏降低。研究表明，熔融无机物腐蚀铝基耐火材料产生 $NaAlO_2$，使得耐火材料产生很大内部应力而被破坏。因此，高温气化技术对于

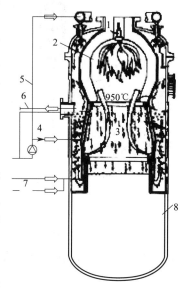

图 5-5 循环气化流动床气化炉
1—黑液进料口；2—上部反应器；
3—分离部分；4、5—循环回流气；
6—可燃气出口；7—溶碱液；
8—溶碱槽

气化炉耐高温的耐火材料和金属要求很高，设计时必须加以注意。目前，黑液气化反应容器用耐火衬里材料的设计已经取得的进展有：利用计算流体动力学为流体和温度分布建模；为耐火和表面处理材料起草工业规模的耐火材料制造协议；评估现有可应用于气化器环境的不定形耐火材料；开发新的耐火材料以适应气化器环境；生产新型耐火材料面板并在商用气化器上安装；采用适宜的材料和设计来生产喷嘴和热电偶保护套；评估工业生产的耐火和喷嘴材料的工作性能。

四、黑液气化技术的应用案例

瑞典 K Kvaerner 公司的 Chemrec 常压高温黑液气化法以及随后改进的 Chemrec 加压高温黑液气化法，美国 MTCI 公司的 MTCI 低温流化床黑液气化法，都具有很大的研究与实用价值。

（一）Chemrec 高温黑液气化法

该法是将黑液在高温快速反应器中气化，实际上是一种喷流床层的形式，主体设备是高温反应器，流程如图 5-6 所示。将浓缩至 65% 的黑液与预热空气通过雾化喷嘴进入气化室，在还原性条件下发生气化反应。气化室的操作温度为 955℃，无机熔融物溶解于急冷溶液中，成为绿液，送往苛化；可燃气体送经洗涤净化后，供燃气轮机使用。Chemrec 法黑液气化系统于 1991 年在瑞典的 Frövi 纸浆厂试运行，反应器日处理 75t 的黑液干固物，该系统的投产增加了纸浆产量，提高了纸浆厂化学品和能量的回收利用。但因其是常压气化系统，能源效率较低，Kvaerner Pulping 公司又转向研究改用压力气化反应器和高温洗涤，用氧气气化黑液，以降低热能损失，进一步提高黑液气化的热效率和得到的可燃气体的使用性能。现正着力于开发出这样一种压力气化系统，可提供清洁的可燃

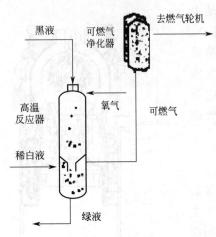

图 5-6　Chemrec 高温黑液气化法

气体，供给燃气轮机使用，适应联合循环动力生产的要求，从而提高能源利用效率。

（二）MTCI 低温黑液气化法

该技术采用 1 束脉冲燃烧间接加热器，供给流化床黑液气化器所需的热量。MTCI 法的主要设备是 1 台流化床反应器，床层由一定细度的石灰石粒子组成，用过热蒸汽使床层流态化，在床层中埋有脉冲燃烧间接加热器管束。流化床反应器运行温度约 600℃，喷入的黑液在石灰石粒子上进行热解。无机物成 Na_2CO_3 粒，经卸出溶解过滤后，得 Na_2CO_3 绿液；有机物成为水煤气，一部分送入脉冲燃烧间接加热器燃烧，供给黑液气化的热量；一部分送到余热锅炉燃烧，生产蒸汽，供流化床反应器使用。MTCI 低温黑液气化法已在 New Bern 制浆造纸厂做了中试。

2002 年，美国 Georgia-Pacific 公司采用黑液气化的方法替代在废热回收锅炉内燃烧黑液的方法，气化炉使用的是脉冲燃烧器。

（三）两种方法比较

Chemrec 高温（＞900℃）黑液气化法采用的是喷流床气化反应器。气化的气体冷却效率较低，但是反应速率大，停留时间短，可以减少反应器的体积。采用喷流床作为气化反应器，在气化过程中，要注意无机物熔化后结块造成对反应器的腐蚀，需进一步研究解决反应器内衬的高温耐火材料和论证该法的经济合理性。

MTCI 低温（＜700℃）黑液气化法采用的是流化床气化反应器。低温气化具有的优点：冷却效率高，无机物能够以固体形式得到分离。缺点是：需要较大的反应设备，可能存在碳和硫酸盐的不完全转化。在低温反应器中，大多数的还原硫发生气化，需要增设吸收硫的装置。此法若用于硫酸盐法纸浆黑液的气化，还需要查明其碳转化率、硫转化率、气化反应动力学以及控制床层结焦的问题。

选择 Chemrec 和 MTCI 重点工程以对比其合成气组成及气体热值等参数，这些参数由温度和气化剂等条件决定。黑液低温气化采用间接加热，合成气中 CH_4 和 H_2 含量较高，因而气体热值也相对较高；黑液高温气化则产生富含 CO 的气体，H_2 和 CH_4 含量相对较低，气体热值较低。两种具有代表性的黑液气化工艺合成气质量对比见表 5-2。

表 5-2　两种气化工艺合成气质量对比

气化工艺	工程名称	主要气体体积分数/%					气体热值/(MJ/m³)
		H_2	CO	CO_2	CH_4	N_2	
Chemrec 高温气化	New Bern 硫酸盐黑液空气气化	10～15	8～12	-15～17	0.2～1.0	55～65	2.5～3.5（低位）
	Piteå DP-1 硫酸盐黑液富氧气化	30～35	28～32	30～35	0.2～0.5	1～4	7.0～7.5（低位）
MTCI 低温气化	犹他大学烧碱法黑液水蒸气气化	63～70	3.0～4.5	24～32	0.6～6.0	0	10～13（高位）

绿液质量是黑液碱回收的关键参数，钠和硫的回收、碳转化率以及芒硝还原等对绿液质量均有重要影响。传统碱回收工艺中几乎所有的硫都随熔融物流出，而黑液高、低温气化中硫将在气相和熔融相（或固相）之间呈现一定比例的分布。相对于黑液燃烧工艺，黑液气化可能会降低钠释放程度，这对提高效益和减少结垢具有重要意义。碳转化不完全将影响碱在溶解槽中的溶出。目前，已知 Norampac 工程化学回收率可达 94% ～97%，但碳转化率低于设计值，其他参数对比见表 5-3。

表 5-3 两种气化工艺化学回收对比[4]

气化工艺	工程名称	碳转化率/%	还原效率/%	硫回收/%	钠回收/%
Chemrec 高温气化	New Bern	>99	90	85(绿液中) 15(H_2S中)	—
	Piitea DP-1	>99.9	>97	50(绿液中) 50(H_2S中)	
MTCI 低温气化	台架试验	—	—	93～94 (H_2S中)	98～99

（四）其他应用案例

G-P 公司与美国能量机构（DOE）开展的工业技术项目合作，以行业中第一个完整的 BLG 系统取代 G-P 公司 Virginia 工厂的两个有 50 年历史的汤姆林逊锅炉。该工厂处理的黑液固体能力计 40×10^4 t/d。

在加拿大安大略省特伦顿市的 Norampac 工厂的 BLG 装置可以处理 20×10^4 t/d 的黑液固体，每年可以减少 1.1×10^4 温室气体的排放。产生的裂解气体数量为工厂运转所需电量的 2 倍，剩余的电量可以卖给当地的公用事业，使 Norampac 工厂成为电力输出者。

第三节 黑液燃气的净化

一、黑液净化燃气的必要性

黑液中含有许多种有机物和无机物，黑液燃气在燃气轮机中燃烧，必须对其进行全面的净化。一般的净化是采取湿洗法，净化过程在 150℃ 下进行，然后气体进一步被冷却到 100℃。气体中的水以这样的方式被大量地冷凝分离，并且提高了燃气的燃烧热值。

黑液气化过程按处理过程的化学性来划分，可分为两种。

（1）苏打过程（即低温汽化技术） H_2S 和苏打（Na_2CO_3）在气化燃烧中形成。主要的气化产物是 H_2S 和 Na_2CO_3，黑液在 600～800℃ 缺氧条件下气化，在部分燃烧中硫被蒸发为 H_2S，而黑液中的钠固定在固体 Na_2CO_3 中，因此黑液中的碱和硫被分离。

（2）熔融过程（即高温气化技术） 苏打和 Na_2S 以熔融态的形式产生。在高于 800℃ 下进行反应，主要的气化产物是熔融 Na_2CO_3 和 Na_2S。

黑液中的无机物组分在气化中将会形成熔融物或固态物，这主要是取决于气化的温度。原则上讲，气化后的灰分物质是应该与传统的回收锅炉中的熔融物相似，即主要是碳酸钠和硫化钠，但是，随着硫化氢（气）的释放的增加，灰分中的硫含量随之降低，而且温度越低，硫化氢释放越多，灰分中的硫含量也越低。当温度在700℃以下时，实践证明所有的硫以硫化氢的形式被释放，并且可以生产得到很纯的苏打（碳酸钠）粉。硫化氢通过清洗回收形成纸浆厂需要的含硫液。灰分被溶解清洗而形成绿液。

与常规的回收锅炉相比，黑液气化苏打过程的一个优点是提供生产了无硫液，为氧气的预漂白，二氧化硫清洗器，及调整牛皮浆纸处理过程提供了所需的液体。而在800℃以上的气化熔融过程是没有这样的优点。在传统的浆纸厂，无硫液是通过白液氧化或是购买氢氧化钠来配制。与气化所得的无硫液相比，白液氧化作为无硫液在液体循环中有较高的惰性物质含量。那么使用气化苏打过程的优点是：①减少了熔融水的爆炸危险性；②更大程度的能量回收用来可发电；③作为回收锅炉的补充，尤其对于苏打处理过程；④无硫液的生产；⑤不同硫化率的白液生产。

针对苏打过程来说，对产生燃气中的硫化氢等进行净化是十分必要的。

二、黑液燃气脱硫工艺

综上所述，黑液燃气净化即黑液燃气脱硫，有以下几种脱硫工艺。

（一）ADA（偶氮甲酰胺）催化脱硫工艺

ADA催化脱硫工艺以碳酸钠为碱源，以ADA为催化剂，通过ADA的催化作用使焦钒酸钠转变为偏钒酸钠，同时ADA由氧化态转为还原态；接着偏钒酸钠对硫化物进行催化氧化，生成硫磺和焦钒酸钠（再生）；还原态的ADA转变为氧化态的ADA则需要通过在再生塔内吸氧后完成[5]。其反应式为：

$$2H_2S + Na_2CO_3 \longrightarrow 2NaHS + H_2O + CO_2 \uparrow$$

$$4NaVO_3 + 2NaHS + H_2O \longrightarrow Na_2V_4O_9 + 2S \downarrow + 4NaOH$$

$$Na_2V_4O_9 + 2ADA（氧化态）+ 2NaOH + H_2O \longrightarrow 4NaVO_3 + 2ADA（还原态）$$

$$2ADA（还原态）+ 2O_2 \longrightarrow 2ADA（氧化态）+ 2NaOH$$

$$2NaOH + CO_2 \longrightarrow Na_2CO_3 + H_2O$$

ADA脱硫工艺的不足：ADA脱硫中，碱吸收液吸收硫化氢的同时也吸收氰化氢。生成硫氰酸钠和硫代硫酸钠，使脱硫液副盐积累。因没有有效措施提取脱硫液中的副盐，致使脱硫液中副盐浓度增长，影响脱硫效率；同时，脱硫液副盐的产生增大了Na_2CO_3的消耗。

（二）PDS（酞菁钴磺酸盐）脱硫工艺

PDS脱硫工艺是以碳酸钠为碱源，以PDS为催化剂，PDS在脱硫和氧化再生两个过程均发挥了催化作用。PDS在脱出无机硫的同时还脱出有机硫。同时还促使$NaHCO_3$进一步参与反应[6]，其反应式为：

$$2H_2S + Na_2CO_3 \longrightarrow 2NaHS + H_2O + CO_2 \uparrow$$

$$NaHS + NaHCO_3 + (x-1)S \overset{PDS}{\rightleftharpoons} Na_2S_x + CO_2 + H_2O$$

PDS特有的催化氧化（再生）反应的特性为：

$$Na_2S_x + \frac{1}{2}O_2 + H_2O \overset{PDS}{\rightleftharpoons} NaOH + xS \downarrow$$

$$NaHS_x + \frac{1}{2}O_2 \overset{PDS}{\rightleftharpoons} NaOH + xS \downarrow$$

$$2NaOH + CO_2 \longrightarrow Na_2CO_3 + H_2O$$

PDS 的不足：

（1） PDS 的中毒。市售 PDS 的主要成分是酞菁钴磺酸盐，煤气中的焦油雾、萘及苯族烃等物质易引起 PDS 中毒。

（2） 产生 $Na_2S_2O_3$ 和 NaSCN 副产品，导致 Na_2CO_3 消耗量大。

（三） HPF（醌钴铁类）氨法脱硫工艺

HPF 法由我国自主开发，是以氨为碱源、HPF 为复合催化剂，对焦炉煤气进行脱硫脱氰。脱硫后吸收饱和液在 HPF 催化剂的作用下，用空气进行氧化再生，从煤气中脱出的 H_2S 最终在脱硫液中被转化成单质硫，该法脱硫效率为 98% 左右，脱氰效率在 80% 左右。其反应过程如下。

吸收过程：

$$NH_3 + H_2O \longrightarrow NH_4OH$$
$$NH_4OH + HCN \longrightarrow NH_4CN + H_2O$$
$$NH_4OH + H_2S \longrightarrow NH_4HS + H_2O$$

催化反应过程：

$$NH_4OH + NH_4HS + (x-1)S \xrightarrow{HPF} (NH_4)_2S_x + H_2O$$

$$NH_4CN + (NH_4)_2S_x \xrightarrow{HPF} NH_4CNS + (NH_4)_2S_{x-1}$$

$$(NH_4)_2S_{(x-1)} + S \longrightarrow (NH_4)_2S_x$$

催化再生过程：

$$(NH_4)_2S_x + \frac{1}{2}O_2 \xrightarrow{HPF} xS\downarrow + 2NH_4OH$$

HPF 法脱硫工艺的优点：①脱硫脱氰效率高，塔后煤气中 H_2S 和 HCN 含量可分别降至 $200mg/m^3$ 和 $300mg/m^3$；②与 ADA 法相比，循环脱硫液中盐类增长缓慢，因而废液量相对较少。

HPF 法脱硫工艺的不足：①塔后煤气的 H、S 含量尚不能达到城市煤气标准要求，需进行尾部脱硫；②存在盐存积问题；③硫黄质量不理想且产率低。

（四） 有机胺脱硫工艺

有机胺脱硫工艺是采用单乙醇胺（MEA）、二乙醇胺（DEA）、二异丙醇胺（DIPA）和复配的 N-甲基二乙醇胺（即 MDEA）为吸收剂，吸收气化气中含有的 H_2S 和部分有机硫化物，富液通入水蒸气和空气混合解吸出 H_2S 和部分有机硫化物，并使之氧化成单质硫。化学反应表示如下。

吸收过程：

$$H_2S \underset{}{\overset{电离}{\rightleftharpoons}} H^+ + HS^-$$
$$R_2CHNH_2 + H^+ \longrightarrow R_2CHN^+H_3$$
$$R_2CHN^+H_3 + HS^- \longrightarrow R_2CHNH_4S$$

解吸过程：

$$R_2CHNH_4S \longrightarrow R_2CHNH_2 + H_2S$$

氧化过程：

$$H_2S+\frac{1}{2}O_2 \xrightarrow{\text{催化剂}} H_2O+S\downarrow$$

有机胺脱硫的缺点：①存在有机胺蒸发和降解损失；②由于有机胺的碱性不强，脱硫能力较弱，贫气含硫大于300mg/m³，需要增加固体脱硫工序才能得到合格的脱硫气。

（五）填料吸收塔回收碱液脱硫净化气化气的新方法

根据制浆厂的结构和碱液回收利用的特点和黑液气化气中CO_2、甲硫醇和硫化氢显酸性的特点，广西大学设计采用填料吸收塔回收碱液脱硫净化气化气的新方法。

填料吸收塔回收碱液脱硫净化气化气工艺流程是：回收碱液由吸收塔顶部加入，向下流动，黑液气化气由吸收塔底部加入，向上流动，溶质和吸收剂之间发生逆流反应吸收；反应吸收生成碳酸钠、硫化钠和硫醇钠，富液从吸收塔底部排出，通过管道引入苛化池；在苛化池内，富液中的碳酸钠与石灰乳发生苛化反应生成氢氧化钠，富液中的硫化钠和甲硫醇钠不参与反应，苛化反应后，经过过滤，得到含氢氧化钠、硫化钠和少量甲硫醇钠的混合回收碱液，回用作木片蒸煮的化学品和脱硫吸收剂。图5-7为设计制浆厂内黑液气化气脱硫及回收硫化物循环利用[7]。

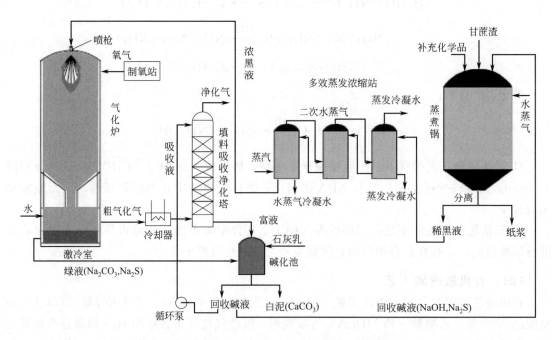

图5-7　黑液气化气脱硫及回收硫化物循环利用

黑液气化气中硫化物主要为硫化氢、甲硫醇和甲硫醚三种成分，经过实验测定硫化氢占硫化物总量的98%，甲硫醇占1.2%～1.9%，甲硫醚约占0.1%～0.2%，其他硫化物以微量存在。根据实验测定，甘蔗渣制浆厂回收碱液，水分约占89.6%，碳酸钠0.02%，氢氧化钠10.3%，硫化钠0.2%。回收碱液脱硫净化过程主要是硫化氢、甲硫醇与氢氧化钠发生化学吸收反应。化学反应方程式为：

$$H_2S+2NaOH === Na_2S+2H_2O$$
$$CH_3SH+NaOH === CH_3SNa+H_2O$$

$$CO_2 + 2NaOH \Longrightarrow Na_2CO_3 + H_2O$$

回收碱液脱硫净化方法具有以下优点：①脱硫设备简单，只需要吸收塔1座，就能实现脱硫；②不需要进行富液的解吸处理，不需要催化剂，不存在盐存积问题；③脱硫吸收剂为现场回收产品，不需要外购；④回收碱液吸收能力强，能够吸收甲硫醇组分，脱硫效率高，净化气体达到燃气涡轮机的燃烧要求；⑤脱硫吸收反应生成硫化物是木片蒸煮需要的化学品，随回收碱液进入木片蒸煮锅，用于木片蒸煮，实现硫化物的循环利用，避免回收硫黄储运和销售环节。

第四节　黑液气化技术的优缺点及面临的挑战

一、黑液气化技术的优缺点

通过对纸浆和纸的调查和发展计划，国际能源机构（IEA）对的黑液气化（BLG）技术潜力非常满意，并大力宣传其以下超过传统碱回收技术的优势[8]：①更高的功率输出，取决于系统的结构，每吨的电力输出高2～3倍；②热效率高10%；③以较低的资金成本改善环境；④通过减少矿物燃料的用量来抵消CO_2的排放；⑤有可能在气化室里直接还原化学物质，避免使用能源和资金高的石灰回收过程；⑥减少熔融物遇水爆炸的危险；⑦有机会实现更高得率的制浆计划，如分段硫化度制浆。

不足之处：BLG回收系统的最初成本比新的汤姆林逊锅炉成本明显高很多。因此，投资BLG的决定需要慎重全面的成本效益分析，然后确定长期回报利润是否超过短期支出。

二、黑液气化技术面临的挑战

（一）流化床操作困难

黑液低温气化工艺消除了熔融物遇水爆炸危险，流化床因其良好的气固接触特性成为这种工艺比较理想的反应器。然而黑液含水量大、黏性大、受热膨胀、膨胀颗粒密度低使流化床操作困难。氯和钾等非过程元素的存在降低了以碳酸钠为主的无机物熔点，因而使得床料极易结渣，这对流化床操作非常不利，即使维持低温操作仍不可避免地存在局部热点。黑液低温气化工艺在开发过程中几乎全部都遇到流化失败问题，试验反应器尺寸较小（如VTT）加大了这种困难。为使温度场均匀并提高传热速率，采用间接加热（如MTCI）可能是较好的选择。

（二）材料腐蚀问题

材料腐蚀问题是黑液气化尤其是高温气化的技术障碍之一。熔融碱金属碳酸盐和硫化物对合金和耐火材料均有强烈腐蚀性。MTCI间接加热工艺所遇到的材料腐蚀问题主要来自加热管壁，其内壁耐火材料需要耐受高温烟气，而合金外壁需要接触反应器内H_2S等气体。美国橡树岭国家实验室对黑液气化遇到的材料腐蚀问题开展了详细的测试并且进行了富有成效的材料选择工作。

(三) 黑液低温气化的碳转化率与芒硝还原问题

为保证正常流化，黑液低温气化运行温度约为 $600℃$，低温使得 BLG 的水蒸气气化反应速率较低。小试装置中获得的碳转化速率 $0.3×10^{-4}kg/(kg \cdot s)$，该试验过程中气相产物被随时吹出反应系统，当有 H_2 和 CO 存在时反应所需时间将延长。传统碱回收炉垫层温度一般在 $950℃$ 以上，芒硝在这种高温熔融和有碳存在的条件下发生还原反应。MTCI New Bern 示范工程采用了硫酸盐黑液，但运行过程（$575～625℃$）并未在气化炉中完成芒硝还原，含残碳与未还原芒硝的 BLG 被送回原有碱回收炉完成回收。虽然有研究表明，固态条件下芒硝也可被还原，但迄今为止黑液低温气化商业气化炉尚未成功回收硫酸盐，低温反应器中能否达到一定的芒硝还原率还需考证。

(四) 苛化负荷增加

MTCI 的低温反应环境使得几乎所有的硫都以 H_2S 的形式进入气相，Na_2S 则几乎全部转化为 Na_2CO_3，部分新增的 Na_2CO_3 将使苛化负荷增加。Chemrec 工艺也使得硫和钠呈现一定的分流，导致苛化负荷轻微上升；此外，合成气中 CO_2 可能会部分进入绿液形成 Na_2CO_3 和 $NaHCO_3$ 从而进一步增加苛化负荷。虽然硫、钠分流可优化硫酸盐蒸煮工艺，但 MTCI 和 Chemrec 工艺显然都遇到苛化负荷增加的问题。

参考文献

[1] Kohl A L, et al. The molten salt coal gasification process [J]. Chem Eng Prog, 1978, (1): 73-79.

[2] 李许生，农光再，王双飞. 黑液气化工艺及设备研究现状 [J]. 中国造纸, 2007, 26 (12): 59-62.

[3] 农光再，李许生，王双飞. 黑液气化研究现状及进展 [J]. 中国造纸, 2006, 25 (10): 54-58.

[4] 袁洪友，阴秀丽，李志文，等. 黑液气化技术发展历程及趋势 [J]. 中国造纸学报, 2009, 24 (4): 109-114.

[5] 刘振华. 影响改良 ADA 法气体脱硫因素浅析 [J]. 煤化工, 1995, 73 (4): 19-23.

[6] 李万，王先平. PDS 法煤气脱硫工艺的影响因素 [J]. 燃料与化工, 2004, (3): 45.

[7] 农光再，牟晋建，张鑫磊，等. 黑液气化气脱硫的主要技术参考和设计方案 [J]. 中华纸业, 2010, 31 (20): 16-20.

[8] 刘俊杰. 黑液气化技术 [J]. 国际造纸, 2006, 25 (1): 55-56.

第二篇

制浆造纸废水综合利用技术

第六章 | 推荐制浆漂白水综合利用技术

第一节 漂白废水的特点

制浆造纸废水主要是蒸煮废液、制浆过程洗、选、漂工段排出的综合废水，即中段废水、造纸机白水。其中蒸煮废液所产生的有机污染负荷占制浆全过程的90％以上，目前一致认为碱回收是治理蒸煮废液的有效途径。而造纸机白水主要来源于纸张抄造过程，主要含有短小纤维、填料、水等，其回收再利用在技术上都已无障碍，有的已实现封闭循环。中段废水，特别是漂白废水，由于含有一定量的氯化有机物及其他难处理物质，再加上污染负荷较大，处理比较困难。

一、漂白废水的特征

（一）氯化段废水的污染特征

氯化废水是整个漂白废水的主要构成部分，由于常规氯化是在低浓度下进行的，同时氯化后洗涤彻底又是十分重要的（以免因不充分的洗涤而增加碱处理段的耗碱量），因此进入漂白系统的水大部分以氯化废水的形式排出。氯化废水量的大小又决定于进入漂白系统未漂浆的浓度。

由于氯化时有机物的溶解只在很小程度上取决于所存在的水量的多少，因此废水中溶解物的浓度可能会有很大程度的差异。氯化段和随后的洗涤中有机物的溶解量视氯化条件和纸浆的类别而定。

由于氯的氧化作用的结果，未漂浆中大部分残留木质素和少量碳水化合物被降解为水溶和碱溶物质，这些物质随后作为废水的组成部分与被氧化的纸浆分离。这些组分主要有因酚核的破裂而生成的简单酚类、酚和碳水化合物的低聚物，以及中性和酸性物质。经过鉴别的一些化合物见表6-1。

表 6-1　硫酸盐浆氯化废水中被鉴别的化合物或衍生物

类　别	化合物或衍生物
羧酸类	醋酸、蚁酸、草酸、乙烯酸、丙二酸、丙酮酸、中草酸、琥珀酸、马来酸、富马酸、α-氧代戊二酸或β-氧代戊二酸、4-氯苯邻二酚
中性物	甲醇、三氯甲烷、乙醛、丁酮、乙二醛、四氯邻苯醌
碳水化合物	木糖、阿拉伯糖、半乳糖、葡萄糖、甘露糖
酚类	二氯苯酚、2,3,6-三氯苯酚、二氯愈创木酚（三个异构体）、三氯愈创木酚（三个异构体）、四氯愈创木酚、一氯脱氢松香酸、二氯脱氢松香酸、二氯苯邻二酚、三氯苯邻二酚、四氯苯邻二酚、一氯丙愈创木酮

氯化废水中不存在单糖类，但将废水水解以后发现有还原糖类的存在。这表明糖类在废水中是以低聚物的碎片存在的。在此情况下，中性糖类的总得率大致相当于废水固形物总量的 $2\%\sim3\%$，而以半乳糖和木糖这两种数量最多。已取得的某些事实表明：在酸水解后，氯化废水中存在糖、醛、酸，有的化合物虽然尚未鉴别清楚，但其数量看来要比中性糖的数量少得多。

氯酚类化合物在氯化废水中的存在，对接纳这些污水的河流中生物的潜在毒性效应方面是值得注意的。已经证实了两种氯化苯邻二酚对幼鲑鱼的低浓度致死效应。到目前为止，在氯化废水中已鉴别的物质只占废水中实物量的少部分，根据光谱和官能团分析的情况看来，残留的固形物主要由低分子量的氯取代聚羧酸聚合物所组成，这些聚合物因残留木质素网络结构中酚核的氧化裂解而产生。硫酸盐浆漂白废水对鱼类或其他水生生物的毒性在一段时间以来已引起了重视，并成为探讨的一个课题。目前，对硫酸盐浆漂白废水的研究主要是用各种鱼类作为试验标本，观察它们在强毒性（致死的）浓度范围内对漂白废水的反应。由于废水排入河流中被迅速而广泛地稀释，虽然不到致死量的废水浓度，可是对鱼类和其他水生生物的机能、行为的影响与强毒性的影响可以说是同等重要。虽然这方面毒性的研究不多，但一些资料已表明存在于漂白废水中不到致死浓度的毒素，实际上已对所试验的生物产生了有害的影响。

（二）碱处理段废水的污染特征

为了在保持强度的条件下增进纸浆的白度，为了白度的稳定性以及漂白的经济合理性，氯化以及氧化漂白以后的反应生成物应该及时予以清除。但是由于这些生成物大部分难溶于水，使得通过过滤和洗涤仅能除去这些物质的 50% 左右，残留部分需要强碱处理使之溶解，这样的一个处理工序被人们称之为碱处理。结合漂白工序，有理由认为，被氯化的纸浆在碱处理段会发生如下一些反应：①大部分氯化木质素的溶出和除去；②半纤维素从纤维中除去；③纸浆中脂肪酸和树脂酸的皂化；④纤维多糖组分链的降解。

氯化之后，纸浆中大部分氯化木质素可在温和的碱处理甚至冷碱处理中被除去。氯化木质素中相当部分的取代氯是与脂肪族相连接。而其余对碱呈稳定性部分则与芳香族相连接。这就反映了氯在碱中不同的稳定性。不管怎样，在化合物中大约有 50% 的氯能迅速溶于碱，生成羟基氯醌，因此，当纸浆氯化时，除酚核氧化生成可溶的二元酸外，碱与氯化后纸浆的第一个反应是将苯核的氯原子水解成具有一定酸度的羟基，后者随即为碱所溶解，这应是碱处理段氯化木质素被除去的主要原因。

碱处理段废水量约为氯化废水量的 50%，但溶出了大部分有机污染物，因而 COD 和色度很高。总漂白废水中，90% 色度、30%BOD、50%COD 以及 10% 的氯在 E 段中，该段废水的 pH 值在 $10.5\sim11$ 之间。经过分析和鉴定，该段化合物的分子量组成类似于氯化段。但在分子量分布上，E 段中高分子量组成占主要部分，约 95% 是高分子氯化木质素及其衍生物，其中主要的氯代酚类化合物主要有 2-氯-4-羟基苯甲醛、3,5-二氯-2-羟基苯甲醛、2-氯-3 羟基-4-甲氧基苯甲醛、3-氯苯酚、对氯苯酚、2,4-二氯苯酚、2,4,6-三氯苯酚、4,5-二氯愈创木酚、4,6-二氯愈创木酚、5,6-二氯愈创木酚、3,4,6-三氯愈创木酚等。这些氯代酚类化合物均为优先污染物类，具有一定的毒性，对环境能够造成较大的危害性，所以对 E 段废水要引起重视[1]。

二、漂白废水中的污染物质和毒性物质

在氯化和碱处理滤液中，主要有毒成分是三氯甲烷、氯代酚类化合物、氯化脂肪酸、氯化树脂酸、二噁英等。这些化合物统称为"可吸收的有机卤化物"，即以 AOX 表示。这些化合物不易被生物处理所降解，但易被有机体吸收，通过食物链而富集，因此不仅对环境危害大，而且影响动物和人类的健康。其中尤以二噁英类毒性最大。1985 年美国环保局在一些纸厂下游河中捕获的鱼体内检查出 2,3,7,8-TCDD（二噁英）、2,3,7,8-TCDF（呋喃）。二噁英在目前已知化合物中毒性最大，并具有强致癌性。

（1）三氯甲烷 氯化、碱处理和次氯酸盐漂白过程会产生三氯甲烷，三氯甲烷具有剧烈的毒性和致癌性，也可以在一系列的反应中生成光气，会破坏臭氧层。传统三段漂白中以次氯酸盐处理产生的三氯甲烷数量最多（见表 6-2）。

表 6-2 传统三段漂白产生的三氯甲烷数量

漂白段	氯化段	碱处理段	次氯酸盐漂白段
三氯甲烷生成量/(g/t 绝干浆)	5～280	10～80	100～700

（2）氯代酚类化合物 用含氯药剂漂白纸浆除产生三氯甲烷之外，还有多种有机污染物质产生，其中相当部分是毒性物质。这些毒性物质都是木质素降解产生的氯化有机物，包括氯代酚类化合物，其中主要以二氯代酚、三氯代酚、四氯代酚和五氯代酚的形式存在，此外还有氯代愈创木酚、氯代香草醛、氯代儿茶酚等。这些污染物质不仅具有毒性，而且不易进行生化或者非生化降解，排放到自然水体中会对生物产生毒害作用，浓度低时慢性积累产生病变，浓度高时会直接导致生物死亡，并且会通过食物链富集或者通过饮水直接作用于哺乳动物和人类。

（3）二噁英和呋喃 20 世纪 80 年代中期在制浆造纸工厂附近水体中发现了具有强烈致癌、致突变、致畸和多发性脑神经病变的毒性物质二噁英（dioxins）和呋喃（furans），引起了人们的普遍关注。这类氯化衍生物基本上包括两个系列：PCDD（polychlorodibenzo-*p*-dioxins），称为多氯二苯并-*p*-二噁英；PCDF（polychlorodibenzo-furans），称为多氯二苯并呋喃。研究工作证实，存在 75 种不同的含有 1～8 个氯原子的二噁英，毒性和性质各不相同。目前，检测出的毒性最强的氯化有机物是 2,3,7,8-TCDD(2,3,7,8-tetra-chlorodibenzo-*p*-dioxins)，称为 2,3,7,8-四氯二苯并-*p*-二噁英。医学和病理学的研究表明，这种氯化有机物对于皮肤、消化和免疫系统具有显著的危害作用，并且会导致细胞组织癌变的发生。近年来，关于制浆造纸工业污染问题频频谈及的二噁英，从狭义上来说主要就是指这种化合物。

关于二噁英的最早研究，是美国在 20 世纪 60 年代于 2,4,5-三氯苯氧基乙酸（2,4,5-trchlorophenoxyacetic acid，落叶剂）的生产中，发现其副反应为两个分子的 2,4,5-三氯苯氧基乙酸之间发生电子转移，生成一个分子的 2,3,7,8-四氯二苯并-*p*-二噁英。在制浆造纸工业中，二噁英主要是由氯与木质素在漂白过程中产生的，如果漂白流程中不使用元素氯，可以大大降低能够检测出的二噁英含量[2]。

第二节 减少有机氯化物产生的途径

过去因为氯气是非常有效且价廉，并且具有不损害纤维特性的漂白用化学药品，几乎所

有纸浆漂白中都使用，但是漂白排水中被确认为是有毒性化合物，并且对这些有毒性化合物有了更多认识之后，人们开始了替代氯元素漂白方法的研究。在 20 世纪 80 年代后期 ECF 和 TCF 新技术出现了，这是漂白技术突出的进步。

从表 6-3 可以看到，漂白方法对 AOX 的排放量有很大影响。采用无单质氯（element-chlorinefree，ECF）漂白和全无氯（totalchlorinefree，TCF）漂白技术，是杜绝产生含氯废水污染源、使漂白工段实现清洁生产、减少和消灭漂白废水污染的根本道路。

表 6-3　漂白方法对白度和 AOX 排放量的影响

漂白剂	白度(ISO)/%	AOX/(kg/t 浆)
使用氯气	90	3～4
ECF：使用 O_2、ClO_2 和 H_2O_2	90	0.25～0.5
TCF：使用 H_2O_2	70～86	<0.1
使用 H_2O_2 和 O_3	85～90	<0.1

ECF 和 TCF 都可以大幅度降低漂白废水中的有机氯化物含量。目前国外采用 ECF 漂白流程的厂家占漂白浆厂家的比例为北美 80%，北欧 75%。TCF 漂白流程的废水中有机氯化物含量虽比 ECF 流程更低，但由于投资和运行费用较高，只有在环境要求特别严的情况下采用。

草类原料易煮、易漂，应该说比木材原料更有条件采用无氯气或全无氯漂白。我国四川省年产 6 万吨竹浆的某纸业公司，于 2001 年通过技术改造，完全不用氯，仅用氧脱木素和过氧化氢两段漂白，即将最终白度漂至 80% ISO 以上，实现了全无氯漂白（流程见图 6-1）。

图 6-1　某纸业公司 TCF 流程

造纸工业解决有机氯化物污染问题是世界性潮流，我们必须从发展造纸工业的战略性高度来认识和对待这个问题。

国家发改委 2007 年颁布的《造纸企业发展政策》第二十三条已明确提出："禁止新项目采用氯气漂白工艺（现有企业应逐步淘汰）。"《制浆造纸工业水污染物排放标准》的新排放标准中已将 AOX 指标调整为强制执行项目。所有这些政策法规都将对改革我国现有漂白工艺产生深远的影响。

一、氧脱木质素

氧脱木质素研究始于 1867 年，有人发现在搅拌旋转的纸浆中通入加热的空气可以增强漂白效果，经过长期研究，到 1961 年，氧脱木质素的带压操作及碱性条件这两个基本要素已经确定。所谓氧脱木质素技术，就是在蒸煮器和粗浆洗涤之间引入一段氧脱木质素段，氧气在碱性介质中产生脱木质素作用，除去蒸煮后残留的木质素，可以说是蒸煮过程脱木质素的继续，氧脱木质素的运行成本比氯漂和二氧化氯漂白低得多，而且氧脱木质素因不使用氯或含氯化合物，不会产生有机氯化物，其废水经浓缩后可直接送去碱回收炉烧掉，既回收了烧碱又减少了废水污染负荷。氧脱木质素可以降低进入漂白工段的浆的卡伯值，降低漂白的负荷，减少漂白剂的使用量，促进漂白废水的封闭循环，同时还可以增加漂白浆的白度。

　　一般认为，氧脱木质素是氧分子从碱性状态木质素的酚氧负离子脱去电子，产生酚氧自由基，氧分子变成负离子自由基，然后进行一系列反应，木质素发生降解。在氧脱木质素体系中，木质素、碱液、O_2 及金属离子的共同作用使得氧自由基的产生相当复杂，氧自由基的产生不是孤立的，自由基之间以及自由基与木质素之间存在相互作用，使得氧自由基的产生贯穿于整个氧脱木质素过程中[3]。

　　氧脱木质素的工艺流程主要分为高浓氧脱木质素和中浓氧脱木质素两种。

　　(1) 高浓氧脱木质素流程　高浓氧脱木质素的流程是：洗涤干净的浆料先送到双辊压榨机脱水，提高浓度至30%，加入氢氧化钠和镁盐保护剂（硫酸镁或碳酸镁），用螺旋喂料器把浆料送入氧反应器，通过一个起绒装置，然后落入浆床，控制浆的浓度在25%~28%，防止浆床过于紧密，保证与氧气充分接触，浆料进反应器由上而下与氧气反应停留时间约30min，在反应器底部浆料用氧化后的滤液稀释至5%，排出到喷放罐，再经洗浆机后送去精选漂白。高浓工艺通过双辊压榨机的浆料浓度不得超过35%，以免太高浓度引起浆料自发分解导致氧反应器着火。氧碱处理反应时会产生有机酸、二氧化碳、少量一氧化碳及微量甲醇，设有监测易燃气体（一氧化碳、甲醇蒸气）浓度仪表，一氧化碳应保持在1%以下[4]。

　　(2) 中浓氧脱木质素流程　中浓氧脱木质素是在20世纪80年代初伴随着高效中浓混合器和中浓浆泵的出现而工业化并迅速发展的。与高浓氧脱木质素相比，中浓氧脱木质素比高浓工艺要简便，因为从洗涤工段经洗浆机出来浆料浓度已达到10%以上，适合中浓要求。其流程是先在最后一段洗浆机浆料出口处加入氢氧化钠和镁盐保护剂，经碎浆器搅拌混合送到蒸汽混合器，提高浆料温度至90℃以上，用中浓浆泵输送通过氧化学混合器进入升流式的氧反应器，由下而上停留60min左右，经反应器顶部卸料机输入喷放槽，由浆泵送到氧脱木质素洗浆机洗涤干净，供下一工段精选、漂白使用。

　　中浓氧脱木质素技术是通过强化混合作用使氧在浆料内更好地分散渗入纤维，浆料在反应器内按规定时间内停留，氧脱木质素反应连续进行，所以氧混合器是中浓氧脱木质素关键设备，氧混合器技术发展很快，20世纪70年代普遍应用静态混合器，后来开发的高剪切混合器，使氧与浆料在中浓工艺获得良好的混合。氧化学混合器 (oxygen chemical mixer)，是20世纪80年代发展起来的高剪切混合器，壳体由不锈钢浇铸，装有凹沟纹槽子面的316L不锈钢转子（也有在转子上装短片）。高剪切混合作用与纸浆精磨机相似，其部件结构精密，转子快速旋转与定子之间作用产生高剪切力，使浆料流态化，氧通过喷嘴进入转子与定子间的混合区与浆料很好地混合[4]。

　　氧脱木质素是高效清洁的漂白技术，其缺点之一是脱木质素的选择性不够好，一般单段的氧脱木质素率在30%~50%，否则会引起碳水化合物的严重降解，表6-4为典型单段氧脱木质素的运行条件，图6-2为单段氧脱木质素的运行工艺流程[5]。

表6-4　典型单段氧脱木质素运行条件

停留时间	60~90min	压力	3~8bar
温度	85~100℃	最终 pH 值	10.5~11
浓度	≥11%		

　　注：1bar=10^5Pa，下同。

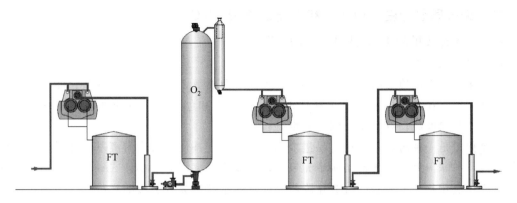

图 6-2　单段氧脱木质素的运行工艺流程

为了提高氧脱木质素率和改善脱木质素选择性，目前发展的趋势是采用两段氧脱木质素。两段氧脱木质素的氧脱木质素率可以达到 65%～70%，一般第一段采用高的碱浓度和氧浓度，已达到较高的脱木质素率，但温度较低，反应时间较短，以防止纸浆黏度的下降；第二段的主要作用是抽提，化学品浓度较低，而温度较高，反应时间较长。表 6-5 为典型两段氧脱木质素的运行条件，图 6-3 为两段氧脱木质素的运行工艺流程。

表 6-5　典型两段氧脱木质素运行条件

项　　　目	一段	二段
停留时间	30min	60min
温度	80～85℃	90～105℃
浓度	≥11%	≥11%
压力	8～10bar	3～5bar
最终 pH 值		10.5～11

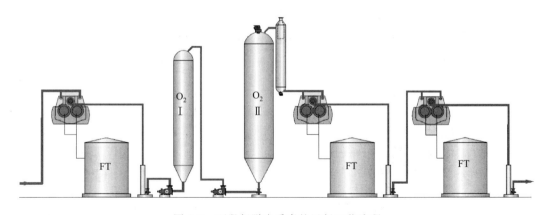

图 6-3　两段氧脱木质素的运行工艺流程

新投产的漂白硫酸盐制浆厂几乎全部都设有氧脱木质素段，而且绝大部分为两段氧脱木质素，采用氧脱木质素工艺可以使蒸煮后纸浆的卡伯值降低 50% 左右。两段氧脱木质素与传统单段氧脱木质素比较，可降低漂白污染负荷 50%。

二、无单质氯漂白（ECF）和全无氯漂白（TCF）

（一）目前常用的 ECF 或 TCF 漂白工艺

1. 二氧化氯漂白

二氧化氯是无单质氯漂白的基本漂剂。不同于单质氯，它具有很强的氧化能力，是一种高效的漂白剂。在漂白过程中能选择性地氧化木质素和色素，而对纤维素没有或很少有损伤。漂后纸浆白度高，返黄少，浆的强度好。

二氧化氯是一种游离基，很容易进攻木质素的酚羟基使之成为游离基，然后进行一系列氧化反应，与非酚型的木质素结构单元反应，但反应速率大大减小。二氧化氯与环共轭双键反应形成环氧化物，木质素经过氧化降解和酸催化水解生成各类羧酸产物、二醇等，形成的氯化芳香化合物少。

二氧化氯漂白的第一段通常称为 D_0 段，D_0 段和随后的碱抽提段称为预漂段，二氧化氯可以将木质素氧化和降解，一部分降解的木质素可以在 D_0 段后洗涤出来，其余的木质素可以在碱抽提后洗涤出来。

硬木浆在蒸煮后含有大量的己烯糖醛酸，这些己烯糖醛酸会增加浆的卡伯值，己烯糖醛酸在高温（85～95℃）下也可以被二氧化氯降解，Dht（高温二氧化氯漂白）段比 D_0 段可以更加有效地去除己烯糖醛酸，在 Dht 段二氧化氯与木质素的反应更加迅速，因此，在 Dht 段二氧化氯主要开始反应的第 1 分钟被消耗掉，然后浆在 pH 值为 2.5～3 和高温下停留 2～3h，在这种情况下己烯糖醛酸被选择性地去除。表 6-6 为 D_0 段和 Dht 段运行条件对比[5]。

表 6-6　D_0 段和 Dht 段运行条件

项　　目	D_0 段	Dht 段
最终 pH 值	2～3	2.5～3.5
压力	标准大气压	标准大气压
浓度	≥11%	≥11%
温度	45～85℃	85～95℃
停留时间	45～60min	90～180min

注：1 标准大气压＝101325Pa，下同。

多数情况下，ECF 漂白为二氧化氯两段漂白，D_1 段和 D_2 段，两段之间为碱抽提段，最后一段二氧化氯漂白可以是升流式或升/降流式（见图 6-4 和图 6-5）。

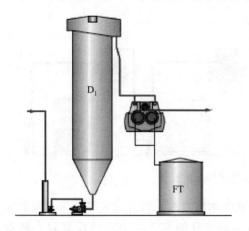

图 6-4　升流式二氧化氯漂白

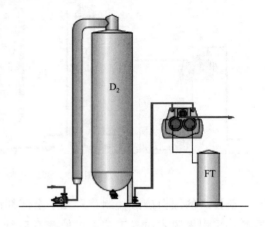

图 6-5　升/降流式二氧化氯漂白

随着 D_0 段或 Dht 段的是抽提段，即 E_1 段，在抽提段剩余的氧化木质素被溶解和清洗，现在，抽提段实际上还会用至少一种以上氧化剂来强化，氧化剂包括氧（EO）、过氧化氢（EP）或者两者的混合（EOP），碱抽提段可以是升流式或升/降流式，表 6-7 为碱抽提段的运行条件，图 6-6 为升/降流式碱抽提的工艺流程[5]。

表 6-7　碱抽提段运行条件

最终 pH 值	10.5～11
温度	70～80℃
浓度	≥11％
停留时间	60～90min
压力	升流式 2.5～5bar,降流式标准大气压

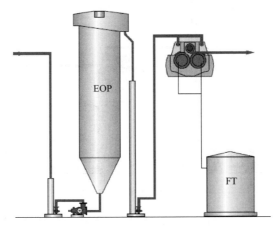

图 6-6　升/降流式碱抽提的工艺流程

2. 过氧化氢漂白

H_2O_2 是一种弱氧化剂，为无色透明的液体，能与水、乙醇和乙醚以任何比例混合，工业产品为 30％～70％的水溶液。纯净的过氧化氢相当稳定，但与过渡金属如锰、铜、铁及紫外线、酶等接触易分解，可加入少量 N-乙酰苯胺、N-乙酰乙氧基苯胺作为稳定剂。早期 H_2O_2 漂白是在常压漂白塔内进行，因为一般认为 H_2O_2 在高温下会分解，要在 100℃以上漂白是不可能的。后来发现主要是设备金属表面引起 H_2O_2 分解，采用较高温度加快反应速率、缩短反应时间成为可能。1993 年引入了效率更高的压力 H_2O_2 漂白工艺，可以缩短反应时间，简化过程控制，相同用量的 H_2O_2 会有更高的白度。压力 H_2O_2 漂白可以把温度作为控制参数，通过调节温度控制 H_2O_2 消耗达到所需白度。

在过氧化氢漂白过程中，脱木质素过程和漂白过程是同时进行的。现在，多数工厂都在 TCF 或轻 ECF 中使用过氧化氢漂白时都采用压力过氧化氢漂白（PO）段，这一阶段是氧存在的情况在 80～100℃的高温下运行，通过这种方式漂白还可以增加浆的白度，在 ECF 中引入 PO 段还可以减少二氧化氯的消耗。PO 段是升流式的，常压 P 段可以是升流式或升/降流式。表 6-8 为 PO 段和常压 P 段的运行工艺条件，图 6-7 为 PO 段的工艺流程[5]。

表 6-8　PO 段和常压 P 段运行条件

项　　目	PO 段	常压 P 段
最终 pH 值	9.5～11	9.5～10.5
温度	80～100℃	80～85℃
浓度	≥11％	≥11％
停留时间	60～120min	60～180min
压力	3～5bar	标准大气压

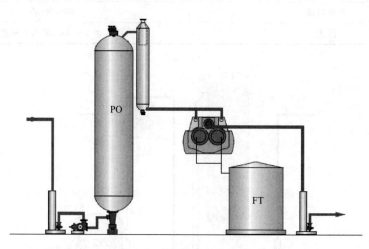

图 6-7　PO 段的工艺流程

　　常压 P 段可以用于最后的漂白段，如 D(EOP)DP 或（Ze)DP，最后一段使用 P 段而非 D 段可以减少白度降低的可能性。

3. 臭氧漂白

　　臭氧是作为非氯漂剂的一种，是应环保要求而发展起来的，在适当条件下也能提高纸浆强度。但由于臭氧对纤维素与木质素的氧化无选择性，因此在破坏木质素结构的同时，也使纸浆黏度下降，但对成纸强度影响较小。臭氧漂白阶段混合器是很关键的设备，通常臭氧的质量分数只有 10％～14％，总气体体积很大，臭氧段的效率取决于反应气体体积，高压和高臭氧浓度可以节省混合能耗。

　　臭氧是针对化学浆的有效漂白剂，它在漂白顺序中次序可以有很多变化，但是多数情况下臭氧漂白可以置于氧脱木质素之后，同时在臭氧漂白之前通常需要对浆进行酸处理，去除浆中的金属离子。臭氧漂白可以中浓（10％～12％）或者高浓（35％～40％）条件进行。ZeTrac 是在高浓条件下的臭氧漂白，ZeTrac 可以用在 ECF 或 TCF 中，通过臭氧漂白可以降低漂白化学品成本。表 6-9 为 ZeTrac 系统的运行工艺条件，图 6-8 为 ZeTrac 系统的工艺流程[5]。

表 6-9　ZeTrac 系统运行条件

浓度	35％～40％
温度	40～60℃
pH 值	2.5～3
停留时间	30～60s

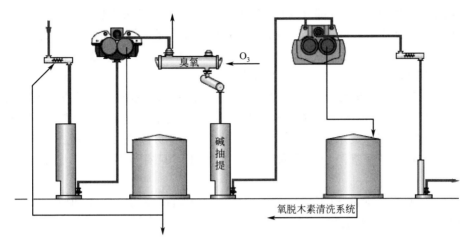

图 6-8　ZeTrac 系统的工艺流程

4. Q 段

除了以上的漂白工艺外，目前还有很多其他的漂白方法在应用。

Q 段是在过氧化氢漂白之前使用螯合剂（如 EDTA 或 DTPA）来减少过渡金属离子的含量，尤其是锰的含量。pH 值在 5~7 时，Q 段可以去除大部分过渡金属离子，在 Q 段之后，有必要通过有效的洗涤来去除浆中的螯合金属离子。

5. 过氧酸漂白

过氧酸漂白中常用的有过硫酸和过氧乙酸（CH_3COOOH），其漂程常记作 Paa。过酸可以降低纸浆卡伯值，增加白度。过硫酸常用硫酸和 H_2O_2 在现场反应制备，采用过硫酸会向系统引入大量的硫元素，同时还要用大量的 NaOH 来中和酸。过氧乙酸是乙酸和 H_2O_2 反应的产物。上述两种过酸对过渡金属元素的敏感程度比 H_2O_2 要低很多。由于过氧酸有较强的脱木质素作用，可以取代或强化氯化，实现无单质氯漂白。过氧酸漂白的最佳 pH 值和 ClO_2 漂白很接近，最佳温度也在相同的范围内，而且过氧乙酸和 ClO_2 之间不会迅速反应。因此，在二氧化氯漂段中加入少量过氧乙酸，可提高白度或降低二氧化氯用量，过氧酸漂白主要应用与 TCF 漂白中。

6. 生物漂白

生物漂白过程就是以一些微生物产生的酶与纸浆中的某些成分作用，形成脱木质素或有利于脱木质素的条件，并改善纸浆的可漂性或提高纸浆白度的过程。生物漂白的目的，主要是节约化学漂剂的用量，改善纸浆的性能以及减少漂白污染。

纸浆生物漂白用酶主要有：半纤维素酶和木质素酶两类。半纤维素酶包括木聚糖酶和甘露聚糖酶，木质素酶有木质素过氧化物酶、锰过氧化物酶和漆酶。目前工业应用的主要是木聚糖酶。

（二）ECF 漂白工艺流程

所谓 ECF 漂白技术就是以 ClO_2 部分或全部代替 Cl_2 的无单质氯漂白。ClO_2 是一种优良的漂白剂。

ECF 工艺的发展大致经历了 3 个阶段，即 ECF1、ECF2、ECF3。

（1）ECF1 通过扩大 ClO_2 制备能力，提供更多的 ClO_2，在原来漂白系统的氯化或次氯酸盐漂白段采用 ClO_2 取代（或部分取代）单质氯，从而改进了废水质量。

（2）ECF2 通过技术改造，制浆采用深度脱木质素技术，漂白前采用氧脱木质素技术，再进行用 ClO_2 取代单质氯的漂白。漂白前除去更多的木质素使漂白过程降低能耗和药品消耗，和 ECF1 相比，可节能 30%，工厂废水量可减少 50%。

（3）ECF3 在更现代化的工厂，采用深度脱木质素和氧脱木质素，纸浆用不含氯化合物的漂剂（如臭氧和 H_2O_2）后，只在最后一段采用 ClO_2 漂白。这样可以进一步改进废水质量，和 ECF1 相比，工厂废水量可减少 70%～90%，大部分废水可以回用。ECF3 工艺可保证在 ClO_2 漂白前全部制浆漂白废水都可以循环回用，只有少量残余木质素被氯化产生污染[6]。

图 6-9 为某制浆企业的 ECF 漂白工艺流程，其漂白次序为 AD_0-EOP-D_n-D，该工艺设计生产白度为 92% ISO 的纸浆。

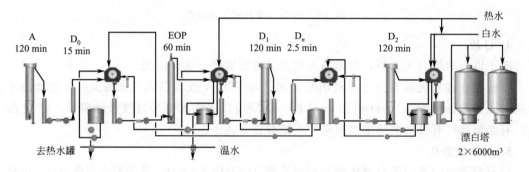

图 6-9 某制浆企业 ECF 漂白工艺流程

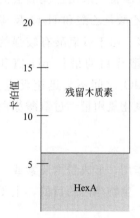

图 6-10 典型桉木浆中 HexA 含量

第一段漂白为 AD_0 段，包括 2h 的酸阶段和 15min 的二氧化氯漂白阶段。酸阶段主要用于在二氧化氯漂白之前去除浆中的己烯糖醛酸，如图 6-10 所示，己烯糖醛酸（HexA）会增加浆的卡伯值，在氧脱木质素阶段并不能去除己烯糖醛酸，但是却会消耗二氧化氯，酸阶段会将浆的卡伯值降到 6 左右，然后进入 D_0 段。

D_0 段设计的停留时间为 15min，二氧化氯和木质素可以在这么短的时间内发生快速反应。

漂白的第二阶段为 EOP 段，包括 60min 的加压反应，然后将浆打入到 DD 洗浆机。

漂白的第三阶段为 D_n 段，这一阶段包括 120min 的升流式二氧化氯漂白塔，2.5min 的中和反应，中和反应可以提高 D_1 段的 DD 洗浆机洗浆效果，同时也可以提高 D_2 段的效率。

最后的一段漂白为最终的 D 段漂白，这一段漂白包括 120min 的升流塔，塔的高度可以使浆料可以通过重力进入 DD 洗浆机，

该漂白系统还增加了滤液循环利用系统，根据 COD 浓度不同，收集和回收利用不同洗浆机的滤液，可以最大限度地减少水的消耗和废水的排放。D_2 段洗浆机的滤液可以用于前面 D_1 段洗浆机的洗涤，其中较为清洁的滤液可以用于后段的洗涤，D_1 段较脏的滤液可以用于前面 D_0 段的洗浆机的洗涤，而较为洁净的滤液可以作为后段 EOP 段洗

浆机的洗涤。EOP 段较为脏的滤液需要排入废水处理系统，较为洁净的滤液可以用于 D_0 段的后段洗涤。整个回收系统使所有的漂白阶段的 COD 浓度尽量保持较低水平，并尽量减少化学品的消耗。

（三）TCF 漂白工艺流程

TCF 的优点是漂白废水中不含有机氯化物，废水可以循环使用，并可进入碱回收系统燃烧回收，从而减少或消除了漂白废水的污染，有望实现漂白硫酸盐浆厂的零排放。缺点是漂白浆成本较高，且由于臭氧的选择性较差，漂白浆的强度也较低。

世界上第一家 TCF 漂白纸浆厂是 1996 年 3 月芬兰 Metsa-Rauma 浆厂投产的全无单质氯漂白系统，该厂年产 BKP 木浆 $50 \times 10^4 t$。蒸煮采用深度脱木质素，生产两种纸浆：一种白度较高（88%ISO），用于不含磨木浆的纸；另一种白度为 85%ISO，强度好，用于含磨木浆的纸。漂白用 O_2、O_3、NaOH 及 H_2O_2，采用中浓漂白系统（浆料浓度 12%）。该厂吨纸耗水 $15m^3$（包括热电站冷却水 $10m^3/t$ 浆及热交换器用水可部分回用）。蒸煮硫化物排放量为 $2.0 kgSO_2/t$ 浆，总还原硫排放量小于 $20mg/m^3$，污水中的 AOX 小于 $50g/t$ 浆。

TCF 漂白可用的化学药品有氧气（O）、过氧化氢（P）、臭氧（Z）、过酸（P）、酶（X）、连二亚硫酸盐、螯合剂及二氧化硫脲等，前 4 种为含氧漂白剂，漂白作用主要是氧化脱除木质素，酶和螯合剂等为催化剂或稳定剂。连二亚硫酸盐和二氧化硫脲等为还原剂，漂白作用是使木质素还原加氧，从而稳定纸浆白度[7]。

图 6-11 为漂白次序为 Q（PO）的 TCF 漂白工艺，图 6-12 为漂白次序为 ZQ(PO) 的 TCF 漂白工艺，图 6-13 为漂白次序为 Q(OP)ZQ(PO) 的 TCF 漂白工艺[5]。

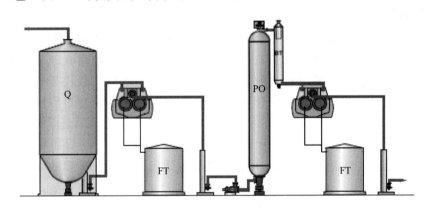

图 6-11　漂白次序为 Q（PO）的 TCF 漂白工艺

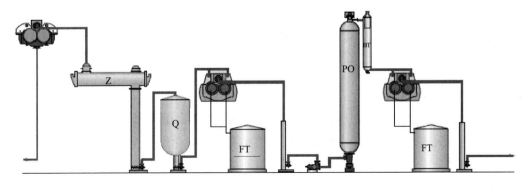

图 6-12　漂白次序为 ZQ(PO) 的 TCF 漂白工艺

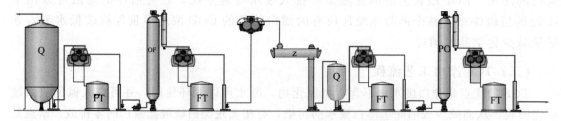

图 6-13 漂白次序为 Q(OP)ZQ(PO) 的 TCF 漂白工艺

第三节 漂白废水中 AOX 污染物的治理

消除含氯漂白工段的污染有两条途径：一是通过应用无少污染制浆漂白技术，杜绝污染物的产生；另一条道路是对含氯漂白废水进行净化治理。要完全实现无、少污染制浆漂白，对我国当前的造纸工业来说还有很大的难度，比如技术上还不完全成熟，成本高，新技术制浆漂白结果不够稳定，技术更新需要时间等，使得人们在近一段时期内还不能完全放弃传统的制浆漂白技术。因此，对漂白废水进行深度治理对于减少有机氯化物的排放具有重要的意义。

目前对降低漂白废水中主要污染物——有机氯化物的方法主要有下面几种。

一、生化法

含氯漂白废水中的有机氯化物主要是氯代芳香化合物，它从结构上说是指芳香烃及其衍生物一个或几个氢原子被氯原子取代后的产物，降解的关键是在于脱氯，据脱氯过程中的电子得失可分为氧化脱氯和还原脱氯，除了脱氯机制外，氯代芳香化合物的降解还存在共代谢机制，该机制能改变化合物的分子结构，使其在混合培养中更易于其他微生物的降解。

1. 好氧法

活性污泥法和曝气池法是应用最为最普遍的废水处理方法，它降低 BOD_5 能力大，但不是去除 AOX 的有效方法。据报道，曝气池对低分子量的 AOX 比较有效，能去除 43%～63%低分子量的 AOX，而对高分子量的 AOX 仅去除 4%～31%。活性污泥法比曝气池有较高的 AOX 去除率，它能除去 14%～65% 的 AOX，根据氯化酚的不同，最少可除去 18%，最多可除去 100%。但是污染物的去除效率与污泥的滞留时间（SRT）和水力滞留时间（HRT）有关。大于 40% 的除去效率是在 SRT 大于 20d 和 HRT 大于 15h 得来的。这说明只靠活性污泥法和曝气池法不能使有毒物降至最低点。

随着对白腐菌研究的不断深入，人们发现白腐菌处理漂白废水，不仅去除氯化木质素及各种氯代芳香化合物，还对许多有机化合物，如多环芳烃、DDT、酚类、氯代芳香化合物、染料，农药等含有芳香结构的污染物都有较强的降解能力。一般认为，漆酶处理有机氯化物的机制是：在有氧条件下，氯酚底物先通过与漆酶反应被氧化形成自由基或反应活性的醌类物质，然后这些物质互相偶合或发生化学聚合反应生成高分子化合物，降低有毒物质的溶解度，从而除去含氯物质减少其毒性。

2. 厌氧法

厌氧法是在无氧的条件下，通过厌氧微生物来处理废水的方法。它的操作条件要求比好氧法苛刻，但有其独到的特点和优势，比如在经济上更有吸引力，因此其在实际应用中也具有重要的地位。含氯漂白废水对甲烷菌有很强的抑制作用，其在厌氧条件下生物可降解性很低。氯代有机物在厌氧条件下，环境的氧化还原电位较低，在酶催化下，易受到还原剂的亲核攻击，发生氯原子的亲核取代进行还原脱氯反应，有利于后续的生物处理过程，且这种还原反应是由非甲烷菌产生的，随着氯代程度的增加，还原脱氯速率加快，释放的能量增多。因而高效厌氧反应器对漂白废水中氯代有机物的还原脱氯作为漂白废水的预处理可大大提高废水处理效率，减少反应有效容积。不过，为了克服氯代有机物对厌氧微生物的抑制，一般都需要进行一些预处理，如絮凝、超滤等。

二、化学法

1. 化学沉淀法

化学沉淀法是最常用的方法。漂白废水中的氯化有机物可以用铁盐和铝盐来沉淀脱除。德国一家亚硫酸盐浆厂用聚乙烯亚胺对漂白废水进行沉淀处理，处理废水 150t/d，对碱处理废水 AOX 去除率为 $50\% \sim 73\%$，而对氯化段废水 AOX 去除率为 $54\% \sim 84\%$[8]。

2. 化学絮凝法

生化处理效率低的原因是生物吸附法对废水中高分子量的氯代有机物的吸附作用不明显。要提高生物吸附法的效率就要解决高分子量氯代有机物的问题。化学絮凝法可有效地去除高分子组分，降低废水的毒性，从而降低后续处理的负荷。此外，因为高分子组分的周围可能吸附小分子组分，在化学絮凝法降低高分子组分的过程中，一些小分子组分也得到了去除，这样就更增加了后续处理的效率。

3. 用含硫化合物的碱液预处理漂白废水

用含硫化合物的碱液，比如说绿液，预处理 C 段和 C/E 混合段漂白废水，这种方法可以降解废水中 30% 的 AOX。降解的过程主要是将废水中的含氯有机化合物中的氯脱除，然后将脱除的氯转变成无机氯化物溶解在水中。用含硫化合物的碱液预处理再经生化处理明显的比单独生化处理效果好，但要使此种方法得到进一步的推广需要解决几个问题，如化学预处理后进行生化处理是否可行，对后续生化处理有没有影响[9]。

三、超滤法

纸厂漂白废水中，高分子量的有机氯化物的相对含量高。这些高分子量的化合物往往很难被微生物降解。选择超滤作为去除漂白废水中氯化有机物的一种手段。但是它对低分子量的氯化酚等 AOX 的去除率低，因此，最好与生物处理相结合，这样可以去除 $62\% \sim 90\%$ 的 AOX[8]。

四、化学氧化法

1. 臭氧氧化

近年来臭氧技术或臭氧与其他工艺联合技术已经趋于成熟，如 O_3/H_2O_2、O_3/UV 等组合形式，臭氧-生化、絮凝-臭氧、臭氧-膜、臭氧-活性炭等，据报道，100mg/L O_3 可去除 $80\% \sim 90\%$，色度降低 $60\% \sim 90\%$，臭氧与 H_2O_2 联合处理可去 AOX 达 90%，但对 COD、BOD 处理效果较差。

2. 光催化氧化法

光催化氧化可分为多相光催化氧化法和均相光降解法。近年来，以半导体材料作为光催化剂的非均相光催化氧化有机物技术以其特有的强氧化能力可将许多化学法、生物法无法氧化的有机物完全氧化为 CO_2、H_2O 等最终产物，而且不会造成二次污染。目前，在光催化降解领域所采用的光催化剂多是 n 型半导体材料，如 TiO_2、ZnO、Fe_2O_3、WO_3、CdS 等，其中 TiO_2 具有活性高、热稳定性、持续时间长、价廉等特点，Perez 研究发现，经过 TiO_2 作催化剂的多相光催化氧化后，漂白废水中 TOC、AOX、色度能大大降低，有研究证明，$TiO_2/O_2/UV$ 过程对二噁英能有效地进行光氧化降解。

臭氧与紫外线相结合是最常见的均相光降解法，研究表明，在紫外线的作用下，臭氧的氧化能力提高了 10 倍。目前很多国家对电子束辐照法（EB）在废水处理中的应用进行了广泛的研究，它是利用电子加速器产生的高能电子束进入水体的瞬间与水分子反应产生活泼的水合电子 eaq⁻、自由基 HO·、自由基 H· 对废水进行处理。Wang Tiezheng 等人就 EB 法处理造纸厂漂白废水进行了研究，研究表明，在 8kGy 的辐照剂量下，COD_{Cr} 下降了 13.5%，BOD_5 上升了 58.6%，这就使废水的可生化性得到了明显的提高，同时，可吸附的有机氯化物也下降了 76.2%[10]。

第四节　漂白废水的综合利用

一、逆流洗涤和分类回收

（一）逆流洗涤

现代纸浆厂的清水量，主要用于漂白系统的洗浆。因此合理回用各段洗浆滤液逆流使用，是浆厂节水的关键，同时亦可节省漂剂用量。目前国外和国内新引进的现代漂白工段，已经采用全新的循环洗涤流程，即将漂白洗浆机排出的洗涤滤液与漂白工段前的两段氧脱木质素工序相衔接，按酸碱液流分开原理进行逆流洗涤。下面列出的漂白洗浆机洗涤液和滤液的循环路线，是以漂白流程 $D_0 EOPD_1 PO$ 为例的典型滤液循环路线：①D_0 段洗浆机后的滤液和 PO 段洗浆机后的滤液一起送去供第二段氧脱木质素后的 2 号洗浆机洗涤用；②EOP 段洗浆机后的滤液和 D_1 段洗浆机后的滤液一起送去供第一段氧脱木质素后的 1 号洗浆机洗涤用；③EOP 段洗浆机用来自氧脱木质素后 2 号洗浆机的滤液进行洗涤；④D_1 段洗浆机用来自氧脱木质素后 1 号洗浆机的滤液进行洗涤；⑤PO 段洗浆机用来自氧脱木质素后 1 号洗浆机的滤液进行洗涤。

经过这样循环后，最后外排到废水处理系统的酸性废水（pH 值为 3~4）与碱性废水（pH 值为 10~11）的总量仅为 $10m^3/t$ 浆，清水用量只有 $6m^3/t$ 浆左右，大大减少了废水污染负荷。

国外研究者指出，将漂白废水回用于碱回收系统也是降低漂白废水排放的一个途径。其原理如图 6-14 所示[11]。

有的厂采用臭氧漂白硫酸盐浆，Union Camp Cor-poration 介绍南方松浆用 OZ（EO）D

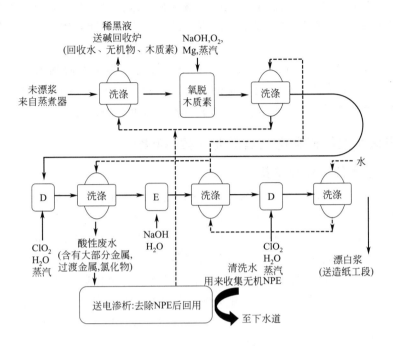

图 6-14　带有水循环的普通硫酸盐浆漂白流程

漂白程序进行漂白，O、Z、EO 废水逆流循环后送碱回收炉。为了避免结垢，Z 段每吨风干浆排放 2.1m³ 废水，最后 D 段的废水送往废水处理系统。与原来的 CEDED 漂白相比，含有臭氧的新的漂白工艺可使漂白废水的排放量达到 9.4m³/t（风干浆），减少了 83%，AOX 的发生量减少 99%，达到 0.05kg/t（风干浆）；BOD 减少 73%，达到 4.4kg/t（风干浆）。

漂白废水循环的目的是减少或控制漂白车间废水的排放，不同的厂，漂白过程中浆料洗涤喷淋的方式有所不同，但大部分采用以下循环方式：

（1）逐段逆流　漂白最后一段的洗涤喷淋用新鲜水，滤液用作前一段的喷淋水，依此类推，比如 D_2 用到 E_2，E_2 用到 E_1，E_1 用到 D_1，D_1 用到 EO，EO 用到 D/C。

（2）跳段逆流　废水越过邻近的漂白段，用于再上一段的洗涤喷淋，将酸性和碱性废水分开利用。比如在五段漂流程（D/C）EOD_1ED_2 中，某一 pH 值的过滤液（如呈酸性的 D_2 滤液）回用到前面 pH 值与之相近的漂白段（如呈酸性的 D_1 段）。

（3）分流　废水跳跃式、逆流循环，本段的喷淋洗涤的后半部分用下一段的废水，调整浆的 pH 值以满足下一段的要求。本段的废水一部分用于上一段的后半部分的喷淋，余下的用于前面 pH 相近的漂白段。

（二）碱性废水与酸性废水的分类回收

但漂白工段的逆流洗涤与本色浆系统的逆流洗涤不同，不能实行全封闭的逆流洗涤。因为酸性（氯化）废水不能与碱性（碱抽提、次氯酸盐、二氧化氯）废水混合，如果混合会产生大量泡沫。因此，作为漂白工段改革的第一步，是首先实行碱性废水与酸性废水分别回收[12]。

（1）碱性排水的回收　由于碱性排水中的氯离子浓度比酸性排水中低，所以比较容易返回到未漂浆的洗涤段。返回量取决于蒸发器的能力，以及溶解的有机化合物的浓度在对工程不产生不良影响的范围内。国内制浆厂也有将碱性废水送去锅炉车间，作为中和液喷入烟气洗涤塔，起到使烟气脱硫的作用；脱硫后的废水尚可用作锅炉冲灰渣之用，这样大约可减少1/3 的漂白废水量。

（2）酸性排水的回收　从 D、Z、Q 段来的酸性排水，为了返回到未漂浆的洗涤段，首先需要中性化。另外，在排水中还有溶解的钙，它在未漂浆洗涤段的碱性条件下变得不溶而积累，此外也包含锰离子，把它们除去，对于封闭化是重要的条件。

二、漂白废水的循环利用及其需要注意的问题

（一）漂白废水的循环利用技术

在 20 世纪 70 年代初，加拿大的 Rapson 教授就已提出了漂白硫酸盐浆厂实行全封闭的概念。在漂白工段实行逆流洗涤，并设想将逆流洗涤后的废水经蒸发浓缩后送去碱回收工段燃烧回收。用该方法后的结果如下：①减少了蒸汽消耗量；②蒸汽发生量增加；③排水处理成本降低；④回收的氯化钠，节约了二氧化氯制备中的原料费用[13]。

图 6-15 是一个漂白软木浆的漂白工艺流程，氧脱木质素和臭氧漂白阶段的废水与黑液一起进入了碱回收系统，因而，从压榨洗浆到臭氧漂白阶段整体形成了逆流洗涤，废水全部通过蒸发系统进入碱回收系统。对于这个例子，漂白工段的废水量保持较低的水平，大概在 $6 \sim 8 m^3 / ADt(ECF)$，$4 \sim 6 m^3 / ADt(TCF)$[14]。

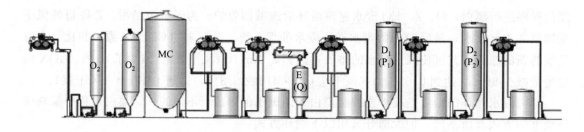

图 6-15　漂白软木浆的漂白工艺流程

图例：O_2＝氧脱木素　　　MC＝中浓　　　Z＝臭氧反应器　　　E＝碱抽提段　　　（Q）＝螯合段

$D_1 + D_2$＝第一段和第二段二氧化氯漂　　　$(P_1)+(P_2)$＝第一段和第二段过氧化氢漂

括号中的字母表示 ECF 替代过程：轻 ECF 或 TCF

漂白工段的封闭化程度取决于新鲜水源的质量，洗浆设备的类型、数量和能力，漂白的顺序安排，以及回收处理系统的能力（如对 K 和 Cl 的处理），部分封闭循环的前提条件是要有蒸发器和碱回收炉。需要说明的是漂白工段废水的蒸发在 TCF 中的应用相对比较容易。

纸浆 Champion 国际合作公司开发了漂白废水循环技术（BFR^{TM}），该技术将漂白废水送碱回收系统。BFR^{TM}包括 OD（EOP）漂白，其第一 D 段的废水经处理后用作该段的喷淋水，如图 6-16 所示。EOP 段的废水逆流送往最后一段氧脱木质素洗浆机，选择结晶技术能够将碱回收炉静电除尘器的氯化物和钾离子去除。D_1 和 EOP 段废水的回用可高达 80% 以上。松木浆漂白车间 COD 的排放量由原来的 $10 \sim 18 kgCOD/ADt$ 降为 $1.75 kgCOD/ADt$[15]。

欧美漂白工艺水封闭化较多，以下列举一些实例，说明实施状况和开发动向[13]。

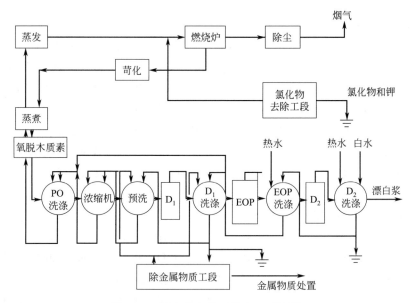

图 6-16　漂白废水循环技术（BFR™）

1. 加拿大和瑞典以针叶木为原料的工厂

加拿大和瑞典以针叶木为原料，生产高白度商品浆厂，封闭化是将各漂白段的滤液（洗涤挤出的水）用作前处理段的洗涤水，漂白滤液用专用的蒸发器浓缩，浓缩液送碱回收锅炉中燃烧。氯、钾用碱回收锅炉静电除尘及蒸发器冷凝水处理设备分离除去。漂白不用排水处理设备。补给清水与蒸发水量相当。

2. 美国 Champion 公司的 BFR 系统

美国 Champion 公司 Canton 工厂，在使用氯和重金属的分离除去装置之后实现了相当程度的漂白工艺水封闭化，称之为漂白滤液循环 BFR(bleached filtrate recycle) 系统，有碱回收炉分离氯和钾的装置。用三效蒸发器浓缩，硫酸钠因溶解度低而先析出，将其分离回收后，将氯和钾以溶液的形式除去。使用离子交换膜作为从漂白滤液中除去重金属的装置。采用 BFR 系统后，还未达到封闭化的最终阶段，据 1996 年的报道，漂白工厂的清水使用量从 $27m^3/t$ 减至 $18m^3/t$，减少 33%，排水色度减少 75%。

3. Eka Chemicals 公司的研究

ECF 漂白排水的碱性排水和酸性排水分别处理，碱性排水回收并浓缩送碱回收炉燃烧，酸性排水经 2 段生物处理，由于 COD 和色度负荷的 50%～70% 在碱性排水中，排水负荷大大减轻了。另外，在碱性排水中 AOX 只占 10%～15%，因此，碱回收锅炉的堵塞或腐蚀危险性比较小。排水经厌氧处理可除去氯盐，再经活性污泥处理可去除 COD 和 AOX。

4. 美国 Union Camp 公司

该公司是北美最早运行高浓臭氧漂白的工厂。由于每年 11 月至次年 3 月排水不能流入河中，便开始把漂白工艺水进行再循环。漂白采用 ECF 程序为 $OZ(EO)D_0O$ 和 EO 段的滤液使用未漂浆的洗涤液。对于 Z 段的滤液，因为含较多的钙，一部分送外部处理。D 段的滤液也同样送到外部处理，两者的排水量合计为 $9.4m^3/t$（其中 Z 段为 $2.1m^3/t$，其余来自 D 段）与以往的 CEDED 漂白程序相比，BOD_5 从 $16.3kg/t$ 降至 $4.4kg/t$，COD 从 $64.7kg/t$ 降至 $11kg/t$，AOX 从 $6.5kg/t$ 降至 $0.05kg/t$。漂白用清水量 $12.5m^3/t$，漂白排水量

$7.5m^3/t$。

5. International 公司

该公司斯诺卡诺拉利工厂产量为 1360t/d, 1995 开工, ECF 漂白程序为 DEOPD, 把 EOP 的滤液作为 D 段的洗涤液使用, 并且把它进一步作为氧气漂白洗涤液使用后回收。设置了两个肾结构装置: 一个是 CRP, 除去从碱回收炉电除尘灰中来的钙和氯; 另一个是 MRP, 用离子交换单元除去在 D 段滤液中钙、锰、镁之类的金属离子。

关于 MRP 系统, 当初是把 D 段排水用 $NaOH$、Na_2CO_3 处理生成氢氧化物, 沉淀的除去有两种方法, 即共沉分离处理法和离子交换法。把这两种方法在实验室比较后采用了离子交换法, 氯化物除去效率达 95%。MRP 系统在同年 11 月运行以来, 多发生机械故障, 加以改进后还是开动起来了。

6. Modo 公司 Hasum 工厂

该工厂是在同公司 SP Domsjo 工厂把漂白排水再循环成功投产之后, 从 1991 年开始把 LBKP 线的前半部分封闭化。1993 年把漂白程序从 ODEDED 变更成 OQPDD, 以后又改为 OQPZP 或者 OQPZD。在通常操作中把 Q、P 段的滤液使用在未漂浆的漂白中, 从 Q 段来的被排出的锰离子在滤液澄清器中使之沉降, 作为绿泥被除去, 并且不影响过氧化氢漂白, 来自后二段的滤液作为排水排到外部。排水量从封闭前的 $60m^3/t$ 减少到 $5m^3/t$。

7. SCA 公司 Ostrand 工厂

1992 年设置了 ITC 蒸煮法, 1994 年把氧气漂白从高浓改成中浓, 1995 年 TCFQ(OP)(ZQ)(PO) 程序启动了。由于限制 COD 的排出, 开始了排水的再循环。漂白排水的一部分使用在 O 段后的洗涤中进行了回收。在完全封闭化试运行中发生了草酸钙结垢的问题, 特别是在最初的 Q 段障碍显著。2001 年的排水量为 $75m^3/t$, COD 为 $5\sim20kg/t$。

值得注意的是: 将漂白排水回用于碱回收系统作为降低污水排放的这种新方法。一般来说, 漂白污水的回用是通过漂白前污水进行逆流洗涤来完成, 最后洗涤本色浆, 洗后水送碱回收系统。而采用这种方法, 漂白污水中的有机物直接送碱回收系统处理, 而不是以稀溶液的形成排入水处理车间[14]。

(二) 漂白废水循环利用所需要注意的问题

在对漂白废水循环利用过程中需要认真考虑下述问题[16]:

(1) 吨浆用水量　目前, 漂白硫酸盐浆厂的用水量 (以排污量计) 为 $30\sim150m^3/t$ 浆, 大多数浆厂用水量还大有潜力可挖。对漂白硫酸盐浆厂来说, 最大的潜力应是在漂前继续深化脱木质素。改良的制浆工艺已使残余木质素降到了较低的程度, 这些工艺包括间歇和连续蒸煮器的改良硫酸盐法蒸煮和化学助剂 (如 AQ、PS 等) 的使用。

(2) 强化洗涤　本色浆洗涤可回收 95%~98% 的纸浆, 其余 2%~5% 就成为滤渣并引起 COD 的增加。在封闭系统中, 良好的洗涤是关键。在洗涤过程中, 如果不去除过程元素 (有机物、金属离子等) 和热等, 则会在封闭的系统中引起积累。应用洗涤助剂可以提高洗涤效率, 这在目前企业洗涤效率不高的情况下无疑是一种解决的办法[17]。

(3) 非工艺过程元素　制浆过程中含在纸浆木材原料中与过程无关的元素, 通常称为非过程元素 (NPE), 被大量带进来。非工艺过程元素主要来源于木材和补充的化学品。表 6-10 列出了热带混合阔叶木和非木材类原料 (蔗渣) 制浆、漂白过程中各段的非过程元素含量。对于非木材原料制浆，由于原料本身的硅、钾和氯含量高，所以无机垢较严重。硅大量存在于非木材原料之中，极易成垢，且很难去除。在阔叶木树皮中钙含量很高[18]。

表6-10　阔叶木浆和蔗渣浆漂白段的非过程元素含量　　　　　单位：mg/L

成　　分	阔叶木浆				蔗渣浆			
	预漂	D_0	EOP	D_1	预漂	C	EP	H
氯化物(以 Cl^- 计)	—	506	238	535	1300	2700	2040	1740
硫酸根(以 SO_4^{2-} 计)	—	1468	698	960	114	124	134	102
钙(以 $CaCO_3$ 计)	68	804	70	389	302	382	335	2410
硬度(以 $CaCO_3$ 计)	96	929	134	673	296	—	382	2460
镁(以 $CaCO_3$ 计)	28	123	62	283	41	74	47	45
硅(以 SiO_2 计)	12	14	8	13	112	179	106	—

① 氯、钾　钾主要来自木材。氯以氯离子形式主要从木材、药品或者清水一起进入系统内。另外，把氯段或二氧化氯段的排水回收时，也成为主要的来源。在处理含有高浓度氯离子的排水时，以采用蒸发器和燃烧装置进行处理的方法为好。氯和钾影响碱回收锅炉附着在炉膛中的堆积物的熔点。氯、钾量越多，熔点会下降，并造成气体流路的堵塞，以及使加热器和管道的腐蚀速率加快，另外在碱回收锅炉静电除尘器的灰尘中含钾盐和氯多。在现代的BKP工厂中，氯离子或钾离子都应该不超过 $0.2\sim0.4mol/L$。去除氯、钾提出了很多方法，例如，电除尘时与灰尘一起废弃；利用溶解度的差别除去；利用结晶化的方法除去；用膜进行分离等。

② 钙　钙主要来源也是木材，但是在碱回收工程中澄清处理不十分充分的时候，也从白液中混入。由于钙在酸性情况下溶解，所以在C、D、Z及Q段中溶解。钙在碱回收系统内，一旦被回收就产生沉淀，而堆积起来，只是反应形态有差别，或吸附在纤维上，或和有机物反应，在现代的漂白条件下发生怎样的变化尚未充分掌握。

③ 锰　锰也主要是从木材中进入系统内。由于锰能把过氧化氢迅速分解，所以控制其浓度很重要。KP浆中最大允许量为 $30\times10^{-6}kg/t$ 风干浆。在P段之前进行螯合处理，或者用酸处理，把锰的浓度降低，这是非常重要的。

④ 其他金属　硅、铝、铁、钡也是在封闭化中的NPE。硅和铝是从木材和补充的石灰中进入。在蒸发器管道上以硅酸铝形式结垢，是主要问题。铁由于分解过氧化物，所以在氧气、臭氧、过氧化氢漂白中造成不良影响。钡形成硫酸钡，在漂白工程中变成积累物。

大量的无机化合物和非过程元素通过原料、蒸煮、漂白化学品进入制浆造纸厂。这些由制浆、漂白、碱回收及造纸湿部过程引入的物质，在开放系统，其值是恒定的，因为大部分物质可由纸浆带走，不会造成积累；而对于封闭系统应定期排放，否则非过程元素的不断积累最终会反过来影响制浆、漂白、碱回收及造纸湿部操作，从而造成一系列的问题。例如，生产过程中 Mn、Fe、Mg、Ca 等非过程元素的积累将影响TCF漂白（如 O_2 漂、O_3 漂和 H_2O_2 漂）的漂白效果，Cl、K、Ba、Ca、Si 等的积累会引起设备结垢、腐蚀和堵塞。生产过程中，K、Cl、Mg 等非过程元素的积累会引起设备腐蚀；K、Cl、Ca 等非过程元素积累会导致堵塞管道；Al、Ba、Ca、Si 等非过程元素的积累会在浆池或管道上沉积并引起设备的结垢；富集于石灰回转窑内部的 Mn、Fe、Cu 等非过程元素会引起漂塔操作上的困难，非过程元素中的 Mn、Fe、Cu 等与苯酚结合在一起会形成有色物质，从而直接降低纸浆的白度，这些非过程元素的存在将影响 TCF 漂白（如 O_2 漂、O_3 漂和 H_2O_2 漂）的漂白效果[16]。表 6-11 为非过程元素（NPE）的主要负面影响。

表 6-11　非过程元素（NPE）的主要负面影响[14]

负　面　影　响	元　素	负　面　影　响	元　素
增加设备结垢和沉积的可能性	Al, Si, Ca, Ba	石灰循环中的惰性化合物	K, Cl
回收系统堵塞		降低氧漂和过氧化氢漂白的效率	P, Mg, Al, Si
腐蚀	K, Cl	环境影响	N, P, Cd, Pb

（4）结垢和腐蚀　非过程元素积累浓度超过其盐的溶解度时就会发生结垢。它们主要是非溶解性的碱土类金属钙（草酸钙、碳酸钙等）、钡（硫酸钡等），大量的钙和钡随木材原料进入制浆系统，在制浆和漂白过程中生成碳酸根离子和草酸根离子，且在酸化过程中产生硫酸根离子。在不断循环回用的封闭系统中，由于这些沉淀无机盐没有被排出，长期存留在系统中的这些物质必然造成其在设备上积累沉降，久而久之形成结垢，并最终影响生产的顺利进行。草酸钙的结垢在 pH 值为 4～8、碳酸钙结垢在 pH 值为 8～12、硫酸钙结垢在 pH 值为 2～12 的范围内发生。特别是草酸钙在制浆工厂的任何过程中都会发生，并且越靠近蒸煮过程其浓度越高。草酸钙沉淀的程度，可以决定漂白工段封闭化的程度。草酸钙的沉淀在酸性漂白段容易发生，但在草酸钙多的 P 段和螯合段（Q）也发生，草酸钙在氧气漂白中形成，在 D、Z、P 氧化性漂白段也形成。因此解决草酸钙结垢的问题很重要。以下列举一些解决结垢的对策。

在瑞典 SCAOstrand 工厂，采用 TCF 漂白阔叶木浆时，因金属离子浓度高而发生了结垢问题。$(OP)_1$、(YQ_2)、$(OP)_2$（Y 为连二亚硫酸盐漂白）阶段的滤液作为逆流洗涤水在最终脱酸洗涤机被回收。Q_1 及 Z 段前的滤液的一部分被排出系统外，第一段的 Q 段在最适于螯合剂 pH 值为 4～6 的情况下作业时，Q 段周边的机器上，产生草酸钙结垢。为避免草酸钙结垢析出应该避开 pH 值为 4～8，把螯合剂段的 pH 值变为 3，把后边的 Q 段 pH 值变成 9，由于使用在 Z 段反应后的稀释中抽出段滤液，pH 值变为 9 以上，通过控制 pH，结垢问题完全得到了解决。另还可以采用"肾装置"，把漂白过程中的滤液经内部处理，可以把金属成分除去，特别是在螯合段滤液中采用，使结垢发生的可能性会更低一些。

随着水系统的封闭，水中溶解物质含量和水温升高，使设备较易受到腐蚀。在黑液的蒸发中镁易引起腐蚀。在 Thunder Bay mill-GLFP，发生黑液和白液的蒸发生产线设备腐蚀和回收锅炉过热等问题。引起封闭系统运行不正常。

（5）钠硫的平衡　系统封闭后，对钠硫的平衡将有严重的影响，特别是对有碱回收的浆厂，在传统开放的浆厂中，化学品会在制浆过程中损耗，而在封闭系统中，化学品的损耗将大大降低，这就打破了原有的化学品平衡，使外购化学品大大减少。为了控制钠和硫的用量，必须回用一些氧化白液代替外购碱。此外，通过排放一定量的回收锅炉灰去除钠和硫以维持系统的平衡也在考虑之列[16]。

纸浆上述问题是目前制约全面实行水系统封闭和零排放的关键，随着制浆漂白技术的不断改进某些非过程元素的量将不断减少，有希望在硫酸盐浆厂全面实行水系统封闭和零排放。

三、通过"肾装置"系统除去 NPE 等积累物

然而，高度封闭的漂白系统会产生很多负面的影响，导致漂白阶段非过程元素（NPE）浓度的增加，因此，要想提高漂白工段的封闭程度就必须采取一定措施处理非过程元素（NPE）。

"肾装置"系统（kidneysystem）是与人的肾脏滤去血液中不需要的物质，将其从体内排出的功能相似，其处理装置称为"肾装置"。用于漂白的"肾装置"是把漂白过程的污水经内部处理，通常认为可以把金属成分除去，特别是在 Q（螯合）段滤液中采用，因此降低结垢的可能性，被认为是促进封闭化的有效对策。

1. 通过木片的洗涤除去 NPE 的方法[14]

作为前处理去除 NPE，在蒸煮前把木片用酸处理（80～100℃），其结果减少了带进漂白的钙、钡、锰、铁、铜的量。氯、钾及磷与 pH 值无关，并且溶出了，进而铝、硅相当部分溶出了。这样在前处理阶段先将 NPE 去除了，就不会使沉淀物增多，以利于封闭化。通过对不同浸出液去除非过程元素（NPE）的研究表明：稀硫酸的效果最为明显，可以去除多数金属离子，K 的含量降低了 75%，Ca、Mn 和 Mg 的含量降低了 70%，Al、Ba、Cd、Co、Cu、Ni 和 Zn 的含量降低幅度在 50%～65% 之间，因此，该技术的应用潜力非常大。

2. 通过金属离子的沉淀除去 NPE 的方法[14]

除去来自酸性或接近中性的漂白排水中的溶解的 NPE 的其他方法还有：

① 用石灰或碱液把 pH 值调整到约为 11 的方法。在该条件下，由于数种金属离子溶解度降低了，从而可以用过滤或浮选的方法分离。在镁离子比硅离子多的时候可以作为固相分离。通常固相是在过滤中拟分离的物质，而它们是以有机成分进入固相。

② 用絮凝和浮选，所谓絮凝过程是把 NPE 用碳酸盐使之沉淀的方法。

在浮选法中空气存在于排水中，并要充分处理 QQ(OP)(Qpaa)(PO) 程序的最初螯合段后的洗涤液时，有报告称锰、铁、镁、钡、铝以 80%～90% 的效率被分离，钙以 70% 的效率被分离。其结果是漂白所用药品量减少了，浆的质量也提高了。

3. 用膜分离除去 NPE[13]

用膜分离所期待的结果是把从碱段来的排水或螯合段来的排水中的高分子量物质或二价阳离子除去。通常使用超滤（UF）或纳滤（NF），用超滤处理 Q 段的滤液能够以非常快的速度通过，为了维持纳滤处理速率，可用于处理超滤后的液体，利用超滤和纳滤的组合可以把 COD 去除率维持在 80%，2 价离子的去除率 100%，高分子量物质占总 COD 的 30%～70%。

膜作为"肾结构"装置也可用在生物处理排水前段，也适合使用在把系统内回收的排水变成洁净水。

4. 用膜生物反应器（MBR）除去 NPE

所谓 MBR 是生物处理和膜处理组合的反应器。用 MBR 处理 Q(OP)Q(PO) 程序的加压过氧化氢（PO）段的滤液，可去除 COD 85%。

5. 通过蒸发和燃烧除去 NPE[13]

用蒸发器浓缩黑液是大家所熟悉的方法，能耗高是使用中存在的问题。但是这种方法在 1994 年 EkaNovel 和 JaakkoPoyry 共同研究封闭化的技术中起着核心的作用。

排水先除去 SS，用特殊的利用蒸汽重新加压的蒸发器（vapour recompression evaporator，是塑料制造的元件，以往用于海水淡化），浓缩物用特殊燃烧装置 CONOX 反应器（1000℃，0.1MPa，2s）。来自蒸发器的冷凝液在净化器中受到处理，净化后作为漂白的洗涤液用。另外，蒸发浓缩液带来有机成分经凝结处理被去除后，再用电渗析处理去除金属离子，处理后的水再度被返回蒸发器。

Zedivap 是除去酸性排水金属离子的特殊蒸发器。为了防止金属表面腐蚀，采用塑料涂布薄膜降流式蒸发器，浓缩液经过其他处理后返回到碱回收锅炉进行燃烧。并且将冷凝液作为洗涤液回用。

6. 用离子交换法除去 NPE

把水中的阳离子和阴离子分离的离子交换法，在制浆造纸工业中通常使用处理锅炉用水。现代进行的 BFR 系统把 D_1 段排水中所含的金属离子（阳离子）除去的工艺 MRP（metal removal process）吸附和再生的周期短，因此使用树脂床比较小而且紧凑的离子交换系统。

7. 电渗析除去 NPE

Eka Nobel 建议用电渗析去除漂白污水中的氯化物等无机物。该电渗析工艺使用的是膜技术，其膜为特殊的改性聚合物，这种膜具有抗污垢性。从 Champion International 公司 Canton 厂的漂白过滤 BFR 流程的第一条生产线，发现该流程可以从酸性溶液中去除金属离子。在电渗析前需预处理除去有机组分，但是仍然要产生污垢。由于电渗析不需要再生循环，采用这种改性膜可使电渗析具有抵抗有机物结垢的能力，因此，可以在去除金属离子的同时去除氯化物，防止氯化物进入碱回收系统。经实验证实使用电渗析技术可以成功地从酸性漂白污水中有选择性的除去无机 NPE，尽管这些污水性质有所不同，但都可以有效地从污水中去除氯化物和具有潜在危害的阳离子（钾离子、钙离子、镁离子），进入少量浓清洗液中，除去 NPE 可回用漂白污水，降低水耗。此外，电渗析还可以有效地保留 98% 的有机物，减少工厂污水中有机物的排放。

8. 除去 NPE 的效果

（1）减少了漂白装置上的沉淀　如前所述草酸钙的沉淀在 pH 值为 4～8 时显著，碳酸钙的沉淀在比 pH 值为 8 还高的范围，硫酸钡的沉淀在 pH 值为 2～12 的宽范围内发生。草酸钙及硫酸钡的表观溶解度，在离子强度越增大，温度越高则溶解度越大，并且容易溶解。在漂白滤液中若有机物存在则表观溶解度大大上升。碳酸钙的溶解度，当温度越高时溶解度则越低。

草酸钙和硫酸钡的结垢在酸性段的情况下发生。这是因为纸浆中的钙在酸性段或螯合段溶解，并且在二氧化氯和臭氧等的氧化段被形成的草酸离子反应的缘故。在草酸钙的沉淀中，有时也含硫酸钡。另一方面碳酸钙的沉淀在洗涤段发生，造成洗涤装置堵塞，使洗涤恶化，逐渐的引起沉淀量变多而产生问题。

为了抑制草酸钙的沉淀，通过在 D 段添加过剩的镁离子可大大减轻沉淀，据称镁离子的添加在 pH 值为 3 以上有效，可以说是意味很深的解决方法。

为了抑制在 D 段硫酸钡的沉淀，把进入 D 段前的纸浆中钡离子溶出，或者把硫酸根离子的量降低（等于降低硫酸钡的添加量）。另外，为了减少钡或者钙的量，木片的前处理等措施可能是有效的。

（2）减少过氧化氢的分解　Mn^{2+}、Fe^{2+} 等迁移金属离子，在过氧化氢存在下，会被氧化成 2 价的形式。另一方面过氧化氢变成自由基。这些高价离子再度被还原成 1 价，变成自由基的过氧化氢被氧化成水和氧气。但是氢氧化物碳酸盐和硅酸盐阴离子一起，当添加镁离子时则把锰或铁离子包围了，并且锰或铁离子可以 2 价的原样呈稳定状态。这就是锰离子和镁离子变成氢氧化物的络合物的缘故，因此也抑制了过氧化氢的分解，即若提高 Mg/Mn 物质的量比例则有可能抑制过氧化氢的分解。

参考文献

[1] 方战强. 纸浆漂白废水的毒性研究及其关键毒性物质的鉴别 [D]. 广州：华南理工大学，2003.

[2] 高扬，闫冰. 纸浆漂白废水的污染及其防治途径 [J]. 纸和造纸，2000，(4)：45-46.

[3] 刘瑞恒，付时雨，詹怀宇. 氧脱木素过程中氧自由基的产生及其脱木素选择性 [J]. 中国造纸学报，2008，(1)：90-94.

[4] 崔红艳. 氧脱木素技术研究及应用进展 [J]. 黑龙江造纸，2011，(3)：42-48.

[5] Metso corporation, bleaching of chemical pulp, www.metso.com, 1-34.

[6] 《湖南造纸编辑部》. ECF 漂白以及二氧化氯的制备 [J]. 湖南造纸，2011，(3)：45-47.

[7] 邝仕均. 无元素氯漂白与全无氯漂白 [J]. 中国造纸，2005，(10)：51-56.

[8] 袁来全，杨桂花. 含氯漂白废水深度处理技术的研究进展 [J]. 华东纸业，2011，42 (3)：55-58.

[9] 李玉峰，陈嘉川，杨桂花. 简述几种漂白废水中 AOX 的治理技术 [J]. 江苏造纸，2008，(1)：46-48.

[10] 刘顺明，陈嘉川，杨桂花. 浅谈含氯漂白废水处理技术及漂白新技术 [J]. 2008，(3)：20-23.

[11] 曹邦威. 减少漂白工序污染物排放的途径 [J]. 中华纸业，2008，29 (18)：12-15.

[12] 汪苹，宋云. 造纸工业节能减排技术指南 [M]. 北京：化学工业出版社，2010.

[13] 林跃格. 制浆造纸现代节水和污水资源化技术 [M]. 北京：中国轻工业出版社，2009.

[14] Best available techniques (BAT) reference document for production of pulp, paper and board [Z]. 2012.

[15] 刘秋娟. 漂白硫酸盐浆厂清洁生产技术 [J]. 中华纸业，2006，27 (10)：79-82.

[16] 刘秋娟. 漂白硫酸盐浆厂清洁生产技术 (续) [J]. 中华纸业，2006，27 (11)：83-87.

[17] 毕衍金. 非过程金属元素在浆料系统中的富集行为研究及其对清洁漂白的影响 [D]. 广州：华南理工大学，2004.

[18] Rekha Bharati, Akhlesh Mathur. Closure of water circuits in pulp milts-how to live with inorganic contaminant build-up [J]. World Pulp and Paper, 2010, 29 (4)：13-23.

第七章 | 推荐污冷凝液综合利用技术

第一节 造纸行业污冷凝液的来源和特点

一、冷凝水的来源

硫酸盐浆厂的污冷凝水主要来自蒸煮放汽冷凝水、蒸煮放锅冷凝水及多效黑液蒸发冷凝水。

1. 间歇蒸煮器

蒸煮器污冷凝水的主要来源是喷放时的闪急蒸发，这种蒸汽大多是在气压冷凝器中冷凝的，虽然有些厂使用表面冷凝器，通常是把气压冷凝器同喷放热回收系统组合在一起，喷放蒸汽冷凝水量为800～1300kg/t风干浆，当冷凝器不和喷放热回收系统组合在一起时，喷放蒸汽冷凝水被冷却水稀释到大约为15000kg/t风干浆。大多数喷放热回收系统在生产中都加入部分冷却水，这样一来，喷放蒸汽冷凝水就被稀释，达到4000kg/t风干浆之多。

蒸煮器污冷凝水的另一个来源是蒸煮时的小放汽。通常这些蒸汽都在表面冷凝器中冷凝，其量一般为150～200kg/t风干浆。一些工厂由这种冷凝水中析出松节油来。

2. 连续蒸煮器

由间接闪急蒸汽冷凝器来的冷凝水，是这种蒸煮器污冷凝水的唯一来源。一般量为300～400kg/t风干浆，有些厂由此冷凝水回收松节油。

3. 多效蒸发器

蒸发器污冷凝水有3个来源。

（1）蒸发器的管际空间 由前一效的黑液蒸发出来的蒸汽在此处冷凝下来。

（2）蒸发器的冷凝器 从最后一效来的蒸汽大部分在此处冷凝下来。使用表面冷凝器时，污冷凝水量一般为1000～2300kg/t风干浆。使用气压冷凝器时，每吨风干浆所产生的冷凝水，要被15000～45000kg的冷却水所稀释。如果第一个是表面冷凝器，第二个是气压冷凝器，每吨风干浆的冷凝水要加2000～15000kg水。

（3）蒸汽喷射器系统或真空泵 使用真空泵时，每吨风干浆大约有100kg的水吸收了生产中的蒸汽而成为污水，当使用喷射器系统时，每吨风干浆产生大约1300kg污水[1]。

二、污冷凝水的特点

污冷凝水中含有一些不纯物，其浓度按质量计可由微量到1%左右。这些不纯物，有的是原来存在于木材中的，有的是在蒸煮器等设备里，经生产过程的一些化学反应而生成的；有的是生产过程中在某个地方加进去的。已知的不纯物见表7-1。这些不纯物大部分是同水一起由黑液中蒸发出来的挥发分，它们包括含硫化合物、醇类、萜烯类、酮类、各种溶解气体类和酚类。

松香酸和脂肪酸有一定程度的挥发性，但一般都把它们看成非挥发性的，其所以存在于污冷凝水中，主要是由于黑液雾沫夹带。

表 7-1　污冷凝水中的不纯物

类　别	具体物质
醇类	甲醇、乙醇、丙醇、丁醇、2-甲基-1-丙醇、4-(对甲苯基)-1-戊醇等
含硫化合物	硫化氢、甲硫醇、二甲硫醚、二甲二硫醚、二甲三硫醚等
酮类	丙酮、3-甲基-2-丁酮、丁酮、戊酮、4-甲基-2-戊酮、庚酮等
萜烯类	α-蒎烯、β-蒎烯等
酚类	愈创木酚、丁香酚、酚、邻甲酚、间甲酚、对甲酚等
酸类	松香酸类、脂肪酸类、甲酸、乙酸、乳酸等
溶解气体类	甲烷、乙烯、乙烷、丙烯、丙烷、氨等

污冷凝水中主要的有机物是甲醇，可以确信，它是由半纤维素的 4-O-甲基葡萄糖醛酸残余物经碱性水解产生的。在硬木制浆时，这种残余物的量大于软木制浆。二甲硫醚或木质素中的甲氧基，通过一些反应也能生成甲醇，但在制浆的条件下，这些反应的量，可认为是忽略不计的。蒸煮时生成甲醇的量和制浆用材种有关，甲醇生成量有随木材中甲氧基量的增加而增加的趋势。

乙醇是在木材采伐后，经需氧发酵生成的。由于乙醇在木片储存时会挥发散失，因此它的浓度随木材和木片的管理方法而变化。表 7-1 中列于乙醇之后的一些醇也很可能是由发酵作用产生的，它们在污冷凝水中的浓度通常小于 1×10^{-6}。

制浆蒸煮时木片与药液反应产生大量的含硫有机物，主要是还原性硫化物，此外还有硫乙醇（C_2H_5SH）、二乙基硫（$C_2H_5SC_2H_5$）、硫丙醇和异硫丙醇（C_2H_7SH）及二甲基硫（CH_3SCH_3）等。含硫气体的产生与木材种类、药液的硫化度及煮的温度有关。药液硫化度和蒸煮温度越高，臭气就越多；一般阔叶木产生的臭气比针叶木多。

主要的酮类是丙酮和 3-甲基-2-丁酮，别的酮类一般只有微量。但丙酮可能产生于半纤维素的碱降解。

木材中原来就有萜烯，有些萜烯在生产过程中起反应又形成另外一些萜烯。萜烯类的浓度及相对量和制浆材种有关。通常 α-蒎烯是主要的萜烯，大部分萜烯只有微量存在。

酚类可能是由一些包括木质素的酚型结构单元在内的蒸煮反应生成的。主要是愈创木酚和丁香酚。松香酸和脂肪酚是主要的酸类，这些化合物原来就存在于木材中。

污冷凝水中也可能有微量的低分子量的烃类存在。甲烷是在蒸煮器里由甲硫醇和不锈钢的溶蚀反应生成的，其他烃也可能是类似这样产生的。

由于硫酸盐制浆黑液中溶解有相当的恶臭成分，用多效蒸发器蒸发浓缩黑液时，从每效出来的二次蒸汽进入邻近下一效被冷凝。蒸发时产生一些不凝性气体，如硫化氢、二氧化硫、甲硫醇、甲醇、糠醛和萜烯类等，其中硫化氢占 $80\% \sim 90\%$。各种气体的含量主要取决于蒸煮药液的硫化度和黑液的 pH 值。如果黑液通过氧化，则臭气量会减少。这些不凝性气体一部分溶解于冷凝水中，它们在冷凝水中的溶解度受压力、温度和气体含量的影响。蒸发器有效温差的大小影响到气体总压力的大小。如果温差大，不凝性气体的总量大，气体的分相压力也相应地大，因而其溶解度也大。如果蒸汽冷凝室内的不凝性气体没有及时排除，将使蒸发传热面上的热传递量减少，使冷凝水的温度提高，气体的溶解度也相应减小。

蒸发污冷凝水中的另一部分污染物质是黑液固形物，黑液固形物一般通过下列途径进入冷凝水系统：①黑液沸腾时由二次蒸汽带出的雾滴；②由于皂化物含量高或黑液浓度太低在蒸发时产生泡沫；③蒸发器内液位太高，黑液滴随蒸汽带走；④改变操作条件或操作失误时引起跑黑水。为了减少蒸发污冷凝水中的固形物量，应选用效果良好的雾沫分离器，并保持良好的蒸发运行状况。硫酸盐浆厂污冷凝水量及其污染程度如表 7-2 所列[2]。

表 7-2　硫酸盐浆厂污冷凝水量及其污染程度

来源		间歇蒸煮放汽冷凝水		间歇蒸煮放锅冷凝水		蒸发工段冷凝水		合计	
材种		松木	桦木	松木	桦木	松木	桦木	松木	桦木
水溶有机化合物	甲醇/(kg/t 浆)	0.6～0.8	0.7	6.4～0.9	0.50	4.2～5.6	3.6	5.7～7.2	4.9
	乙醇/(kg/t 浆)	0.1～0.2	0.2	0.05～0.6	0.02	0.3～0.4	0.1	0.41～1.18	0.32
	丙酮/(kg/t 浆)	0.01～0.02	0.014	0.01～0.05	0.005	0.014～0.1	0.03	0.03～0.20	0.05
有机硫化物	H_2SCH_2SH 等以含硫量计/(kg/t 浆)	—		1.1		1.6		2.7	
	BOD/(kg/g 浆)	11～12				7～15		37～40	
冷凝水量/(kg/t 浆)		105		923		5800		6823	

为了尽量减少污冷凝水的处理量，应根据污冷凝水的污染程度不同分别收集，尽可能地直接利用，对污染严重的污冷凝水单独收集后通过处理再回用或排放。从理论计算和实际经验可知蒸发污冷凝水中的主要污染物存在于进料效的后一效的污冷凝水中（即黑液初次蒸发的二次蒸汽中 BOD 含量较高）和表面冷凝器冷凝水中及真空泵水封水中。普通五效蒸发站各效污冷凝水量和污染程度如表 7-3 所列[2]。

表 7-3　蒸发工段冷凝水量和污染程度

冷凝水来源	冷凝水量/(t/t 浆)	BOD/(kg/t 浆)	有机硫化物/(kg/t 浆)
Ⅱ效和Ⅲ效	3.2	0	0
Ⅳ效和Ⅴ效	4.5	7	0.2
表面冷凝器和真空泵水封池	0.3	2	0.3
总计	8.0	9	0.5

注：连续蒸发，第Ⅲ效进稀黑液。

第二节　污冷凝液的处理方式

污冷凝水的处理方式分为两种：一是封闭循环的工艺生产系统内部处理；二是工艺生产系统外部处理。工艺生产系统内部处理主要是污冷凝水通过蒸汽汽提除去小分子有机物（主要是甲醇和毒性物质），然后可用于洗浆。工艺生产系统外部处理与其他废水混合后进行处理。

一、合理分流与回用

表 7-4 列出了我国某硫酸盐浆厂的污冷凝水量，可以看出，蒸发工段冷凝水在污冷凝水中约占 85%，但其污染物含量却远低于放汽冷凝水和放锅冷凝水。而蒸发工段各效冷凝水的污染负荷也不相同，普通五效蒸发站的污冷凝水量及其污染程度见表 7-3。

表 7-4　某厂污冷凝水的产量

来源	间歇蒸煮放汽冷凝水	间歇蒸煮放锅冷凝水	蒸发工段冷凝水	合计
污冷凝水量/(kg/t 浆)	105	923	5800	6828

从表 7-5 中可以知道，蒸发污冷凝水中的主要污染物存在于进料效的后一效的污冷凝水中（即黑液初次蒸发的二次蒸汽中 BOD 含量较高）和表面冷凝器冷凝水中和真空泵水封水中。按污染物含量的不同，将污冷凝水按 COD 的大小冷凝水可分为基本上清的冷凝水、中等清的冷凝水和污浊的冷凝水三大类。表 7-5 列出了硫酸盐浆厂各种冷凝水的体积和浓度的平均值。

表 7-5　硫酸盐浆厂冷凝水示例

组分	冷凝水/(m³/tAD 浆)	COD/(mg/L)
A	5.0	200~400
B	4.0	1500~2000
C	1.1	10000~15000

较清洁的冷凝水可回用到温水管或温水池，大部分较清洁的冷凝水可直接回用于生产系统。使用温水池在当今是非常普遍的，它提高了对水的管理，增强了能量的串联使用。所有清洁的冷凝水都可合并入温水池中，回用于整个浆厂。通常来说，温水的温度要保持在 45~50℃ 的范围，可以满足多数情况下的用水要求，多余的温水排入地沟或是冷却后替换新鲜水使用。

部分混合冷凝水可作为洗涤机用水和压榨喷淋管用水，可用于未漂浆料的洗涤、筛选和氧漂后的洗涤。剩余的混合冷凝水可送至苛化工段的热水罐中，用作渣滤器和白泥过滤机洗涤、白泥槽和消化器喷淋水、其他各种喷淋和稀释用水。

五效黑液蒸发站污冷凝水分流如图 7-1 所示[2]。

蒸发污冷凝水中 BOD 的主要成分是甲醇，由于挥发性气体中甲醇含量较大，所以表面冷凝器污冷凝水和真空泵水封水中的 BOD 较大。表面冷凝器应选用间接式换热器，真空泵的水封水也应冷却后循环利用，以减少污冷凝水量，节约处理污冷凝水的费用。Ⅳ、Ⅴ效蒸发器的污冷凝水中甲醇含量占总量的 25%，表面冷凝器的冷凝水中甲醇含量占总量的 33%，真空泵水封水中甲醇含量占总量的 30%。故只需将这一部分污冷凝水和蒸煮污冷凝水进行处理，以除去 BOD 负荷。污冷凝水处理后与Ⅱ、Ⅲ效比较清洁的冷凝水混合后回用于生产系统，这样，冷凝水的回用率可以达到 100%。各处污冷凝水处理的推荐方法见表 7-6。

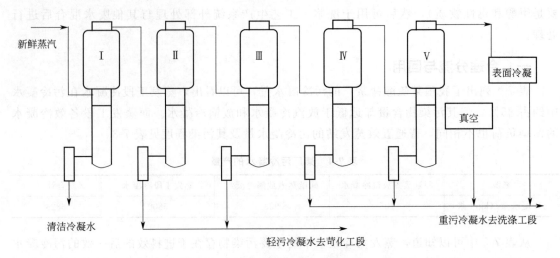

图 7-1 五效黑液蒸发站污冷凝水分流

黑液流程为 Ⅲ→Ⅳ→Ⅴ→Ⅰ→Ⅱ，图中仅保留蒸汽流程和冷凝水流程，其他略

表 7-6 各处污冷凝水处理的推荐方法

冷凝水来源	处理方法	冷凝水来源	处理方法
间歇或连续蒸煮放汽	蒸汽汽提	Ⅳ-Ⅴ效冷凝水	空气或蒸汽汽提
间歇蒸煮喷放热污水	空气汽提	一级表面冷凝器冷凝水	空气汽提
Ⅱ-Ⅲ效冷凝水	直接利用	表面冷凝器低温冷凝水和真空泵喷射	
预热器Ⅰ效冷凝水	回收再用	冷却水	蒸汽汽提

在亚硫酸盐法浆厂中，红液蒸发污冷凝水是重要污染源，具有很高的污染负荷，BOD_5可以达到 30kg/t 浆以上。其中主要成分是乙酸，其次是甲醇及糠醛。可以通过中和的方法，在蒸发前的稀红液中加入与蒸煮相同盐基的碱性化学药品，降低冷凝水中的乙酸含量。也可以将冷凝水用于可溶性盐基的制酸工段。采用汽提处理污冷凝液的方法，可以使得甲醇和糠醛挥发除去，但是不能除去乙酸。综合利用也是亚硫酸盐法制浆废液的重要处理途径。

二、汽提处理污冷凝水

由于污冷凝水中的污染物质主要是挥发性气体，故可以用蒸汽汽提或空气汽提的方法去除。蒸汽汽提的效果好，空气汽提的费用低，其运行费用是蒸汽汽提的 1/3[3]。

空气汽提一般在具有多层塔板的气提塔内，空气（或烟气）与污冷凝液逆流接触而进行的。当进液温度为 70℃、pH 值低于 9 时约 3 倍于污冷凝水的空气量进行汽提，可以除去80%以上的还原性硫化物，BOD 的去除率可以达到 10%～15%。适合于只需要去除污冷凝水中的恶臭含硫化合物的情况。20 世纪 70 年代，有些厂安装了空气汽提装置，但空气汽提不能有效地去除甲醇，且需要对排出的大量空气进行处理。

蒸汽汽提是利用污冷凝水中污染物质的挥发性比水大的原理，用蒸汽抽提冷凝水中的低沸点的还原性硫化物、醇类、萜烯类化合物，TRS 化合物的挥发性比甲醇高 10 倍以上，一般蒸汽汽提装置能除去 90%的甲醇，这样就可保证几乎所有的 TRS 都可被除去。蒸汽汽提后的冷凝水总会含有少量的 COD（大约 100mg/L）是一些非挥发性的物质，汽提时不能将其去除。蒸汽汽提出来的气体通常含有约 50%的水蒸气和约 50%的甲醇和少量其他组分，如硫化氢、甲硫醇、二甲基硫化物和松节油等，这些气体可以送到石灰窑或碱回收炉中烧掉，但是也有一些工厂选择采用精馏塔的方式将甲醇的浓度浓缩到80％后进行回收利用[4]。去除率的大小取决于汽提塔的结构，如塔板的形状和数量以及蒸汽的供给率。一般汽提塔的直径为0.6～2.0m，塔板为10～20块，板间距约0.5m。蒸汽供给量为进液量的15％～20％。汽液比对还原性硫化物和BOD去除率的影响如图7-2所示。

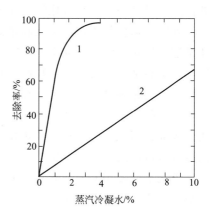

图 7-2　汽液比对还原性硫化物
和 BOD 去除率的影响
1—总还原硫；2—生化耗氧量（BOD）

汽提塔的形式有填料塔、板式蒸馏塔等，汽提用蒸汽一般是出Ⅰ效蒸发器的二次蒸汽或新鲜蒸汽。蒸汽从汽提塔底部引入，污冷凝水首先在预热器中预热至80～90℃，再送入汽提塔的顶部与蒸汽逆流接触进行汽提，汽提后的冷凝水经换热器预热污冷凝水，降温后回用于生产系统。污冷凝水汽提的工艺流程见图7-3。蒸汽汽提后的冷凝水可用于蒸煮后纸浆的洗涤，筛选净化和氧脱木质素浆的洗涤，在苛化工段，处理后的冷凝水加入热水槽，用于白泥过滤机、绿泥过滤机、白泥槽、消化鼓喷水和其他各种各样的喷淋和稀释，冷凝水还可代替热水用于蒸发器的煮沸清洗。有些浆厂还发现，把汽提过的冷凝水在分配使用前加到混合冷凝水中，效果很好。

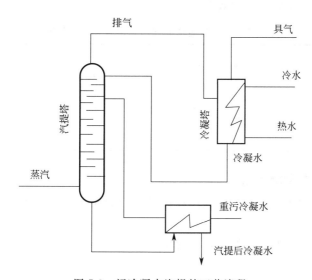

图 7-3　污冷凝水汽提的工艺流程

蒸汽汽提后的冷凝水用于蒸煮后纸浆的洗涤、筛选、净化和氧脱木质素浆的洗涤，在苛化工段处理后的冷凝水加入热水槽用于白泥过滤机、绿泥过滤机、白泥槽消化鼓喷水和其他各种各样的喷淋和稀释，冷凝水还可代替热水用于蒸发器的煮沸清洗，有些浆厂还发现把汽提过的冷凝水在分配使用前加到混合冷凝水中效果很好。

三、催化剂氧化法处理[5]

硫酸盐制浆蒸煮和碱回收蒸发过程中产生的污冷凝水的恶臭成分主要为含硫化合物，即硫化氢、甲硫醇、二甲基硫化物、二甲基二硫化物。对于这些硫化物的处理除了汽提处理以外，还可以采用催化剂氧化法来处理。

俄罗斯阿穆尔省亚伯利亚制浆造纸和林业工业科学研究院的友谊木材综合厂，阿穆尔省斯维道哥尔斯克厂，用催化剂"G-99"及"GE-10"系列，催化氧化来自蒸煮和蒸发的污冷凝水，实验结果表明：恶臭物质的转化度是很高的，一般都在 95％以上。

其脱臭原理是：污冷凝水在一定 pH 值及温度条件下，通过空气进行氧化，空气量要充足，其容积比 $V_污：V_空＝(1：3)\sim(4：5)$。在脱臭反应器中填充多相催化剂，用于催化氧化，经催化氧化后，恶臭物质转化为水溶性的无毒的硫酸盐、磺酸盐及硫代硫酸盐，净化后的冷凝水可以送去洗涤纸浆。

催化剂的使用寿命在 3 年以上。催化剂选型决定于脱臭过程的工艺条件。催化剂的用量一般为污冷凝水质量的 1.25％～2.5％。

四、絮凝沉淀技术去除污冷凝水中的硫化物

采用絮凝沉淀技术去除污水中的硫化物，在纺织、印染、制革等行业已有应用先例，其效果甚佳，硫化物去除率一般可达 97％。虽然纸厂污冷凝水中的硫化物内有甲硫醇等，与其他行业有所不同，但是，由于 FeS 的溶度积很小，在碱性介质中 S^- 可与 Fe^{2+} 生成沉淀；而甲硫醇等有机硫化合物，由于—SH 可部分电离，最终也可生成 FeS 沉淀。采用 $FeSO_4$ 和粉煤灰处理污冷凝水，硫化物去除率可达 95％以上，臭气基本消除，COD_{Cr} 也可降低 30％左右。总之，其效果与空气汽提法基本接近，而工程投资和处理费用均可大大降低。表 7-7 为絮凝沉淀法处理污水中硫化物的效果。

表 7-7　絮凝沉淀法处理污水中硫化物的效果

项　　　目	处理前 S^{2-}/(mg/L)	处理后 S^{2-}/(mg/L)	去除率/％
蒸发污冷凝水	18.52	0.88	95.2
	22.0	0.72	96.7
	20.76	0.72	96.5
	24.45	1.36	94.4

五、污冷凝水用于洗白泥[6]

将蒸发污冷凝水用于生产系统中洗白泥使其得到治理并且不外排，对于环境保护具有十分重要的意义。

理论根据：根据凯西所著《制浆造纸化学与工艺学》（第三版，1980 年）。硫化物溶液气相存在一定数量的硫化氢。

$$H_2S \Longleftrightarrow H_2S(溶液) \Longleftrightarrow HS^- + H^+ \Longleftrightarrow S^{2-} + 2H^+$$

当在碱性溶液中，$2H^+ + 2OH^- \longrightarrow 2H_2O$，使平衡向右移动，形成稳定的负二价硫离子。图 7-4 是 0.01mol/L 硫化物溶液在不同 pH 值时 H_2S 的气相压力。图 7-5 是甲硫醇（CH_3SH）溶液在不同 pH 值甲硫醇的气相压力。

以上理论说明碱性溶液吸收 H_2S、CH_3SH 有明显的效果。硫酸盐法制浆造纸工业碱回收系统中的白泥，在未经洗涤前，含有碱性物质 NaOH 等。蒸发污冷凝水中的污染物：

a. 硫化氢（H_2S）：硫化氢与氢氧化钠反应生成安定的盐

$$H_2S + 2NaOH \Longleftrightarrow Na_2S + 2H_2O$$

在碱液 pH 值高于 10 的条件下，温度高达 185℃反应仍向有利方向进行。

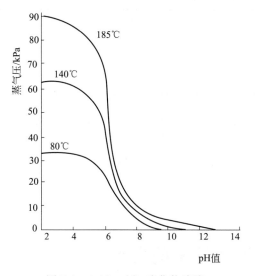

图 7-4 0.01mol/L 硫化物溶液
在不同 pH 值时 H_2S 的气相压力

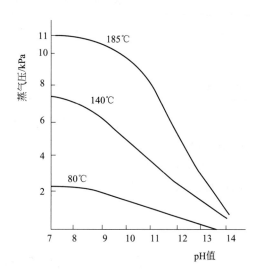

图 7-5 甲硫醇溶液在不同
pH 值甲硫醇的气相压力

b. 甲硫醇（CH_3SH）：沸点为 5.8℃，在较高的 pH 值条件下几乎能全部电离，与 NaOH 反应生成稳定的 CH_3SNa 和 H_2O。

$$CH_3SH \rightleftharpoons CH_3S^- + H^+$$

$$CH_3S^- + H^+ + NaOH \rightleftharpoons CH_3SNa + H_2O$$

c. 酚类：酚类本身就是比较稳定的物质，只要把它送回碱回收系统作为负荷循环或送入碱回收炉中烧掉，就可以达到处理的目的。

酸盐法制浆造纸碱回收系统中的白泥主要成分为 $CaCO_3$，在生产工艺中白泥需经过两次洗涤，回收其中的残碱 NaOH 和 NaS。洗后的白泥澄清液为氢氧化钠和硫化钠的混合液通称稀白液，送回生产系统中使用，洗后的白泥送石灰炉中灼烧生成白灰，回用于生产系统。其工艺流程见图 7-6。

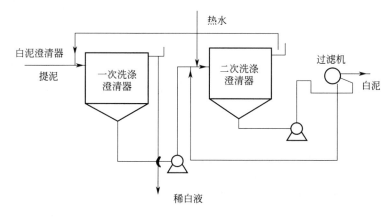

图 7-6 白泥逆流洗涤流程

用蒸发污冷凝水洗白泥，污染物去除率和硫化物吸收率见表 7-8。

表 7-8　洗后澄清液中污染物去除率和硫化物吸收率

试验	洗涤温度/℃	泥水比例	洗涤时间/h	污染物去除率/%			硫化物吸收率/%
				挥发酚	COD	BOD₅	
白泥一次洗	70~80	1:3	7	49	45	58	100
白泥二次洗				83	39	90	100

用蒸发污冷凝水洗白泥，对污冷凝水中的硫化物有固定作用。污冷凝水中的硫化氢与氢氧化钠反应生成硫化钠随稀白液一起作为生产原料回用于生产系统。用蒸发污冷凝水洗涤白泥，实现了蒸发污冷凝水在碱系统中循环治理，既节省生产用水、用煤，又减少环境污染，还能回收硫，具有显著的经济效益和环境效益。

第三节　污冷凝水处理技术的发展

蒸煮和蒸发污冷凝水中主要的成分是甲醇、乙醇、丙酮、松节油和含硫化合物。在污冷凝水的处理过程中，回收硫可再用于蒸煮制浆，回收松节油可以有很高的经济价值，而燃烧甲醇可以回收热能。这些可以部分抵消用于污冷凝水处理的投资与运行费用。

由于汽提污冷凝水需要消耗大量动力与蒸汽，汽提设备的投资也比较大，故现在污冷凝水处理的发展方向有两点：一是改进生产工艺，减轻蒸煮和蒸发产生污冷凝水的污染负荷；二是充分利用蒸发器和表面冷凝器的内部结构进行污冷凝水"自汽提"，尽量减少送往汽提塔的污冷凝水量。

在改进生产工艺方面，制浆系统尽量采用无硫制浆，可以消除还原硫性质的臭气。另外，对稀黑液进行氧化，既可防止设备的腐蚀，又可减少蒸发工段恶臭气体的挥发，从而减轻污冷凝水的污染负荷。表 7-9 列出了稀黑液氧化对蒸发器含硫气体散发的影响。

表 7-9　稀黑液氧化对蒸发器含硫气体散发的影响

污染气体	KP 木浆黑液/(kgS/t 浆)		污染气体	KP 木浆黑液/(kgS/t 浆)	
	未氧化	氧化		未氧化	氧化
H_2S	0.05~1.40	0.00~0.01	CH_2SCH_3	0.01~0.02	0.01~0.04
CH_2SH	0.05~0.50	0.05~0.10	CH_3SSCH_3	0.00~0.01	0.02~0.05

为减少汽提污冷凝水量，以节省投资及其运行费用，在特殊结构蒸发器内将污冷凝水进行汽提，可以有效净化大部分冷凝水，而剩下少量的、污染负荷高的污冷凝水单独送往汽提塔处理。这种自汽提的蒸发器的结构如图 7-7 所示。蒸发器内的加热元件分为大、小两组，从前一效来的蒸汽进到大组的底部，向上流动，与冷凝水形成逆流，冷凝水在向下的流动过程中，受到向上流动的蒸汽的汽提作用，可以有效地净化大部分冷凝水，大约10%的蒸汽和80%的甲醇流出加热元件的大组，在单独隔开的加热单元小组内冷凝成污染程度较高的重污冷凝水。将这一部分重污冷凝水单独送往汽提塔处理。六效板式降膜蒸发站冷凝水分流情况如图 7-8 所示。

第Ⅴ、Ⅵ效黑液蒸发器和表面冷凝器是自汽提式结构，蒸发站送到汽提塔的重污冷凝水

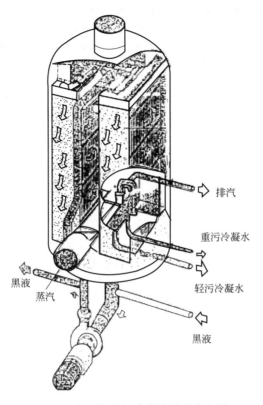

图 7-7　自汽提的板式降膜黑液蒸发器

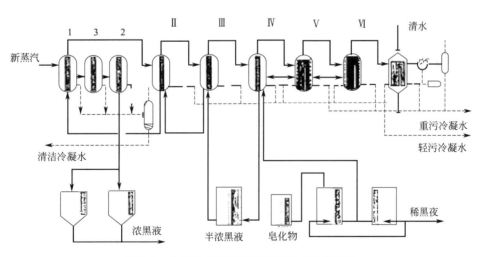

图 7-8　六效板式降膜蒸发站冷凝水分流情况

的水量仅占总污冷凝水量的 7%～10%，在很大程度上减少了汽提塔的规模，节省了投资和运行费用。

参考文献

[1]　刘长恩，侯桂琴．硫酸盐浆厂污冷凝水的来源、数量、组成和危害 [J]．中国造纸，1981，01；71-73.

［2］　魏学彬．KP 木浆厂污冷凝水的汽提处理［J］．中国造纸，1995，2：47-53.

［3］　陈学笑．蒸发站污冷凝水治理方向探讨［J］．中国造纸，1984，6：52-53.

［4］　Malik Badshah，Wilson Parawira，Bo Mattiasson. Anaerobic treatment of methanol condensate from pulp mill compared with anaerobic treatment of methanol using mesophilic UASB reactors［J］．Bioresource Technology，2012，125：318-327.

［5］　管永刚．催化剂氧化法用于 KP 浆厂污冷凝水脱臭［J］．中华纸业，2000，21（4）：44.

［6］　王宏冰．造纸碱回收系统中蒸发污冷凝水用于洗白泥［J］．环境保护，1994，12：13-15.

第八章 推荐白水综合利用技术

造纸白水是指抄纸系统的废水，主要含有大量的细小纤维、填料等悬浮物，以及施胶剂、防腐剂、增强剂等，同时也含有很多的溶解性胶体物质（DCS）。其溶解 COD、BOD 指标较低，但悬浮物的含量较高，差异也较大。将造纸机排出的白水直接地或者经过白水回收设备回收其中的固体物料后再返回造纸机系统加以利用的方法，称为白水的封闭循环。白水的封闭循环不仅能解决排水的公害问题，还能减少纤维、热能、清水消耗，并且能提高企业的环保形象，这使得白水封闭循环在能源与环境问题日益紧迫的今天意义尤为重大。目前我国由于中小纸厂较多，过程水处理技术不能有效实现，白水未能充分回收利用，水务管理水平不高，造成生产用水量大，废水排放多。因此，造纸企业实现高效水回用，加强白水回收利用，是实现减排的重要手段。本章将结合我国目前造纸工艺发展现状，介绍造纸生产过程中主要的白水回用技术。

第一节 白水的特征及白水的回用方式

一、白水特征

造纸排放废水主要为白水，包括在网部过滤产生的浓白水和毡部压榨后的稀白水。所含物质主要包括溶解物（DS）、胶体物（CS）和悬浮物。悬浮物主要是纤维，溶解物和胶体物主要来自造纸过程中添加的各种有机或无机的添加剂。有机物包括淀粉、杀菌剂等，无机物包括各种阳离子和阴离子，即各种填料或涂料，如钛白粉、硫酸铝、碳酸钙、滑石粉、瓷土等。影响造纸白水数量、组成与特性的因素包括：①浆料种类和特性；②化学添加物的种类与用量；③纸机类型、结构与车速；④纸机网部特性、吸水箱数量与性能；⑤白水回收水平和整体技术设备水平，这些因素造成了各类纸种和企业规模产排污情况有所不同。

从纸机中不同部位脱出的白水按照悬浮物含量的不同可分为浓白水和稀白水。以长网纸机为例，其网下白水的悬浮物浓度最高，所含纤维中的细小纤维为上网浆料的 $1.5\sim2.0$ 倍；真空部位脱出的白水悬浮物浓度次之，所含纤维中的细小纤维组分含量约为上网浆料中含量的 3 倍，而伏辊部位脱出的白水悬浮物浓度更小，由此可见网部白水的浓度随着纸页的成型而逐渐降低。白水固形物一般由纤维、细小纤维、填料和胶体物质组成，见表 8-1。

表 8-1 白水固性物组成

组成	长度/μm	宽度/μm	组成	长度/μm	宽度/μm
纤维	$600\sim3500$	30	填料	$1\sim5$	$1\sim5$
细小纤维	<150	30	胶体物质	<1（分子量在 $1\times10^3\sim1\times10^7$ 间的聚合物）	<1

二、白水回用的主要方式

按照白水的特性和回用水质要求，白水回用的方式包括直接回用、间接回用和封闭循环。表 8-2 为白水回用系统一览表。

1. 直接回用

这是目前造纸白水回用中用得较多的一种方式。这种方法将造纸白水不经任何处理直接回用于对水质要求不很严格的生产过程。如成型脱水区下来的浓白水回用于机前来浆的稀释；高压脱水区形成的稀白水回用于制浆过程以及锥形除渣器各段渣槽的冲洗和稀释等用水的生产过程，这样可节省系统外处理所需的大量管线、池槽和泵类，并可使系统更紧凑，管理更方便。

2. 间接回用

将经过白水回收机回收纤维后的白水，根据水质要求和具体情况，选择用水部位回用。处理后水质好的白水可用作对水质要求较高的生产过程如洗毯、洗网等，也可送往打浆调料部分作稀释用水以及送往制浆车间。

3. 综合治理回用

综合治理回用是指纸机的废水，通过厂外治理进行处理，能全部处理掉废水中含有的悬浮物和溶解性化学药品后，水质能用作造纸进水时的用水。

4. 分质-串级-循环

造纸企业的生产工艺非常复杂，工艺设备对水质的要求各不相同。白水回用水质完全可以按照供水要求分类。同时也由于实现白水零排放的封闭循环的基建投资和运转费用较高，因此人们摸索总结出一种"按质用水、清浊分流、分片循环、一水多用"的方法，即"分质-串级-循环"用水法[1]。

表 8-2　白水回用系统[2]

白水出处	应该投入的循环系统		
	直接回用	间接回用	综合治理回用
白水回收机排水		√	
损纸浆浓缩机排水		√	
锥形除渣器排渣			√
筛浆机间歇排渣		√	
网部案辊白水	√		
真空箱白水	√		
洗网喷水和拦边水		√	
真空伏辊白水		√	
真空伏辊白水盘排水			√
压榨排水		√	
真空压榨内部喷水			√
毛毯洗涤水		√	
冷却水		√	
真空泵水封水			√

三、白水回用的主要问题

1. 封闭后白水系统的变化

白水之所以不能够长时间封闭循环，主要是由于白水中所含物质造成的不利影响，通常白水所含不利物质主要是 SS 和 DCS 以及微生物。

(1) 悬浮物（SS）　造纸白水中主要含有大量的细小纤维、填料等悬浮物（SS），SS 的含量在 $500\sim3500mg/L$ 范围 SS 物质颗粒太大，难以达到循环利用的水质要求，通常需要采用圆盘过滤、气浮、沉降等方法处理后，回收流失纤维，减少 SS 含量。因此纤维回收技术是控制造纸减排的首要关键因素。

(2) DCS 物质增加　白水在经过 SS 去除后，还存在尺寸较小的胶体和溶解物（统称为DCS），这些 DCS 也会影响白水循环利用率，主要对磨木浆纸张、高级纸张以及硫酸盐浆纸张（其溶解性固体含量见表 8-3）影响较大。

表 8-3　常见白水溶解固形物含量

参数	高级纸张	含磨木浆纸张	漂白硫酸盐浆纸张	未漂硫酸盐浆纸张
溶解固体物/(mg/L)	200	500	300	500

这几类纸种 DCS 物质来源于制浆过程的抽出物、抄纸过程中的损失，以及各种化学添加剂包括填料、颜料、未固着的施胶剂、涂料等，可分为有机 DCS 和无机 DCS（通常以有机物为主），表 8-4 给出了常见白水中 DCS 的主要成分。

表 8-4　白水 DCS 组成

DCS 类型	DCS 组成	DCS 类型	DCS 组成
天然大分子	木质素片段	高分子添加物	分散剂
	半纤维素		淀粉
抽出物	脂肪酸	表面活性剂	分散型表面活性剂
	树脂酸		施胶剂

表中这些 DCS 物质通常呈负电荷，在稳定的湿部环境下不会絮凝。但是当白水封闭循环次数过多，导致温度和 pH 值改变，或者当操作条件改变时，这些 DCS 物质会失稳而形成胶黏物。此外，DCS 还对系统荷电产生不良影响，其机制是当 DCS 在白水系统中不断累计时，会破坏系统的电荷平衡，使得呈正电荷的阳离子助剂优先被吸附在 DCS 上，而不是纤维上，就会增加这些聚合物的使用量，通常 DCS 会发生在抄纸系统中以下部位。

正是由于 DCS 的不良影响，也造成了白水循环利用率的降低，因此同白水纤维回收技术一样，对于部分纸种抄纸车间的白水循环，通过湿部化学技术降低 DCS 的不良影响也是十分关键的减排技术。

(3) 微生物影响　除了控制 DCS 和 SS，微生物也会影响白水循环率，这主要是由于：白水系统封闭循环后，随着循环次数的增加，水温会逐渐升高，同时由于系统中含有很多淀粉、施胶剂等富营养物质，这样就为微生物增长提供了十分有利的条件，易使霉菌和细菌快速生长，这些微生物会同系统中的纤维黏结在一起，形成胶黏物，附着在纸机、管路的表面，当积累到一定厚度，受水流冲击或自动脱落，会掉入纸浆中，造成成纸出现斑点、孔洞，引起纸病，这些物质还会堵塞网眼，使浆料、化学品腐败，造成白水腐败，影响白水循环率。如表 8-5 所列为在封闭前后微生物的变化。

表 8-5　白水封闭前后微生物的变化　　　　　　　　　　　单位：个

微生物类型	开放系统	封闭系统
好氧菌	2900×10^4	1100×10^4
厌氧菌	150×10^4	9200×10^4
真菌	230	90

（4）白水系统泡沫增多[3]　当系统封闭后，产生的一个主要的问题就是系统泡沫的增加。在溶液中使泡沫稳定的条件为水、表面活性剂和机械能三个因素的平衡。在造纸系统中都具备了这三个条件。但是当系统封闭后，新鲜水减少，木质素、溶解固体、淀粉、施胶剂等表面活性物质增加，平衡和浓度发生了变化。这些变化增加了泡沫的产生，并使泡沫变得更小、更稳定，这将导致严重的操作问题。

（5）白水温度升高，溶解氧含量降低[4]　白水系统封闭后，储存的能量会使白水水温升高。温度的升高使沉积物黏度降低，使其流动性增加，使它们更容易随产品离开系统，但容易在纸页上产生污点，影响产品质量；系统温度升高使原料溶解性增加，使白水中的污染物增加，并增加了白水回用的难度和污水处理的负荷。

（6）白水浓度增加　有研究者对几个不同封闭程度的造纸厂白水系统取样进行了研究，其中有全封闭系统，有部分封闭系统，也有开放系统，结果发现，白水封闭后总有机碳、总悬浮物、电导率、钠离子和铝离子等增加较多，这将大大影响系统的留着率和泡沫控制。

（7）系统电导率和总有机碳持续增加[4]　DCS 物质不断积累，系统电导率和总有机碳持续增加。由于无机盐的单程留着率非常低（约为 2%），所以系统中无机盐浓度增加很快。无机盐浓度升高会使系统电导率提高，从而打破系统湿部的电荷平衡。原料中的木质素、脂肪酸等有机物以溶解和胶体状态存在于白水中，由于其表面通常带有阴离子基团，与纤维和细小纤维之间存在排斥作用，很难吸附在纤维上带出系统，所以会随着白水循环而积累，使总有机碳增加。

2. 白水封闭循环带来的不良影响

（1）湿部添加的助剂失效[3]　用在封闭系统中典型的助剂为高分子量、正电荷的聚合物，这些聚合物主要依靠它的分子量和电荷，吸附到细小纤维、填料和纤维上。当纸机的白水系统封闭循环后，白水中的溶解和胶体物质（DCS）不断富集，进而改变了电导率平衡和增加了阳离子需求。这些阴离子的 DCS 被称为阴离子垃圾，这些阴离子垃圾更易于与阳离子型的助剂发生电荷中和、吸附等作用而降低助剂的效果或使其失效。另一方面，随着系统封闭程度的提高，系统中盐含量大大增加，其中金属离子的增加对湿部助剂有不良的影响。金属盐离子增加，将会改变助剂的结构，降低了助剂分子链的有效长度，同时屏蔽了助剂的电荷，降低了助剂桥连的能力，降低了助剂的效率。

（2）纸机操作失常[3]　在封闭后白水系统的变化，如白水浓度的增加、微生物的积累、泡沫增多等，这些变化都会引起严重的纸机运行性问题。如微生物的生长，将会堵塞滤网、减少铜网和毛毯的寿命和产生沉淀，进而引起严重的纸机操作问题。微生物的生长也将引起纸页断头，并且需要一定的清洗等，这些将降低生产的效率。白水系统封闭后，使多数的助留助滤系统失效，使得纸机湿部纤维、细小纤维和填料的留着率大大下降。L. H. Allen 等研究了系统封闭对 TMP 新闻纸生产中助留助滤系统的影响。实验结果表明，随着系统封闭程度和阳离子需求量的增加，阳离子聚合物的作用性能将随之减少。当系统的封闭程度从 $55m^3/t$ 提高到

$3m^3/t$ 浆时，一次留着率从 83% 降到 72%。在工业生产中，在纸机白水回用时，需要加入更多量的阳离子聚合物，一些阳离子助剂在循环后将失效，而其他一些助剂将继续起作用。

（3）纸页性能下降[4]　系统封闭循环后阴离子垃圾会直接影响到纸机的操作和成纸的质量。但由于各纸厂的生产原料、纸种和生产条件等不同，纸机白水封闭循环对成纸性能的影响并没有一个统一的评价标准。对于新闻纸，其裂断长、拉伸强度、耐破指数、伸长率和结合力均随着 DCS 的增长而降低；在光学性能方面，白度随着污染物的增加而降低，光散射系数、光吸收系数和不透明度一般随着污染物的增加而增力口。

有研究人员选取消泡剂、碱性木质素等作为白水封闭后具有代表性的有机 DCS 物质模型，选取铁离子作为无机 DCS 模型，对白水封闭系统进行模拟研究。研究结果见表 8-6。

表 8-6　DCS 模型物质对纸页强度的影响

系统中的 DCS 物质	组分含量/10^{-6}	纸页强度降低量/%			
		抗张指数	耐折指数	耐破指数	撕裂指数
碱性木质素	3.5	9.1	8.5	12.4	6.9
消泡剂	20	13.9	12.5	17.6	12.8
铁离子	14	15.4	14.2	18.6	12.5

表 8-6 结果表明，随着白水封闭程度的升高，纸页强度普遍下降，主要是因为纸页内部结合面积的减少和内部结合强度降低的缘故。其中系统中的碱性木质素可使纤维结合面积减少 2%，且使单位面积上的结合强度降低 6%～20%。同时，残存的消泡剂会导致纸页单位结合强度下降 20%～40%。此外，回用白水中的铁离子组分会降低纤维的零距拉伸强度，同时降低纸页的匀度。随着白水中溶解固含量的增加，对纸页的拉伸强度有较大的影响。

实行白水系统封闭循环后，对于纸板和包装用纸的影响相对小一些。研究表明，实行白水封闭回用后对纸页的物理性质有正面影响也有负面影响，但负面影响占主导地位。白水中无机物的积累能增加纸页的留着率，但却使环压强度降低。油类物质的积累使纸页物理强度大大降低，细小纤维的增加对滤水有不良影响，此外白水中的木质素含量对留着有一定的影响。

（4）系统的腐蚀和堵塞　白水系统封闭循环后，水中许多物质的浓度都将升高，如溶解物质含量和水温升高，系统中的白水管道和部分设备容易产生堵塞和腐蚀。悬浮固形物容易使喷水管、纸机网部和毛毯堵塞，并可沉积在流浆箱唇板和网部转向辊的表面。溶解固形物和盐类既可以产生沉淀和结垢，也可以产生腐蚀、泡沫和施胶问题。如钠离子逐渐积累会对生产系统产生高度腐蚀作用，甚至使生产无法正常进行。

第二节　白水综合利用技术

一、白水循环中有害物质去除技术

白水回用的关键是白水处理技术，白水处理技术按其机制可分为物理法、物化法、生化法等。为了达到各生产工段对所用水的水质要求，可以将白水的处理技术进行合理的组合。影响造纸白水的成分及含量的不确定因素太多，因此很难找到适合于任何造纸厂、任何白水的处理技术，应视各造纸厂的具体情况来选择。

（一）白水悬浮固体去除技术

白水封闭循环首先需要解决的是去除悬浮固体，目前国内外的白水初步处理技术主要包括多圆盘过滤机、气浮式白水处理系统、斜板沉降处理系统。调查表明，目前使用圆盘过滤机和气浮式回收装置的企业越来越多，而使用沉降方法的企业较少，本部分重点介绍前两种白水处理方法。

1. 多圆盘过滤机处理系统

多圆盘过滤机以其处理量大、操作简单、能耗低等特点，经常被造纸企业用于白水回收的水处理。

（1）工作原理[5]　利用垂直滤液水腿管产生的真空作为过滤推动力，并通过分配阀使圆盘轴上的过滤盘片处于自然过滤、真空过滤、剥浆区、冲洗区等四种工作状态，从而达到回收水中填料和纤维、净化水质的目的。在作为纸机白水回收设备时，具体生产操作中，将纸机下来的白水，浓度一般在0.2%～0.6%，和一定浓度的垫层浆按比例在混合器混合成0.4%～0.6%的浆料悬浮液，进入多圆盘过滤机进行过滤处理。

（2）结构　多盘式过滤机主要由槽体、进浆箱、空心轴、传动装置、洗网装置、剥浆装置、分配阀、螺旋输送机等部分构成，其结构如图8-1所示。

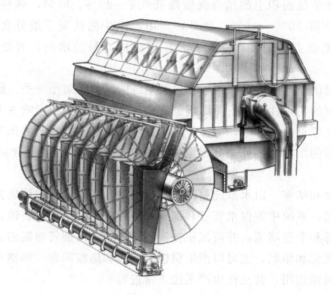

图8-1　多盘式过滤机

① 槽体　槽体上设有多个进浆接口和溢流式进浆，保证混合器来的浆料悬浮液布浆均匀；槽体上设有液位计法兰连接接口；槽体是钢板焊接结构，轴向可以拆分，方便运输、安装。

② 进浆箱　进浆箱主要是稳定多圆盘过滤机的进料量，同时在溢流流送过程中使浆料悬浮液中的游离空气有逃逸的机会，改善其滤水性。

③ 空心轴　空心轴是一个空心的辊轴，辊上开有槽口便于安装扇形板，空心轴采用锥

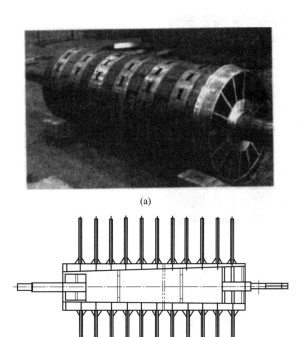

(a)

(b)

图 8-2 空心轴

形流道设计,加快滤液流速;两端采用标准调心辊子轴承支撑,减少摩擦,结构见图 8-2。在具体的生产操作中,扇形板就是跟随空心轴的转动依次进入自然过滤区、真空过滤区、剥浆区、冲洗区,完成一个过滤周期。

④ 传动装置 主传动装置采用直联悬挂式减速机,变频调速。

⑤ 洗网装置 洗网装置主要由一根主管上面分布多个支管,位置在多圆盘斜上方剥浆区之后,通过洗网电动机的带动,支管跟随主管摆动对扇形板进行冲洗。

⑥ 剥浆装置 剥浆装置的剥离位置是可调节的,喷嘴有反冲洗和非反冲洗两种,摆动频率为 8r/min,摆动幅度为 60°,从盘片根部到顶部全路径宽区域清洗,使用设备自身产出的清滤液即可,可以节约清水用量,结构见图 8-3。

⑦ 分配阀 空心轴插入分配阀,用密封带密封,防泄漏;分配阀作为设备的外部调节装置,可对滤液分配量在±10%内调节;浓缩浆料时分配阀设有清滤液和浊滤液两个出口。白水回收时加设超清滤液出口,通过管式过滤器后可用于纸机网部的高压喷淋等用水点,减少清水用量,浊滤液循环回收,结构见图 8-4。

⑧ 螺旋输送装置 螺旋输送装置是在减速机构的驱动下将 3%~4% 的垫层浆和回收到的纤维及填料混合物输送到浆池,螺旋叶片开有破碎齿,同时对高干度的浆料有破碎作用,使浆池中浆料浓度更加均匀,结构见图 8-5。

(3)技术特点 该技术适用于大、中型制浆造纸厂,主要用于造纸白水中纤维、填料及水的回收。主要特点是:①过滤过程连续,工艺过程稳定,对抄纸工艺没有负面影响;②适应性好,它对各种白水中纤维和填料的回收都具有良好的效果,对涂布纸白水回收效果也很显著;③设备占地面积小,节省基建开支,并且对老生产线的改造也具有良好的适应性和灵

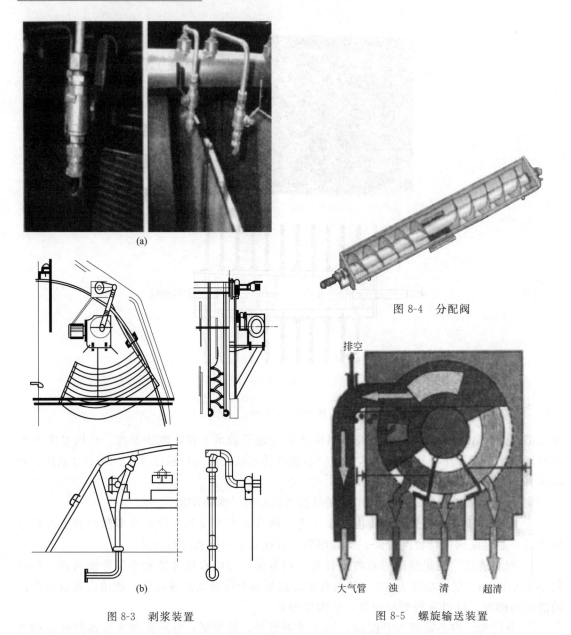

(a)

图 8-4　分配阀

图 8-3　剥浆装置

图 8-5　螺旋输送装置

排空

大气管　浊　清　超清

(b)

活性；④运行费用低，真空系统除非特殊情况，一般不用真空泵，运行过程中除有限的电耗外，无其他附加的消耗费用；⑤纤维和填料的回收率高，一般能达到95％以上；⑥清滤液的固形物含量低；⑦自动化程度高，可利用计算机和各种仪表控制；⑧虽然正常运转时有时需加入一定量的预挂浆，但回收过程中完全能把预挂浆全部回收，并且过滤后的浆和水可不经过处理直接进入造纸工艺流程[6]。

　　多圆盘过滤机在纸机白水处理系统的应用是比较成熟的，国外的工厂调查结果表明，超过50％的造纸厂都安装了过滤机，几乎所有新建的大规模纸厂都配备圆盘过滤机，而不再采用过去的沉降式白水回收装置。

　　多国产多盘真空过滤机在一些造纸厂已投入使用，处理白水的效果也很好，清滤液中固形物含量40mg/L左右，纤维回收率大于95％。此法具有过滤速率快、处理量大、工艺过程稳定、占地面积小、基建费用低、运行费用低等特点，处理后的白水可直接回用，从而提高白水循环回用的程度。是目前用得较多的一种白水处理方法。国内某造纸厂 $20 \times 10^4 t/a$ 纸机上，从纸机各部分汇集来的白水经过多盘过滤机的处理，白水中的纤维、细小纤维和填料被回收，滤液分超清滤液、清滤液和浊滤液进入白水循环系统，根据它们各自的水质有不同的用途。白水滤液的特性如表 8-7 所列。

表 8-7　白水及多盘滤液参数表

项目	浓度/%	浊度/NTU	电导率/(μS/cm)	COD_{Cr}/(mg/L)	pH 值	用途
浓白水	0.65	13600	4120	6300	7.6	进多盘
超清滤液	0.01	240	254	570	7.4	网部喷淋
清滤液	0.04	830	385	780	7.2	网布和压榨部喷淋
浊滤液	0.04	7000	2140	3200	7.5	进白水塔回用

2. 气浮技术

气浮法的工作原理，是在一定的压力下将空气溶解在水内，作为工作介质，然后通过浸在被处理的废水中的特定释放器骤然减压而释放出来，产生无数的微细气泡，与废水中的杂质颗粒黏附在一起，使其密度小于水的密度，而浮于水面上，成为浮渣而除去，使废水得到净化[7]。

废水中相对密度大于 1 的悬浮物在重力作用下，能自然沉降而被分离。而相对密度接近 1 的悬浮物，难于沉降或上浮，可以被废水中无数分散的微小气泡附着，随同气泡一起上浮至水面而被分离。但这仅对疏水性的悬浮颗粒有效，因为固体的疏水性越大，越易被空气所润湿，就越易附着于气泡上。可是有些密度较小的悬浮物，如直径小于 $0.5 \sim 1mm$ 的纸浆、纤维、煤粉等，亲水性很强，整个表面能被水润湿，在水中不易黏附在气泡上。要使这些粒子附着在气泡上，必须改变它们的亲水倾向，即进行疏水化处理，其办法之一是向废水中加入一种称为浮选剂的表面活性物质。这种物质大多数是极性化合物，溶于水后，其极性基团选择性地被亲水性粒子吸附，非极性基团则向着水，这样亲水性粒子的表面转化成疏水性表面就能附着于气泡上，同时浮选剂还有促进起泡的作用，可使废水中的空气形成稳定的小气泡，更有利于气浮。气浮时单位体积的废水中气泡的比表面积越大，则气浮效率越高。即要求气泡的分散度越大越好。一般认为直径为 $50\mu m$ 左右的气泡最好，它轻、细、浓，稳定性好。在一定条件下，气泡在废水中的分散程度是影响气浮效率的直接因素[8]。

气浮法处理白水是目前白水回用中用得较多的一种回用技术，其中的常规溶气气浮法很早就用于处理造纸白水，后来又开发出射流气浮白水回用技术，目前用得较多的是超效浅层气浮技术。

（1）射流气浮法　射流器由喷嘴、气室、混合管、扩散管等部分组成。其工作原理是：工作介质（清水、处理后水、原白水）通过射流器的喷嘴时，以很高的速度从喷口喷射出来，形成一股高速射流束（流速 $30 \sim 40m/s$）高速射流束穿过气室时，由于工作介质的黏滞作用产生负压，吸入大量空气，被高速紊动的射流束夹带至混合管内，这时气室成负压状态，外界空气在大气压力作用下源源不断地补充进来，射流器起着空气供给的作用。气液混合物在混合管内，由于剧烈的紊动、搅拌和水力剪切，液体和气体间充分混合，气体被切割成极微小的气泡，而成乳化状态，然后进入扩散管和尾管。扩散管和尾管的作用是将混合管中高速紊动的气、水混合物的动能转换为静压能，使呈乳化状态的空气溶解到水中去，并进入溶气罐，在一定的压力下，剩余的空气与溶气水分离。离后的水则由设在气浮池适当位置的集水管道收集后送至清水池，浮在池表面的悬浮物（如纸浆、填料）则收集到浆池，不能上浮的沉淀物沉积在气浮池的泥斗中定期排放，以保证出水水质稳定[8]。

射流气浮法适用于造纸白水中纤维、填料及水的回收，也适用于各类废水处理中的固液分离及污泥浓缩。

射流气浮对白水回收曾发挥过一段很好的作用。但它也存在一些弱点，例如：①气浮池较深，一般水位约为 2m，增加了气浮时间，降低了效率，气浮时间一般在 15～30min；②气泡直径比较大（约为 50μm）容易破裂而失去气浮作用；③间歇刮浆，有些浮出物因停留时间较长、气泡破裂，气浮物会重新下沉；④一头进水，横向前进，会干扰上浮作用。

（2）超效浅层气浮法　超效浅层气浮是我国目前应用比较广泛的技术，也是目前世界上比较先进的技术，该技术起源于 20 世纪 70 年代，KRAFTA 公司针对传统气浮存在的问题，提出了浅池理论、零速原理和新的溶气原理，并据此开发了设备。新的气浮净水器为一圆形槽体，有效水深只有约 420mm。这个相对"浅"的槽体得益于水流的零速度。进水配水器和出水集水器为一同时旋转的行走架，进水和出水的流速相同，这样就使槽体内的水体相对静止，避免了水流扰动，固体物的悬浮和沉降在静态下垂直进行，极大地提高了净水效率，废水在净水器的停留时间只有 3min，表面负荷达到 10m^3/(m^2·h)。新的溶气装置为一溶气管，其溶气机制是尽量造成水流的絮动，减少液膜阻力，增大气、液接触面积。在结构设计上改变了进气方式和提供能实现更大进流密度的结构。新的溶气装置溶气时间约 10s，过流密度达到 22000～27000m^3/(m^2·h)，是原溶气罐的 4～5 倍[9]。

超效气浮技术的特点是：①溶气水质量很高，其气泡直径一般在 10μm 左右，大大增加了微气泡与 SS 的接触面积和接触点，有利于上浮作用；②池子很浅，一般水位控制在 600mm 左右，大大缩短了气浮时间，一般 3～5min 即可完成气浮过程，因此，气浮效率可比射流深池气浮提高 5 倍以上；③布水均匀，且释放出的水直接上升，基本无横向流动，避免了横流对上浮作用的影响；④出浆独特，采用连续运转的回转勺式汇浆器，对上层积聚的悬浮物去除及时，且干扰很小，避免了浮出物的重新下沉；⑤释放器有特色，释放均匀，有利于提高气浮效果；⑥靠近池底部有连续运转的沉淀物清除刮板，便于及时清除沉淀物，保证池底干净及有效的气浮水深[10]。超效浅层气浮装置表面负荷和容积负荷高，占地空间小，净化效率高。实践证明，对吨纸排水量较小，废水含污浓度高的废纸造纸废水，若只采用一级物化处理很难达到国家规定的污染物排放标准，而超效气浮装置和二级生化处理相结合的方法可使造纸废水达标排放，是处理废纸造纸废水行之有效的办法。

以广州某纸厂为例，该厂采用 CQJ 型浅层气浮设备，在单独采用聚合氯化铝絮凝效果不理想的情况下，又加入了阴离子絮凝剂聚丙烯酰胺，细小纤维的絮凝情况得到了很好的改善，其最佳工艺参数如下。

单台白水处理量：100～150m^3/h

溶气管压缩空气流量：0.6～0.8m^3/min

行走架速度：3～4min/转一周

$$聚合氯化铝用量(kg) = 处理白水量(m^3) \times 0.015\%$$

$$聚丙烯酰胺用量(kg) = 处理白水量(m^3) \times 0.0004\%$$

白水 SS＜1500mg/L 时，出口清液 SS＜60mg/L

但该设备仍有不足之处，进水口附近易积浮浆，时间长了会形成很厚的浆层，需要定期用清水冲散，不仅消耗了清水，还可能使浮浆冲到清液槽。

（3）微气浮

① 技术原理　微浮选（micro flotation），在浮选过程中产生极细小的气泡积聚在很小的絮凝物和沉淀物上并使其漂浮起来，为了产生极细小气泡，溶气发生器必须在高压下产生水中溶解空气饱和度 70%～90% 的均匀水/空气混合物，该混合物在通过布气头之后就会释放尺寸范围分布很窄的细小的微气泡。

② 技术特点　与传统气泡气浮相比，其空气量是传方法的 2 倍，空气饱和反应器的压力提高到 700kPa，水中溶解空气的量就会增加到约 $80m^3/m^3$ 水，但是能量损耗会加倍，通常在气浮装置上安装膨胀涡轮代替膨胀阀，最高可节约附加能量的 40%。

该法的创新点是循环清洁，可减少机械浆生产和废纸制浆过程中白水的干扰物质，对水中的残余固含量可去除 70%。

3. 同向流斜板沉淀池[11]

（1）技术原理　同向流斜板沉淀池源于浅层沉淀理论，即颗粒沉降速度与池子深度、时间无关，主要于池子面积有关，池子面积约大，则沉降效果越好，因此坎普提出了层格沉淀池，即在一个沉淀池中加 N 个隔板，达到增大沉降面积的目的，从而提高沉降效果，但是存在的问题是污泥无法脱除，因此日本学者提出了斜板理论，即将隔板与池底形成一定角度，让污泥随重力滑出，但是由于污泥和水异向移动，互相影响脱除效果，因此近年来提出了同向流斜板沉淀池，即泥水同向滑落，水再回流至出水堰。

（2）技术特点　沉降效率高，传统异向流沉淀池的单位溶解有效沉降面积为 $8～10m^2/m^3$，而同向流能够达到 $22～26m^2/m^3$；池形紧凑，节约面积；回收的纤维中填料及气泡含量低于气浮法可直接回用。

（3）应用案例　国内某造纸厂生产文化纸，安装了两套同向流斜板沉淀池，用于处理文化纸及原纸纸机产生的稀白水，总处理能力 $18000m^3/d$。处理后全部回用于制浆造纸车间。纸机白水进水水质 COD_{Cr} 为 300～600mg/L，SS 为 700～900mg/L，处理后水质 COD_{Cr} 低于 80mg/L，SS 低于 50mg/L，污染物去除率约 70%，吨水处理费用约 0.3 元。具体工艺流程见图 8-6，来自造纸车间的白水汇集到集水池，由提升泵打到微滤机，微滤机通过旋转将过滤出的纤维排出，滤出的纤维则全部回用到制浆生产线。水进入同向流斜板沉淀池，沉淀产生的污泥外卖。从池中出来的水经一道堰板进入滤料池，经过滤后进入储水池，回用于制浆及抄纸。

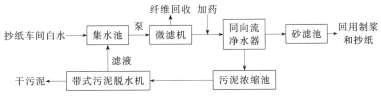

图 8-6　白水处理工艺流程

4. 絮凝沉淀

絮凝沉淀法，即利用适当的絮凝剂处理废水，可以使其中的细小纤维和其他细小固体颗粒悬浮物沉淀下来。在造纸白水的处理过程中，造纸白水先经微孔过滤处理回收纤维，降低白水中的悬浮物含量，再加入混凝剂和助凝剂，使白水中的细小纤维、填料、胶体性物质及部分溶解性有机物聚沉，处理后的澄清水可完全回用于生产或排放。

化学絮凝处理造纸白水具有投资少、工期短、处理系统运行管理简单、操作灵活、处理效果好等特点。能有效去除再生造纸废水中的 SS、色度以及有机物等，得到的泥浆经过适当处理后还能用作生产箱纸板的纸浆，处理的上清液可以作为工业水循环使用，因此，其经济效益和环境效益相当显著[7]。

（二）白水深度净化技术

沉淀、气浮、多圆盘过滤技术去除了白水中大部分的悬浮固体，经过初步处理后的白水中仍旧存在大量的有机、无机溶解和胶体物质，这些物质是白水中的主要危害成分，也是 BOD 和 COD 的主要贡献者。处理常采用的方法为生化处理、过滤技术、蒸发等。目前制浆造纸废水处理中比较可靠的除去有机物的方法有带选择池的活性污泥法和序批式反应器（SBR 法）。

如果白水中的盐类和低分子有机物含量太高，回用后将在系统中产生结垢、电化学腐蚀等问题。去除白水中溶解固体的方法主要有蒸发技术、脱盐技术等。电渗析和反渗透都是离子级的过滤技术，具有操作简单，化工污染少的特点，一般脱盐率都在 80% 以上。

（1）蒸发技术　多效蒸发技术可用于白水的深度处理，白水经过蒸发后，得到高浓度的固体溶液，如果蒸发器足够，固体浓度就可以达到 90%～95%，蒸发处理后的纯净水洁净度非常高，一般纸厂废水中的各种组分都可以去除，去除率到 97%～100%。加拿大 Millar Western 厂采用这个技术实现了"零"排放。在采用蒸发技术的流程中，白水或过程水在回到系统之前，先通过蒸发器蒸发，冷凝后经过生物处理和过滤得到可以循环利用的水。蒸发器残余的水经过浓缩后进入到回收锅炉中集中处理。但这种流程投资过大，不可能在所有的工厂中应用。国外的研究表明，如果造纸厂过剩的热能能够满足加热蒸汽的需求，那么蒸发费用将低于 1 欧元/m^3 水。

（2）膜分离技术　产生于 20 世纪 60 年代的膜分离技术是一种新兴的高效分离技术，最早用于海水和苦咸水的淡化，其后，随着膜分离技术的不断发展和新型膜材料的开发研制，膜价格不断下降，使膜分离技术在水处理领域得到广泛应用。

由于造纸白水封闭循环程度越高，越容易造成金属离子、各种溶解性无机盐物质等物质的累积从而产生很大的负面影响。用膜分离技术处理造纸白水，可以较彻底去除造纸白水中的金属离子和溶解性无机盐物质，是实现造纸零排放目标的有效措施之一。一些膜分离方法处理造纸白水的分析结果表明：TOC、COD 的去除率分别达到 78%～96%、88%～94%，而电导率的下降率达 95%～97%。

膜分离技术的工作机制是，溶液进入膜过滤器，在与膜表面接触的同时，大部分溶液透过滤膜（称为渗透液），而需要分离的物质则被排除系统外（称浓缩液）。

（三）混合废水经外部处理后回用于生产系统

制浆造纸生产线排出的多余白水和废水是企业废水的主要组成部分。此种废水里含有大量悬浮物、有机物、化学药剂和填料等。因此需经过彻底处理后才能外排或回用。基于水资源成本、排污费用、排污要求和回用白水的处理费用等方面的综合考虑，现在很多纸厂对废水回用的兴趣越来越大。对于用水要求不高的生产系统，如生产瓦楞纸、包装纸、纸板的纸机和抄制无漂浆的纸机，废水经过适当处理后可部分或全部回用。

白水外部处理是指将各生产线的多余白水和外排废水集中后在专门的水处理系统中进行

处理。按照水处理原理和工艺，一般可分为如下四个层次：一级处理为除去大颗粒杂质和悬浮物，一般采用格栅、粗过滤、澄清池和气浮池等设施；二级处理为除去大部分有机物，主要采用生化处理法；三级处理为除去细小颗粒杂质，一般采用多介质过滤、微过滤、超滤等精过滤措施；四级处理为降低部分溶解盐类含量，多采用电渗析、反渗透等脱盐措施。经过四级处理后的出水基本可以回用于任何制浆造纸生产线，但水处理的成本很高。图 8-7 为一个典型的白水外部处理流程[11]。

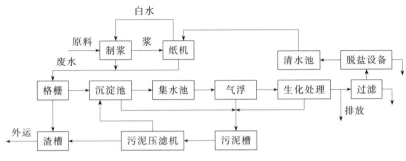

图 8-7 典型白水外部处理流程

（1）去除大颗粒杂质和悬浮物 白水外部处理的第一步是除去其中含有的大量杂质和悬浮物。格栅可除去大颗粒的悬浮物等杂质，斜网等各式各样的粗过滤设施可除去部分粒径稍小的纸浆纤维和其他杂质。在场地较多时可利用澄清池除去部分密度稍大的悬浮物。大量生产实践已经证明，气浮法是一种处理制浆造纸废水的较好方法。基于浅层气浮理论的溶气气浮设备对制浆造纸废水中的悬浮物有很好的去除效果。如广州造纸有限公司共有 10 多套浅层气浮设备用于处理纸机白水和排污渠中的混合废水，有的气浮池出水悬浮物平均在 50mg/L 以下，水质清澈透明，效果相当不错。

（2）生化处理去除有机物 目前制浆造纸废水处理中比较可靠的除去有机物的方法有带选择池的活性污泥法和序批式反应器（SBR 法），其中 SBR 法随着自动化程度的日益发展而在废水处理领域得到了越来越广泛地应用。根据废水来源的特点和水质状况，该法派生出了多种处理流程，可满足不同的处理场合和处理要求。SBR 法具有非常灵活的处理工艺和稳定、可靠的处理效果，具有非常广阔的应用前景。如上海新伦纸业有限公司利用常规 SBR 法处理造纸废水取得了较好的效果，其出水 BOD_5 在 20mg/L 以下。

无论是何种方法，为了达到较高的 BOD 去除率，一般需采用较低的有机负荷和较长的停留时间。

（3）去除细小颗粒杂质 初级过滤和生化处理很难将水中细小杂质彻底除去，这些水在回用于喷水管和要求较高的场合时易造成堵塞和沉淀，因此必须采用多介质过滤、微过滤或超滤等精过滤措施以进一步除去细小杂质。多介质过滤器里可装填石英砂、无烟煤和活性炭等填料，这些具有较高比表面积的填料相互间堆砌形成的微孔或自身的微孔对水中微小杂质具有拦截和吸附作用，从而达到去除的目的。一般多介质过滤器出水悬浮物可控制在 5mg/L 以下。微过滤器一般采用微孔烧结陶瓷、微孔中空纤维管等孔径为微米级的过滤材料，它可去除水中的病毒和细菌、胶体等杂质。超滤设备对微小杂质起拦截作用的是超滤膜，其孔径在 5~1000nm 之间，它可以除去水中的大分子有机物、胶体和蛋白质等。经过微过滤或超滤处理过的水中几乎不含悬浮物。此种水回用于制浆造纸生产线时一般不会产生堵塞和悬浮物沉积等现象。但若水中的盐类和低分子有机物含量偏高的话，仍会在系统中产生结盐、电化学腐蚀等现象。

（4）脱盐　电渗析和反渗透都是膜处理工艺，具有操作简单、化工污染少的优点。电渗析（ED）是一种利用电能进行膜分离的技术。它以直流电为推动力，利用阴、阳离子交换膜对水溶液的阴、阳离子的选择透过性，使一个水体中的离子转移到另一个水体中。一般认为对于含盐量为50～4000mg/L范围内的水的除盐有较好效果，运行较好的系统除盐率可达80％左右。反渗透是利用孔径很小（孔径在1nm以下）的反渗透膜进行离子级水处理的工艺，一般除盐率在90％以上。电渗析和反渗透均为离子级的过滤技术。这些工艺中需要用电能或动能（升高水压）克服很高的渗透压，因此设备投资及运行成本都较高，运行中需解决细菌污染、杂质堵塞和沉积等问题。随着高分子材料技术的发展，反渗透技术正朝着低压、延长使用寿命的方向发展，这将有利于降低反渗透的运行成本。

二、纸机湿部化学控制技术

由于对白水进行完全处理的成本很高，从经济的角度考虑，将白水中有害组分全部分离比较困难。加强对白水封闭后纸机湿部系统的控制、提高系统的适应性和开发新型的化学品来适应白水封闭后湿部系统的变化，这些已经得到了造纸工作者的重视。

1. 白水封闭后纸机湿部参数的在线控制

白水系统封闭后，纸机湿部的一些参数将发生变化，而湿部参数的变化将引起纸机操作和纸页质量的问题。因此当系统封闭程度不断提高，应该加强对参数的控制和监控。为了能够连续监控白水封闭后湿部系统的变化，应该采用在线测量技术。控制的参数包括：pH、电导率、溶解离子的浓度、TOC和COD、浊度、阳离子需求、Zeta电位等。

为了能够收集并分析湿部参数的变化，开发研究了计算机应用系统。如芬兰制浆造纸研究所研制开发的计算机系统——KCL-WEDGE，能够在线分析在生产过程中发生的任何变化。RobertFletcher造纸厂于1997年8月在低定量新闻纸机上安装了留着率在线检测与控制系统。通过留着的在线检测来考察造纸助剂的性能[12]。

2. 使用阴离子垃圾捕捉剂

纸机白水封闭循环程度的提高，使造纸湿部化学变得十分复杂，阴离子垃圾的积累和浓度越来越高。通过在纸浆中加入其他阳离子助剂之前加入阴离子垃圾捕捉剂，对系统中积累的阴离子杂质进行捕捉和定着，可以改善纸机的湿部状况，阴离子垃圾捕捉剂一般为高阳电荷密度的线性低分子量的聚合物，包括无机阴离子垃圾捕捉剂和有机的阴离子垃圾捕捉剂，例如聚胺、聚乙烯亚胺（PEI）、聚二烯丙基二甲基氯化铵（P-DADMAC）和一些无机的铝化合物（硫酸铝、聚合氯化铝等)[3]。

阴离子垃圾捕捉剂加入点一般是在纸浆加入其他阳离子助剂之前加入，有时必须尽早加入来控制系统的阳离子需求。阴离子垃圾捕捉剂的种类对其使用的效果也有着重要的影响。Brouwer等研究了不同阴离子垃圾捕捉剂对胶体物质和细小组分的影响，研究结果表明，有机ATC能有效地减少纤维表面的阳离子需求，而当减少干扰物质的阳离子需求时，应该首选无机ATC。与无机ATC，有机的ATC的最大优点是不受pH值的影响，对抄纸体系也无影响，而且用量少，效果也十分明显[12]。

3. 使用新型助留助滤剂

在白水实行封闭后，一些助留系统的作用效果大大降低，甚至失效。因此，需要开发出一些新型的助留系统，来适应白水封闭后状况。一些研究表明，某些助留系统在白水封闭后仍有较好的作用性能。其中采用 PEO 等助剂的双组分助留系统可适应白水封闭后的湿部化学系统。另外，硅超微粒系统、三元微粒助留系统等也可以适应白水封闭后的湿部化学系统。

聚氧化乙烯（polyethyleneoxide，PEO）是一种高分子量的非离子性聚合物，是造纸工业上一种常用的分散剂和助留助滤剂。PEO 对木质素中酚基有较强的亲和力，可以牢固地吸附在机械木浆上，是一种很好的机械木浆细小组分的助剂。国外近期的一些研究表明，分子量在 7×10^6 的 PEO，在白水封闭系统中的助留助滤性能大大优于其他阳离子助留助滤剂。单一的 PEO 体系对细小组分的吸附具有选择性，因而产生非对称的聚合物桥联，加入一些辅助助剂 CF 后，该双组分体系可吸附湿部系统内全部的细小组分，并增加吸附强度，特别适应白水封闭后的湿部系统。辅助助剂一般为酚醛树脂、萘基磺酸盐和木质素等，即形成 PEO/PFR 助留体系和 PEO/木质素（或改性木质素）助留体系。

三元微粒系统一般由凝结剂、絮凝剂和微粒子组成，是针对纸料中含有较多的阴离子垃圾的特点开发的。微粒子一般包括胶体硅、膨润土等。在加入絮凝剂和微粒子之前，先加入凝结剂进行阴离子垃圾的捕捉。加拿大某瓦楞原纸厂，原料为 OCC 和混合废纸。生产能力为 350t/d。实行零排放初期，浆料中的胶黏物增多，遇到操作问题，造成较多的停机。经湿部化学优化后，采用 DADMAC、CPAM 和膨润土三元助留助滤系统后，纸机抄造性能和胶黏物干扰问题得到了改善。先进的阴离子胶体硅微粒系统与阳离子淀粉和新的阳离子聚合物相结合，组成了超微粒系统，可用于高速喷浆成型器和全封闭循环系统。应用超微粒系统，能够提高产品的质量和增加产量，并且可以有效地利用纤维和其他原料，有助于降低生产成本。

新一代的阴离子胶体硅产品为高聚合硅，其粒度为 3～5nm，比表面积为 500～1000m²/g。硅球粒子之间的化学键为很强的共轭硅氧烷键，它的强度足以抵抗纸机湿部剪切力的破坏。与微粒相比，超微粒的性能更好，比表面积更大，具有高度的絮凝作用，而且在高干扰物质和高剪切系统中，对阳离子淀粉和聚合氯化铝都非常有效，使得淀粉-硅系统在高速夹网成型纸机中的应用成为可能。这种超微粒系统能够在造纸网上或白水中再絮凝，能够抵抗高湍流状态下较大的剪切力，进而改进造纸机的湿部以及白水净化系统的效率[12]。

三、白水系统的杀菌防腐

通过添加除霉/防腐杀菌剂，可增加提高白水循环利用率。

杀菌剂的机制是防腐菌剂首先与微生物的细胞膜相接触，进行吸附，穿过细胞膜进入原生质内，然后在各个部位发挥药效。有的防腐杀菌剂可使微生物中的蛋白变性，消灭细胞的活性而使微生物死亡，这种作用称为灭菌；有的防腐杀菌剂可使微生物的细胞遗传基因发生变异或干扰细胞内部酶的活力使其难以繁殖和生长，从而对微生物起到抑制作用，称为抑菌。纸浆和涂料防腐的目的其实并不是使微生物全部致死。

目前常用的除霉杀菌剂主要包括无机杀菌剂和有机杀菌剂，其中无机杀菌剂包括还原型和氧化型，还原型杀菌剂是由于物质有还原性而具有杀菌作用，如亚硫酸及其盐类；氧化型杀菌剂是利用其氧化能力而起到杀菌作用，这类杀菌剂杀菌消毒能力强，但不稳定，易分解，作用不持久，所以多用于对设备、仪器和水的杀菌，常用的有次氯酸盐、二氧化氯、氯胺，但这类杀菌剂窄谱，需大量使用，长时间使用对设备有腐蚀，而臭氧在造纸工业应用开始引起人们的兴趣。

有机类杀菌剂主要包括有机金属杀菌剂、有机硫、有机溴和含氮硫杂环化合物的杀菌剂，其中有机金属杀菌剂由于其高毒性已经被禁止使用，而溴代脂肪醇、溴代烯烃等的杀菌剂刺激性大，因此含氮硫杂环化合物的杀菌剂是较环保的杀菌剂，这些常用的杀菌剂见表 8-8。

表 8-8 常见杀菌剂性能

类别	代表物化学名	杀菌性能	用途
有机硫防腐杀菌剂	亚甲基双硫氰酸酯（MBT）	杀菌性能	可用于纸浆和涂料防腐。使用时将 MBT 用溶剂和其他增效剂复配成 10% 有效浓度的溶液，添加量为 7.5mg/L 左右，适用 pH 值小于 11 的体系
有机溴防腐杀菌剂	2,2-二溴-氰基乙酰胺	对细菌、霉菌均有杀灭和抑制效果	可用于涂料和纸浆防腐，易分解适用于中酸性体系使用
杂环化合物防腐杀菌剂	六氢-1,3,5-三羟乙基均三嗪	对产气杆菌、绿脓杆菌、芽孢杆菌、强碱杆菌和大肠杆菌有强杀灭和抑制作用	主要用于涂料防腐，也可用于纸浆的防腐，适用 pH 值范围广，并能在强碱性体系中稳定
	1,2-苯并异噻唑啉-3-酮（BTT）	对细菌、霉菌、酵母菌及硫酸盐还原菌等都有效，尤其对革兰氏阴性菌效果突出	可用于纸浆和涂料的防腐。每吨纸加入 45～170g 即可有效防止腐浆，涂料中用量为涂料的 0.015%～0.03%，对酸碱稳定，可在较宽的 pH 值范围使用
	5-氯-2-甲基异噻唑啉-3-酮 2-甲基异噻唑啉-3-酮	对多种细菌、霉菌、酵母菌及藻类有优异的抗菌效果	主要用于纸浆防腐，也可用于涂料防腐。每立方米浆水添加 5～15g，每立方米白水中添加 3～5g 即可达到防腐效果，适用 pH 值范围为 4～8
有机氯防腐杀菌剂	三氯异氰尿酸	对细菌、真菌和病毒有较强的杀灭和抑制效果	用作漂白剂和纸浆防腐剂，适用于酸性体系中
	阴离子表面活性剂	对细菌、真菌和病毒有比较明显的杀灭和抑制作用	可用于涂料和纸浆中
其他	山梨醇、去氨醋酸和尼泊金酯类	对细菌、霉菌有明显的杀灭和抑制作用	用于防腐包装纸

理想、高效的杀菌剂应该具有以下优点：高效、广谱、具有抑菌和杀菌的双重作用；不影响纸的色调、强度等物理性能，对设备无腐蚀；在较大的 pH 值范围内有效，可长期稳定的保持活性；添加量小，起效快，杀菌力强；使用方便，价格低廉；是环保型"绿色产品"。

这些杀菌剂包括有 Grace 公司生产的 Dithiol，Dow 的 7287 和 8536 杀菌剂，这些杀菌剂对环境友好，可迅速降解成对环境危害较小的物质，此外，开发无卤素有机杀菌剂是发展趋势，如使用不含卤素的氧化剂过氧乙酸，能较好地控制腐浆，因为它将分解为二氧化碳和水，是一种安全和对环境有益的卤素替代品。

复配型的防腐杀菌剂可以克服单一杀菌剂的缺陷，通过科学的方法研究各杀菌剂组分以及其他助剂之间的协同增效和互补杀菌作用，将各种单一组分的杀菌剂复配组合，充分利用其协同效应，扬长避短增强防腐效果，扩展杀菌谱和扩大使用范围，达到提高杀菌效率和降低成本的目的。表 8-9 所列为我国南方若干纸厂使用复合型防腐杀菌剂前后对纸机生产及排放的影响。

表 8-9　使用复合型防腐杀菌剂前后对比

企业产品	××纸厂 （普通瓦楞）		××纸厂 （普通瓦楞）		××纸厂 （高强瓦楞）	
情况对比	使用前	使用后	使用前	使用后	使用前	使用后
微生物含量/(cfu/L)	白水 3.8×10^8 浆水 3.3×10^8 清水 5.1×10^5	白水 5.3×10^6 浆水 2.5×10^7 清水 2.0×10^4	白水 6.6×10^8 浆水 7.5×10^8 清水 4.4×10^5	白水 2.3×10^7 浆水 5.6×10^7 清水 1.5×10^4	白水 3.8×10^8 浆水 1.5×10^8	白水 1.6×10^7 浆水 2.1×10^7
微生物控制方法	传统控制使用漂水添加白水池	复合型杀菌控制,添加地点白水池、清水池、成浆池	单一杀菌组分产品,添加地点白水池、清水池、成浆池	复合型杀菌控制,添加地点浆管、清水池、成浆池	单一杀菌组分产品,添加地点白水池	复合型杀菌控制,添加地点白水池、成浆池
清洗周期	每天清洗1~2次流浆箱	10~14d 清洗一次	每天清洗1~2次流浆箱	20d 一次	20d 一次	30d 一次
每天纸产量/t	130~50	170~90	110~30	130~50	300	330

四、白水中 DCS 的减量化处理技术

1. 生物降解剂[13]

随着生物科学的发展，生物酶技术在制浆造纸工业得到了越来越广泛的应用，已成为研究的焦点领域。针对 DCS 中脂肪酸、树脂酸和聚半乳糖醛酸分别采用脂肪酶和果胶酶处理浆料或白水能够有效控制 DCS。

（1）脂肪酶　TMP、CTMP、BCTMP 和 GP 浆等在制浆过程中所带来大量胶体状木质素、半纤维素、树脂类物质，化学制浆、漂白等引入的蒸煮剂、漂白剂及蒸煮漂白副产物等以 DCS 的形式滞留在浆料系统里，此类物质由于表面带有阴离子基团，将随着白水的封闭回用而不断地富集。存在于白水中的树脂酸大约有 8 种，而脂肪酸有 50 种之多，其中油酸、亚油酸、松香酸是较为普遍的 3 种，木酚和糖类是极性抽出物。

DCS 中的树脂酸和脂肪酸组分能降低水的表面张力，这些物质表面上是稳定的存在于浆水系统中，但遇到系统离子环境、温度和浓度等条件变化时，这些物质就有可能发生失稳或破乳现象，在抄纸过程中能造成纸幅湿拉伸强度下降，或沉积在纸机设备表面或留在白水系统中，进而形成沉积物并产生障碍。

脂肪酶即甘油酯水解酶，是一种能够分解脂肪的酶，它可以将甘油三酸酯（TG）水解成游离的脂肪酸。脂肪酶的另一重要特性是它只能在异相系统，即在油（或脂）水的界面上作用，对均匀分散的或水溶性底物无作用，即使有作用也极其缓慢。脂肪酶可以有效地降解树脂类物质，可以使甘油酯类发生水解反应生成脂肪酸和甘油。反应可以在酸性环境中进行，也可以在碱性条件下进行。脂肪酶可以用于控制树脂障碍，也可以控制白水中树脂类物质的负面影响。Stebbing 等采用在白水中加入 Trametes Versicolor 培养液的方法处理 TMP 新闻纸厂白水，研究表明，这种方法能除去白水中的 DCS，减少木质素、树脂酸和脂肪酸的含量。Zhang 等首先在白水中培养白腐菌，然后采用去除菌体的粗酶（混合酶）处理新闻纸厂的白水，发现漆酶可以导致大多数抽出物的降解，而脂肪酶能大大地水解酯键连接的抽出物，但由于处理是在混合酶作用下进行的，单一酶对白水中 DCS 的处理效果无法体现。

Resinase A2X 是一种来自 *Aspergillus sp.* 的工业品脂肪酶。在 GP 浆中加入 500mg/kg 的该脂肪酶，可以使 TG 水解 70%。树脂组分可在磨木过程中释放出来，在该处加入脂肪酶效果最为有效，然而在磨木机中水温为 70～80℃，磨木区表面温度接近 100℃，因此一般的脂肪酶在如此之高的温度下就会失活。美国某公司开发了一种耐热脂肪酶（thermostable lipase），该酶甚至在温度高达 80℃ 以上仍然有效，将该脂肪酶与喷洒用水混合在一起加入到磨木区，磨木后的纸浆悬浮液温度在 75～80℃，从磨木机流送到 C 型圆筛需 30min。在 C 型圆筛取样分析，测定 TG 含量。结果发现，加入 1000mg/L 的脂肪酶可以分解 75% 的 TG。

日本一家纸厂自 1991 年 3 月以来，一直使用脂肪酶来控制树脂问题。表 8-10 列出了用脂肪酶处理前后压辊上的沉积物的去除次数，可以看出，尽管利用酶处理时使用了 30% 左右的新鲜木材，但酶处理依然可以显著降低压辊上所沉积的树脂量，树脂的去除次数由未处理前的每天 2.5 次，降低为每天 0.21 次，若停止使用脂肪酶，则沉积物又有明显增加。

表 8-10 脂肪酶处理前后压辊上沉积物的去除次数

项　　目	未经脂肪酶处理		脂肪酶处理
生产日期	3 月 1～12 日	4 月 1～15 日	3 月 13～31 日
风化木材与新鲜木材比例/%	100/0		(100～70)/(0～30)
每天去除次数/次	2.5	3.37	0.21

采用脂肪酶处理新鲜木材。由于新鲜木材的白度高于经过风化的木材，因此所得磨木浆白度由 58.5% 上升到 62.0%。利用脂肪酶处理后，该纸厂降低了风化处理和漂白费用。该纸厂还在磨木浆首个浆池的出口处加入脂肪酶。脂肪酶加入后，到达混合浆池或纸机浆池的时间大约分别是 120min 或 150min。经过长期的生产试验发现有以下结果：

① 降低了表面树脂及其中的 TG 含量。很显然，脂肪酶可以在到达混合浆池入口时使 70% 的 TG 发生水解，且经脂肪酶处理后循环白水中树脂含量也降低到了较低的水平。

② 增加了树脂的初次留着率。在新闻纸和电话簿纸中，随着脂肪酶的加入，树脂的 FPR 分别从 5%～7% 增至 12%～18% 和从 9%～14% 增至 17%～24%，而纸浆的 FPR 没有明显变化。随着脂肪酶对 TG 的水解，树脂分散在纸浆悬浮液中并固定在纤维表面上，这也防止了树脂在循环用水系统中的聚集。

③ 减少了树脂在纸机浆池内壁的沉积。未使用脂肪酶前，在纸机浆池内壁上常发现一些黑色的球状沉积物。脂肪酶使用 1 个月后该沉积物消失了。这表明，脂肪酶可以防止树脂在浆池壁上的沉积。

④ 减少了树脂在网部和压榨部的沉积。经脂肪酶处理后，发现新闻纸抄造过程中湿树脂（wetpitch）的沉积量减少了 87%，而黄色电话簿纸抄造过程中减少了 58%。这表明，脂肪酶可以水解树脂中的 TG，TG 水解后变成了低黏性的脂肪酸组分。

⑤ 减少了纸幅中的孔洞，提高了纸张的质量。福建南平造纸厂 5 号造纸机，是年产 20 万吨新闻纸的世界上技术最先进的纸机之一。自开机以来，以马尾松磨木浆为主要浆料抄造新闻纸。由于马尾松的树脂以及有机抽出物含量高，传统的聚合物助剂及树脂控制方案不能有效地消除树脂在纸机抄造过程中的障碍，造成许多计划外的停车清洗，在相当长的一段时间内，成为该纸机进一步提高车速的瓶颈。2000 年 3 月，采用生物控制树脂技术，生物酶用量为 200～250kg/t 浆，甘油三酯分解率可达到 70%～75%，使树脂障碍逐步得到控制，纸机压榨辊、毛毯、成型网和干网上树脂的沉积明显下降，同时提高了产品质量，纸

页上的树脂点和破洞减少、强度提高，新鲜木材的比例由使用生物酶之前的 0 增加至 50%，纸页白度从 52%ISO 提高至 55%~57%ISO。

（2）果胶酶　木材中的果胶大部分是由甲基化的 D-半乳糖醛酸单元组成，有的也含有 L-鼠梨糖单元，果胶在初生壁和胞间层被浓缩。机械制浆改变了纤维的表面性能，使富含果胶的纤维胞间层和初生壁暴露出来。较高的 pH 值下，在过氧化物漂白中果胶被降解为低分子量的组分并且发生脱甲基化反应，导致 1/3 的原始果胶以高电荷密度的果胶酸形式溶解到过程水中。纤维和细小纤维中残余的果胶酸导致 TMP 浆料带有一定的电荷，溶解的果胶酸也是漂白废液中阴离子电荷的主要组分，大约占了潜在阴离子垃圾的 50%。由于它们能够消耗阳离子助剂，通常果胶酸被认为是有害物质或者阴离子垃圾。原生木材中的半乳糖醛酸很大程度上（30%~70%）被酯化或者以内酯的形式存在，在碱性条件下将被水解，从而提高了纤维中总阴离子基团的数量。因此，在化学机械法制浆中，由于果胶的化学结构和它们存在于初生壁、胞间层以及纤维的纹孔周围，也是导致化学机械法制浆中溶出的 DCS 具有较高阳电荷需求量的重要原因。卢立正等研究了三倍体毛白杨 CTMP 碱性 H_2O_2 漂白中阴离子垃圾的产生，研究表明，漂白过程中，阴离子垃圾主要来源于 DCS 中的聚半乳糖醛酸类物质、氧化木质素及树脂酸和脂肪酸等；NaOH 用量影响聚半乳糖醛酸类物质和氧化木质素的产生，从而成为影响阴离子垃圾产生的主要因素；H_2O_2 用量主要影响氧化木质素的产生，其对阴离子垃圾产生的影响小于 NaOH。

经研究发现，对造纸阳离子添加剂发生中和作用的 DCS 主要成分是果胶类物质和溶解的半纤维素成分，其中果胶类物质的影响很大。在 H_2O_2 漂白过程中，从机械浆中产生一些糖类，主要是在碱性 H_2O_2 漂白时从纤维中产生的聚半乳糖醛酸。在缺乏有效洗浆的情况下，这些阴离子电解质和其他在浆中溶解的胶体物质留在纸机系统中并影响造纸过程。Braue P 等人的研究发现，当机械浆漂白至 74%ISO 时，纸浆对阳离子（聚二烯丙基二甲基氯化铵）需求量约增加 1.5kg/t。

果胶酶本身是多组分酶，包括聚半乳糖醛酸酶、果胶裂解酶和果胶酯酶等主要成分。白水中的果胶类物质主要是通过其带有的大量负电荷来影响造纸湿部化学系统。聚半乳糖醛酸和阳离子的化学键合能力（阳离子需求量）通常取决于聚半乳糖醛酸的聚合度大小，由于半乳糖醛酸的单体、二聚体和三聚体的聚合度低，所以对阳离子需求量影响也低，甚至很难测量到，而聚合度更高的长分子链情况却相反。果胶酶通过多种酶的组合作用主要是断裂果胶类物质的 α-1,4-苷键，促进聚半乳糖醛酸降解，转化为低分子或单分子的半乳糖醛酸而消除其负面影响。

1994 年，Thornton J 等第一次把果胶酶应用于 H_2O_2 漂白的机械浆中。通过对北美地区两个工厂的工业化试验发现，在漂白热磨机械浆和漂白压力磨石磨木浆中加入一定量的果胶酶后，可使浆液阳离子需求量（CD 值）降低约 50%，提高了阳离子助剂的助留效果。有人在壳聚糖（chitosan）、阳离子聚丙烯酰胺（CPAM）、聚乙烯亚胺（PEI）和聚氧乙烯（PEO）等几种助剂的助留系统中添加果胶酶。研究发现，当壳聚糖用量仅 0.2% 时，不添加果胶酶，留着率没有变化，添加果胶酶 1000U/L 后能使细小纤维和填料的首程留着率提高 7%。在经过打浆的 TMP 中添加果胶酶 1000U/L，50℃ 条件下处理 2h 后，可使浆料的阳离子需求量降至 0.4mmol/L（添加前为 1.1mmol/L）；而对于 TMP 和白水的混合浆料重复上述步骤时，可使浆料中的阳离子需求量降至 1.2mmol/L（添加前 2.7mmol/L）；在 CPAM 的助留系统中，添加果胶酶 1000U/L 的助留效果与增加 CPAM 用量至 1.9kg/t 的作用效果相当；同时也发现，即使在 PEI 与 CPAM 的混合助剂系统中，果胶酶的作用效果同样很明显；而在 PEO 等非离子助剂的助留系统中，添加果胶酶助留效果没有明显的变化。又有研究表明，随果胶酶用量增加，DCS 的 CD 值降低，细小纤维留着率逐渐增加。当果胶酶用量超过 100U/L 时，DCS 的阳电荷需要量降低了约 30%，继续增加酶用量 CD 值变化不大。所以，果胶酶处理 DCS 使 PEI/CPAM 助留效果提高的原因是酶处理降解了造成阴离子垃圾的主要物质——果胶酸，使体系的阳电荷需要量降低，DCS 中阴离子垃圾的减少提高了阳离子助剂的效率，从而提高了细小纤维留着率。

(3) 联合菌与酶　加拿大 British Clombia 大学科技人员研究了联合菌和酶处理系统作为热磨机械浆（TMP）新闻纸厂净化白水以除去其中有机物的新技术，因为菌和酶具有除去存在于各种不同类型白水中的溶解和胶体物质的性能。试验了三种不同类型的白水：一是 TMP 新闻纸工厂产生的典型白水；二是模拟制造回收的白水；三是模拟制造通过薄膜过滤的白水。结果表明，白腐菌 *Tramates Verstcolor* 在上述这些白水中都能生长，明显地降低了白水中溶解和胶体物质的总量。菌处理 7d 后，能除去这些白水中抽提物 75% 和碳水化合物 62%～71% 的物质。而联合菌和酶处理能明显地使白水中胶体物质组分发生降解，在温度 65℃，酶处理 3h 后，存在于白水中的木质素和酯键抽提物去除 90%，在典型的白水和模拟制造白水中，树脂酸和脂肪酸含量分别降低 40% 和 60%。联合菌和酶处理，还导致白水中低分子量酚类聚合成高分子量木质素型物质。结果表明：采用联合菌和酶系统处理 TMP 新闻纸工厂产生的白水，能够除去白水中大量的溶解和胶体物质，可为工厂建造白水封闭循环系统创造有利条件。

2. DCS 捕捉剂

(1) 电荷中和剂　由于阴离子垃圾带负电荷，因此通过添加电荷中和剂，如聚二烯丙基二甲基氯氨和一些无机的铝化合物（硫酸铝、聚合氯化铝）等可减少负电荷，而其中聚合物因高电荷密度，可作为很好的电荷中和剂。在添加高分子聚电解质絮凝剂之前，可先加入这些低分子量高电荷密度的阳离子聚电解质，以中和过多的阴离子垃圾。

在这些电荷中和剂中，景宜等人比较研究了造纸明矾、PAC 和 PEI 在新闻纸浆料中的定着效果，结果表明，PEI 的定着效果明显好于明矾和 PAC，而且 pH 对其定着效果的影响不大，在抄纸系统向中碱性转化的今天，PEI 是一种较好的阴离子杂质捕捉剂。

(2) 多孔性填料捕捉阴离子垃圾　孔状无机化合物表面积较大，是一种很有效的胶体物吸附剂。其微孔可以捕捉溶解度低的盐类和部分溶解物，降低白水中 DCS 的浓度。可用的填料包括多孔性铝硅酸钠沸石、铝硅酸钠、膨润土微粒，这些材料都具备代替传统的硅酸镁填料的能力，但是普遍成本较高。但是条件下沸石具有更高的留着率，从而可以提高成纸质量，并无酸性造纸的相关问题，还可以降低白水处理成本，另一个优点是沸石加填的纸的不透明度很高，因而可以代替 TiO_2（钛白粉）使用。

Abril 等考察过合成沸石在造纸过程中作为碳酸钙和滑石粉的替代品的影响，指出使用最佳用量的沸石可提高填料的留着率和纸的光学性能，而纸的力学性能无显著变化。国内有学者研究了天然沸石作为吸附剂对废水中无机盐的吸附效果，结果表明，天然沸石对废水中磷酸盐、硫酸盐、氨氮和 COD 都有良好的去除效果，对氯化物和硝酸盐没有明显的去除效果。黑龙江省齐齐哈尔市造纸厂曾对沸石岩粉代替滑石粉作造纸填料进行了实验研究，其结果表明，用沸石岩粉作填料，成纸的各项物理指标除两面平滑度差外（系纸机特性所致）均达到国家标准，对造纸机抄造过程无不良影响。

参考文献

[1] 唐国民，何北海．我国造纸白水回用的现状及对策探讨［J］．广西轻工业，2003，(6)：7-10.

[2] 文飚．新闻纸白水封闭循环系统构成及优化浅谈［J］．湖南造纸，2002，(1)：7-8.

[3] 王玉峰，欧海龙，胡惠仁．白水封闭循环的不良影响及应对措施［J］．黑龙江造纸，2007，(2)：63-66.

[4] 杨斌，张美云．白水封闭循环及净化回用技术［J］．黑龙江造纸，2012，(2)：24-27.

[5] 孙海梅．多圆盘过滤机的结构特点及适用性能［J］．黑龙江造纸，2012，(3)：54-56.

[6] 王红．多圆盘过滤机的特征及其运行［J］．中国造纸，2004，23 (10)：32-34.

[7] 袁朝扬．造纸白水的循环回用及其处理方式［J］．纸和造纸，2011，30 (10)：8-11.

[8] 莫立焕，陈咏梅，陈克复．改进设备提高造纸白水利用率［J］．纸和造纸，2003，(4)：57-58.

[9] 范志强，王炎红．浅层气浮净水器处理新闻纸机白水［J］．应用技术，2003，(2)：39-40.

[10] 何京．关于造纸工业白水回收及超效浅层气浮技术的思考［J］．湖南造纸，2003，(2)：39-40.

[11] 刘俊超．制浆造纸工业白水封闭循环［J］．国际造纸，2003，22 (2)：46-50.

[12] 潘海燕．造纸白水的封闭回用及其应对方法［J］．上海造纸，2004，35 (5)：46-49.

[13] 刘俊，胡惠仁，杨莎．纸浆和造纸白水中 DCS 的生物酶控制［J］．纸和造纸，2011，30 (1)：56-58.

第九章 高浓废水厌氧处理技术

第一节 厌氧废水处理技术概述

随着工业的飞速发展和人口的不断增长，资源、能源和环境等问题日趋突出。传统的好氧生物方法处理废水要消耗大量能源，好氧生物处理一般采用空气进行充氧，理论上完全氧化 1kgBOD$_5$需提供 1kg 分子氧，对于常用的曝气设备，充 1kg 氧到水中需消耗电量 0.5～1.0kW·h。同时好氧处理带来了新的污染问题，那就是好氧处理产生的大量剩余污泥。而采用相应的厌氧技术，特别是对于处理中、高浓废水则节能效果更加明显。

废水厌氧处理是指在无分子氧条件下通过厌氧微生物的作用，将废水中各种复杂有机物分解成甲烷和 CO_2 的过程，也称厌氧消化，与好氧过程的根本区别在于不以分子态的氧作为受氢体，而以化合态的氧、碳、硫、氢等作为受氢体。有机物的厌氧降解过程可分为独立但密切相关的 4 个阶段：水解阶段，酸化阶段，产氢产乙酸阶段和产甲烷阶段。第一组微生物酸化细菌完成厌氧消化过程的前两个步骤，即水解和酸化。它们通过胞外酶将聚合物如蛋白质、脂肪和碳水化合物水解为能进入细胞内部的小分子物质，在细胞内部氧化降解而形成二氧化碳，氢和大部分挥发性脂肪酸，第二组微生物，产氢气产乙酸菌在酸化过程中把上述产物转化为乙酸盐、氢及二氧化碳。第三组微生物是产甲烷菌，它们将乙酸盐或氢和二氧化碳转化为甲烷。

厌氧生物处理法负荷高、污泥产生量少、运行成本低，而且能够产生大量的甲烷气体作为能源（一般每去除 1kgCOD$_{Cr}$可以产生相当于 0.3～0.35m^3 纯甲烷的沼气），比较适用于处理污染物含量高的污水。

废水厌氧生物处理技术发展至今已有 120 多年历史。20 世纪 50 年代以前，厌氧生物处理工艺的发展相对较慢。1955 年开发的厌氧接触法工艺标志着现代废水厌氧生物处理工艺的诞生，至 20 世纪 70 年代，由于能源问题突出，废水厌氧生物处理的研究工作取得重大进步，科技工作者先后开发了厌氧滤池（1967 年）、升流式厌氧污泥层（UASB）污泥反应器（1974 年）、厌氧膨胀床（1978 年）、厌氧流化床（1979 年）、厌氧生物转盘（1980 年）和厌氧折流板反应器（1982 年）等高效节能的新工艺，并在 UASB 的基础上进一步开发了厌氧膨胀颗粒污泥床（EGSB）（1981 年）和厌氧内循环（IC）反应器（1985 年）。

1. 按发展年代分类

有人把 20 世纪 50 年代以前开发的厌氧消化工艺称为第一代厌氧反应器，20 世纪 60 年代以后开发的厌氧消化工艺称为第二代厌氧反应器或现代厌氧反应器。

2. 按厌氧反应器的流态分类

可分为活塞流型厌氧反应器和完全混合型厌氧反应器，或介于活塞流和完全混合两者之间的厌氧反应器。

3. 按厌氧生物在反应器内的生长情况不同分类

可分为悬浮生长厌氧反应器和附着生长厌氧反应器。如传统消化池、高速消化池、厌氧接触氧化法和 UASB 等属于悬浮生长厌氧反应器，厌氧生物滤池、厌氧流化床、厌氧膨胀床和厌氧生物转盘等属于悬浮附着厌氧反应器[1]。

目前，厌氧处理技术应用于造纸污水，涉及 TMP、CTMP、机械浆、废纸脱墨浆、蒸发站冷凝水及各类纸及纸板厂综合污水等。近年来我国化机浆、废纸浆等项目发展迅速，由于所采用的设备大多为国外引进，吨产品排水量少、污水污染物浓度高，因而非常适合采用厌氧处理工艺。

目前我国造纸污水的厌氧处理工艺大多为引进国外技术，主要有内循环厌氧反应器（IC）、膨胀颗粒污泥床反应器（EGSB）、厌氧接触反应器（ANAMET）等。IC 及 EGSB 工艺均以颗粒污泥为微生物载体，有机负荷高 $[15\sim20kg\ COD/(m^3 \cdot d)]$，占地面积少，因配有三相分离器，而不需要独立的固液分离装置；ANAMET 中的活性污泥为絮状污泥，有机负荷低 $[3\sim5kg\ COD/(m^3 \cdot d)]$，占地面积大，且需要单独的固液分离及污泥回流装置。近几十年来，厌氧处理工艺的研发一直受得极大的重视，在厌氧微生物学和生物化学等基础研究方面取得了很大的进展，先后开发成功了多套厌氧生物处理工艺，各种新型废水厌氧生物处理新工艺不断涌现，图 9-1 显示了厌氧处理工艺的发展。

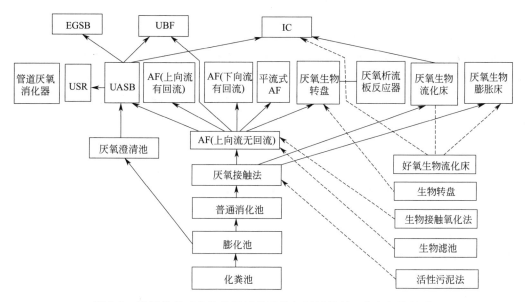

图 9-1　厌氧处理工艺的发展过程及其与好氧处理工艺之间的关系

第二节　制浆造纸废水的特点及厌氧处理的不利因素

造纸废水中所含的无机硫化物（硫酸盐、亚硫酸盐、硫化物等）、氧化剂如过氧化氢、含氮化合物、氯化物、挥发性有机酸、重金属和木材抽提物如树脂酸等，有机添加物中的 DTPA 等均对厌氧菌的生长有较强的抑制作用。如何解决这一问题一直是专家们所研究的课题。

（1）无机硫化物的影响[2]　据研究，含硫化物的毒性随下列顺序增加，硫酸盐＜硫代硫酸盐＜亚硫酸盐＜硫化物。硫酸盐达 5mg/L 时厌氧菌还能忍受。溶解性的 H_2S 在 50mg/L 就引起抑制。经过一定时间驯化后，可忍受 200mg/L 溶解性硫化物。

无机硫化物在制浆造纸过程中普遍存在。在中性 pH 条件下，废水中可降解 COD 和硫的比例小于（10～15）∶1 时，可导致 H_2S 毒性。因此必须在废水进入甲烷发酵之前将硫化物的抑制作用去除。

（2）氧化剂的抑制[2]　产甲烷菌是严格的厌氧菌，需要一个高度还原环境，其氧化还原电位应小于－500mV，这样，在进水中存在的氧化剂如用于漂白机械浆的 H_2O_2 对厌氧菌是不利的。专性厌氧菌如产甲烷菌缺乏过氧化氢酶，而兼性的产酸菌却能产生分解 H_2O_2 的酶。因此，采用产酸和产甲烷阶段分开的两相厌氧工艺是去除 H_2O_2 毒性影响的最好方法。厌氧处理后接好氧活性污泥工艺，剩余活性污泥在和富含 H_2O_2 的废水混合后也能去除 H_2O_2 的毒性影响。

（3）其他抑制物[2]　挥发酸如高于 2000mg/L 也会有毒，如果这时废水 pH 值过低的话厌氧过程就会失败。这时可加入中和剂如石灰等保持一定的碱度，但加入太多的中和剂也会发生抑制。

重金属由于抑制酶反应阻碍代谢过程，因而也是有毒的。但对制浆造纸废水来说，废水中的硫化物可沉降重金属。

高浓度的木材抽提物和整合剂如用于漂白机械浆中 H_2O_2 的稳定剂的 DTPA 部对厌氧过程有毒性。树脂酸能在厌氧过程降解到某一程度，而脱氢松香酸会在污泥上积累，这些物质可用铝盐、铁盐和钙盐等沉降去除毒性和抑制影响。

总之，只有将制浆造纸废水中对厌氧过程有毒性的物质去除才可有效地进行厌氧消化处理。

第三节　主要的厌氧废水处理技术

一、UASB 厌氧反应器

UASB（上流式厌氧污泥床）构造原理见图 9-2。由进水分配系统反应区、三相分离器、出水系统和排泥系统五部分组成。其中反应区是 UASB 的核心，包括污泥床和污泥悬浮层区，废水与厌氧污泥在该区域充分接触，产生强烈的化学反应，有机物主要在此区域被厌氧菌分解。三相分离器由沉淀室、集气室（或称集气罩）和气封组成，其功能是把气体（沼气）、固体（微生物）和液体分离，其好坏直接影响反应器的处理效果。UASB 反应器内不设填料和搅拌装置，上升的水流和产生的沼气可满足搅拌要求，构造简单，易于操作运行，便于维护管理[1]。

UASB 反应器的运行稳定性和高效能很大程度上取决于是否能培养出具有优良沉降性能和很高的产甲烷活性的厌氧颗粒污泥。

（1）形成条件

① 废水性质　要求废水的 C∶N∶P 约为 200∶5∶1，否则要适当补充。投加适量的

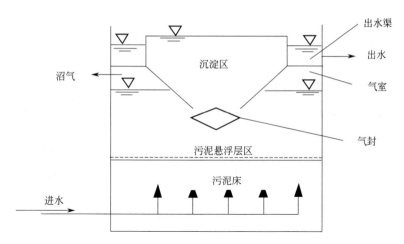

图 9-2　UASB 反应器构造原理

Ni、Co、Mo 和 Zn 等微量元素有利于提高污泥产甲烷活性。

② 污泥负荷率　是影响污泥颗粒化进程的最主要的运行控制条件，当 $N_s=0.3$kgCOD/ (kgVSS·d) 以上时便能开始形成颗粒污泥，当 $N_s=0.6$kgCOD/(kgVSS·d) 时，颗粒化速率加快。当出现颗粒污泥后，应迅速将 COD 污泥负荷提高到 0.6kgCOD/(kgVSS·d) 左右水平。

③ 水力负荷率和产气负荷率升流条件　升流条件是 UASB 反应器形成颗粒污泥的必要条件。水力负荷率和产气负荷率是代表升流条件的物理量。选择压对污泥床产生沿高度（水流）方向的搅拌作用和水力筛选作用，有利于实现污泥颗粒化。

④ 碱度　对厌氧污泥颗粒化有重要影响，维持一定量碱度的作用在于它的缓冲作用，确保反应器的 pH 值维持在 6.5～7.5 范围内。一般碱度应保持在 750mg/L（以 CaCO$_3$ 计）以上。

⑤ 接种污泥　投加一定量的接种污泥可快速实现污泥颗粒化。一般要求接种污泥具有一定的产甲烷活性，厌氧污泥是较好的接种污泥。处理同类污水时，当接种量为反应器容积的 1/4～1/3 时，反应器经两周左右的运行就能达到设计负荷。

⑥ 环境条件　常温（20℃左右）、中温（35℃左右）、高温（55℃左右）均可培养出厌氧颗粒污泥。一般来说，温度越高，实现颗粒污泥化所需的时间越短，但温度过高或过低对培养颗粒污泥都不利。此外，保持适宜的 pH 值（6.8～7.2）极为重要。

（2）厌氧颗粒污泥的基本性质

① 物理性能　外观不规则，一般按近球形，粒径为 0.14～2mm，大的可达 3～5mm，粒径的大小决定于废水的性质、有机物浓度、反应器负荷高低、运行条件和分析测定的方法。其湿密度为 1.03～1.08g/cm^3，一般约为 1.05g/cm^3，压缩强度 (0.26～1.51)×10^{5}N/m^2。

② 化学组成

a. 有机组分　颗粒污泥中有机组分一般以 VSS 浓度表达，但其相对含量以 VSS/SS 比值计。废水水质不同，组成污泥颗粒的有机组分也不同。

b. 无机组分　主要成分是钙、钾和铁等无机化合物。随废水性质的不同，无机物的含量可达 10%～60%（干重）。细胞具有的辅酶组分中还含有 Ni、Co 等元素。

③ 颗粒污泥的微生物组成　采用最大可能数（MPN）法可得到不同营养群体中细菌

数量。

④ 颗粒污泥的产甲烷活性 颗粒污泥微生物组成与分布有良好的微生态环境，有利于对基质的代谢，所以颗粒污泥比絮体污泥有更高的产甲烷活性。

二、厌氧塘处理技术[3]

厌氧塘是污水氧化塘的一种，主要是利用厌氧微生物，在厌氧状态下将有机物降解为简单的无机物，从而降低废水中的有机物浓度，进一步改善废水的可生化性能。厌氧塘面积一般较小，但深度较大，通常水深在3～5m，必要时还在水面加覆盖物。利用厌氧塘对黑液进行预处理，具有操作方便、运行稳定、投资少、效益高、无二次污染的优点，但占地面积大、处理周期长，所以适用于可利用土地较多的地方。

应用厌氧塘技术处理制浆废水，可在一定程度上提高废水的可生化性，但污染物去除率偏低。为此，王庆等研究氮、磷、填料三因素对厌氧塘处理制浆造纸废水效果的影响，目的是找出厌氧塘出水中难降解物质和出水生物可降解性与添加氨水平、磷水平，以及填料水平组合的关系，通过对氮、磷及填料的调控，提高微生物数量和活性，使厌氧塘更有利于有机物降解，提高厌氧塘的处理效率。

三、厌氧流化床[3]

刘峰等对预酸析-多孔高分子载体固定化微生物厌氧流化床（AFB）处理碱法草浆黑液的效能进行了研究，结果表明，在直接处理黑液时，采用多孔高分子载体包络法固定化微生物的AFB反应器，其活性生物量浓度大、传质能力强，对生物可降解有机物的去除能力优于其他反应器，使COD去除率较高；又因多孔高分子载体具有较强的吸附性，在固定厌氧微生物的同时，也能吸附黑液中一些胶体物质、碱及盐类，使色度有所下降。而采用酸析预处理后，去除了黑液中大部分难生化降解的高分子物质后，AFB的厌氧消化潜能得到充分发挥。

四、IC反应器

IC（internal circulation）（内循环厌氧反应器）厌氧反应技术是第三代高效厌氧反应器，荷兰PAQUES公司在20世纪90年代开发的专利技术，它是在UASB（upflow anaerobic sludge bed）反应器基础上发展起来的较先进的厌氧处理技术，与UASB相比，它具有处理容量高、投资少、占地省、运行稳定等有点，被称为目前处理效能最高的厌氧产甲烷反应器。它广泛应用于高浓度有机废水处理领域中[4]。图9-3为该工艺的主要流程。

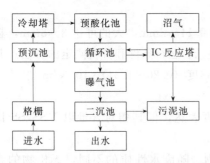

图9-3 厌氧IC+生化处理废水简化流程

IC反应器的组成：预酸化池——水解/酸化；循环池——稀释进水；IC反应塔——产甲烷（由流化床反应室/膨胀区/后处理区/内循环系统组成）。

IC厌氧反应塔内部结构见图9-4。其运行原理是：废水由布水器均匀进入IC反应器底部的混合区，该区含有大量的颗粒污泥，并产生大量的沼气，由于沼气的搅动使得污泥床得到充分膨胀，同时产生的大量沼气经由第一级三相分离器分离并携带部分水和污泥沿升流管上升到反应器顶部的汽水分离器，如有泡沫可开启喷淋水消泡。沼气被分离而进入气体处理系统，水和污泥则沿着中间的降流管回到反应器的底部，与进入反应器的废水混合而使废水得到稀释。因升流管中含有气体、液体、固体三相介质，而在降流管中只有液体、固体两相介质，介质的密度差使系统自动产生内循环，IC 反应器（internal circulation）也因此而得名。废水中约 $80\%COD_{Cr}$，在主处理区去除，小部分在精处理区继续得到处理。产生的少量沼气，在第二级三相分离器得到进一步分离。精处理区的水流平稳且有一定高度，因此污泥有充分的时间下降回到主处理区。尽管 IC 反应器中水力上流速度很高，底部颗粒污泥仍能维持较高的浓度，这是 IC 反应器稳定运行的关键因素。氮气吹入口主要是用于停机后污泥因带有纤维、砂石、黏土等较重而无法用自身的循环系统来重新悬浮，通过加入氮气重新启动。取样点用于定期检测颗粒污泥浓度，仪表监测器连续监控 IC 反应器出水 pH 值、温度变化。总之，IC 反应器是采用厌氧颗粒污泥将废水中易生物降解的 COD 转化为沼气，该沼气主要成分为 CH_4、CO_2 以及少量 H_2S[5]。

厌氧反应过程可简单描述为 COD $\longrightarrow$ CH_4＋CO_2＋新的厌氧颗粒污泥。

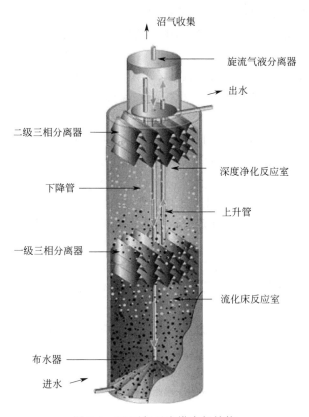

图 9-4　IC 厌氧反应塔内部结构

IC 反应器的构造及其工作原理决定了其在控制厌氧处理影响因素方面比其他反应器更具有优势。IC 反应器具有以下特点。

（1）容积负荷高　IC 反应器内污泥浓度高，微生物量大，且存在内循环，传质效果好，进水有机负荷可超过普通厌氧反应器的 3 倍以上。

（2）节省投资和占地面积　IC 反应器容积负荷率高出普通 UASB 反应器 3 倍左右，其体积相当于普通反应器的 1/4～1/3，大大降低了反应器的基建投资。而且 IC 反应器高径比很大（一般为 4～8），所以占地面积特别省，非常适合用地紧张的工矿企业。

（3）抗低温能力强　温度对厌氧消化的影响主要是对消化速率的影响。IC反应器由于含有大量的微生物，温度对厌氧消化的影响变得不再显著和严重。通常IC反应器厌氧消化可在常温条件（20～25℃）下进行，这样减少了消化保温的困难，节省了能量。

（4）抗负荷冲击能力强　实践表明，尽管进水负荷波动很大，而经过IC反应器厌氧处理后出水的COD，浓度却相对平稳，这是因为IC反应器独特的内循环结构使其能够抗负荷的冲击。当进水COD浓度上升时，产生的沼气量增大，由于沼气的气提作用而产生的内循环增大，由降流管回到反应器底部的内循环水量增大，进水得到较大程度的稀释，从而COD浓度降到适当的水平；而当进水COD浓度降低时，产生的沼气量减小，内循环水量减低，内循环水对进水的稀释程度降低。IC反应器本处理低浓度废水（COD为2000～3000mg/L）时，反应器内循环流量可达进水量的2～3倍；处理高浓度废水（COD为10000～15000mg/L）时，内循环流量可达进水量的10～20倍。虽然进水的COD浓度大幅度频繁波动，但IC反应器本身内循环所产生的COD浓度却能够自动调节，使IC反应器中实际参加反应的COD浓度与反应出水的COD浓度能维持在相当稳定的水平上[5]。

（5）承受高悬浮物浓度　在IC反应器中，两层三相分离器有助于颗粒污泥的截留，IC反应器允许很高的升流速度（4～8m/h），并且由于IC反应器中的内循环作用，主反应区的颗粒污泥呈高度膨胀状态，使悬浮物能顺利冲出反应器，而不会滞留在反应器，避免了吸附着毒性物质树脂酸的悬浮物质在反应器中累积，保证了IC反应器长期运行下处理效果的稳定[5]。

（6）IC反应器中厌氧颗粒污泥的保持　在IC反应器中，只有保持足够的颗粒污泥浓度，即微生物的数量，才能顺利进行厌氧反应。颗粒污泥中的微生物以及颗粒污泥本身又需要更替。因此根据颗粒污泥的泥龄（50～100d）定期检查污泥浓度，按比例投加足够的营养盐，调节pH值为6.5～7.5，定期通过减少布水器进水量，以提高水流速度来冲刷底部污泥，从而能够充分搅动污泥床并冲走少量沉渣。运行时要保证颗粒污泥生长所需要的有机负荷和水力条件[5]。

（7）具有缓冲pH的能力　内循环流量相当于第1厌氧区的出水回流，可利用COD转化的碱度，对pH起缓冲作用，使反应器内pH保持最佳状态，同时还可减少进水的投碱量。

（8）内部自动循环，不必外加动力　普通厌氧反应器的回流是通过外部加压实现的，而IC反应器以自身产生的沼气作为提升的动力来实现混合液内循环，不必设泵强制循环，节省了动力消耗。

（9）出水稳定性好　利用二级UASB串联分级厌氧处理，可以补偿厌氧过程中的不利影响。

（10）启动周期短　IC反应器内污泥活性高，生物增殖快，为反应器快速启动提供有利条件。IC反应器启动周期一般为1～2个月，而普通UASB启动周期长达4～6个月。

（11）沼气利用价值高　反应器产生的生物气纯度高，CH_4为70%～80%，CO_2为20%～30%，其他有机物为1%～5%，可作为燃料加以利用。

五、EGSB反应器

厌氧颗粒污泥膨胀床（expanded granular sludge bed，EGSB）是在UASB反应器基础上于20世纪80年代后期在荷兰农业大学环境系开始研究开发的。UASB在常温下处理低浓度有机污水时，由于产气量少，反应器内混合强度低，污泥床内很容易形成断流和死区，使得处理效率下降或反应器难以正常运行。为克服 UASB 工艺的缺点，科研人员开发出了适应常温或低温、低浓度污水处理的 EGSB 工艺，通过加大污泥床水流上升流速，增强搅拌混合和传质过程，提高处理效率。

EGSB 大致工作原理是：经调制的混合废水通过特殊设计的进水分配系统泵入反应器底部，废水流经颗粒污泥床发生厌氧反应。废水中的有机物在厌氧条件下与厌氧菌发生反应，产生沼气和水，在反应器的顶部设有三相分离器，它能够将处理过的废水、沼气和污泥良好地分离，这样能够让污泥沉降保留在厌氧反应器里，所产生的污泥为颗粒污泥，可定期将所产生的污泥由泵泵入污泥池储存起来，产生的沼气将在 EGSB 的顶部得到收集。

在 UASB 反应器中，污泥床是静止的，污水中约有 90% 的有机物被降解。为了提高液体上升速度，EGSB 反应器采用处理水回流。EGSB 反应器采用高达 5～10m/h 的液体上升速度，这远远大于 UASB 反应器所采用的 0.5～2.5m/h 的上升速度。在高的上升速度和产气的搅拌作用下，废水与颗粒污泥间的接触更充分。资料表明，EGSB 反应器可在 1～2h 的水力停留时间下，取得 UASB 反应器需要 8～12h 才能达到的效果。由于 EGSB 反应器内流体上升流速很大，所以必须要有沉降性能更好的颗粒污泥和分离效果更强的三相分离器才能保证以上过程的顺利进行。人们对三相分离器做了大量的改进。例如通过安装导流叶片，使得在其底部产生向下水流，有利于污泥的回转；通过使用筛鼓或细格栅，可以截留细小颗粒污泥，同时其中心安装一个刷子以避免格栅的堵塞。

EGSB 由于①反应器内形成沉降性能良好的颗粒污泥；②由产气和大的回流比的进水均匀分布所形成的良好的自然搅拌作用；③设计合理的三相分离器，使沉淀性能良好的污泥能保留在反应器内。与 UASB 相比，EGSB 反应器的高径比要大得多，因此微生物厌氧代谢所产生的气体能够以较大的表观流速通过反应器，保证了颗粒污泥能够以高浓度均匀存在于反应器的绝大部分位置，大大提高传质速率和微生物浓度，减少了抑制剂的抑制作用。

图 9-5 为一个 EGSB 的工艺流程。

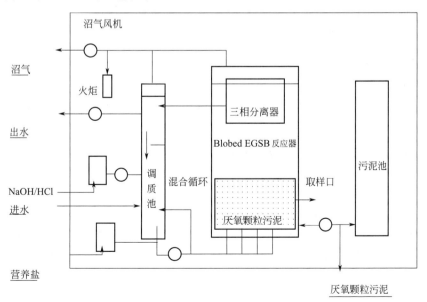

图 9-5　EGSB 工艺流程[6]

由于上述的结构优势，因此该反应器具有如下优点。

（1）系统简单可靠，无需独立的循环罐。厌氧系统的主要的设备是 EGSB 和调制罐，调制罐同时起到了 PAT 和循环罐的双重作用，酸碱调节和营养盐的添加均在调制罐内来完成，产甲烷的反应在 EGSB 反应器内来完成。对于调质池，它能确保进入 EGSB 反应器的水流恒定，因此 EGSB 的水量将不受原水水量的影响而维持均一和固定，不管原水水量是高还是低，进入 EGSB 反应器的废水量将保持稳定。水流恒定对于厌氧反应器的正常运行非常重要。EGSB 的顶部空间可以作为厌氧沼气缓冲罐作用，无需单独设立沼气缓冲罐[6]。

（2）不受腐蚀的影响 EGSB 和调制罐的罐体的材料，可以选用混凝土或碳钢。如果选用混凝土罐体，则无需保温，比较经济；如果选用碳钢罐体，则需要保温处理，建造费用较高[6]。

（3）反应器内部器件的安装和构筑容易、简单。

（4）没有气味和噪声的散发。

（5）EGSB 罐（池）体是细高结构的反应器，可以处理不同种类的工业废水。废水在调质池和一部分厌氧的出水混合后泵入厌氧反应器，这样进入反应器的水力负荷将不受进入污水处理厂的原水水量变化的影响而维持恒定。由于循环的废水中含有大量的碱，其将可以减少碱的消耗量。

（6）在废水处理成本上比好氧处理要便宜，尤其是对中等以上浓度的废水。

（7）能源需求很少而且能产生大量的能源（理论上每去除 1kgCOD 可以产生 $0.35m^3$ 的纯甲烷气体）。

（8）处理设备负荷高、占地少。

（9）反应器产生的剩余污泥量比好氧法少得多，且剩余污泥脱水性能好，浓缩时可不使用脱水剂。

（10）对营养物的需求最小，COD：N：P＝（350～500）：5：1。

（11）可处理高浓度的有机废水。当废水浓度较高时不需要大量稀释水。

（12）反应器的菌种可以在中止供给废水与营养的情况下保留其生物活性与良好的沉淀至少 1 年以上，为间断的或季节性的运行提供了有利条件。

六、ANAMET 反应器[7]

1. 原理及结构

ANAMET（厌氧接触反应器）是利用厌氧化微生物来处理含有高浓度有机物的微生物处理工艺。废水中有机物中的大部分被转化成沼气。

废水进入厌氧接触反应器内，进水中的悬浮固体及溶解性有机物以及厌氧过程中产生的生物固体，经过真空脱气器进入沉淀池，回流污泥返回接触池。这种厌氧接触工艺提供了使可降解有机颗粒物水解所需的污泥龄。该工艺长污泥龄这一特点使它特别适用于具有较高浓度悬浮固体的制浆造纸废水的处理，尤其是再生纸厂的废水、化机浆废水等。

ANAMET 是 COD 去除率较高的反应器，仅消耗极少能源和化学品，同时能够产生大量的沼气，形成的沼气成分取决于废水的水质，其中含 50%～85%的甲烷。其工作流程如图 9-6 所示。

2. 优点

ANAMET 厌氧接触反应器具有以下优点。

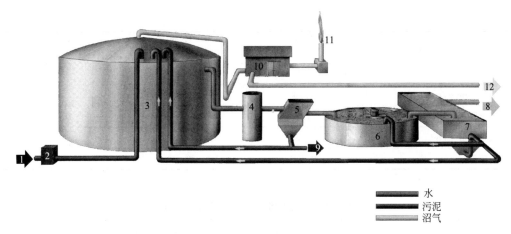

图 9-6 ANAMET 反应器工作流程示意

1—进水；2—热交换器；3—厌氧罐；4—脱气和混凝池；5—厌氧污泥沉淀池；6—好氧反应器；
7—好氧污泥沉淀池；8—排水；9—外排剩余污泥；10—沼气处理安全系统；11—沼气火焰；12—沼气利用

① ANAMET 厌氧反应器具有巨大的缓冲能力，处理后的水质稳定，管理简单。

② 启动调试和重新启动非常容易，不用购买大量的颗粒厌氧污泥，只是普通的厌氧污泥就可以启动。

③ ANAMET 厌氧反应器的 COD 总去除率高，不但可去除溶解态的 COD，而且还可以去除非溶解态的 COD。处理后的出水 SS 可小于 200mg/L。

④ 可对好氧剩余活性污泥进行消化，可回收 40％以上的 N 和 P，而且剩余活性污泥消化后其体积可减少 50％，可节约大量的污泥脱水和污泥处置费用。

⑤ 沼气产量比 IC 高 20％以上，而且由于厌氧反应器顶部具有巨大的缓冲体积，很利于沼气的利用。

第四节　厌氧沼气利用技术

沼气是有机物在厌氧条件下经微生物发酵作用，即厌氧消化生成的一种可燃性混合气体，主要成分是 CH_4 和 CO_2，还含有少量 H_2、N_2、CO、H_2S 和 NH_3 等。由于沼气具有较高的热值，可以作为能源利用，而造纸生产过程中需要消耗大量的能源，如果能够对厌氧处理过程中所产生的沼气进性充分利用，具有非常重要的意义，据测算采用厌氧生物处理系统处理废纸造纸废水，生产 1 t 纸可产生沼气 10～12m³。

沼气的性质与其成分及各成分所占的比例有很大的关系，沼气的主要特性参数见表 9-1，表 9-2 给出了沼气中各单一气体的物理参数。

表 9-1 沼气的主要特性参数

特 性 参 数	CH_4 50％ CO_2 50％	CH_4 60％ CO_2 40％	CH_4 70％ CO_2 30％
密度/(kg/m³)	1.347	1.221	1.095
相对密度	1.042	0.944	0.847

续表

特 性 参 数	CH₄ 50% CO₂ 50%	CH₄ 60% CO₂ 40%	CH₄ 70% CO₂ 30%
热值/(kJ/m³)	17937	21524	25111
理论空气量/(m³[①]/m³)	4.76	5.71	6.67
爆炸极限上限/下限/%	26.1/9.52	24.44/8.8	20.13/7.0
理论烟气量/(m³[①]/m³)	6.763	7.914	9.067
火焰传播速度/(m/s)	0.152	0.198	0.243

① 表示标准状况下体积。

表 9-2　沼气中各单一气体的物理参数

名称参数	甲烷 CH₄	氢 H₂	氮 N₂	氧 O₂	硫化氢 H₂S	二氧化碳 CO₂	一氧化碳 CO	空气 —	水蒸气 H₂O
分子量 M	16.043	2.016	28.013	31.999	34.076	44.010	28.010	28.966	18.015
密度 ρ/(kg/m³)	0.7174	0.0899	1.2504	1.4291	1.5363	1.9771	1.251	1.2931	0.9330
相对密度 S	0.5548	0.0695	0.9670	1.1052	1.1880	1.5289	0.9671	1.0000	0.6440
气体常数 R/(m/℃)	52.87	420.63	30.26	26.50	34.90	19.27	30.27	29.27	47.10
绝热指数 k	1.309	1.407	1.404	1.401	1.320	1.304	1.403	1.400	1.355
热导率 λ/[kJ/(m·h·℃)]	0.1088	0.7787	0.0896	0.0900	0.0473	0.0494	0.0829	0.0879	0.0582
临界温度 t_c/℃	−82.5	−239.9	−147.1	−118.8	100.4	31.1	−140.2	−140.8	374
临界压力 $p_c \times 10^{-3}$/Pa	44.88	12.54	32.82	46.76	87.12	71.44	33.84	36.51	22.05
临界密度 ρ/(kg/m³)	162	31	311	430		468	301	310	324
动力黏度 η/(10⁻⁶Pa·s)	10.395	8.355	16.671	19.417	11.670	14.023	16.573	17.162	8.434
运动黏度 ν/(10⁻⁶m²/s)	14.50	93.00	13.30	13.60	7.63	7.09	13.30	13.40	10.12
定压比热容 c_p/[kJ/(m³·℃)]	1.5449	1.2979	1.3021	1.3147	1.5575	1.6203	1.0321	1.3063	1.4905

一、沼气的收集

厌氧反应器中产生的沼气从污泥的表面逸出来，聚集在反应器的上部。集气室建于厌氧反应器的顶部。顶部的集气室应有足够尺寸和高度，以保持一定的容积。应保持气室的气密性，防止沼气外逸和空气渗入。同时避免误操作使反应器外压过大，产生装置变形及其他不安全事故。

气体收集装置应该首先能够可靠地取出积累在气室中的沼气，保持正常的气液界面。气体管径应该足够大，以避免由于气体中的固体（泡沫）进入管道而产生堵塞。沼气中含有饱和蒸汽和硫化氢，具有一定的腐蚀性。对于混凝土结构的气室应进行防腐处理，喷涂涂料或内衬环氧树脂玻璃布等，涂层应伸入水面或泥位 0.5 m 以下。对于钢结构的集气室除进行防腐处理外，还应防止电化学腐蚀。沼气由集气室的最高处用管道引出，气体的出气口至少要应高于集气室最高水面或污泥面，防止浮渣或消化液进入沼气管。气管上应安装有闸门，同时在集气室顶部应装有排气、取样、测压、测温等特殊功能的接口，必要时要安装冲洗龙头[8]。

二、沼气的净化

沼气作为一种能源在使用前必须经过净化，使沼气的质量达到标准要求。沼气的净化一般包括沼气的脱水、脱硫及脱二氧化碳。

（一）沼气脱水

沼气从厌氧发酵装置产出时，携带大量水分，特别是在中温或高温发酵时，沼气具有较高的湿度。一般来说，$1m^3$ 干沼气中饱和含湿量，在 30℃ 时为 35g，而到 50℃ 时则为 111g。当沼气在管路中流动时，由于温度、压力的变化露点降低，水蒸气冷凝增加了沼气在管路中流动的阻力，而且由于水蒸气的存在，还降低了沼气的热值。水与沼气中的 H_2S 共同作用，更加速了金属管道、阀门以及流量计的腐蚀或者堵塞。因此，应对沼气中的冷凝水进行脱除。常用的方法有 2 种[8]：①采用重力法，即采用气水分离器，将沼气中的部分水蒸气脱除；②在输送沼气管路的最低点设置凝水器，将管路中的冷凝水排除。

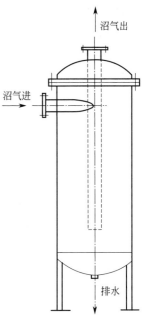

图 9-7　气水分离器

1. 气水分离器

沼气气水分离器一般安装在输送气系统管道上脱硫塔之前，沼气从侧向进入气水分离器，经过气水分离后从上部离开进入沼气管网，见图 9-7。

2. 凝水器

沼气凝水器类似于城市管道煤气的凝水器，一般安装在输送气管道的埋地管网中，按照地形与长度在适当的位置安装沼气凝水器。冷凝水应定期排除，否则可能增大沼气管路的阻力，影响沼气输送气系统工作的稳定性。凝水器有自动排水和人工手动排水两种形式，见图 9-8。

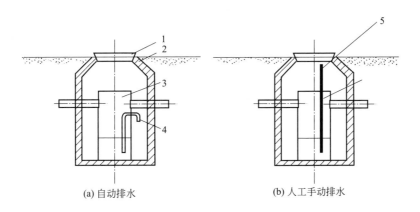

图 9-8　凝水器

1—井盖；2—集水井；3—凝水器；4—自动排水管；5—排水管

（二）沼气脱硫

沼气中通常含有 H_2S，因为 H_2S 气体不仅溶于水汽中产生能腐蚀管道或设备的氢硫酸，而且还是一种有毒气体。H_2S 气体有两个来源：一是由蛋白质水解后发生脱硫化氢脱氨基反应生成；二是由污泥中的硫酸盐中的 SO_4^{2-} 发生还原反应生成。在沼气使用前必须脱除沼气中的 H_2S[8]。

沼气脱硫工艺有干法脱硫、湿法脱硫和生物脱硫等方法。

1. 干法脱硫

干法脱硫又称氧化铁脱硫，一般采用常压氧化铁法脱硫，选用经过氧化处理的铸铁屑作脱硫剂，疏松剂一般为木屑，放在脱硫箱中，厚度 0.3～0.8m。气体以 0.4～0.8m/min 的速度通过。当沼气中硫化氢含量较低时气速可适当提高，接触时间一般为 2～3min。硫化氢被铁屑吸收，沼气得以净化。

成型脱硫剂还具有一定的空隙率，一定的强度和较好的耐潮、湿性。可防止脱硫剂粉碎，防止脱硫剂遇水结块。干法脱硫目前在大中型沼气工程中采用较多，大多数工程采用脱硫塔脱硫。

脱硫塔一般是由塔体、进出气管、检查孔、排污孔、支架及内部木格栅（筐子）等组成。根据处理沼气量的不同，在塔内可分为单层床或双层床。一般床层高度为 1m 左右时，取单层床；若高度大于 1.5m，则取双层床。

沼气在塔内流动的方向可分为两种：一种是沼气自下而上流动，为了防止冷凝水沉积在塔顶部而使脱硫剂受潮，通常可在顶部脱硫剂上铺一定厚度的碎硅酸铝纤维棉或其他多孔性填料，将冷凝水阻隔；另一种是气流自上而下流动，塔内产生的冷凝水都聚积在塔底部，可通过排污阀定期排除。

脱硫塔由两部分组成，一为吸收塔，一为再生塔。含 2%～3% 的碳酸钠溶液从吸收塔顶向下喷淋，沼气由下而上逆流接触，除去硫化氢，碳酸钠溶液吸收硫化氢后，经再生塔，通过催化剂分解硫黄，使其再生，可以反复使用。

2. 湿法脱硫

此外，还可利用处理厂的出水对沼气进行喷淋水洗硫化氢。在温度为 20℃，压力为 1 个大气压（101325Pa）时每立方米水能溶解 2.3m³ 硫化氢。一般当沼气中硫化氢含量高，且气量较大时，适于用湿法脱硫方法，同时还可去除部分二氧化碳，提高沼气中甲烷的含量。如用地面积小，则可采用干式脱硫装置。当沼气作为燃气或发电机燃料时，为了避免沼气喷嘴或燃气机的运转发生故障，沼气还应进一步净化，进行过滤，以去除气体中的固体微粒。过滤装置有沙砾过滤器、气体过滤器等。对于中小型沼气工程，因规模较小，产气压力较低，不易采用湿法脱硫，一般多采用干法脱硫。

3. 生物脱硫

所谓生物脱硫，就是在适宜的温度、湿度和微氧条件下，通过脱硫细菌的代谢作用将 H_2S 转化为单质硫。反应过程为：

$$H_2S + 2O_2 \longrightarrow H_2SO_4$$
$$2H_2S + O_2 \longrightarrow 2S + 2H_2O$$

脱硫微生物菌群的作用结果是将沼气中的 H_2S 气体转化为单质硫和稀硫酸后达到沼气脱硫的效果。这种脱硫技术的关键是如何根据 H_2S 的浓度和氧化还原电势的变化来控制反应装置中溶解氧浓度。

根据操作方式的不同，可分为厌氧罐内生物脱硫和厌氧罐外生物脱硫。在前一工艺中，生物脱硫过程被放在厌氧发酵罐内完成，厌氧发酵罐兼有生产沼气和脱除 H_2S 双重功能，在厌氧罐外生物脱硫工艺中，生物脱硫过程被单独放在专用的生物脱硫塔内进行。在德国等欧洲国家，沼气生物脱硫塔已在沼气发电工程上广泛应用（图 9-9）。

三、沼气的储存

大中型沼气工程，由于厌氧消化装置工作状态的波动及进料量和浓度的变化，单位时间沼气的产量也有所变化。当沼气作为生活用能进行集中供气时，由于沼气的生产是连续的。而沼气的使用是间歇的，为了合理、有效地平衡产气与用气，通常采用储气的方式来解决。

大中型沼气工程一般采用低压湿式储气柜、少数用干式储气柜（柔膜式、橡胶储气袋或高压罐）来储存沼气。在选择储气柜时应该很慎重，要考虑金属耗量的大小，压力使用是否合理等问题[8]。

1. 低压湿式储气柜

低压湿式储气柜是可变容积的金属柜，它主要由水槽、钟罩、塔节以及升降导向装置所组成。当沼气输入气柜内储存时，放在水槽内的钟罩和塔节

图 9-9　生物脱硫塔

依次（按直径由小到大）升高；当沼气从气柜内导出时，塔节和钟罩又依次（按直径由大到小）降落到水槽中。钟罩和塔节、内侧塔节与外侧塔节之间，利用水封将柜内沼气与大气隔绝。因此，随塔节升降，沼气的储存容积和压力是变化着的。低压湿式储气柜如图 9-10 所示。

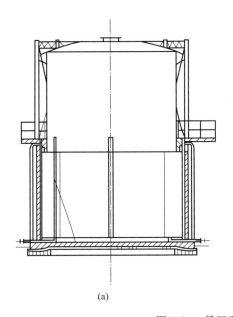

(a)

(b)

图 9-10　低压湿式储气柜

湿式气柜的优点：结构简单、容易施工、运行密封可靠。

湿式气柜的缺点：①在北方地区，水槽要采取保温措施，或添加防冻液；②水槽、钟罩和塔节、导轨等长年与水接触，必须定期进行防腐处理；③水槽对储存沼气来说为无效体积。

2. 低压干式储气柜

低压干式储气柜是由多边形或圆柱形外筒、沿外筒内面上下活动的活塞和密封装置以及底板、立柱、顶板组成。沼气储存在活塞以下部分，并随着活塞的上下移动而增减其储气量。

低压干式储气柜的特点如下：①由于不需水槽，因此可以大大地减少基础的荷重及费用；②占地面积小，钢材耗用降低；③积雪荷重由气柜承受，未直接作用在活塞上，因此，燃气压力不受积雪影响；④储存的燃气可保持干燥状态；⑤基础发生不均匀下沉容易补救；⑥密封液可在30℃气温下使用，寒冷地区无需考虑水封冻结问题。

但是，干式储气柜的关键技术是对气体的密封问题，即如何防止在固定的外筒与上下活动的活塞之间滑动部分间隙的漏气问题。当燃气中含有水分时，冬季在活塞底部有可能结冰，使活塞弯曲不平；另外对导轨及气柜内壁的平滑度要求较高，因而在制造过程中要费工时。

3. 柔膜密封干式储气柜

柔膜密封干式储气柜是一种不用油和油脂及水封密封的气柜。它借助于柔性合成橡胶与可以上下移动的活塞挡板相连接。气柜采用钢板焊接，沿周边设有立柱，立柱与基础采用地脚螺栓固定，柜体侧板设有水平加强筋，气柜顶盖为拱形球面，中央设通风口兼作人孔。气柜底板及侧板全高1/3的下半部压迫球气密，侧板其余2/3的上部及顶部要求气密。因此，可以任意设置洞口，以便工作人员进入活塞上部，这对检查及管理颇为有利。侧板气密部分的上端与活塞挡板及活塞之间，用特制的密封帘组成，如图9-11所示。在活塞外周设有波纹板，它的作用可以补偿活塞在运行中由于密封膜位置的改变所引起的周长的变形，同时还承受内部燃气的压力。

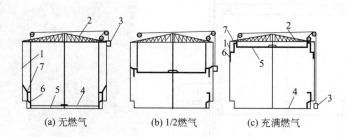

(a) 无燃气　　　　　(b) 1/2燃气　　　　　(c) 充满燃气

图 9-11　柔膜密封干式储气柜

1—侧板；2—柜顶；3—平衡装置；4—底板；5—活塞；6—密封帘；7—活塞挡板

四、沼气的输配

集气室至储气柜间的沼气管称为输气管，储气柜至用户之间的沼气管称为配气管。沼气管道一般采用防腐镀锌钢管或铸铁管。沼气在管中流动随着温度逐渐降低，不断有冷凝水析出。为了排出冷凝水，输气管应以0.5%的坡降敷设，而且每隔一段距离或在最低处设置水封和排水管。沼气输配系统值得注意的设备有如下几种[8]。

1. 水封罐

在沼气管道上的适当地点应设水封罐，以便调整和稳定压力，在消化池、储气柜、压缩机、锅炉房等构筑物之间起隔绝作用。水封罐也可兼作排除冷凝水用。由于沼气中含有水分，沼气柜下沼气管道上的两个水封中经常积存过多的水分，导致沼气柜与消化池内的压力异常，所以应定时从沼气柜下的水封中放水，以保持合适的水位。同样，由于蒸发等原因水封中的水将不断减少。因此，应定时地补充到所需的水位。

2. 阻火器

阻火器（见图9-12）是安装在储气罐上的重要安全设备，它的功能是允许易燃易爆气体通过，对火焰有阻止窒息作用。阻火器要求结构合理，耐腐蚀性强，耐烧、阻爆等各项技术性能具有突出的优势。

图 9-12　阻火器

图 9-13　煤气混烧的沼气燃烧器

3. 除臭和防腐设备

由于健康、安全和臭味等原因，要从厌氧出水和气体中除去 H_2S。当 H_2S 浓度超过 $98mg/m^3$ 的极限时就变得尤为危险，在 $840mg/m^3$ 时就能致人死亡。同时，厌氧反应器产生的沼气中甲烷是温室气体，也需要避免其对空气造成污染。另外，沼气中含有 65% 的甲烷时，燃烧 $1.0m^3$ 的沼气需要 $6.1m^3$ 空气，因此当空气中含有 $8.6\% \sim 20.8\%$（体积分数）的沼气时就可能形成爆炸性的混合气体。

五、沼气的利用

沼气中甲烷含量为 $50\% \sim 70\%$，甲烷是一种发热值相当高的优质气体燃料，$1m^3$ 沼气发热量为 $2000 \sim 2900kJ$。1 体积的沼气需要 $6 \sim 7$ 体积的空气才能充分燃烧，这是开发沼气燃烧用具的重要依据。

沼气锅炉的热效率较高，一般在 90% 以上，即沼气锅炉能把沼气中能量的 90% 以上转化为热水或蒸汽加以利用，高于其他沼气应用方式的转换效率。

在使用沼气作为锅炉燃料时有两种情况，第一种，在沼气产量不很充足时将沼气作为辅助燃料，与煤进行混燃（图9-13）。通常在普通煤锅炉（一般 6t/h 以下）上改装，选择或制造适合该锅炉的沼气燃烧器，其优点是安全性较好，并能提高燃煤的效率。而缺点是如果脱硫不干净，有可能损伤锅炉。第二种是采用专门设计的燃气锅炉，由于采取了全自动的安全检查、吹风、点火等措施，使用方便，热效率较高，安全性也较好。

（一）沼气锅炉发电

沼气发电是提供清洁能源，解决环境问题的工程。沼气发电效率一般在 $1m^3$ 发电 $1.5\sim2.5kW\cdot h$，效益极高。图 9-14 为集装箱式沼气发电机。

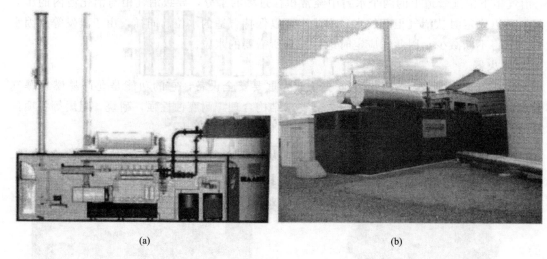

(a)   (b)

图 9-14　集装箱式沼气发电机

1. 发电机组成

沼气发电是一个能量转换过程——沼气经净化处理后进入燃气内燃机，燃气内燃机利用高压点火、涡轮增压、中冷器、稀薄燃烧等技术，将沼气中的化学能转换为机械能。沼气与空气进入混合器后，通过涡轮增压器增压，冷却器冷却后进入汽缸内，通过火花塞高压点火，燃烧膨胀推动活塞做功，带动曲轴转动，通过发电机送出电能。内燃机产生的废气经排气管、换热装置、消声器、烟囱排到室外。

构成沼气发电系统的主要设备有燃气发动机、发电机和余热回收装置。

（1）燃气发动机　根据燃气发动机压缩混合气体点火方式的不同分为由火花点火的燃气发动机和由压缩点火的双燃料发动机。火花点火式燃气发动机是由电火花将燃气和空气混合气体点燃，其基本构造和点火装置等均与汽油发动机相同。这种发动机不需要引火燃料，因此，不需设置燃油系统，如果沼气供给稳定，则运转是经济的。但当沼气量供应不足时，有时会使发电能力降低而达不到规定的输出功率。压燃式燃气发动机只是为了点火采用液体燃料，在压缩程序结束时，喷出少量柴油并由燃气的压缩热将油点着，利用其燃烧使作为主要燃料的混合气体点燃、爆发。而少量的柴油仅起引火作用。

双燃料发动机是可烧两种燃料的发动机，它是压缩点火方式，机内装有燃气供给系统、供气量控制装置和沼气-柴油转换装置。双燃料发动机先由柴油启动，当负荷升高以后才转换为沼气运转。

（2）发电机　发电机将发动机的输出转变为电力，而发电机有同步发电机和感应发电机两种。同步发电机能够自己发出电力作为励磁电源，因此，它可以单独工作。

（3）余热回收　发电机组可利用的余热有中冷器、润滑油、缸套水和烟道气等。有些余热利用系统只对后两部分回收利用，有些则可实现上述四部分回收利用。

2. 造纸企业沼气锅炉发电案例[9]

某造纸企业主要生产多种规格牛皮箱纸板、高强度瓦楞纸，原料为废纸和商品木浆，生

产能力 14×10^4 t/a，废水排放量 3500 t/a，采用厌氧内循环（IC）/好氧联用工艺处理造纸废水。利用厌氧单元产生的沼气发电，具体工艺见图 9-15。

（1）厌氧单元　发生装置为 IC 反应器，直径 6.5m，高 24m，容积 780m³，设计 COD 负荷为 15000kg/d。设计产沼气量 3000 m³/d，产气率（以每千克 COD 计）0.42m³/kg。

（2）净化单元　IC 反应器产生的沼气中含有二氧化碳、硫化氢、蒸汽及悬浮固体颗粒。二氧化碳和水的存在会降低热值，阻碍燃烧；硫化氢是有毒气体，且易腐蚀管路；固体颗粒的沉积会堵塞管路。因此，需要在发电前对沼气进行净化处理。净化设施主要包括过滤塔、脱水塔、脱硫塔。

（3）发电单元　沼气发电系统主要由燃气发动机、发电机和余热回收装置组成。净化后的沼气供给燃气发动机，驱动发电机发电。沼气发电机组型号为 LWGS00。余热回收装置通过水气热量交换回收废气中的余热。

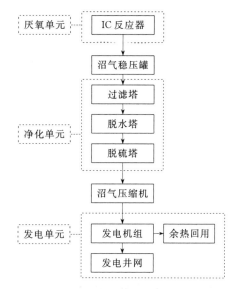

图 9-15　厌氧处理产沼气发电系统工艺

该沼气发电系统平均日发电量为 8600kW·h，以一年正常运行 300d 计算，年发电量为 258×10^4 kW·h，根据国家发改委提供的火电厂供电煤耗平均为 360g/(kW·h)，沼气发电系统每年节省煤炭 928.8t，减少 2118t 二氧化碳排放，节能减排成效显著。

（二）沼气掺烧锅炉发电

用燃气机组进行燃烧发电，需要购买新的燃气发电机组及配套设备，投资较大，而且其电产品需要变压才能上网，对一般沼气量不算很大的造纸企业来说不够经济。对于制浆造纸的企业来说，如果将沼气直接引入锅炉与煤粉燃烧发电，不但节约资源又保护环境，还能创造经济效益。

1. 沼气掺烧锅炉工艺流程[10]

厌氧沼气储柜的沼气经变频加压风机加压、过滤器过滤，通过锅炉二次加压进口风管进入锅炉内的喷嘴燃烧，工艺流程见图 9-16。

2. 沼气掺烧锅炉系统特点

锅炉掺烧沼气系统由沼气加压站、沼气管网、炉内沼气燃烧器（气枪）、放散装置、吹扫系统（用于检修前置换系统内可燃气体）、压缩空气系统（供气动快关阀用气）和惰性气体吹扫（用于沼气燃烧器投运前炉前管道的置换）等装置以及控制系统组成。主要是将供水车间厌氧处理站外排的沼气通入热电厂锅炉中燃烧以达到节能的目的，并改善锅炉的燃烧状况。

沼气掺烧系统的燃烧器（沼气枪）共两个，分别安装在锅炉的二次风喷口中，由于掺烧沼气量较小且设计流速不高，因此对锅炉燃烧空气动力场影响很小；另一方面，由于沼气的易燃易爆特性对锅炉设备的安全性影响很大，该系统配备了相应的控制系统及保护装置。

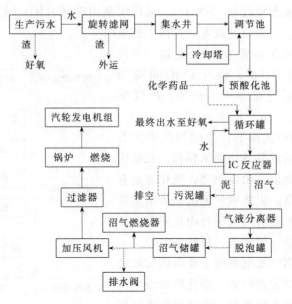

图 9-16　厌氧沼气掺烧锅炉流程

3. 沼气输送安全保护系统

沼气输送安全保护系统包括控制模块、报警模块、联锁保护模块，各模块以硬接线方式与厌氧沼气储柜、变频加压风机、过滤器、锅炉连接，由控制模块对沼气输送及燃烧全过程进行监测，报警模块根据监测数据作出相应报警并由联锁保护模块作出不同操作。锅炉二次加压进口风管内各设置可旋转的喷嘴一支，在变频加压风机进出口、喷嘴进口均设置有温度压力测量点，信号传入安全保护系统。沼气安全保护系统与锅炉 DCS 控制系统通过网络连成一体，实现了沼气安全与锅炉燃烧控制的有机结合。加压机进口气动阀为气开式单动阀。采用单动式气动阀则可在控制电源或控制气源中断故障情况下及时自动中断沼气发电，启动排空装置，保护系统见图 9-17。

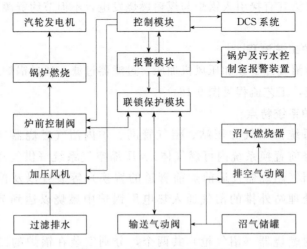

图 9-17　沼气发电保护系统图

将厌氧沼气直接引入锅炉与煤粉燃烧发电技术，工艺流程简单，设备投资少，系统运行安全有保障。利用工业废水厌氧处理过程中产生的沼气，也可利用城市污水厌氧处理过程中产生的沼气用来掺烧锅炉发电，其应用前景十分广阔。

（三）用于纸张热风干燥

传统干燥过程中，纸板在干燥后期由于纸张表面已经干燥，纤维成为热的不良导体，热效率极大降低，纸板内部的水分蒸发速率下降。如利用废水处理产生的沼气燃烧产生的热风强力吹送到纸张表面，并透过纸张进行干燥，则使热传导改变为对流传热，水分的分子扩散改变为对流扩散，可以显著提高干燥的效率，同时利用了再生能源[11]。

图 9-18 为沼气用于纸张热风干燥的工艺流程，沼气从 UASB 池上边的水封罐通过 $DN100$ 钢管引至造纸车间，经开启的水封阀进入燃烧室，由离心式通风机供氧助燃，燃烧后的热气体送至一缸托辊后的热风罩，通过热风罩朝向烘缸面的密布通孔吹向烘缸面的湿纸层，帮助湿纸层的水分蒸发，热风罩安装位置见图 9-19[12]。

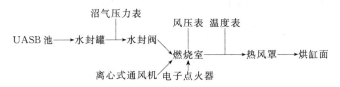

图 9-18 厌氧沼气用于纸张干燥工艺流程

通过采用沼气燃烧产生的热风对纸张进行干燥，可以改善纸张的烘干效果，同时还可以在很大程度上提高造纸机车速。

（四）沼气精制汽车燃料

沼气通过精制后甲烷含量可高达 95%，气体品质可与天然气媲美，可以直接用作车用燃料，成为能源领域一个重要分支。

沼气制汽车燃料工艺主要由沼气采集系统、沼气输送、沼气净化系统、沼气压缩及加气系统构成，其中沼气净化系统是该工艺的技术关键。沼气的精制净化主要是去除水（H_2O）、硫化氢（H_2S）、二氧化碳（CO_2）和卤化混合物等，水

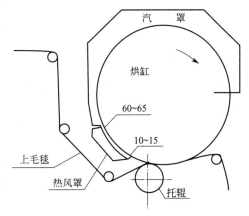

图 9-19 热风罩安装位置

会溶解 H_2S 形成硫酸腐蚀管道，加压储存时凝结水会产生冰堵，CO_2 降低了沼气的能量密度。沼气净化的方法通常分为膜分离和化学吸收法两种。国外一般采用膜分离法，膜分离法是在一定的压力条件下，利用不同种类气体在有机高分子薄膜中具有不同的渗透率以实现其分离的目的。膜技术又分高压和低压两种。化学吸收是通过选择适宜的溶液有效吸收沼气中的二氧化碳，从而提高甲烷的浓度[13]。

1. 膜分离法

沼气精制系统由中压沼气瓶、脱硫装置、脱水装置、膜分离纯化装置、脱氧装置、脱氨装置、气体回收装置和气体分析系统 8 部分组成。图 9-20 是沼气精制工艺流程。图 9-20 中，采用常压沼气时，需要在脱碳单元前增加压缩缓冲装置。气体通过脱氨、脱水和脱硫装置后，通过对气体加热后进入膜分离纯化组件[14]。

（1）膜分离主装置 膜分离组件的设计采用新型材料聚酰亚胺，制成中空纤维膜，通

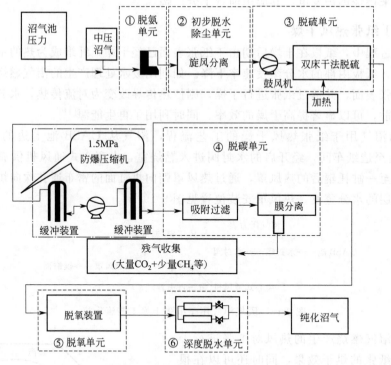

图 9-20　膜分离法沼气精制工艺流程

过分离气体的条件进行设计计算，确定中空纤维膜的面积，进而计算出需要中空纤维膜的长度和数量，做成膜芯。若严格按照操作与设计要求使用，膜组件的寿命最高可达 10 年。

（2）脱氧装置　脱氧装置是考虑到精制后的沼气，进行高压压缩储运时，若氧气含量过高，超过国标规定的 0.5%，会给压缩机工作带来安全隐患，易发生爆炸。采用脱氧管，内加特制脱氧剂对气体中残余氧进行精脱。

（3）脱氨装置　一般情况下，沼气由于发酵原料范围广，气体的组分有一定变化，有的几乎不含氨气，有的氨气含量较高。考虑到膜组件对氨敏感，会缩短使用寿命和降低分离效率，所以设计一小型水洗脱氨塔。

2. 化学吸收法

图 9-21 为采用水洗和干法吸收相结合的两段式处理系统来纯化沼气，结合了水洗法进气无需预处理、无污染的优点，采用具有吸附性的新型洗涤塔填料来提高水洗效率，在干法吸收段采用活性炭附载易再生的碱基吸收剂，设备体积小、易操作、成本低。沼气经水洗后 CH_4 含量可从 60% 提高到约 90%，之后经干法吸收后进一步提高到 95% 以上，可达到车用燃料级别[15]。

精制的沼气用于车用时，主要是以国家标准的车用天然气为参考依据，沼气中的甲烷、二氧化碳、氧气、水、硫化氢等的含量经过精制以后可以达到国家标准，直接进行车用。但是在实际应用中会存在以下问题有待解决：①沼气精制的量受沼气工程大小的限制，连续稳定性会受影响；②精制沼气用作车用燃料，同样需要加入臭味剂；③虽然在气体组分上精制沼气与天然气没有太大差别，但在实际应用中可能会受到消费者心理因素的影响。

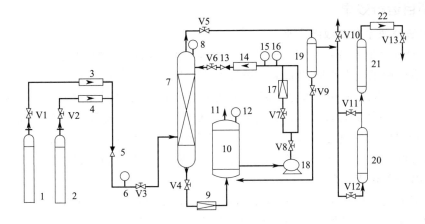

图 9-21　水洗和干法吸收相结合沼气纯化工艺流程

1—CH₄储气瓶；2—CO₂储气瓶；3，4，22—气体流量计；5，13—止回阀；6，8，12—气压表；

7—洗涤塔；9，17—液体减压阀；10—再生塔；11—CO₂驰放气出口；14—液体流量计；

15—水温表；16—水压表；18—循环增压泵；19—气液分离器；20—干式吸收塔；

21—干燥器；V1—CH₄减压阀；V2—CO₂减压阀；V3～V13—球阀

第五节　厌氧-好氧工艺处理造纸废水工程实例[16]

一、项目概况

　　××造纸厂以生产涂布白板纸为主，在 2007 年以前的生产过程中，新鲜水消耗量为 6000～7000m³/d，产品的排水量为 60m³/t，废水处理系统处理的废水量为 4000～5000m³/d，车间出水 COD 为 1100mg/L，处理之后 COD＜200mg/L。2007 年，企业涂布白板纸的产量由 60t/d 扩大到 110t/d 之后，之前建造的废水处理系统处理能力明显不足，气浮池处理效用下降，混凝剂的用量也明显增大。其处理工艺如图 9-22 所示。因此，该造纸厂对废水处理系统进行了改造，改造后的工艺如图 9-23 所示，拆掉了气浮池、混凝沉淀池，而在曝气池之前增加厌氧 UASB 反应器。

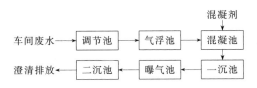

图 9-22　改造前废水处理工艺流程

图 9-23　改造后废水处理工艺流程

二、项目运行效果

1. 生物法处理涂布白板纸废水

采用 UASB-好氧系统对涂布白板纸生产过程中产生的高浓度废水进行处理。经过调试运行，将原有的两条能力相同的废水生物处理线停运一条，仅运行其中一条 UASB-好氧系统处理工艺。运行取得成功，废水处理的水质没有变化，动力消耗也大幅度减少 55%。采取的 UASB-好氧系统处理模式，污染物的排放总量大大下降，排放的 COD 总量占原总排污染物质 COD 总量 4.5% 还小。说明 UASB-好氧系统不但能够有效地去除涂布白板纸生产过程中产生的高浓度废水，而且能够很好地减少废水和污染物质的排放量。

2. UASB 厌氧污泥性质

厌氧污泥的比产甲烷活性（specific methangenicactivity，SMA）能够表征厌氧污泥中各种菌群的性能，比产甲烷活性可以反映出污泥去除 COD 以及产生 CH_4 的潜在能力。如图 9-24 所示，厌氧污泥比产甲烷活性起初值为 $0.093 gCOD_{CH_4}/(gVSS \cdot d)$，调试运行至 50d 时 SMA 值增大为 $0.31g \ COD_{CH_4}/(gVSS \cdot d)$，改观了污泥老化问题。并随着厌氧污泥中有机质含量的不断提高，污泥活性也在不断地提升，污泥去除废水中有机质的能力也在不断地提高。从最终的污泥比产甲烷活性可知，此厌氧污泥具有很好的去除有机污染物的能力。

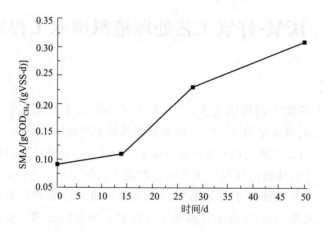

图 9-24　厌氧污泥产甲烷活性变化趋势

3. UASB 反应器的启动与运行

UASB 反应器起初进水流量均为 $25.0 m^3/h$，在调试运行的过程中，UASB 反应器进水流量逐步提高，最终进水量稳定在 $50 m^3/h$，水力停留时间 HRT 从 20h 缩短到 10h，容积负荷从 $1.50kg \ COD/(m^3 \cdot d)$ 提高到 $3.27kg \ COD/(m^3 \cdot d)$，污泥 VSS/TS 从 0.29 增至 0.40，且废水的碱度仅为 1350mg/L，说明 UASB 在低碱度下能够稳定运行。运行中容积负荷与 COD 去除率变化如图 9-25 所示。

4. 活性污泥系统低溶解氧运行

调试过程中运行两台风机，其中的一台间歇曝气，保证 DO 稳定在 0.9~1.2 mg/L 之间。后续活性污泥法工艺运行过程中溶解氧的变化趋势如图 9-26 所示。

好氧活性污泥法处理系统在能源节省方面具有很大的潜力，适当地降低污泥浓度的大小会增大氧传质效率，在运行中减少曝气动力消耗，仍然可以满足活性污泥系统对 DO 的需

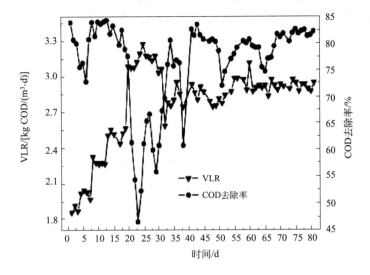

图 9-25　容积负荷与 COD 去除率随时间的变化

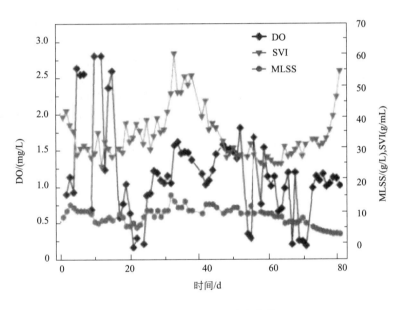

图 9-26　DO 及污泥浓度变化

求，SVI 值也随着丝状菌的膨胀逐渐高于 50g/mL，进入到 SVI 的健康值 50～150g/mL 范围。可知采用活性污泥法作为厌氧后处理工艺可操作性强、运行控制方便、能耗低，是实际工程中较为理想的厌氧后处理工艺。

5. UASB-好氧活性污泥法处理结果分析

UASB-好氧活性污泥法工艺运行稳定，最终 HRT12h，SRT8～13d，回流比 R 在 0.6～1.1 之间，VLR 在 0.43～0.56kgCOD/(m³·d) 之间，净容积负荷 0.17～0.20kg COD/(m³·d)，MLSS 3600～6000mg/L，DO 0.9～1.2mg/L，二沉池出水水质稳定。表 9-3 为厌氧-好氧工艺各工艺段出水水质情况，从表中数据可以看出，UASB-ASP 工艺处理废纸造纸废水相当成功。

表 9-3　UASB-ASP 工艺对污染物质的去除率

水质指标	厌氧进水	厌氧出水	UASB 去除效率/%	好氧出水	总排水	去除率/%
COD/(mg/L)	1300	300	76	160±20	50	96
BOD$_5$/(mg/L)	600±20	90±11.8	85	5	3	99
TP/(mg/L)	2.086	1.10	47.27	0.2	0.2	90
NH$_3$-N/(mg/L)	36.5	37.4	—	3.5±1.2	3.5	90
SS/(mg/L)	309	106	65.70	10.55	0.71	99.7
pH 值	7.23	7.5	—	7.8~8.2	8.0	—

参考文献

[1]　陈杰瑢. 环境工程技术手册 [M]. 北京：科学出版社，2008.

[2]　杨卿，张安龙. 制浆造纸工业废水厌氧生物处理的现状 [J]. 西南造纸，2003，(3)：20-22.

[3]　刘颖华. 厌氧技术在造纸废水处理中的应用 [J]. 湖南造纸，2009，(1)：28-30.

[4]　戚恺. IC 反应器在造纸行业的应用 [J]. 国际造纸，2001，20 (3)：58-59.

[5]　陈志强. IC 厌氧反应器在制浆造纸废水处理中的应用 [J]. 中国造纸，2004，23 (3)：37-39.

[6]　王进. Biothane 厌氧技术及其在造纸废水处理中的应用 [J]. 水工业市场，2010，(4)：53-55.

[7]　汪苹，宋云. 造纸工业节能减排技术指南 [M]. 北京：化学工业出版社，2010.

[8]　樊京春，赵勇强，秦世平. 中国畜禽养殖场与轻工业沼气技术指南 [M]. 北京：化学工业出版社，2009.

[9]　杨晓秋，蒋健翔，等. 造纸废水厌氧处理产沼气发电研究 [J]. 环境污染与防治，2010，32 (9)：46-49.

[10]　徐远梅，李望南. 厌氧沼气掺烧锅炉发电技术的生产应用 [J]. 湖南造纸，2010，(3)：30-32.

[11]　刘永红，贺延龄，周孝德. 厌氧生物反应器在废纸造纸废水处理中的应用与沼气的回收利用 [C]. 2008 年第五届全国化工年会论文集，2008.

[12]　刘恩湖，朱增录. 不浪费企业内可用的点滴能源——厌氧沼气用于造纸机辅助干燥的生产实践 [J]. 纸和造纸，2004，(1)：86-87.

[13]　王艳秋. 国内垃圾填埋气利用新途径——压缩制汽车燃料气 [J]. 中国沼气，2004，22 (1)：33-34.

[14]　梁素钰，王述洋. 沼气制取车用天然气级燃料系统 [J]. 农业工程学报，2009，25 (6)：201-212.

[15]　黄黎，雷廷宙，等. 两段式处理制取车用燃料级沼气的试验研究 [J]. 太阳能学报，2012，33 (3)：363-366.

[16]　李巡案，贺延龄，张翠萍，费西凯. 厌氧-好氧工艺处理造纸废水工程实例及清洁生产 [J]. 环境工程学报，2012，6 (8)：2595-2599.

第十章 | 推荐造纸厂中水回用技术

我国是一个水资源匮乏的国家，人均水资源占有量仅为世界人均占有量的 1/4，而且时空分布极不均匀，开发利用有相当难度，致使许多地区严重缺水，日益严重的水资源短缺不但严重困扰着企业生产，而且成为制约我国社会经济发展的重要因素。

造纸工业是用水大户，也废水排放大户，据统计，2009 年制浆造纸及纸制品产业（统计企业 5771 家）用水总量为 108.44×10^8 t，其中新鲜水量为 46.59×10^8 t，占工业总耗新鲜水量 529.95×10^8 t 的 8.79%。重复用水量为 61.85×10^8 t，水重复利用率为 57.04% 造纸工业 2009 年废水排放量为 39.26×10^8 t，占全国工业废水总排放量 209.03×10^8 t 的 18.78%，排放废水中化学需氧量（COD）为 109.7×10^4 t 占全国工业 COD 总排放量 379.2×10^4 t 的 28.93%。面对日益紧张的水资源，中水回用正成为造纸行业开源的一条重要途径。中水回用是以污水作为水资源，经过适当处理后作为再生资源回用，因其水质介于上水和下水之间，故称为中水。造纸工业废水的来源分为 3 类，即制浆废水，洗浆、筛选、漂白等工段的中段废水和抄纸废水，经处理后的中水，可以回用于造纸车间生产过程中，也可以作循环冷却水，或者用于绿化、冲厕等领域。

中水回用一定要把握分质回用的原则。针对不同的回用部位和不同的水质要求来选择最经济合理的处理工艺，做到优质优用、低质低用，是降低回用成本、推广中水回用技术的关键。

第一节 中水回用水质要求

一、中水回用于造纸车间的水质参数选择

中水回用必须满足 3 个基本要求：水质合格；水量足够；经济合算。

中水回用是一个系统工程，包括废水的收集系统、废水处理系统、输配水系统、用水技术和监测系统等。废水处理系统是中水回用的关键，中水能否回用主要取决于水质是否达到相应的回用水水质标准。回用水水质首先要满足卫生要求，主要指标有细菌总数、大肠杆菌群数、余氯量、悬浮物、生物化学需氧量（BOD）、化学需氧量（COD）；其次要满足感官要求，其衡量指标有色度、浊度、臭、味等；再次要求水质不会引起设备管道的严重腐蚀和结垢，主要指标有 pH 值、浊度、可溶胶体物（DCS）、固体悬浮物（SS）、总溶解固体（TDS）、硫酸盐含量、氯化物含量和蒸发残渣等[1]。

上述这些水质指标，对于回用水质的全面分析来说是重要的，但是在实际应用中应该有侧重的选择。尤其是当回用水用于造纸车间生产过程中时，应当以是否干扰纸机的湿部化学系统操作以及成纸的质量指标为出发点。所以，应在上述众多的指标中，归纳出少数特征参

数来表示回用水体的系统状态，这种特征参数定义为界定参数。

所谓界定参数，是指可以用来界定临界状态的特征参数，即当该参数达到某一数值，整个系统的状态就会改变。区别于一般的水质参数，界定参数可以表征水质的本质状况。具体到回用水来说，界定参数就是用来界定该水质能否回用于造纸生产过程的关键参数，即当某一水体的界定参数超过某一数值，该水体将不能回用于造纸生产过程中。

对于回用水质的界定参数，原则上应根据湿部化学和成纸质量的适应性来选择。具体应根据回用水的主要用途和关键工艺的要求来确定。界定参数可以在一般水质参数中遴选，也可以选择表示综合量值的特征参数。

（1）电导率　对于造纸机湿部化学系统来说，电导率是一种描述系统中溶解的有机和无机组分含量最简单快捷的方法。目前许多纸机上已经装备了在线的电导率测定仪。从实践经验上说，水体的电导率值在一定程度上可以表示水中溶解固体的含量，特别是当无机盐组分在溶解固体含量中占主导地位的时候。当水体中的无机盐组分相对固定时，对于不同的无机盐组分，水体电导率值（$\times 10^{-4} S/m$）与总溶解固体的含量（mg/L）的比例系数为 $0.55 \sim 0.9$。采用电导率作为界定参数，适合于水体内含有强酸或强碱的酸根离子或金属离子，如 Na^+、K^+、SO_4^{2-}、Cl^- 等。由于有机酸中的离子化状态不稳定及其分子量的影响，用电导率仪测试的效果不佳。对于弱酸和三价或两价的盐类，特别是钙盐（$CaCO_3$、$CaSO_4$），由于其溶解性较差，用电导率仪测定的关联性也差一些。

电导率与纸机湿部化学操作有密切的关系，电导率值过高会显著影响助留助滤剂的效果。对于不同的纸机系统，其电导率的界定参数值也不相同。对于含机械木浆的新闻纸系统，一般认为保证操作安全的电导率阈值应 $<0.2 S/m$，但是国外有的造纸企业通过湿部系统的优化，可承受接近 $0.28 S/m$ 的电导率值。

（2）阳离子需求量　阳离子需求量是系统内部（指造纸机湿部的浆料悬浮液系统或回用水系统）达到等电点时所需要添加的一定电荷密度的阳离子助剂的数量。一般以标准阳离子电荷滴定液的毫升数表示。阳离子需求量较为客观地描述了系统对阳离子型助剂的吸附能力，这对系统添加阳离子助剂有很好的指导意义。当然，阳离子需求量只能表示系统内部对阳离子的需求能力，而无法关联系统内可中和这部分阳离子物质的浓度和强度。特别是当系统内部的电中性物质（如皂类、凝聚和絮凝类的物质）较多时，阳离子需求量的测量就无能为力了。

将阳离子需求量作为界定参数，可间接预测系统在白水封闭状态下阴离子垃圾的积累程度，从而确定系统需要添加的阳离子助剂是否适合。具体添加多少阳离子助剂量，可依据阳离子需求量的测试结果来确定。随着胶体滴定技术的完善和测试仪器的进步，阳离子需求量将在回用水质的界定中发挥重要的作用。

（3）化学耗氧量（COD）　化学耗氧量是一个众所周知的水体环境评价参数，是指水体中易被强氧化剂氧化的还原性物质所消耗的氧化剂量。与环境评价的目的有所不同，环境评价采用 COD 指标着重于水体中的有机物质对环境造成的影响，而水质界定参数选用 COD 是为了关联回用水体中有机物质的含量。

严格来说，在水质分析中采用生化耗氧量（BOD）作为有机物含量的指标更为合适，但由于 BOD 的检验需用 5d 以上，不能及时地测定结果和指导生产实践，因而也常用 COD 值来关联有机物质含量的影响。特别是在造纸厂的特定水体中，用 COD 指标也有很好的测试结果和相关关系。

（4）紫外光谱吸收值（UV absorbance） 紫外光谱测量法提供了一种直接测量回用水体中木质素含量的方法。同时，紫外光谱法还可以测量溶解在回用水体中的木材抽出物等碳水化合物含量。在280nm的紫外线波长下，木质素和木酚等含有极性酚羟基的抽出物均有一个特征峰。

虽然，并非所有的碳水化合物均有很好的紫外光谱吸收值。但大部分制浆造纸过程中离解出来的木材抽出物都有较好的紫外光谱吸收值。因此，可以用紫外光谱吸收值这一界定参数，表示水体中的溶解物质的含量。有研究表明，紫外光谱吸收量与水体中的总溶解物质的含量有很好的相关关系，且与水体中的总有机碳含量有较为一致的变化趋势，还有研究表明，在使用TMP为主要原料的造纸厂，水体中的紫外光谱吸收值与COD和BOD等参数有很好的相关关系。

由于回用水体中溶解物质对湿部化学性质的影响比较复杂，因此关于紫外光谱吸收值与纸机操作的适应关系规律，目前还不甚明朗，还是有待于研究的问题。这也从另一个角度说明，用单一的界定参数难以表征较为复杂的纸机湿部系统，需要将一些界定参数组合起来，才能相对全面地表征特定条件下的回用水质[2]。

二、中水作为冷却水的水质要求

冷却水的水质要求相对较低，目前国内外大部分处理后的中水用作冷却水，作为冷却水回用时，一般要求：在热交换中不产生结构、不产生过多的泡沫、对水系统不产生腐蚀、不存在利于微生物生长的过量的营养物质。

表10-1为我国的《城市污水再生利用 工业用水水质》（GB/T 19923—2005）的相关要求。

表 10-1 《城市污水再生利用 工业用水水质》（GB/T 19923—2005）相关要求

序号	控制项目	冷却用水		洗涤用水	锅炉补充水	工艺与产品用水
		直流冷却水	敞开式循环冷却水系统补充水			
1	pH 值	6.5～9.0	6.5～8.5	6.5～9.0	6.5～8.5	6.5～8.5
2	悬浮物(SS)/(mg/L)	≤30	—	≤30	—	—
3	浊度/NTU	—	≤5	—	≤5	≤5
4	色度/稀释倍数	≤30	≤30	≤30	≤30	≤30
5	生化需氧量(BOD₅)/(mg/L)	≤30	≤10	≤30	≤10	≤10
6	化学需氧量(COD_Cr)/(mg/L)	—	≤60	—	≤60	≤60
7	铁/(mg/L)	—	≤0.3	≤0.3	≤0.3	≤0.3
8	锰/(mg/L)	—	≤0.1	≤0.1	≤0.1	≤0.1
9	氯离子/(mg/L)	≤250	≤250	≤250	≤250	≤250
10	二氧化硅(SiO₂)/(mg/L)	≤50	≤50	—	≤30	≤30
11	总硬度(以 CaCO₃ 计)/(mg/L)	≤450	≤450	≤450	≤450	≤450
12	总碱度(以 CaCO₃ 计)/(mg/L)	≤350	≤350	≤350	≤350	≤350
13	硫酸盐/(mg/L)	≤600	≤250	≤250	≤250	≤250
14	氨氮(以 N 计)/(mg/L)	—	10①	—	≤10	≤10

续表

序号	控制项目	冷却用水		洗涤用水	锅炉补充水	工艺与产品用水
		直流冷却水	敞开式循环冷却水系统补充水			
15	总磷(以 P 计)/(mg/L)	—	≤1		≤1	≤1
16	溶解性固体/(mg/L)	≤1000	≤1000	≤1000	≤1000	≤1000
17	石油类/(mg/L)		≤1			
18	阴离子表面活性剂/(mg/L)		≤0.5		≤0.5	≤0.5
19	余氯②/(mg/L)	≥0.05	≥0.05	≥0.05	≥0.05	≥0.05
20	粪大肠菌群/(个/L)	≤2000	≤2000	≤2000	≤2000	≤2000

① 当敞开式循环冷却水系统换热器为铜质时，循环冷却水系统中循环水的氨氮指标应小于 1mg/L。

② 加氯消毒时管末梢值。

三、中水作为杂用水的水质要求

造纸企业的中水还可以用作企业内部的冲厕、绿化等，但是中水要达到：卫生安全可靠、无有害物质；不引起管道和设备腐蚀；外观上无不愉快感觉。表 10-2 为《城市污水再生利用　城市杂用水水质》（GB/T 18920—2002）的相关要求。

表 10-2　《城市污水再生利用　城市杂用水水质》（GB/T 18920—2002）相关要求

序号	项目	冲厕	道路清扫、消防	城市绿化	车辆冲洗	建筑施工
1	pH 值	≤6.0~9.0				
2	色/稀释倍数	≤30				
3	臭味	无不快感				
4	浊度/NTU	≤5	≤10	≤10	≤5	≤20
5	溶解性固体/(mg/L)	≤1500	≤1500	≤1000	≤1000	—
6	五日生化需氧量(BOD₅)/(mg/L)	≤10	≤15	≤20	≤10	≤15
7	氨氮/(mg/L)	≤10	≤10	≤20	≤10	≤20
8	阴离子表面活性剂/(mg/L)	≤1.0	≤1.0	≤1.0	≤0.5	≤1.0
9	铁/(mg/L)	≤0.3	—	—	≤0.3	—
10	锰/(mg/L)	≤0.1	—	—	≤0.1	—
11	溶解氧/(mg/L)	≥1.0				
12	总余氯/(mg/L)	接触 30min 后≥1.0,管网末端≥0.2				
13	总大肠菌群/(个/L)	≤3				

第二节　中水回用关键技术

中水处理工艺流程分为前期预处理阶段、主要处理阶段和深度处理阶段。

（1）前期预处理阶段　其主要任务是悬浮物截留、水质水量调节、油水分离等，其设施有各种格栅、调节池、消化池。

（2）主要处理阶段 在此阶段各系统的中间环节起承上启下的作用。其处理方法有生物处理法和物理化学处理法，设施有生物处理设施和物理化学处理设施。

（3）深度处理阶段 主要是生物或物化处理后的深度处理，应使处理水达到回用所规定的各项指标。可利用深度过滤装置、电渗析、反渗透、超滤、混凝沉淀、吸附过滤、化学氧化和消毒等方法处理。

一、生物处理技术

（一）间歇式活性污泥法（SBR）

1. SBR 简介

SBR 工艺也叫序批式活性污泥法，它最根本的特点是处理工序不是连续的，而是间歇的、周期性的，污水一批一批地顺序经过进水、曝气、沉淀、排水，然后又周而复始。最初的 SBR 工艺进水、曝气、沉淀、排水、排泥都是间歇的，间歇进水给操作带来麻烦，在池子组合上也必须考虑来水的分配，于是出现了连续进水的 ICEAS 工艺。它的主要改进是在反应池中增加一道隔墙，将反应池分隔为小体积的预反应区和大体积的主反应区，污水连续进入预反应区，然后通过隔墙下端的小孔以层流速度进入主反应区，沿主反应区池底扩散，对主反应区的混合液基本上不造成搅动，因此主反应区即使连续进水也可以同时沉淀、排水，不影响污水处理的进程，特别是在小水量的情况下，一个池子就能解决问题。ICEAS 工艺的容积利用率不够高，一般未超过 60%，反应池没有得到充分利用，相当一段时间曝气设备闲置，为了提高反应池和设备的利用率，开发出了 DAT-IAT 工艺。它是用隔墙将反应池分为大小相同的两个池，污水连续进入 DAT 池，在池中连续曝气，然后通过隔墙以层流速度进入 IAT 池，在此池中按曝气、沉淀、排水周期运作，整个反应池的容积利用率可达 66.7%，减小了池容和建设费用[3]。

造纸废水一般显碱性，适应用 SBR 反应器处理，由于 SBR 法工艺简单，其基建投资和运行费用低，占地面积小，可降低处理造纸废水费用。

2. SBR 工艺流程

SBR 法将进水、反应、沉淀、排水和闲置等 5 个基本工序集于一个反应器中，周期性地完成对废水的处理。

（1）进水期 将造纸废水或者经过预处理的造纸废水引入 SBR 反应器，此时反应器中已有一定数量的满足处理要求的活性污泥，其数量一般为 SBR 反应器容积的 50%左右，充水所需时间随处理规模和反应器容积的大小及造纸废水的水质而定，一般为 1～4h，污水浓度越高，污染物毒性越大，其相应的充水时间较长。为防止在充水期间废水中污染物的积累对反应过程产生抑制作用，采用对 SBR 反应器进行曝气，SBR 工艺曝气的基本方式，有非限制性曝气及限制性曝气及半限制性曝气 3 类。对于造纸废水，COD 浓度较低的，可生化性较差，有机物难降解，而限制性曝气由于其进水阶段的厌氧状态有利于难降解有机物的分解，故采用限制性曝气。对于可生化性较好的造纸废水采用非限制曝气，能达到限制废水中有机污染物的积累，处理效果较好。

（2）反应期 在反应阶段，活性污泥微生物周期性地处于高浓度及低浓度基质的环境中，反应器也相应地形成厌氧-缺氧-好氧的交替过程，使其不仅具有良好的有机物处理效能，而且具有良好的除氮脱磷效果，在 SBR 反应器的运行过程中，随反应器内反应时间的延长，其基质浓度也由高到低，微生物经历了对数生长期、减速生长期和衰减期，其降解有机物的速率也相应由零级反应向一级反应过渡。处理造纸混合废水的研究表明，pH 值为 6.0～8.0，COD 浓度 1000～2000mg/L，BOD/COD 在 0.2～0.35 之间，曝气时间 6h，COD 的去除率达 71%，而再延长时间对去除率的影响不大。

（3）沉淀期　构成活性污泥微生物的细菌可分为菌胶团形成菌和丝状菌，当菌胶团形成菌占优势时，污泥的絮凝和沉淀性能比较好；反之，当丝状菌占优势时，则污泥的沉降性能将出现恶化，易发生污泥的丝状菌膨胀问题。在 SBR 工艺中，由于污水是一次性投入反应器中，因而在反应的初期，有机质的浓度较高，反应的后期污染物的浓度较低，反应器中存在着随时间而产生的较大的浓度梯度，这一浓度梯度较好地防止了污泥的膨胀，有利于污泥的沉降和分离。沉淀期所需时间应根据造纸污水的特点和要求具体确定，处理 COD 较小的造纸废水沉淀期时间一般为 2～4h。

（4）排水排泥期　SBR 反应器中的混合液在经过一定的沉淀后，将反应器中的上清液排出反应器，然后将相当于反应器过程生长而产生的污泥量排出反应器，以保持反应器内一定数量的污泥。

（5）闲置期　闲置期的功能是在静置无进水的条件下，使微生物通过内源呼吸作用恢复其活性，为下一个运行周期创造良好的初始条件。通过闲置期后的活性污泥处于一种营养物的饥饿状态，单位质量的活性污泥具有很大吸附表面积，因而当进入下一个运行周期的进水期时，活性污泥便可充分发挥其较强的吸附能力而有效地发挥其初始去除作用。闲置时间一般控制在 2h 以内[4]。

3. SBR 的特点

（1）工艺简单、投资少　SBR 系统无需二沉池及污泥回流系统，因此工艺流程简单，布置紧凑，占地面积小，节省基建投资。

（2）处理效果好，兼有脱氮除磷功能　SBR 工艺流程是一种典型的非稳态过程，其底物和污泥浓度的变化是不连续的，在反应阶段，其浓度变化是一种理想的推流状态，这使生化反应推动力增大，效率提高，净化效果好。另外，各运行阶段好氧-缺氧-厌氧的交替进行，使其具有脱磷除氮作用，并可抑制丝状菌的生长繁殖，防止污泥膨胀。

（3）理想的静态沉淀　这使沉淀效率提高，时间短，并可获得较好的沉降效果。因此出水水质较好，剩余污泥浓度较高。

（4）耐冲击负荷　进水阶段，反应器相当于调节池，在一定程度上起到调节污水水质和水量的作用，因而具有很好的抗冲击负荷的能力。

（5）系统运行方式灵活，易维护　各反应器相互独立，可在短期内单独停运检修而不会影响整个系统的运行，此外，每个 SBR 池可根据进水水质、水量的不同适当调整运行参数，系统运行方式较灵活[5]。

（二）氧化沟

1. 氧化沟简介

氧化沟是一种首尾相连的循环流曝气沟渠，又名连续循环曝气池，是活性污泥法的一种变型。此工艺是在 20 世纪 50 年代由荷兰卫生工程研究所研制成功。氧化沟工艺大体上可分为四类：多沟交替式，系合建式，采用转刷曝气，无单独的二沉池；Carrousel 式，系分建式，采用表曝机曝气，有单独的二沉池，沟深大于多沟交替式；Orbal 式，系多建式，采用转碟曝气，沟深较大，有单独二沉池；一体化式，不设初沉池和单独的二沉池，集曝气沉淀、泥水分离和污泥回流功能为一体。

2. 氧化沟工艺原理

氧化沟系统的基本构成包括：氧化沟池体，曝气设备，进、出水装置，导流和混合装置以及附属构筑物。氧化沟一般呈环形，平面上多为椭圆形或圆形，四壁由钢筋混凝土制造，也可以由素混凝土或石材作护坡。

氧化沟工艺是一种利用循环式混合曝气沟渠来处理污水的简易污水处理技术。通常采用延时曝气，连续进出水，不需设初沉池。另外，所产生的微生物污泥在污水曝气净化的同时得到稳定，不需专门设置污泥消化池，大大简化了处理设施。其曝气池呈封闭的环形沟渠形，池体狭长，曝气装置多采用表面曝气器。污水和活性污泥的混合液通过曝气装置特定的定位布置而产生曝气和推动，在闭合渠道内做不停的循环流动，污泥在推流作用下呈悬浮状态，得以与污水充分混合、接触，最后通过二沉池或固液分离器进行泥水分离，使污水得到净化[6]。

3. 氧化沟的特点

（1）流程简单　氧化沟可不设初沉池，因为其水力停留时间和污泥龄比一般的生物处理法长得多，悬浮状有机物可以在曝气中与溶解性有机物同时得到较彻底的降解，其次简化了剩余污泥的后处理工艺，剩余污泥少，不需要进行厌氧消化处理，省去了污泥消化池，还可将二沉池与曝气池合建，省去了二沉池和污泥回流系统，从而使处理流程更为简单。处理流程的简化可节省基建费用，减少占地面积，并便于运行和管理。

（2）曝气设备多样化、运行灵活　氧化沟技术的发展与高效曝气设备的发展是密切相关的，氧化沟具有不同的构造形式和运行方式，可以呈圆形、椭圆形和马蹄形等，也可以是单沟或多沟系统，多沟系统可以是一组同心的互相连通的沟渠（如 Orbal 氧化沟），也可以是互相平行、尺寸相同的一组沟渠（如三沟式氧化沟）。多种多样的构造形式赋予了氧化沟灵活的运行方式，使它能结合其他的工艺单元，满足不同的出水水质要求。

（3）处理效果稳定、出水水质好，并可以实现脱氮　试验研究和生产实践均表明氧化沟在去除 BOD 和 SS 方面，取得了比传统活性污泥法更好的出水水质，运行也更加稳定、可靠。

（4）基建投资省、运行费用低　当氧化沟处理出水有氨氮指标的要求时，一般不需要增加很多投资和运行费用，而其他方法则不同，由此可显示出氧化沟的优越性。氧化沟比其他生物处理工艺更为经济有效且运行灵活，尤其当经济投资的来源有限、要求的处理出水水质十分严格、要求进行脱氮处理、处理的进水水质水量波动大、缺乏高水平的操作管理人员时应用氧化沟更能显示出其优越性。

（5）适应性强　氧化沟因其水力停留时间和污泥龄较长，沟中水流不断循环等特点，对进水水量水质的变化有较大的适应性，能承受冲击负荷而不致影响处理性能。处理高浓度工业废水时，能对进水进行稀释，对活性污泥细菌的抑制作用减弱。

由于造纸废水中含盐水平较高，抑制了微生物的活性和对有机物的降解速率，因此宜选用低负荷活性污泥法。而氧化沟工艺恰恰能满足以上要求，且造价低[7]。

（三）曝气生物滤池（BAF）

1. BAF 简介

曝气生物滤池（biological aerated filter）简称 BAF。是在普通生物滤池的基础上，并借鉴给水滤池工艺而开发的污水处理新工艺。自 20 世纪 80 年代欧洲建成第一座曝气生物滤池污水处理厂后，曝气生物滤池已经在美国、日本和欧洲等发达国家和地区广为流行。曝气生物滤池工艺容积负荷高，水力负荷大，水力停留时间短，所需基建投资少，能耗及运行成本低，出水水质高。曝气生物滤池由开始的作为三级处理的工艺，逐步发展到作为二级处理的工艺，图 10-1 为曝气生物滤池的基本结构，它可以用于不同类型制浆造纸废水的二级处理和深度净化。其最大的特点是集生物氧化和截留悬浮固体于一体，节省了后续二次沉淀池，在保证处理效果的前提下使处理工艺简化。目前常用的曝气生物滤池结构有多种形式。根据污水在滤池中过滤方向的不同，曝气生物滤池可分为上向流式和下向流式滤池。除污水在滤池中的流向不同外，上向流和下向流滤池的池型结构基本相同。

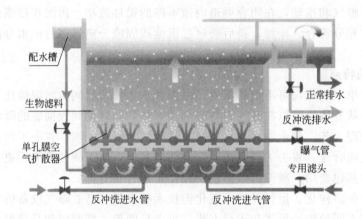

图 10-1　曝气生物滤池的基本结构

2. BAF 工艺原理

曝气生物滤池集曝气、高滤速、截留悬浮物、定期反冲洗等特点于一体。其工艺原理为，在滤池中装填一定量粒径较小的颗粒状滤料，滤料表面生长着生物膜，滤池内部曝气，污水流经滤料时，利用滤料上高浓度生物膜的强氧化降解能力对污水进行快速净化，此为生物氧化降解过程；同时，因污水流经时，滤料呈压实状态，利用滤料粒径较小的特点及生物膜的生物絮凝作用，截留污水中的大量悬浮物，并且保证脱落的生物膜不会随水漂出，此为截留作用；运行一定时间后，因水头损失的增加，需对滤池进行反冲洗，以释放截留的悬浮物并更新生物膜，此为反冲洗过程[8]。

3. BAF 的特点

与常规的生物处理工艺相比，曝气生物滤池有 3 个突出的优点。

（1）生物浓度高，有机负荷高　曝气生物滤池采用的粗糙多孔的粒状滤料，例如陶粒、沸石、膨胀硅铝酸等，利于微生物挂膜和生长。滤料比表面积可达 $3.98m^3/cm^2$，单位体内微生物量可达 $10\sim15g/L$，约为常规活性污泥法中的微生物量的 $8\sim9$ 倍。容积负荷通常可以达到 $2.5kg\ BOD/(m^3 \cdot d)$，是常规生物处理工艺的 $5\sim30$ 倍。

（2）效率高，出水水质高　曝气生物滤池对低悬浮物、低 COD 浓度的废水有很高的处理效率，出水经消毒处理通常都可以用于一般用途的水回用，如冷却杂用水等。

（3）占地面积少，投资和运行费用低　曝气生物滤池高负荷、高效率的特点使得废水处理的各项经济指标大幅下降[9]。

（四）膜生物反应器（MBR）

1. MBR 简介

膜生物反应器（Membrane Bio-reactor，MBR）是将生物降解作用与膜的高效分离技术结合而成的一种新型高效的污水处理与回用工艺。MBR 工艺一般由膜分离组件和生物反应器两部分组成，其工艺组成如图 10-2 所示[10]。

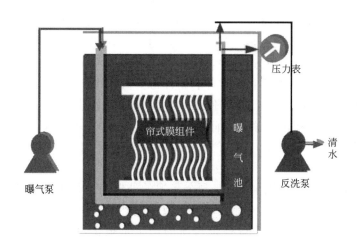

图 10-2　MBR 工艺组织

目前开发出来的膜生物反应器可以分为 3 类：膜分离生物反应器（membrane separation bioreactor）；膜曝气生物反应器（membrane aeration bioreactor）和萃取膜生物反应器（extractive membrane bioreactor）。膜生物反应器工艺组成一般由膜组件和生物反应器组成。根据膜组件的位置设置不同，膜生物反应器可分为分置式（recirculated membrane bio-reactor，RMBR）和近年兴起的新型浸没式膜生物反应器（submerged membrane bio-reactor，SMBR）。SMBR 将膜组件置于生物反应器中，通过工艺泵的负压抽吸作用得到膜过滤出水。根据膜组件材质不同可分为有机膜生物反应器和无机膜生物反应器；而根据生物反应器是否好氧又可分为厌氧型和好氧型生物反应器[11]。

2. MBR 工艺原理

膜生物反应器是利用膜组件进行固液分离，将截流的污泥回流至生物反应器中，透过水外排。膜组件是 MBR 中最主要的部分，它是把膜以某种形式组装成一个基本单元，相当于传统生物处理系统中的二沉池。在膜组件中，活性微生物与污水充分接触，不断氧化污水中的那部分能被其降解的有机物，而不能被微生物降解的有机物和无机物及活性污泥、悬浮物、各类胶体、大部分细菌则被截留。从而实现对污水处理净化的目的。

膜是具有选择性分离的功能材料。膜的孔径一般为微米级，依据其孔径的不同（或称为截留分子量），可将膜分为微滤膜、超滤膜、纳滤膜和反渗透膜，常用于 MBR 工艺的膜有微滤膜（MF）和超滤膜（UF）。根据材料的不同，可分为无机膜和有机膜，无机膜只有微滤级别的膜，主要是陶瓷膜和金属膜。有机膜是由高分子材料做成的，如醋酸纤维素、芳香族聚酰胺、聚醚砜、聚氟聚合物等[12]。

3. MBR 的特点

MBR 工艺作为一种新型污水处理技术，尤其是应用于中水回用工程中，具有以下特点。

（1）去除率高，出水稳定　由于 MBR 膜的截留作用，避免了微生物的流失，生物反应器内可保持高的污泥浓度，从而提高了体积负荷，降低了污泥负荷，具有极强的抗冲击能力。又由于膜的截留作用，使 SRT 延长，营造了有利于增殖缓慢的微生物生长，如硝化细菌生长的环境，可以提高系统的硝化能力，同时有利于提高难降解大分子有机物的处理效率和促使其彻底的分解。在运行过程中，较大的水力循环，导致了污水的均匀混合，因而使活性污泥有很好的分散性，大大提高了活性污泥的比表面积。

（2）处理负荷高，剩余污泥量少　由于 SRT 很长，生物反应器又起到了"污泥硝化池"的作用，从而显著减少了污泥的产量，剩余污泥产量低，污泥处理费用低；MBR 曝气池的活性污泥不会随出水流失，在运行过程中，活性污泥会因进入有机物浓度的变化而变化，并达到一种动态平衡，这使系统出水稳定，并有耐冲击负荷的特点。

（3）操作方便，占地面积小　MBR 使微生物完全截留在生物反应器内，实现反应器的水力停留时间（HRT）和污泥停留时间（SRT）完全分离，使设计简化，易于一体化，实现自动控制，运行控制较灵活；并可省去二沉池、砂滤池，节省了占地面积和土建投资。

（4）解决了剩余污泥处置难的问题　剩余污泥的处置问题是污水处理厂运行好坏的关键问题之一，MBR 工艺中，污泥负荷非常低，反应器内营养物质相对缺乏，微生物处在内源呼吸区，污泥产率低，因而使得剩余污泥的产生量很少，SRT 得到延长，排除的剩余污泥浓度大，可不用进行污泥浓缩，而直接进行脱水，这就大大节省了污泥处理的费用[12]。

二、化学和物化处理技术

（一）混凝法

1. 混凝原理

混凝沉淀是向待处理污水加入一定量混凝剂，混凝剂在水中发生水解和聚合反应，形成的正电荷水解聚合产物，与水中带电荷粒子或胶粒发生压缩双电层、电中和并辅以沉淀物网捕卷扫作用，使水中污染物粒子聚集成大颗粒电中和/吸附脱稳沉降，形成的污泥可经发酵处理而转变成泥土。随着新型有机和无机高分子絮凝剂的应用，采用混凝法不仅能有效地去除造纸废水中的固体悬浮物和颜色，而且也能去除大部分 COD 物质，COD 去除率在 $59.9\% \sim 73.1\%$，BOD 去除率在 $60\% \sim 70\%$[13]。

化学混凝的机制至今仍未完全清楚。因为它涉及的因素很多，如水中污染物的成分和浓度、水温、水的 pH 值，以及混凝剂的性质和混凝条件等。但归结起来，可以认为主要是以下三方面的作用机制。

（1）压缩双电层作用　水中胶粒能维持稳定的分散悬浮状态，主要是由于胶粒的 ζ 电位。如能消除或降低胶粒的 ζ 电位，就有可能使微粒碰撞聚结，失去稳定性。在水中投加电解质——混凝剂可达此目的。例如天然水中带负电荷的黏土胶粒，在投入铁盐或铝盐等混凝剂后，混凝剂提供的大量正离子会涌入胶体扩散层甚至吸附层。因为胶核表面的总电位不变，增加扩散层及吸附层中的正离子浓度，就使扩散层减薄，ζ 电位降低。当大量正离子涌入吸附层以致扩散层完全消失时，ζ 电位为零，称为等电状态。在等电状态下，胶粒间静电斥力消失，胶粒最易发生聚结。实际上，ζ 电位只要降至某一程度而使胶粒间排斥的能量小于胶粒布朗运动的动能时，胶粒就开始产生明显的聚结，这时的 ζ 电位称为临界电位。胶粒因电位降低或消除以致失去稳定性的过程，称为胶粒脱稳。脱稳的胶粒相互聚结，称为凝聚。

（2）吸附架桥作用　三价铝盐或铁盐以及其他高分子混凝剂溶于水后，经水解和缩聚反应形成高分子聚合物，具有线性结构。这类高分子物质可被胶体微粒所强烈吸附。因其线性长度较大，当它的一端吸附某一胶粒后，另一端又吸附另一胶粒，在相距较远的两胶粒间进行吸附架桥，使颗粒逐渐结大，形成肉眼可见的粗大絮凝体。这种由高分子物质吸附架桥作用而使微粒相互黏结的过程，称为絮凝。

（3）网捕作用　三价铝盐或铁盐等水解而生成沉淀物。这些沉淀物在自身沉降过程中，能集卷、网捕水中的胶体等微粒，使胶体黏结。

上述三种作用产生的微粒凝结现象——凝聚和絮凝总称为混凝。制浆造纸工业废水中通常含有大量的胶体，因此混凝法对此类废水具有较好的处理效果，因此广泛应用于预处理和深度处理过程中[14]。

2. 混凝剂

在新型混凝剂的开发方面，微生物絮凝剂（MBF）作为一种能够自然降解的新型絮凝剂，目前已应用于造纸废水处理并取得良好的效果。粉煤灰、硅藻土等矿物质制成的混凝剂也开始应用于水处理领域。

在混凝剂的改性与复配方面，潘碌亭等采用氧化偶合絮凝法处理中段水，结果表明，在改性铝盐与钙盐质量比 2∶1、总加入量为 150mg/L、pH 值为 7～8、反应时间为 20min 的条件下，COD 去除率达 85%。类似研究表明两种及两种以上混凝剂处理废水的效果优于单一混凝剂，有机和无机混凝剂复配更为有效。天然有机高分子絮凝剂易失去活性、有机合成高分子絮凝剂残留单体有毒等限制了它们在水处理领域的发展，经过改性的天然高分子絮凝剂能克服以上缺点。

在最佳混凝效果控制方面，李臻采用聚硅酸铝混凝剂处理 COD 为 860～920mg/L 的造纸废水，COD 去除率达 88%[15]。

（二）氧化法

废水中溶解的有机或无机物，在投加氧化剂后，由于污染物与药剂的氧化反应，把废水中的有毒有害的污染物转化为无毒或微毒物质的方法，称为氧化法。

1. 臭氧氧化

臭氧是氧的同素异构体，是一种具有特殊气味的淡紫色气体，它的密度是氧气的 1.5 倍，臭氧的氧化性很强，对水中的有机物有强烈的氧化降解作用，还有强烈的消毒杀菌作用。能降低出水的浊度，祈祷良好的絮凝作用，提高滤速，延长了过滤周期。在进行深度处理过程中，COD 的去除率与 pH 值有关，随着 pH 值增加而增加。

制备臭氧的方法很多，有电解法、化学法、高能射线辐射法、无声放电法等。

臭氧氧化法具有以下优点：①强氧化剂，能使有机物、无机物迅速反应，氧化能力强；②不产生污泥；③不产生氯酚臭味；④用空气与电在现场制取，现场使用，没有原来的运输与储存问题；⑤受水温与 pH 值得影响不如氯大。

2. Fenton 氧化法

Fenton 高级氧化技术是 1894 年法国科学家 HJ. H. Fenton 发现的，他发现采用 Fe^{2+}/H_2O_2 体系能氧化多种有机物。后人将亚铁盐和过氧化氢的组合称为 Fenton 试剂。1964 年

Eisenhouser 首次使用 Fenton 试剂处理苯酚及烷基苯废水，开创了 Fenton 试剂在环境污染物处理中应用的先例。该法既可以作为废水处理的预处理，也可以作为废水处理的最终深度处理。可以将造纸废水中难以生化降解的木质素、纤维等一些有机污染物有效氧化为易降解小分子或直接转化为 CO_2 和 H_2O，如图 10-3 所示。

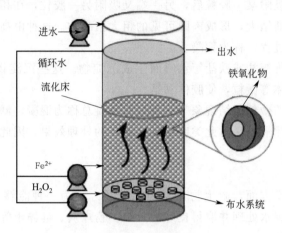

图 10-3　氧化机制

Fenton 氧化技术的主要原理是投加的 H_2O_2 氧化剂与 Fe^{2+} 催化剂，即所谓的 Fenton 药剂，两者在适当的 pH 值下会反应产生氢氧自由基（·OH），而氢氧自由基的高氧化能力与废水中的有机物反应可分解氧化有机物，进而降低废水中生物难分解的 COD[16]。

影响 Fenton 试剂氧化反应的因素包括 pH 值、H_2O_2 和 Fe^{2+} 的配比和浓度、时间、温度、紫外线照射及配体等。

（1）pH 值　Fenton 试剂是在酸性条件下发生作用的，在中性和碱性的环境中，亚铁离子不能催化过氧化氢产生·OH，因为 Fe^{2+} 在溶液中的存在形式受制于溶液的 pH 值。按照 Fenton 试剂反应理论，pH 值过高不仅抑制了·OH 的产生，而且使溶液中的 Fe^{2+} 以氢氧化物的形式沉淀而失去催化能力；反过来讲，当 pH 值太低，溶液中的 H^+ 浓度过高，Fe^{3+} 不能顺利地被还原为 Fe^{2+}，催化反应受阻。由此可以看出，pH 值的变化直接影响到 Fe^{2+} 和 Fe^{3+} 的配合平衡体系，从而影响 Fenton 试剂的氧化能力。

（2）H_2O_2 的浓度　在 H_2O_2 浓度较低的情况下，随着 H_2O_2 浓度的增加，产生的·OH 也随之增加；但是当 H_2O_2 浓度过高时，过量的 H_2O_2 不但不能通过分解产生更多的自由基，反而在反应初始会把 Fe^{2+} 迅速氧化为 Fe^{3+}，使氧化在 Fe^{3+} 的催化下进行，这样既消耗了 H_2O_2 又抑制了·OH 的产生，并且过量的 H_2O_2 因其还原性会在一定程度上增加出水中的 COD 值。

（3）Fe^{2+} 的浓度　Fe^{2+} 作为过氧化氢产生·OH 的催化剂，对 Fenton 氧化反应发生的必要条件。在 Fe^{2+} 浓度过小的情况下，H_2O_2 产生·OH 的速率和含量过低，影响氧化反应。当 Fe^{2+} 过量时，它会还原分解 H_2O_2 而自身被氧化为 Fe^{3+}，在消耗 H_2O_2 用量的同时增加色度。

（4）反应时间　一般情况下，在反应的初期，Fenton 氧化反应随着时间的延长而深入，而且基本上维持着一种线性关系。但是当超过一定时间后，反应保持在某种稳定状态。

（5）反应温度　一般认为，随着反应温度的升高，反应物分子平均动能增大，反应速率加快。但是，对于一个复杂的反应体系，温度的升高不仅会使主反应速率加快，也会使副反应速率加快，因此其量化研究非常困难。针对 Fenton 氧化反应体系，适当的升温会激活自由基，提高反应速率，然而过高的温度会导致 H_2O_2 分解为 O_2 和 H_2O。

（6）紫外线照射　H_2O_2 经紫外线照射后会产生 $\cdot OH$，Fe^{2+} 经紫外线照射后可部分转化为 Fe^{3+}，所转化的 Fe^{3+} 在一定条件下可以水解生成羟基化的 $Fe(OH)^{2+}$，$Fe(OH)^{2+}$ 在紫外线作用下又可转化为 Fe^{2+}，同时产生 $\cdot OH$。

（7）配体　在 Fenton 试剂中引入某些配体例如草酸、EDTA，或直接利用铁的螯合物例如 $K_3Fe(C_2O_4)_3 \cdot 3H_2O$，可以影响并控制溶液中 Fe 的形态分布，改善反应机理。这些配体有较好的吸光性能，因此在光照条件下会分解生成各种自由基，从而大大促进反应的进行[17]。

Fenton 试剂氧化法作为一种高级氧化法，在去除废水中的有机污染物方面具有明显的优点，尤其对于毒性大、一般氧化剂难氧化或生物难降解的有机废水处理，是一种较好的方法。目前存在的主要问题是处理成本偏高，如果将 Fenton 氧化或光助 Fenton 氧化技术作为难降解有机废水的预处理或深度处理方法，再与其他处理方法（如生物法、超声波法、混凝法等）联用，则可以提高处理效率，降低废水处理成本。

（三）活性炭吸附

活性炭是一种经特殊处理的炭，具有无数细小孔隙，表面积巨大，每克活性炭的表面积为 $500\sim1500m^2$。活性炭有很强的物理吸附和化学吸附功能，而且还具有解毒作用。

在生产中应用的活性炭种类有很多，一般制成粉末状或颗粒状。粉末状的活性炭吸附能力强，制备容易，价格较低，但再生困难，一般不能重复使用。颗粒状的活性炭价格较贵，但可再生后重复使用，并且使用时的劳动条件较好，操作管理方便。因此在水处理中较多采用颗粒状活性炭。

活性炭吸附是指利用活性炭的固体表面对水中的一种或多种物质的吸附作用，以达到净化水质的目的。

吸附能力和吸附速率是衡量吸附过程的主要指标。吸附能力的大小是用吸附量来衡量的。而吸附速率是指单位重量吸附剂在单位时间内所吸附的物质量。在水处理中，吸附速率决定了污水需要和吸附剂接触时间。活性炭的吸附能力与活性炭的孔隙大小和结构有关。一般来说，颗粒越小，孔隙扩散速率越快，活性炭的吸附能力就越强。污水的 pH 值和温度对活性炭的吸附也有影响。活性炭一般在酸性条件下比在碱性条件下有较高的吸附量。吸附反应通常是放热反应，因此温度低对吸附反应有利。当然，活性炭的吸附能力与污水浓度有关。在一定的温度下，活性炭的吸附量随被吸附物质平衡浓度的提高而提高。

活性炭在制造过程中，其挥发性有机物被去除，晶格间生成空隙，形成许多形状各异的细孔。其孔隙占活性炭总体积的 $70\%\sim80\%$，每克活性炭的表面积可高达 $500\sim1700m^2$，但 99.9% 都在多孔结构的内部。活性炭的极大吸附能力即在于它具有这样大的吸附面积。活性炭的孔隙大小分布很宽，从 $10^{-1}nm$ 到 10^4nm 以上，一般按孔径大小分为微孔、过渡孔和大孔。在吸附过程中，真正决定活性炭吸附能力的是微孔结构。活性炭的全部比表面几乎都是微孔构成的，粗孔和过渡孔只起着吸附通道作用，但它们的存在和分布在相当程度上影响了吸附和脱附速率[18]。

（四）膜分离

膜分离技术又称膜滤（membrane filtration）技术，是利用特殊薄膜的选择透过性能来实现水中物质的分离、浓缩或提纯的一类方法的统称，它发明于20世纪60年代，最先用于海水的淡化（脱去无机盐），用途比较单一。70年代以来这项技术获得迅速发展，在医药工业、生物工程、石油、化工、废水处理等各个领域都获得了广泛应用，特别在废水处理方面取得了令人瞩目的成就，已经成为了中水回用、污水资源化的一种重要手段。

1. 膜分离技术的工作原理

利用人工合成的薄膜介质，以外界能量（压力差）为推动力，采用错流式循环，通过膜对溶液中特定的有机物或无机物选择性分离，即透过低分子、截留高分子，使高分子得到分离、提纯和浓缩富集（见图10-4）。被膜截留的部分成为浓缩液，被膜透过的部分成为渗透液[19]。

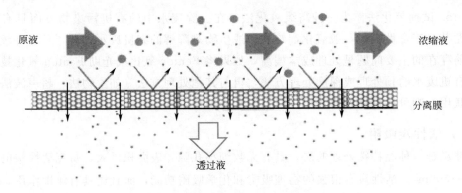

原液　　　　　　　　　　　　　　　　　　浓缩液

分离膜

透过液

图10-4　膜分离技术的工作原理示意

2. 主要类型

根据截留物质的大小，膜被分为反渗透膜（RO）、纳滤膜（NF）、超滤膜（UF）、微滤膜等。

（1）微滤膜（MF）　膜孔径100～1000nm，操作压力0.01～0.4MPa，允许所有的溶质分子通过，只截留悬浮物。其基本原理属于筛网状过滤，在压差作用下，小于膜孔的粒子通过滤膜，大于膜孔的粒子被截留到膜上，从而实现不同组分的分离。微滤膜具有较高的渗透率，能应用于超滤难以满足的大处理量的情况。

（2）超滤膜（UF）　膜孔径10～100nm，操作压力0.02～1MPa，允许小的分子通过，可截留大分子的溶质及悬浮物，主要机制为筛分，溶液凭借外界压力的作用，以一定流速在具有一定孔径的超滤膜面上流动，溶液中的无机离子、低分子物质透过膜表面，溶液中的高分子物质、胶体微粒、热原质及细菌等被截留下来，从而达到分离和浓缩的目的。

（3）纳滤膜（NF）　膜孔径1～10nm，操作压力0.3～2MPa，可除去相对分子质量为100～1000的有机物与二价离子，纳滤与超滤类似，也属于压力驱动型膜过程，但传质机制却与之不同。一般认为，超滤膜由于孔径较大，传质过程主要是孔径筛分形式。而大部分纳滤膜为荷电膜，即纳滤膜的行为与其荷电性能以及溶液的荷电状态和相互作用都有关。纳滤膜本身带有电荷，通过静电相互作用，阻碍多价离子的渗透，所以能在很低压力下具有较高脱盐率。

（4）反渗透膜（RO）　膜孔径小于1nm，操作压力1～10MPa，可除去分子量25～100的有机物与一价离子，一般用于阻截除溶剂外所有的组分，包括溶解物及悬浮物，只允许溶剂通过，常用于水的纯化及脱盐。反渗透膜的透过机制，一般认为是选择性吸附一毛细管机制，即认为反渗透膜是一种多孔性膜，具有良好的化学性质，当溶液与这种膜接触时，由于界面现象和吸附作用，对于优先吸附在界面上的水以水流的形式通过膜的毛细管并被连续地排除。所以反渗透过程是界面现象和压力下流体通过毛细管的综合结果[20]。

3. 膜分离技术的特点

（1）分离效率高。膜的孔径较小，以外界能量或化学位差为推动力对双组分或多组分混合液体或气体进行分离、分级和提纯等，可不用体积庞大的沉淀池，使得污水处理器结构紧凑、占地面积小，同时这种膜分离几乎是一种强制的机械拦截作用，优于传统的自由重力沉降，且可将滤后的净化水重复利用于生产，实现零排放。

（2）膜分离过程不发生相变，因此能量转化的效率高。

（3）装置简单，操作容易，易维修、控制等，作为一种新型的水处理方法，与常规水处理方法相比，具有占地面积小、适用范围广等特点。

（五）仿酶催化缩合技术[21]

仿酶催化缩合技术是根据木质素分子在过氧化氢存在的条件下通过天然过氧化氢酶（如白腐菌分泌的胞外漆酶）的催化作用，可以与木质素分子或多糖发生脱氢缩合反应，从而生成大分子木质素聚合物的特性，使用仿酶代替天然酶，控制合适的反应条件，将经过二级生化处理的制浆造纸废水中残余的难降解、水溶性好的小分子木质素缩合生成水溶性较差的大分子物质，再通过固液分离方式从废水中去除的制浆造纸废水深度处理技术。

本技术使用的仿酶是一类金属离子螯合物，它们在过氧化氢存在的条件下能够具有类似于自然界中的天然过氧化氢酶的功能，可以模拟天然酶的一些主导作用要素如活性中心结构、疏水微环境、与底物的多种共价键相互作用及协同效应等，因此具有天然酶的催化特性，同时又具有结构稳定、反应条件宽松、不易失活、价格低廉等天然酶不具备的优点。

本催化聚合技术的反应机制是仿酶把过氧化氢转化为 $HO_2 \cdot$ 自由基，$HO_2 \cdot$ 自由基与以 ROH（木质素碎片、木质素酸、单宁、多酚等）形式存在的木质素衍生物反应生成 RO·自由基，通过木质素间的自由基转移反应，缩合形成具有稳定醚键结构的聚合物 ROR，使得木质素分子量增大、水溶性降低，继而通过固液分离过程实现水体净化，达到去除废水有机污染物和降低色度的目的。

（六）废水磁化技术[21]

电磁作用力是自然界中最基本的四种作用力之一。利用水分子的顺磁性特性和顺磁性物质在切割磁力线时会改变分子排列形态的原理，人们开发出了水的磁化处理技术，并广泛应用于工业循环水阻垢和医疗保健等领域，本技术也是基于这一原理。

生化处理后的制浆造纸废水中主要残余有机污染物为带负电荷的小分子极性有机物，正常状态下极性有机物的负电性活性点包裹在杂乱无章排列的水分子团中，废水经过磁化处理后，水分子按照磁力线的方向重新排列，水分子团平衡体系被打破，减少了极性有机物活性点与药剂分子的碰撞屏障，从而使化学反应的速率和反应程度显著增高。实践证明废水磁化对仿酶催化缩合反应的促进是明显的，而且对后续的沉淀分离和硬度去除也有显著的促进作用。

由法拉第电磁感应理论与能量守恒定律可知，废水物化性质变化的能量来自于废水流过磁区的动能，本技术应用的磁体材料为永磁体，使用过程中几乎不损耗，因此磁化处理工艺可以以很小的能量代价得到较显著的物理化学变化，当然其处理效果是与可以充分利用这些变化的后续处理手段密切相关的。

第三节　中水回用工程实例

本章第二节介绍了一些制浆造纸废水中水回用的技术，但是在实际工程应用中，并不是单一地使用一种技术，而是将几种技术组合在一起使用，下面介绍一些制浆造纸企业中水回用的工程实例。

一、化学制浆厂中水回用工程[22]

为突破水资源制约瓶颈，在企业多级废水处理工程的基础上，某造纸厂投资 6200 余万元，以经过深度处理后的中段水作为水源，于 2010 年 6 月份建成投用了 $5 \times 10^4 \, m^3/d$ 中水回用设施，主体采用臭氧氧化、活性炭过滤以及低压膜中水回用技术工艺，图 10-5 为该企业的所采用的中水回用工艺流程图。其中"臭氧氧化＋活性炭过滤"建设规模为 $5 \times 10^4 \, m^3/d$，低压膜水处理建设规模为 $2 \times 10^4 \, m^3/d$，水质达到了生产用水要求。

1. 工艺概况

深度处理后的中段水经泵提升至臭氧氧化池氧化反应约 15min 后，进入活性炭滤池，通过活性炭的吸附和过滤作用，去除水中的色度和有机污染物质，其中 $3 \times 10^4 \, m^3/d$ 直接回用至制浆和瓦楞原纸生产系统，$2 \times 10^4 \, m^3/d$ 进入低压膜水处理系统进行脱盐处理。低压膜系统由超滤膜和纳滤膜组成，活性炭出水先泵入超滤膜系统处理，后进入纳滤膜组。膜系统的功能是去除无机盐类、溶解性有机物和活性硅等物质，在压力作用下大部分水分子和微量其他离子透过纳滤膜，经收集后成为产品水，通过产水管道进入清水池；回用至文化纸生产系统及热电厂。

水中不能透过纳滤膜的大部分盐分和胶体、有机物等，残留在少量浓水中，由浓水管排出，超滤系统已经去除水中很大部分的细菌病原体等污染物及部分的 COD，纳滤浓水中的主要污染物是溶解性盐类，可直接排放。

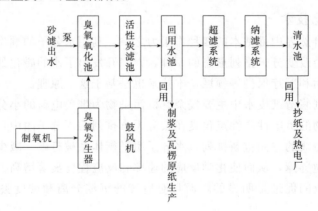

图 10-5　某制浆造纸企业中水回用工艺流程

表 10-3 为水源水质控制要求。表 10-4 为主要工艺设备和构筑物参数。表 10-5 为主要运行参数。

表 10-3　水源水质控制指标

项目	COD/(mg/L)	SS/(mg/L)	色度/倍	电导率/(μS/cm)	总硬度（以 $CaCO_3$ 计)/(mg/L)
控制指标	≤60	≤10	≤50	≤6000	≤2000

表 10-4　主要工艺设备和构筑物参数

序号	名称	规格	数量
1	潜水泵	$Q=1100m^3/h, H=10m$	4 台(2 用 2 备)
2	制氧机	ZSO—100,氧气纯度≥92%	2 套(1 用 1 备)
3	臭氧发生器	KCF—DT10.0	2 套(1 用 1 备)
4	活性炭	$d=1.25\sim2.5mm$	1008m^3
5	超滤膜	膜通量 60~100L/(m^2·h)	240 支
6	纳滤膜	膜通量 18~25L/(m^2·h)	112 支
7	回用水泵	$Q=909m^3/h, H=12m$	3 台
8	膜回用水泵	$Q=420m^3/h, H=34m$	3 台
9	提升泵站	$V=180m^3$	1 座
10	臭氧氧化池	$V=518m^3$	1 座
11	活性炭滤池	$V=8000m^3$	1 座
12	回用水池	$V=5000m^3$	1 座
13	膜系统间	$LBH=50m\times30m\times9.5m$	1 座
14	中控室	$LBH=18m\times6m\times3.5m$	1 座

表 10-5　主要运行参数

生产单元	项目	数值
制氧系统	氧气产量/(m^3/h)	100
	氧气纯度/%	≥92
	氧气压力/MPa	0.2~0.3
	进气最大含油量/(mg/L)	≤0.01
	成品气露点/℃	≤-40
	进气温度/℃	≤50
臭氧氧化系统	臭氧接触时间/min	15~30
	臭氧进气浓度/(g/m^3)	120~140
	臭氧投加量/(mg/L)	3~5
臭氧发生系统	臭氧产量/(kg/h)	10
	氧气源浓度/%	≥90
	运行电压/V	3000~5000
	臭氧电耗/(kW·h/kg)	9~10.5
	进气流量/(m^3/h)	80~150
	工作气压/MPa	0.06~0.10

生产单元	项　目	数　值
活性炭系统	滤速/(m/h)	8～10
	接触吸附时间/min	10～20
	反冲洗周期/h	24
	水冲强度/[L/(m² · s)]	11～13
	膨胀率/%	10～15
超滤膜系统	产水率/%	85
	实际运行膜通量/[L/(m² · h)]	42
	单膜产水率/%	4.5～8
	自用水率/%	3.5
	吨水电耗/kW · h	0.21
纳滤膜系统	产水率/%	75
	实际运行膜通量/[L/(m² · h)]	20
	单膜产水率/%	0.69～0.95
	自用水率/%	0.1
	吨水电耗/kW · h	0.905

2. 运行效果

（1）臭氧氧化　臭氧是氧的同素异构体，也是一种非常强的氧化剂，它能有效地氧化生物难降解的有机物，因其具有很高的氧化电位而对废水有很好的脱色性能。影响臭氧氧化效果的因素很多，主要是废水的性质、浓度、pH 值、温度以及臭氧的浓度和用量、臭氧的投加方式和反应时间等。通过多次运行调整，发现臭氧投加量为 3～5mg/L、接触氧化时间为 15～20min 时，出水水质好且较为经济，COD 和色度的去除率分别可达到 15.5% 和 50%，如表 10-6 所列。另外，臭氧出水中悬浮物浓度有所升高，主因是臭氧在分解水中有机物时产生了微量的絮体。

表 10-6　臭氧氧化单元水质指标

项目	COD/(mg/L)	SS/(mg/L)	色度/倍	电导率/(μS/cm)	总硬度（以 CaCO₃ 计）/(mg/L)
进水	58	12	40	4752	1260
出水	49	15	20	4516	1175
去除率/%	15.5	—25	50	4.97	6.75

（2）活性炭　活性炭具有发达的细孔结构和巨大的比表面积，因而对水中溶解的有机污染物具有很强的吸附能力，能有效脱除废水中的颜色。活性炭作为吸附剂的最大优点是能够再生，而吸附容量不会有明显的下降。为提高滤速，并利于反冲洗，我们选用了柱状活性炭。在滤速为 10m/h、吸附时间为 15min 时，出水水质可满足制浆以及瓦楞原纸生产用水要求，COD 和色度的去除率分别达到了 57.14% 和 75%，如表 10-7 所列。

表 10-7　活性炭单元水质指标

项目	COD/(mg/L)	SS/(mg/L)	色度/倍	电导率/(μS/cm)	总硬度（以 CaCO$_3$ 计)/(mg/L)
进水	49	15	20	4516	1175
出水	21	3	5	3974	925
去除率/%	57.14	80	75	12	21.27

（3）低压膜　提高中水回用率的关键问题是脱盐，膜法是目前应用最为广泛的一种脱盐工艺。低压膜由超滤膜和纳滤膜组成，纳滤膜是在反渗透膜的基础上研发出来的，是介于超滤与反渗透之间的一种膜分离技术，其截留分子量在 200～1000Da 范围内，由于其膜表面孔径处在纳米级，能去除尺寸约 1nm 的分子，简称纳滤膜，其滤径比反渗透大且带有电荷，可根据过滤介质所带电荷的不同来选择性过滤，其运行成本仅为反渗透膜的 20%～30%。

二、化学机械浆厂中水回用工程[23]

加拿大某浆厂总投资 3.5 亿美元，总占地面积 100 hm^2，位于 Sakatoon 市（Saskatchewan 省）的西北部 345km 处。该厂采用白杨木片生产漂白化学热磨机械浆，年产量 24×10^{4}t。BCTMP 制浆比硫酸盐法制浆效率更高，生产相同产量的浆仅需一半的木材，每吨绝干木材几乎可以生产 1t 浆。图 10-6 是 BCTMP 制浆流程及其回收水的利用情况。

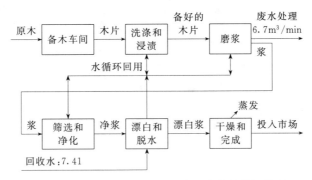

图 10-6　BCTMP 制浆流程及其回收水的利用情况

BCTMP 生产中的废水排出量约为 6.7m^3/min。图 10-7 显示了包括补充清水在内的全部水处理过程。图 10-8 更加详细地显示了水回收部分，其中包括澄清、蒸发、浓缩、燃烧和水的储存等阶段。

（1）澄清　浆厂废水处理的第一个单元是浮选澄清。影响蒸发器的主要性能之一是去除纤维，因此，浆厂决定安装 2 台澄清器，使流程具有最大的去除率和灵活性。添加化学物质是为了帮助固体絮凝和浮选。

采用在线仪表检测澄清器良浆流中的悬浮物，以避免浆料搅拌对蒸发器的影响。当悬浮物固含量为 0.09%，澄清器中的良浆可直接送到沉淀池中。由于热平衡会随季节而变化，在冬季，澄清器良浆都会直接送到蒸发器中以保存热量；而夏季会优先送到沉淀池中散发热量。

（2）蒸发　废水零排放系统的核心是 3 个立管降膜式蒸汽压缩蒸发器，高 30m，热转换表面非常大，是世界上最大的机械蒸汽压缩蒸发器。通过高效节能的机械蒸汽压缩过程回收废水中的蒸馏水，蒸发器可将废水的浓度由 2% 浓缩到 35%。蒸发器主要包括加热元件、蒸

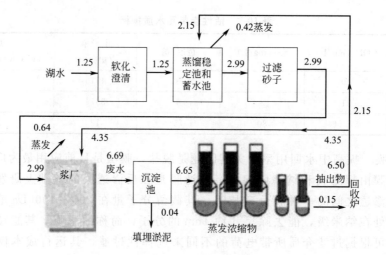

图 10-7　浆厂水回收过程

图内数字的单位均为 Usgal/min，1Usgal≈3.8L

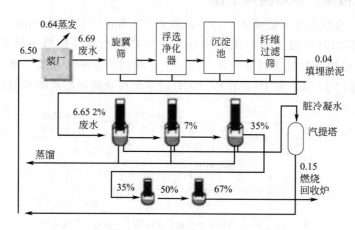

图 10-8　浆厂废水处理系统

发主体、循环泵和蒸汽压缩机（见图 10-9）。

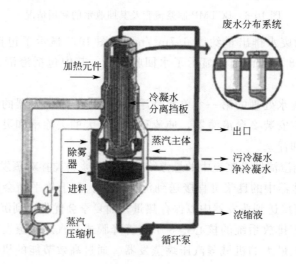

图 10-9　蒸发器

废水从蒸汽池中泵送到加热管束的顶部。每根管的顶部都有 1 个分配机，使废水以薄膜状流到每根管内。分配机可以使热转换管道保持均匀，不论处理的废水量是多少，加热表面朝都会持续地保持湿润，防止管道结垢。蒸发器的处理流量为设计流量的 1.2 倍，大大提高了浆厂的生产能力。废水达到管道底部时，循环泵将其送回顶部再次蒸发。

流过加热管道的废水有小部分会被蒸发，蒸汽和液体一起向下流动。到达管道底部时，蒸汽经除雾器从气体主体中流出，并到达压缩器被压缩。被压缩的气体通过管道输送到管束的外壁，在管外冷凝。这样就将热量传递给管道，使管内的液体进一步蒸发。大的传热面积可以减小蒸发过程中的能量损失。对蒸汽压缩蒸发系统而言，每输入 $3.8m^3$ 的蒸汽仅需要 $65kW \cdot h$ 能量。

蒸汽将热量传给管道后便便冷凝成蒸馏水，沿管道流下。先冷凝的水比后冷凝的水更洁净，因此在加热元件中用挡板将冷凝水分为 2 个区域，蒸汽先流到清洁的冷凝水区域，大部分被冷凝。在剩余的蒸汽中含有大量易挥发有机物（如甲醇），会在污冷凝水区冷凝。

将大部分洁净的冷凝水（70%）直接输送到制浆工段，用于制浆工段的热水洗涤。其他净冷凝水会流到均衡蒸馏池中，与来自 Meadow 湖的湖水混合，为浆厂供应冷水。污冷凝水含有易挥发的有机物，在汽提塔中汽提后可再次使用。

（3）浓缩　浓缩机（2 个）与蒸发器结构相似，是立管降膜式结构。浓缩机采用回收炉（而不是蒸汽机压缩）产生的蒸汽来带动整个系统。

浓缩机中的蒸发过程本质上与蒸发机相同，但其废水可进一步浓缩至 67%。第一个浓缩机将液体固含量从 35% 浓缩到 50%，另一浓缩机则进一步将其浓缩到 67%。浓缩废水在回收炉中燃烧。

浓缩机启动时，有人担心是否会因最终浓度太高而无法采用泵送。但运行实践表明，在正常的操作温度下，液体处理还是比较容易的。工厂运行的 8 个月中，浓缩机中并没有发生严重的填塞，结垢现象也很少。若将液体储存槽向下移，浓缩机就会转换为水洗模式；再将液体储存槽放回原处，浓缩机仍可正常运行。

在填料气体吸收塔中汽提污冷凝水，可使约总浓缩物 10% 的挥发性有机物汽提出来。挥发性有机物有选择性地浓缩在污冷凝水中，因为蒸发器加热器中装有冷凝水分离设备。浓缩机产生的蒸汽被送到再沸炉，后者可以把一部分汽提浓缩物转化为汽提蒸汽。

汽提后的浓缩物与净冷凝水混合后可以再回用于浆厂。汽提出来的易挥发有机物可作为浓缩蒸汽在回收炉中燃烧。

（4）燃烧　在回收炉中燃烧废水中的有机组分，这个过程同时也会产生蒸汽供浓缩机使用。从锅炉中的熔融物里回收废水中的无机物质，将其锻造成块状并就地储存。浆厂正在考虑是否回收碳酸钠，因为它可转化为氢氧化钠，这是生产 BCTMP 所用的主要化学品。

（5）水的储存　浆厂中有许多水槽和水箱用来储存白水、滤液和废水。同样，水处理车间为工厂用水和各种浓缩液体准备了很多储存箱。水储存系统的核心是 5 个主要的水池，总体积约为 $18 \times 10^4 m^3$。水池分为 2 个沉淀池和 1 个可以容纳所有废水的回收池，每个沉淀池的体积为 $4900m^3$，内衬为混凝土，水回收池可以容纳 $2.4 \times 10^4 m^3$ 废水。

所有净水都在蒸馏稳定池和蓄水池中。蒸馏稳定池是一个光洁的生物整理池，在此池中通过生物作用可消耗掉同蒸馏物一起产生的微量易挥发物质。蒸馏稳定池的体积为 $3.2 \times 10^4 m^3$，蓄水池的体积为 $11 \times 10^4 m^3$。

即使水处理车间停工 2d，如此大的废水储存量也可以使浆厂继续运行 2d。如果湖水补给量减少，蓄水池中的干净水可以使浆厂运行 20d。同样，如果回收炉停止运行，浆厂蒸发器仍可以不受影响地继续运行 30d。

浆厂的蓄水池系统作用十分突出，如果没有该系统，浆厂的运行就完全取决于水处理车间。蒸发器或回收炉中断运行都会造成浆厂产量降低。水处理车间的任何差错都会使得浆厂紧急关闭。储水系统由于设计灵活，蒸发器发生故障也不会影响浆厂的生产。

三、废纸制浆厂中水回用工程[24]

某造纸厂以废纸和商品木浆为原料生产涂布白纸板，污水日产生量为 3.2×10^4 t 左右。现有的造纸废水主要来自于废纸制浆漂洗工序产生的中段水、造纸过程中冲洗纸机的白水和少量的脱墨废水。废水中含有的污染物主要有以下几种。

悬浮物：包括可沉降和不可沉降悬浮物两种，主要是纤维和纤维细料（都是破碎的纤维碎片和杂细胞）。

易生物降解有机物：在废纸制浆和漂白过程中溶出的原料成分，一般是易于生物降解的，其中包括低分子量的半纤维素、甲醇、甲酸、糖类等。

难生物降解有机物：主要来自于纤维原料中所含有的木质素和大分子碳水化合物。

考虑到本项目的处理水主要为造纸工业废水（中段水＋白水），污水量大、污染物负荷高，而且目前污水处理厂的进水水质 BOD_5/COD_{Cr} 基本上在 0.33 左右，属于可生物降解范围的特点，为了达到经济运行的目的，最终确定污水二级处理工艺采用 A/O 法，即一种改良的活性污泥法。主要处理工艺如下。

造纸废水经斜网过滤装置去除较大的悬浮杂质后进入调节池，在混合反应池内与混凝剂（PAC）混合、反应，泵送到气浮装置，与回流加压溶气水、絮凝剂（PAM）发生絮凝、气泡吸附、上浮、撇渣、排渣等过程，去除 COD_{Cr}、SS 等污染物，使水中的杂质进一步分离出来，产生的浮渣固体，含有大量的纸浆，经筛网脱水机脱水后生产污泥纸，进行废物利用，变废为宝，产生了一定的经济效益。

气浮后的出水进入 A/O 池，A/O 池为此污水处理系统中主要的处理工艺之一。利用 A 段（厌氧段）进行菌种的筛选和微生物对有机物的吸附和吸收，抑制丝状菌的生长，避免发生污泥膨胀现象。O 段（好氧段）为推流式曝气池，采用鼓风曝气，曝气方式采用目前较为流行的微孔曝气，在低有机物负荷下，进一步降解有机物。另外，系统的营养物质要求较低，可以减少氮、磷的费用，操作也相对简单和稳定。在 A/O 池中，污水中绝大部分的有机物和悬浮物等都可以得到有效去除，A/O 池出水进入二沉池进行泥水分离，去除水中的悬浮物；为避免污染物累计，二沉池出水分流，30% 排放至河流，70% 进入滤池进行深度处理，然后进入公司取水渠供生产使用和污水处理站的消防和绿化用水（工艺流程见图 10-10）。

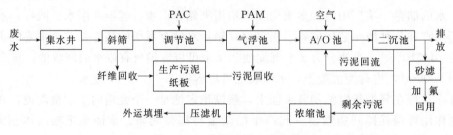

图 10-10　中水回用工艺流程

主要工艺参数如下（以下数据均按 $4.5 \times 10^4 t/d$ 计算）。

A/O 池水力停留时间为 12.72h。A/O 池为一座 2 池，A 段生物选择池与 O 段推流式曝气池合建。

A 段混合废水和回流污泥向 A 段的 2 池分配，每池水力停留时间为 45min。O 段水力停留时间为 11.97h。

A/O 池氮磷添加按 BOD_5：N：P＝100：5：1 投加，实际运行中可适当减少投药量。

BOD_5 污泥负荷：10kg/(kg MLSS·d)。

溶解氧 DO：2.5～4mg/L（夏天适当可调高）。

水温：15～35℃。

二沉池水力停留时间：2.23h。

污泥回流比：100% 以上。

从运行情况看，该系统运行状况良好，污水处理正常稳定，取得了预期的效果，见表 10-8。出水水质总体情况较稳定，经过处理后废水各项指标满足回用水的要求。

表 10-8　气浮前后水质指标

指标	COD_{Cr}/(mg/L)	BOD_5/(mg/L)	SS/(mg/L)	pH 值
气浮前水质	2000	350	1900	6.5～8.5
气浮后水质	550	180	250	6.5～8.5

四、造纸厂中水回用工程[25]

某造纸厂对该厂污水进行深度处理，进行中水回用。绝大部分经过处理的污水重新作为生产用水，多余的水作为绿化。

工程规模：30000t/d，进入纤维转盘滤池的污水来自该污水处理站二沉池出水，悬浮物浓度 SS≤20mg/L，出水执行《城市污水再生利用城市杂用水水质标准》（GB/T 18920—2002），杂用水的标准，悬浮物浓度 SS≤10mg/L。

1. 纤维转盘滤池结构

纤维转盘滤池如图 10-11 所示，其结构是由用于支撑滤布的垂直安装于中央集水管的平

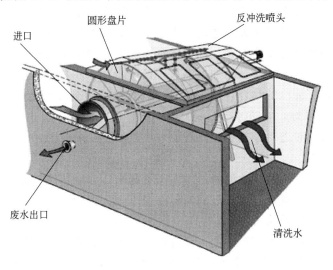

图 10-11　纤维转盘滤池

行过滤转盘串联起来组成。滤盘的直径分为 2m、2.5m、3m 三种，每个过滤转盘是由 6 小块扇形组合而成。一套过滤转盘装置数量一般为 2~20 个，过滤转盘由 ABS 防腐材料组成，每片过滤转盘外包尼龙纤维毛滤布。反冲洗装置由反抽吸装置、反洗水泵及反冲洗阀门组成，排泥装置由排泥管、排泥泵及排泥阀门组成，排泥泵与反冲洗水泵共用。

2. 纤维转盘滤池运行状态

纤维转盘滤池运行包括以下三个状态：过滤、清洗、排泥状态。

（1）过滤　过滤方式为池内进水中心管出水（外进内出），污水重力流进入滤池，滤盘全部浸没在污水中。布水堰设计，使滤池布水均匀，进水尽量产生低扰动，污水通过滤布过滤，过滤液通过中空管收集后，通过重力经出水堰排出滤池。纤维转盘滤池整个运行中过滤均为连续的。

（2）清洗　过滤过程中，部分污泥吸附到纤维毛滤布上并逐渐形成污泥层。随着滤布上污泥积聚，滤布的过滤阻力增加，滤池内水位逐渐升高。监测纤维转盘滤池内液位变化的压力传感器会把信号传导到 PLC 控制系统，当该滤池内液位到达清洗设定值（高水位）时，反抽吸水泵自动开启，进行冲洗。滤布上污泥通过反抽吸装置，由反抽吸水泵排出，反冲洗水进入厂区排水系统。过滤过程中，纤维转盘滤池滤盘处于静止状态，有利于污泥沉积到池底。清洗过程中，过滤转盘以 1~2r/min 的速度旋转。反洗水泵通过负压来抽吸滤布表面，抽吸掉滤布上积聚的污泥颗粒，过滤转盘内的水由里向外被抽吸，同时对滤布起到清洗作用。滤盘瞬时冲洗面积仅占全过滤转盘面积的 1% 左右，其他 99% 仍然在过滤。纤维转盘滤池反冲洗是间歇的。

（3）排泥　纤维转盘滤池底部为斗形，斗形设计有利于池底污泥的收集。污泥在池底沉积可减少滤布上的污泥量，使过滤时间得到延长，低的反冲洗频率可减少反洗水量。排泥系统是通过时间控制的，PLC 自动控制系统将在设定的时间段启动排泥泵。

3. 纤维转盘滤池特点

（1）滤布的通量大，滤布使用新型纳米纤维材料，杂质不易黏附，同时具有疏油的特性，从而使滤布清洗更干净彻底，滤布的衰减量很小。因此增加了滤布的通量。处理效果好。过滤时绒毛平铺，增加过滤深度，孔径达到微米级。可截留粒径为几微米的微小颗粒，因此出水水质稳定。具有室外防冻设计，为了适应室外安装的防冻问题，纤维滤盘可以把反抽吸水泵至于池内。既解决了防冻问题还解决了电动阀门的易堵塞问题。反冲洗水泵房堵塞设计，为了解决反抽吸泵的堵塞问题，纤维转盘滤池设计选用干湿两用防堵塞水污水泵。

（2）出水水质好，过滤连续，耐冲击负荷，设计新颖。滤盘垂直设计，过滤原理为错流过滤。相当于滤池和沉淀池的结合，颗粒大的污泥直接沉淀到斗形池底，经过排泥泵排掉，纤维转盘滤池截留效果好，在进水 SS 不大于 20mg/L 的情况下，出水 SS 可小于 5mg/L。池内过滤与反冲洗为同时进行，且瞬时只有池内单盘的 1% 面积在进行反冲洗，过滤是连续的，耐冲击负荷能力强。

（3）占地面积小，纤维转盘滤池将过滤面竖直起来，改变传统过滤面位置，纤维转盘滤池很多过滤面可以并排布置，在保证过滤面积前提下大大地减少占地面积。另外，纤维转盘滤池附属设备很少且布置紧凑占地少。

（4）总装机功率低，设备闲置率低，所有滤盘几乎一直处于过滤状态，水头损失小。滤池内水头损失一般为 0.3m。设备紧凑简单，附属设备少，设备闲置率低。整套过滤装置用电设备只有驱动电动机、反洗水泵和电动阀，总装机功率很低。

（5）反洗水量小，无需预加氯，反冲洗效率高，耗水量很低，反洗水量一般为不大于1%，不会产生藻类的滋生。首先，滤布结构为纤维毛层和大孔隙支撑层，反抽吸时，在反抽吸口处纤维毛完全直立起来，这样清洗比较彻底，残留很难在滤布上累积。其次，本过滤设备的反冲洗频率为一般为1～2h一次，反冲洗强度较大使藻类在滤布上滋生非常困难，因此不需要在滤池前预加氯。

（6）运行自动化过滤，反抽吸，清洗排泥等全过程均由程序控制，整个过程由计算机控制，可根据滤池液位或运行时间来控制反冲洗过程及排泥过程。并设有多重保护，日常无需专人操作管理。

（7）维护简单方便，事故易于恢复，日常运行中，二沉池出水仍然有可能存在大块异物（如塑料袋、布条、纤维类物），纤维转盘滤池过滤形式为滤池内进水中心管出水，因此滤前水中即使有较大的漂浮物，对滤池运行的影响也很少。纤维转盘滤池机械设备较少，泵，阀及转动电动机均为间歇运行，过滤时滤盘是静止的，只有反冲洗或排泥时，泵，阀或电动机才运转。滤布磨损较小，即使滤布有异常损坏，滤布滤盘也易于更换，滤盘由6个扇形面组成，每个扇形片均可以单独移开，更换一个盘仅需10min。

污水处理系统在运行过程中，系统难免会出现事故，导致生化池内的污泥直接混入滤池内。对纤维转盘滤池而言，污泥污染的只能是滤盘的外侧，而滤盘内侧不会受到影响。滤池内的污泥可以通过排泥管迅速清除，因此事故影响较小，恢复较快。

（8）设计施工周期短，纤维转盘滤池为模块化设计，单独成为一个系统，与外部的接口较少，设计周期短。其安装简便，施工周期也短。

4. 工艺流程

纤维转盘滤池的深度处理工艺流程见图 10-12，二沉池出水自流进入纤维转盘滤池，滤池出水一部分去渗透反渗透工艺，一部分出水经二氧化氯消毒后回用。

图 10-12　深度处理工艺流程

五、制浆造纸综合企业中水回用工程[26]

某制浆造纸企业废水主要由化学木浆废水、废纸脱墨废水（脱墨方法为浮选法）、纸机白水，另外还有少量生活污水和其他生产废水组成，该综合废水 COD 为 1500～2100mg/L，SS 为 540～870mg/L，色度为 200～240 倍，pH 值为 6～9。根据排放要求和回用标准，并结合造纸废水的微细悬浮物和难降解物质含量高的特点，该企业采用旋转筛网-初沉池-气浮池-MBR-RO 工艺（见图 10-13）。

（1）旋转筛网和初沉池　废水经调节池混合后自流进集水井，由污水泵提升至旋转筛网，然后进入平流式初沉池，初沉池尺寸为 30m×6m×3.2m，有效水深为 2.5m。

（2）高效浅层气浮装置　高效浅层气浮技术通过动态进水、静态出水，使得带气絮粒以最快的速度上浮，达到同液分离的目的，并且集凝聚、气浮、刮渣、排水、排泥为一体，是一种高效的废水处理装置。

（3）MBR 池　设有 5 个廊道，每一廊道尺寸为 50m×3.5m×4m，第 1 廊道设有搅拌机，第 2 廊道设有搅拌机及曝气装置，第 3～5 廊道设有曝气装置，膜组件布置于第 5 廊道。

HRT 21 h，混合液内同流比为 150％～250％。膜组件采用浸没式中空纤维帘式微滤膜组件，两层布置，微滤膜材料为亲水性聚醚砜（H-PES）。

（4）RO 装置　采用抗污染的 LFCl-365 型卷式膜，该膜组件过滤面积大，体积小，一期安装 1 组设备，采用一级两段式，3＋2 方式排列，5 只压力容器，每只压力容器装 6 支膜元件，共 30 支膜元件。

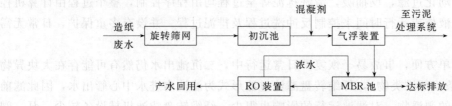

图 10-13　废水处理工艺流程

系统于 2007 年 11 月进入正常运行阶段，在正常运行的 0.5 年内未进行 MBR 的膜清洗，各处理单元出水水质稳定，产水水质见表 10-9。

表 10-9　RO 产水水质

项　目	RO 产水	回用指标
COD_{Cr}/(mg/L)	1.5～5.3(3.5)	10
色度/倍	0	5
SS/(mg/L)	0	0.5
电导率/(μS/cm)	52～76(66)	100
浊度/NTU	0	1.0
pH 值	6.7～7.1	6.5～7.5
硬度(以 $CaCO_3$ 计)/(mg/L)	0.53～4.2(1.8)	

参考文献

[1]　韩剑宏，于玲红，张克峰．中水回用技术及工程实例 [M]．北京：化学工业出版社，2004.

[2]　何北海，钱丽颖，赵光磊，等．回用水的水质界定参数及其界定方法 [J]．中国造纸学报，2003，18（1）：164-167.

[3]　周霭．SBR 工艺的分类和特点 [J]．给水排水，2001，27（2）：31-34.

[4]　李辉，李友明，毕衍金．用 SBR 生物技术处理造纸废水 [J]．纸和造纸，2004，（2）：69-73.

[5]　田鹏飞，刘温霞．SBR 及其发展工艺在制浆造纸废水处理中的应用 [J]．造纸科学与技术，2008，27（2）：53-56.

[6]　解东，胡锋平．氧化沟工艺在污水处理中的应用研究进展 [J]．江苏科技信息，2010，（1）：29-32.

[7]　隋智慧，吴学栋．氧化沟工艺与造纸废水处理 [J]．黑龙江造纸，2006，（4）：61-63.

[8]　李颖，张安龙，等．曝气生物滤池在制浆造纸废水处理中的研究进展 [J]．造纸科学与技术，2006，25（4）：40-42.

[9]　谢春生，黄瑞敏，等．曝气生物滤池技术及其在造纸废水处理中的应用 [J]．纸和造纸，2005，（5）：48-50.

[10]　张军，吕伟娅，等．MBR 在污水处理与回用工艺中的应用 [J]．环境工程，2001，19（5）：9-11.

[11]　熊晓妹，何钢，等．膜生物反应器在造纸废水中的应用 [J]．能源与环境，2008，（6）：83-84.

[12]　王青柏．MBR 技术在中水回用中的应用 [J]．甘肃冶金，2011，33（2）：83-85.

[13]　邓霞，李多松．造纸中段废水的深度处理技术 [J]．湖北造纸，2008，（2）：34-38.

[14] 汪苹，宋云．造纸工业节能减排技术指南［M］．北京：化学工业出版社，2010.

[15] 许效天，霍林，等．造纸废水处理技术应用及研究进展［J］．化工环保，2009，29（3）：230-233.

[16] 游世兴．Fenton 工艺法深度处理造纸废水介绍［J］．城市建设理论研究（电子版），2012，(15).

[17] 黄文九．Fenton 氧化技术在造纸工业废水处理中的应用与发展［J］．广西轻工业，2010，(8)：109-111.

[18] 刘鸥．活性炭吸附法在工业废水处理中的应用［J］．城市建设理论研究（电子版），2012，(34).

[19] 戴松风．膜分离技术在造纸工业中的应用［C］．"华东七省市造纸学会第二十届造纸技术交流会"暨"中国造纸学会机械设备专业委员会年会"论文集，2006，159-163.

[20] 王承亮，苏振华，等．膜分离技术在制浆造纸废水处理中的应用［J］．湖北造纸，2010（3）：29-32.

[21] 刘勃．磁化-仿酶催化缩合废水深度处理技术及其在制浆造纸企业的应用［J］．中华纸业，2010，31（13）：32-34.

[22] 张义华，张华东．突破水资源制约瓶颈、实现节水减排，中冶银河中水回用运行实践［J］．中华纸业，2011，32（3）：44-47.

[23] 胡伟婷．BCTMP 浆厂使用蒸发器实现废水零排放［J］．国际造纸，2011，30（2）：24-26.

[24] 赵允安，徐静静．废纸造纸污水处理实例简介［C］．"华东六省一市造纸学会第二十一届学术年会"暨"江苏省造纸学会第九届学术年会"论文集，2007，171-174.

[25] 盛利．纤维转盘滤池在造纸厂中水回用工程中的应用［J］．北方环境，2011，23（4）：111-113.

[26] 张景丽，曹占平．造纸废水处理及回用工程［J］．给水排水，2009，35（3）：69-71.

第三篇

造纸工业废渣综合利用技术

第十一章 废水生化处理污泥综合利用技术

在 2008 年《制浆造纸工业水污染物排放标准》（GB 3544—2008）颁布后，由于新标准 COD_{Cr}、BOD_5 等主要污染物排放限值比 2001 版标准降低了 50%～70%，使得我国的制浆造纸工业废水的处理率和处理深度进一步提高，但随之而来的是污泥产量急剧增加。

制浆造纸废水处理的污泥产量，一般是同等规模市政污水处理厂的 5～10 倍[1]。如此大量的造纸污泥如不进行妥善的处理，将会造成严重的二次污染。因此，造纸污泥的无害化处理与处置已成为亟待解决的环境问题。资源化是造纸污泥处置最好的方法之一，此处主要涉及的综合利用技术是针对一级和二级污泥的，目前应用和研究主要集中在污泥厌氧发酵、污泥好氧堆肥、污泥燃烧和污泥生产建筑材料等方面。

（一）制浆造纸污泥的分类和特点

制浆造纸工业废水处理后的污泥可分为三种：一级沉淀污泥、二级生物处理污泥，还有一些工厂因采用了三级处理，因此还包括三级絮凝沉淀污泥。由于各级废水处理设施进水水质不同，污泥成分也各不相同。

一级污泥包括水处理过程中脱除的碳酸盐（$CaCO_3$），废水处理中的初沉物（纤维和填料），废纸制浆过程中产生的细小渣子（包括纤维、浮选污泥、筛选净化废渣），这部分污泥，灰分含量 25%～30%，沉淀颗粒细小，易脱水。

二级污泥通常称为生物污泥，主要成分是废水中有机物经活性污泥等方法生物降解后产生的剩余生物污泥，表面润滑，亲水性强，结合力较低，无机物含量为 10%～15%，远低于一级污泥，过滤性能较差。

三级污泥是造纸废水深度处理的副产物，主要是化学絮凝产生的颗粒更为细小的污泥，含有难生物降解的高分子量有机污染物，这种污泥过滤性能最差，最难处理。

造纸废水处理厂污泥主要成分如表 11-1 所列。通常情况下，二级污泥部分回流到曝气池，剩余部分与一级污泥混合，借助一级污泥的助滤作用，进行下一道浓缩与脱水的操作。

表 11-1　不同造纸废水处理产生污泥的主要成分统计[2]

成　　分	一级处理污泥	二级处理污泥	成　　分	一级处理污泥	二级处理污泥
灰分/%	5～65	5～30	Cd/(mg/kg)	0.01～1.0	0.4～12
C /%	20～50	35～50	Cu/(mg/kg)	7.0～56	64～520
N /%	0.1～0.7	1.0～8.0	Cr/(mg/kg)	6.0～34	10～30
S /%	0.1～1.4	0.1～0.9	Pb/(mg/kg)	80～410	17～95
P /%	0.03～0.1	0.3～1.2	Hg/(mg/kg)	0.01～0.08	0.01～1.0
K /%	0.02～0.6	0.2～0.6	Ni/(mg/kg)	5.0～58	6.0～93
Al/%	0.2～7.4	0.5～3.3	Zn/(mg/kg)	30～230	140～930

（二）制浆造纸废水生化处理污泥的前处理

在对制浆造纸废水生化处理污泥综合利用前，要对污泥进行一定的处理，这些处理包括污泥的调理和浓缩。

1. 造纸污泥的调理

污泥调理是污泥浓缩或机械脱水之前的预处理，其目的是改善污泥浓缩和脱水的性能，以提高脱水设备的处理能力。造纸工业的污泥常用化学调理，它是在污泥中加入适量的絮凝剂、助凝剂等化学药剂，使污泥颗粒絮凝，从而提高污泥的脱水性能。

絮凝剂有无机絮凝剂（硫酸铝、聚合氯化铝等）和有机高分子絮凝剂（聚丙烯酰胺等），助凝剂是石灰，用来调节污泥的 pH 值。目前用得较多的絮凝剂是聚丙烯酰胺类，其絮凝原理与废水絮凝处理的相同。絮凝体的形成需要的时间很短（约 20s），这种絮凝体的结合力很小，极易被破坏，要避免泵送和剧烈搅拌等剪切力作用。絮凝剂的加入量初级污泥为 0.5～2.0kg/t 污泥、二级污泥可高达 10kg/t 污泥。需要注意"过絮凝"即絮凝剂的加入量过多，絮凝体会分散，影响其脱水性。

2. 造纸工业废水中污泥的浓缩

污泥浓缩是除去污泥中的间隙水，缩小体积，为污泥的输送、脱水、利用与处置创造条件。提高浓缩污泥浓度的关键在于减少浓缩污泥量，增加污泥的滞留时间（浓缩时间），但是过于减少浓缩污泥量或加大负荷会使分离水水质恶化，降低污泥回收率。污泥浓缩主要有重力浓缩、气浮浓缩及离心浓缩三种方式，其中前两种方式应用较多。

（1）重力浓缩造纸工业废水中的污泥　重力浓缩是一种将污泥静止沉降而分离的古老的方法。表示粒子沉降速率的有斯托克斯方程式，污泥的沉降与单粒子的沉降不同，呈群体沉降，有形成污泥界面的特征。沉降初期是等速沉降域（界面沉降域），有直线性沉降倾向，但经过迁移域之后，由于界面沉降淤浆压密、压缩下层的淤浆，故过搜到沉降速率变慢的压密沉降域（压缩沉降域）。关于重力浓缩槽水面积的计算介绍以下 3 种方法。

CoeandCleuenger 提出了从初期浓度（投入浓度）C_0 到间隔浓度 C_v 间求出几个浓度 C 和沉降速度 V，对每个浓度 C 按下式算出水面积：

$$A = C_0 Q_0 (1/C - 1/C_v)/V$$

式中，Q_0 表示流入污泥流量，m^3/h。

以各浓度算出的水面积 A 的最大值定浓缩槽水面积。

Fithand Talmage 依据一条沉降曲线用下式求水面积：

$$A = (Q_0 t_a)/H_0$$

式中，t_a 表示沉降时间，h；H_0 表示浓缩槽高度，m。

吉冈提出通量理论，在考虑浓缩槽内的浓度和沉降速率的积（通量）的基础上，用表示最小固形物移动量（G_{min}）的浓度域决定槽面积，计算公式如下：

$$A = (C_0 Q_0)/G_{min}$$

（2）气浮浓缩造纸工业废水中的污泥　对难以沉降的污泥粒子可采用吸附气泡上浮的浓缩方法。微细的气泡是高效率运转的条件，按气泡生成方法的不同，可分成加压气浮法和常压气浮法。

① 加压气浮法　加压气浮法是在加压条件下把空气混合进加压水或原污泥中，混合物在气浮槽内的大气压下释放出微小气泡，上浮过程中吸附污泥粒子，实现了对污泥的浓缩。

上浮的浓缩污泥（浮泡）在上浮力的作用下被压密、浓缩，到达表层水面，刮板等收取装置将之收集起来。另外，沉淀在气浮层底部的污泥，用刮板集中后被排出。上浮污泥在脱气槽充分去除气泡后，被送到后续处理工艺中。

② 常压气浮法　常压气浮是一种在大气压下使用"发泡助剂（表面活性剂）"产生气泡的办法。用污泥泵把污泥送入混合装置，把气泡用水、发泡助剂、空气泵入发泡装置里，靠装置内部的涡轮叶片产生微细气泡。在混合装置里生成的微细气泡、高分子混凝剂和污泥相混合，使气泡和污泥中的固形物紧密结合。黏附污泥固形物的气泡被送入气浮装置，靠浮力上浮实现固液分离。设置在气浮装置上部的刮板收集上浮浓缩的污泥，再用脱气装置去除气泡之后，送到下一个处理工序。分离液从气浮装置底部被抽出，或从水位调节装置处溢流。常压气浮装置主要由发泡装置、混合装置、气浮装置、水位调节装置等所构成，作为辅助设备还有脱气装置、发泡助剂稀释设备、高分子混凝剂溶解设备等。

（3）离心浓缩造纸工业废水中的污泥　离心浓缩是指将难浓缩的污泥在离心力场中进行强制浓缩。作为驱动力的离心力（G）可用回转半径（r）和旋转数（w）的关系式来表示，即

$$G = rw^2/g$$

离心浓缩的第一要素是"离心效果"，其次沉降分离过程中时间越长污泥越密实，所以第二要素是"滞留时间"。离心浓缩根据旋转轴方向的不同可分为立式离心浓缩机和卧式离心浓缩机两大类。污泥浓缩的设备有带式过滤机、滚筒过滤机、圆盘过滤机、重力浓缩池、浮选浓缩装置等。

第一节　推荐污泥厌氧消化（发酵）生产沼气利用技术

欧美国家和地区污泥厌氧消化制生物质燃气技术及成套设备已相当成熟，并大规模应用。近年来，我国开展了一些污泥厌氧发酵生产生物质燃气，目前厌氧消化处理产生沼气技术已在我国许多城市污水处理厂应用。

一、造纸污泥的性质

污泥的可消化性与污泥中挥发分所占比例有关，周肇秋等人[4]对广州某造纸厂生化污泥的研究表明，造纸厂生化污泥的挥发分占70%（干固体）左右，碳氮比约为14，其工业分析值和元素分析值见表11-2、表11-3。

表 11-2　污泥工业分析值　　　　　　　　　　　　　　　　单位：%

类　别	水分	挥发分	固定碳	灰分
生化污泥	10.25	47.93	12.54	28.99

表 11-3　污泥元素分析　　　　　　　　　　　　　　　　单位：%

类　别	O	N	C	S	H
生化污泥	33.38	2.2	31.68	2.12	5.45

潘美玲、张安龙等[5]也对造纸污泥进行了研究，他们研究的是来自草浆造纸企业的生化污泥，其各种元素含量见表11-4，从表11-4可以看出，草浆厂生化污泥的碳氮比约为10。

表 11-4　造纸污泥元素分析　　　　　　　　　　单位：%

样　品	C	H	N	S
1	34.54	4.93	3.53	0.99
2	35.62	4.99	3.57	1.05
平均	35.08	4.96	3.55	1.02

从上面三个表可以看出，生化污泥的有机物含量为70%左右，与我国城市污泥有机物含量接近（城市污泥有机物含量为50%～70%[6]），碳氮比也符合厌氧消化的要求〔碳氮比为（10～20）：1[7]〕，所以造纸污泥可以利用现有厌氧消化产沼气技术对造纸污泥进行减量化处理和资源化利用。

二、厌氧消化产沼气技术[8]

厌氧消化是指在断绝空气的条件下，依赖兼性厌氧菌和专性厌氧菌的生物化学作用，对有机物进行生物降解的过程。在这个过程中，各种厌氧菌阶段性地分解污泥中的有机物，最终生成 CH_4、CO_2、H_2S 等物质。

（一）厌氧消化的机制

污泥厌氧消化是一个极其复杂的过程，多年来厌氧消化被概括为两阶段过程，第一阶段是酸性发酵阶段，有机物在产酸细菌的作用下，分解成脂肪酸及其他产物，并合成新细胞；第二阶段是甲烷发酵阶段，脂肪酸在专性厌氧菌——产甲烷菌的作用下转化成 CH_4 和 CO_2。但是，事实上第一阶段的最终产物不仅仅是酸，发酵所产生的气也并不都是从第二阶段产生的。因此，第一阶段比较恰当的提法是不产甲烷阶段与第二阶段称为产甲烷阶段。随着对厌氧消化微生物研究的不断深入，厌氧消化中不产甲烷细菌和产甲烷细菌之间的相互关系更加明确。1979 年，伯力特（Bryant）等根据微生物的生理种群，提出了厌氧消化三阶段理论，是当前较为公认的理论模式。三阶段消化突出了产氢产乙酸细菌的作用，并把其独立地划分为一个阶段。三阶段消化的第一阶段，是在水解与发酵细菌作用下，使碳水化合物、蛋白质和脂肪水解并发酵转化成单糖、氨基酸、脂肪酸、甘油及二氧化碳、氢等；第二阶段，是在产氢产乙酸菌的作用下，把第一阶段的产物转化成氢、二氧化碳和乙酸。

第三阶段，是通过两组生理上不同的产甲烷菌的作用，一组把氢和二氧化碳转化成甲烷，即

$$4H_2 + CO_2 \longrightarrow CH_4 + 2H_2O$$

另一组是对乙酸脱羧产生甲烷，即

$$2CH_3COOH \longrightarrow 2CH_4 + 2CO_2$$

在厌氧消化的过程中，由乙酸形成的 CH_4 约占总量的 2/3，由 CO_2 还原形成的 CH_4 约占总量的 1/3。

由上述可知，产氢产乙酸细菌在厌氧消化中具有极为重要的作用，它在水解与发酵细菌及产甲烷细菌之间的共生关系，起到了联系作用，且不断地提供出大量的 H_2，作为产甲烷细菌的能源，以及还原 CO_2 生成 CH_4 的电子供体。

参与第一阶段的微生物包括细菌、原生动物和真菌，统称水解与发酵细菌，大多数为专性厌氧菌，也有不少兼性厌氧菌。根据其代谢功能可分为以下几类。

（1）纤维素分解菌　参与对纤维素的分解，纤维素的分解是厌氧消化的重要一步，对消化速率起着制约的作用。这类细菌利用纤维素并将其转化为 CO_2、H_2、乙醇和乙酸。

（2）碳水化合物分解菌　这类细菌的作用是水解碳水化合物成葡萄糖。以具有内生孢子的杆状菌占优势。丙酮、丁醇梭状芽孢杆菌（Clostridium acetobuty licum）能分解碳水化合物产生丙酮、乙醇、乙酸和氢等。

（3）蛋白质分解菌　这类细菌的作用是水解蛋白质形成氨基酸，进一步分解成为硫醇，氨和硫化氢，以梭菌占优势。非蛋白质的含氮化合物，如嘌呤、嘧啶等物质也能被其分解。

（4）脂肪分解菌　这类细菌的功能是将脂肪分解成简易脂肪酸。以弧菌占优势。原生动物主要有鞭毛虫、纤毛虫和变形虫。真菌主要有毛霉（Mucor）、根霉（Rhizopus）、共头霉（Syncephalastrum）、曲霉（Aspergillus）等，真菌参与厌氧消化过程，并从中获取生活所需能量，但丝状真菌不能分解糖类和纤维素。

参与厌氧消化第二阶段的微生物是一群极为重要的菌种——产氢产乙酸菌以及同型乙酸菌。国内、外一些学者已从消化污泥中分离出产氢产乙酸菌的菌株，其中有专性厌氧菌和兼性厌氧菌。它们能够在厌氧条件下，将丙酮酸及其他脂肪酸转化为乙酸、CO_2，并放出 H_2。同型乙酸菌的种属有乙酸杆菌，它们能够将 CO_2、H_2 转化成乙酸，也能将甲酸、甲醇转化为乙酸。由于同型乙酸菌的存在，可促进乙酸形成甲烷的进程。

参与厌氧消化第三阶段的菌种是甲烷菌或称为产甲烷菌（Methanogens），是甲烷发酵阶段的主要细菌，属于绝对的厌氧菌，主要代谢产物是甲烷。甲烷菌常见的有四类。

（1）甲烷杆菌　杆状细胞，连成链或长丝状，或呈短而直的杆状。
（2）甲烷球菌　球形细胞呈正圆或椭圆形，排列成对或成链。
（3）甲烷八叠球菌　它可繁殖成为有规则的，大小一致的细胞，堆积在一起。
（4）甲烷螺旋菌　呈有规则的弯曲杆状和螺旋丝状。

据报道，目前已得到确证的甲烷菌有 14 种 19 个菌株，分属于 3 个目 4 个科 7 个属。表 11-5 所列是主要几种甲烷菌属种及其分解的底物。

三阶段消化的模式如图 11-1 所示。

表 11-5　甲烷菌主要属种及其分解的底物

甲烷菌属种	分解的底物
马氏甲烷球菌（Methanococcus Mazei）	乙酸盐、甲酸盐
产甲烷球菌（Methanococcus Vanniel）	氨、蚁酸盐
产甲烷八叠球菌属（Methanosarcina Barkeru）（Methanosarcina Methanica）	乙酸盐、甲醇乙酸盐、甲酸盐
乙酸甲烷杆菌（Methanobacterium Formicicum）	蚁酸盐、二氧化碳、氢
奥氏甲烷杆菌（Methanobacterium Omeliansku）	乙醇、氢
丙酸甲烷杆菌（Methanobacterium Propionicum）	丙酸盐
孙氏甲烷杆菌（Methanobacterium Sohngenv）	乙酸盐、甲酸盐
铬酸甲烷杆菌（Methanobacterium Suboxydans）	乙酸盐、甲酸盐、戊酸盐
反刍甲烷杆菌（Methanobacterium Ruminantium）	乙酸盐

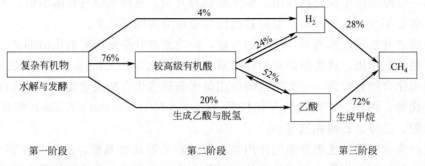

图 11-1　有机物厌氧消化模式

（二）厌氧消化的影响因素

（1）温度因素　甲烷菌对于温度的适应性，可分为两类，即中温甲烷菌（适应温度区为 30~36℃）和高温甲烷菌（适应温度区为 50~53℃）。两区之间的温度，反应速率反而减退，可见消化反应与温度之间的关系是不连续的。温度与有机物负荷、产气量关系见图 11-2。

利用中温甲烷菌进行厌氧消化处理的系统叫中温消化，利用高温甲烷菌进行消化处理的系统叫高温消化。从图 11-2 可知，中温消化条件下，挥发性有机物负荷为 0.6~1.5kg/(m³·d)，产气量为 1~1.3m³/(m³·d)；而高温消化条件下，挥发性有机物负荷为 2.0~2.8kg/(m³·d)，产气量为 3.0~4.0m³/(m³·d)。

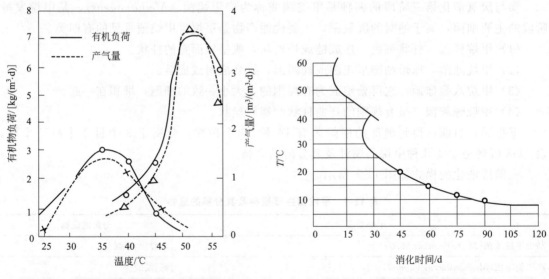

图 11-2　温度与有机物负荷、产气量关系　　　　图 11-3　温度与消化时间的关系

中温或高温厌氧消化允许的温度变动范围为 ±(1.5~2.0)℃。当有 ±3℃ 的变化时，就会抑制消化速率，有 ±5℃ 的急剧变化时，就会突然停止产气，使有机酸大量积累而破坏厌氧消化。

消化温度与消化时间的关系，消化时间是指产气量达到总量的 90% 所需时间。两者关系见图 11-3。

由图 11-3 可见，中温消化的消化时间为 20~30d，高温消化为 10~15d。

因中温消化的温度与人体温接近，故对寄生虫卵及大肠菌的杀灭率较低；高温消化对寄生虫卵的杀灭率可达99％，对大肠菌指数可达10～100，能满足卫生要求（卫生要求对蛔虫卵的杀灭率95％以上，大肠菌指数为10～100）。

（2）生物固体停留时间（污泥龄）与负荷

消化池的容积负荷和水力停留时间（即消化时间）t的关系见图11-4。厌氧消化效果的好坏与污泥龄有直接关系，有机物降解程度是污泥龄的函数。对于无回流的完全混合厌氧消化系统，污泥龄等于水力停留时间。随着水力停留时间的延长，有机物降解率和甲烷产率可以得到提高。

而消化池的容积负荷也影响着厌氧消化的效果。容积负荷表示单位反应器容积每日接受的污泥中有机物质的量。容积负荷过高，消化池内脂肪酸可能积累，pH值下降，污泥消化

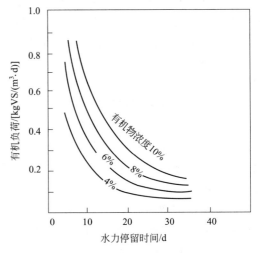

图 11-4 容积负荷和水力停留时间关系

不完全，产气率降低。容积负荷过低，污泥消化较完全，产气率较高，消化池容积大，基建费用增高。根据我国污水处理厂的运行经验，城市污水处理厂污泥中温消化的投配率（消化池的投配率是每日投加新鲜污泥体积占消化池有效容积的百分数）以5％～8％为宜，相应的消化时间为12.5～20d。

（3）搅拌和混合 厌氧消化是由细菌体的内酶和外酶与底物进行的接触反应，因此必须使两者充分混合。搅拌的目的是使消化原料均匀分布，增加微生物与消化基质的接触，也使发酵产污及时分离，从而提高产气量，加速反应，充分利用厌氧消化池的体积。若搅拌不充分，除代谢率下降外，还会引起反应器上部形成泡沫和浮渣层，以及反应器底部沉积固体物的大量形成。搅拌的方法随消化状态的不同而异，对于液态发酵用泵加水射器搅拌法；对于固态或半固态用消化气循环搅拌法和混合搅拌法等。

（4）营养与C/N比 厌氧消化池中，细菌生长所需营养由污泥提供。合成细胞所需的碳（C）源担负着双重任务，其一是作为反应过程的能源，其二是合成新细胞。麦卡蒂（McCarty）等提出污泥细胞质（原生质）的分子式是$C_5H_7NO_3$，即合成细胞的C/N约为5:1。因此要求C/N达到（10～20）:1为宜。如C/N太高，细胞的氮量不足，消化液的缓冲能力低，pH值容易降低；C/N太低，氮量过多，pH值可能上升，铵盐容易积累，会抑制消化进程。根据勃别尔（Popel）的研究，各种污泥的C/N见表11-6。

表 11-6 各种污泥底物含量及 C/N

底物名称	污泥种类		
	初沉污泥	活性污泥	混合污泥
碳水化合物/％	32.0	16.5	26.3
脂肪、脂肪酸/％	35.0	17.5	28.5
蛋白质/％	39.0	66.0	45.2
C/N	（9.40～10.35）:1	（4.60～5.04）:1	（6.80～7.50）:1

可见，从C/N看，初次沉淀池污泥比较合适，混合污泥次之，而活性污泥不太适宜单

独进行厌氧消化处理。

（5）丙酸[9]　丙酸是厌氧生物处理过程中一个重要的中间产物，有研究指出，在城市污水处理剩余污泥的厌氧消化中，系统甲烷产量的 35% 是由丙酸转化而来。同其他的中间产物（如丁酸、乙酸等）相比，丙酸向甲烷的转化速率是最慢的，有时丙酸向甲烷的转化过程限制了整个系统的产甲烷速率。丙酸的积累会导致系统产气量的下降，这通常是系统失衡的标志。

在厌氧消化处理污水处理厂的剩余污泥、猪粪、食品垃圾以及一些工业废水时，都发现在系统失败前，丙酸浓度的异常增长。在超负荷厌氧消化系统中，丙酸与乙酸比率在提高进料浓度后迅速升高，在其他监测指标发生变化之前优先指示出系统超负荷的工况。鉴于丙酸积累和系统失衡之间的这种相关性，有学者提出把丙酸浓度或丙酸与乙酸浓度之比作为衡量厌氧反应器异常状况的指标。

丙酸浓度的增加对产甲烷菌有抑制作用，因此丙酸积累会造成系统失衡。研究表明，通过加入苯酚造成系统中丙酸浓度增加（苯酚厌氧降解产生丙酸）时，丙酸浓度最高积累至 2750mg/L，同时 pH 值低于 6.5，在此条件下未观察到对底物葡萄糖产甲烷的抑制作用，因此有人认为，丙酸的高浓度并不意味着厌氧消化系统的失衡。从以上的分析可以看出，系统失衡时常常伴随着丙酸的积累，但是丙酸积累可能只是系统失衡的结果，并不是原因。

控制厌氧消化系统中的丙酸积累，应当控制合适的条件以减少丙酸的产生，并且同时创造有利条件促进丙酸转化。首先，可以采用两相厌氧消化工艺。水解产酸菌和产甲烷菌的最佳生长环境条件不同，通过相分离可以有效地为两类微生物提供优化的环境条件。适当控制产酸相的 pH 值从而抑制丙酸的产生，在产甲烷相中，由于较低的氢分压以及利用氢的产甲烷菌的存在，促进丙酸被有效转化，从而提高反应器效率和系统稳定性。在废水高温厌氧处理中，当丙酸是主要的有机污染物而氢气的产生不可避免时，应采用两相厌氧反应器，在第二相中，丙酸可以被去除。两相系统处理能力提高的原因主要为在第二个反应器中，氢分压的降低促进了丙酸的氧化。

由于有机负荷的提高往往造成丙酸的产生，从而导致丙酸的积累和系统的失衡，所以，抑制厌氧消化系统中的丙酸积累，还可以选择抗冲击负荷的反应器形式。当处理水质或水量波动大的废水时，选用抗冲击负荷的反应器形式就能有效增强系统的稳定性。和其他形式的厌氧反应器相比，厌氧折流板反应器（ABR）具有良好的抗冲击负荷能力，它将反应器分成不同的隔室，在每一个隔室中，水流呈完全混合的状态以促进微生物和基质的接触，而整个反应器中，水流则是推流状态以实现微生物种群的分离。当发生冲击负荷时，第一个隔室中较低的 pH 值和较高的底物浓度使产乙酸菌和丁酸发酵菌大量生长，从而限制了产丙酸菌的生长。虽然第一个隔室会发生氢的积累，但是多隔室的构造使过量的氢气可以从系统排出，从而增强了系统的稳定性。

（6）重金属[10]　在消化液中添加少量的钾、钠、钙、镁、锌、磷、锰等元素能促进厌氧反应的进行，主要是因为钙、镁、锰等二价金属离子是酶活性中心的组成成分，其中锌、锰离子还是水解酶的活化剂，能提高酶活性，促进反应速度，有利于纤维素等大分子化合物的分解。但过量的金属离子或有毒重金属离子对甲烷发酵有抑制作用，主要表现在两个方面：一方面，与酶结合产生变非物质，使酶的作用消失；另一方面，重金属离子与氢氧化物的絮凝作用，使酶沉淀。多种金属离子共存时，毒性有拮抗作用，忍受浓度可提高。如 Na^+ 单独存在时，临界浓度为 7000mg/L，而与 K^+ 共存，K^+ 浓度达到 3000mg/L 时，Na^+

的临界浓度可提高 80％，达到 12600mg/L。重金属的毒性可以用硫化物配合法降低，例如锌浓度过高时，可加入 Na₂S，产生 ZnS 沉淀，毒性即降低。

进水中铜、锌、镍、铅这 4 种不同的重金属离子浓度对两相厌氧消化工艺有一定的影响。产酸相的污泥对铅有很好的吸附作用，铜次之，而对锌和镍没有很好的吸附作用。对产甲烷相的产气情况进行观察，并与到达该反应器的重金属离子浓度进行比较，发现相分离没有预期那样提供保护作用。将这 4 种金属直接加入到产甲烷相反应器中，发现所有的金属离子都会引起 COD 去除率的明显下降，而在停止重金属的加入后，又会立即恢复。在这 4 种金属中，镍和铅对产气的影响较大。研究报道，微量金属元素铁、钴、镍的氮化物与无机营养液中其他物质混合，只能达到很低的乙酸利用率，为 $4 \sim 8 \mathrm{kg/m^3}$；而当铁、钴、镍的氯化物直接加入厌氧消化反应器内时，乙酸的利用率则高达到 $30 \mathrm{kg/m^3}$，并且反应器内的甲烷优势菌发生变化，由索氏甲烷丝状菌占优势转变到由巴氏甲烷八叠球菌占优势。

我国城市污泥的重金属含量普遍低于美国等国家，其污染主要以锌和铜为主，其他重金属含量较低。以重金属的平均值进行比较，即使是含量最高的锌，也低于瑞典城市污泥中锌的含量，更远远低于英国和美国。容易超标的锌、铜、镉、铅的含量分别比英国低 96％、13.1％、35.0％、58.7％，比美国低 52％、44％、8％、39％。因此，工业发达国家所强调的城市污泥农用的重金属污染问题在我国并不会像人们想象的那样严重。

（三）厌氧消化工艺及设备

传统的厌氧消化工艺是产酸菌和产甲烷菌在单相反应器内完成厌氧消化的全过程。由于两者的特性有较大的差异，对环境条件的要求迥异，传统的厌氧消化工艺无法使产酸菌和产甲烷菌都处于最佳的生理生态环境条件，因而影响了反应器的效率，处理后的污泥不达标，所以目前厌氧消化生产沼气工艺使用较多的是两相厌氧消化工艺。污泥厌氧消化产沼气工艺流程见图 11-5。

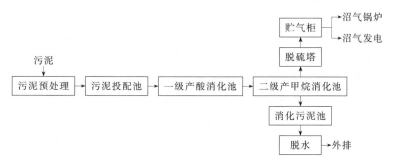

图 11-5　污泥厌氧消化产沼气工艺流程

1. 污泥预处理

污泥的厌氧消化可分为三个阶段：水解发酵、酸性发酵和甲烷发酵，后两个阶段进行得很快，而水解过程进行缓慢，是厌氧消化的限速步骤，所以导致厌氧消化较长的停留时间和较大的消化池体积。水解缓慢的主要原因之一，是由于微生物细胞壁和细胞膜的存在。因为污泥是厌氧菌的基质来源，而污泥本身主要是由微生物构成的，厌氧菌进行发酵所需的基质就包含在微生物的细胞膜内，因此，只有打破细胞壁/细胞膜，将这些有机质释放出来，厌氧菌才能利用它们进行厌氧消化。所以，对污泥进行预处理，提高厌氧消化过程中污泥的水解速率及固体悬浮物化学需氧量（SCOD）的含量，能够有效地改善污泥的消化性能。对于造纸污泥,由于其有机物中主要是纤维素、半纤维素和木质素等物质,其自身厌氧消化较困难,存在着有机物质降解率低(30%～50%)、污泥停留时间长(通常为20～30d)等缺点。所以有必要对污泥进行预处理,以增加造纸污泥的可使得难降解的有机物质水解变成可溶性的小分子,易被产酸菌利用。厌氧消化预处理手段包括碱溶法、超声波法、臭氧氧化法、γ射线辐照法以及高能电子束辐照等。

(1)超声波法　超声波是指频率从20kHz到100MHz这个波段范围内的声波。超声波作用主要有三大机制即空化作用机制、热解机制和声致自由基机制,是一个非常复杂的过程。超声波预处理可以使污泥中微生物细胞壁破裂,促进胞内溶解性有机物释放,表现为剩余污泥的SCOD、氮与磷浓度增加,从而改善剩余污泥的微生物可利用性。超声波预处理的优点:设计紧凑;成本低,可自动化操作;可提高产气率;可改善污泥的脱水性能;对污泥后续处理没有影响;无二次污染。

季民等[11]的研究表明,低频超声技术能够有效破解污泥絮体和微生物细胞,增加污泥中溶解性有机物含量,减少污泥悬浮固体量;污泥超声破解沥出液中多糖、蛋白质、DNA的含量变化与超声时间和超声强度成正比。破解时间越长、超声强度越大,会有更多的胞内物质沥出;但过长时间的超声破解,会使污泥絮体破碎,脱水性能变差。超声破解能够加速污泥厌氧水解酸化速率,经过超声破解的污泥在厌氧反应中,基本不经历水解阶段,而是直接进入酸化阶段。污泥超声破解预处理技术能够提高厌氧消化的生物气产量、有机物去除、减少污泥量、缩短消化时间,破解污泥在8d停留时间下的厌氧消化效果优于原污泥在20d下的效果。史吉航等[12]的研究也表明,超声波处理能显著提高两相厌氧消化对有机物的去除率,且声能密度越大,去除率提高的幅度越大。超声破解能缩短产酸相的污泥停留时间,因而可减小产酸相构筑物的容积,节省处理成本。还可显著提高两相厌氧消化工艺的产气量和产气率,缩短两相厌氧消化时间。而伍峰等[13]对超声破解对造纸污泥的影响进行了研究,发现造纸污泥进行超声破解后,其污泥中糖类等低分子有机化合物含量增加,木质素等高分子物质含量下降。

(2)臭氧氧化法[14]　臭氧预处理是将臭氧通入污泥中对污泥进行破解,臭氧的投加量不同,对污泥的破解程度也不同。在臭氧破碎剩余污泥的过程中,首先破坏分解细胞壁和细胞膜,使得大量细胞质释放到溶液中,导致污泥浓度减少,污泥溶液中溶解性有机物含量增加。陈英文等人对剩余污泥的臭氧预处理进行了研究,研究表明随着臭氧投加量的增加,SS、VSS逐步减少,SCOD、TOC逐步增加。当臭氧投加量小于0.135g(以每克SS计,下同)时,SS、VSS随着臭氧投加量的增加而迅速减少,SCOD、TOC则相应迅速增加;当臭氧投加量大于0.135g时,SS、VSS缓慢减少,SCOD、TOC缓慢增加,并趋于稳定(见图11-6)。在臭氧氧化破碎污泥时,细胞还会释放出大量的蛋白质和多糖(见图11-7)。从而改善了污泥的消化性能。但目前还没有文献记录有关对造纸污泥进行臭氧预处理效果的研究。

(3)碱溶法　碱溶法预处理是指在污泥厌氧消化前加入一定量的碱进行处理,该方法可使污泥中45%以上的有机质溶解,因而消化过程的产气量、有机碳和VS的去除率也随之提高。与其他预处理方法相比,碱溶法处理具有操作简单、方便以及处理效果好等优点。

林云琴等[15]人对造纸污泥碱溶法预处理对造纸污泥的影响进行了研究,研究表明经碱处理后,造纸污泥的结构和理化性质都发生了变化。

经碱处理后,污泥颗粒间的孔隙度减少,纤维明显变短,污泥表面结构变得较为光滑,

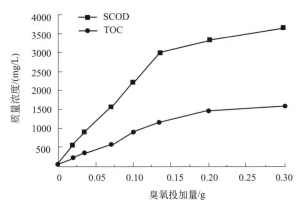

图 11-6　臭氧投加量对 SCOD、TOC 的影响

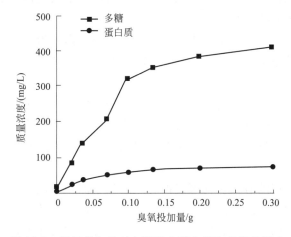

图 11-7　臭氧投加量对上清液中蛋白质和多糖的影响

说明经过预处理后的造纸污泥中大分子被降解为小分子（蛋白质和烃类化合物）以利于后续厌氧消化微生物利用，促进后续系统的甲烷产量，且这种处理效果随着 NaOH 用量的增加而增强，见图 11-8。

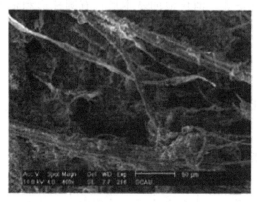
(a) 对照

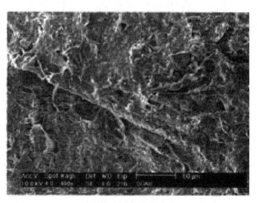
(b) 0.3%NaOH预处理[13]

图 11-8　预处理前后造纸污泥表面结构的电镜扫描图 （×400）

而对处理后造纸污泥的性质的检测表明，造纸污泥的 SCOD 的含量均显著提高，其中碱预处理后污泥中 SCOD 含量最高达 20472.7mg/L，污泥中 VSS 的含量降低了 6%～19%，说明污泥中难溶性的大分子有机物被降解为可溶性的小分子物质。

总之，经过对造纸污泥进行预处理，可以增加造纸污泥的可降解性，缩短厌氧消化的时间。

2. 厌氧消化工艺及设备

目前使用较多的厌氧消化工艺是两相厌氧消化工艺，它是由 Pohland 和 Ghosh 于 1971 年提出，该工艺基于参与厌氧消化的两类微生物（即产酸菌和产甲烷菌）在营养需要、生理和动力学上存在差异的情况，通过将产酸菌和产甲烷菌分别在各自独立的反应罐内培养，使两类细菌的生长和代谢均达到最佳状态，从而提高整个系统的处理效能。同时，在产甲烷罐前设置产酸罐，一方面可通过控制产酸罐的产酸速率来避免产甲烷罐超负荷运行，另一方面还提高了整个厌氧消化系统抗冲击负荷的能力，进而提高了系统运行的稳定性。

两相厌氧消化工艺的特点是如下。

（1）将产酸菌和产甲烷菌分别至于两个不同的反应器内并为它们提供了最佳的生长和代谢条件，使它们能够发挥各自最大的活性，处理能力和效率比一段式厌氧消化工艺大大提高。

（2）两相分离后，各反应器的分工更明确，产酸反应器可对污泥进行预处理，不仅为产甲烷反应器提供了更适宜的基质，还能够解除或降低水中有毒物质，如硫酸根、重金属离子的毒性，改变难降解有机物的结构，减少对产甲烷菌的毒害作用和影响，增强了系统运行的稳定性。

（3）适当提高产酸相的有机负荷可以抑制产酸相中的产甲烷菌的生长，同时，提高了产酸相的处理能力。产酸菌的缓冲能力较强，加大有机负荷造成的酸积累不会对产酸相有明显的影响，也不会对后续的产甲烷相造成危害。两相分离能够有效地预防在一段厌氧消化工艺中常见的酸败现象。

（4）由于产酸菌的世代时间远远短于产甲烷菌，产酸菌的产酸速率高于产甲烷菌降解酸的速率，在两相厌氧消化工艺中，产酸反应器的体积总是小于产甲烷反应器的体积。

厌氧消化的设备主要是消化池，消化池的构造主要包括污泥的投配、排泥及溢流系统，沼气排出、收集与储气设备，搅拌设备及加温设备等。消化池的基本形式有圆柱形和蛋形两种。

第二节　推荐造纸污泥生产建筑材料技术

一、利用造纸污泥和页岩生产建筑轻质节能砖[16]

董晓峰等人对纸厂废水处理污泥与黏土和页岩分别混合生产轻质节能砖进行了小试和中试。试验用的造纸污泥是两种（白板纸 A 和牛皮纸 B）造纸企业污水处理中产生的经过压滤脱水的泥饼，其化学成分及性能见表 11-7。从表 11-7 中可以看出，这两种造纸污泥的含水率大，有机物含量大于 60%，其余为造纸填料等无机物。

表 11-7　污泥化学成分和性能

项目	SiO₂ /%	Fe₂O₃ /%	Al₂O₃ /%	TiO₂ /%	CaO /%	MgO /%	烧失量 /%	高位发热量 /(kJ/kg)	含水率 /%	密度 /(t/m³)
A	15.38	0.74	7.96	0.56	10.96	2.12	61.42	9734	68.7	1.18
B	19.70	1.23	6.59	2.54	5.28	3.04	62.76	10441	71.4	1.25

董晓峰等人对造纸污泥生产建筑用砖的可行性进行了试验，试验内容如下：由于造纸污泥含水率在70%左右，且其密度较小（制砖堆积密度泥料≥1.8t/m³，污泥堆积密度仅为1.2t/m³左右），所含有机纤维燃点低，所以试验所要解决的关键问题是污泥的高含水率、掺配比例及原料处理混合工艺和烧成温度等，为此，他们在实验室进行了不同配比和烧成温度对产品性能影响的正交试验，结合富阳造纸污水处理工程上马后污泥产出量和现有烧结砖企业的生产规模，将污泥的掺入量下限定为15%（换算成干重），设计的样品配比编号见表11-8。

表 11-8　样品配比及编号与烧成制度的关系

配方	1000℃保温，30min	1050℃保温，30min	1100℃保温，60min	配方	1000℃保温，30min	1050℃保温，30min	1100℃保温，60min
A1	A11	A12	A13	B1	B11	B12	B13
A2	A21	A22	A23	B2	B21	B22	B23
A3	A31	A32	A33	B3	B31	B32	B33
A4	A41	A42	A43	B4	B41	B42	B43

各种原料按配比配制后经充分混合，制成试样在高温炉内按拟定的烧成温度和保温时间烧制成样品，然后测试样品的物理机械性能，检验结果见表11-9。从表11-9中样品的性能看，污泥A和污泥B性能基本一致，可以一并利用。掺入量15%以上不适用于生产普通建筑用烧结砖（现行国家烧结砖标准要求为：吸水率≤22%；压缩强度≥10.0MPa），虽然可以通过提高焙烧温度和延长保温时间提高制品的压缩强度，但对降低制品的吸水率作用不明显。同时，因为样品中的有机纤维经高温灼烧后在制品中留下大量微小气孔，提高了制品的保温性能。所以生产轻质节能砖是现实可行的，也符合国家提倡建筑节能的产业政策。

表 11-9　不同配比样品的性能

编号	吸水率 W/%	压缩强度/MPa	编号	吸水率 W/%	压缩强度/MPa
A11	34.0	5.3	B11	32.2	6.2
A12	33.2	11.6	B12	33.8	10.0
A13	30.9	14.8	B13	31.2	12.5
A21	37.9	5.8	B21	37.6	6.1
A22	37.5	10.5	B22	40.3	7.1
A23	33.4	14.0	B23	37.0	10.6
A31	44.8	5.9	B31	45.4	4.4
A32	43.3	6.0	B32	45.2	7.0
A33	41.7	8.3	B33	43.5	11.0
A41	52.5	2.4	B41	52.7	3.0
A42	52.2	5.9	B42	51.1	4.6
A43	50.2	6.0	B43	49.8	4.8

董晓峰等在证明掺烧造纸污泥生产轻质节能砖的可行性后，又进行了中试。中试从三步进行：

（1）原料的混合、均化、处理工艺是否能达到扩大再生产要求　采用 A11 配方进行试生产，试验结果证明采用两辊两搅以上，并配合真空制砖机，可以满足生产要求。但由于造纸污泥中的有机纤维燃点低（仅为 400℃ 左右），燃烧快、持续时间短，与普通烧结砖缓慢升温长保温时间的烧成制度有一定的矛盾，为此进行第二步。

（2）焙烧制度对产品性能的影响规律　按 A3、A4 配方，用页岩替代黏土各生产一万余块产品，产品成型和干燥情况良好，烧制产品密度约 900kg/m³。经上海市建筑科学研究院检测站检测，其传热系数≤1.47W/(m²·K)（200mm 砖墙普通混凝砂浆砌筑），符合《夏热冬冷地区居住建筑节能设计标准》围护外墙要求，其他性能指标见表 11-10，可以满足大多数建筑工程要求。经比对，由于砖坯中所含有机纤维燃烧产生大量热量，烧成时外投煤可降低 50% 以上。

表 11-10　节能砖产品性能

配方	压缩强度 /MPa	5h 沸煮吸水率/%	孔洞率 /%	泛霜	石灰爆裂	放射性	
						内照射指数	外照射指数
A3	6.72	31	37	无泛霜	无石灰爆裂	0.2	0.5
A4	8.51	28	35	无泛霜	无石灰爆裂	0.2	0.5

（3）改造生产设备，生产保温性更好的矩形孔和矩形条孔产品　将生产设备改为按交错排列的矩形孔型，用压滤后含水为 70% 的造纸污泥直接与页岩及外加剂掺合，进行中试烧制，其产品传热系数为 1.19W/(m²·K)（240mm 砖墙普通混合砂浆砌筑），可以满足建造节能 50% 建筑的要求。

目前用造纸污泥与页岩烧制保温砖的技术已有应用，据《新型建筑材料》2009 年第 9 期报道，浙江富阳新亿建材有限公司利用造纸污泥和当地丰富的页岩资源成功研制了烧结保温砖。不久前，年设计生产能力 8000 万块标砖的烧结保温砖生产线正式建成投入生产。企业正常生产日处理污泥 200 多吨，年处理污泥 6 万多吨。

二、利用造纸污泥和水泥制造轻质砖[17]

（一）技术介绍

此技术是以造纸污泥和水泥为基料制成的轻质砖。其原料组成如下：

（1）基料　造纸污泥与 32.5 级水泥以纯品计按质量比为（6～5）:1 的混合物；

（2）交联剂　甲醛和尿素以纯品计按质量比为（3～2）:1 的混合物；

（3）发泡剂　骨胶、十二烷基苯磺酸钠、三乙醇胺按质量比（11～10）:（4～3）:1 的混合物；

其中基料与发泡剂以纯品计的质量比为 1000:（1～4），基料与交联剂以纯品计的质量比为 1000:（0.3～1.3），骨胶加入 5 倍的水加热至溶解，熬制成胶液；在搅拌机中按比例依次加入基料、交联剂、发泡剂，充分搅拌混合均匀后送入制砖机中成型，在固化室内常温固化，固化时间需 4～6d，固化好的轻质砖进行拉毛处理即得成品。

所用造纸污泥是从造纸厂污泥脱水车间输出的无杂质污泥，含水率为 40%～50%，其有机质含量以污泥干品及为 55%～70%（质量分数）。

这个专利的关键创新点是：造纸污泥主要成分为纤维素、木质素，干燥固化后本身的体积密度小于 $1000kg/m^3$，再经发泡后制成的轻质砖体积密度可达到 $400\sim700kg/m^3$；由于砖体是通过纤维素的交联固化而形成的，不但强度高，而且富有弹性，其抗震、抗折能力都远远优于混凝土轻质砖，耐压强度达到 $5.5\sim9.5MPa$；热导率为 $0.2\sim0.3W/(m\cdot K)$；性能指标达到国家相关标准（国家新型墙材标准 GB/T 19631—2005 技术标准）。

（二）实施例

下面所列三个实施例采用的原料均为市购产品；所用造纸污泥为山东正大纸业排出的含水 76% 的造纸污泥，其中有机质含量以污泥干品计为 55%～70%（质量分数）。

实施例中产品的体积密度和耐压强度的测试方法均为常规测试方法，热导率测定采用温州三和量具仪器有限公司生产的 DRX-3030 型的热导率测定仪。

实施例中所用螺旋压滤机为上海大团压滤机有限公司生产的 DLW200-1 型的全自动叠螺式污泥脱水机。

实施例 1

（1）原料组分　造纸污泥 350kg，32.5 级水泥 16kg，40% 的甲醛水溶液 84g，尿素 16g，骨胶 144g，十二烷基苯磺酸钠 42g，三乙醇胺 14g。

（2）生产步骤

① 造纸污泥脱水　造纸污泥 350kg，通过螺旋压滤机进一步脱水到含水率 40%。

② 基料配置　将脱水后造纸污泥置入搅拌机内，加入 32.5 级水泥 16kg，混合均匀，形成基料。

③ 交联剂制备　40% 甲醛溶液 84g 加入 16g 尿素，混合均匀即得交联剂。

④ 发泡剂的配制　骨胶 144g 加入 720g 水加热至溶熬制成胶液，然后加入十二烷基苯磺酸钠 42g，三乙醇胺 14g 搅拌均匀即得发泡剂。

⑤ 混料成型　向混合好基料的搅拌机中加入配好的交联剂、发泡剂，充分搅拌，混合均匀，然后送入制砖机中成型，制成 6 块长 60mL，宽 24mL，高 20mL 的方柱形轻质砖，放在固化室内常温固化 6d，经过简单的拉毛处理后，每块轻质砖的质量约 16.5kg，测得体积密度和耐压强度分别为 $573kg/m^3$ 和 $7.6MPa$，热导率为 $0.28W/(m\cdot K)$。

实施例 2

（1）原料组分　原料组分同实施例 1，所不同的是取 40% 的甲醛水溶液 126g，尿素 24g。

（2）生产步骤　具体步骤同实施例 1，所不同的是步骤④发泡剂的配制：骨胶 170g 加入 850g 水加热至溶熬制成胶液，然后加入十二烷基苯磺酸钠 50g，三乙醇胺 16g 搅拌均匀即得发泡剂。所得轻质砖制品经过拉毛处理后测得体积密度和耐压强度分别为 $650kg/m^3$ 和 $7.2MPa$，热导率为 $0.24W/(m\cdot K)$。

实施例 3

（1）原料组分　原料组分同实施例 1，所不同的是取骨胶 170g，十二烷基苯磺酸钠 50g，三乙醇胺 16g。

（2）生产步骤　具体步骤同实施例 1，所不同的是步骤③交联剂制备：取 40% 的甲醛水溶液 126g，尿素 24g，混合均匀即得交联剂。

三、利用造纸污泥和工业废渣烧制轻质环保砖[18]

（一）技术介绍

本技术是以造纸污泥和工业废渣等为原料生产烧结轻质环保砖的方法。其原料组成见表 11-11。

表 11-11　烧结轻质环保砖原料组成

成　　分	数量/份	成　　分	数量/份
造纸污泥粉料	30～40	碳酸钠	1～2
工程废泥渣粉料	28～38	硼砂	1～2
河流淤泥粉料	25～35	硫酸亚铁	2～3
垃圾灰渣粉料	18～28	硫酸镁	5～9
炉渣粉料	18～28	Li 高分子重金属捕集剂	0.5～0.8
生石灰粉料	12～18	水	15～25
硫酸钙粉料	3～6		

其中造纸污泥粉料为造纸厂在生产过程中产生的工业废水和厂内生活污水，经过污水处理厂处理后分离出来的一种混合废物，经过脱水、除臭、杀菌消毒、螯合处理、干燥，再经磨粉、分选后制成粒径小于 2mm 的粉料。

工程废泥渣粉料为住宅建设中挖基础及地下停车场时排放的废弃泥渣和市政建设工程排放的泥砂石的一种固体废物，经过分选、破碎、筛分、干燥，再磨粉、分选后制成粒径为小于 2mm 的粉料。

河流淤泥粉料为对所有被污水污染的河流进行清理整治过程中排放的大量淤泥废砂的一种废物，经过脱水、除臭、消毒杀菌、螯合处理、干燥，再磨粉、分选后制成粒径小于 2mm 的粉料。

垃圾灰渣粉料为生活垃圾焚烧发电后排出的废渣，经过分选、粉碎、磁选去除废金属后，再磨粉、分选制成粒径小于 2mm 的粉料。

生产步骤为：将 30～40 质量份的造纸污泥粉料、28～38 质量份的工程废泥渣粉料、25～35 质量份的河流淤泥粉料、18～28 质量份的垃圾灰渣粉料、18～28 质量份的炉渣粉料、12～18 质量份的生石灰粉料、3～6 质量份的硫酸钙、1～2 质量份的碳酸钠、1～2 质量份的硼砂、2～3 质量份的硫酸亚铁、5～9 质量份的硫酸镁、0.5～0.8 质量份的 Li 高分子重金属捕集剂和 15～25 质量份的水为原料，采用双轴混合搅拌机搅拌呈潮湿状，用真空挤泥机挤压成长方条形，经切坯机切割成型，在 20～30MPa 的压力下制造成砖坯，进行自然干燥。将自然干燥的砖坯送进隧道窑进行焙烧制成轻质环保砖。

由于造纸污泥含有大量有机物质，能够起到燃烧作用，利用硼砂、生石灰粉为消毒杀菌剂，硫酸钙作为固化剂，利用垃圾灰渣和炉渣替代煤炭作为造纸污泥烧结环保砖的内燃原料，因为垃圾灰渣和炉渣本身含有一定量的固定碳和挥发分，一般为 20%～30%，其发热量为 1300～2500kJ/kg，能够燃烧，为废物再生利用。与生石灰、硫酸钙、碳酸钠、硼砂、Li 高分子重金属捕集剂的化学原料混合制造成造纸污泥轻质环保砖坯，使砖坯的干燥速率加快，性能好，利用隧道窑进行焙烧。用硫酸亚铁为还原剂，硫酸镁为二价铁的保持剂，可使污泥中的臭气充分分解。

（二）具体实施方式

实施例 1

（1）原料制备　将造纸厂在生产纸品过程中产生的工业废水和工厂内的生活污水，经污水处理厂处理后分离出的污泥，经脱水、除臭、消毒杀菌、螯合处理、干燥，再经磨粉、分选后制成粒径小于 2mm 的造纸污泥粉料；将住宅建设中挖基础及地下停车场时排放的废弃泥渣和市政建设工程中排放的泥砂石，经过分选、破碎、粉碎、筛分、干燥，再磨粉、分选后制成粒径小于 2mm 的工程废泥渣粉料；将对被污染的河流进行清理整治过程中排放的大量淤泥废砂，经过脱水、除臭、消毒杀菌、螯合处理、干燥，再经磨粉、分选后制成粒径为小于 2mm 的河流淤泥粉料；将生活垃圾焚烧发电后排出的废渣，经过分选、粉碎、磁选去除废金属后，经磨粉、分选制成粒径为小于 2mm 的垃圾灰渣粉料；将煤炭锅炉燃烧后排出的废渣，经破碎、分选、粉碎、磁选去除废金属后，再磨粉、分选制成粒径小于 2mm 的炉渣粉料。

（2）制砖　取已制好的造纸污泥粉料 30kg、工程废泥渣粉料 38kg、河流淤泥粉料 25kg、垃圾灰渣粉料 28kg、炉渣粉料 18kg、粒径为 0.8mm 的生石灰粉料 18kg、硫酸钙 3kg、碳酸钠 2kg、硼砂 1kg、硫酸亚铁 3kg、硫酸镁 5kg、Li 高分子重金属螯合剂 0.8kg 和水 15kg，用双轴搅拌机将上述原料混合搅拌，呈潮湿状后，利用真空挤泥机挤压成长方条形，经切坯机切割成型，在 28MPa 的压力下制成造纸污泥轻质环保砖坯，自然干燥 7d 后，再将成型干燥后的砖坯送入隧道窑焙烧，经焙烧后制成造纸污泥烧结轻质砖。经检测平均压缩强度为 14MPa，抗折强度 3.3MPa。吸水率 16.6%，体积密度 1462kg/m³，放射性为内照射 0.10，外照射 0.53，均达到国家标准。

实施例 2

取实施例 1 中的造纸污泥粉料 35kg，工程废泥渣粉料 36kg、河流淤泥粉料 30kg、垃圾灰渣粉料 25kg、炉渣粉料 25kg、粒径为 0.8mm 的生石灰粉料 15kg、硫酸钙 4.5kg、碳酸钠 1.5kg、硼砂 1.5kg、硫酸亚铁 2.5kg、硫酸镁 7kg、Li 高分子重金属螯合剂 0.6kg 和水 20kg，将这些原料用双轴搅拌机将上述原料混合搅拌，呈潮湿状后，利用真空挤泥机挤压成长方条形，经切坯机切割成型，在 29MPa 的压力下制成造纸污泥轻质环保砖坯，自然干燥 7d 后，再将成型干燥后的砖坯送入隧道窑焙烧，经焙烧后制成造纸污泥烧结轻质砖。经检测平均压缩强度为 12MPa，抗折强度 2.9MPa。

实施例 3

取实施例 1 中的造纸污泥粉料 40kg，工程废泥渣粉料 28kg、河流淤泥粉料 35kg、垃圾灰渣粉料 18kg、炉渣粉料 28kg、粒径为 0.8mm 的生石灰粉料 12kg、硫酸钙 6kg、碳酸钠 1kg、硼砂 2kg、硫酸亚铁 2kg、硫酸镁 8kg、Li 高分子重金属螯合剂 0.5kg 和水 25kg，将这些原料用双轴搅拌机将上述原料混合搅拌，呈潮湿状后，利用机械振动挤压成型，在 30MPa 的压力下制成造纸污泥轻质空心砌块，自然干燥 7d 后再将成型干燥后的砖坯送入隧道窑焙烧，经焙烧后制成造纸污泥烧结轻质砖。经检测平均压缩强度为 8MPa，单块最小值 6.8MPa，干燥表观密度为 1000kg/m³，干缩率 0.023%，优于国家规定的 5.0 级的标准值。

实施例 4

取实施例 1 中的造纸污泥粉料 35kg，工程废泥渣粉料 32kg、河流淤泥粉料 30kg、垃圾灰渣粉料 23kg、炉渣粉料 23kg、粒径为 0.8mm 的生石灰粉料 15kg、硫酸钙 5kg、碳酸钠

1.5kg、硼砂 1.5kg、硫酸亚铁 2.5kg、硫酸镁 7kg、Li 高分子重金属螯合剂 0.7kg 和水 20kg，将这些原料用双轴搅拌机将上述原料混合搅拌，呈潮湿状后，利用真空挤泥机挤压成长方条形，经切坯机切割成型，在 26MPa 的压力下制成造纸污泥轻质环保砖坯，自然干燥 7d 后，再将成型干燥后的砖坯送入隧道窑焙烧，经焙烧后制成造纸污泥烧结轻质砖。经检测平均压缩强度为 13MPa，抗折强度 3MPa。

实施例 5

取实施例 1 中的造纸污泥粉料 38kg，工程废泥渣粉料 35kg、河流淤泥粉料 33kg、垃圾灰渣粉料 25kg、炉渣粉料 25kg、粒径为 0.8mm 的生石灰粉料 16kg、硫酸钙 6kg、碳酸钠 1.8kg、硼砂 1.8kg、硫酸亚铁 2.8kg、硫酸镁 8kg、Li 高分子重金属螯合剂 0.8kg 和水 23kg，将这些原料用双轴搅拌机将上述原料混合搅拌，呈潮湿状后，利用真空挤泥机挤压成长方条形，经切坯机切割成型，在 28MPa 的压力下制成造纸污泥轻质环保砖坯，自然干燥 7d 后，再将成型干燥后的砖坯送入隧道窑焙烧，经焙烧后制成造纸污泥烧结轻质砖。经检测平均压缩强度为 14MPa，抗折强度 3.5MPa。

四、利用造纸污泥生产纤维板复合板[19]

南京林业大学的连海兰等人对用造纸污泥生产复合板材进行了研究。他们以杨木化机浆污泥、马尾松纤维和胶黏剂等为原料生产复合板，具体研究内容如下。

(一) 原料和工艺

(1) 原材料　杨木化机浆污泥。污泥来自河南焦作瑞丰纸业有限公司。为典型的碱性过氧化氢机械浆（APMP）污泥，含水率 88.39%，将其干燥至含水率为 10% 左右，再用自制电磨机磨成细小颗粒。经球磨机（QM-3A 型，南京大学仪器厂）球磨后，在 105℃烘至含水率为 5% 左右，装入密封袋内备用。

纤维。马尾松纤维来自安徽滁州欧亚木业有限公司，平均粗度 0.23～0.24mg/m，含水率 8.44%。

胶黏剂。脲醛树脂（UF）由实验室自制，同含量（质量分数）为 52%，黏度为 50Pa·s（25℃），pH=7.5。

固化剂。氯化铵，配成 20% 溶液，用量为 UF 的 1%。

(2) 工艺流程　制造复合板的流程是：将造纸污泥进行干燥、碾碎、筛选、球磨、再筛选，将马尾松纤维进行干燥，然后将两者原料混合、施胶、铺装、预压、热压、冷却、裁边砂光。

以污泥用量、施胶量及热压温度为 3 个影响因素，按 $L_9(3^4)$ 进行正交实验，选出最佳工艺条件。试验热压时间为 30s/mm，最大热压压力为 6MPa，分 3 次预压，板面尺寸 300mm×300mm；目标密度 0.80g/cm³；目标厚度 10mm；喷枪喷胶，简易拌胶机内拌胶。同一条件重复 3 次。

(二) 污泥成分测定和性能测试

为了更好地了解污泥成分对复合板的影响，首先对污泥成分进行测定：取一定的污泥置于已恒重的坩埚中，称重，置于电炉上烧去大部分有机物，然后用纯蒸馏水润湿，加 3 滴甲基橙，缓慢滴入浓硫酸至显红色为度（可略过量）。置于电热板上加热蒸干，逐去 SO_3，然后于 800℃下在上海博业讯实业有限公司生产的型号为 SX2-4-1 高温炉中灼烧至恒定质量。

污泥中木质素含量的测定：污泥中木质素含量的测定按国标 GB/T 2677.8—1994 进行。

性能测试主要包括两个方面。一是物理力学性能测试：将做好板材在温度 20℃、相对湿度 60％的环境下陈放 3d，根据中密度板国家标准（GB/T 11718—1999）进行力学性能测试；二是板材火灾燃烧性能测试：采用英国 fire testing technology（FIT）公司锥形量热仪，按照 ISO 5660《对火的反应试验·热释放率、发烟率和质量损失率（锥形热量计法）》进行。试样的受热表面积为 100mm×100mm，厚度为纤维板的实际厚度。试验中热辐射功率为 50kW/m²，相应的温度为 780℃。

（1）造纸污泥的基本性能分析　实验中所用污泥为典型的碱性过氧化氢机械浆（APMP），表层颜色呈土黄，内部成灰黑色，内含少量纤维，且有尼龙绳、砂子等少许杂质，气味较大。测其堆积密度（即松散密度）为 0.61g/cm³，另测其基本成分含量，可知污泥中无机物质量分数较高，为 55.84％；有机物质量分数为 44.16％；酸不溶木质素质量分数为 17.75％，酸溶木质素质量分数为 4.3％。由此可以看出，污泥中仍有部分木质素存在，这将对其添加到纤维板中提高纤维板的内结合强度有利。另有部分细小纤维，质量分数为 8％～9％，这部分纤维仍可用作纤维板的纤维原料，从而可以节约木质纤维的用量。

（2）复合板性能分析　将纤维原料干燥后与造纸污泥碎料混合制作中密度纤维板。实验过程中发现，由于污泥的堆积密度较大，污泥加入后，板坯的蓬松度降低。当污泥用量为 15％时，预压前板坯的自然厚度从 35～40cm 降低到 25cm 左右，板坯的密实性明显增加，这一方面提高了板坯自身的支撑强度，减少在运输过程中的散落，同时也可缩小压机的开挡。

污泥纤维复合板力学性能试验结果见表 11-12，试验结果的极差分析见表 11-13。

由极差分析可以看出：在各影响因素中，污泥加入量对污泥/纤维复合板的各项物理强度性能影响均最大，尤其是对内结合强度的影响最大；其次是热压温度的影响施胶量对板的各项强度性能影响最小。各因素对吸水厚度膨胀率的影响均不明显。

表 11-12　污泥纤维复合板力学性能

序号	污泥用量/％	施胶量/％	热压温度/℃	实际密度/(g/cm³)	IB/MPa	MOR/MPa	MOE/MPa	TS/％
1	5	8	165	0.86	0.67	40.12	4675	5.51
2	5	10	175	0.86	0.64	29.33	3599	5.93
3	5	12	185	0.83	0.61	31.55	3394	4.83
4	10	8	175	0.82	0.63	31.78	3162	5.55
5	10	10	185	0.89	0.81	28.15	3001	5.23
6	10	12	165	0.87	0.79	28.62	3006	6.43
7	15	8	185	0.88	0.87	21.00	2706	5.58
8	15	10	165	0.85	0.78	30.33	2973	5.56
9	15	12	175	0.89	1.0	30.73	3048	4.26

注：IB 为内结合强度；MOR 为静曲强度；MOE 为弹性模量；TS 为吸水厚度膨胀率；数据均为平均值。其中 IB 样本量为 12，TS 样本量为 8，MOR、MOE 样本量为 4。

表 11-13 正交试验极差分析

性能指标	水平	因素		
		A（污泥用量）	B（施胶量）	C（热压温度）
IB/MPa	K1	0.64	0.72	0.75
	K2	0.74	0.74	0.76
	K3	0.88	0.80	0.76
	R	0.24	0.16	0.10
MOR/MPa	K1	33.67	30.97	33.02
	K2	29.52	29.27	30.61
	K3	27.35	30.30	26.90
	R	6.31	1.70	6.12
MOE/MPa	K1	3889	3514	3551
	K2	3056	3191	3270
	K3	2909	3149	3034
	R	980	365	518
TS/%	K1	5.42	5.55	5.83
	K2	5.74	5.57	5.25
	K3	5.13	5.17	5.21
	R	0.61	0.40	0.62

由极差分析还可看出：

（1）随着污泥加入量的增加，复合板的内结合强度（IB）增加，污泥加入量从5%增加到15%，IB从0.64MPa增加到0.88MPa，增加幅度达37.5%；这是由于污泥的颗粒直径比较细小，加入板中，主要起填充作用，增加了纤维间的结合，板材强度提高。同时，由于加入了一定量的污泥颗粒，复合板的静曲强度（MOR）和弹性模量（MOE）则随着污泥加入量的增加而下降。这是真为对纤维板而言，纤维形态对板的力学性能的影响较大：长纤维交织性能好，有利于提高板的强度性能；适当含量的短纤维又可以填补纤维之间的空隙，提高纤维间的胶接性能、产品密度和结合强度。但细碎组分比例过高将导致产品强度降低，尤其是抗弯性能。而杨木化机浆污泥原始粒径尺寸小于$75\mu m$的占多数，细小组分含量偏多，因此对产品的弯曲强度有一定影响。

（2）随着施胶量的增加，IB略有升高，但升高幅度不大，施胶量从8%增加到12%，IB从0.72MPa增加到0.80MPa，增加幅度只有10%，这是由于在施胶过程中采用喷枪雾化喷胶，在施胶量为8%时，胶料就可以在原料表面比较均匀地分布，因此所有板的IB均较好，过多的施胶量既造成成本的增加，也易造成因胶层过厚，而影响结合；同样的原因，使得施胶量对MOR和MOE的影响均较小。

（3）从表11-12中还可看出热压温度对IB的影响也较小，温度从165℃升高到175℃，IB略有升高，继续升温，IB基本不变；但MOR和MOE均下降。这是因为温度升高造成板面胶黏剂的过度固化，同时纤维开始发生少量热降解，污泥中的部分小分子有机物也逐渐挥发，从而使板内出现小部分空隙，影响抗弯强度。

经过对照 GB/T 11718—1999 中密度纤维板国家标准中的室内型板力学性能指标可以发现，所有试验板的 MOE、MOR、IB、TS 均优于国家标准，属于优等品。为尽可能多地增加污泥用量，从而达到减少木纤维的用量，降低生产成本的目的，正交试验最终优化条件确定为：污泥加入量为 15％。施胶量 8％，热压温度 165℃。

根据前面所做的试验结果进行了重复性试验，并与不添加造纸污泥的纤维板进行了对比结果见表 11-14。

表 11-14　污泥纤维板优化试验结果

板号	A/%	B/%	C/%	实际密度/(g/cm³)	MOE/MPa	MOR/MPa	IB/MPa	TS/%
A1	0	165	8	0.81	3624	34.35	0.59	4.94
A2	15	165	8	0.76	2957	23.29	0.65	5.41
国家标准/优等品	—	—	—	0.72~0.88	≥2500	≥22	≥0.6	≤12

注：数据均为平均值。其中 IB 样本量为 12，TS 样本量为 8，MOE、MOR 样本量为 4。

同时，试验组又对两组纤维板的燃烧特性进行了对比试验，试验结果见表 11-15。从表 11-15 可以看出，加入污泥后，点燃时间基本不变化；而有效燃烧热略有降低，说明挥发性产物中可燃性物质的比例减少，一定程度地抑制了生成可燃性挥发产物的木材纤维的热解过程。而质量损失速率，则显示加入污泥的纤维板有效质量损失速率均低于不加污泥的纤维板，这说明在一定燃烧强度下，加入污泥后纤维板的热裂解程度降低，挥发及燃烧程度降低，炭生成量略高于不加污泥的纤维板，成炭有利于降低热释放和烟释放，即火灾危险性有所降低。

表 11-15　纤维板的燃烧性能

板号	污泥用量/%	释热速率/(kW/m²)		释热总量/(MJ/m²)	有效燃烧热/(MJ/kg)	质量损失速率/[g/(s·m²)]	点燃时间/s
		HRR	pkHRR				
A1	0	103.68	209.97	72.10	10.92	0.084	12
A2	15	95.83	187.27	69.53	10.64	0.08	11

（三）试验结论

（1）杨木化机浆污泥中仍含有纤维和木质素等多种成分，用于复合纤维板的制造时，需对其先进行干燥磨细处理。

（2）随着污泥用量的增加，污泥纤维复合板的内结合强度提高，但弯曲强度降低。

（3）综合分析各影响因素，认为污泥用量为 15％，脲醛树脂胶黏剂施胶量为 8％，热压温度为 165℃等条件下，生产的污泥/纤维复合板的各项力学性能均达到我国现行的中密度纤维板 GB/T 11718—1999 国家标准中用于室内的优等品的产品要求。

（4）纤维板的组成特点决定其火灾危险性较高，加入污泥后，可降低热释放速率，减缓燃烧过程中热量的释放，同时质量损失速率也有所降低，炭生成量略有提高，因此污泥纤维复合板的火灾危险性降低。

第三节　研发造纸污泥堆肥技术

造纸污泥作为一种生物固体废物，它含有大量的纤维素类有机质和氮、磷、钾、钙、镁、硅、铜、铁、锌、锰等多种植物营养成分，有效含量比猪粪还高，无重金属积累，是一种质优价廉的有机肥料资源，但它含有多种病原菌，易腐败发臭。目前，随着国家环保要求的增高填埋处理日益受限，而我国作为农业大国，对于肥料的需求很大，且由于土地的过度耕种，导致肥力下降，所以对有机肥的需求逐步增加，因此国内对造纸污泥堆肥的研究日益增多。

一、堆肥技术概述

（一）堆肥技术

堆肥技术包括分选处理系统，有机物好氧发酵系统和有机复合肥配制系统。堆肥过程实质是在人工控制条件下，在一定温度和 pH 值下，通风供氧，利用好氧嗜温菌与嗜热菌对其中有机物进行生物化学分解，使之变成稳定的有机质，并利用发酵过程中产生的温度杀死有害微生物以达到无害化的处理技术。

堆肥化系统有三种分类方法。按需氧程度分，有好氧堆肥和厌氧堆肥；按温度分，有中温堆肥和高温堆肥；按技术分，有露天堆肥和机械密封堆肥。此处主要是指好氧堆肥。

好氧堆肥是依靠专性和兼性好氧细菌的作用使有机物得以降解的生化过程。好氧堆肥具有对有机物分解速率快、降解彻底、堆肥周期短的特点。一般一次发酵在 4～12d，二次发酵在 10～30d 便可完成。

好氧堆肥的中温和高温两个阶段的微生物代谢过程称为一次发酵也叫主发酵。它是指从发酵初期开始，经中温、高温然后到达温度开始下降的整个过程，一般需要 10～12d，其中高温阶段持续时间较长。

二次发酵是指经过一次发酵后，堆肥物料中的大部分易降解的有机物已经被微生物降解了，但还有一部分易降解和大量难降解的有机物存在，需将其送到后发酵仓进行二次发酵，也称后发酵，使其腐熟。在此阶段温度持续下降，当温度稳定在 40℃ 左右时即达到腐熟，一般需 20～30d。

（二）好氧堆肥的基本工艺流程[20]

好氧堆肥的基本工序一般由前处理、主发酵（一次发酵）、后发酵（二次发酵）、后处理、脱臭及储存等组成，见图 11-9。底料为堆肥系统处理对象，一般为污泥、生活垃圾、农林废物等。调理剂为分两种：一种是结构调理剂，即一种加入堆肥底料的物料，主要目的是减少底料容重，增加底料空隙，从而有利于通风；另一种是能源调理剂，即加入堆肥底料的一种有机物，用于增加可生化降解有机物的含量，从而增加混合物的能量。

1. 前处理

前处理一般包括破碎、分选、筛分等工序，主要目的是：①去除底料中不能堆肥的物质，提高底料的有机物含量；②调整底料颗粒度，因为颗粒度的大小决定着发酵时间的长短和发酵速率的快慢；③调节底料的含水率；④调节 C/N 比，适宜的 C/N 比不仅可以提高堆肥的生产效率，还可保证高效堆肥；⑤调节微生物含量。

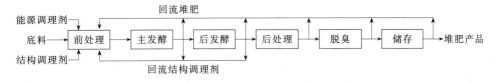

图 11-9　好氧堆肥工艺流程

2. 主发酵（一次发酵）

通常，在严格控制通风量的情况下，将堆温升高至开始降低为止的阶段称为主发酵阶段。主发酵可在露天或发酵装置内进行，通过翻堆或强制通风向堆层或发酵装置内的物料供给氧气。此时在微生物的作用下，物料开始发酵，首先是易分解物质被分解，产生 CO_2 和 H_2O 放出热量，使堆温上升，同时微生物吸取有机物的营养成分合成新细胞进行自身繁殖。

发酵初期物质的分解作用是靠嗜温菌（30～40℃为最适宜生长温度）进行的，随着堆温上升，最适宜温度为 45～65℃ 的嗜热菌取代嗜温菌，堆肥从中温阶段进入高温阶段。此时应采取温度控制手段，以免温度过高，同时应确保供氧充足。经过一段时间后，大部分有机物被降解，各种病菌被杀灭，堆温开始下降。

3. 后发酵（二次发酵）

主发酵产生的堆肥半成品被送至后发酵工序，将主发酵工序尚未分解的易分解和较难分解的有机物进一步分解，使之转化为比较稳定的有机物，得到完全腐熟的堆肥制品。通常，是把物料堆积到高约 1～2m，通过自然通风和间歇性翻堆，进行敞开式后发酵。在这一阶段的分解过程中，反应速率降低，耗氧量下降，所需时间较长，后发酵时间通常为 20～30d。

4. 后处理

对二次发酵后的物料进行进一步的除杂，还可包括压实造粒和包装等工序。

5. 脱臭

主要是去除堆肥过程中产生的臭气，除臭的方法主要有化学除臭剂除臭、碱水和水溶液过滤、活性炭等吸附剂吸附除臭等，常用的除臭装置是堆肥过滤器。

（三）堆肥过程的影响因素

1. C/N 比和 C/P 比

在微生物分解所需的各种元素中，碳和氮是最重要的。C 提供能源和组成微生物细胞干重 50％ 的物质，N 则是构成蛋白质、核酸、氨基酸、酶等细胞生长必需物质的重要元素。堆肥 C/N 比应满足微生物所需的最佳值 25～35，最多不能超过 40。

P 是磷酸和细胞核的重要组成元素，也是生物能 ATP 的重要组成部分，一般要求 C/P 比在 75～150 为宜。

2. 含水率

微生物需要从周围环境中不断吸收水分以维持其生长代谢活动，微生物体内水及流动状态水是进行生化反应的介质，污泥中的有机营养成分也只有溶解于水中才能被微生物摄取吸收。所以水分是否适量直接影响堆肥的发酵速率和腐熟程度。

堆肥原料的最佳含水率通常是在 50％～60％，含水率太低（小于 30％）将影响微生物的生命活动，太高也会降低堆肥速率，导致厌氧分解并产生臭气及营养物质的沥出；当含水率小于10％，微生物的繁殖会停止。

3. 温度

温度是堆肥顺利进行的重要因素，温度的作用是影响微生物的生长，一般认为高温菌对有机物的降解效率高于中温菌。初堆肥时，堆体温度一般与环境温度一致，经过中温菌1～2d的作用，堆肥温度能达到高温菌的理想温度为50～65℃，在这样的高温下，一般堆肥只要5～6d即可达到无害化。过低的温度将大大延长堆肥达到腐熟的时间，但当温度超过70℃时会对菌类产生有害影响。

4. 通风供氧

对于好氧堆肥，一般要求堆体中的氧含量保持在一定范围之间，含氧量过低会导致厌氧发酵，含氧量过高则会使堆体冷却，导致病原菌大量存活，因此在好氧堆肥过程中要进行通风，以维持堆体中氧的含量。

通风供氧的多少与堆肥原料中有机物含量、挥发度、可降解系数等有关，堆肥材料中有机碳越多，其好氧率越大。堆肥过程中合适的氧浓度为18％，最低为8％。

常用的通风方法有自然通风供氧；向堆体中插入通风管通风供氧；利用斗式装载机及各种专用翻堆机翻堆通风和利用风机强制通风供氧。

5. pH 值

微生物的降解活动，需要一个微酸性或中性的环境条件，适宜的 pH 值为6.5。

6. 接种剂

向堆料中加入接种剂可以加快堆肥材料的发酵速率。向肥堆中加入分解较好的厩肥或加入占原始材料体10％～20％的腐熟肥，能加快发酵速率。在堆制中，按自然的方式形成了参与有机废物发酵以及从分解产物中形成腐殖质化合物的微生物群落。通过有效的菌系选择，从中分离出具有很大活性的微生物培养物，建立人工种群——堆肥发酵要素母液。

7. 堆肥原料尺寸

因为微生物通常是在有机颗粒的表面活动，所以减小有机颗粒的尺寸，增加表面积，可促进微生物的活动，加快堆肥发酵速率。

二、造纸污泥堆肥技术研究

华南农业大学王德汉等[21]对造纸生化污泥的好氧高温堆肥技术进行了研究。其研究结果如下。

（一）堆肥原料

研究用的堆肥主体原料为广州造纸厂脱水生化污泥，由于污泥不是疏松的物料，容易结块，空隙小，不利于好氧发酵，因此在堆肥时应加入调理剂与膨松剂，以调整物料的状况，满足堆肥工艺对物料的要求。调理剂选用鸡粪及少量尿素，以调节 C/N 比，膨松剂以造纸厂堆放的陈旧树皮，为了加速堆肥，还添加了自制的发酵菌，它是一类富含纤维素降解菌的有机肥料，例如利用马粪、米糠、食用菌菇渣与糖厂滤泥为原料进行好氧发酵1个月。

（二）堆肥方法

堆肥是在2个带盖的水泥池进行，每个池子的体积为1m×1m×1m，池子四壁用隔热砖砌成，池子备有定时强制通风设备，池底有通风管道，并由多个曝气孔通气供氧。

取700kg的湿污泥与300kg风干污泥混合，加入一定量的鸡粪、尿素、10％（对污泥量）的陈旧树皮，混合均匀，备料 2 份。

处理 1-1 号池添加 5%（对污泥量）的自制发酵菌。处理 1-2 号池不加发酵菌，调节 2 个池堆肥原料的水分为 60% 左右，C/N 为 30～40。试验在第 5、13、24、44、79 天移出污泥进行翻堆，均匀取样后入池继续发酵。鼓风机由定时器控制，前 13d 内 24h 通风，每小时通风 10min，堆肥 13d 后视温度情况白天间断通气，2 个池通气管并联。

（三）堆肥结果

1. 造纸污泥堆肥过程中物理化学指标变化

（1）温度 对堆肥而言，温度是堆肥的重要因素，其作用主要是影响微生物的生长，一般认为高温菌对有机物的降解效率高于中温菌，高温好氧堆肥正是利用这一点。堆肥过程可划分为 4 个阶段，即中温、高温、降温及熟化或稳定阶段。

在堆肥的初期阶段，物料温度为其环境的温度，当堆内中温微生物代谢和繁殖时，堆内温度迅速升高。从图 11-10 可知，在 2～8d 是堆体温度迅速上升的阶段，这是由于污泥成堆时，物料具有一定的隔热性，产生的热量被保留，导致堆体温度迅速升高，并很快达到最高温度。堆体在堆肥化的第 2 天温度就达到 50℃ 以上，在第 5 天进行了一次翻堆后，由于热量的大量损失，翻堆后的 1d 稍有下降，然后在嗜热微生物的分解作用下堆体的温度再次迅速上升，并在翻堆后的第 4 天达到最大值 60℃ 以上。

从图 11-10 还可以看出，堆体温度在第 13 天后开始下降。随着温度的继续升高，中温微生物活动减弱并被嗜热微生物所取代，达到最高温度（温度超过 60℃）时，嗜热微生物死亡，唯有产孢细菌和放线菌继续存活，但随着易利用有机组分的耗竭，微生物的代谢活动减弱，产生的热量与堆表面散的热量持平，温度不再上升，随着代谢活动的进一步减弱，产生出的热量小于散失的热量，物料温度开始下降。

从开始堆肥到堆体温度达到最高的时间段称之为主发酵阶段，而堆体温度从最高温度开始下降到堆体深度腐熟，堆肥产物进一步稳定这个阶段称之为后发酵阶段。物料的分解是放热过程，使堆体温度上升，同时气体交换供氧过程带走部分热量，两者综合作用控制堆体温度的变化，本堆肥试验翻堆维持在 50℃ 以上高温的时间较长，一方面是由于不断地翻堆使物料混合均匀，分解彻底，产生的热量较多；另一方面可能是由于气体交换供氧过程所带走的热量少，如果高温期太长，只有通过增加翻堆次数来控制堆肥温度，以保证堆肥的肥效。当然，较高的温度以及适当的高温期有利于使堆肥的无害化处理进行得更加彻底，使堆出来的肥料高效、无害。

由图 11-10 还可以看出，处理 1 和处理 2 的温度变化趋势一样，都是由堆肥开始时的低值到堆料急剧分解时的高值，再到堆料分解减缓的低值，但处理 1 的物料温度比处理 2 升得快，而且高。这主要是处理 1 添加了培养菌。该菌是一类富含纤维素分解菌，能促进物料分解，使得处理 1 的物料分解速率加快，释放出来的热量增多。

（2）水分 水分也是影响堆肥效果的重要因素。水分的多少，直接影响好氧堆肥反应速率的快慢、堆肥质量，甚至影响好氧堆肥工艺的成败。大量的研究结果表明，堆肥的起始含水率一般为 50%～60%。如含水率太高，会使堆体自由空间太少，通气性差，形成厌氧状态；水分含量过低，不利于微生物的生长。王德汉等的试验堆肥物料是由脱水污泥、风干污泥、鸡粪、树皮及少量尿素组成，而干湿污泥混合后，其含水率控制在 60% 左右，所以，整个堆肥过程的含水率都保持适中。经过 5d 的强制通气堆肥，低分子糖类有机物优先分解，产生少量水，至使堆体水分稍微升高，但随着堆肥高温期的进行，堆体内水分不断蒸发，由于造纸污泥纤维多，透气性较好，加上定期通气，水分散失快，所以堆肥过程中物料的水分保持下降趋势，处理1由于温度高，有机质降解快，其水分损失比处理2多（图11-11）。

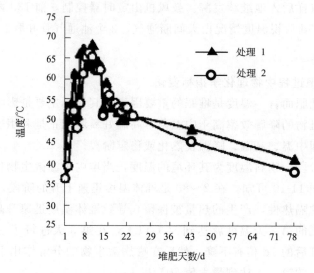

图 11-10　造纸污泥堆肥过程中温度的变化

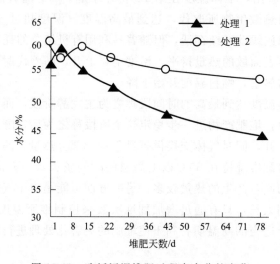

图 11-11　造纸污泥堆肥过程中水分的变化

（3）pH 值　一般微生物最适宜的 pH 是中性或弱碱性，pH 值太高或太低都会使堆肥遇到困难，在整个堆肥过程中，pH 值随时间和温度的变化而变化。本试验对混料和 5 次翻堆采样的测定结果表明，在堆肥初始阶段，由于堆料中加入了尿素及物料分解产生了大量 NH_4^+-N，导致 pH 值的上升较快，随后由于有机质分解产生有机酸，与污泥中铵态氮中和，使 pH 值下降，由于有机质的缓冲作用，堆体总体还呈弱碱性。由于处理1加了培养菌，而这类菌对纤维素物质有很好的分解能力，所以堆料中的有机氮很快被分解为铵态氮，并在 pH 值为 7.0 左右时以氨气的形式逸入大气，因此处理1的 pH 值下降较快，低于处理2（图 11-12）。

（4）电导率　污泥中的水溶性盐是一种电解质，其水溶液具有导电作用。在一定的浓度

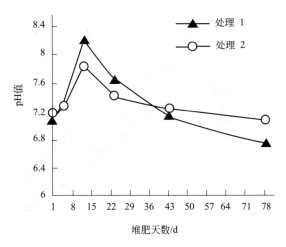

图 11-12 造纸污泥堆肥过程中 pH 值的变化

范围内，堆肥的水溶液含盐量与电导率呈正相关。因此，测定堆肥中电导率的数值能反映肥料含盐量的高低，但不能反映混合盐的组成。从图 11-13 可知，本试验中电导率的变化是先上升后下降，这种变化趋势正与 NH_4^+-N、K^+ 等盐含量变化相吻合。堆肥的初始阶段，由于堆体温度较高，细菌活性很强，低分子有机质释放 NH_4^+-N、K^+ 较多，随着堆肥化的进行，温度下降，供氧不足，堆料分解主要以厌氧为主，生成 NO_3^--N 较多，放的盐分易随水渗漏流失，电导率会逐渐下降。另外，本试验还发现，造纸污泥与城市污泥一样，虽然同样具有高电导率，但对种子刺激作用却不同。取不同堆肥时期的造纸污泥浸出液，加入小白菜种子培养，均发现种子发芽率在 70% 以上，这说明了电导率并不是影响种子发芽率的唯一因素。

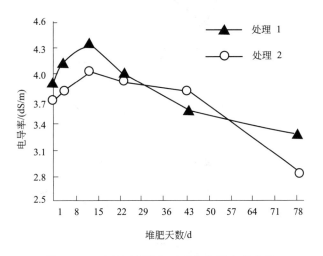

图 11-13 造纸污泥堆肥过程中电导率的变化

（5）C/N 比与 N、P、K 总量　造纸污泥本身富 C 缺 N，C/N 较高，通过添加鸡粪与尿素，补充 N 源，C/N 下降，促进了微生物的大量繁殖。堆肥过程中由于物料的分解，有机 C 在不断矿化，堆肥量也随之减少，总氮先下降后增加，两者相比，C/N 比在不断下降，其中处理 1 的 C/N 比下降较大，C/N 的变化与其他原料堆肥一样，图 11-14～图 11-17 反映了这种变化趋势。与总氮不同，总磷、钾不会挥发损失，其含量在持续上升。

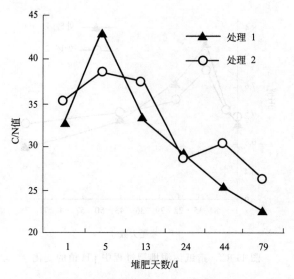

图 11-14　堆肥过程中 C/N 值的变化

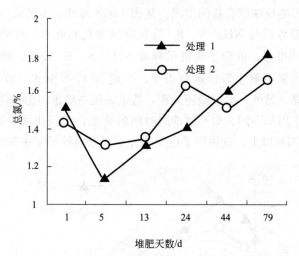

图 11-15　堆肥过程中总氮的变化

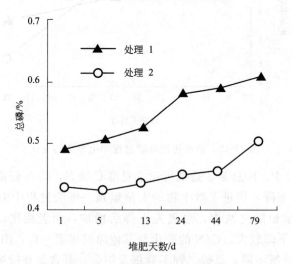

图 11-16　堆肥过程中总磷的变化

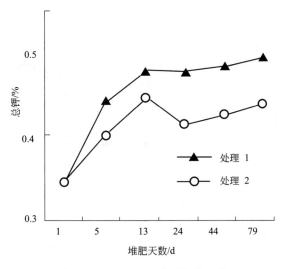

图 11-17 堆肥过程中总钾的变化

（6）有效 N、P、K 堆肥过程中，铵态氮在 1～13d 内是逐渐上升，第 13 天时达到最大，由于处理 1 初始总 N 含量比处理 2 高，加上添加了发酵菌，因而处理 1 的有机氮矿化快。从图 11-18 可以看出，13d 后，铵态氮开始下降，转化为硝态氮，硝态氮在逐步上升，在 79d 时，铵态氮只有 100mg/kg 左右，从图 11-18 中铵态氮与硝态氮转化可以看出，污泥堆肥在逐渐腐熟。

图 11-19、图 11-20 分别表示堆肥中有效磷与钾的变化，处理 2 的有效磷与钾一直是不断上升的，而处理 1 的有效磷与钾的变化是先上升而后平缓下降，但总体是上升趋势，这反映了两个处理的污泥在有机质降解与腐殖化方面的差异，同时与两处理堆肥水分的减少程度有关。

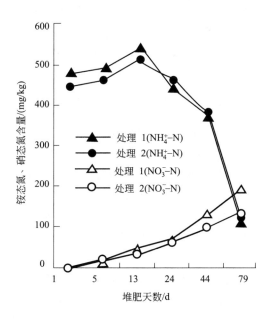

图 11-18 堆肥中铵态氮、硝态氮的变化

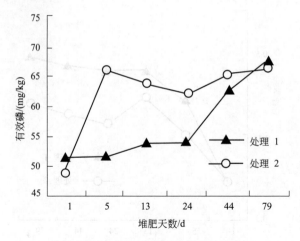

图 11-19　堆肥过程中有效磷的变化

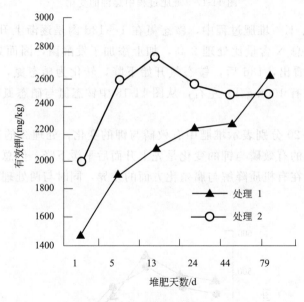

图 11-20　堆肥过程中有效钾的变化

2. 堆肥过程中阳离子交换量变化与作物影响的相关性

堆肥过程中 CEC 变化反映出污泥中有机质被氧化成有机酸的程度，是堆肥腐殖化作用的重要指标，CEC 的增加表示堆肥的保肥能力与养分的生物有效性也增加。Harada 等对城市垃圾的研究表明：其堆肥在发酵阶段开始的前 7d，CEC 上升，接下来的 2d 下降，然后再缓慢上升直到堆肥结束。造纸污泥本身的 CEC 较高，主要是污泥含有较多的纤维素，同时堆肥过程中污泥的 CEC 在不断增加，其上升趋势与图 11-19、图 11-20 有效磷、钾的变化一致。

将不同时期的堆肥产品配成栽培基质，用泥炭土对比试种玉米。相对泥炭土而言，造纸污泥堆肥产品对玉米的增产率随堆肥时间增加而上升，增产幅度在 2.5%～45% 之间，这主要是因为造纸污泥中养分比泥炭高，特别是经过近 1 个月堆肥，其养分有效性提高，对玉米增产率明显上升，处理 1 优于处理 2。

种子发芽率是检测堆肥样品中残留植物毒性的可靠方法，同时也是评价堆肥腐熟度的指标之一。不同时间的堆肥对小白菜种子发芽的影响，未堆肥的造纸污泥浸提液对小白菜种子发芽率为100%，随着堆肥进行，发芽率大幅度下降，在堆肥近1个月时，发芽率开始上升，经过79d堆肥，发芽率又达到100%。堆肥中期小白菜种子发芽率下降主要是浸提液中铵态氮太高所致。造纸污泥与城市污泥不同，其主要成分是天然纤维素类有机质，不含化学合成有机物，从小白菜种子发芽率可以看出，造纸污泥中无残留植物毒性。既然CEC能反映有机质降解程度，是堆肥腐殖化程度与新形成有机质的重要指标，Riffafdi等认为CEC可以作为评价堆肥腐熟度的参数，当堆肥充分腐熟时，则其CEC值$\geqslant$60mmol/100g无灰材料。因此本试验也尝试利用CEC值来指示造纸污泥堆肥的腐熟状况，将处理1的CEC数据与盆栽玉米增产率进行统计分析，发现两者之间有较好的相关性，其R^2为0.9240。造纸污泥经过2个月左右堆肥，其CEC值稳定在80～90mmol/100g，配成栽培基质对玉米增产率在30%～40%之间。因此，通过测试堆肥的CEC值，可以了解造纸污泥堆肥的肥效，当堆肥的CEC值$\geqslant$80mmol/100g时，堆肥已经腐熟。

3. 堆肥产品的品质

造纸污泥经过79d的堆肥，从其农用主要养分与重金属含量可以看出，造纸污泥堆肥是一种很好的有机肥料，其有机质高达70%以上，阳离子代换量为80mmol/100g以上，N、P、K总养分含量在2%～3%之间，速效态也较高，同时有害重金属元素含量远远低于农用标准，说明造纸污泥堆肥完全可以作为有机肥在农田上应用，其重金属污染土壤的环境风险很小。

所以王德汉等根据以上研究认为造纸污泥通过调节水分与C/N比，在强制通风与定期翻堆情况下，经过2个月左右高温堆肥，可以转化为高效的有机肥料，其有害重金属元素含量远远低于农用标准，造纸污泥堆肥产品完全可以作为有机肥料在农田上应用。堆肥过程中由于微生物作用，有机质发生降解，总氮先下降后增加，C/N比在不断下降，总磷、钾含量在持续上升。堆肥中铵态氮逐步转化为硝态氮，有效磷与钾变化总体呈上升趋势。从不同时间堆肥的物理、化学及生物学指标可以看出，添加富含纤维素降解菌的发酵料，可以加速造纸污泥的无害化与腐熟，提高其肥效。

从小白菜种子发芽率可以看出，造纸污泥中无残留植物毒性。堆肥处理的CEC数据与盆栽玉米增产率之间具有较好的相关性，其R^2为0.9240，堆肥的CEC值可以作为造纸污泥堆肥腐熟度的控制指标，当堆肥的CEC值$\geqslant$80mmol/100g时，造纸污泥堆肥已经腐熟。

第四节　研发造纸污泥燃烧技术[22]

用造纸污泥做燃料最近已在大部分欧洲国家得到认可。造纸污泥中的有机成分是可再生的，因此它不会导致CO_2排放。

可用于焚烧的造纸污泥主要是指废水处理过程中产生的一级污泥和二级污泥，对于设有二级处理设施的制浆造纸企业，每生产1t纸平均约产生43kg绝干污泥[23]。但由于各厂规模不同（是纸厂或制浆造纸综合厂）、产品不同、废水处理方法不同等，使每生产1t纸产生的污泥数量差别很大。

目前，造纸污泥焚烧有三种形式：造纸污泥单独焚烧、造纸污泥与煤混烧、造纸污泥与树皮草渣等的混烧。

一、造纸污泥的脱水和干化[24]

对于造纸污泥来说，其是否适宜焚烧主要由污泥的含水率和污泥的有机物含量有关。造纸污泥热值为 6～14MJ/kg，混入树皮或木质素后热值可增加至 26MJ/kg，木材热值为 17～21MJ/kg。50％干度、69％有机物含量的造纸污泥低位发热量为 6000kJ/kg，28％干度、69％有机物含量的造纸污泥低位发热量几乎为 0。可见造纸污泥干度对热值有巨大影响，污泥中的高水分使其能量利用率降低，为减少能量损失，必须对污泥进行一定的处理，使其干度达到焚烧的要求。

（一）造纸污泥的脱水机制

造纸污泥中的固体颗粒主要为胶体粒子，有复杂的结构，与水的亲和力很强。按水分在污泥中存在的形式可分为间隙水、毛细水、表面吸附水和内部水四种，污泥中水分分布如图11-21 所示。

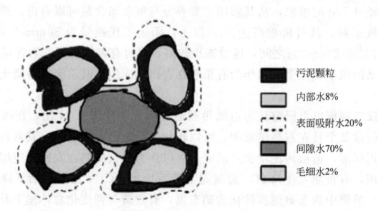

污泥颗粒

内部水8%

表面吸附水20%

间隙水70%

毛细水2%

图 11-21　污泥中水分分布

表面吸附水为在表面张力作用下吸附的水分，胶体颗粒全部带有相同性质的电荷，相互排斥，妨碍颗粒的聚集、长大，且保持稳定状态，因而表面吸附水用普通的浓缩或脱水方法去除比较困难。只有加入能起混凝作用的电解质，使胶体颗粒的电荷得到中和后，颗粒呈不稳定状态，黏附在一起，最后沉降下来。颗粒增大后其比表面积减小，表面张力随之降低，表面吸附水也随之从胶体颗粒上脱离。造纸污泥胶体颗粒一般都带负电荷，因此应加入带正电荷的电解质离子。间隙水是指大小污泥颗粒包围着的游离水分，它并不与固体直接结合，因而容易分离，只需在浓缩池中控制适当的停留时间，利用重力作用，就能将其分离出来。间隙水一般要占污泥中总含水量的 65％～85％，这部分水就是污泥浓缩的主要对象。

造纸污泥由高度密集的细小固体颗粒组成，在固体颗粒接触表面上，由于毛细力的作用形成毛细结合水，毛细结合水约占污泥中总含水量的 15％～25％。由于毛细水和污泥颗粒之间的结合力较强，重力作用不能将毛细结合水分离，需借助较高的机械作用力和能量，如真空过滤、压力过滤和离心分离，才能去除这部分水分。

内部结合水是指包含在造纸污泥中微生物细胞体内的水分，它的含量与污泥中微生物细胞体所占的比例有关。一般初沉污泥内部结合水较少，二沉污泥内部结合水较多。这种内部结合水与固体结合得很紧密，使用机械方法去除是行不通的。要去除这部分水分，必须破坏细胞膜，使细胞液渗出，由内部结合水变为外部液体。内部结合水的含量不多，内部结合水和表面吸附水一起只占造纸污泥中总含水量的10％左右。

（二）造纸工业废水污泥的脱水[25]

1. 污泥的脱水

污泥脱水依靠过滤介质（多孔性物质）两面的压力差作为推动力，使水分强制通过过滤介质，固体颗粒被截留在介质上，达到脱水的目的。过滤的基本过程见图11-22，过滤开始时，滤液只需克服过滤介质的阻力，当滤饼逐渐形成后，滤液还需克服滤饼本身的阻力，滤饼是由污泥的颗粒堆积而成的，其孔道属于毛细管。因此，真正的过滤层包括滤饼与过滤介质，滤液流过滤饼，可认为是经由大量曲折的毛细管的流动。

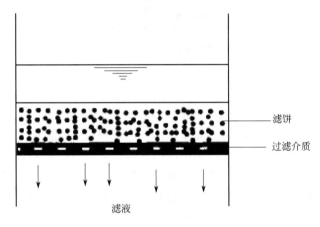

图 11-22　过滤的基本过程

2. 造纸工业废水中污泥脱水的方法与特点

造纸工业污泥脱水方法主要有自然干化、机械脱水和造粒脱水。自然干化设施主要为干化床。机械脱水包括真空过滤脱水、板框压滤机脱水、带式压滤机脱水和离心机脱水等多种方式。

（1）干化床　污泥干化床是一种较老、较简便的非机械污泥脱水方法，它依靠渗透、蒸发与撇除三种方式脱除水分，前两种为主要方式。干化床的实际应用效果受很多因素影响，污泥比阻、压缩性、固体浓度等内因对渗透脱水影响显著，而风速、湿度、降雨量、温度等外因则控制蒸发风干的速率，所有这些因素综合决定脱水干化时间。

干化床脱水工艺的主要特点是基建费用低，污泥处理成本低，维护管理方便，对原水水质、水量变动适应性强。但该方法占地面积大，受当地气候条件影响明显。在一些可利用土地尚丰富的地区，如果气候条件允许，可采用干化床工艺进行污泥脱水。

（2）真空过滤脱水　真空过滤是通过真空设备产生的负压，将吸附于滤布上的污泥中的水分透过滤布吸入工作室，使污泥中水分得以脱除。真空过滤机由一部分浸在污泥中同时不断旋转的圆筒转鼓构成，过滤面在转鼓周围，其结构见图11-23。真空过滤机有转鼓式、链带转鼓式、转盘式、真空吸滤板等类型。

真空过滤技术与设备是较早出现的机械脱水方式，其优点是能连续生产、操作平稳、整个生产过程可实现自动化、处理量大，但是由于它配套设备比较复杂、管理水平要求较高、能耗高、辅助设备噪声大、占地面积大、相对出泥含固率低、效率低等缺点，此技术有被替代的趋势。

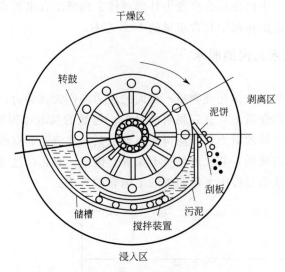

图 11-23 真空过滤机结构

（3）板框压滤机脱水　板框压滤机脱水的工作原理见图 11-24。其原理是对密闭在板框内的污泥进行加压、挤压，使滤液通过滤布排出，固态颗粒被截留下来，以达到固、液分离的效果。板框压滤机滤板两侧工作面均为中间凹进形式，所有滤板均包有滤布，当泥水在滤框内受压后，滤液通过滤布，经过滤板内集水管路排出，滤框内污泥脱水形成泥饼。

板框压滤机的优点是结构较简单，操作容易，运行稳定，故障少，保养方便，设备使用寿命长，过滤推动力大，出泥含固率高于带式压滤机和离心脱水机，过滤面积选择范围灵活，适用于各种污泥。其主要缺点是不能连续运行，处理量小，滤布消耗大。

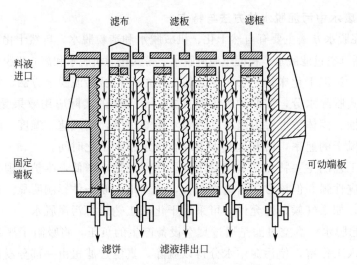

图 11-24 板框压滤机脱水工作原理

（4）带式压滤机脱水　带式压滤机的结构如图 11-25 所示，它基本上由滤布和辊组成。带式压滤机由上下两条张紧的滤带夹带着与絮凝剂充分反应后脱稳的污泥层，从一连串按规律排列的压辊中呈 S 形弯曲经过，靠滤带本身的张力形成对污泥层的压榨力和剪切力，把污泥层中的毛细水挤压出来，从而实现污泥脱水。带式压滤机完成一个从进泥到出泥的周期共有四个过程。第一个过程为污泥的絮凝阶段，通过投加絮凝剂，使污泥脱稳，颗粒互相凝聚。第二个过程为重力脱水阶段，脱稳的污泥在滤布上，依本身的重力，使污泥本身析出的水透过滤布排走。第三个过程为污泥的压缩脱水阶段，这一过程依靠上下两层滤布的张力对中间层污泥产生竖向、垂直的压力，使颗粒间的孔隙水滤出。第四个过程为污泥的剪切压缩过程，其间靠污泥小辊的转折，产生剪切，靠两层滤布的张力产生压缩。污泥层像弹簧一样紧缩，达到污泥最高程度的压缩。

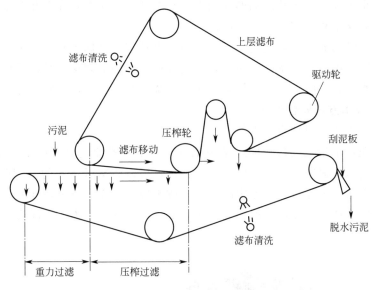

图 11-25　带式压滤机结构

带式压滤机在过去几年中取得的工业效益是十分可观的，许多造纸工业废水处理都是应用这种污泥脱水机。在美国，市场上已有 3 种以上带式压滤机，但是它们的脱水过程基本相同。

带式压滤机的滤饼浓度与进料污泥性质关系很大，造纸厂初级污泥的压滤后滤饼浓度可达到 20%~50%，二级污泥只可达到 10%~20%，一般固体回收率可达 95%~99%。

滤带行走速度越低，泥饼含固量越高、越厚，越易从带上剥离，但处理能力小。某一造纸厂的混合污泥中，初级污泥为 77%，二级污泥为 23%，用聚合物调质，相对每吨干泥加聚合物 2.5kg，在带速为 3m/min 时，固体回收率为 95%，泥饼浓度为 30%~35%，一般带行走速度不应大于 5m/min。

带式压滤机进料污泥调质是必要的。通过调质使污泥中毛细水转化成游离水，在重力脱水区脱除，否则在压力脱水区将仍有较大流动性，挤压作用会将污泥被挤出带外。加药量以使污泥比阻最小为宜。一般初级污泥加聚合物量为 0~2.3kg/t 干泥，二级污泥则为 4.5~13.6kg/t 干泥，通常用一种聚合物调节，有时还用两种不同的聚合物调节。

带式压滤机可连续自动化运行，设备投资较少，能耗较低，噪声小，结构简单，低速运转，易保养。但污泥脱水过程中的污泥截留率较低，机房水、气环境较差，脱水污泥的含固率较低，脱水设备占地较大。

（5）离心机脱水　离心机脱水过程中，经调质后的污泥，在离心机强烈的离心力作用下，相对密度较大的固体颗粒黏附在旋转圆筒的内壁上形成泥饼，分离出的水分在泥饼表面形成液体层。转筒内的螺旋状输送器与转筒之间的转速差，使泥饼挤压到转筒的锥形出口处排出，分离出的水分从转筒的圆柱端经溢流堰流出。

离心脱水机特点是自动化程度高，可连续运行，反冲洗水量较少，占地面积小，管理方便灵活，机房环境清洁。但离心法的主要缺点是电耗较高，噪声较大。离心机对制造材质和加工精度要求严格，维修困难，设备投资较大，国内离心机制造的工艺水平还有待进一步提高。

（6）造粒脱水　造粒脱水的原理是加入了絮凝剂的污泥在造粒机中随着机体的旋转，滚动着向前进。在重力及高分子絮凝剂的作用下，逐渐絮凝成泥丸，泥丸相互结合成块状，而污泥中析出的水分从造粒机的狭缝中排出。

造粒脱水机的结构简单，转速慢，不易磨损，电耗省，维修容易，处理成本低，曾得到广泛应用，但其脱水泥饼含水率高，时常达不到堆放、运输的要求。可以采用二次复合脱水工艺，将造粒脱水与其他脱水方法如加热干化、焚烧等结合使用，以解决这一问题。

3. 造纸污泥脱水方法最新进展

（1）板框式与带式压滤结合脱水技术[26]

对于造纸污泥，不论是进行焚烧还是制肥等，其干度都要达到50％以上，上面介绍的技术虽然能脱除造纸污泥中的水分，但没有一种技术可以将造纸污泥的干度脱至50％以上。如果通过烘干等方法，去除造纸污泥中的水分，成本较高。而华章科技开发的污泥深度干化系统技术装备可以将造纸污泥的干度提高到50％以上，图11-26为污泥深度干化系统技术装备示意图。

图11-26　污泥深度干化系统技术装备示意

该技术装备的工作流程是：首先，螺杆泵把沉淀池里的污泥灌入板框机，板框一层一层把污泥灌进去，用滤布过滤，通过液压器挤压把水挤出，直到板框机不再滴水后，整个流程历时73min，完成后污泥的干度在40％左右。污泥到40％的干度后，如再通过板框机挤压提高干度，其耗时将太长。之后，40％干度的污泥会通过输送带到达钢带式压滤机，经钢带压滤机进行强力压榨，最终形成50％左右干度的污泥，通过输送带送至相邻的电厂进行混煤燃烧。

该公司污泥深度处理技术装备有三个特点：一是能够连续运行，设备对污泥的适应性很强，特别是能适应生化污泥；二是效率很高，日处理绝干污泥达四五十吨，基本能够满足企业的污泥处理需求；三是自动化程度高。污泥脱水设备将板框和强力带压机结合起来是"华章"的首创，而且板框是全自动的。多数污泥处理设备只用板框一种方式，现在板框压到50％以上也是可以的，但是效率不高，需要3.5～4h，然而，"华章"的这个系统只需要70多分钟。

该装备目前已在山东太阳纸业股份有限公司、东莞建晖纸业有限公司等多家企业应用。在山东太阳纸业，企业选取了脱墨污泥、草浆制浆沉淀污泥和生化污泥进行了脱水实验[27]。

进行脱水实验的造纸污泥的性质如表 11-16 所列。

表 11-16　污泥性质

项　　目	纤维含量/%	灰分含量/%	有机物含量/%
脱墨污泥	23.6	48.7	51.3
草浆制浆沉淀污泥	29.4	54.3	45.7
生化污泥	3.2	64.7	35.3

该实验使用的脱水设备为华章科技的 DY2500PQ 半干化带式压滤机，整个压榨分为低压区、高压Ⅰ区与高压Ⅱ区，高压区最高线压可达 150kgf/cm ［1kgf/cm＝98.0665（kPa·cm），下同］，结构如图 11-27 所示。

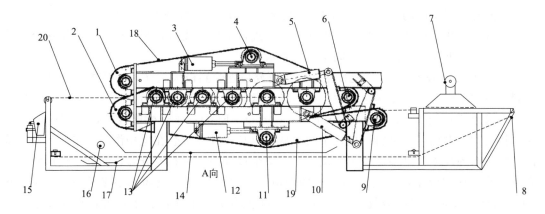

图 11-27　DY2500PQ 半干化带式压榨机

1—从传动辊；2—主传动辊；3—上调偏汽缸；4—上调偏辊及装置；5—上板链带液压油缸；

6—上涨紧辊；7—污泥加料装置；8—毛布辊；9—下涨紧辊；10—下板链带液压油缸；11—下调偏辊及装置；

12—下调偏汽缸；13—污泥压紧辊；14—污泥水接收盘；15—干污泥下料装置；16—毛布清洗管；

17—清洗液接收盘；18—上板链带；19—下板链带；20—毛布

而对草浆制浆沉淀污泥和生化污泥的脱水实验结果如表 11-17 所列。

表 11-17　草浆制浆沉淀污泥和生化污泥的脱水实验结果

项　　目	低压区线压 /(kgf/cm)	高压Ⅰ区线压 /(kgf/cm)	高压Ⅱ区线压 /(kgf/cm)	进料干度 /%	出料干度 /%	脱水率 /%	出料厚度 /mm
草浆制浆沉淀污泥	13	70	130	24.0	49.0	67	9.5
生化污泥	18	54	137	16.6	31.9	58	5.5

从表 11-17 可以看出，在高压Ⅱ区线压基本相同的情况下，草浆制浆沉淀污泥的脱水效果好于生化污泥的，且前者的出料厚度也大于后者的，这表明生化污泥的可压缩性低于草浆制浆沉淀污泥的。这结果也与实验室做的烧杯实验相符，滤布表面出水表明污泥可压缩性好，滤布表面出泥表明污泥可压缩性差。

脱水机在运行过程中存在布料不均匀、布料器堵塞等问题，为此，企业对布料器等设备进行了改进，改进后，又进行了脱水实验。这次的脱水污泥为脱墨污泥和草浆制浆沉淀污泥，实验结果如表 11-18 所示。

表 11-18　草浆制浆沉淀污泥和脱墨污泥的脱水实验结果

项目	处理量 /(t/d)	低压区线压 /(kgf/cm)	高压Ⅰ区线压 /(kgf/cm)	高压Ⅱ区线压 /(kgf/cm)	进料干度 /%	出料干度 /%	脱水率 /%	出料厚度 /mm
草浆制浆 沉淀污泥	209	16.8	140.0	125.0	29.4	53.2	63	15.7
	252	13.7	125.0	130.5	29.4	46.3	52	18.5
脱墨污泥	212	16.4	132.5	121.0	33.0	53.0	56	17.0
	230	15.1	50	90	33	51	53	18.0

从表 11-18 可以看出，随着污泥处理量增加，出料干度与脱水率降低，出料厚度增加。总的来说，草浆制浆沉淀污泥和脱墨污泥经半干化带式压榨机脱水后，污泥干度得到大幅度提高，这两种污泥干度均达到 50% 以上，为造纸污泥的进一步处置打下基础。

在此基础上华章科技又对半干化带式压滤机进行了更新改造，制造出一个低压两个高压一个对压、一个低压三个高压等不同型号的脱水机。

（2）EOD 脱水技术[27]　微能技术的应用研究最近受到极大关注，它是指在水处理等领域，利用诸如电磁波、电磁场、声波、压力场等微弱能源，进行节能、高效、高品质处理的技术。电渗透脱水技术（electroosmotic dewatering，EOD）属于微能技术，所谓电渗透就是在给物料加上电场后，物料中极化了的水分子及其各种离子会在电场作用下定向运动，从而使物料脱水的现象。电渗透脱水的优点：在整个过程中，物料不升温，调节物块形状可以提高脱水的速率和效率，升高所施加电场的电压，可有效地提高电渗透脱水速率。Karim Beddiar 等研究发现，电渗透脱水速率与溶液 pH 值有关。电渗透脱水作为新兴的固液分离技术，具有脱水率高、操作灵活方便等特点。

电渗透脱水时，床层内上部的物料含水量低于下部，而真空或压滤等机械脱水是上部高于下部，将电渗透脱水与机械脱水相结合可使整个床层的水分变得均匀，脱水速率得到提高，同时降低了物料的最终含水量。一种串联式电渗透脱水机结构如图 11-28 所示。

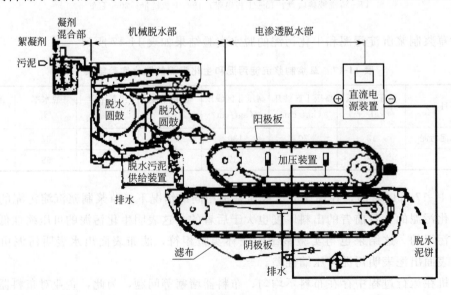

图 11-28　串联式电渗透脱水机

电渗透脱水过程中，接近上部电极的脱水床层含水量快速降低，出现不饱和层，在该部分的电阻急剧增加，施加的电压几乎全部降在上部脱水层（$U=IR$），下部的电场强度逐渐减小，即下部脱水驱动力减小；另外，由于电极附近发生电化学反应，产生离子，在下部电极处，离子浓度增高，ζ电位降低，电渗透驱动力减小，反应产生的气体也影响了脱水的进行。因此，一定时间后，电渗透不再进行。

采用不等占空比电场的方法可提高电渗透脱水效率。不等占空比电场是指在施加一定时间的正向电场后再施加一定时间的负向电场，正向时间和负向时间是不等的。有研究者用图 11-29 的装置进行城市污泥的电渗透脱水试验，结果表明，选择较大的电压梯度并辅以适当的机械压力对电渗透脱水有利，通过优化操作条件能降低能耗。Lisbeth M. Ottosen 在研究直流电场作用下建筑砖脱盐状况时发现，当砖中盐浓度高时电渗透脱水效果差，当砖中盐浓度低时电渗透脱水效果好。

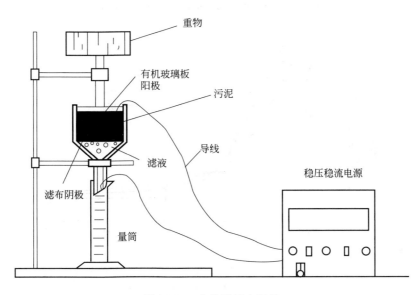

图 11-29　电渗透脱水装置

二、造纸污泥单独焚烧

造纸污泥的焚烧一般是在流化床锅炉进行。

随着水分含量的增加，污泥的理论燃烧温度会显著下降（图 11-30），当污泥水分在 50% 时，其理论燃烧温度低于 1300℃，扣除燃烧损失和散热损失后，流化床可以维持合理的床温，当污泥水分含量升至 65% 以上时，理论燃烧温度降至 900℃ 以下，纯烧污泥是可以维持床温的，采用热空气送入，情况也改善不多。

造纸污泥进入流化床后，并不是破碎成细粒，而是会形成一定强度的污泥结团，这是污泥流化床稳定运行和高效燃烧的基础。

不同水分含量的造纸污泥在不同床温下燃烧时，形成一定强度的污泥结团，能减少飞灰损失。在各种含水量和床温下，造纸污泥都能很好地结团，并且存在最大的强度，经过一定时间后，各强度都趋于一较小值（图 11-31 和图 11-32）。

如图 11-33 所示为与图 11-32 相应的污泥颗粒在流化床中水分蒸发、挥发分析出且燃烧以及固定碳燃烧的过程曲线。结合图 11-33 与图 11-32，很明显，在污泥中固定碳、挥发分

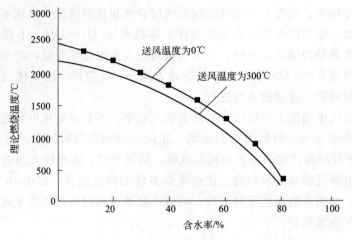

图 11-30　不同含水率的造纸污泥的理论燃烧温度

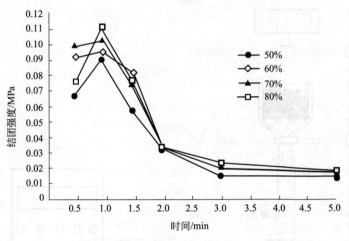

图 11-31　造纸污泥的结团强度与含水量和时间的关系

温度为 900℃，进料污泥尺寸 $d=12$mm

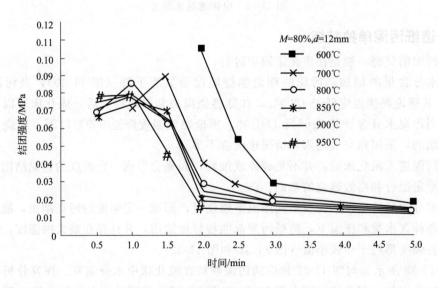

图 11-32　造纸污泥的结团强度与床温的关系

燃烧时，有着较高的结团强度，从而减少了飞灰损失。同时，当污泥中可燃物燃尽时，结团强度也急剧减小，此时污泥灰壳易被破碎成细粉而以飞灰形式排出床层，从而实现无溢流稳定运行和获得较高的燃烧效率。

如图 11-34 所示为含水率为 80％ 的造纸污泥在床温为 900℃下的三种不同粒径的污泥团在流化床中的凝聚结团的压缩强度。由于小粒径的污泥团的水分蒸发和挥发分析出的速率均较大粒径的污泥团要快得多，其凝聚结团的内部较为疏松，结团强度因而相对较弱。因此，在实际污泥焚烧操作中可以选用较大的给料粒度而不必担心污泥的燃烧不完全，从而可简化给料系统。

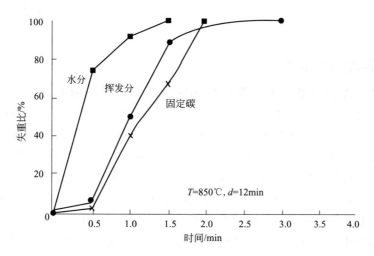

图 11-33　造纸污泥的水分蒸发、挥发分析出且燃烧以及固定碳燃烧的过程曲线

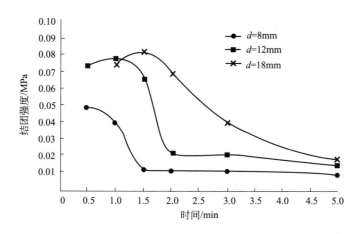

图 11-34　给料粒度对造纸污泥结团强度的影响

从造纸污泥灰渣的熔融特性看，其灰变形温度和灰流动温度的温差只有 80℃，属短渣。流化床焚烧炉的运行床温一般不超过 850℃，远低于灰变形温度 1270℃，正常运行时不会结焦。

造纸污泥采用流化床焚烧炉焚烧时，只用造纸污泥作为床料进行流化，床层会发生严重的沟流现象，必须与石英砂等惰性物料混合物构成异比重床料后才能获得理想的流化。当石英砂的粒径为 0.425～0.850mm，平均粒径 d_p＝0.653mm 时，床料能得到良好的流化，当流化数（气固流化床操作速度与最小流化速度之比值）在 2.5～2.8 之间时，床层流化十分理想，污泥在床层均匀分布，无分层和沟流现象发生。

造纸污泥的焚烧行为与其含水量密切相关，在无辅助燃料情况下，含水量大于 50% 的造纸污泥无法在流化床焚烧炉内稳定燃烧。含水量降至 40% 时，造纸污泥能在流化床内稳定燃烧，平衡床温约为 830℃。床内燃烧份额为 45%，悬浮段燃烧份额为 55%。焚烧炉出口烟气中 CO_2、CO、O_2、NO_x、N_2O 和 SO_2 的浓度分别为 14.8%、0.46%、5.92%、0.00471%、0.0029%、0.0065%，满足环保要求。

造纸污泥单独焚烧，其飞灰中 Zn、Cu、Pb、Cr、Cd 的含量分别为 295.8mg/kg、44.4mg/kg、28.9mg/kg、31.6mg/kg 和 0.36mg/kg，低于农用污泥中有害物质最高允许浓度。

三、造纸污泥与煤混烧

（一）造纸污泥和造纸废渣与煤在循环流化床焚烧炉中的混烧

以回收废旧包装箱为主要原料，生产瓦楞纸板的造纸工艺所产生的废物包括造纸污泥和造纸废渣两部分。其中，造纸污泥是造纸过程废水处理的终端产物，除含有短纤维物质外，还含有许多有机质和氮、磷、氯等物质。而造纸废渣中含有相当成分的木质、纸头和油墨渣等有机可燃成分。此外，两种废物中都含有重金属、寄生虫卵和致病菌等。采用煤与废弃物混烧来发电或供热将是一种很好的选择。与纯烧废物相比，混烧技术能够保持燃烧稳定，提高热利用率，有利于资源回收，同时减少了焚烧炉的建设成本和投资。

赵长遂等人利用循环流化床热态试验台进行了造纸污泥和造纸废渣与煤混烧试验。煤、造纸污泥和造纸废渣的元素分析和工业分析见表 11-19，试验台流化床焚烧炉结构如图 11-35 所示。

表 11-19　煤、污泥和废渣的分析数据

项目	元素分析 $w/\%$					工业分析 $w/\%$				低位热值 /(MJ/kg)
	C	H	O	N	S	水分	挥发分	灰分	固定碳	
污泥	7.49	1.00	8.90	0.35	0.18	74	15.45	8.27	2.28	1.17
废渣	24.88	2.21	10.38	2.00	0.00	59.00	38.28	1.53	1.19	7.66
烟煤	57.24	3.77	8.06	1.11	1.15	3.00	38.96	25.67	32.37	23.81

整个装置由循环流化床焚烧炉本体、启动燃烧室、送风系统、引风系统、污泥/废渣加料系统、高温旋风分离器、返料装置、尾部烟道、尾气净化系统、测量系统和操作系统等几部分组成。流化床焚烧炉本体分风室、密相区、过渡区和稀相区四部分，总高 7m。密相区高 1.16m，内截面积为 0.23m×0.23m，过渡区高 0.2m，稀相区高 4.56m，内截面积为 0.46m×0.395m。送、引风系统由空气压缩机和引风机组成，来自空压机的一次风经预热后送往风室，二次风未经预热从稀相区下部送入炉膛。煤和脱硫剂经预混后由安装在密相区下部的螺旋给煤系统加入焚烧炉。造纸污泥、废渣的混合物采用专门设计的容积式叶片给料器（见图 11-36）由调速电动机驱动进料，以确保试验过程中加料均匀、流畅、稳定和调节方便。

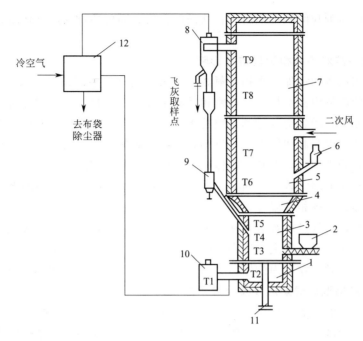

图 11-35 试验台流化床焚烧炉结构简图

1—风室；2—加煤系统；3—密相区；4—过渡段；5—稀相区；6—废物加料器；7—稀相区；

8—旋风分离器；9—返料器；10—启燃室；11—排渣装置；12—换热器；T1~T9—各测温点的位置

流化床焚烧试验台采用床下点火启动方式。轻柴油在启动燃烧室燃烧，产生的高温烟气经风室和布风板通入密相床内，流化并加热床料，在床料达到煤的着火温度后开始向床内加煤。当煤在流化床内稳定燃烧，密相床温达到 900℃ 以后，向返料器通入松动风，使高温旋风分离器分离的飞灰在炉内循环，待物料循环正常且炉膛上下温度均匀后，即可向床内加入造纸污泥和制造废渣，并调节加煤量，使流化床在设定工况下稳定一定时间后开始进行焚烧试验。

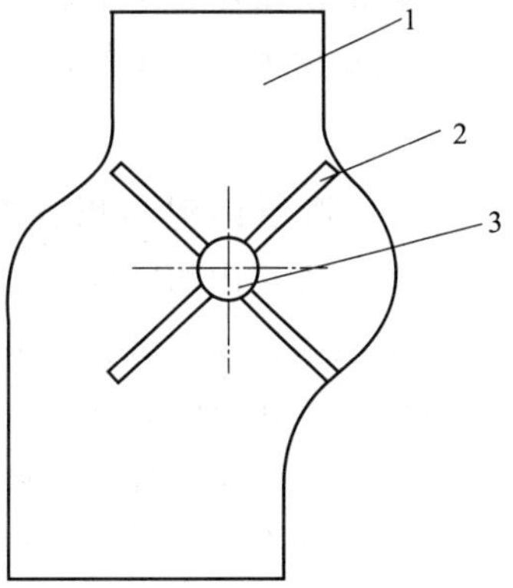

将废渣与污泥质量比按 2.2：1 混合好后（以后简称为泥渣），再与烟煤混烧。试验所采用的脱硫剂石灰石其中 CaO 质量分数为 54.29%，平均粒径为 0.687mm。各试验工况中，钙硫摩尔比保持为 3.0。

图 11-36 污泥/废渣加料器

1—外壳；2—叶片；3—轴

试验结果表明，二次风率、空气过剩系数和泥渣与煤的掺混比对炉温和焚烧效果影响较大。

1. 二次风率对炉温和焚烧效果影响

一方面，在总风量不变的条件下，随着二次风率的增加，密相区氧浓度降低，其燃烧气氛由氧化态向还原态转移，使得密相区燃烧份额减小，燃烧放热量变小；使炉内温度降低；同时，密相区流化速度变小，扬析夹带量减小，有使密相区燃烧份额变大，稀相区燃烧份额减小的趋势，不利于温度场的均匀分布。

另一方面，在总风量不变的情况下，二次风率增大，流化速度减小，从整体上延长了颗粒在炉内的停留时间，增加了悬浮空间的大尺度扰动，加速了其中各个烟气组分和氧的对流、扩散及其与固体颗粒间的传质过程，从而改善气、固可燃物的燃烧环境，促进其进一步燃尽。

2. 空气过剩系数对炉温和焚烧效果影响

随着空气过剩系数的增加，密相区氧浓度变大，同时由于泥渣的挥发分析出比较迅速，因而导致密相区的燃烧份额增加，因而密相区的温度呈上升趋势，但空气过剩系数对稀相区温度的影响比较复杂，随着空气过剩系数的增加，稀相区的温度先会有所上升，待到达某一值后又呈下降趋势。因为起初增大空气过剩系数时，流化速度变大，增强了炉内的扰动和热质传递，温度分布趋于均匀，有利于固体、气态可燃物在稀相区的燃尽。但进一步增大空气过剩系数后，流化速度增大较多，固体、气态可燃物在稀相区的停留时间明显缩短，稀相区燃烧份额减小，导致了稀相区温度下降。

对于燃烧效率，空气过剩系数存在一最佳值，开始时，随着空气过剩系数的增大，炉内氧浓度增大，流化速度逐渐增大，混合效果增强，因而燃烧效率先呈燃烧上升趋势。但当空气过剩系数过大时，颗粒在炉内的停留时间缩短，扬析现象严重，使燃烧效率降低。

3. 泥渣与煤的掺混比对炉温和焚烧效果的影响

随着掺混质量比的增大，由泥渣带入炉内的水分变大，由于泥料的给料点离密相区较近，当泥渣进入密相区后，水分蒸发吸收了大量的热量，从而导致了密相区温度下降。而泥渣中的水分最终以气态形式排放到大气中，带走了大量的热量，使炉内的整体温度下降。

随着泥渣与煤掺混质量比的增加，混合燃料的热值降低，燃料中的水分相应增加，燃料燃烧时，水分析出降低了燃料周围的温度，使其低于床层温度，从而燃烧效率降低。

当掺混质量比为 1 时，最佳空气过剩系数为 1.3 左右。该试验结果应用于某一纸业公司一台蒸发量为 45t/h 的造纸污泥/废渣掺煤循环流化床焚烧锅炉的设计中，投产后燃烧稳定，运行可靠。

（二）造纸污泥与煤在循环流化床焚烧炉中的混烧

孙昕等人采用相同的试验台和同一脱硫剂和烟煤（见表 11-19）与表 11-20 中的造纸污泥进行了混烧试验，试验中 Ca/S 摩尔比为 3.0。实验得出，二次风率、空气过剩系数和污泥与煤的掺混比对炉温和焚烧效果的影响与污泥与煤的混烧实验完全一致。同时试验结果还表明，采用流化床混烧污泥和煤时，钙硫摩尔比取 3 的情况下，SO_2、NO 等的排放都达到国家标准，随着空气过剩系数和床层温度的升高，SO_2 的排放相应增大。

NO 的排放随着空气过剩系数的增加而增加，却随着二次风率的增加而减少。空气过剩系数的减小，二次风率和床层温度的增大将抑制 N_2O 的排放。

表 11-20　污泥的元素分析

成分	C/%	H/%	O/%	N/%	S/%	水分/%	挥发分/%	灰分/%	固定碳/%	低位热值/(MJ/kg)
污泥	29.43	2.32	7.29	0.60	0.20	58.30	38.15	1.86	1.69	7.38

四、造纸污泥与树皮等制浆造纸废料混烧

1985 年，日本 Oji 纸业公司的 Tomakomai 厂投运了世界上第一台以造纸污泥为主燃料（以树皮为辅助燃料）的流化床锅炉，如图 11-37 所示。

采用单锅筒，自然循环和强制循环，最大连续蒸发量为 42t/h。蒸汽压力为 3.4MPa，蒸汽温度为 420℃，给水温度为 120℃采用炉顶给料方式，给料量为 250t/d。床料为石英砂，

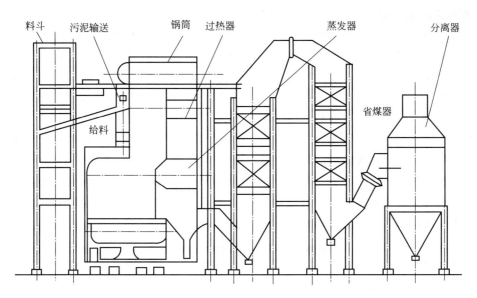

图 11-37　日本 Oji 纸业公司造纸污泥 FBC 锅炉

平均粒径为 0.8mm，燃料特性见表 11-21。

表 11-21　燃料特性

类　　别	造纸污泥	树皮	类　　别	造纸污泥	树皮
干基热值/(kJ/kg)	16275	7746	干基灰分含量/%	18.7	2.7
收到基热值/(kJ/kg)	3680	7570	含水量/%	65.0	57.1

污泥以脱水饼形式给入炉内，树皮的给料量根据污泥性质而作调整，当两者的热值不够维持床温时，自动加入重油助燃。点火启动时的初始流化风速为 0.4m/s，运行时的流化风速控制在 1~1.5m/s，床温维持在 800~850℃ 。NO_x 排放浓度为 $(50~100) \times 10^{-6}$，负荷可降至 70% 左右。

五、造纸污泥与草渣和废纸渣在炉排炉中的混烧

造纸工业固体废物主要由草渣（包括麦草、稻草、芦苇等各种生物质废渣）、废纸渣（废塑料皮）和制浆造纸废水处理污泥 3 大类组成。

1. 草渣

草渣主要是由原料稻草、麦草和芦苇中的碎叶片和麦糠、稻壳等组成。这类生物质燃料密度小，一般平均密度为 $150~200kg/m^3$，挥发物含量为 60%~80%，发热量在 8000~10000kJ/kg 之间。其燃烧特点是着火温度低，挥发物析出速率快，挥发物的燃烧和固定碳的燃烧分两个阶段进行。

2. 废纸渣

废纸渣（废塑料皮）主要成分是打包塑料封带及部分短纤维，一般含水量在 50%~70%，热值在 8000~10000kJ/kg 之间。塑料皮的主要成分是聚氯乙烯和氯代苯，在燃烧过程中，当烟气中产生过多的未燃尽物质或燃烧温度不高时，会产生二噁英等有害物质。炉膛设计时必须保证炉膛温度在 850℃ 以上，炉膛要有一定的高度，使烟气在炉内有足够的停留时间。

3. 制浆造纸废水处理污泥

制浆造纸污泥成分随原料的应用不同而变化，化学浆、脱墨浆和经过二次处理产生的活性污泥成分稍有差异（见表 11-22）。造纸废水处理污泥主要是细小纤维与填料和化学药品的混合物，含水量在 70% 左右，热值约为 2300kJ/kg，密度为 1200kg/m³ 以上。与市政污泥相比，N 和 P 的含量低，而 Ca^{2+} 和 Al^{3+} 含量却高得多，且漂白化学浆废水处理污泥中含有聚氯联苯化合物（PCB）和二噁英（PCDD）。

山东临沂某锅炉厂开发研制出日焚烧 60t 的造纸工业固体废物焚烧锅炉，专门用于造纸厂的固体废物，如草渣、废纸渣（废塑料皮）和干燥后的污泥的焚烧。已在 40 多家企业投入运行，状况良好。该系统的投运，不但可以使造纸厂的固体废物得到减量化、无害化处理，减轻环境污染，减少固体废物的运输费用，而且还具有非常显著的节能效果。以日焚烧量 60t 下脚料计，每日可节煤约 25t。

表 11-22　不同原料制浆污泥成分

成　　分	化学浆污泥	活性污泥	脱墨浆污泥	成　　分	化学浆污泥	活性污泥	脱墨浆污泥
灰分/%	5～56	5～30	20～70	Cd/(mg/kg)	0.01～1.0	0.4～12	0.1～7.7
$w(C)$/%	20～50	35～50	15～40	Cu/(mg/kg)	7.0～56	64～520	8.0～920
$w(N)$/%	0.1～0.7	1.0～8.0	0.01～0.4	Cr/(mg/kg)	6.0～34	10～30	20～110
$w(S)$/%	0.1～0.4	0.1～0.9	0.1～0.2	Pb/(mg/kg)	4.0～80	17～95	1.0～880
$w(P)$/%	0.03～0.1	0.3～1.2		Hg/(mg/kg)	0.01～0.08	0.01～1.0	0.02～2.4
$w(K)$/%	0.02～0.6	0.2～0.6		Ni/(mg/kg)	5.0～58	6.0～93	1.0～250
$w(Al)$/%	0.2～7.4	0.5～3.3	0.01～3.8	Zn/(mg/kg)	30～230	140～930	0.2～150

整个系统设计包含进料系统、燃烧设备、汽水系统、烟气处理等。

（1）进料系统　焚烧系统采用分别进料方法，草渣通过带式输送机由料场输送到螺旋给料机的料仓。然后通过螺旋给料机在二次风的帮助下喷向炉膛。废纸渣具有缠绕性，需通过带式输送机由料场输送到煤斗，在推料机的作用下输送到往复炉排上。污泥经适当干燥后混入废纸渣一起输送到往复炉排上燃烧，但不能将大块泥团送入炉内，以免大块泥团无法燃尽。焚烧炉采用室温燃烧加往复炉排燃烧的组合技术。对于草渣，采用风力吹送的炉内悬浮燃烧加层燃的燃烧方式。草渣进入喷料装置，依靠高速喷料风喷射到炉膛内，调节喷料风量的大小和导向板的角度，以改变草渣落入炉膛内部的分布状态，合理组织燃烧。在喷料口的上部和炉膛后墙布置有三组二次风喷嘴，喷出的高速二次风具有较大的动能和刚性，使高温烟气与可燃物充分地搅拌混合，保证燃料的完全充分燃烧。废纸渣通过推料机送入炉内的往复炉排上，比较难燃烧的固定碳下落到炉膛底部的往复炉排上，对刚刚进入炉排口的废纸渣有加热引燃作用，有利于废塑料的及时着火燃烧。而着火后的废塑料皮很快进入高温主燃区，形成高温燃料层，为下落在往复炉排上的大颗粒燃料及固定碳提供良好的高温燃烧环境，有利于这部分大颗粒及固定碳的燃烧机燃尽。往复炉排采用倾斜为 15°角的布置方式，燃料从前向后推动前进的同时有一个下落翻动过程，起到自拨火作用。由于草渣及废纸渣的挥发物含量高，固定碳含量比例相对较少，往复炉干燥阶段风量仅占一次风量的 15%，主燃区风量占 75% 以上。而燃尽区风量仅占 10% 左右。二次风量必须占 15%～20% 以上，以保证废纸渣挥发分大量集中时析出的充分燃烧。

（2）炉膛结构　锅炉炉膛设计成细高型，高度为 7.7m，宽度为 1.65m，平均深度为 3m，以保证废纸渣焚烧烟气在炉内有足够的停留时间。上部炉膛布有水冷壁，下部有绝热炉膛，以减少吸热量，提高炉膛温度。锅炉采用低而长的绝热后拱，以利于燃料的燃尽。在后拱出口上部设有一组二次风喷嘴，这组二次风的作用是将从后拱出来的高温烟气及从喷料口下落的燃料吹向前墙处，有利于物料的干燥着火燃烧，也促使从喷料口下落的燃料落到炉排前端，增加燃料在炉排上的停留时间，有利于燃料的燃烧。锅炉受热面可根据灰量大小采用合理的烟速，以防止对流受热面的磨损。对于管束的前区和炉膛部位布置检修门，便于清灰和检修，必要时加装防磨和自动清灰装置。尾部采用空气预热器，物料燃烧的一次风和二次风均来自空气预热器产生的热风，为防止空气预热器的低温腐蚀，采用较高的排烟温度和热风温度。

（3）烟气的处理和净化　该焚烧系统的烟气特点是飞灰量大、颗粒细、质量轻，且含有 HCl 等有害气体。对烟气分两级处理，烟气首先进入半干式脱酸塔，酸性有害气体在该塔内得到综合处理，然后脱酸烟气再进入布袋除尘器进行处理，最后由烟囱排入大气。

参考文献

[1] Wang T, Zhong W G, Wang Y H. The technique of comprehensive utilizing of pulping waste water. China. Water and Waste water, 2004, 20 (2): 34-36.

[2] 贺兰海，单连文，等. 焚烧法处理制浆造纸污泥技术 [J]. 中华纸业，2006，27（增刊）：61.

[3] 万金泉，马邕文. 造纸工业废水处理技术及工程实例 [M]. 北京：化学工业出版社，2008：173-175.

[4] 周肇秋，赵增立，等. 造纸废渣污泥基础特性研究——造纸废渣污泥气化处理能量利用技术研究之一 [J]. 造纸科学与技术，2001，20（6）：14-17.

[5] 潘美玲，张安龙. 造纸污泥性质的研究 [J]. 湖南造纸，2011，(1)：31-33.

[6] 张自杰. 排水工程（下册）[M]. 第 4 版. 北京：中国建筑工业出版社，2009，7：331.

[7] 王星，赵天涛，赵由才. 污泥生物处理技术 [M]. 北京：冶金工业出版社，2010，4：22.

[8] 张自杰. 排水工程（下册）[M]. 第 4 版. 北京：中国建筑工业出版社，2009，7：353-372.

[9] 王星，赵天涛，赵由才. 污泥生物处理技术 [M]. 北京：冶金工业出版社，2010，4：35.

[10] 王星，赵天涛，赵由才. 污泥生物处理技术 [M]. 北京：冶金工业出版社，2010，4：36-37.

[11] 季民，王芬，杨洁，等. 超声破解促进污泥厌氧消化的机理及污泥减量化技术研究 [C]. 天津市土木工程学会给水排水分科学会第六届第一次年会，2010：632-643.

[12] 史吉航，吴纯德. 超声破解促进污泥两相厌氧消化性能研究 [J]. 中国给水排水，2008，24（21）：21-25.

[13] 伍峰，周少奇，赖杨岚. 造纸污泥厌氧发酵生物产氢研究 [J]. 中国造纸，2010，29（1）：39-42.

[14] 陈英文，刘明庆，等. 臭氧预处理-厌氧消化工艺促进剩余污泥减量化的研究 [J]. 环境污染与防治，2012，34（1）：33-36.

[15] 林云琴，王德汉，等. 预处理对造纸污泥厌氧消化产甲烷性能的影响研究 [J]. 中国环境科学，2010，30（5）：650-657.

[16] 董晓峰，沈光银，等. 利用造纸污泥生产建筑轻质节能砖 [J]. 浙江建筑，2008，25（2）：50-52.

[17] 济南大学. 一种以造纸污泥为原料生产的轻质砖及其制备方法：中国，201110053067.8 [P]. 2011.10.12.

[18] 广州绿由工业弃置废物回收处理有限公司. 一种用造纸污泥生产的烧结轻质环保砖及其制造方法：中国，CN101913842 A [P]，2010.12.15.

[19] 连海兰，曹云峰，唐景全，等. 杨木化机浆污泥/马尾松纤维复合板的制备及性能研究 [J]. 南京林业大学学报

(自然科学版), 2012, 36 (4): 98-102.

[20]　赵由才, 宋玉. 生活垃圾处理与资源化技术手册 [M]. 北京: 冶金工业出版社, 2007: 482-484.

[21]　王德汉, 彭俊杰, 戴苗. 造纸污泥好氧堆肥处理技术研究 [J]. 中国造纸学报, 2003, 18 (1): 135-140.

[22]　王罗春, 李雄, 赵由才, 等. 污泥干化与焚烧技术 [M]. 北京: 冶金工业出版社, 2010: 149-156.

[23]　吴福骞. 制浆造纸厂污泥的燃烧处理 [J]. 中国造纸, 1984, 1: 48-54.

[24]　葛成雷, 吴朝军. 造纸污泥深度脱水技术研究进展 [J]. 中华纸业, 2012, 33 (4): 7-10.

[25]　万金泉, 马邕文. 造纸工业废水处理技术及工程实例 [M]. 北京: 化学工业出版社, 2008: 176-179.

[26]　魏好勇. 造纸污泥深度脱水装备研发成果: 板带结合压滤机 [J]. 中华纸业, 2012, 33 (4): 14-16.

[27]　应广东, 乔军, 吴朝军, 等. 造纸污泥半干化脱水实验研究 [J]. 华东纸业, 2011, 42 (3): 26-29.

[28]　葛成雷, 吴朝军. 造纸污泥深度脱水技术研究进展 [J]. 中华纸业, 2012, 33 (4): 6-10.

第十二章 | 备料废料综合利用技术

第一节 推荐树皮锅炉回收热能技术

一、树皮的燃烧特性

我国是一个造纸大国，随着科技及社会的进步，需要更多更好的纸及纸板，造纸用木材的比例逐年大幅地提高。随着造纸工业纤维原料中木材比例的增加，造纸废料，主要包括树皮及锯末的数量亦大量增加。以国内某造纸厂为例，采用芬兰引进的木材处理设备，木片的得率为90％～92％，树皮、锯末等废料约为5％。按1t纸4m³木材计，如果满负荷生产，年产26×10⁴t机制纸，大约需108×10⁴m³木材，树皮、锯末等废料大约为6×10⁴m³。堆存和处理这些造纸废料给综合性的制浆造纸企业带来了负担。虽然有一些处理方法，比如用锯末加工板材、木炭等，但可处理量有限。如果将这些木材废料转化为热能，则既能从根本上解决问题，而且将转化的能量折合成标准煤的价格后，其经济性相当可观。

对于木材一类的生物质燃料，可燃部分主要是纤维素、半纤维素、木质素。燃烧时，纤维素和半纤维素首先释放出挥发分物质，木质素转变为木炭，其燃烧过程分为四个阶段，即生物质的脱水、生物质热解和挥发物的燃烧、挥发物的燃烧与固定碳的表面燃烧并存、固定碳的表面燃烧。

对于锯末这样的毫米尺寸生物质燃料在炉膛内燃烧速率的研究表明，燃烧过程中，挥发分的燃烧与焦炭的燃烧明显不同。挥发物析出时，粒子质量迅速减少，粒子被扩散火焰包围，木材中的水分强烈抑制了挥发分析出时的燃烧速率，单位质量粒子的燃烧速率随粒子尺寸减小而直线增加。

树皮是一种高水分、高挥发分、低灰、低氮、低硫的燃料，树皮挥发分析出是在较低的温度区域、极短的时间内连续完成的，树皮的着火温度低，燃烧过程存在着明显的挥发分析出区和固定碳燃烧区。一旦挥发分析出，颗粒周围就形成一个有包覆作用的气膜，气膜抑制了氧的扩散，只有当挥发分基本燃尽后，固定碳才能燃烧。因此，树皮的燃烧阶段主要是挥发分的空间燃烧，固定碳的燃烧只占燃料放热的一小部分[1]。

表12-1为树皮及各类木质碎屑的燃烧特性分析。综合分析得知，在可燃烧干度为65％的树皮和木屑，其平均发热量约为2800kcal/kg（1cal＝4.1868J，下同），折成热值7000kcal/kg的标煤，则1kg树皮与木屑的发热量与0.4kg标煤热值相当，具有非常高的利用价值[2]。

表 12-1　各树种小径级杂木材及板皮碎屑发热量

测试对象	含水量/%	氧弹发热量/(cal/g)	测试对象	含水量/%	氧弹发热量/(cal/g)
风干桉木板皮	10.37	4296	板皮筛屑(粗屑)	34.47	3231
湿桉木板皮	29.66	3509	板皮筛屑(细屑)	35.39	3001
风干桉树皮	9.69	4654	湿竹屑	46.95	2774
风干桉木糠	10.12	4394	太阳晒后竹屑	31.05	3493

在美国和日本，用树皮等生物质生产热能主要有两种方法：一是燃烧产生热能；二是经过热解、气化得到供热用的油气体和木炭等燃料。美国的木材加工企业有73％的热能来自木材废料，主要用做锅炉燃料。目前美国有100％全部燃烧木质废料的锅炉。1992年，美国约有1000个燃木电厂在运行，总装机容量6500MW，年发电 $42×10^8 kW \cdot h$。奥地利、瑞典等国则重视采用生物质供热，到目前为止，采用生物质供热的比例达到25％[3]。

二、循环式流化床树皮锅炉

树皮等木质废料的燃烧采用两种方式：层状燃烧和沸腾燃烧。层状燃烧的炉排结构复杂，而且对于大型造纸及木材加工企业，单台锅炉负荷的发展受到限制。沸腾燃烧是一种发展方向。木材是一种高水分、高挥发分、低灰分的燃料，在沸腾层中燃烧能充分混合，并与热空气充分接触。一方面有利于木材废料的干燥；另一方面，沸腾床的悬浮室有利于挥发物的燃烧和燃尽。

目前，国际上广泛采用流化床技术利用生物质能。由于生物质燃料含灰量少，燃烧后难以形成稳定的床层，部分生物质因其特定的形状难以流化，这就需要在流化床中加入合适的媒体以改善流化质量。同时，这些媒体用以形成稳定的床层，为高水分、低热值的生物质燃料提供优越的着火条件。媒体的选用应考虑如下几个因素：具有与所燃烧的生物质燃料相配合的流化性能；热物性宜于流化床燃烧使用，物理特性包括耐磨性、硬度、密度等，这些物理特性应适应炉体的需要；价格低廉，无毒无味，易于获得。按以上要求，河砂、石英砂、大理石颗粒等是合理的流化媒体[1]。

现今，制浆造纸厂的木材废料普遍应用于热电厂发电。经过在蒸汽锅炉的燃烧，木材废料中的化学能被释放出来，随着释放化学能，蒸汽锅炉产生带有压力和热量的蒸汽送给汽轮机，当蒸汽经过汽轮机后，它的压力和温度会降低，并且释放出的能量转变为汽轮机的机械旋转能量。汽轮机的轴连接着发电机的轴，带动发电机的轴旋转，机械旋转能转换为电能。出于加热的目的，部分蒸汽被从汽轮机抽出或是作为乏汽从汽轮机的排汽中带走，送到造纸流程中的各个热用户处。因为制浆造纸各工序主要需要蒸汽锅炉提供较低压力参数的蒸汽，所以热电联产生产的电作为副产品是廉价的。在热用户处，蒸汽靠凝结作用释放它的热能到各个工序。一般来说，大部分蒸汽作为凝结水被带回电厂。凝结水又被泵入锅炉中作为锅炉的给水。图12-1显示了燃烧废木料的热电联产的流程[4]。

（一）流化床燃烧的原理[4]

近几十年，流化床反应器已经用在不可燃物质的化学反应上，反应器的完全混合和紧密接触不仅提高了产量而且带来了良好的经济效益。在20世纪70年代燃烧固体燃料的流化床技术被应用于商业，自从那时开始，流化床式燃烧变成一种广泛被人接受的燃烧技术。流化床技术很适合那些含水率高或灰分高的低级燃料的燃烧。这些燃料用其他的燃烧技术是很难正常燃烧的。流化床式燃烧的优点是可以同时使用不同成分的燃料，靠喷射石灰石到炉膛除硫，这是一个简单且便宜的方法，达到高燃烧效率和低 NO_2 污染。

流化床技术的一个要求，就是良好的固体燃料要通过与气体或液体接触转变成沸腾状态。在流化床锅炉中，沸腾是通过位于固定床材料上的一个空气分配器吹入空气形成的。图12-2显示流化床的工作原理。它用实例说明了砂粒床的工作状态：一种气体以不同的速度吹入，并且通过砂粒床后气体的压力会下降。对于一个安装好的固定床，气体压力下降与速度的平方成正比。随着气体速度的增加，固定床逐渐变成沸腾状态。发生这种转变的气体速

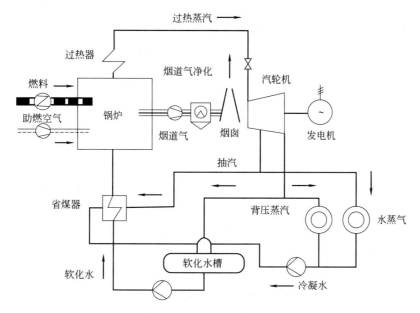

图 12-1　燃烧废木料的热电联产流程

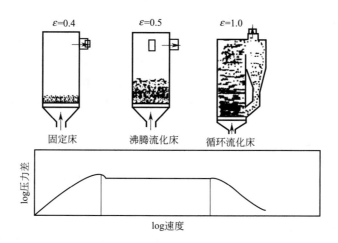

图 12-2　通过流化床的气体压力降和沸腾状态与气体速度的关系

度称为沸腾速度的最小值 V_{mf}。沸腾速度的最小值取决于许多因素，包括颗粒直径、气体和颗粒的密度、颗粒形状、气体黏度和流化床真实容积含气量等。式（12-1）可以计算沸腾速度的最小值。

$$V_{mf}=-\frac{\mu_g}{d_p\rho_g}\left[\sqrt{33.7^2+0.0408\times\frac{d_p^3\rho_g(\rho_p-\rho_g)g}{\mu_g^2}}-33.7\right] \tag{12-1}$$

式中　μ_g——动力黏度；

$\quad\quad d_p$——颗粒直径；

$\quad\quad \rho_g$——气体密度；

$\quad\quad \rho_p$——颗粒密度；

$\quad\quad g$——重力加速度。

按上面的速度 V_{mf} 时，通过床的压力降仍然是持续的，并且每单位面积的固体的质量，与克服重力的粒子的阻力相等。式（12-2）显示压力降。

$$\Delta p = (\rho_p - \rho_g)(1-\varepsilon)gH \tag{12-2}$$

式中　ρ_g——气体密度；

ρ_p——颗粒密度；

g——重力加速度；

ε——床的空体积比率；

H——床层高度。

当流态化速度高于沸腾速度的最小值时，使床流态化的过量气体以沸腾的方式通过床。这个系统是一个沸腾床，并且用在这个系统上的锅炉也是沸腾式流化床锅炉（BFB）。BFB有适当的固体混合比率和低的烟气带走固体率，当固定床结束并且表面开始流态化时，沸腾床有一个清晰、可见的水平表面。

随着流态化速度的增加，流化床表面变得更散乱且固体带走量不断增多，清晰可见的床表面不再存在。将带走的固体物质返回床的循环对于维护床的流态化是十分必要的，带有这些特性的流化床称作循环式流化床，这是由于从炉膛到颗粒分离器和返回炉膛的高物质循环率，用在这个系统中的锅炉是循环式流化床锅炉（CFB）。

流化床锅炉技术的一个最显著优点就是气体和换热面有着良好的热交换。图 12-3 解释了这个问题，当气体速度超过沸腾速度的最小值 V_{mf} 时，传热系数 α 快速上升。对这种情况的解释就是当床开始沸腾时，由于混合得良好，热床物质不间断地与换热面接触，热床物质将热量释放到换热面上，并且在有新的热颗粒进入之后立即与床混合，与表面接触。

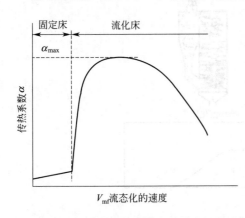

图 12-3　流化床与换热面间的传热系数

（二）循环式流化床锅炉

CFB 燃烧过程的主要特色是流态化的速率增加了，并超过了沸腾体系，而且床的大部分物质随着气流被携带走。被带出的物质需要收集在固体分离器，以便返回处于低位的炉膛，以保持床内的物质。

当气体速度高于带走速度，在炉膛上部的固体浓度就会增加。一些夹带走的固体形成局部的高浓或高浓基团，它们在炉膛内的分解、再形成，并且上下窜动。基团的形成引起炉膛内大范围的固体循环。由于有固体分离器的外部循环，CFB 工艺过程导致良好的混合和气固的接触。在整个炉体中，由于存在高固体负荷，所以气体和固体的温度肯定遍及炉膛和固体分离器。CFB 锅炉中良好的混合和均衡的温度会提高燃烧效率，如果需要捕集硫和降低 NO_2 的污染，使用石灰石是有效的。高的固体负荷和热能力保证能够稳定燃烧含水分多的燃料，诸如树皮、废木材和污泥。另外，CFB 工艺过程设计能很容易地燃烧燃料，表 12-2 表明 CFB 锅炉典型的操作参数。

图 12-4 显示的是循环式流化床锅炉的工艺流程。CFB 锅炉的主要组成部分是炉膛和分离固体的典型旋风分离器。固体分离器捕集被带走的床底物质、吸着剂和未燃的颗粒，通过

表 12-2 CFB 锅炉典型的操作参数

体积热负荷/(MW/m³)	横断面热负荷/(MW/m²)	总的压力降/kPa	沸腾速度/(m/s)	床底物粒径/mm	一、二次风温/℃	床及旋风温度/℃	床的密度/(t/m³)	过量空气系数	回收率/%
0.1~0.3	0.7~5	10~15	3~10	0.1~0.5	20~400	850~950	0.01~0.1	1.1~1.3	10~100

注：飞灰粒子直径<100μm，底灰粒子直径为 0.5~10mm，单个粒子直径会超过 100mm。

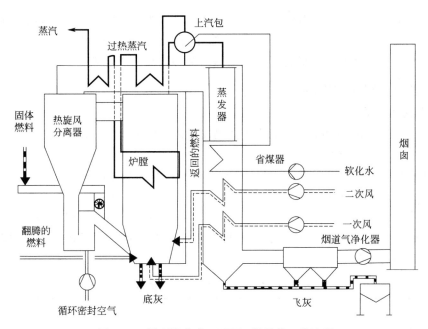

图 12-4 循环流化床（CFB）锅炉的工艺流程

非机械阀门或环状密封，将它们返回到炉膛中更低的部位。旋风分离之后，烟气通过对流管束、蒸汽过热器、省煤器和空气预热器。

CFB 炉壁（膜式水冷壁）由焊接在一起的管组成。炉壁管是水冷的，这个意思就是管内的水被加热蒸发，在炉膛较低部位的管外有一层耐火保护衬层，高度距离格栅至少是 2~3m，当燃烧高水分燃料时，耐火层对于保护管子免受侵蚀和维持充足的床温是十分必要的。对于给定燃料和规定蒸汽输出参数的 CFB 锅炉，其炉膛的尺寸要取决于以下三个方面：①气体速度；②燃料燃烧的最短时间；③炉膛的热交换[4]。

CFB 锅炉具有以下技术特点[5]。

（1）锅炉炉膛低温燃烧 由于生物质灰熔点普遍较低，炉膛采用 750~850℃燃烧温度（根据燃料灰熔点确定）能有效抑制碱金属的结渣、腐蚀的概率。

（2）对燃料的适应好 这不但表现在对于不同品种、不同品质的生物质燃料均能在 CFB 锅炉中顺利实现着火燃烧，在燃烧条件发生剧烈变化特别是水分变化和粒度变化的情况下，对未燃尽物质的再循环燃烧可以确保始终维持较高的燃烧效率。

（3）CFB 锅炉气相污染物排放远远低于国家标准排放限值 生物质燃料含硫量极低，且灰成分中的 CaO、K_2O 等碱性物质可与硫进行脱硫反应，从而使进入烟气的 SO_2 的浓度远低于国家标准排放限值。NO_2 排放低的原因：一是低温燃烧，此时空气中的氮一般不会生成 NO_2，当温度低于 1500℃时，热力型 NO_x 和快速型 NO_x 的生成可以忽略；二是分段燃烧，抑制燃料中的氮转化 NO_2，并使部分已生成 NO_2 得到还原成 N_2。

（4）尾部受热面（省煤器、空气预热器等）管组一般采用顺列布置　横向节距普遍比燃煤锅炉的节距大。其主要目的是防止飞灰搭桥。

（5）负荷调节性好　当负荷变化时，需调节给料量、空气量和物料循环量、负荷调节范围可低至 30％ 以下。此外，由于截面风速高，吸热控制容易，循环流化床锅炉的负荷调节速率也很快。

（6）燃烧效率高　循环流化床锅炉燃烧效率高是因为下述特点：气、固混合良好，燃烧速率高，特别是对水分含量大的燃料，绝大部分未燃尽的燃料被再循环至炉膛再燃烧，同时，循环流化床锅炉能在较宽的运行变化范围内保持较高的燃烧效率。

（三）燃料对锅炉的影响

1. 燃料含水量的影响

剥下的树皮是湿的还是干的，取决于在剥皮圆筒中的喷水量，从圆筒中回收的树皮要经过磨碎和压榨，以适合燃烧。

一个正在生长的树的干物质占 40％～60％，如果木材是漂浮到工厂，干物质的量会降到 17％～28％。由湿法剥皮过程和洗涤过的树皮中的干物质成分是 20％～35％，具体数值也与树的种类有关。加压能增加到 35％～50％。不同干度的树皮，其低位发热量是不同的，如表 12-3 所示。提高树皮的干度，就可以提高其低位发热量，所以在进入锅炉燃烧前，应尽可能对树皮进行干燥。

表 12-3　树皮干度对低位发热量的影响

干度/%	80	70	60	50	40	30	20
低位发热量/(MJ/kg 干固物)	16～20	14～18	12～15	8～10	6～8	4～6	2～4

图 12-5 示出燃烧树皮、锯屑、废木料及泥煤的流程。该流程把树皮等燃料先经锅炉废气干燥后再送去燃烧。这个流程的优点是干燥能耗低，没有爆炸危险，没有存放干树皮引起自燃的危险，而且容易操作，开停机简便[4]。

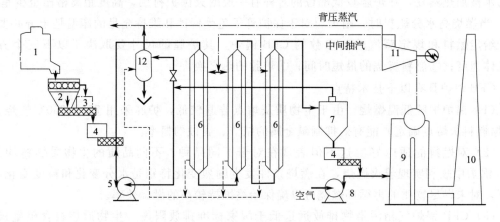

图 12-5　树皮气流干燥流程

1—储仓；2—筛；3—磨；4—回转阀；5—干燥风机；6—干燥器；7—旋风分离器；
8—锅炉风机；9—锅炉；10—烟囱；11—汽轮机；12—再蒸发器

2. 燃料含灰量的影响

循环流化床需要大量的床料颗粒在循环回路中循环，使炉膛的热量分布更均匀，传热更快，燃烧更充分，因此，燃料的含灰量对循环流化床锅炉设计和运行非常重要。含灰量的变化对生物质循环流化床锅炉的影响主要体现在以下几个方面[6]。

① 炉膛的灰浓度对循环流化床锅炉的负荷和炉膛床温的均匀性影响较大。在燃烧树皮、木屑等灰量较少的生物质，一般在运行中需添加床料，而灰量较大的生物质，则需放灰。

② 生物质锅炉床层的高度受燃料的含灰量影响非常大，床层的过高、过低都会影响流化质量，引起结焦。

③ 燃料灰分和杂质影响尾部飞灰的浓度。

三、树皮锅炉节能技术

（一）锅炉除垢

溶解在水中的一部分盐类——主要为钙、镁盐类，随着锅炉内水的蒸发汽化，浓度增加，逐渐析出，附着在受热面的内壁上，形成水垢。水垢大都是多种化合物的混合体，成分很复杂，一般可分为硅酸盐、硫酸盐和碳酸盐水垢。不同水垢的硬度和热导率不一样。硅酸盐水垢最坚硬，难以清除，硫酸盐水垢次之，碳酸盐水垢较松软。其热导率与钢材相比，列于表 12-4 中[4]。

表 12-4　不同材料的热导率　　　　　单位：$kJ/(m \cdot h \cdot ℃)$

材料名称	一般合金钢	碳素钢	碳酸盐水垢	硫酸盐水垢	硅酸盐水垢
热导率 λ	62.7～125.4	167.2～188.1	0.836～2.09	2.09～8.36	0.293～8.36

锅炉结垢以后，使传热恶化，迫使受热面金属壁温度急剧上升，钢材强度下降，易使受热面金属变形烧坏。由于受热面管子结垢，水循环阻力增加，特别当管子结垢严重时，破坏水循环的稳定性，甚至导致爆管等事故。金属壁结垢的另一后果是使热阻增加，传热恶化，热导率急速下降，烟气的热量不能有效地被水吸收，造成排烟温度升高，热损失增大，燃料浪费。理论与实践都证明，水垢厚度与燃料的浪费成正比。如生成 1.5mm 厚的水垢，燃料浪费 5%，生成 5mm 厚的水垢，燃料浪费 15%。

衡量锅炉用水并与结垢有关的两个指标是水的硬度和碱度。硬度是指溶解于水中导致锅炉结垢的钙、镁盐类的含量。存在于水中的钙、镁盐类可分为两种形式：一种是碳酸盐，包括 $Ca(HCO_3)_2$、$Mg(HCO_3)_2$，水煮沸后生成 $CaCO_3$、$Mg(OH)_2$ 沉淀析出，故这些碳酸盐硬度称为暂硬度；另一种是非碳酸盐类，指氯化物、硫酸盐、硅酸盐等盐类，虽经煮沸也不能去除，故称这些非碳酸盐硬度为永硬度。

水的碱度是指水中的 OH^-、CO_3^{2-}、HCO_3^- 以及 PO_4^{3-} 等离子的总和。当碱度大于硬度时，称为负硬度。天然水中的硬度与碱度的关系见表 12-5。

表 12-5　天然水中硬度与碱度的关系

项　目	永　硬　度	暂　硬　度	负　硬　度
总硬度＞总碱度	总硬度－总碱度	总碱度	0
总硬度＝总碱度	0	总硬度＝总碱度	0
总硬度＜总碱度	0	总硬度	总碱度－总硬度

当总硬度＝总碱度时，即 $[Ca^{2+}]+[Mg^{2+}]=[HCO_3^-]$，无多余的 Ca^{2+}、Mg^{2+} 与 HCO_3^-。

当总硬度＜总碱度时，即 $[Ca^{2+}]+[Mg^{2+}]<[HCO_3^-]$，有多余的 HCO_3^-，所以

$$负硬度＝总碱度－总硬度$$

当总硬度＞总碱度时，即 $[Ca^{2+}]+[Mg^{2+}]>[HCO_3^-]$，有多余的 Ca^{2+}、Mg^{2+}，所以

$$永硬度＝总硬度－总碱度$$

为了减缓水垢的生成，需要对水进行软化处理。软化处理主要采用化学方法，采用锅内加药、石灰软化和离子交换三种方式。

锅内加药是在锅水中加入某些防垢剂，使锅炉给水中的 Ca^{2+}、Mg^{2+} 等不在受热面结硬垢，而是形成松软的沉渣，通过排污去除，防垢剂主要包括有 Na_3PO_4、Na_2CO_3、$NaOH$ 及有机胶（拷胶）等。有机胶的主要成分是单宁（鞣质），其作用是不使水垢吸附在受热面上，而前者是使锅水保持一定的 Ca^{2+} 和 PO_4^{3-} 浓度，从而阻止 $CaSO_4$、$MgSO_4$ 等硬垢形成。

石灰软化处理是把溶于水中的钙、镁盐类转变成难溶于水的化合物沉淀下来而加以去除。一般都采取锅外处理。离子交换法是目前常用的软化锅炉用水的方法，在给水进入锅炉以前，通过离子交换树脂，把有可能生成结垢的 Ca^{2+}、Mg^{2+} 被 Na^+ 交换，从而使给水得到软化。无论采取什么措施，都难免在锅炉的受热面结垢，一旦生成水垢，需进行除垢处理。除垢的方法主要有化学处理和机械处理，以化学处理居多。

当水垢的成分以碳酸盐或硫酸盐为主时，可采用盐酸处理比较有效。盐酸取 6%～7%，温度为 (55+5)℃，加缓蚀剂若丁（二邻甲苯硫脲）、乌洛托品（六亚甲基四胺）等 0.8%～1.2%。酸煮不超过 12h，煮后用大量水进行清洗，加入 1% 磷酸盐溶液，循环 1h 进行钝化处理。

当水垢主要成分为硅酸盐时，加入磷酸盐溶液煮锅效果较好。磷酸盐加入量为每吨锅水加入纯度为 95%～98% 的工业磷酸三钠 10～12kg，纯度为 98% 的工业 NaOH 2～3kg。在锅内煮沸 50～72h，隔一定时间排污 1 次。

还可采用 KF-301 除垢处理。KF-301 为有机酸和无机酸的混合液，浅紫透明，相对密度为 1.12～1.14，pH<1，除垢能力为每千克除垢剂可去除 130～140kg 水垢，可按表 12-6 所推荐的处理。

表 12-6　KF-301 除垢剂的使用资料

水垢厚度/mm	1	2	3	4
1份除垢剂加水比例	7～8	5～6	4～5	3～4
温度/℃	50～60	50～60	50～60	50～60
水循环时间/h	8～10	14～16	20～24	24～28

对水垢厚度为 1.5～2mm 的锅炉，水垢清除后，可节煤 6%～7%。对锅炉用水的软化与除垢，还可采用磁化处理。锅炉使用磁化水，可以改变煮沸后沉淀物的结晶性质，不附着在加热面上，从而通过排污排出炉外。磁化方法有内部磁化和外部磁化。内部磁化是在管内安装磁化器，锅炉上水先通过磁化器。外部磁化是在管外安装磁化器。外部磁化处理安装简便，不需停机，不需维修，寿命长。

有的锅炉使用管外强磁场处理锅炉给水后，3 个月未见结垢。但磁化处理并不是在任何

情况下都很有效，在水质的总碱度大于总硬度的情况下，当炉水碱度＞15mmol/L、硬度＜0.2mmol/L 时使用磁化器效果明显。

当总硬度大于总碱度、永久硬度＜1.5mmol/L 时，有 2 种情况：①使用磁化器后，壁上可能有垢，棒敲可脱落；②管垢不易脱落，或脱落后又生成新垢。在这种情况下，需加碱处理，使永硬变为暂硬。加碱后磁化器作用明显。

在永久硬度＞2mmol/L 的情况下，不适用于磁化器。暂时硬度的大小，在使用磁化器时，影响不大，但硬度大，需增加排污次数。

强磁场管外处理，也可应用于蒸煮锅加热器，3 个月后检查，管路仅有轻微结垢。

锅炉的除垢还应包括锅炉受热管外侧烟垢的清除，浙江某造纸厂使用烟垢清除剂后，锅炉受热管外侧烟垢清除 1mm，可提高传热效率 2％～3％，排烟温度从 225℃降低到 201℃，下降了 24℃，每日节约的燃料相当于 52.8 元，烟垢清除剂成本为 5.5 元，每日节约 47.3 元。

（二）管道保温

蒸汽管道、热水管道及各种用热设备都会向周围的空气散失热量，为了安全的目的，必须对输汽、水管道保温。保温用绝热材料应符合以下要求：

（1）热导率低、绝热性能好。热导率 $\lambda < 0.2$kcal/(m·h·℃)。

（2）管内介质达到最高温度时，性能仍较稳定，而且力学性能良好，一般压缩强度不低于 3kg/cm^2。

（3）当热介质温度大于 120℃时，保温材料不应含有有机物和可燃物。只有当介质温度在 80％以下时，保温材料内可含有有机物。

（4）保温材料要求吸湿性小，对管壁无腐蚀，易于制造成型，便于安装。符合上述要求的保温材料有膨胀珍珠岩、碱玻璃纤维、泡沫塑料、石棉和矿渣棉等。保温层的厚度一般按以下原则确定：①保证管道的热损失在规定值以下；②保温层表面温度不超过 55～60℃；③保温层的经济厚度应使保温层的费用及热损失折合为燃料费用之和最小。

为减少蒸汽管道的散热损失，应尽可能采用小的管径，并缩短输送距离，同时应使其压降较小。在输送蒸汽前将汽压降低到最低必需的数值。如压降较大，则应利用其做功。对于动力装置，应采用高温高压蒸汽；对于工艺用汽，应采用低压和小的过热度。对供热设备和管道进行良好的保温是重要的节能措施[7]。

（三）树皮锅炉点火节能

某造纸厂的锅炉型号为 E75-3.9-440Ⅱ×KT，是前苏联制造的树皮与煤混合燃料锅炉，技术参数如下。

额定蒸发量 75t/h（其中燃树皮产汽量 50t/h）。

过热蒸汽压力 3.9MPa。

过热蒸汽温度 440℃。

树皮耗量 25500kg/h。

煤耗量 14000kg/h。

该炉采用流化床与煤粉复合燃烧方式，树皮在流化床中燃烧，以 ϕ0.5～1.5mm 的砂子作为床料，采用水冷布风板（管径 ϕ57mm、节距 100mm），风帽用 ϕ2mm×3mm 的管子制作，上面开有 4 个 ϕ7mm 小孔，风帽节距为 100mm，开孔率为 1.5％，炉膛截面尺寸 6000mm×5750mm，采用全焊膜式水冷壁（ϕ57mm×5mm、节距 75mm），火床面积 34m^2。

1. 树皮炉点火装置结构[8]

点火装置是在烟气室后壁连接两个水平配置的点火室，两个室用弹簧吊杆装在锅炉金属结构上。点火室是直径 1500mm 的圆筒壳体，在它的前端装有重油喷枪和点火器，壳体出口为锥形，通过直径 800mm 圆管与烟气室连接，见图 12-6，壳体内配置有火焰管，它是由圆筒和锥形带孔的筒体组成，孔的直径为 5mm，火焰管内部筒体是由耐热合金钢制成。

通过点火室壳体上的 $\phi700$mm 的管头一次风进入到壳体与火焰管之间的空间，通过火焰管的孔，空气形成单独的风，流入到管的内部，并通过油喷枪与燃料混合在火焰管内燃烧。燃烧的热烟气进入到锅炉烟气室中，通过床上风帽加热床料（砂子）。

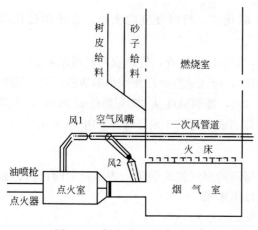

图 12-6　树皮炉点火装置结构

2. 树皮炉点火方法

① 准备规格 $\phi0.5 \sim 1.5$mm 砂料，经砂仓下部的给料机及圆形管道输送到沸腾床上，其厚度 600mm。

② 树皮仓储料 40m³，水分不大于 60%。

③ 重油、天然气点火系统备用（如没有天然气设施可备 80L 液化气灌四只），点火方式是：光电点火器→天然气→油喷枪。

④ 点火后床温达 600℃时可通过炉膛前的两个窗口向沸腾床上投树皮废料，供料管道同树皮仓管道连接，在树皮仓出口管道上配有螺旋给料机，在投料口下部装有空气风嘴，使燃料稳定地脱离管道并均匀地分布在沸腾床面上，床上燃烧温度达 830℃，沸腾高度达 1.2m，流化速度 1.7m/s；燃烧稳定时可停止点火室的重油喷枪，一次风的供给可通过点火室旁侧风道供风（关风 1、开风 2）以减少空气阻力。

⑤ 树皮水分大燃烧不稳定时可再投入点火室重油喷枪助燃，燃烧正常时停止燃油。

⑥ 沸腾床上燃烧稳定后，可投入煤粉燃烧器向炉膛投入煤粉。

3. 冷炉点火热量的回收利用

为解决冷炉点火没有热空气的困难，在 1、2 级空气预热器入口处加装一组 0.5MPa 蒸汽加热器，这部分蒸汽压力均在 0.5MPa，温度 150℃以上。使加热器出口风温再达 60℃，比正常风温增加 30℃。当锅炉蒸汽压力温度达到生产用户要求时，则停止向蒸汽加热器供汽，此时，锅炉汽包两侧的连续排污系统投入，仍向加热器供汽。锅炉连续排污的目的是为了保持蒸汽品质达标，防止炉水含盐量的增加使过热器管产生结垢现象，须不间断地排出汽包内蒸发面上的悬浮物（盐分），同时带出部分 0.5MPa 的水蒸气进入连续排污扩容器，经汽水分离，蒸汽进入到蒸汽加热器，加热空气，水进入到热交换器加热给水，见图 12-7。

（四）空气预热器回收烟气余热

空气预热器是管式换热器，其节能方式是利用锅炉燃烧后向空气中排放的高温烟气，空气预热器回收了高温烟气的大量热能使其管内介质温度上升到一定温度，从而不需要消耗大量燃料就能使其空气预热器装置内介质达到一定温度。树皮锅炉烟气、空气系统流程如图 12-8[9] 所示。

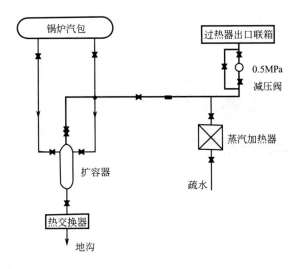

图 12-7　热量回收示意

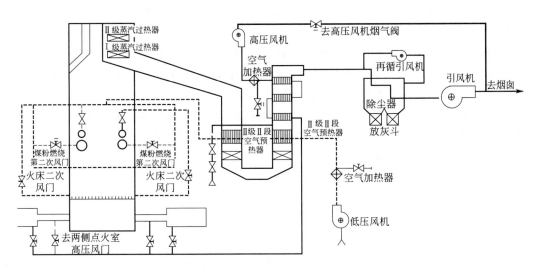

图 12-8　树皮锅炉烟气空气系统流程示意

（五）热管省煤器余热回收

1. 热管工作原理及特性

热管是一种充填了适量工作介质的真空密封容器，是一种高效传热元件。其工作原理如图 12-9 所示，当热量传入热管的蒸发段时，工作介质吸热蒸发流向冷凝段，在那里介质蒸气被冷却，释放出汽化潜热，冷凝变成液体，然后在多孔吸液芯的毛细力或重力的作用下返回蒸发段。如此反复循环，通过工质的相变和传质实现热量的高效传递[10]。

热管具有以下特性：

（1）热导率高　一根管状铜——水热管，在 150℃下运行时其热导率为铜棒的几百倍。

（2）等温性能好　热管表面的温度梯度很小，当热流密度低时可得到高度等温的表面，通常温差只有 1～2℃。

（3）热流密度可变　热管的蒸发与冷凝空间是分开的，易实现热流密度的变换，其变换

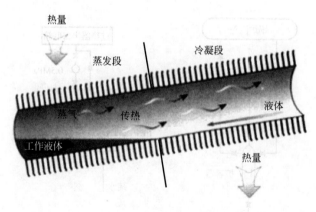

图 12-9　热管工作原理

比例范围很大。

（4）具有恒温特性　充惰性气体的热管可在输入热量变化时改变热管冷凝的散热面积，从而使加热端热源温度维持恒定。

（5）安全可靠性好　热管无运动部件，无需维修、安全可靠、使用寿命长。

2. 热管省煤器

热管省煤器又称锅炉给水预热器或锅炉烟气热回收器，是由若干热管元件组成的一种高效气-水换热设备。它通过热管将锅炉烟气的热量传递给锅炉给水或生活用水，从而达到降低排烟温度，提高水温，节省燃料的目的。

热管省煤器具有热导率高、阻力小、冷热侧面积可调、结构紧凑、无交叉污染、工作可靠、运行维护费用少等优点，适用于各类锅炉，尤其适用于不带引风机的燃油、燃气锅炉。配置热管省煤器后可使锅炉排烟温度降低 60~160℃，给水温度提高 20~50℃，锅炉效率提高 3%~8%。

传统的铸铁式或钢管式省煤器用于锅炉烟气余热回收存在以下缺陷。

（1）传热强度低　因为是一种水在管内流动，烟气在管外流动的常规传热方式，传热系数不高，传热强度较低。

（2）容易腐蚀　由于省煤器水侧进口处管壁温度常常低于露点，容易产生酸腐蚀，使省煤器遭到损坏。

（3）体积庞大　设备结构不紧凑，金属消耗多，烟侧阻力较大，引风机的电耗增加，完全不能用于不带引风机的燃油、燃气锅炉。

（4）使用寿命短。省煤器内部某一处因腐蚀损坏，则造成气-水相通，必须停炉，而且修复很困难。

如采用热管省煤器代替传统换热器，上述缺陷均可得到解决，既可获得很高的传热强度，缩小换热器的体积和质量，降低烟侧阻力，解决金属结构的低温腐蚀问题，又能在局部热管损坏时，仍不影响整台换热器的使用，保证锅炉的正常运行。

热管省煤器与铸铁省煤器两者在以下方面差异较大。

（1）传热系数　热管省煤器为铸铁省煤器的 7.45 倍，$K_{热管} : K_{铸铁} = 145.3 : 19.5 = 7.45 : 1$。

（2）最低壁温　热管省煤器为 135℃，而铸铁省煤器只有 35℃，相差 100℃。

（3）烟侧压降　热管省煤器为 38Pa，铸铁省煤器为 98Pa。

（4）单位体积的传热面积　热管省煤器为铸铁省煤器的 2.96 倍。

（5）热管省煤器的总体积　为铸铁省煤器的 1/3。

（6）热管省煤器的总质量　不到铸铁省煤器的 1/2。

综上所述，热管省煤器无论在技术先进性还是在工作可靠性、使用寿命等方面都明显优于传统的铸铁省煤器。

第二节　推荐非木材原料备料废渣回收热能技术

我国作为制浆造纸大国，由于木材纤维一直比较匮乏，所以非木纤维一直是我国造纸纤维的主要来源之一，虽然这几年木浆产量一直在增加，但就 2011 年的纸浆产量看，非木浆仍占我国自产浆的 60%（不包括废纸浆）以上。而非木浆在备料过程中会产生大量的草叶等固体废物。

我国非木纤维原料主要包括麦草、竹、荻苇、蔗渣等，在制浆生产中主要利用的是各类植物的茎，所以在备料工序会产生许多叶、节、穗等固体废物，这些固体废物也可以当作燃料在废料锅炉里燃烧。

一、处理荻苇原料的锅炉[11]

以荻苇为原料的造纸厂，在备料时的除尘损失量约为 10%。生产 1t 苇浆约需 2.2t 原苇，对于日产 200t 浆的造纸厂，每天可产生 44t 苇尘。苇尘的密度小，约为 46kg/m³，低位发热量为 11.227MJ/kg。可采用如图 12-10 所示流程燃烧苇尘。

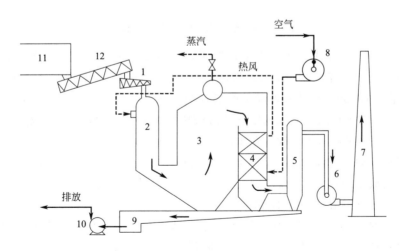

图 12-10　燃烧苇尘的锅炉流程

1—螺旋压缩机；2—旋风燃烧炉；3—完全燃烧室；4—空气预热器；

5—水膜除尘器；6—引风机；7—烟囱；8—鼓风机；9—苇尘灰烬槽；

10—灰浆泵；11—苇尘储仓；12—运输带

苇尘燃烧炉可采用立式切向旋风炉，炉膛热载为 5016MJ/(m³·h)，炉膛容积为

4.08m³，受热面积不小于150m²。旋风炉直径1m，高5.2m，其蒸发量为6t/h，生产1.3MPa饱和蒸汽。苇屑供应量为1833kg/h，半日储存量为480m³。风机可选用风压5kPa，理论供风量为7700m³/h（标准情况）的风机。为利于旋风燃烧，苇屑在进炉前，要用螺旋压缩机，以3：1的压缩比，把46kg/m³的苇尘压缩为138kg/m³送入炉内。

二、处理禾草原料的草末锅炉[12]

辽宁某造纸厂的草末锅炉为双管筒、纵向布置，组装水管链条炉排的层燃及悬浮燃烧锅炉。锅炉分为送料系统、炉排、上部大件、空气预热器四个部件。上部大件主要由锅炉本体、骨架、炉墙、外包组成。锅炉本体由内径φ900的上、下锅筒，水冷壁，下降管，对流管束，集箱等组成。炉墙采用轻型炉墙，下部炉墙现场砌筑，使炉排与上部大件密封严密。在炉内合理地布置了卧式旋风燃烬室。实现了炉内除尘，降低了原始烟尘排放浓度。

炉排由支架、炉算、配风装置等组成。空气预热器是采用烟气预热助燃的空气，它在制造厂内组装完成。草末锅炉还采用水平刮板除渣机及水膜除尘器等辅助设备。草末锅炉把草末焚烧成灰渣，送入炉内的空气经燃烧后变为烟气的具体工艺流程见图12-11。

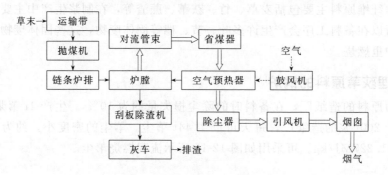

图12-11　草末锅炉的工艺流程示意

含水率为29.6%的草末，人工送上运输带，经过抛料机，被吹入链条炉排上；草末中的有机物与氧气剧烈燃烧，部分草末在鼓风机及二次风的作用下未落下时已燃尽。烧后灰烬（约占草末质量的13.86%）及未被烧尽的炭被刮板除渣机刮到灰车里，排出灰渣的温度约为120℃，由人工推走排渣。常温的空气通过鼓风机送入空气预热器，由热的烟气加热到大约116℃后，通过风嘴被送入炉膛与草末混合燃烧，而燃烧生成的约900℃的高温烟气从炉膛排出。烟气依次通过对流管束、省煤器、空气预热器，利用热的烟气加热锅炉给水和助燃的空气，热烟气放出热量，约降低到150℃，再经除尘器除去烟气中的灰分后，由引风机从烟囱排出，排出烟气的温度约为150℃。

草末锅炉的水-汽流程如图12-12所示。来自动力车间的软化水首先通过给水泵送进省煤器，软化水吸收烟气的热量，从60℃加热到130℃；在这里水几乎被加热到0.3MPa、133℃下的饱和温度。经过省煤器预热的软化水，被给水泵的压力强制送入上锅筒。

进入上锅筒的给水分成两路自然循环，继续吸收烟气的热量，第一路通过位于烟气温度较低区段的对流管束Ⅰ。由于温度相对较低，水的密度较高，所以自然下降流入锅筒，由于不断吸收热烟气的热量，给水的温度升高，开始产生蒸汽，密度降低，通过位于烟气温度较高区段的对流管束Ⅱ，返回上锅筒。第二路通过不受热的下降管把进入上锅筒的给水送到炉

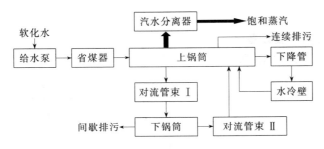

图 12-12　草末锅炉的水-汽流程

膛周围的水冷壁，在其中，由于得到炉膛和烟气的热量开始蒸发，水-蒸汽混合物的密度低于在下降管中水的密度，由于这个密度差，水和蒸汽的混合物开始上升，返回到上锅筒。

送入上锅筒的给水，通过上述两路自然循环，充分吸收烟气的热量，被加热成为饱和蒸汽，积聚到上锅筒顶部，经过汽水分离器把饱和水分离后得到压力为 0.8MPa、170℃的饱和蒸汽，送去动力车间。为保证锅炉水质，减少锅炉结垢，要将部分含盐浓度较高的污水排出，因此在上锅筒设置了连续排污，每小时排出污水的量约为 1.4t，水温 160℃。在下锅筒设置了间歇排污，视炉水的洁净程度，定期排出含垢的污水。

通过对草末锅炉系统的能量衡算，可知其热效率达到 68.8%。草末锅炉每天生产 0.8MPa、170℃的饱和蒸汽 86.4t，相当于 8.72t 标准煤生产的蒸汽量；按照每吨标准煤的价格为 680 元计，这样每天就可以节约 5929.60 元。配置一台草末锅炉需要投资 45 万元，仅 76d 就可以回收对草末锅炉的投资。因此，可以说，草末锅炉的使用具有极大的经济价值。

第三节　推荐筛浆废渣回收利用技术

制浆造纸工业的筛选废渣主要包括制浆和造纸两个阶段的废渣。在制浆阶段筛渣主要树皮、木节、砂砾、筛选的尾浆等。造纸阶段的筛选废渣主要包括浆渣、砂子、玻璃、塑料等。

对于树皮和木节这些固体废料一般企业都作为燃料使用，而尾浆一般企业用于抄造低档的纸品。对于造纸阶段的废渣，可以回收利用的主要是浆渣。

一、制浆尾浆的回收利用技术

（一）蔗渣浆之筛选尾浆与回收废浆抄造高强度瓦楞原纸[13]

"广西贵糖"的许勇翔等人根据企业产生的蔗渣浆渣等废料进行了瓦楞原纸的生产。蔗渣浆的筛选尾浆，是由于蔗渣原料在蒸煮过程中，一些药液难以渗透的渣节，以及因与药液混合不均匀而未能充分煮透的纤维束，经筛选排出所得，占总制浆量的 7%～10%，这部分粗浆较难漂白，会形成纸浆尘埃，因而在漂白前需尽可能除去。"广西贵糖"用筛选尾浆（也称浆渣）抄造瓦楞原纸已有 20 多年的历史，1994 年前是以 1575 单网缸纸机抄造 D 级瓦楞原纸，至今已发展到以 1575 双网 5 缸纸板机配以地沟回收浆也能抄造高强度瓦楞原纸。下面对蔗渣浆之尾浆配以地沟回收废浆混合抄造高强度瓦楞原纸（定量 115～140g/m² ）的技术进行介绍。

1. 生产工艺流程与主要设备

（1）工艺流程　如图 12-13 所示。

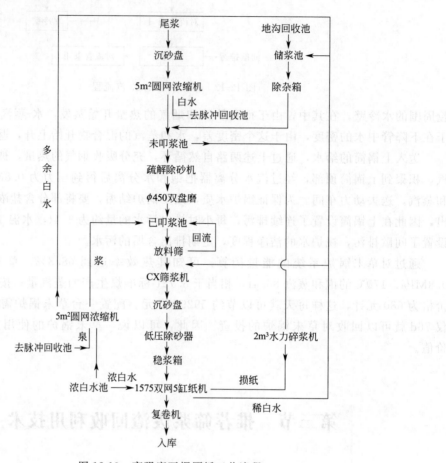

图 12-13　高强度瓦楞原纸工艺流程

（2）主要生产设备

① 打浆设备：ϕ450 双盘磨 6 台（型号 ZDP 两组并联）、2m³ 水力碎浆机 1 台、疏解除砂机 1 台（LCI）。

② 净化设备：ϕ600mm 低压除砂器 4 台、沉砂盘 5 个（自砌）。

③ 抄纸机：1575 纸板机 2 台（双圆网、ϕ2.5m 大缸 1 个，ϕ1.5m 烘缸 4 个）。

④ 复卷机：1575-1760 复卷机 1 台（型号 ZWJI）。

2. 生产工艺与成纸质量

（1）原料配比　筛选尾浆 85%，回收废浆 15%，生产品种 140g/m² 高强度瓦楞原纸。

（2）打浆工艺　打浆浓度 2.8%～3.2%；打浆电流 140A；叩解 20～25°SR；湿重 3.0～3.6g。

（3）抄纸工艺　上网浓度 0.6%～0.8%；上网叩解度 30～35°SR；松香用量 0.2%～0.3%；矾土用量 1%～0.5%；滑石粉用量 6%～8%；出压榨水分 58%～62%；出一缸水分 21%～25%；纸机车速 55m/min（定量 140g/m²）。

（4）成纸质量　如表 12-7 所示。

表 12-7　高强度瓦楞原纸检测数据

检测项目	GB 13023—91	所抄纸张	检测项目	GB 13023—91	所抄纸张
定量/(g/m²)	140±7	140	紧度/(g/cm²)	≥0.5	0.68
水分/%	6～10	8.65	环压指数/(N·mg)	≥7.1	8.65
施胶度/mm	不作要求	0.5	灰分/%	不作要求	6.8
纵向裂断长/km	≥4.0	4.73			
厚度/μ	不作要求	208	等级	A	A

3. 筛选尾浆生产高强度瓦楞原纸所要解决的几个关键工艺

从生产的瓦楞原纸质量检测数据可知，筛选尾浆配以地沟回收浆完全可生产出符合国际 A 级瓦楞原纸质量要求的瓦楞原纸，其纵向裂断长达到 4.5km 以上，但筛选尾浆与地沟回收浆由于其自身来源的特点，决定了原料上有以下两个方面的不足：一是浆料中全都是未蒸解透的纤维束，包括生料等，这给浆料的打浆造成一定的困难；二是浆料中夹杂的杂质较多，如小石子、砂粒、木屑竹枝、橡胶薄膜，甚至小铁片等，净化难度较大。以上两个方面如解决不好，则较难以保证产品质量。为了保障生产顺利进行，企业在生产中就两个问题进行了改进。

（1）浆料的净化　如上面所述，由于筛选尾浆是由制浆厂筛选设备筛出，夹杂物较多，且纤维束较粗长，经测定其质量数据如下：纤维束平均长度为 20～30mm，叩解度为 3～6°SR，浆硬度 15～20k（k 代表高锰酸钾值）；地沟回收浆叩解度为 17～21°SR，浆硬度为 13～17k，纤维平均长为 1.4～3mm。针对浆渣杂质多，采取分级逐步去除的工艺进行净化。具体的做法是：第一步利用沉砂盘除去密度较大的石子、铁器等物质。尾浆由浆厂泵送过来（地沟回收浆则由回收池泵送来），经加白水稀释至浓度为 0.8%～1.5% 后，密度较大的杂质就能在沉砂盘沉积下来，然后浆料再泵送未叩浆池储存。

这样处理，一方面减少 φ450 双盘磨磨片损耗，另一方面可避免大的杂物堵塞双盘磨或浆泵。

第二级净化，安排在尾浆进入双盘磨前，先经 LC 疏解除砂机以除去稍大的砂粒、塑料粒、竹枝等。目的是避免塑料粒、硬渣头等卡塞磨片沟，确保 φ450 双盘磨的打浆效果。

第三级净化目的则是除去前面净化设备未能除去的表面积稍大的塑料片、胶片及未能叩解的长纤维等，使用的设备是 0.9m² CX 筛（筛孔 φ2.5mm），设置在放料箱后入沉砂盘前，进浆浓度为 0.6%～1.0%。

第四级净化是纸机前净化，即浆料在进入稳浆箱前，先经小沉砂盘沉砂后，再经低压除砂器除去细小的砂粒与渣节。有些纸厂取消小沉砂盘，而使用一级二段高压除砂器净化浆料，这样设置除砂效果固然好，但电耗高，设备磨损大。浆料经以上四级净化后，所抄造的高强度瓦楞原纸，已不再因杂物与长纤维的影响而降低产品质量。

（2）浆料的打浆　筛选尾浆较粗长，是草类制浆筛选尾浆的特点之一。由于均是未蒸解透的纤维束及渣节头，与蔗渣化机浆特性有所不同（化机浆含有部分细小纤维与杂细胞），在打浆工艺上宜采用分组打浆的办法处理。第一组要求采用通过量大，切断能力较强的粗齿磨片，如上海轻工二厂的 11 号磨片（图 12-14），安排两台 φ450 双盘磨磨浆，叩解度达到 12～15°SR 后进入第二组 φ450 双盘磨。第二组磨片才采用分丝帚化能力较强的普通草类纤维磨片，如使用上海轻工二厂的 4 号磨片（图 12-14），安排 3 台 φ450 双盘磨磨浆，叩解度达到 20～25°SR。否则的话，必须增加双盘磨台数以及增加电荷损耗，打浆效率较低。有些厂家对两组打浆分别采用不同的打浆设备，但目的也是第一组起强切断作用，第二组才起分丝帚化的功能。

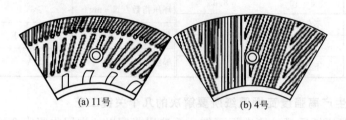

(a) 11号　　　　　　　　　(b) 4号

图 12-14　两种不同的磨片

（3）浆料配比对纸张强度的影响　由于地沟回收浆纤维相对较短，配入过多对抄造瓦楞原纸的强度与耐破度是有一定影响的，不同的配比对 140g/m² 瓦楞原纸强度与耐破度的检测结果见表 12-8。

表 12-8　不同配比对瓦楞原纸质量的影响

纸样	浆料配比		成纸检测		
	尾浆/%	回收浆/%	紧度/(g/cm²)	断裂长/km	环压指数/(N·mg)
1	10	90	0.65	2.60	6.01
2	40	60	0.66	3.50	6.68
3	80	20	0.68	4.46	7.87
4	100	0	0.65	4.83	7.65

从表 12-8 可知，加入地沟回收浆越多，纸张强度下降则越大，因此抄造高强度瓦楞原纸加入的地沟回收浆应严格控制在 20% 以下。

（4）纸张的增强　从上述原因分析可知，筛选尾浆与地沟回收浆抄造高强度瓦楞原纸，由于其原料均是未蒸解透的纤维束，细小纤维与杂细胞均较少，经轻度施胶后在强度上完全能达到质量要求，成纸纵向裂断长可稳定在 4.4～4.8km 之间。如要产品再上档次，除上述提到的加强浆料净化与控制好打浆度外，可加入一定量的阳离子淀粉，以增加纤维之间的结合力，从而达到提高纸张强度的效果。如使用 CS 阳离子淀粉，在稳浆箱加入，加入量为 0.8%～1%，成纸纵向裂断长能达到≥5.0km 的程度，可满足某些客户对瓦楞原纸强度的特殊要求。阳离子淀粉糊化工艺：浓度 4%～5%，糊化温度 90～95℃，时间 3～5min，搅拌速度 25r/min，糊化后保温 20～30min 备用，使用时再稀释成 0.5% 浓度。

（5）白水的循环使用与回收　瓦楞原纸的白水回收问题，一般比较好解决，原因：一是瓦楞原纸抄造定量比较大，叩解度低，纤维滤水性比较好；二是各种副料加入量少，保留率较高，因而白水成分比较简单，95% 以上是细小纤维，用汽浮池回收或脉冲沉淀池回收均可。

虽然白水回收不是生产高强度瓦楞原纸的技术关键，但这是一个环保问题。抄造瓦楞原纸对水质的要求不是很高，如果白水回收处理得好，清水用量少，不但降低排污量，减少了环境污染，而且可以降低生产成本，减少排污费。瓦楞原纸的白水除用于稀释浆料尽可能多回用外，剩余白水经 $5m^2$ 圆网浓缩机回收纤维后，网底水送脉冲回收池回收清水与细小纤维，清水回用于喷网及洗毛布（喷孔 $\phi 2.5mm$），细小纤维再用于纸机。白水经这样处理后，用清水则较少了，耗水量仅为 $10\sim 15m^3/t$ 纸，而这部分用水还是其他机器排出的白水。

（二）尾浆堆垛回煮[14]

这个技术也是在广西贵糖进行了生产实践。其主要内容是将经浓缩后的尾浆进行二次堆垛（堆垛时间 $3\sim 7d$），然后将经堆垛后的尾浆进行回煮，回煮的尾浆全部回原流程制浆。

1. 蒸煮工艺

蒸煮工艺流程如图 12-15 所示，尾浆处理流程如图 12-16 所示。

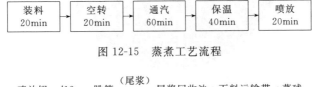

图 12-15 蒸煮工艺流程

图 12-16 尾浆处理流程

2. 尾浆回煮结果

尾浆回煮结果如表 12-9 所列。

表 12-9 尾浆回煮结果

原料量/(t/球)	原料水分/%	用碱量/(kg/球)	粗浆率/%	蒸煮时间/min	黑液提取率/(m³/t浆)
25	80	330	62	160	14

注：蒸煮设备为 $40m^3$ 蒸球，蒸煮压力均为 0.6MPa。

3. 效益

经回煮的尾浆由于二次纤维含量高，并已一次浸透碱液，蒸煮用碱少，粗浆率高；其次经改造，回用尾浆，形成良性循环，减少原材料的损失和减少污染源，达到经济效益和社会效益双丰收。

4. 存在问题

① 由于甘蔗渣采用湿法堆垛，堆垛场地腐蚀性和破坏性大，带给流程和设备的砂石等杂质多，设备磨损大。

② 由于集中回煮尾浆，喷放管易堵塞。

③ 重复回煮，增加了吨浆碱耗成本。

④ 尾浆经回煮，由于水分大并且尚有 10% 良浆溶解到黑液进入碱回收蒸发与碱炉，增加该工序的负荷。

二、造纸阶段筛选浆渣的回收利用技术[15]

由于多种原因，在整个造纸过程中不可避免地存在着物料流失问题。其中，除渣器产生的浆渣便是一个重要的环节。通常情况下，这些流失物首先在废水处理车间进行适当处理，并最终进行填埋。原材料的流失不仅会对环境产生负担，同时由于流失物中仍含有大量的有用物质，造成了资源的浪费。图 12-17 为某铜版纸厂涂布损纸除渣器浆渣的主要组成。

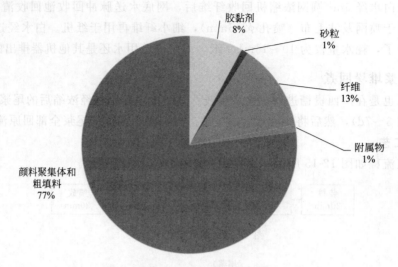

图 12-17　除渣器浆渣组成

从图 12-17 可知，浆渣中的主要物质为颜料聚集体、填料和纤维类物质，这些均是很有价值的原材料。其中纤维的含量主要取决于除渣器的位置和除渣效率。

同时，浆渣的产生量也是相当可观的，以某纸厂连续 15d 浆渣的产生情况为例，该厂日产涂布原纸 220t，而绝干浆渣产生量为 $4.7 \sim 11.2 t/d$。由此折算物料损失率最高可达 5.0%。实践表明，大多数涂布纸厂除渣器的浆渣损失率为 $2.0\% \sim 5.0\%$。浆渣损失率主要与回用涂布损纸的数量和性能有关。

1. CRT 技术工艺流程

GAWPikdner-steinburg 公司开发了一种除渣器浆渣回用技术（CRT），CRT 的工艺流程见图 12-18。

图 12-18　CRT 系统工艺流程示意

如图 12-18 所示，来自末段除渣器的浆渣直接输送到储渣罐。从储渣罐输送出的浆渣固含量一般为 $12\% \sim 15\%$，而固含量的差异不会影响浆渣的处理效果。浆渣连续经过两个研磨工段，在研磨机内根据预先设定的颗粒大小分布进行处理，然后输送到输送罐。处理后的浆渣与填料在混浆池内混合，同时可根据回用浆渣的用量适当地减少填料的用量。整个 CRT 系统都通过传感技术进行监控。由于浆渣处理是在线进行，处理后的浆渣必须顺利地输送至混浆池，为此该系统不配备过滤装置。

研磨段工作原理在高频径向脉冲作用下，外表面带有研磨介质的 Trinex 转子可实现径向加速，从而在研磨介质和被研磨物间形成循环运动。可根据转子旋转圆周和径向脉冲的大小确定和控制能量的输入，从而可有效补偿对研磨物的刮削作用。

研磨接触点的数目和研磨介质的转速决定了颗粒尺寸的最大值和平均值，准确调整这些参数可使填料在纸机上获得最佳的留着率。研磨系统启动后，通过激光衍射测定微粒大小，并可在很短时间内绘出微粒尺寸分布的曲线图，研磨系统还可进行在线监控。

GAW 公司在研磨介质的开发上花了很长时间，并最终成功开发了具有特定密度和硬度的符合工艺要求的研磨介质。该公司进行了连续一年的磨损试验，结果表明，此介质具有比较理想的耐久性。研磨介质由直径相同的小球组成。为了确定适宜的球径，必须综合考虑多种物理参数。先通过选择合适的直径参数，使处理后浆渣的颗粒尺寸尽可能接近要求，在操作过程中还可对工艺参数做进一步的调整。

2. CRT 系统的优点

与常规的浆渣处理技术相比，CRT 系统具有以下优点：

① 浆渣可作为填料 100％地回用；

② 处理后的浆渣的颗粒尺寸具有一定的分布范围，不会对填料留着产生不良影响；

③ 不会产生树脂问题；

④ 系统处理效果不受浆料组分变化的影响；

⑤ 无需添加化学品；

⑥ 对浆料的 Zeta 电位无影响；

⑦ 对机械设备要求低；

⑧ 系统坚固耐用；

⑨ 操作成本低；

⑩ 投资回收期 6～7 个月。

3. CRT 系统的性能

(1) 浆渣处理前后颗粒尺寸分布的变化　与仅通过冲击力解离浆渣的系统相比，CRT 系统最突出的优点是可以控制研磨所需能量的输出。具有球形研磨介质的 Trinex 转子间的相互作用可确保浆渣粉碎后其颗粒尺寸分布符合预先设定的要求，而这一作用效果不受浆渣组成结构的影响。

图 12-19 为浆渣处理前（即除渣器出口处的浆渣）的电子扫描显微镜（SEM）照片。由图可知，浆渣中的主要成分为涂料薄片、粗填料，颗粒大小在 25～300μm 间，其中还有纤维类物质。

图 12-19　未处理的浆渣结构

(2) 浆渣处理的能耗　图 12-20 为颗粒尺寸分布与能耗的关系图。由图 12-20 可知，处理 1t 颗粒尺寸平均为 4μm 的浆渣，电耗约为 60kW·h。从浆渣回用的附加值来看，这一电耗微不足道。

(3) 回用浆渣中胶黏物对纸张抄造的影响　采用"INGEDE"检测法测定胶黏物在纸机干燥部沉积的趋势，"INGEDE"检测法测定流程如图 12-21 所示。

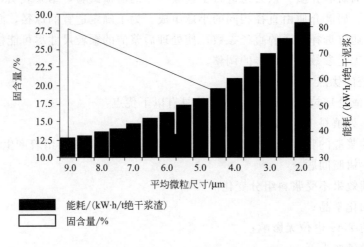

图 12-20 颗粒尺寸分布与能耗关系

纸浆↓

浆渣试样→研磨粉碎→制备悬浮液→筛选→滤液→解离机混合→抄片→干燥→染色→胶黏物评价

图 12-21 "INGEDE"检测法测定流程

实际操作情况和检测结果表明，经 CRT 处理的浆渣在回用抄纸时不会对纸机的抄造性能产生不良影响。

（4）浆渣处理前后 Zeta 电位的变化 浆料系统的电荷波动往往会影响纸张的生产，特别是在留着、成型和强度方面。因此，许多造纸厂通过测量 Zeta 电位来监控生产。分别对不同纸种生产过程中的 Zeta 电位进行了测量，其数值均在 $13\sim16\mathrm{mV}$ 之间。对同一生产系统来说，用 CRT 系统处理的浆渣的 Zeta 电位与纸机浆料相比仅有较小的偏差。

4. CRT 系统的经济效益

与常规的浆渣填埋处理相比，CRT 系统具有更为可观的经济效益（见表 12-10）。另外，从环保的角度来看，每年将有大量的浆渣被回用。

表 12-10 浆渣填埋与 CRT 系统处理成本的对比

浆渣填埋			CRT 系统处理	
浆渣损失	纤维（13%）	16.8 万欧元/年	CRT 系统投资费用	95 万欧元
	填料（87%）	23.1 万欧元/年	能耗费用	1.1 万欧元/年
水处理化学品费用		5.2 万欧元/年	人工费	2 万欧元/年
人工费		2 万欧元/年	运行维修费	5 万欧元/年
渣土运输费		16.1 万欧元/年	总计	103.1 万欧元/年
总计		63.2 万欧元/年	投资回收期（设备折旧按 5 年计算）	6 个月
每吨浆渣处理费			220 欧元	

参考文献

[1] 栾积毅，武冬梅，武雪梅. 燃烧处理树皮、锯末 [J]. 纸和造纸，2004，(z1)：88-90.

[2] 邱富林. 50t/h 煤粉锅炉改造成往复炉排树皮木屑与煤粉复合燃烧锅炉的经验与方法 [J]. 广西节能，2009，(3)：31-33.

［3］　白胜喜，栾积毅. 造纸企业木质废料燃烧转能的研究［J］. 黑龙江造纸，2004，32（4）：26-28.

［4］　刘秉钺. 制浆造纸节能新技术［M］. 北京：中国轻工业出版社，2010.

［5］　韦江华. 我国生物质循环流化床锅炉的技术特点［J］. 中国科技纵横，2010，（22）：19-20.

［6］　陈俊，徐荻萍. 流化床生物质锅炉燃料适应性分析与改进［J］. 节能，2012，31（11）：32-34.

［7］　张凡. 浅谈工业锅炉节能措施［J］. 大科技，2011，（14）：7.

［8］　韩业玲，袁贺银，宋伟刚. 树皮锅炉点火与节能的探讨［J］. 黑龙江造纸，2007，35（2）：61-62.

［9］　袁贺银，韩业玲，宋伟刚. 工业树皮锅炉的节能措施［J］. 黑龙江造纸，2007，35（1）：62-63.

［10］　陈泽鹏，李正宏. 热管换热设备在余热回收上的应用［J］. 节能与环保，2006，（10）：38-40.

［11］　刘秉越. 制浆造纸节能新技术［M］. 北京：中国轻工业出版社，2010：277-278.

［12］　刘秉越. 制浆造纸节能新技术［M］. 北京：中国轻工业出版社，2010：278-279.

［13］　许勇翔. 蔗渣浆之筛选尾浆与回收废浆抄造高强度瓦楞原纸［J］. 广西轻工业，2001，3：17-19.

［14］　覃琪河，莫凤光. 甘蔗渣制浆生产中尾浆的综合利用［J］. 中国造纸，2004，23（11）：58-59.

［15］　宋德龙，贺文明. 除渣器浆渣回用新技术［J］. 国际造纸，2002，21（4）：51-53.

第四篇

造纸工业废气综合利用技术

制浆过程是制浆造纸工业生产过程中废气产生的主要过程，本篇主要介绍制浆过程中废气的产生及其综合利用技术。

制浆过程中废气的产生主要存在于以下工段中：①备料工段，主要为备料过程中的粉尘，尤其以干法备料的切断过程中的粉尘污染最为严重；②蒸煮工段，主要为硫酸盐法制浆和亚硫酸盐法制浆蒸煮过程中的小放汽和蒸煮结束时的大放汽过程中产生的带有气味的恶臭气体或含硫气体；③化学法制浆碱回收工段，主要为黑液蒸发浓缩过程中产生的不凝气体（恶臭气体）以及碱回收燃烧炉产生的烟道气（含硫气体）。

第十三章 | 推荐干法备料过程中的粉尘处理技术

第一节 制浆纤维原料及备料过程

一、制浆纤维原料的来源及特性

制浆的植物纤维原料大致可分为两大类：木材纤维原料，包括针叶木、阔叶木等；非木材纤维原料，包括竹类、禾草类、韧皮类和籽毛类。其中，木材纤维原料尤其针叶木是制浆的优良原料。我国由于木材资源相对较少，非木材纤维原料在我国制浆工业纤维原料中占有一定比重，主要以麦草、稻草、芦苇、蔗渣和竹子为主。

植物通过光合作用生成细胞壁物质，在这一过程中，植物由碳、氢、氧等元素组成一系列有机物质，如纤维素、半纤维素、木质素等高分子化合物，其含量占纤维原料的大多数。另外，还含有少量的单宁、果胶质、树脂、脂肪、配糖物以及不可皂化物等等。此外，植物纤维原料中还含有一定的无机物[1]。植物纤维原料的化学组成如图 13-1 所示。

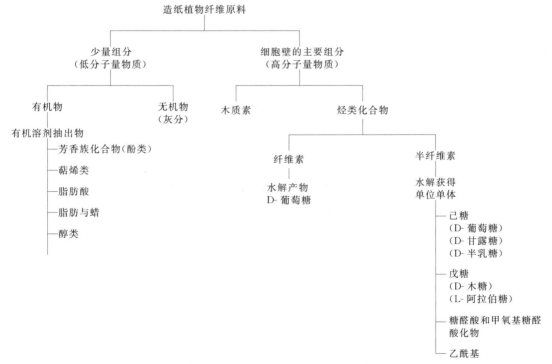

图 13-1　植物纤维原料的化学组成[1]

不同的植物纤维原料中，上述各组分的含量也有差异。国产木材和禾本科植物的化学组成分别示于表 13-1、表 13-2。

表 13-1　国产木材的化学组成[1]　　　　　　　　　　　　单位:%

材种	项目 灰分	溶液抽出物 冷水	热水	乙醚	苯醇	1% NaOH	聚戊糖	蛋白质	果胶质	木质素	纤维素①	聚半乳糖	聚甘露糖
云杉Ⅰ	0.78	1.42	2.68	0.37	—	12.43	11.62	0.62	1.32	28.43	46.92	1.10	4.76
云杉Ⅱ	0.31	0.96	2.35	0.89		10.68	11.45	0.57	1.28	29.12	48.45	0.44	5.16
毛枝冷杉	0.99	1.92	4.56	0.24		14.51	10.79	0.72	1.08	31.65	45.93	0.56	4.95
法氏冷杉	1.21	2.42	5.18	0.15		15.62	10.50	0.76	1.01	30.54	46.45	0.21	5.02
臭冷杉	0.58	1.34	2.81	0.96		11.76	11.57	0.54	1.01	30.85	49.92	0.41	5.45
沙松	0.47	1.46	3.47	0.65		12.75	10.18	0.69	1.04	30.06	49.72	0.25	5.24
真杉	0.21	3.08	6.02	0.45		16.70	11.65	0.77	1.02	32.67	46.11	1.21	4.45
柳杉	0.35	1.09	2.96	0.36		21.28	11.86	0.80	1.12	32.47	48.37	0.62	5.2
马尾松Ⅰ	0.33	2.21	6.77	4.43		22.87	8.54	0.86	1.94	28.42	51.86	0.54	6.00
马尾松Ⅱ	0.26	—	—	2.16		12.19	9.94			26.42	45.51		
云南松	0.23			2.44		11.29	8.91			24.93	48.87		
落叶松	0.36	0.59	1.90	1.20		13.03	11.27		1.99	27.44	52.55①		
红松	0.42	2.69	4.15	4.69		17.55	10.46		1.79	27.69	53.12①		
柏木	0.41	3.42	4.56	2.43		17.07	10.69	0.89	1.10	32.67	44.16	0.73	4.20
桦木	0.82	1.69	2.36	2.16	—	21.2	25.90		1.69	23.91	53.43①		
杨木	0.32	1.38	3.46	0.23		15.61	22.61	0.73	1.76	17.10	43.24	0.86	0
早柳	0.50	—	—		1.8	—	18.6			19.9	81.4②		
楸树	0.74	1.86	2.44		1.80	15.60	15.02			24.09	46.74		
大关杨	0.54	1.34	1.82		2.24	20.22	16.76			24.77	44.04		

针叶木（云杉Ⅰ～柏木），阔叶木（桦木～大关杨）

① 表示克贝纤维素。

② 表示综纤维素。

注：表中各类木材原料学名及产地如下：云杉属Ⅰ为川西；鱼鳞云杉Ⅱ（东北称鱼鳞松）为东北。

表 13-2　国产若干常用禾本科植物的化学组成[1]　　　　　　单位:%

原料	项目 水分	灰分	溶液抽提物 冷水	热水	乙醚	苯醇	1% NaOH	果胶质	甲氧基	木质素	聚戊糖	克贝纤维素	硝酸乙醇纤维素	综纤维素	蛋白质
泥田稻草茎秆（浙江）	—	13.39	—	—	—	3.64	45.31	—	—	11.66	22.45	—	39.12	—	—
沙田稻草茎秆（浙江）	—	16.79	—	—	—	4.06	50.06	—	—	8.32	20.15	—	37.58	—	—
稻草穗部	—	16.5	—	25.0	—	—	44.06	—	—	33.0	24.4	—	41.7	—	—
稻草节部	—	13.3	—	12.7	—	—	47.8	—	—	27.1	24.4	—	36.3	—	—
稻草叶及鞘	—	17.4	—	15.5	—	—	48.3	—	—	30.2	23.6	—	38.6	—	—
小麦草茎秆（河北）	10.65	8.04	5.36	23.15	0.51	—	44.56	0.30	—	22.34	25.56	—	40.40	—	—

续表

| 原料＼项目 | 水分 | 灰分 | 溶液抽提物 | | | | | 果胶质 | 甲氧基 | 木质素 | 聚戊糖 | 克贝纤维素 | 硝酸乙醇纤维素 | 综纤维素 | 蛋白质 |
			冷水	热水	乙醚	苯醇	1%NaOH								
芦苇(新疆)	5.91	3.68	3.33	5.04	—	—	37.86	—	—	19.58	22.15	50.97			
芦苇(湖北)	6.70	4.4	4.52	5.69	3.31	2.63	32.29	—	3.64	21.17	21.17	56.3	44.0	75.4	
芒草(湖北)	6.3	2.38	4.39	5.17	3.36	3.21	33.76	—	3.47	20.13	21.78	61.1	47.7	76.6	
荻(湖北)	9.74	2.75	10.82	12.52	1.07	—	40.12	—	—	18.88	21.79	48.52			
甘蔗渣(广东)	—	1.20				4.23	35.95			20.38	20.63		59.01		
甘蔗渣(四川)	10.35	3.66	7.63	15.83	0.85		26.26	0.26		19.30	23.51		42.16		3.42
蔗髓(四川)	9.92	3.26				3.07	41.30			20.58	25.43		38.17		
龙须草(湖北)	11.00～13.0	4.39～6.04		7.26～9.01		2.74～5.32	34.61～38.68			13.35～13.77	21.25	55.23～56.78			
玉米秆(四川)	9.64	4.66	10.67	20.40	0.56		45.62	0.45		18.38	21.58		37.58	—3.83	
高粱秆(河北)	9.43	4.76	8.08	13.88	0.10		25.12			22.52	44.40		39.70		1.81
芨芨草(内蒙古)	11.12	2.95			1.69			1.68		16.52	25.98	49.15			
芦竹(安徽)	8.87	4.13	14.49	16.38		11.36	38.74			18.89	28.24	52.50			
毛竹(福建)	12.14	1.10	2.38	5.96	0.66		30.98	0.72		30.67	21.12		45.50		
慈竹(四川)	12.56	1.20	2.42	9.78	0.71		31.24	0.87		31.28	25.41		44.35		
淡竹(白夹竹)	12.48	1.43	2.13	5.24	0.58		28.95	0.65		33.46	22.64		46.47		
黄竹(四川)	—	1.49		8.22		2.37	25.44			23.51	19.19		56.98		
西风竹(四川)	—	1.14		8.45		2.24	25.27			22.71	18.17		57.14		

从表 13-1 可以看到，国产木材中针叶木木质素较多，为 27%～32.5%，阔叶木的木质素含量较低，一般为 17%～25%。针叶木的聚戊糖含量比阔叶木的少得多，而聚甘露糖的含量较高。一般针叶木的乙醚抽出物含量较高，特别是马尾松与红松更为明显。国产木材中针叶木 1%NaOH 抽出物为 10%～22%，阔叶木为 16%～21%，这些物质在制浆的蒸煮过程中会溶于蒸煮液中。国产木材中针叶木水抽出物为 0.6%～3.4%，阔叶木为 1.34%～1.86%，这些物质在制浆的备料过程中溶于水，或在蒸煮过程中会溶于蒸煮液中[2]。

从表 13-2 中可以看到，非木材纤维原料的木质素含量除竹子与针叶木接近外，大多数都比较低，接近阔叶木的低值，其中稻草秆木质素含量最低，但草叶、草节、草穗中木质素含量却很高。禾本科植物聚戊糖含量比针叶木高得多，相当于阔叶木的高值。纤维素含量大多数品种都接近于木材原料的水平，但稻草、玉米秆、高粱秆等原料偏低。禾本科植物冷水抽出物在 2.13%～14%，采用湿法备料时，这些物质会溶于水造成水污染。热水抽出物及 1%NaOH 抽提物含量比木材高，以稻草、麦草、玉米秆最高，这些物质在制浆蒸煮中会溶于蒸煮液中[3]。

禾本科纤维原料灰分含量均高于木材，稻草最为突出，其次是麦草。其灰分主要存在于稻麦草的草节、草叶等部位，其原因是这些部位带有部分灰尘，这些灰尘需要在备料过程中尽量多的去除。灰分中的 SiO_2 经碱性蒸煮后溶于蒸煮液中，从而大大提高黑液的灰分含量，提高黑液的黏度，造成纸浆洗涤困难，黑液提取率低，同时对碱回收系统会带来硅干扰，如造成黑液蒸发器中结垢，影响换热效率，白泥因硅含量过高而难以进行石灰回收等。有效控制非木材纤维原料的硅干扰问题的方法就是在备料过程中尽可能多地去除原料中的草叶、草节、尘土和髓等灰分含量较高的物质。

二、非木材纤维原料的备料

木材以外常用的造纸原料统称为非木材纤维原料，基本上可分为：草类原料（如稻草、麦草、高粱秆、玉米秆等）、芦苇（芦、苇、荻、芒草等）、蔗渣、竹子、破布等几类[3]。

备料是指在蒸煮前对原料的初步加工。一般包括原料的收集、储存、切断、除尘和筛选等几部分。根据原料的不同，备料的方法亦不同。制浆造纸厂必须储存一定数量的原料，以满足生产工艺和连续生产的需要。一般来讲，原料的储存对于环境没有危害。但是，木材纤维原料采用水上储木的方式，原木的湿法剥皮、木片的洗涤等处理可产生污水，但上述处理过程中对于大气基本没有污染，而采用非木材原料制浆，尤其是稻麦草为原料进行干法备料时，灰尘的产生量较为严重。

非木材原料在备料过程中产生很多的粉尘，粉尘有极大的危害，它的危害取决于它的暴露程度、组成成分、理化性质、粒径和生物活性等。有毒的金属和非金属粉尘进入人体，会引起中毒以及死亡，无毒粉尘对人体亦有害。

粉尘的粒径大小是危害人体健康的另一重要因素。主要表现在两个方面：一是粒径越小，越不容易沉降，长期飘浮在空气中容易被吸入人体，并且容易吸入肺部，一般，粒径在 $100\mu m$ 以上的尘粒会很快在大气中沉降；$10\mu m$ 以上的尘粒可以滞留在呼吸道中；$5\sim10\mu m$ 的微粒能深入肺部，引起各种尘肺病；二是粒径越小，粉尘比表面积越大，物理化学活性越高，加剧了生理效应的发生和发展。此外，尘粒的表面可以吸附空气中的各种有害气体及其他污染物，而成为它们的载体，如可以承载强致癌物质等[4]。

非木材纤维原料（尤其是稻麦草）备料过程中产生粉尘的程度主要与备料流程和所采用的设备有关。下面主要就稻麦草备料的流程进行简单介绍。稻麦草原料的备料主要是切断和净化，备料流程可分为干法备料、全湿法备料以及干湿法结合备料的三种备料流程。

1. 稻麦草的干法备料[5]

干法备料流程简单、操作及运行费用较低，适用于中、小企业生产。图 13-2 中表示出了稻麦草干法备料的基本流程。它主要由喂料、切料、筛选和除尘几部分组成。

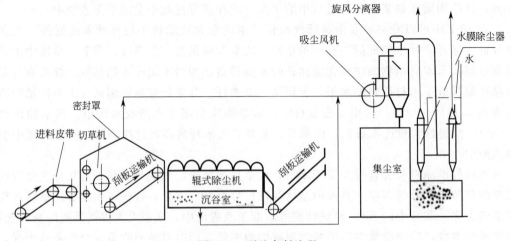

图 13-2　干法备料流程

　　在生产过程中，首先要把原料切成 20～35mm 长的草片，其合格率应在 80% 以上。用于切草的设备，各厂多使用三刀辊刀式切草机，少数厂使用四刀辊刀式切草机和圆盘切草机。辊刀式切草机现有刀辊直径为 400mm、430mm、450mm、475mm 等几种，均为三刀，每小时切草 3～5t，刀辊转速 260～400r/min，动力 28～40kW·h。每切 1t 草片耗电量平均定额为 2.0～2.4kW·h。辊刀式切草机的构造如图 13-3 所示。

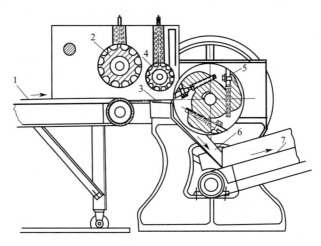

图 13-3　辊刀式切草机

1—进料输送带；2—第一喂料压辊；3—底刀；4—第二喂料压辊；

5—飞刀；6—挡板；7—出料输送带

　　喂料时，原料由输送带送入喂料口，首先被第一喂料辊压住，并随喂料辊的转动将原料送到第二喂料辊，依靠喂料辊的重量和弹簧的压力，将原料压紧，送入切草机进行切断成草片，并由出料带送出。在切草过程中，虽然原料由压料辊进行压紧，但刀片对原料的切断和振动等作用，使得草秆及草节、草叶上的尘土随着草料的抖动而飞散到空气中，造成空气污染。

　　经过切断的原料中含有较多的泥土、灰尘、料末、草屑等杂物，为了降低后续制浆过程中的化学药品的消耗，提高纸浆的质量，减少后续生产过程中可能出现的困难，切断的纤维原料需要经过筛选和除尘处理。干法备料过程中草料的切断和筛选是形成备料工段空气粉尘或灰尘的主要节点。通常情况下，筛选和除尘大多使用我国沿用较久的辊式除尘机（羊角除尘器），另外一种常用的除尘设备是锥形筛。如图 13-2 中所示，切断后的草片经辊式除尘机进行筛选和除尘。草料中的草屑、尘土、谷粒等杂质会进入到沉谷室，不能发生沉降的"飞尘"经风机引出进行处理。

　　经过除尘筛选的草片，通常采用风力或带式输送的方法送至料仓，或直接送去装锅。风送是运送草片较好的方法，风送所用鼓风机的风压视所受阻力而定，一般多用 200mm H_2O 以下的中压或低压鼓风机，风送草片时管内空气流速不超过 22～25m/s，$1m^3$ 空气所带草片量为 0.2～0.25kg。风送草片的优点为：设备构造简单，占地面积小，但在管路出口处易使尘土飞扬，动力消耗大，管路磨损较严重，原料水分大时管道易堵塞，堵后掏料劳动强度大，影响生产的正常进行。带式输送虽然占地面积大，投资较多，但它不会堵塞，在运送过程中不会造成扬尘，易于管理[5]。

　　草类原料备料过程中，草尘的输送、处理和车间的排尘问题，各厂都没有很好解决。对于干法备料过程中草尘的处理，后面章节做具体介绍。

2. 稻麦草全湿法备料

全湿法备料是目前较为先进的草类纤维原料的备料方法。在湿法备料中，草片经水洗，压榨，除尘效果好，能大大降低制浆后黑液中灰分的含量，减少碱回收中硅干扰问题，但耗水量大，设备投资及运转费用较高，许多工厂采用碱回收蒸发工段冷凝水洗草片，降低水耗。其典型流程如图13-4所示，其主要设备是具有球形壳体的水力碎浆机，它底部安装有叶轮和筛板，见图13-5[6]。

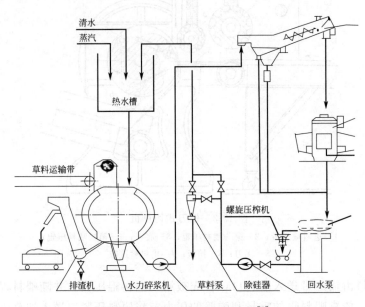

图 13-4　全湿法备料工艺流程[5]

全湿法备料的生产流程：碎浆机→螺旋压榨机（脱水干度达10%）→圆盘压榨机（使干度提高到25%～35%的草饼)→预碎机→送去蒸煮。

整捆的麦草由运输带直接送入球形碎浆机，碎浆机底部装有的叶轮，叶轮转动的离心力及球形壳体能产生剧烈的上、下对流搅拌，使麦草得到充分的洗涤。草料浓度为5%～6%，NaOH用量为1%（对绝干草片），温度为45℃，时间约为16min。碎浆机底部装有带磨盘的筛板，筛孔ϕ28mm～30mm（锥孔），筛板与叶轮间距为4～6mm。麦草在此间隙中被研磨和碎解成长度约为30mm、纵向已被撕裂的草片，穿过筛孔，以3.5%浓度被草料泵抽出，不能穿过筛孔的铁块、石头等重杂质，由排渣机连续排出[7]。

草料泵将草片送至螺旋脱水机，它安装呈25°的倾斜角，并设有筛孔，从低端进入的草片悬浮液中的水、泥砂、尘埃以及被碎解的草叶、草穗、霉草的碎末等在被螺旋向上推动过程中穿过筛板流下。从高端被推出的草片不仅被清洗除去，而且被脱水（浓度由5%变为10%）；再经圆盘压榨机压榨，压成干度为25%～35%的饼状草块。

经湿法备料，草片的热水抽出物、1%的NaOH抽出物、灰分和SiO_2含量等均有明显下降，特别是SiO_2的去除率达到51%，草中夹带的泥砂基本除净，为化学品回收提供了有利条件，有利于减少碱回收中的硅干扰，纸浆尘埃大幅度减少。

经过湿法处理的草片，茎秆已纵向分裂，草节部分被打碎，有助于药液的渗透，并可采用更缓和的蒸煮条件。

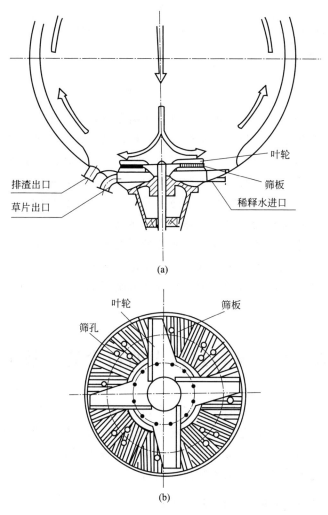

图 13-5　水力碎浆机底部叶轮和筛板示意[6]

经湿法备料的草片蒸煮的用碱量降低，细浆得率提高，漂白后麦草浆的裂断长可达 6500m。

全湿法备料对于大气污染而言，其最大的优点是可较彻底地解决干法备料存在的飞尘问题，改善工作环境。此外，可提高草片质量，减少蒸煮用碱量和漂白药品用量。

3. 稻麦草的干湿法结合备料[8]

干湿法结合的备料具有干法备料和全湿法备料的某些特点，其代表流程有两种。

（1）干切、干净化、湿洗涤流程　如图 13-6 所示。

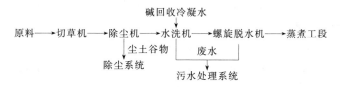

图 13-6　干切、干净化、湿洗涤流程

（2）干切、湿净化流程　如图 13-7 所示。

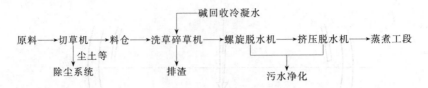

图 13-7 干切、湿净化流程

非木材纤维原料中采用上述方法进行备料的除稻麦草外，芦苇、芒秆等原料也采用类似稻麦草的备料流程，分为干法备料和干湿结合法两种，只是在干法备料流程中采用的切断设备为切苇机。为降低备料过程中的灰尘对大气的污染，也需采用除尘系统进行飞尘处理。

一般来说，当采用连续蒸煮时，由于对原料的质量要求高，最好采用全湿法或干湿结合法备料工艺。当采用蒸球蒸煮时，则倾向于使用投资少、操作容易的干法备料工艺。不论哪一种备料方法，稻、麦草备料的主要目的是除尘、净化。

总之，在非木材纤维原料备料过程中，尤其是稻麦草备料过程中，在切草和筛选过程中能够产生大量的灰尘和粉尘，若控制不好，容易使得车间内尘土飞扬，造成大气污染，危害车间工人身体健康。备料工段的粉尘处理是有效降低制浆造纸工业大气污染的措施之一。

第二节　备料过程中的粉尘处理技术

由前面章节可知，在制浆过程的备料工段中粉尘的产生主要在原料切断及后续的筛选除尘过程中。粉尘飘浮在空气中，造成工作环境的恶化，危害工作人员的身体健康。备料过程中产生的粉尘主要是稻麦草秸秆上带有的尘土，还有一些是草屑、草叶等。目前，备料过程中的粉尘处理主要是针对稻麦草干法备料流程而言。

一、传统稻麦草干法备料过程中的除尘

1. 干法备料过程中的筛选与除尘

筛选和除尘是为了将草片中夹带的草末、草叶、尘土和谷粒等杂质除去。我国沿用较久的是辊式除尘机（羊角除尘器），其外形如图 13-2 所示。它由 6 或 4 个转鼓组成，转鼓上装有类似羊角的短棒，转鼓下面有筛网和筛板，运转时草片从进料口进入，转鼓上的羊角一面松散草片，一面拨动草片在筛网上向前运动，最后从出料口排出。谷粒、草末、尘土等穿过筛网落到下面的坑中，用风机连续抽出或定期由人工清除[5]。

切草和筛选过程中产生的灰尘等杂质通过吸尘风机吸走，通过旋风分离器按相对密度的大小被分离。重杂质向下被送入集尘室，并在此发生自然沉降。没有沉降下来的轻质灰尘从旋风分离器的上出口被送入水膜除尘器或水帘除尘室中进行除尘处理。

2. 干法备料除尘系统

以草类纤维为主要原料的纸厂，其备料大都采用干法备料。在备料过程中会产生大量的粉尘。为了减少环境污染，并减少草尘对抄纸质量的影响，备料过程中都装有除尘系统，主要包括吸尘罩、除尘管道、除尘设备和风机四个部分，如图 13-2 所示。对草尘的输送和处理，各草类原料造纸厂都较重视，流程和设备也各式各样，有简有繁。一般是在切草机入口处和切草机上方安装侧吸风罩，以抽风机吸走扬起的尘土，羊角除尘器筛出的草尘也由抽风

机抽走，抽出的草尘经过旋风除尘器或沉降室予以分离，含尘空气再通过水膜除尘器或者淋水沉降室进一步除去尘土，尾气排于大气中，如图 13-8 所示[8]。

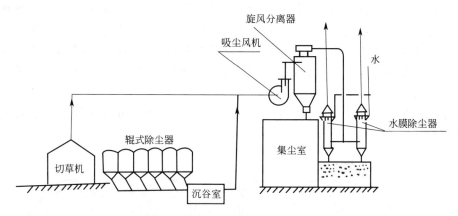

图 13-8　干法备料除尘系统[5]

（1）吸尘罩　草类原料的干法备料中，一些容易产生粉尘的地点需要设置除尘装置，由于多个吸尘点，在干路上就需连接若干个分支管路，使除尘系统构成树枝形状，即枝状管网。图 13-9 为某纸厂备料车间的除尘系统的枝状管网。它是由一台风机对两个吸尘点，通过吸尘罩吸风，由枝状管路 1、2 经重力沉降室、布袋除尘器除尘，净化气体经排气管排出室外。

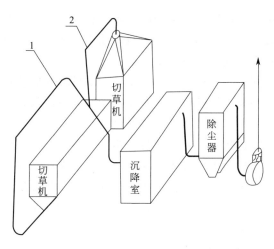

图 13-9　除尘系统的枝状管网

对于吸尘罩的设置，首先要正确判断产生粉尘最多的地点，从生产中看，最容易引起飞尘的地点是切草机、羊角除尘器出入口及切草机与羊角除尘器之间的输送皮带等处。因此，这些地点最好要密闭起来，并安装吸尘装置。对于切草机在切草过程中产生的粉尘，一般可设全密闭罩，上部安装吸尘罩。

（2）锥形圆筛　用于筛选草片的锥形圆筛有两种：一种是圆筒回转的；另一种是圆筒不转动的。锥形圆筛的筛架一般用角铁焊成，其上固定筛板。草片从小径一端进入筛内，因为锥形圆筒转动的关系，草片随筛网翻转，同时向大径一端移动，因而使尘土、谷粒、草灰等穿过筛网落下，除尘后的草片由大径一端排出，尘土则用螺旋输送器或抽风机排走进入除尘系统。

筒体不转动的圆筛，只有下部半圆有筛板，草片进入圆筒后，靠中心轴上呈螺旋形状安装的搅拌叶片，刮动草料向出口端排出，尘土、谷粒等落于筛板下，由人工或机械排出。

锥形圆筛结构简单，制造方便，消耗动力少，除尘效率高。缺点是筛孔易堵塞，使除尘效率降低。筒体不转动的圆筛，筛选面积小，草片在筛内运动不好，能力低，除尘效率也较筒体转动者差。锥形圆筛不仅用于稻麦草切后除尘，也用于高粱秆、玉米秆、芦苇等切料除尘，效果亦很好。

（3）辊式除尘机　辊式除尘机是我国沿用较久的草片筛选和除尘设备，也叫羊角除尘器，其外形构造如图 13-10 所示。

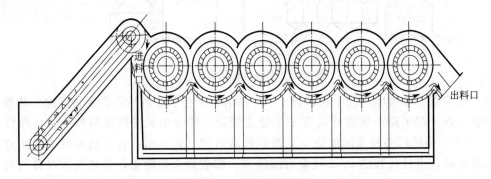

图 13-10　羊角除尘器的构造

羊角除尘器为一般中小型厂所广泛采用的草类原料除尘设备，所用辊数少的三四辊，多的七八辊，各厂使用比较满意，它不仅解决原料的除尘问题，而且可回收粮食。对除去各种杂质，提高纸浆质量，减少尘埃，具有一定效果。

羊角除尘器的构造如图 13-10 所示。它由数个转鼓圆筒串联组成。每个圆筒上装有呈螺旋状排列形如"羊角"的突齿，转鼓下边装有半圆形筛网或筛板，上盖以罩。运转时，草片由加料口进入，羊角转鼓一方面松散草片，同时刮着草片在筛板上运动。越过山形进入下一个转鼓槽中，最后由出料口排出。谷粒、草皮、尘土等落于筛板下面的灰坑中，用抽风机排出，进入除尘系统，或者定期由人工取出。某厂用稻草制造胶版印刷纸的生产试验证明，草片经羊角除尘器处理后，落于筛网下的损耗平均为 4%，其中稻谷和草节约占 28%。

（4）旋风分离器　旋风分离器是风送草片时常用的一种除尘设备，其构造为一圆筒，下部呈锥形，上端伸入圆筒内部有一中心排气管，如图 13-8 和图 13-2 所示。草片由鼓风机送来，沿切线方向进入旋风分离器内，围绕着中心排尘管旋转，尘土、草屑等由于密度小，随空气从中心排尘管逸出排走，而草片由于密度大，受离心力作用，沿分离器壁向下运动，从而将草片与尘土分离。

旋风分离器构造简单，没有转动部分，管理容易，但在它之前必须用鼓风机吹送草片，消耗动力较高。根据一些工厂经验，旋风除尘器进口的风速甚高，达 20～25m/s，如中心排气管太短，则出口风速亦大，造成带出原料量甚多，增加了除尘损失。因此，有的厂采用加大中心排气管直径以降低出口风速，同时加大中心排气管伸入圆筒部内的长度，从而减少原料的飞失。

（5）水膜除尘系统　从吸尘风机送来的灰尘经集尘室（灰尘自然沉降室）后，没有沉降的细小灰尘则送到水膜除尘器或水帘除尘室或喷淋除尘室进行最后除尘，使排出的尾气尽量少带灰尘，如图13-8所示。

水膜除尘器或水帘除尘室的作用原理主要是将清水喷散成膜状或雾状或帘状，以增大与带尘空气的接触面，从而把空气中的灰尘凝集起来，随水排走。凝集的灰尘越多，排出的尾气带走尘土就越少，为此，有些厂用空心塔或旋风分离器在周围壁上喷水形成水膜，有的则在空心塔内竖立许多管子，以增加水膜面积，也有的利用有孔隔板形成水帘。

二、干法备料流程除尘系统的改进

采用稻麦草为原料进行制浆造纸的企业，备料车间的操作环境问题一直是困扰企业的难题。针对传统方法备料所出现的粉尘问题，提出了如图13-11所示的备料流程[9]。

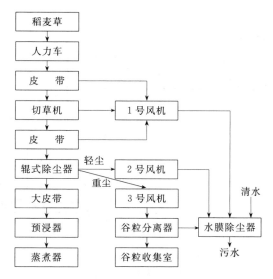

图 13-11 改进后备料流程

该改进流程在传统备料流程的基础上，增加了切草机喂料皮带上方的开式气罩（图13-12），加设专用风机进行抽气，使切草机的喂料皮带上方形成一定的负压。

将传统备料中的重尘和轻尘分开处理，分别采用两台风机以提高其抽风能力，并且在切草机和辊式除尘器上方设置活动式的全封闭式气罩（图13-13），可全部将切草设备和除尘设备封闭，使得灰尘被全部抽走。

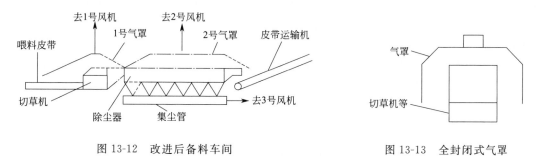

图 13-12 改进后备料车间　　　　　　图 13-13 全封闭式气罩

改进后流程的特点如下[9]。

① 继承了传统的稻麦草备料流程具有技术上成熟、简捷、操作维护方便、投资少等优点。

② 在原来的基础上多增加了一台风机和设计精密的气罩；1号、2号风机在其规格和型号的选择上要注意，使其能够在气罩的下面1.5m以内产生一定程度的负压，以确保操作时

荡起的尘土能被其吸走；3 号风机在选择时也应注意，使其能够迅速地将谷粒和重尘及时吸走，并保证其在谷粒分离器中能产生良好的分离效果。

③ 该系统能很好地保证生产车间内环境洁净、卫生，能有效地保护操作人员的身心健康，做到清洁生产，并且也保证了处理后的草片不被二次污染，提高了备料的质量。

国外某厂在处理草尘时使用一特制风机，其特点是在风机风叶的中心处接有一根喷水管（ϕ40mm），当草尘吸入风机时，水雾被草尘吸收而凝结，拌水从倒置风机的出口流出，同时被风力吹到与之连接的旋风分离器中，把空气分离，草尘污水流入底下的聚集坑，然后用粗渣泵抽送去沉积池脱水后，供作农民底肥用，其流程如图 13-14 所示。

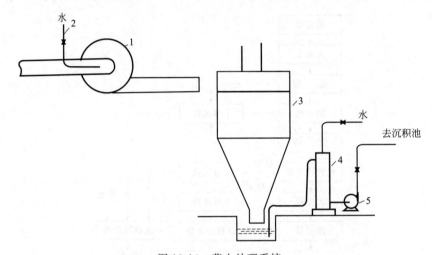

图 13-14　草尘处理系统
1—吸尘风车；2—喷水管；3—旋风分离器；4—吸水罐；5—粗渣泵

三、流化床除尘器除尘系统

目前，绝大多数浆厂使用的除尘器为水膜式除尘器，由于苇末密度小，比表面积大，黏性强，湿润性差，水膜除尘器对芦苇原料的除尘效率极低，以致气流排空处的苇末随风飘扬，严重影响操作环境和工作人员的身心健康，也有少数浆厂利用原有的旧厂房对含苇末的气流进行大空间沉降，取得了较好的效果，但大多数浆厂既未有进行大空间沉降的场地，又未选用其他合理的高效除尘器，结合流化床的特点，提出了用液态化技术来捕集气流中苇末的方案。该技术成功地应用于镇江金河纸业有限公司备料车间除尘系统中，经过近 1 年的生产运行，除尘效果良好，设备运行稳定[9]。

旋风除尘器和水膜除尘器中，粉尘因旋转气流产生的离心力与向心气流对它作用的斯托克斯（Stokes）阻力达到平衡。当离心力大于阻力时，粉尘甩向器壁而被除去，反之，则达不到除尘的目的。由于苇末密度小，比表面积大，在运动过程中，其阻力占主导地位，因此除尘器的效率不高。

布袋式除尘器，苇末黏附在布袋的内壁上，布袋的振动和反吹，都因苇末的黏附性强而难以把它从布袋上清除掉，以致粉尘越积越厚，阻力越来越大，最终影响除尘器正常工作。

喷淋式填料塔的填料固定，其间隙容易被流动性差的苇末堵塞。另外，塔内的气流速度低，处理大流量的气体，除尘器非常笨重，空塔喷淋，因苇末的湿润性差，气液两相接触面积小，除尘效率不高。总之，常规除尘方法对气流中苇末的捕集不理想。

流化床除尘器属于湿法除尘，其结构如图 13-15 所示。

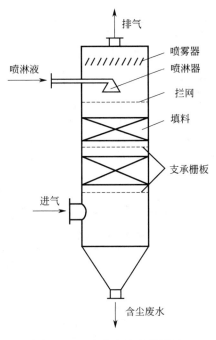

图 13-15　流化床除尘器结构

除尘器内由数段填料层组成，含尘气流进入除尘器时，首先经过风室，较大颗粒的灰尘因流速降低而沉降，部分灰尘在风室内与床层上部落下来的含尘水滴因碰撞、黏附和扩散效应而被捕集，落入下部灰尘收集区。其余灰尘随气流一道进入流化床区域，在此，气流流化填料，喷淋液在填料表面形成液膜，当含尘气流穿过流化填料层时，气流在填料前改变方向，绕过填料；一些惯性较大的灰尘，保持原来的运动方向，与填料发生碰撞，被其表面上的液体吸附除去；一些灰尘绕过填料时，一端与它们的表面接触，因黏附作用，而被捕集；较小的灰尘（<0.3μm），在分子的撞击下，像气体分子一样，做复杂的布朗运动。在运动过程中，与填料表面上的液膜接触而被捕集[10]。这三种情形综合作用，使气流中的灰尘得以除去。

该除尘器不仅具有常规湿法除尘器的优点，还有如下特点：①适应性广，填料表面液膜可捕集几乎所有粉尘，粉尘的性质对除尘效率影响甚微；②运行可靠，填料处于流化悬浮运动状态，支撑栅板的自由截面大，不会造成除尘器堵塞；③除尘效率高，含尘气流通过流化填料床层时，被填料表面液膜吸收的机会多，粉尘浓度和气体流量的大幅度变化，对除尘效率影响较小。

江苏镇江金河纸业有限公司备料车间日切苇约为 400t，共有 4 台切苇机，其中 2 台备用。苇片经 2 台旋风分离器分选后，产生流量为 60000m³/h 的含苇末的气体，过去公司曾试用了几种除尘方法，如水膜除尘器、除尘风机等，均因效果不佳、影响生产而停止使用，含尘气流只好直接排空，苇末在厂区周围大片区域范围内飘荡。另外，苇片筛区产生的大量灰尘，导致该区域操作环境十分恶劣。经小试和设备放大可行性研究后，确定采用流化床除尘器对备料车间除尘系统实施改造。除尘系统改造后的工艺流程如图 13-16 所示。运行参数见表 13-3。

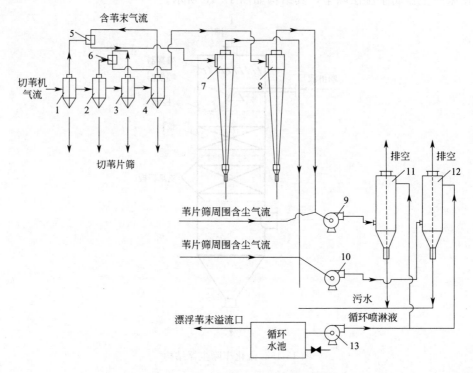

图 13-16　备料车间除尘系统改造后的流程

1，2—新苇片分离器；3，4—旧苇片分离器；5，6—转换阀；7，8—长锥形旋风分离器；

9，10—引风机；11，12—流化床除尘器；13—循环水水泵

表 13-3　除尘系统连续 1a 稳定运行结果

序号	气体流量 /(m³/h)	喷淋密度 /[m³/(m²·h)]	循环水利用率 /%	流化床除消器阻力 /Pa	除尘系统阻力 /Pa	进入系统粉尘量(m³/h)浓度 /(mg/m³)	系统除尘后浓度 /(mg/m³)	流化床除尘效率 /%	除尘气体含湿量 /%	系统除尘效率 /%
1	30000	40	90	1175	1542	4470	35.8	96.2	3.7	99.1
2	30000	40	90	1080	1337	5460	41.1	98.1	3.2	99.2

　　采用 2 台专门设计的转换阀，2 台流化床除尘器，保证 4 台切苇机中 2 台能同时工作，采用循环水池和循环水过滤系统，节省了大量的用水。由于原来直接排空的气流中，还有一部分苇片，因此，在转换阀后增加了一级高效旋风分离器回收苇片。

　　系统改造完成后，经过近 1 年的运行，运行状态良好，备料车间及其周围环境大大改善，经镇江环保监测站验收测试，除尘效率为 99%。流化床除尘器出口排放粉尘浓度为 40～60mg/m³，洗涤水的循环利用效率为 90%，流化床除尘器阻力 1200Pa，填料无磨损迹象。

参考文献

[1]　邬义明，等．植物纤维化学 [M]．北京：中国轻工业出版社，1991．

[2]　陈嘉川，等．造纸植物资源化学 [M]．北京：科学技术出版社，2012.

[3]　汪苹，宋云．造纸工业节能减排技术指南 [M]．北京：化学工业出版社，2010.

[4]　蒲恩奇．大气污染治理工程 [M]．北京：高等教育出版社，1999.

[5]　詹怀宇．制浆原理与工程 [M]．北京：中国轻工业出版社，2009.

[6]　陈克复．制浆造纸机械与设备 [M]．北京：中国轻工业出版社，2003.

[7]　邢益标．非木材纤维原料湿法备料的进一步探讨 [J]．中国造纸，1991，10 (1)：60-65.

[8]　曹邦威．制浆造纸工业的环境治理 [M]．北京：中国轻工业出版社，2008.

[9]　刘秉越．制浆造纸污染控制 [M]．北京：中国轻工业出版社，2008.

[10]　王助良．三相流化床除尘器的除尘原理及其应用 [J]．环境工程，1996，14 (6)：28-31.

第十四章 推荐硫酸盐法制浆恶臭气体的焚烧技术

化学法制浆的蒸煮工段或化学机械法制浆过程中的化学预处理工段〔主要是指化学热磨化学机械法制浆（CTMP）〕均能产生还原性的含硫气体。硫酸盐浆厂排放的几种主要污染气体包括 H_2S、甲硫醇、甲硫醚等。进入大气污染物的含硫量约为 $8.80kg/t$ 浆，主要含硫臭气（H_2S、CH_3SH、CH_3SCH_3、CH_3SSCH_3 等）排放量为 $0.55\sim25.29kg/t$ 风干浆[1]。主要的产生工段为蒸煮工段，尤其是在蒸煮过程的小放汽和蒸煮末了的大放汽时较为严重。此外，在黑液的蒸发工段也有一定的产生量，纸浆的洗涤工段产生量较少。本章主要介绍蒸煮和碱回收蒸发工段恶臭气体的来源及其焚烧技术。

第一节 硫酸盐法制浆蒸煮过程中恶臭气体的产生

恶臭气体主要是由 H_2S、CH_3SH、CH_3SCH_3、CH_3SSCH_3 等组成，在化学法制浆的蒸煮中具有一定的产生量，因其对大气的危害较为严重，若不进行处理，则危及人民生活及身体健康。上述恶臭气体主要来自于化学法制浆中的硫酸盐法制浆的蒸煮过程中。

一、化学法制浆分类及硫酸盐法制浆

1. 碱法制浆分类

化学法制浆，是指利用化学药剂在特定的条件下处理植物纤维原料，使其中的绝大部分木质素溶出，纤维彼此分离成纸浆的生产过程[2]。用化学药剂处理植物纤维原料的过程常称为蒸煮，所用化学药剂称为蒸煮剂。

化学法制浆的要求是尽可能多地脱除植物纤维原料中使纤维黏合在一起的胞间层木质素，使纤维细胞分离或易于分离；也必须使纤维细胞壁中的木质素含量适当降低，同时要求纤维素溶出最少，半纤维素有适当保留（根据纸浆质量要求而定）。

常用的化学制浆方法主要有碱法制浆和亚硫酸盐法制浆两大类。碱法制浆是化学法制浆方法中的一种。碱法制浆，也称为碱法蒸煮，是用碱性化学药剂的水溶液，在一定的温度下处理植物纤维原料，将原料中的绝大部分木质素溶出，使原料中的纤维彼此分离成纸浆。根据所用蒸煮剂的不同，碱法制浆可分为烧碱法、硫酸盐法、多硫化钠法、预水解硫酸盐法、氧碱法、石灰法、纯碱法等，其中最常用的是硫酸盐法和烧碱法[2]。

碱法蒸煮对原料的适应范围比较广，硫酸盐法几乎适用于各种植物纤维原料，如针叶木、阔叶木、竹子、草类等，还可用于质量较差的废材、枝桠材、木材加工下脚料、锯末以

及树脂含量很高的木材。烧碱法适用于棉、麻、草类等非木材纤维原料，也有用于蒸煮阔叶木的，很少用于蒸煮针叶木。硫酸盐法蒸煮是产生恶臭气体的主要工艺。

2. 硫酸盐法蒸煮工艺

典型的硫酸盐法制浆蒸煮工艺流程是将木片或经备料处理的非木材原料与碱液按一定的比率装入蒸煮器（间歇蒸煮器或连续蒸煮器）中，间歇蒸煮时还加入一定量的来自洗浆工序的循环黑液，以组成规定的液比。对于木材原料，木片先经蒸汽汽蒸，将木片中的空气驱除，以利于蒸煮药液渗透。然后将蒸煮液（一般 $80 \sim 100^\circ C$）送入蒸煮器内。在间歇蒸煮中，蒸煮容器装满木片并加入足够的药液，送液完毕，为了使蒸煮化学反应进行得均匀，可在升温之前进行空运转，以便使蒸煮液浸透原料。然后根据预定的程序将蒸煮器内物料加热，空气和其他不凝气体则通过一个锅顶压力控制阀排出，一般在 $100^\circ C$ 左右时进行，也称之为小放汽，此处排出的不凝气体是恶臭气体的来源之一。蒸煮一般在 $1.0 \sim 1.5h$ 后达到最高温度，然后在最高温度（$170^\circ C$ 左右）下保温 2h，以完成蒸煮反应。在连续蒸煮中，原料首先在汽蒸器进行汽蒸，排除空气和其他不凝气体（小放汽）。预热了的原料和蒸煮液加入到连续蒸煮器，并经过一个中间温度区域（$110 \sim 120^\circ C$）以使化学品能均一地渗入原料，当原料移动通过蒸煮器时，被加热到蒸煮温度，并保持 $1 \sim 1.5h$。蒸煮完成后，蒸煮废液被抽送到一个低压罐，在这里产生的闪急蒸汽可用于汽蒸器。浆料可用冷黑液骤冷到 $100^\circ C$ 以下，以防止纤维的降解。蒸煮完成后浆料喷放或泵送到喷放锅中时，大量的蒸汽及不凝气体会被排出，通过热回收系统可以回收其中的热量，该处的不凝气体中含有恶臭气体，是硫酸盐法蒸煮恶臭气体排放节点之一。

蒸煮完成后，将蒸煮废液与浆料分离。得到的废液中含有大量化学品和木质素及部分纤维降解产物，呈黑色，称为黑液。硫酸盐法粗浆的得率一般为 $40\% \sim 50\%$，原料中的其他组分几乎全部进入黑液。如果黑液直接排入水体，会导致严重污染。为了回收化学品，减少污染，硫酸盐法制浆黑液最佳处理工艺是碱回收。硫酸盐法制浆的生产流程如图 14-1 所示[3]。

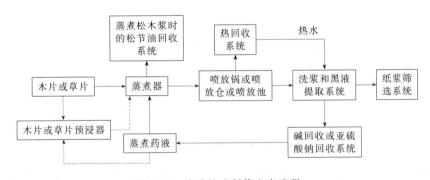

图 14-1 硫酸盐法制浆生产流程

3. 硫酸盐法蒸煮液的组成

硫酸盐法蒸煮液主要由 $NaOH + Na_2S$ 组成，此外，尚有来自碱回收系统的 Na_2CO_3、Na_2SO_4、Na_2SO_3 和 $Na_2S_2O_3$，甚至还可能有少量 Na_2S_n（多硫化钠）[4]。

烧碱法蒸煮液的性质，主要就是 $NaOH$ 的性质。$NaOH$ 在蒸煮时主要是以强碱的性质（$pH \approx 14$）起作用。此外，Na_2CO_3 能水解生成 $NaOH$，也起一定的碱性作用。

在硫酸盐法蒸煮液中，除了强碱 $NaOH$ 起作用外，Na_2S 电离后的 S^{2-} 和水解后的产物

HS⁻ 也起着重要的作用：

$$Na_2S + H_2O \Longrightarrow NaOH + NaHS$$
$$Na_2S + H_2O \Longrightarrow 2Na^+ + HS^- + OH^-$$
$$HS \Longrightarrow H^+ + S^{2-}$$

此外，Na_2CO_3 和 Na_2SO_3 甚至 Na_2S_n 等成分也起一定作用。

因此，硫酸盐法蒸煮液的性质是比较复杂的，而且受蒸煮液 pH 的影响很大。

硫化钠水溶液中，pH＝14 时，以 S^{2-} 为主；pH＝13 时，S^{2-} 和 HS^- 各半；pH＝12 时，将以 HS^- 为主；pH＝10 时几乎全部是 HS^-。pH 继续下降，HS^- 浓度降低，而 H_2S 浓度增加[5]。

Na_2CO_3 的水溶液中，pH＞12 时，以 CO_3^{2-} 为主；pH＝10.5 时，CO_3^{2-} 和 HCO_3^- 各半；pH＜9 时，HCO_3^- 浓度从最高点逐渐下降，而 H_2CO_3 浓度将逐渐增加。

Na_2SO_3 的水溶液中，pH＞10 时，以 SO_3^{2-} 为主；pH 值接近 7 时，SO_3^{2-} 和 HSO_3^- 各半；pH＝5 左右时，HSO_3^- 浓度达到最高点；pH 值再下降，HSO_3^- 浓度跟着下降而 H_2SO_3 浓度将不断增加。

二、恶臭气体的组成、产生机制及其产生量

1. 恶臭气体的产生

蒸煮过程中产生恶臭气体的节点如图 14-2 所示。由图 14-2 中可看出，在硫酸盐法蒸煮过程中的小放汽、蒸煮结束时的大放汽以及纸浆的洗涤、黑液碱回收过程中的蒸发浓缩工段均为恶臭气体的产生节点。其中以蒸煮结束时的大放汽以及黑液碱回收直接蒸发时的产生量较大。

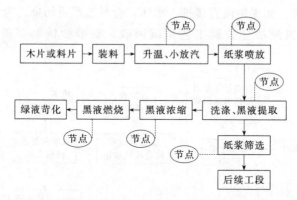

图 14-2　硫酸盐法制浆流程中恶臭气体排放节点示意

蒸煮锅小放汽和蒸煮结束时放锅排出的蒸汽，经直接接触冷凝器或表面冷凝器冷却产生的冷凝水，可用于洗浆。烧碱法蒸煮过程中产生的污冷凝水，主要含有萜烯化合物、甲醇、乙醇、丙酮及糠醛等污染物；硫酸盐法制浆过程中，还有硫化氢及有机硫化物。制浆原料是松木时，冷凝液表面还会漂有一层松节油。表 14-1 列出了硫酸盐浆厂蒸煮污冷凝水的特性、污染物及其浓度[6]。

经冷凝后的不凝气体中主要有 H_2S、CH_3SH、CH_3SCH_3、CH_3SSCH_3 等，这些物质均具有一定的气味，直接排放到大气中污染环境。上述污染气体的排放量如表 14-2 和表 14-3所列。

表 14-1　硫酸盐浆厂蒸煮污冷凝水的特性、污染物及其浓度

污 染 物	间歇蒸煮器放汽冷凝水	间歇蒸煮器喷放冷凝水	连续蒸煮器闪汽冷凝水
H_2S/(mg/L)	30～270	1～230	210
CH_3SH/(mg/L)	20～5300	40～340	70
$(CH_3)_2S$/(mg/L)	16～7400	40～190	
$(CH_3)_2S_2$/(mg/L)	5～4100	2～210	
甲醇/(mg/L)	1300～12000	250～9100	670～8900
乙醇/(mg/L)	90～3200	29～900	
丙醇/(mg/L)	8～420	5～95	
甲基乙基酮/(mg/L)	27		
萜烯/(mg/L)	0.1～5500	0.1～1100	100～25000
酚类/(mg/L)	12		
BOD_5/(mg/L)	800～11600	720～9200	1950～8800
pH 值	9.5		9.2～9.6

表 14-2　硫酸盐法制浆造纸厂蒸煮工段排入大气污染物量

污染物排放源	排气量/(m³/t 浆)	水蒸气量/(kg/t 浆)	硫含量/(kg/t 浆)
间歇蒸煮锅	9	1136	1.1
连续蒸煮锅	4	682	0.7

表 14-3　硫酸盐浆厂蒸煮工段含硫臭气的排放浓度和排放量

污染物排放源	浓度/(mL/m³)				排放量/(kg/t 浆)			
	H_2S	CH_3SH	CH_3SCH_3	CH_3SSCH_3	H_2S	CH_3SH	CH_3SCH_3	CH_3SSCH_3
间歇蒸煮小放汽	0～2000	10～5000	100～6×10⁴	100～6×10⁴	0～0.05	0～0.3	0.05～0.8	0.05～0.06
间歇蒸煮放锅	0～1000	0～10000	100～45×10⁴	10～1×10⁴	0～0.1	0～1.0	0～2.5	0～1.0
连续蒸煮	10～300	500～10000	1600～7500	500～3000	0～0.1	0.5～1.0	0.05～0.5	0.05～0.4

如表 14-2 和表 14-3 中数据可看出，硫酸盐法浆厂排放的几种主要污染气体，如 H_2S、甲硫醇、甲硫醚等，排放量为 0.55～25.29kg/t 风干浆，其硫含量约为 8.8kg/t 风干浆[7]。

除制浆蒸煮过程中会产生上述恶臭气体外，其在纸浆洗涤工段也会具有一定的产生量。但需说明的是，纸浆洗涤工段的恶臭气体均是产生于蒸煮过程中，而后存在于蒸煮废液中，当纸浆进行洗涤和废液提取时，这部分易挥发恶臭气体会挥发出来，从而在洗涤工段出现恶臭气味，其主要成分仍旧主要为 H_2S、CH_3SH、CH_3SCH_3、CH_3SSCH_3 等，恶臭气体的浓度和排放量如表 14-4 和表 14-5 所列。

表 14-4　硫酸盐法制浆造纸厂洗浆工段排入大气的污染物量

污染物排放源	排气量/(m³/t 浆)	水蒸气量/(kg/t 浆)	硫含量/(kg/t 浆)
洗浆机	1980	114	0.2

表 14-5　硫酸盐浆厂洗涤工段含硫臭气的排放浓度和排放量

污染物排放源	浓度/(mL/m³)				排放量/(kg/t 浆)			
	H_2S	CH_3SH	CH_3SCH_3	CH_3SSCH_3	H_2S	CH_3SH	CH_3SCH_3	CH_3SSCH_3
洗浆机罩	0～5	0～5	0～16	0～3	0～0.1	0.05～1.0	0.05～0.5	0.05～0.4
洗浆机密封槽	0～2	10～50	10～700	1～160	0～0.01	0～0.05	0～0.05	0～0.03

2. 恶臭气体的产生机制

硫酸盐法制浆过程中的恶臭气体主要是在蒸煮脱木质素过程中产生的。蒸煮脱木质素的特点是木质素大分子必须碎解为小分子才能从原料中溶解出来。因此，脱木质素反应实际上就是木质素大分子的结构单元间各种连接键发生断裂的反应，同时，也关系到断裂了的木质素分子不再缩合变成大分子。

硫酸盐法蒸煮的主要试剂除了 OH^- 外，还有 Na_2S 水解产生的 HS^-。硫酸盐法蒸煮属于碱性蒸煮，通过化学反应，在木质素大分子中可引入亲液性的基团，使木质素大分子降解，变成分子量较小、结构比较简单、易溶于碱液的碱木质素和硫化木质素。

在木素大分子中，结构单元间的连接主要有各种醚键连接，还有碳-碳连接，在一些草类原料中还存在酯的连接。硫酸盐法蒸煮过程中发生的脱木质素化学反应主要有以下几类。

（1）酚型 α-芳基醚或 α-烷基醚键的碱化断裂　由于碱（OH^-）首先与酚（酸性的）羟基发生化学反应，生成可溶于水的酚盐。然后，酚盐离子发生结构的重排，促进芳基醚或烷基醚的氧与苯丙烷单元的 α-碳的连接断裂，形成了中间体亚甲基醌。图 14-3 是典型的酚型 α-芳基醚键的碱化断裂过程[2]。

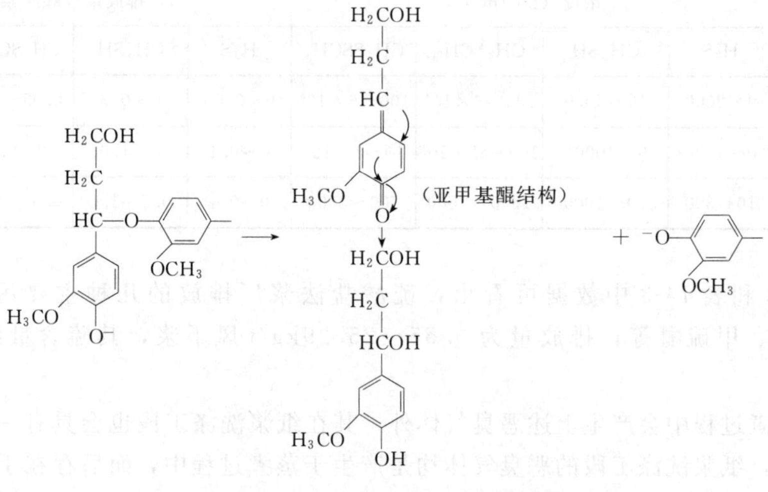

图 14-3　典型的酚型 α-芳基醚键的碱化断裂过程

从图 14-3 可以看出：两个相邻的木质素结构单元间的醚键连接发生了彻底的断裂，木质素大分子显著变小。酚型的 α-芳基醚键连接是容易断裂的。但是非酚型的 α-芳基醚键连接，实际上是非常稳定的。

（2）酚型 β-芳基醚键的碱化断裂和硫化断裂　酚型 β-芳基醚键在各种连接形式中占着非常重要的地位，在蒸煮过程中它的断裂与否，将直接影响到蒸煮的速率，特别是针叶木蒸煮时的脱木质素速率。酚型 β-芳基醚键能进行碱化断裂，但为数很少；其硫化断裂的速率则相当快。酚型 β-芳基醚键碱化断裂和硫化断裂的过程如图 14-4 所示[2,3]。

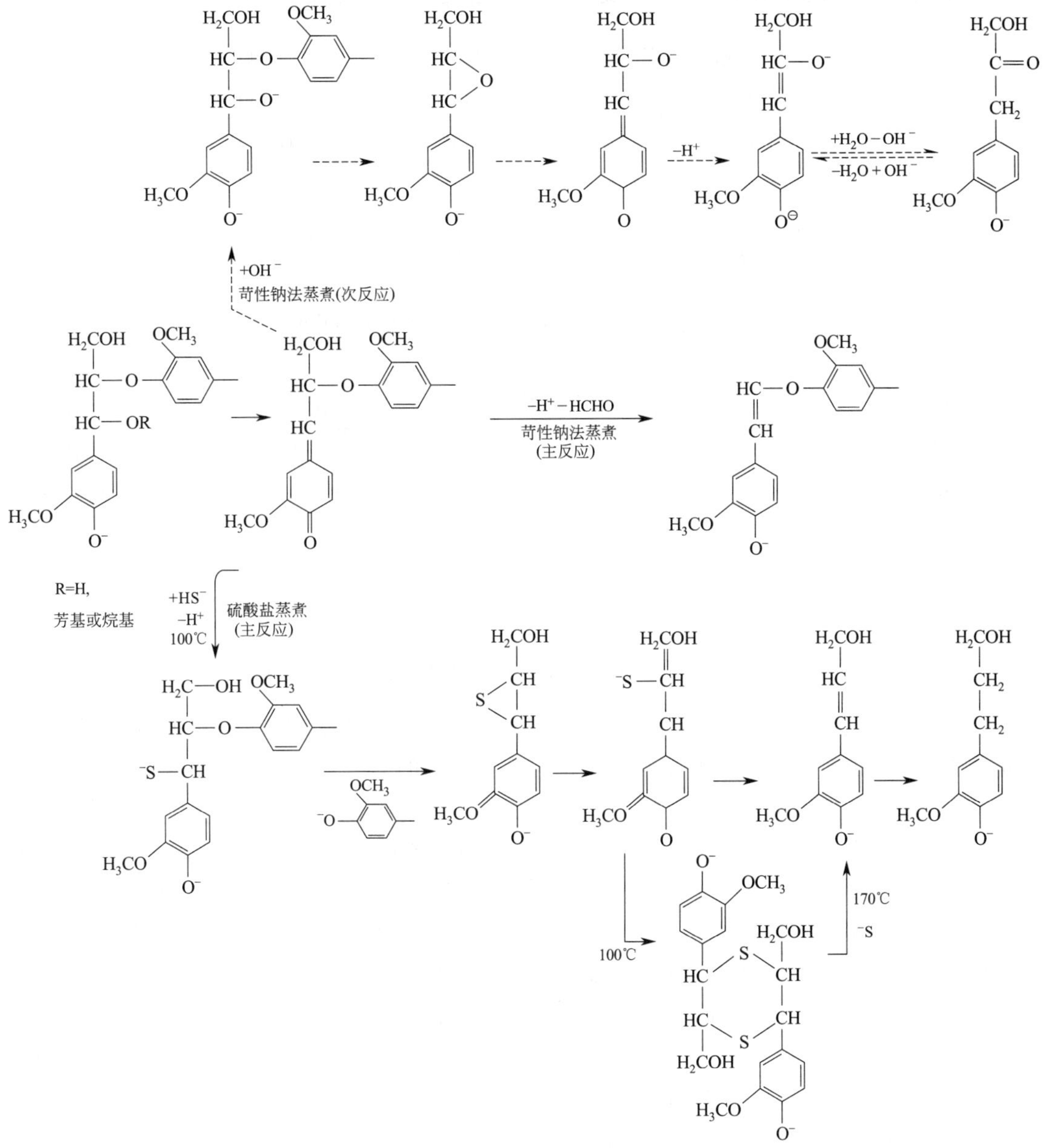

图 14-4　酚型 β-芳基醚键碱化断裂和硫化断裂

从图 14-4 可以看出，酚型 β-芳基醚键在烧碱法蒸煮时由于其主反应是 β-质子消除反应和 β-甲醛消除反应，因此多数不能断裂，只有少量这种键在通过 OH⁻ 对 α-碳原子的亲核攻击形成环氧化合物时才能断裂（碱化断裂）。但是，在硫酸盐蒸煮时，由于 HS⁻ 的电负性较 OH⁻ 强，其亲核攻击能力也强，所以能迅速的形成环硫化合物而促使 β-芳基醚键断裂（硫化断裂）。这就是硫酸盐法较烧碱法蒸煮脱木质素速率快的主要原因。

（3）非酚型 β-芳基醚键的碱化断裂和硫化断裂　非酚型木质素结构单元在蒸煮时的最大特点是不能形成亚甲基醌结构，因此其 β-芳基醚是非常稳定的，目前知道，只有下列两种特定条件才能断裂[5]：

① 具有 α-羟基的非酚型 β-芳基醚键，能进行碱化断裂，如图 14-5 所示。

② 具有 α-羰基的非酚型 β-芳基醚键，能进行硫化断裂，如图 14-6 所示。

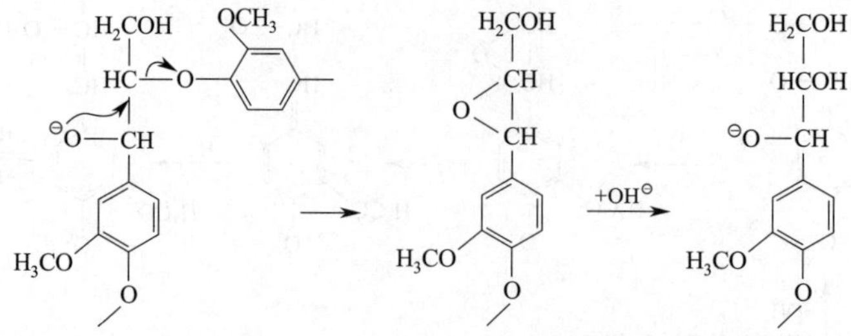

图 14-5　具有 α-羟基的非酚型 β-芳基醚键的碱化断裂

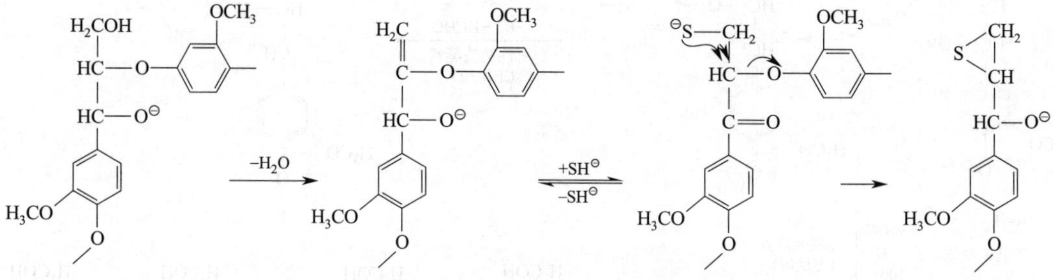

图 14-6　具有 α-羰基的非酚型 β-芳基醚键的硫化断裂

（4）芳基-烷基和烷基-烷基间 C—C 键的断裂　芳基和芳基之间的 C—C 键是稳定的，一般很难断裂。但是芳基与烷基之间或烷基与烷基之间的 C—C 连接，在某些条件下有可能断裂，其断裂的位置有 3 种：第 1 种断裂是在 C_β—C_γ 之间发生 β-甲醛消除反应，结果是木质素大分子不会有大的变化；第 2 种断裂是在 C_α—C_β 之间发生，结果是木质素大分子有可能变小；第 3 种断裂是在亚甲基醌的 Ar—C_α 之间发生，结果是木质素大分子有可能变小。

（5）甲基芳基醚键的断裂　苯环上甲氧基的甲基与 OH⁻ 和 SH⁻ 作用，甲基-芳基醚键断裂而生成甲硫醇、甲硫醚或二甲二硫醚和甲醇等，其反应式如下[5,6]：

$$ROCH_3 + NaOH \longrightarrow RONa + CH_3OH$$

$$CH_3OH + NaSH \longrightarrow CH_3SNa + H_2O$$

$$ROCH_3 + NaSH \longrightarrow RONa + CH_3SH$$

甲硫醇（CH_3SH）的生成量，除了与树种有一定的关系外，与蒸煮的条件也有很大的关系，主要表现在蒸煮用碱量及硫化度等方面。硫化度高或 Na_2S 的绝对量大，甲硫醇的产量相对增加。在蒸煮硬浆与软浆时的情况亦有区别，煮软浆用碱量高，有较多的过剩的 NaOH 存在，甲硫醇可变为不易挥发的甲硫醇钠盐，也有少量变成二甲硫醚（CH_3SCH_3）：

$$NaOH + CH_3SH \longrightarrow CH_3SNa + H_2O$$

$$2CH_3SNa \longrightarrow CH_3SCH_3 + Na_2S$$

$$CH_3SNa + CH_3OR \longrightarrow RONa + CH_3SCH_3$$

在很少情况下，甲硫醇经氧化后能变成二甲二硫醚：

$$4CH_3SH + O_2 \longrightarrow 2CH_3SSCH_3 + 2H_2O$$

虽然甲基芳基醚键的断裂对木质素大分子的变小是无关紧要的，但是它是硫酸盐法蒸煮大气污染物的来源。

　　除上述甲基芳基醚键断裂产生的甲基外，在其他类型木质素的断裂反应过程中，侧链上断裂的甲基也会与蒸煮液中的 OH^- 和 SH^- 作用生产甲硫醇等恶臭气体。

第二节　黑液碱回收过程中恶臭气体的产生

　　我国目前大部分造纸厂采用碱法制浆，原料中 50%～60% 的成分进入黑液。黑液是制浆过程中污染物浓度最高、色度最深的废水，含有大量木质素和半纤维素等降解产物、色素、戊糖类、残碱及其他溶出物，几乎集中了制浆造纸过程 90% 的污染物。每生产 1t 纸浆提取黑液约 $10m^3$，其特征是 pH 值为 11～13，BOD 为 34500～42500mg/L，COD_{Cr} 为 106000～167000mg/L，SS 为 23500～27800mg/L[2,8]。

　　黑液碱回收是硫酸盐法制浆系统的组成部分，它是一项重要的厂内回收工程，也是一项带有根本减排意义的清洁生产工艺。碱回收系统具有 3 项功能：①回收和重新利用无机制浆化学品（如烧碱、硫化钠）；②除去和出售有用的有机化学副产品（如松节油）；③破坏留下来的有机物（如木质素），并以蒸汽和电能形式回收其能量。

　　黑液碱回收过程中对大气的污染，主要是碱回收过程中产生的恶臭气体，其主要成分与硫酸盐法蒸煮小放汽和大放汽时基本相同，主要为硫醇类物质。碱回收过程中产生恶臭气体的工段主要在黑液蒸发浓缩及黑液燃烧过程中。

一、黑液蒸发中恶臭气体的产生

　　黑液中主要成分为碱（或者盐类）、木质素降解产物、纤维素和半纤维素的降解产物。目前，制浆厂的黑液处理主要是先通过蒸发浓缩黑液、然后把浓缩后的黑液送到燃烧炉进行燃烧，以回收黑液中的碱和热能，即传统燃烧法碱回收。碱回收技术是目前国际上碱法制浆废液的成熟、可行技术，不但可回收大量宝贵资源和能源，当黑液回收率达到 97%～98% 时，可减少废液污染 95% 以上。

　　从黑液提取工段送来的黑液称为稀黑液，其固形物浓度：木浆黑液为 14%～18%，草浆黑液为 8%～13%。而亚硫酸镁盐苇浆红液一般为 10%～12%。要在燃烧炉中进行燃烧，木浆黑液浓度至少应达到 50%～55% 以上，草浆黑液浓度应达到 45%～48%。

　　燃烧法碱回收基本工艺流程如图 14-7 所示，包括黑液蒸发、黑液燃烧、绿液苛化、石灰回收等主要过程[2]。

　　黑液蒸发过去一般采用直接蒸发和间接蒸发两种方法相结合的方式进行，但对于硫酸盐法蒸煮液，在间接和直接蒸发过程中会造成大气污染。因此，国内外黑液碱回收系统均对此进行了改进，以便对恶臭气体进行有效控制。

　　在蒸发前，某些黑液需进行预处理，主要包括除渣、氧化、除硅、除皂等。

　　除渣一般采用废液纤维过滤机，将黑液中的细小纤维和各种残渣除去，以减少蒸发过程结垢。氧化是将硫酸盐法蒸煮黑液中的 Na_2S 氧化为稳定 Na_2SO_4 和 $Na_2S_2O_3$，以减少在蒸发、燃烧过程中造成硫的流失、污染大气和腐蚀设备。黑液除皂主要采用静置法和充气法，从半浓黑液（25%～35%）中分离出皂化物，以回收塔罗油并减少蒸发结垢。

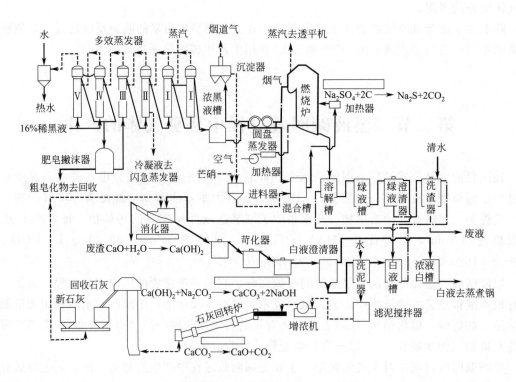

图 14-7　黑液燃烧法碱回收工艺流程

黑液蒸发系统常见的蒸发器按结构形式分为管式和板式蒸发器两大类。黑液蒸发工段的任务是尽量提高去碱回收炉的黑液浓度，以提高碱回收炉的热效率。目前新型蒸发器出站的木浆黑液浓度已普遍达到 75%。随着黑液结晶蒸发等新技术的应用，蒸发器出液浓度可以提高到 76%～84%，浓度为 85%～92% 的超高黑液浓度的蒸发技术也正在研发中[6]。

碱回收系统的废水排放主要是在蒸发工段。用于蒸发工段表面冷凝器的冷却用水量约为 60～80m³/t 浆（水温由 30℃ 提高到 45℃）。这些热冷却水作为废水直接排放是很大浪费，应该经冷却塔冷却后再回用于其他部门。二次汽冷凝后的污冷凝水，污染负荷很高。新型蒸发系统都设有汽提塔，将重污冷水（这部分冷凝水占污冷凝水总量的 16%，但污染负荷占 75%）排至汽提塔，汽提后的冷凝水再送去苛化工段加以利用，汽提后的不凝结气体是该工段恶臭气体的来源之一。

老式蒸发系统，一般都是要在黑液燃烧工段前通过一步直接蒸发把黑液浓度提高到入炉燃烧浓度，因此，在蒸发工段使黑液提高的浓度低于入炉燃烧的浓度；或者有的蒸发器根本不能把黑液浓缩到入炉燃烧所需的浓度，这样在燃烧工段就取消不了直接接触蒸发，因此也就消除不了臭气污染。

黑液在综合利用或送碱回收炉燃烧前，都要通过多效蒸发器浓缩，蒸发浓缩过程中产生的污冷凝水是浆厂污冷凝水的另一来源。黑液蒸发工序中，一般多效蒸发器中第一效的冷凝水是新蒸汽冷凝水，回送动力系统或者供洗涤或苛化工序利用。其余各效的二次蒸汽污冷凝水都或多或少带有甲醇、硫化物，有时还会有少量黑液。碱法制浆产生的污冷凝水，经过汽提法处理之后，经末端处理系统达标后排放，不凝气体则通过管路进行收集，进行集中处理。表 14-6 中列出了硫酸盐浆厂黑液蒸发污冷凝水特性、污染物及其浓度[6]。

表 14-6　硫酸盐浆厂黑液蒸发污冷凝水的特性、污染物及其浓度

污染物	蒸发器混合冷凝水	蒸发器、冷凝器冷凝水	污染物	蒸发器混合冷凝水	蒸发器、冷凝器冷凝水
H_2S/(mg/L)	1～90	1～240	酚类/(mg/L)	—	3
CH_3SH/(mg/L)	1～30	1～410	愈创木酚/(mg/L)	1～10	—
$(CH_3)_2S$/(mg/L)	1～16	1～16	树脂酸/(mg/L)	28～230	—
$(CH_3)_2S_2$/(mg/L)	1～50	1～50	BOD/(mg/L)	60～1100	450～2500
甲醇/(mg/L)	180～700	180～1200	pH 值	6.0～11.1	6.7～8.2
乙醇/(mg/L)	1～190	1～130	悬浮物/(mg/L)	30～70	—
丙醇/(mg/L)	1～16	1～16			
甲基乙基酮/(mg/L)	1～3	2	色度/(APHA)	—	280～5500
萜烯/(mg/L)	0.1～160	0.1～620	钠/(mg/L)	4～20	20～370

从表 14-6 中可以看出，小分子的有机物是污冷凝水的主要成分，甲醇占这类化合物的 80%，余下的是乙醇、甲基乙基酮、少量的酚类、硫化物等较易生化降解成分。

碱回收过程的大气污染主要集中在蒸发工段和燃烧工段。在蒸发工段，由于采用直接蒸发，易挥发的小分子有机物会挥发到大气中而造成大气污染，其污染物的成分与小放汽相近。在燃烧工段，由于进燃烧炉的黑液浓度不够，同样会产生与蒸发工段类似的臭气，这就需要先进的黑液蒸发浓缩技术。出间接蒸发工段的黑液浓度越高，则后续直接蒸发过程中产生的恶臭气体就会越少，甚至能够取消产生恶臭气体的直接蒸发工段，但蒸发浓缩过程中产生的不凝气体的相对量会有所增加。

目前，黑液间接蒸发浓缩均采用多效蒸发浓缩系统。在多效蒸发浓缩系统中，一般将不凝结气体从各气室中引出，通过总管进入到由冷凝器、真空泵等设备组成的抽真空系统中排除。在不凝气体中通常含有一些诸如 H_2S、RSH（硫醇）等臭气，直接排放会污染大气，可将其溶解于稀的碱液（如苛化工段的稀白液）中或通过处理后送入碱回收炉或石灰窑中进行焚烧处理，同时回收其产生的热量。

由于目前采用的多效间接换热蒸发浓缩系统所能使黑液达到的浓度低于入碱回收炉的浓度，所以通常需要在黑液进入碱回收炉之前，进行黑液的直接蒸法，即利用烟道气与黑液进行直接接触，从而提高黑液浓度。在该过程中，由于烟道气与黑液的直接换热，使得在黑液中存在的有机易挥发性含硫化合物会挥发出来，从而产生恶臭气味。这部分恶臭气体通常是采用管道进行收集，然后进行焚烧处理或其他处理。黑液的直接蒸发浓缩过程中恶臭气体的产生量较大，浓度较高，为减少恶臭气体的污染，提高间接蒸发的效率，提高间接蒸发黑液的最终浓度，是目前黑液蒸发工段的主要发展方向。

二、黑液燃烧过程中恶臭气体的产生及燃烧新技术

1. 黑液燃烧过程及恶臭气体的产生

硫酸盐法黑液的燃烧过程可分为三个阶段：黑液蒸发干燥阶段；有机物的热分解和燃烧阶段；无机物的熔融以及补加芒硝的还原阶段[3]。

在第一阶段中，入炉黑液在热炉气的作用下进一步干燥至含水量达 10%～16% 时，形成黑灰。烟气中所含的 SO_2、SO_3 以及 CO_2 与黑液中的活性碱及有机结合钠等起化学反应；黑液中的游离 NaOH 和大部分的 Na_2S 都转变为 Na_2CO_3、Na_2SO_3、Na_2SO_4 和 $Na_2S_2O_3$

等。化学反应为：

$$2NaOH + CO_2 \Longrightarrow Na_2CO_3 + H_2O$$
$$2NaOH + SO_2 \Longrightarrow Na_2SO_3 + H_2O$$
$$2NaOH + SO_3 \Longrightarrow Na_2SO_4 + H_2O$$
$$Na_2S + CO_2 + H_2O \Longrightarrow Na_2CO_3 + H_2S$$
$$2Na_2S + 2SO_2 + O_2 \Longrightarrow 2Na_2S_2O_3$$
$$Na_2S + SO_3 \Longrightarrow Na_2S_2O_3$$
$$2RCOONa + SO_2 + H_2O \Longrightarrow Na_2SO_3 + 2RCOOH$$
$$2RCOONa + SO_3 + H_2O \Longrightarrow Na_2SO_4 + 2RCOOH$$

在第二阶段中，黑灰最后剩下的水分逐渐被蒸发掉，温度迅速升高到 400℃ 左右时，有机物快速分解为 CH_3OH、CH_3COOH、CH_3SH、H_2S、酚、低分子的醛酸以及结构复杂的烷基硫化物等有机气体，并与进入炉膛的二次风和三次风混合后发生气相燃烧，生成 CO_2、H_2O、CO、H_2S、SO_2、SO_3 等气体。还有一部分有机物发生碳化作用，变成元素碳，供芒硝还原用。另外，与有机物结合生成的钠化合物也发生分解反应，生成 Na_2CO_3。有机物结合钠的分解反应为：

$$2NaOR + O_2 \longrightarrow Na_2O + CO_2 + H_2O$$
$$Na_2O + CO_2 \longrightarrow Na_2CO_3$$

热解后的剩余无机物中主要成分是 Na_2CO_3 和 Na_2S，部分有机物结合钠和硫经反应后变成 Na_2S、Na_2SO_3 和 $Na_2S_2O_3$ 等。燃烧过程中，即使操作工艺条件控制合适，也约有 50% 的有机物结合硫可能在热分解时转化为无机硫化物。所以，在燃烧过程中硫损失量是很大的，这些损失的硫也成为黑液燃烧过程中硫污染的主要来源。

在第二阶段中，有机物继续燃烧，在高温下无机物熔融，同补加的芒硝发生以下还原反应：

$$Na_2SO_4 + 2C \Longrightarrow Na_2S + 2CO_2$$
$$Na_2SO_4 + 4C \Longrightarrow Na_2S + 4CO$$
$$Na_2SO_4 + 4CO \Longrightarrow Na_2S + 4CO_2$$

以第二个反应为主。

足够高的反应温度和足量的单质碳存在，是保证芒硝还原反应顺利进行的重要条件。还原 1kg 的芒硝，约消耗 712kJ 的热量和 2.4kg 的单质碳。一次风量不能太大，使黑灰在还原条件下充分燃烧。在空气量不足的情况下，碳主要燃烧成 CO，而 CO_2 也会还原成 CO，这也为芒硝还原创造了条件。值得注意的是，当温度较高和空气量不足时，Na_2CO_3 分解成 Na_2O 的同时还会还原出单质钠来。Na_2O 和单质钠在高温下挥发性较强，因此会造成碱飞失。

上述燃烧过程中产生的 CO_2、H_2O、CO、H_2S、SO_2、SO_3 等气体，以及燃烧不充分残留下来的 CH_3OH、CH_3COOH、CH_3SH、H_2S、酚、低分子的醛酸以及结构复杂的烷基硫化物等有机气体是烟道气具有恶臭气味的主要来源。每吨黑液燃烧可产生 16～22kg 具有恶臭气味的硫化物气体。为降低在碱回收燃烧过程中产生的恶臭气体，一些新型的黑液燃烧技术得到了关注。

2. 黑液燃烧新技术

黑液在碱回收炉中的燃烧，从宏观上说有 3 种模式：悬浮燃烧（即黑液液滴燃烧）、垫层燃烧和炉壁燃烧。燃烧时，黑液和空气中的氧发生化学反应。不同的燃烧模式如何分配是碱回收炉合理操作的关键。它是由喷黑液和供风方式来控制的。现在认为，碱回收炉的操作希望得到最大的垫层燃烧，尽量减少悬浮燃烧和飞失，尽量避免炉壁燃烧。

黑液燃烧虽然与其他燃料的燃烧有许多类似的地方，但在碱回收炉内，工艺过程的化学反应比较复杂。除了一般劣质燃料的元素如碳、氢、氧之外，黑液还含有相当多的碱（钠和钾）和硫。燃烧产物不仅有二氧化碳和水蒸气，也包括回收的制浆蒸煮化学药品，如碳酸钠和硫化钠。重要的化学反应包括硫酸钠还原、烟雾粒子的形成、硫的释放和回收反应。

碱回收炉燃烧的制约因素包括传热面的污垢、烟道通气的堵塞、总还原性硫化物（TRS）和 SO_2 的排放、排烟的透明度、垫层的稳定性和灭火情况、腐蚀和材料条件以及锅炉管内条件等。

（1）黑液燃烧流程

① 喷射炉燃烧工艺流程[1]　硫酸盐法黑液使用喷射炉燃烧的工艺流程。大致可分为8 个系统，即供液系统、燃烧炉及熔融物溶解系统、锅炉系统、芒硝给料系统、送风系统、助燃油系统、锅炉给水处理系统、烟气排出系统。图 14-8 是喷射炉黑液燃烧的工艺流程。

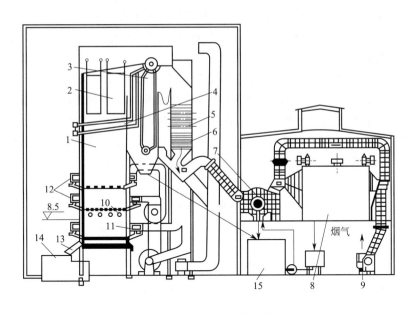

图 14-8　喷射炉黑液燃烧工艺流程

1—燃烧室；2—蒸汽过热器；3—蒸汽锅炉；4—水冷屏；5—上水预热器；
6—空气预热器；7—圆盘蒸发器；8—电除尘器；9—排烟机；10—黑液喷嘴；
11——次风口；12—二次、三次风口；13—熔融物溜槽；14—溶解槽；
15—黑液、芒硝、碱尘混合器

a. 供液系统　流程为：从多效蒸发器来的黑液——→直接蒸发器——→浓黑液槽——→碱灰和黑液混合槽——→芒硝混合槽——→黑液喷枪——→燃烧炉。

多效蒸发器来的黑液首先经直接蒸发器增浓，与燃烧炉中的碱灰、补充的芒硝进行均匀混合后，使用特制的喷枪将黑液均匀地喷洒到燃烧炉中去。

b. 燃烧炉及熔融物溶解系统　入炉黑液在燃烧炉内经过进一步干燥后进行燃烧，并产生一系列的化学反应。有机物燃烧产生的高温烟气在炉内上升，被引入锅炉系统；无机物熔融，同时补加的芒硝在高温下还原生成 Na_2S，接着无机熔融物从燃烧炉下方的溜槽流入溶解槽中，在苛化工段来的稀白液或清水中溶解形成绿液。

c. 锅炉系统　现代燃烧炉都配有锅炉以回收燃烧热能。锅炉系统用黑液燃烧的热能产生蒸汽，可供多效蒸发器蒸发系统或蒸煮系统以及生产过程中使用，也有用回收锅炉产生过热蒸汽供汽轮机组发电。

锅炉系统一般由上汽包、下汽包、水冷壁管、锅炉管束、水冷屏或凝渣管、过热器、省煤器、吹灰器等部分组成。

d. 芒硝给料系统　补充芒硝是为了平衡生产过程中造成的硫损失，在燃烧过程中还原生成 Na_2S，芒硝给料系统的主要流程为：芒硝——→螺旋输送机——→斗式提升机——→圆筛——→芒硝仓——→圆盘给料器——→芒硝黑液混合器。

e. 送风系统　送风系统由鼓风机和空气预热器组成，预热器是将入炉的空气加热到160℃左右。燃烧炉需要的空气一般分为一次风、二次风和三次风，为此，有的燃烧炉系统其一、二次风共用一个送风系统，而有的则一、二、三次风采用各自的送风系统。

f. 助燃油系统　燃烧炉在开炉、停炉或燃烧不正常时，使用助燃油进行辅助燃烧，另外，鉴于草浆黑液含硅量较高及燃烧值较低，其燃烧性能较差，也需要助燃油助燃。助燃油系统一般采用重油为燃料，其主要流程为：重油→储油槽→重油过滤器→工作油箱→流量计→重油喷枪→燃烧炉。

g. 锅炉给水系统　为了防止锅炉系统的受热面上结垢和氧化腐蚀以及酸性腐蚀，锅炉给水一般要经过原水软化处理、除氧处理及磷酸盐处理等，以达到规定的质量指标。原水软化的目的是除去原水中的钙、镁离子，可采用离子交换器；除氧过程是除去水中的氧气和二氧化碳，以防腐蚀，一般采用混合式除氧器；而炉水中加入磷酸盐，平衡水中 PO_4^{3-}、SO_4^{2-} 和 SiO_3^{2-} 的浓度比例，以防止钙、镁盐类物质［如 $CaSO_4$、$CaSiO_3$ 和 $Mg_3(PO_4)_2$］在锅炉管壁上结垢。

h. 烟气排出系统　烟气排出系统，回收烟气中的化学药品（即碱尘）和热能，烟气净化后排入大气。该系统一般由黑液增浓设备、烟气净化设备、引风机、烟道及烟囱等组成。

② 除臭式碱回收工艺流程　黑液直接接触式蒸发系统，产生大量的臭气污染空气。为此，采用高效增浓的间接蒸发设备代替直接蒸发设备，同时采用大面积的立管式高压省煤器来回收烟气余热，即为现代除臭式碱回收工艺的主要特点。图 14-9 中给出了除臭式碱回收工艺流程[9]。

③ 流化床燃烧工艺流程　流化床燃烧的基本工艺过程是：浓黑液由流化床燃烧炉的顶部均匀喷入后，在炉内呈悬浮状蒸发干燥，降落到炉内燃烧层进行沸腾状燃烧。燃烧层由布风板和其上面沉积的黑液固形物颗粒及其燃烧生成物组成，黑液在流化床燃烧过程中产生的热烟气经旋风分离器除尘后，进入烟气排出系统，而生成的无机物产品则为颗粒状的碳酸钠和硫化钠，不像喷射炉那样形成熔融物。与喷射炉相比，流化床的燃烧温度较低（可低于850℃），入炉黑液的浓度要求也较低（35％即可），因此比较适合于低浓黑液或燃烧值较低的黑液燃烧，粉尘污染也较少，为黏度大、热值低的草浆黑液实现碱回收提供了新的途径。图 14-10 中给出了烧碱法黑液流化床燃烧工艺的流程。

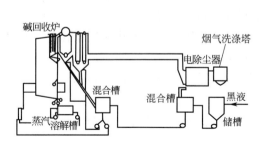

图 14-9　除臭式碱回收工艺流程

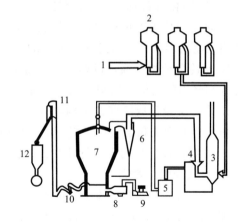

图 14-10　烧碱法黑液流化床燃烧工艺流程

1—黑液；2—蒸发器；3—洗气塔；4—文丘里；

5—平衡罐；6—旋风分离器；7—流化床反应器；

8—空气预热器；9—鼓风机；10—计量

和冷却螺旋；11—斗式提升机；

12—碳酸钠储料仓

（2）新型碱回收炉　黑液的燃烧是碱回收的关键环节，碱回收炉是碱回收系统的心脏。碱回收炉的结构和运行是至关重要的。目前，由于碱法制浆造纸厂对动力的需要量越来越大，为了取得热电平衡，碱回收炉不断提高过热蒸汽参数和燃烧黑液浓度。同时，为了安全生产和符合环境保护的要求还趋向发展现代化的单汽包低臭型碱回收炉。

目前单汽包低臭碱回收炉在木浆厂已普遍应用。碱炉正向大型化、超高压、超高温的方向发展。新建的大型碱回收炉（如金海纸业）的蒸汽参数已经是 8.4MPa、480℃，目前正向 9.3MPa、492℃ 和 10.3MPa、516℃ 发展。一台新型的日燃烧固形物为 2200t 的碱回收炉，其过热蒸汽压力 8.4MPa、温度 480℃，当碱回收炉热效率为 72％ 时，过热蒸汽产量可达 350t/h；烟气中 SO_2 含量不超过 $100mg/m^3$，粉尘含量不超过 $33g/m^3$。进炉的黑液浓度也有大幅提高，黑液浓度从 72％ 提高到 82％，可提高锅炉效率 3％，增加背压发电机发电量 3％。

1）单汽包低臭型碱回收炉特点[10]　以芬兰 Koukas O Y，2700t/d 的单汽包低臭型碱回收炉为例，将其特点简介如下。

① 炉壁结构

a. 炉壁由带翅片的不锈钢表面层的复合钢管设计成膜式壁，在工厂进行翅片相互间的焊接，构成大面积的膜式水冷壁。它具有良好的耐腐蚀能力，使用寿命长。

b. 在一面的炉壁角装有一个剥离式感压箱，它在某种炉内压力下会自行剥离，以预防由于炉体爆炸而引起大面积的损坏，保护炉子整体的安全。

c. 膜式水冷壁构成完全压力密封的炉子。为安全考虑，有一面简化壁结构是没有任何内侧壳体而仅有一种很轻微电镀的或不锈钢板覆盖的热量的保温层。

d. 炉子底部亦是不锈钢表面层的复合钢管构成膜式水冷壁，完全密封不漏水，具有安全的水循环，同时可防止炉内臭味漏出，并预防臭气引起的腐蚀。这样大大减少了维修工作量和提高碱炉的安全性。

e. 溜子槽水夹套在轻微负压下工作，以防向外漏水发生爆炸。

② 水冷屏（凝渣管）与省煤器

a. 水冷屏作为保护过热器元件底部弯管，防止从炉膛来的直接火焰辐射，这样能有效防止由于物料温度升高对过热器元件的腐蚀。

b. 水冷屏使烟气通过过热器之前部分地冷却以减少灰渣层，并且水冷屏具有自然循环水冷式和坚固的结构，以制止水的泄漏。水冷屏管的压力损失很小。

c. 水冷屏设计成膜壁式结构，故不会由于落下熔渣片而变形。成功地用于保护工作人员，防备落下烟灰和熔渣片，提高了入炉检修人员的安全性。

d. 省煤器设计趋向于立管翅片式结构，其主要优点是易于清净和减轻堵塞。

③ 空气分配与燃烧

a. 硫的还原与燃烧温度有关。在炉底温度高，还原率就高。适合的还原条件是通过调整分配一次风和二次风空气流通的压力和位置来获得。

b. 当燃烧的黑液浓度为 70%～75% 时，燃烧空气的分配：一次风量 30%，二次风量 60%，三次风量 10%。在炉子底部完全碳化的垫层上方，适合于二次空气的燃烧。

c. 黑液向下喷射在炉底碳化的垫层上方，但不是喷射在炉壁上。相应高度的黑液喷嘴分布在炉壁四周，喷嘴数量与碱炉的蒸汽产量和规格相适应。

④ 单汽包碱炉的优点

a. 单汽包碱炉的沸腾管束全部连接为焊接结构，可消除双汽包对流管束胀接处易发生泄漏的故障。因此单汽包设计比普通双汽包碱炉要安全得多。

b. 单汽包设计由于没有下汽包，故在升降温度过程中汽包内外温差及上下壁温差所引起的温度应力要比双汽包炉低，因此开机，停机速率快。

c. 单汽包由于没有上下汽包间的沸腾管束，因此单汽包对流管束无堵灰。吹灰次数比双汽包炉吹灰次数大为减少。

d. 单汽包炉的水循环系统比双汽包炉的更可靠。按瑞典标准要求，水循环速度至少达到 0.5m/s。

2）单汽包低臭型碱回收炉应用情况　青山纸业股份有限公司从芬兰引进的单汽包低臭型碱回收炉，65% 黑液直接进炉燃烧，将来还可适应 80% 浓黑液进炉燃烧，处理能力可达 1100t 黑液干固物，并在国内首次采用三列每列三电场静电除尘机组。该公司 2003 年碱回收率为 93.18%，碱自给率为 100%，年回收烧碱量为 32629t，每吨碱成本 654 元。

山东日照森博浆纸有限责任公司的单汽包碱回收炉，处理能力为 1204t/d 黑液固形物，设计工作压力为 618MPa，工作温度为 480℃。采用三次供风，二次风占总风量的 50%～60%，供风风嘴分布采用左右侧墙交叉供风，这样能减少飞灰，又能在炉膛底部形成一调温区，使燃烧稳定；装备 8 支黑液喷枪和 6 支油枪；蒸发采用结晶蒸发黑液增浓技术，入炉黑液浓度达到 73%，使得碱回收炉热效率提高 3%～6%。SO_2 和还原性硫化物排放量大大减少；芒硝还原率提高到 97% 以上；碱炉运行更安全，稳定性有了很大提高。

第三节　恶臭气体的焚烧技术

硫酸盐法制浆生产过程中，除节机、洗浆机、黑液储槽、塔罗油回收系统、黑液氧化等排放的恶臭废气量大，但浓度较低；蒸煮、蒸发和污冷凝水汽提排出的不凝性气体，虽然数量不大，但含有有臭味的含硫化氢和有机的还原硫化合物，且浓度较高。通常需在每一污染源装设集气系统，并将各污染源连接起来，进行集中处理。

制浆过程中产生的臭气大致可分为两类：一是来自蒸煮器和黑液蒸发器的废气，浓度较高，容积较小，这类气体属于高浓度低容积气体（HCLV），称为高浓臭气；二是从洗浆机、黑液槽、地沟等各处收集的臭气，其浓度较低，容积较大，属于低浓度高容积气体（LCHV），称为低浓臭气。在高浓臭气中有害化合物的浓度一般超过 10%，而低浓臭气的浓度则只有千分之几[6]。

目前，恶臭气体的处理主要有物理法、化学法和生物法三类。造纸工业中对于恶臭气体的处理和综合利用，主要是采用化学法中的燃烧法。

一、恶臭气体的焚烧处理法

用燃烧的方式来销毁有害气体、蒸气或烟尘，使之变成无害物质，叫作燃烧法，也叫焚烧法。燃烧法仅能用于销毁可燃的或在高温下能分解的恶臭气体。

燃烧法可广泛应用于有机溶剂蒸气及烃类化合物的净化处理，也可以用于消除臭味。制浆过程中产生的恶臭气体属于碳氢硫化合物及易挥发的有机物质，其在燃烧氧化过程中可被氧化，同时释放出热量，根据条件可以回收利用所产生的燃热量。

目前，燃烧法主要有直接燃烧、热力燃烧和催化燃烧三种方式[11]。

（1）直接燃烧　是把可燃的恶臭废气当作燃料直接烧掉的办法，只适用于恶臭废气中可燃组分含量高，或燃烧后放出热量（称为热值）高的气体，一般情况下要求废气的热值在 3347.2kJ/m^3 以上。直接燃烧不能应用于可燃组分浓度低的恶臭气体。直接燃烧的设备可以是一般的炉、窑，也常采用火炬。直接燃烧通常在 1100℃ 以上进行。由于制浆造纸过程中产生的恶臭气体的浓度相对较低，一般不采用直接燃烧的方式进行处理。

（2）热力燃烧　是将臭气与油或燃料气混合后在高温下完全燃烧，以达到臭气处理和综合利用的目的。该法的处理气量为 $5\sim1000\text{m}^3/\text{min}$，脱臭率可高达 99.98%。热力燃烧过程中产生大量热量，可加以利用。这种方法可用于可燃有机物含量较低的废气的净化处理，热值在 $37.656\sim753.12\text{kJ/m}^3$ 的废气都可应用此法。热力燃烧用的设备叫热力燃烧炉，分为配焰燃烧炉和离焰燃烧炉两类。在我国，还常用锅炉燃烧室或加热炉进行热力燃烧。制浆过程中产生的恶臭气体的燃烧主要是进行热力燃烧，且基本是将恶臭气体通入锅炉、碱回收炉或石灰窑内进行燃烧处理，燃烧后的产物中由于存在含硫化合物，所以需要进行回收硫处理，才可排空。我国制浆造纸工业中的恶臭气体的处理均采用该种方法。

（3）催化燃烧　是利用催化剂使可燃的有害气体在较低温度下进行氧化分解的方法。一般来讲，催化燃烧与热力燃烧产生同样的产物和热量，废气的温升也相同。但由于催化燃烧对预热温度要求低，所以需要的辅助燃料少，设备小而轻。催化燃烧的设备叫催化燃烧炉，常用的有立式和卧式两种结构，炉中设有催化剂床层和预热燃烧器。此法适用于处理低浓度恶臭气体，所能处理的臭气浓度上限为 0.2%～0.7%。该种处理方式到目前为止，未见在造纸工业中进行应用。

二、恶臭气体的焚烧技术

用于处理硫酸盐浆厂的恶臭气体的方法有燃烧法、氯化法、空气氧化法、液体吸收法等。其中以热力燃烧法最经济，效果最好，应用较普遍。该方法将收集的恶臭气体送到锅炉、石灰窑或碱回收炉内燃烧分解，其中石灰窑和碱回收炉内燃烧处理，有利于含硫气体分解，最为有效和可行，不需要另建燃烧装置，并可回收部分热量。目前，工厂中采用的恶臭气体焚烧处理系统主要有以下几种。

1. 不凝气体的焚烧技术

典型的不凝气体燃烧系统如图 14-11 所示。不凝臭气从流量平衡装置引入冷凝洗涤器除去水蒸气和松节油，经火焰灭阻器，再进入石灰窑的一次风管与空气混合而稀释，最后在窑内燃烧。不凝臭气在石灰窑内燃烧的温度一般在 1200～1400℃，还原硫化物可以完全燃烧，生成的二氧化硫大部分与石灰结合，变为亚硫酸钙。据生产实践证明，不凝臭气在石灰窑内燃烧，无论对回收的石灰质量或对苛化系统的操作都无不良影响。为了避免未被吸收的二氧化硫排放对大气的污染，石灰窑的废气由碱液（或白液）洗涤器洗涤[1]。

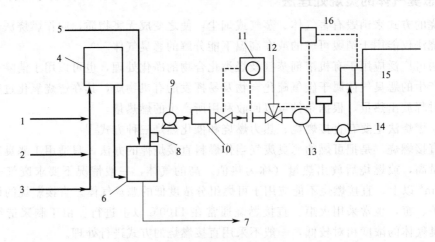

图 14-11　不凝气体燃烧系统
1—蒸煮锅小放汽及喷放不凝气体；2—多效蒸发器的不凝气体；3—松节油澄析器不凝气体；4—流量平衡装置；5—洗涤液进口；6—冷凝洗涤器；7—洗涤液出口；8—破裂片；9—辅助鼓风机；10—冷凝水捕集器；11—流量记录及控制装置；12—旁通阀；13—火焰灭阻器；14—鼓风机；15—石灰窑或回收炉；16—火焰灭阻控制器

上述系统中，不凝气体洗涤的目的在于除去其中的部分硫化物和残余水蒸气，以进一步回收硫，并冷却气流，减小气流体积，同时可防止松节油烟雾引起燃烧装置故障。洗涤液可以用碱液或白液，常采用填料塔进行逆流洗涤。

2. 高浓臭气的焚烧技术

在硫酸盐制浆过程中，高浓臭气是从蒸煮器和蒸发器排出的，一般送去石灰窑或碱回收炉焚烧。虽然其容积很小，但含硫量很高，表 14-7 列出其所含的主要成分。图 14-12 是芬兰常用的高浓臭气收集和处理流程。多数情况下，从汽提装置出来的气体，也与高浓臭气混合一起燃烧。

图 14-12 中制浆各个工段的废气，经洗涤和分离，最终送入石灰窑进行焚烧处理，为防止石灰窑运转不正常时恶臭气体的外排，系统中设置了焚烧器，该焚烧器喷嘴上装有燃油喷射器，以便在燃烧过程中进行喷油并与废气进行混合燃烧，燃烧后废气需进行回收硫处理。该系统中一般用蒸汽喷射器将臭气从一个地方移送到另一个地方。所用管道配有必要的防爆、防火装置和冷凝水分离器。臭气燃烧时形成的二氧化硫要收集并返回到化学回收系统。

表 14-7　在硫酸盐制浆时形成和释放的臭气化合物和可生物降解物质数量

化合物		数量/(kgS/t 浆)	化合物	数量/(kgS/t 浆)
含硫化合物	硫化氢	0.5～1.0	甲醇	6～13
	甲硫醇		乙烯醇	1～2
	二甲基硫	1.0～2.0	松节油	4～16
			愈创木酚	1～2
	二甲基二硫		丙酮	0.1～0.2

注：松木蒸煮时，松节油绝大部分被回收。

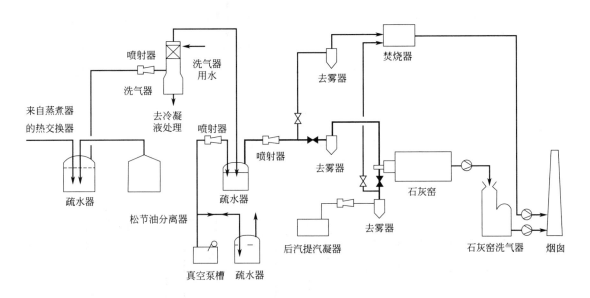

图 14-12　芬兰高浓臭气收集和处理系统

　　图 14-13 是国内某厂近期从国外引进的、兼含火炬燃烧系统的高浓臭气燃烧处理流程。可以看到，从蒸煮和蒸发过程来的高浓臭气经过公共水封槽收集后，用蒸汽喷射器抽吸，送入臭气液滴分离器，将臭气中的冷凝水分离，通过防爆器预防臭气发生爆炸，再送到火焰捕捉器。火焰捕捉器的作用是避免臭气在焚烧时发生回火，而造成设备爆炸事故。臭气经燃烧器喷到碱回收炉燃烧处理。燃烧器安装于碱回收炉的炉壁上，燃烧器喷嘴上安装有柴油和压缩空气阀门，以便在碱回收炉启动或炉温较低时，喷入经雾化的柴油与臭气混合燃烧[8]。

　　当碱回收炉发生故障，不能焚烧高浓臭气时，通过自动控制系统，臭气将自动切换，经过另一套臭气液滴分离器、防爆器和火焰捕捉器送到备用燃烧器火炬燃烧器进行焚烧，这样确保臭气不会飘散到空气中影响环境。火炬燃烧器亦是以柴油为助燃焚烧臭气。从两台臭气液滴分离器和火炬燃烧器出来的重污冷凝水，用重污水泵送到重污水槽，再输送到废水处理站处理，避免发生二次污染。

3. 低浓臭气的焚烧技术

　　低浓臭气主要来自洗浆机、黑液系统和塔罗油生产等处。所有这类臭气都加以收集，甚至包括地沟散发的臭味气体也进行收集，然后进行热力燃烧，即焚烧处理。收集低浓臭气在碱回收炉中焚烧的系统如图 14-14 所示[6]。

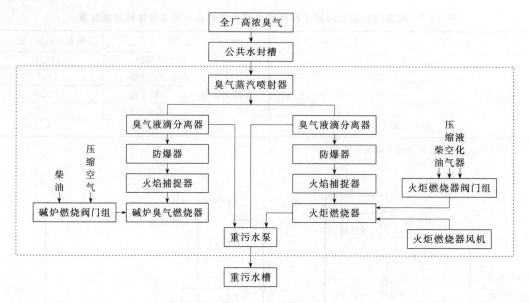

图 14-13　某厂引进的高浓臭气燃烧处理工艺流程[8]

虚线内为国外引进设备

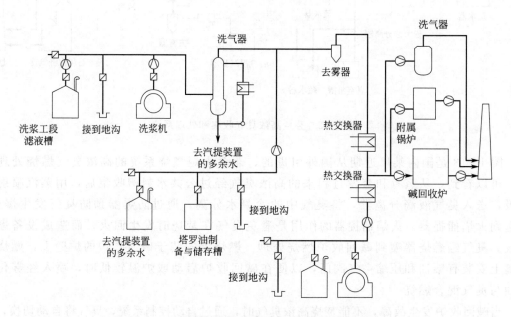

图 14-14　收集低浓臭气在碱回收炉中焚烧的系统

　　该系统中来自于洗浆工段、地沟、塔罗油回收工段等处的低浓恶臭气体，通过管路集中收集后，经过洗气器去除部分可被吸收的成分，然后再经过去雾器去除气体中含有的水蒸气，采用热交换器提高气体的温度，然后送入碱回收炉进行焚烧。

　　为避免影响碱回收炉和石灰窑的作业，也有单独设置焚烧装置处理高浓或低浓臭气的。这种焚烧装置称为高温氧化装置（thermal oxidation）。在高温氧化（即燃烧）装置（图 14-15）中，还原硫化合物被氧化成二氧化硫。但这并不减少污染物排放，只是改变了污染物的化学结构而已，因此还必须除去二氧化硫后，才能排入大气。

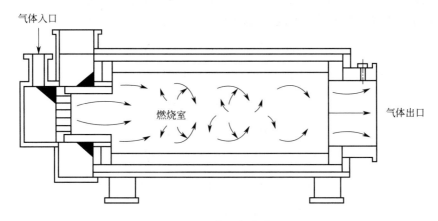

图 14-15 高温氧化装置

据称在芬兰有约 90% 的硫酸盐浆厂使用高温氧化装置。烧掉的气体主要是高浓硫化物臭气。还有部分硫酸盐浆厂用同样方法处理低浓臭气；只有少数几个厂将臭气与三次风混合后送入碱回收炉。

高温氧化中，硫化物气体的催化氧化作用（catalytic oxidation）形成二氧化硫、二氧化碳和水汽。这种催化氧化作用适合于处理来自硫酸盐浆厂的臭气。

三、恶臭气体焚烧的原理

上述造纸工业中采用的焚烧技术均为燃烧法中的热力燃烧。

热力燃烧一般用于处理废气中含可燃组分浓度较低的情况。它和直接燃烧的区别就在于直接燃烧的废气由于本身含有较高浓度的可燃组分，它可以直接在空气中燃烧。热力燃烧则不同，废气中可燃组分的浓度很低，燃烧过程中所放出的热量不足以满足燃烧过程所需的热量。因此，废气本身不能作为燃料，只能作为辅助燃料燃烧过程中的助燃气体，在辅助燃料燃烧的过程中，将废气中的可燃组分销毁[11]。

在热力燃烧过程中，一般认为，只有燃烧室的温度维持在 760～820℃，驻留时间为 0.5s 时，有机物的燃烧才能比较完全，造纸工业中不论是碱回收炉还是石灰窑，其燃烧室的温度均高于上述温度，因此，只要控制恶臭气体在燃烧室内的驻留时间超过 0.5s，就能实现较好的处理效果。

碱回收炉和石灰窑内的燃烧温度是依靠火焰传播过程来实现的。

热传播理论认为：能否实现火焰传播主要与 3 个方面的因素有关：①混合气体中的含氧量；②混合气体中含有可燃组分的浓度；③辅助燃料燃烧过程中所放出的热量。当燃烧过程中放出的热量不足以使周围的气体达到燃烧所需要的温度，火焰自然不能向外传播；当助燃废气中的含氧量不足，燃烧过程难以进行，火焰也不能传播出去。此外，混合气体中可燃组分的浓度与火焰能否传播有着紧密的联系。浓度过低，燃烧过程不能实现；浓度过高时，由于没有足够的氧而使得废气不能在正常的着火温度下产生燃烧反应，因而火焰也得不到传播。这种能够维持火焰传播的浓度范围称为爆炸极限。使用燃烧法或焚烧法处理恶臭气体的过程中，爆炸极限的范围是至关重要的[12]。

自由基连锁反应理论认为：在燃烧室中，火焰之所以能够进行很快的氧化反应，就是因为火焰中存在着大量活性很大的自由基。由于自由基是具有不饱和价的自由原子或原子团，极易同其他的原子或自由基发生连续的连锁反应，而使得火焰得以传播。

1970 年西里和鲍曼提出甲烷燃烧反应的历程如下。

$$(1) \qquad CH_4 + M \longrightarrow \dot{C}H_3 + \dot{H} + M$$

$$(2) \qquad CH_4 + \dot{O} \longrightarrow \dot{C}H_3 + \dot{O}H$$

$$(3) \qquad \dot{C}H_4 + \dot{H} \longrightarrow \dot{C}H_3 + H_2$$

$$(4) \qquad CH_4 + \dot{O}H \longrightarrow \dot{C}H_3 + H_2O$$

$$(5) \qquad \dot{C}H_3 + O \longrightarrow HCHO + \dot{O}H$$

$$(6) \qquad \dot{C}H_3 + O_2H \longrightarrow HCHO + \dot{O}H$$

$$(7) \qquad \dot{H}CO + \dot{O}H \longrightarrow CO + H_2O$$

$$(8) \qquad HCHO + \dot{O}H \longrightarrow \dot{H} + CO + H_2O$$

$$(9) \qquad \dot{H} + O_2 \longrightarrow \dot{O}H + \dot{O}$$

$$(10) \qquad CO + \dot{O}H \longrightarrow CO_2 + \dot{H}$$

$$(11) \qquad \dot{O} + H_2 \longrightarrow \dot{H} + \dot{O}H$$

$$(12) \qquad \dot{O} + H_2O \longrightarrow 2\dot{O}H$$

$$(13) \qquad \dot{H} + H_2O \longrightarrow H_2 + \dot{O}H$$

$$(14) \qquad \dot{H} + \dot{O}H + M \longrightarrow H_2O + M$$

$$(15) \qquad \dot{C}H_3 + O_2 \longrightarrow \dot{H}CO + H_2O$$

$$(16) \qquad \dot{H}CO + M \longrightarrow H + CO + M$$

从以上的这个历程中可以看出，由于火焰的存在，使得自由基大量产生，所产生的自由基加速了废气中可燃组分的销毁速率。在以上的这些自由基中，$\dot{O}H$ 是一个很重要的自由基，它主要靠水分在火焰中解离而产生。在热力燃烧的过程中，$CO + O_2 \longrightarrow CO_2 + \dot{O}$ 的速率往往很慢，但如在混合气体中存在着 $\dot{O}H$，则其反应为 $CO + \dot{O}H \longrightarrow CO_2 + H$ 的速率远远大于前一个反应。

热力燃烧大致可以分为以下 3 个步骤[11,12]：

① 辅助燃料的燃烧——提高热量；

② 废气与高温燃气混合——达到反应温度；

③ 废气中可燃组分氧化反应——保证废气于反应温度时所需要的驻留时间。

具体的流程如图 14-16 所示。

然而，在整个热力燃烧的过程中，是否用废气作为助燃气体，要视废气中的含氧量的多少而定，当废气中的含氧量足够燃烧过程中的需氧量时，可以使部分废气作为助燃气体；当不够时，则应以空气作为助燃气体，废气全部旁通。此外，辅助燃料用量的多少与废气的初始温度有很大关系。如废气的初温低，消耗的辅助燃料就多；初温较高，消耗的辅助燃料就少。因此，在工程设计中，利用燃烧过程中产生的预热废气可以节约大量的辅助燃料。图14-17 就是这一思想很好的体现。

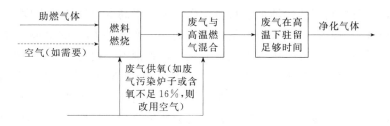

图 14-16　热力燃烧流程

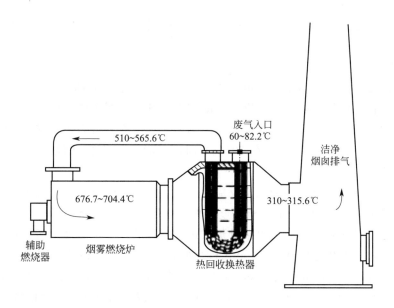

图 14-17　带能量（热量）回收装置的热燃烧炉

低温废气在热回收换热器中得到预热，然后进入燃烧室与高温燃气混合燃烧，燃烧完毕之后从燃烧室流出进入换热器，对其他的低温废气预热，最后从烟道排出。

四、恶臭气体焚烧的影响因素

1. 混合气体的爆炸极限

燃烧本身是伴有光和热产生的剧烈的氧化反应，为了使这种氧化反应能够在燃烧室的每一点进行彻底，混合气体中可燃组分的浓度必须在一定的浓度范围之内，以形成火焰，维持燃烧，在一个有限的空间内形成气体爆炸。将这一浓度范围的下限称为爆炸下限、上限称为爆炸上限。爆炸极限本身并不是一个定值，它与混合气体的温度、压力及湿度有关。此外，还与混合气体的流速、设备的形状有关。对于几种有机蒸气与空气混合的爆炸极限，可按下式进行计算：

$$A_{混} = \frac{100}{\sum \dfrac{a_i}{A_i}} \qquad (14\text{-}1)$$

式中　a_i——混合气体中组分 i 的含量，%；

　　　A_i——混合气体中组分 i 的爆炸极限。

热力燃烧，一般指利用燃烧辅助燃料所产生的火焰提高混合气体的温度，将废气中的可燃组分氧化或销毁。因此，产生火焰不是目的，而是一种提供热量的手段。在这种手段下，只要能够保证合适的温度，废气中的可燃组分就会得到销毁。此外，在热力燃烧过程中废气主要走两路：一路作为辅助燃料燃烧时的助燃气体；另一路作为与高温燃气混合的旁通废气，混合以后的气体温度要达到能使可燃组分销毁的温度。在整个燃烧室中，热量不仅来自于辅助燃料的燃烧，在销毁可燃组分的过程中也会产生热量。一般而言，对于大多数的碳氢化合物，每 1％爆炸下限（LEL）在燃烧时放出的热量可以使温度升高 16.3℃[12]。因此，这部分热量也是不容忽视的。

在一般的热力燃烧工程中，为防止燃烧过程中的爆炸和回火，废气中可燃组分的含量应控制在 25％ LEL 以下[13]。

2. 反应温度

这里所指的反应温度并不是反应可以进行的温度，而是反应速率可达到要求时的温度。换句话讲，就是在一定的区域内，可燃组分的销毁达到设计要求所需的温度。这就要求反应的速率足够快。提高温度，反应就会加速。例如，一个充分混合的系统在 982.2℃时也许能在 0.3s 内完成某一反应过程，而在 704.4℃时则可能要 3s 时间才能完成同一反应。

3. 驻留时间

任何化学反应（燃烧也是一种化学反应）都要经历一定的时间，可燃组分的销毁也是一样。尽管反应绝不会达到 100％的完全程度，但如果反应时间充分，那么不完全反应程度是微不足道的。这个时间是指反应物以某种形式进行混合后在一定温度下所维持的时间。就燃烧反应时间而言，其变化范围在 0.1s 至几秒之间，因反应温度和反应物混合程度而异。从图 14-18 可以看出，当反应温度为 648.9℃时，驻留时间为 0.001s，销毁率为 10％；驻留时间 0.1s 时，销毁率一下子上升到 88％。由此可见，驻留时间对热力燃烧的效果影响很大。

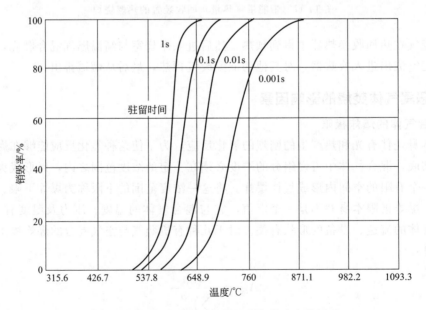

图 14-18　温度和时间对可燃组分氧化速率的影响

4. 湍流混合

任何一种化学反应，反应能够发生的前提条件是反应的分子间首先要发生碰撞。不能发生碰撞的分子之间自然不会发生反应。湍流混合的目的，实际上就是要增大可燃组分的分子与氧分子或自由基的碰撞机会，使其处于分子接触的水平，以保证所要求的销毁率。否则，即使有足够的反应温度和驻留时间，但由于没有足够的碰撞机会，照样不会达到预期的销毁率。这一点，从反应速率常数与分子碰撞系数的关系式中也可以看出：

$$\frac{1}{K_{反}} = \frac{1}{K_{碰}} + \frac{1}{K_{质}} \tag{14-2}$$

式中　$K_{反}$ —— 反应速率常数；

$K_{碰}$ —— 分子碰撞系数；

$K_{质}$ —— 传质系数。

当 $K_{碰}$ 增加时，$K_{反}$ 也会增加，从而使得反应速率增加。

反应温度、驻留时间和湍流混合三者之间是具有内在联系的，改变其中的任何一个条件，其他两项都可以得到相应的改变。如提高反应温度，使得反应速率加快，就可以适当地降低驻留时间和湍流强度。然而，在这"3T"条件中（"3T"指反应温度、驻留时间和湍流混合），延长驻留时间会使设备体积增大；提高反应温度会使辅助燃料的消耗增加。因此，最经济的方法就是改善湍流混合情况，以增大分子接触的机会。这就需要在设计燃烧室的时候充分注意其内部的结构。

第四节　硫酸盐法制浆中恶臭气体的控制

硫酸盐法蒸煮时，木片和药液作用，木质素结构单元中连接于苯环上的甲氧基可部分脱除，生成甲硫醇及其钠盐等的含硫有机物，据分析不下 57 种。不同原料，木质素分子结构不同，甲氧基含量不同，生成的 CH_3SH 的数量也不同，一般阔叶木多于针叶木。产生的含硫臭气还与蒸煮温度和药液的硫化度有关，蒸煮温度和硫化度越高，臭气就越多。蒸煮硬浆与软浆也有所不同，蒸软浆用碱量高，有较多的过剩 $NaOH$ 存在，甲硫醇可变为不易挥发的甲硫醇钠盐，也有少量变为二甲基硫醚。由于歧化反应，甲硫醇也可生成甲硫醚和硫化氢。另外，$NaSH$ 水解也会产生微量 H_2S。蒸煮锅排气中除含硫臭气外，还含有少量的水溶性有机物，如甲醇、乙醇、甲基丙基酮以及萜烯类气体。

硫酸盐浆厂散发的大部分气态污染物在通常的冷凝装置中不能冷凝，故称为不凝气（non-condensable gases，NCG），其主要成分是还原性硫化物（TRS）和 CH_3OH（甲醇）。不凝气可根据其组成分为四类：高浓度低容积气体（HCLV）、低浓度高容积气体（HCLV）、木片仓气体、汽提塔废气。

在 HCLV 气体中，还原性硫化物（TRS）气体占总体积的 10% 左右。LCHV 气体主要由空气组成，TRS 气体占不到 0.1%。连续蒸煮系统木片仓气体通常是 LCHV 气体。在采用针叶木为原料的工厂，连续蒸煮系统木片仓的气体应单独处理，因为它们含有大量的松节油蒸气。去除松节油后，就可以将这些气体与其他 LCHV 气体混合。来自污冷凝水汽提塔的废气一般需单独送 NCG 专用焚烧炉、碱回收炉或石灰回收窑烧掉。通常含有约 50% 的水蒸气，约 50% 的甲醇和少量其他组分，如 TRS 和松节油等。

HCLV 气体的焚烧处理方法现今已成为现代化硫酸盐制浆造纸企业常用的方法。今后

HCLV 气体还会作为空气源的组成部分，送碱回收炉内供燃烧。

对 NCG 处理系统的设计和安装。务必谨慎从事，因为不凝气，尤其是 HCLV 气体，腐蚀性很强。因此，在 NCG 处理系统中有必要选用不锈钢材料，以防止出现腐蚀问题。此处，NCG（特别是其中的硫化氢）还可能会使处理系统中的塑料件软化，并产生毒性气体。

当 NCG 与空气混合达到一定比例时，将有发生爆炸的危险，因此 NCG 处理系统必须具有隔绝火源的措施。

硫酸盐法蒸煮过程中大气污染可以通过改进制浆工艺、控制污染源和处理散发的废气等途径进行防治。

一、改进制浆工艺和设备

（1）采用新的制浆方法　由于硫酸盐浆厂的恶臭气体来源是蒸煮过程中加入的硫化钠，蒸煮时改为少用或不用硫化钠并保持原有硫酸盐制浆优点的新的制浆方法，就可以减少甚至防止在制浆过程中产生臭气。

（2）改进制浆工艺条件　采用高温快速蒸煮，尽量降低硫化度。由于甲硫醇在 pH 值低于 12 时易于散发出来，因此，蒸煮终了时应保持有足够的残碱。

（3）采用连续蒸煮工艺　连续式蒸煮排放的臭气比间歇式蒸煮少，其原因是在间歇式蒸煮过程中断断续续地有大量气体排出，而又得不到充分的冷凝所造成的。

二、蒸煮排气的控制

蒸煮过程大气污染控制的方法是对蒸煮小放汽和大放汽以及喷放气体进行有效冷凝，然后，将冷凝后的不凝气体收集和送燃烧处理。此方法在减轻或消除大气污染的同时也回收了大、小放汽的热量。

图 14-19 为典型的间歇蒸煮小放气和喷放气体冷凝及热回收流程。

在蒸煮针叶木时，小放气的气体从锅顶排出，经分离器 g 将药液与气体分离，气体进入冷凝器 h，冷凝所得液体通过滗析器 i 将松节油与冷凝水分开，可得到松节油。

浆料喷放时，浆料与空气由蒸煮锅 a 喷入喷放锅 b，蒸汽从喷放锅顶部排出进入一级冷凝器 d（为防止蒸汽夹带黑液和纤维进入冷凝系统，国内工厂多在 b 与 d 之间安装旋桨分离器，将蒸汽与纤维、黑液分离），从冷凝器出来的污热水送入污热水槽 c 上部，再引出至热交换器 e 与清水热交换，得到的干净热水可用于纸浆洗涤等。污热水送回污热水槽 c 下部，供循环冷凝喷放排气。浆料喷放的时间往往很短，而每吨浆闪蒸的蒸汽量约为 1t，在短时间内要将大量的气体充分冷凝，冷凝系统的能力必须按喷放高峰气体流量进行设计，并要安装反应迅速而运行可靠的控制仪表。冷凝后的不凝性臭气必须进行收集和处理。

三、纸浆洗涤过程中的恶臭气体控制

放锅后，由于纸浆温度较高，洗浆过程中散发大量的水蒸气、空气、挥发性的硫化物和萜烯类气体等，排气的数量主要取决于洗浆的工艺和设备、蒸煮液的硫化度、洗涤水的 pH 值和水温等。黑液中挥发性硫化物含量最高，相应排气中的硫化物就多；浆料洗涤时，黑液的 pH 值降到 10 左右，该 pH 值高于硫化氢电离平衡点（pH＝8），有利于其稳定存在于黑液中，但低于甲硫醇电离平衡点，将促使甲硫醇挥发出来；洗涤

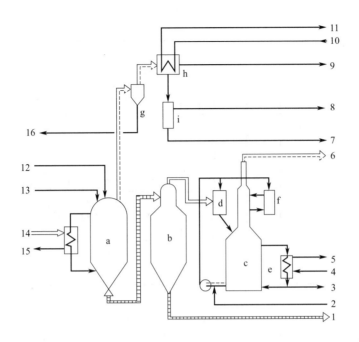

图 14-19 典型的间歇蒸煮小放汽和喷放气体冷凝及热回收流程[1]

a—间歇蒸煮锅；b—喷放锅；c—污热水槽；d—一级冷凝器；e—热交换器；

f—二级冷凝器；g—分离器；h—冷凝器；i—滗析器；

1—纸浆和黑液化；2—清水；3—喷放冷凝水出口；4—冷水；5—热水；6—喷放气；

7—污冷凝水；8—松节油；9—小放汽；10—冷却水；11—热水；

12—木片；13—白液；14—蒸汽；15—冷凝水；16—黑液

液温度高，硫化氢及甲硫醇挥发性增强；浆料在混合、湍动情况下也会增加气体的扩散和挥发。

　　臭气主要散发源，一是洗浆机排气罩，它的数量大，而硫化物浓度低，属低浓度高容积气体；二是黑液泡沫槽，气体流量小，而浓度高，属高浓度低容积气体。此外洗浆机的黑液槽也会排出少量的臭气。

　　洗浆工段废气的处理方法是将废气收集，包括除节机、洗浆机、黑液槽及黑液泡沫槽产生的废气，送石灰窑或碱回收炉燃烧，如图 14-20 所示。

四、黑液蒸发排气及其控制[14]

　　黑液蒸发是排放臭气较多的地方。黑液多效蒸发除采用新鲜蒸汽的Ⅰ效蒸发外，其余效都是采用二次蒸汽作为热源，二次蒸汽产生的污冷凝水利用各效气室之间的压力差，通过 U 形管或泛汽罐依次流入下一效。从最后一效排除的各效污冷凝水进入污冷凝水收集系统。污冷凝水中含有生化需氧量较高的有机酸、醇类、醛类和硫化物等有害物质，应采用诸如汽提等方法收集和处理。Ⅱ、Ⅲ效污冷凝水含有害物较少，可排放或用于洗涤白泥和纸浆。Ⅳ、Ⅴ效污冷凝水含有害物较多，在大气压冷凝器后，需汽提处理。否则排入下水道，将严重地在各处散发出臭味。

　　蒸发系统中的不凝气体从各气室中引出，通过总管进入到冷凝器、真空泵等组成的真空系统。在不凝气中通常含有 H_2S、RSH 等臭气，排气量约为 $9m^3/t$，硫化物（以硫计）约

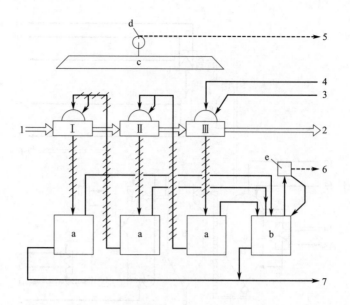

图 14-20　硫酸盐浆真空洗浆机洗涤流程

Ⅰ，Ⅱ，Ⅲ—三段真空洗浆机；a—黑液槽；b—泡沫槽；c—排气罩；d—抽气风机；e—泡沫打散器；

1—未洗浆料；2—洗后浆料；3，4—洗浆水；5，6—排气；7—黑液

为 1.6kg/t 浆。排放地点为蒸发系统真空泵水封用的热水井。可将其溶解于稀的碱液（如苛化工段的稀白液）中。

蒸发器和热水井产生的污冷凝水经汽提出来的臭气，也可进行收集并送石灰窑焚烧处理。

直接蒸发过程中，碱回收炉高温烟气与黑液直接接触，虽然烟气中的烟气得到净化，回收了烟气中的热能，但烟气会解吸黑液中溶解的硫化物等污染气体，因而排气中含有还原性硫化物，是硫酸盐浆厂主要恶臭源。这是因为碱回收炉排出的高温烟气与黑液直接接触，发生以下反应：

$$2NaHS + CO_2 + H_2O \longrightarrow 2H_2S + Na_2CO_3$$

$$2NaHS + SO_2 + H_2O \longrightarrow 2H_2S + Na_2SO_3$$

因此，直接蒸发需逐渐被取消，以便减少或消除直接蒸发产生的恶臭气体污染。

参考文献

[1]　刘秉越. 制浆造纸污染控制 [M]. 北京：中国轻工业出版社，2008.

[2]　詹怀宇. 制浆原理与工程 [M]. 北京：中国轻工业出版社，2009.

[3]　陈嘉翔. 制浆原理与工程 [M]. 北京：中国轻工业出版社，1990.

[4]　Gullichsen John, et al. Papermaking Science and Technology, Book 6. Chemical Pulping [M]. Jyvaskyla：Gummerrus Pringting，2000.

[5]　陈嘉翔. 制浆化学 [M]. 北京：中国轻工业出版社，1990.

[6]　汪苹，宋云. 造纸工业节能减排技术指南 [M]. 北京：化学工业出版社，2010.

[7]　刘洪斌，等. 造纸节能减排技术 [M]. 北京：化学工业出版社，2010.

[8]　曹邦威. 制浆造纸工业的环境治理 [M]. 北京：中国轻工业出版社，2008.

[9]　张珂，等. 造纸工业废液的综合利用与污染防治技术 [M]. 北京：中国轻工业出版社，1992.

[10]　尉志苹，等. 碱回收炉的技术现状和发展趋势 [J]. 中国造纸，2007，26（4）：55-58.

[11]　童志权. 工业废气净化与利用 [M]. 北京：化学工业出版社，2001.

[12]　陆震维. 有机废气的净化技术 [M]. 北京：化学工业出版社，2011.

[13]　郭静，等. 大气污染控制工程 [M]. 北京：化学工业出版社，2008.

[14]　马乐凡，等. 硫酸盐法制浆恶臭气体的防治技术 [J]. 湖南造纸，2012，1：6-10.

第十五章 | 推荐硫酸盐法制浆烟气中碱尘回收技术

目前，化学纸浆的制备主要是采用硫酸盐法蒸煮。在硫酸盐法制浆过程中，处理蒸煮黑液的典型流程或工艺主要以燃烧回收法为主，即燃烧法碱回收系统。其工艺过程如下：

废液提取——→废液预处理——→废液蒸发增浓——→废液燃烧——→回收热能和再生蒸煮液。

上述过程中，废液燃烧是该工艺过程的核心。在燃烧过程中，黑液中含有的化学药品和热能得以回收。燃烧过程中从碱回收炉排出的烟气，除具有一定的温度外，还含有一定量的化学药品，如 Na_2CO_3 等。为降低化学药品的损失及减轻对环境的污染，烟道气中的这部分化学药品需进行回收利用。本章主要介绍硫酸盐法制浆碱回收烟道气中碱尘的回收利用技术。

一、烟气中飞灰和粉尘的产生及其主要成分

硫酸盐法黑液的燃烧过程可分为三个阶段，即黑液蒸发干燥阶段；有机物的热分解和燃烧阶段；无机物的熔融以及补加芒硝的还原阶段[1]。

在第一阶段中，入炉黑液在热炉气的作用下进一步干燥至含水率达 $10\% \sim 16\%$ 时，形成黑灰。烟气中所含的 SO_2、SO_3 以及 CO_2 与黑液中的活性碱及有机结合钠等起化学反应；黑液中的游离 $NaOH$ 和大部分的 Na_2S 都转变为 Na_2CO_3、Na_2SO_3、Na_2SO_4 和 $Na_2S_2O_3$ 等。

在第二阶段中，黑灰最后剩下的水分逐渐被蒸发掉，温度迅速升高到 400℃ 左右时，有机物快速分解为 CH_3OH、CH_3COOH、CH_3SH、H_2S、酚、低分子的醛酸以及结构复杂的烷基硫化物等有机气体，并与进入炉膛的二次风和三次风混合后发生气相燃烧，生成 CO_2、H_2O、CO、H_2S、SO_2、SO_3 等气体。与有机物结合生成的钠化合物也发生分解反应，生成 Na_2CO_3。

热解后的剩余无机物中主要成分是 Na_2CO_3 和 Na_2S，部分有机物结合钠和硫经反应后变成 Na_2S、Na_2SO_3 和 $Na_2S_2O_3$ 等。燃烧过程中，即使操作工艺条件控制合适，也约有 50% 的有机物结合硫可能在热分解时转化为无机硫化物。所以，在燃烧过程中硫损失量是很大的，这些损失的硫也成为黑液燃烧过程中硫污染的主要来源[2]。

在第二阶段中，有机物继续燃烧，在高温下无机物熔融，同补加的芒硝发生以下还原反应：

$$Na_2SO_4 + 2C \Longrightarrow Na_2S + 2CO_2$$
$$Na_2SO_4 + 4C \Longrightarrow Na_2S + 4CO$$
$$Na_2SO_4 + 4CO \Longrightarrow Na_2S + 4CO_2$$

以第二个反应为主。

足够高的反应温度和足量的单质碳存在，使芒硝还原反应顺利进行。值得注意的是，当

温度较高和空气量不足时，Na_2CO_3 分解成 Na_2O 的同时，还会还原出元素钠来。Na_2O 和元素钠在高温下挥发性较强，会造成碱飞失。

燃烧过程中从锅炉排出来的烟气，一般温度为 250～350℃，有的甚至高达 400℃，每吨黑液燃烧的烟气会带出 40～90kg 的 Na_2CO_3 和 Na_2S。同时，反应过程中未被还原的 Na_2SO_4 也会进入烟气，成为烟气飞灰和粉尘的主要成分之一。

飞灰是燃烧烟气离开炉膛时夹带的微小的燃烧颗粒或液滴。它来源于气体物理飞溅作用夹带一些物质上升，随烟气离开炉膛。飞灰主要是熔融物或熔融物和碳的混合物。熔融物的主要成分是 Na_2CO_3 和 Na_2S[3,4]。

粉尘是在高温下无机物气化后在炉内烟气中凝固而成。粉尘大多是硫酸钠、钠（或钾）蒸汽。粉尘负荷为总燃烧固体量的 5%～10%，粉尘的粒径很小，大约为 1μm，沉积在离炉膛较远的地方。大多数粉尘，通过碱回收锅炉被集尘器收集，再与黑液混合回到碱回收锅炉中。

在大多数情况下，Na_2CO_3 和 Na_2SO_4 是烟气粉尘的主要成分，如表 15-1 所列，在烟气粉尘中硫酸钠和碳酸钠的质量分数为 85%～95% 和 10%～15%，因此，烟气中粉尘为碱性粉尘，腐蚀性较大，遇冷容易板结[5]。在积灰中 Na_2CO_3 含量高，常表示锅炉飞灰有问题。另一种信号是粉红或红色的积灰，常反映是含有还原 S。

表 15-1　粉尘主要成分[5]

成分	质量分数/%	成分	质量分数/%
硫酸钠（Na_2SO_4）	85～95	氯化钠（NaCl）	1～2
碳酸钠（Na_2CO_3）	10～15	氯化钾（KCl）	1～2

烟气中粉尘的粒径 90% 在 0.1～1.0μm 之间（见表 15-2），其真密度约为 3.1g/cm³，堆积密度为 0.13g/cm³。说明大部分粉尘极细微。粉尘堆积密度小表明粉尘收集后堆积蓬松容易搭桥。

表 15-2　粉尘粒径分布表[5]

粒径/μm	比例/%
0.1～1.0	90
1.0～10.0	5
>10.0	5

飞灰的粒径大，并且是熔化的。它是产生灰垢的主要原因。当飞灰粒子与较冷传热面接触时将凝固、黏着在传热面上，成为硬的积灰，积聚在传热管子的迎风方向，沉积在炉膛附近，这是积灰形成的机制。同时，由于碱回收喷射炉燃烧的是由圆盘蒸发器浓缩至 65% 的黑液固形物，含有大量的水分。因此，烟气中含有大量的水汽，烟气在局部降温容易冷凝析出水分，烟气中的粉尘易于在有水分析出处进行沉积。

二、烟气中碱尘的回收工艺流程

目前，烟气中碱尘的回收利用和烟气的净化是结合在一起进行的。一般采用接触式直接蒸发黑液的方法进行，再通过进一步的除尘处理，达到烟气净化和回收碱尘的目的。

目前，采用的主要的工艺流程如下[1,2]：

① 锅炉烟气→旋风分离器→文丘里系统→引风机→烟囱。

② 锅炉烟气→圆盘蒸发器→静电除尘器→引风机→烟囱。

③ 锅炉烟气→静电除尘器→引风机→烟囱。

前两种流程，属于黑液直接蒸发型的烟气净化和黑液增浓系统，不但利用烟气中的余热进一步对黑液进行直接蒸发，同时回收了烟气中的碱尘，但这两种流程中会散发出 R_2S、CH_3SH 等恶臭气体。后一种流程属于除臭式碱回收工艺的烟气净化系统，只除去碱尘并进行回收利用，而锅炉烟气中的热量则通过适当增加炉内省煤器面积的办法进行回收。

1. 旋风分离器-文丘里系统碱尘回收流程

如图 15-1 所示燃烧系统中采用的是上述流程①的碱尘回收流程，属于黑液直接蒸发型的烟气净化和碱尘回收系统，能够利用烟道气的余热进一步对黑液进行直接蒸发，同时回收烟气中的化学药品。该流程中锅炉烟气先经旋风分离器进行烟气粉尘分离，分离出的大颗粒粉尘直接回到燃烧室进行再次燃烧。从旋风分离器出来的烟气进入到文丘里系统进行黑液增浓和碱尘回收，其流程如图 15-2 所示。

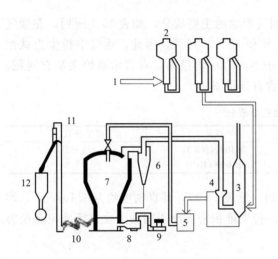

图 15-1 烧碱法黑液流化床燃烧
工艺流程

1—黑液；2—蒸发器；3—洗气塔；

4—文丘里；5—平衡罐；6—旋风分离器；

7—流化床反应器；8—空气预热器；

9—鼓风机；10—计量和冷却螺旋；

11—斗式提升机；12—碳酸钠储料仓

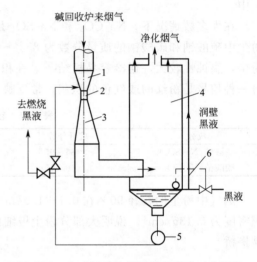

图 15-2 文丘里系统黑液直接蒸发工艺流程

1—收缩管；2—喉管；3—扩散管；

4—旋风分离器；5—循环泵；6—浮动阀

文丘里系统（见图 15-2）主要包括文丘里管和旋风分离器。文丘里管由收缩管、喉管及扩散管三部分组成。当黑液从喉管部径向进入文丘里管并与轴向来的高温烟气接触后充分混合，黑液吸收高温烟气中的热量直接蒸发，然后与烟气一道进入旋风分离器（也称洗气塔）。旋风分离器把增浓的黑液与降温的烟气分离，净化的烟气排出，增浓的黑液一部分送燃烧炉，一部分再循环到文丘里管喉管部。

旋风分离器为一个直立锥底圆筒，从文丘里扩散管出来的烟气、蒸汽、黑液的混合流体，在靠近旋风分离器底部的位置，沿切线方向进入，然后沿内壁螺旋状上升，黏附了碱尘的黑液粒在离心力作用下被甩到壁上，与由顶部喷下的润壁黑液一起下流到旋风分离器的底部，通过过滤器送出。一部分送至碱回收炉燃烧，另一部分再送到文丘里喉管循环。旋风分离器的内壁要保持均匀润湿状态，防止局部黑液蒸干结块造成堵塞，影响正常运转。为了防止循环泵抽空及稳定进入文丘里管的流量，旋风分离器底部应保持一定的液位并有液位控制装置。

影响文丘里系统效果的主要因素有黑液乳度、烟气流速、黑液与烟气的流量比以及烟气温度等。文丘里系统由于具有结构简单、操作简便、投资少、维修费用低、占地小等优点而得到广泛应用。它的主要缺点是动力消耗大，排出烟气含水率较高。为了避免烟气中水分和酸性冷凝物对引风机烟道和烟囱等设备的腐蚀，排烟温度应控制在170℃左右。

2. 圆盘蒸发-静电除尘系统碱尘回收流程

目前，大部分碱回收系统中的烟道气净化和碱尘回收系统均采用图14-8所示的圆盘直接蒸发-静电除尘系统。

在该系统中来自碱回收炉燃烧室的烟气先经过圆盘蒸发器，与黑液发生直接接触，提高黑液浓度，由圆盘蒸发器排出的烟气进入到静电除尘器中进行烟道气中粉尘的净化吸收。由静电除尘器收集的烟尘（主要为碱性物质，碱尘）经自动灰尘收集装置进行定期收集后再与黑液进行混合进入到黑液直接蒸发工段，增浓后送至碱回收炉进行燃烧，实现碱尘的回收。

上述系统中使用的圆盘蒸发器主要由蒸发圆盘、圆盘槽、圆盘、密封盖及传动装置等组成。蒸发圆盘通常是由安装在轴上的圆盘组以及圆盘组间的短管组等组成，蒸发圆盘安装在圆盘槽中。整个圆盘蒸发器除了黑液进出口和烟气进出口外，处于全密封状态。

黑液由其入口进入圆盘槽中，烟气则以蒸发圆盘轴垂直的方向通过蒸发圆盘。当蒸发圆盘转动时，其短管上黏附着一定量的黑液，在高温烟气的作用下直接蒸发，这些增浓后的黑液又进入到圆盘槽中，这样循环往复，使进入圆盘槽黑液的浓度进一步提高。图15-3表示了圆盘蒸发器的结构。与文丘里蒸发系统相比较，由于烟气和黑液的接触不是很充分，所以无论除尘、降温还是黑液增浓，其效果均不如文丘里蒸发系统，但由于圆盘蒸发器结构较为简单，动耗较低，使用管理较方便，所以在采用静电除尘器进行补充除尘的工艺流程中仍较广泛应用。

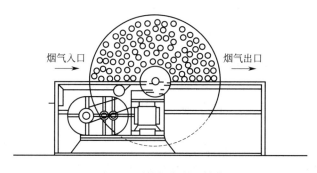

图 15-3　圆盘蒸发器结构

影响圆盘蒸发器操作的主要因素除了与文丘里系统的主要因素外，蒸发圆盘上单位面积的短管数以及圆盘的转速等，也直接影响着操作效果。

对于碱回收炉烟气中的碱尘，目前大多采用电除尘器去除，除尘效率可达90％～98％。静电除尘器由电场和电源两部分组成，电场由正、负极组成，电源采用可自动控制的高压整流器。根据电场的结构形式，静电除尘器分为立式和卧式两种，碱回收过程中大多采用卧式。

静电除尘器（图15-4）的除尘原理是：首先在除尘器的负极上加上负的高压直流电源，

而将正极接地。当含尘烟气通过除尘器电场时，负极产生的"电晕"，将灰尘粒子充电。被充电后的灰尘粒子在电场的作用下向正极方向运动，最终沉积在正极板上，经振打装置振打后落下而收集起来。

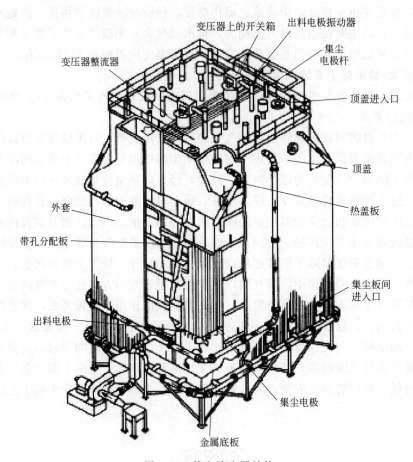

图 15-4　静电除尘器结构

静电除尘器可以说是一种除尘效率最高的除尘器，新型电除尘器一般可除去 99.9％以上的粉尘，粉尘粒子可小至 0.3pm。虽然设备庞大，安装费用很贵，但运行费用还比较适中。因为与其他除尘器不一样，电除尘器只作用到被捕集的尘粒上，而不是作用到整个气流。

电除尘器一直是硫酸盐浆厂碱回收炉废气除尘的首选设备，现在大型动力锅炉和石灰窑也已逐渐更多地使用电除尘器。1985 年有关专家曾对电除尘器和湿法洗涤器之间的投资与年运行费用作了比较（图 15-5），结论是必须气流量很大时采用静电除尘器才是合算的；在较高气流量时，因运行费用低所带来的节约额，将很好抵消较高的投资费用[2]。

电除尘器的除尘效率与粒子暴露到静电场的时间和粉尘粒子的电阻率有关。暴露时间取决于电除尘器的截面积和气流方向的长度。电阻率是粒子吸移电荷难易的一种度量方法。

国外制浆造纸工业一般锅炉悬浮物（烟尘）排放水平为 $50\sim100mg/m^3$。在欧洲最新设计的系统已低至 $30mg/m^3$，这也成为欧洲和北美碱回收炉的排放标准。电除尘器的保证值可达 $30mg/m^3$。

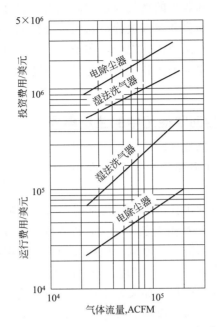

图 15-5 湿法洗气器与电除尘器的投资与年运行费用的比较

为进一步提高除尘效率，国外最近又开发出了新型的织物过滤器（fabricfilter），据称普通多燃料锅炉利用织物过滤器可将烟尘排放水平降到 $25mg/m^3$ 以下。

影响静电除尘器正常运行的因素较多，主要有以下几方面。

① 电压 电压高时除尘效率高，但电压过高，易毁坏设备。

② 腐蚀 当外壳为钢板时，由于烟气中水分较高，如果烟温偏低，或者安装时密封不严导致冷风漏入，就会使烟气结露。除潮湿的碱性物质对钢外壳产生腐蚀外，电场还可能被击穿，静电除尘器无法工作。因此，进静电除尘器的烟温不宜太低，安装时要注意密封及保温的施工质量。

③ 气流不均匀 静电除尘器内若气流不均匀，则会降低除尘效率，应调整静电除尘器内的气流分布板乃至进出口烟道的布置形式，包括弯头内增设导流板，使气流分布均匀。

3. 静电除尘系统碱尘回收流程

该流程主要用于除臭式碱回收工艺的烟气净化系统，该系统只除去碱尘并对其进行回收利用，而锅炉烟气中的热量则通过适当增加炉内省煤器面积的办法进行回收。其工艺流程如图 15-6 所示。

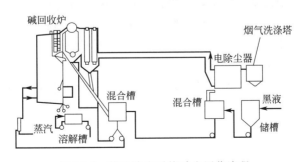

图 15-6 静电除尘系统碱尘回收流程

在上述流程中，来自于碱回收炉的烟气经过大面积省煤器进行热量回收后，直接进入静电除尘器进行除尘，烟气中的粉尘和飞灰被静电除尘器进行捕集后，经自动收集器进行碱尘收集，经料斗进入到混合槽，与黑液进行混合，实现碱尘的回收。

上述流程中采用的静电除尘器的工作原理及结构与圆盘蒸发-静电除尘系统中所用除尘器是相同的。

三、静电除尘器在碱尘回收使用中的注意事项

由于碱回收炉专用电除尘器处理的粉尘有三个对除尘器稳定运行影响比较大的特点[6]，即烟气水分含量大、烟尘碱性强和粉尘堆积密度小。除尘器设计安装时应注意以下几个方面[7~9]。

（1）针对烟气中含有大量的水分，烟气在局部降温容易冷凝析出水分的特点，在设计和安装过程中应注意以下事项。a. 严把安装质量关，确保除尘器整体漏风率小于2%。如果除尘器安装质量差，局部的漏风而流入的冷风会使高温烟气冷凝析出水分，并和碱灰反应出腐蚀性强的碱液，从而腐蚀除尘器壳体，缩短除尘器使用寿命。b. 安装焊接，除尘器内表面连接的所有焊缝，都应该是连续全焊。如果除尘器内壁的连接焊缝是断焊，局部冷凝的腐蚀性液体会沉积在断续的缝隙中，缓慢腐蚀破坏除尘器壳体，从而缩短除尘器的使用寿命。c. 选用密封性更好的双层检修门，防止和减少检修门环节的漏风。d. 加强除尘器保温的设计和安装工作，保证除尘器内部烟气温度高于烟气露点温度。保温设计中选用优质保温岩棉，使进入除尘器内烟气温降减少到最小，保温外护板采用逆水搭接设计，保护保温岩棉不被水淋湿，保证岩棉的保温效果。

（2）针对烟气中粉尘为碱性粉尘，腐蚀性较大，遇冷容易板结的特点，在设计和安装过程中应注意以下事项。a. 阴、阳极系统是除尘器的核心部件，应选用耐腐蚀的不锈钢阳极板[7]，以保证除尘器核心部件的性能稳定，延长除尘器的使用寿命。b. 阴、阳极振打系统必须选用尘外布置结构。振打系统隔离在腐蚀性烟气外，不会产生因腐蚀出现的故障。如振打系统设置在腐蚀性烟气中，不可避免的会产生因腐蚀性烟气腐蚀振打系统的运动件，出现掉锤、卡滞而导致除尘器故障。c. 除尘器入口烟箱上需设置停炉电加热热风系统。当锅炉停炉检修时，启动电加热热风系统，将热风鼓入电除尘器，保持除尘器内部的温度大于露点温度，使除尘器内部残余的腐蚀性气体不会冷凝析出腐蚀性碱液，延长设备的使用寿命。d. 灰斗设计蛇形蒸汽加热管或电加热板，保持灰斗内灰温大于露点温度，以避免灰斗内碱灰板结。

（3）针对粉尘堆积密度小，收集后堆积蓬松容易搭桥的特点，在设计和安装过程中应注意以下事项。a. 灰斗采用棱锥形结构，在设计时加大灰斗的溜灰角到65°，因碱性粉尘有容重小，其粉尘安息角较大的特点，较大的溜灰角有利于粉尘的流动，使粉尘不至于黏附在灰斗板上，保证灰斗不会堵塞；b. 加大灰斗口的尺寸。因碱性粉尘密度小，容易搭桥，灰斗口的设计应该加大到500mm×500mm或600mm×600mm，以破坏碱灰搭桥条件；c. 除尘器内部构件采用尖角设计，尽量减少积灰平台，避免出现碱灰搭桥造成阴阳极短路现象。

参考文献

[1]　詹怀宇. 制浆原理与工程 [M]. 北京：中国轻工业出版社，2009.

[2]　陈嘉翔. 制浆原理与工程 [M]. 北京：中国轻工业出版社，1990.

[3]　刘秉越. 制浆造纸污染控制 [M]. 北京：中国轻工业出版社，2008.

[4]　吴星蛾，等. 碱回收锅炉清灰处理 [J]. 国际造纸，2002，21（5）：49-52.

[5]　赖中文. 碱回收喷射炉专用电除尘应用研究 [J]. 中国石油和化工标准与质量，2011，11：71-72.

[6]　舒服华，等. 碱回收炉静电除尘器运行故障的分析与改进 [J]. 中国造纸，2008，6：38-42.

[7]　王洪礼. 最新电除尘器的选型安装和运行及其技术应用 [M]. 北京：中国机械工业出版社，2006.

[8]　林宏. 电除尘器 [M]. 北京：化学工业出版社，1985.

[9]　卢晓. 烟气性质对电除尘器性能的影响 [J]. 环境，2006，21：22-24.

第十六章 | 研发二氧化硫气体回收硫技术

制浆造纸工厂中产生的大气有害污染物中的含氧硫化物主要是 SO_2，其主要产生于硫酸盐浆厂的黑液碱回收燃烧炉中及亚硫酸盐法制浆蒸煮放料工段中。硫酸盐浆厂 SO_2 排放量约为 $0\sim92kg/t$ 风干浆。亚硫酸盐浆厂 SO_2 排放量约 $114\sim370kg/t$ 风干浆[1]。此外，在制浆造纸厂的热电厂中的动力锅炉或工业锅炉的燃煤过程中也会产生一定量的 SO_2，约为燃烧 1t 标准煤可产生 8.5kg SO_2。本书前面章节中已经介绍过硫酸盐法浆厂黑液碱回收烟道气中恶臭气体的处理技术。本章主要介绍亚硫酸盐法制浆过程中 SO_2 的产生及其回收硫技术。

第一节 亚硫酸盐法蒸煮及二氧化硫气体的产生

在制浆造纸厂中，亚硫酸盐法蒸煮是产生二氧化硫气体的主要过程，这主要是由于亚硫酸盐法蒸煮时所用的蒸煮液主要是二氧化硫及其相应的盐基组成的酸式盐或正盐的水溶液的原因。

一、亚硫酸盐法制浆

亚硫酸盐法制浆是利用不同 pH 值的亚硫酸盐蒸煮液处理植物纤维原料，制取纸浆的化学制浆方法。此法最主要特点在蒸煮液的 pH 值有较宽的选择范围，由强酸性到强碱性，可以适应于生产许多性质不同的纸浆品种，而且与相同木素含量的其他化学纸浆相比，得率较高，色泽较浅。

1. 亚硫酸盐法制浆的分类

亚硫酸盐法主要的活性化学药剂是二氧化硫及其相应的盐基组成的酸式盐或正盐的水溶液。一般根据亚硫酸盐蒸煮液的组成和其 pH 值的不同，将亚硫酸盐法制浆分为 4 类，如表 16-1 所列[2]。

表 16-1 亚硫酸盐法制浆的分类

名　称	蒸煮液		纸浆		适应原料
	组成	pH 值	特性	主要用途	
酸性亚硫酸盐法	$H_2SO_4+XHSO_3$	$1\sim2$	纤维纯净度较高,本色浆颜色浅,易漂白	高级文化用纸,精制溶解浆	杉类木材
亚硫酸氢盐法	$XHSO_3$	$2\sim6$	纤维中木质素含量低,但半纤维素含量高,易漂白	书写印刷纸类	大部分木材及草类

续表

名　称	蒸煮液		纸浆		适应原料
	组成	pH 值	特性	主要用途	
中性亚硫酸盐法	$XSO_3 + XCO_3$（或者部分 XOH）	6～9	木质素及半纤维素含量均较高	纸板及包装纸袋	阔叶木木材及草类
碱性亚硫酸盐法	$XSO_3 + XOH$（或者部分 Na_2S）	>10	物理强度及色泽均好	各类纸张	各种植物纤维原料

注：表中 X 为阳离子，主要为钙、镁、钠、铵。

人们习惯上所说的亚硫酸盐法制浆，往往是指酸性亚硫酸氢盐法和亚硫酸盐法。

2. 亚硫酸盐法蒸煮液的组成和性质

亚硫酸盐蒸煮液中，含有 SO_2 和相应的阳离子（Ca^{2+}、Mg^{2+}、Na^+、NH_4^+ 等）。不同的亚硫酸盐法蒸煮，其蒸煮药液的组成是不同的，如表 16-1 所示。

当二氧化硫溶解于水中，相应于不同的 pH 值，可以形成一系列的平衡形式：

$$SO_2（气体）+ H_2O \rightleftharpoons SO_2（溶液）\rightleftharpoons H_2SO_3 \rightleftharpoons H^+ + HSO_3^- \rightleftharpoons 2H^+ + SO_3^{2-}$$

亚硫酸盐蒸煮液中，SO_2 的存在形成随 pH 值的变化情况如图 16-1 所示[3]。

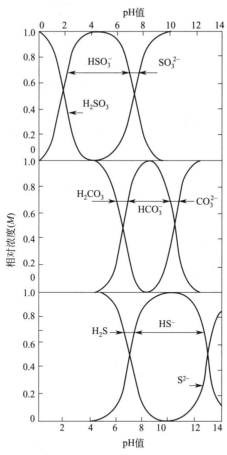

图 16-1　不同 pH 值条件下 Na_2S、Na_2CO_3 和 Na_2SO_3 的电离与水解后各组分的浓度关系

SO_2 溶解在水中仅生成少量的亚硫酸（而往往又以磺酸的形式存在），这些溶液酸度低的原因就在于此，而不是由于亚硫酸的离解度小的缘故。

3. 亚硫酸盐法蒸煮液的制备

亚硫酸盐法蒸煮液的制备，一般可分为原酸的制造和原酸的调制两个过程，对原酸进行调制的目的是使调制后的酸符合蒸煮要求。

原酸的制造一般有三种方法：一是焙烧含硫原料法生产 SO_2 气体，经过净化、冷却处理后，使用特定的盐基和水进行吸收；二是用盐基的水吸收气体工业废气中的 SO_2 气体；三是通过燃烧法回收利用亚硫酸盐法蒸煮废液中的有效成分（即所谓的酸回收）产生的 SO_2 气体，经过净化、冷却后，与同时回收的盐基或商品盐基，在水中进行吸收。

国内 Na^+ 盐基的亚硫酸盐蒸煮液，主要用其他工业的副产品，或购置商品化工原料，直接加水溶解配制，流程简单。而以 NH_4^+ 盐基为主的亚硫酸盐工厂自制或外购化工原料配制，自制亚硫酸铵蒸煮液的流程和上面介绍的传统方法基本类似，只是 SO_2 气体的吸收采用氨水进行。

Ca^{2+}、Mg^{2+} 盐基原酸的制备工艺流程一般如图 16-2 所示。

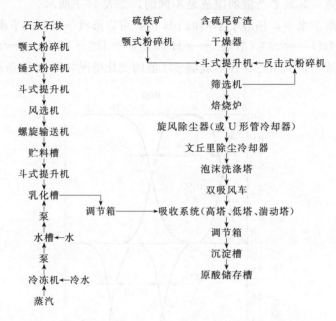

图 16-2　制备 Ca、Mg 盐基原酸的工艺流程

4. 亚硫酸盐法制浆生产流程

图 16-3 为亚硫酸盐法制浆的生产流程。

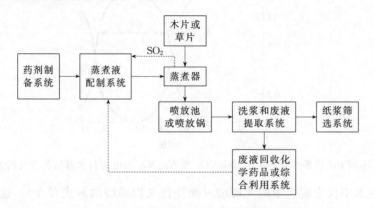

图 16-3　亚硫酸盐法制浆生产流程

蒸煮是亚硫酸盐法制浆的核心。亚硫酸盐法由于蒸煮液的 pH 值变化范围大，从酸性到碱性。因此，这种方法可以适应不同的原料，可以生产不同品种的纸浆。在蒸煮过程中化学反应机理也不尽相同。

亚硫酸盐法主要的活性化学药剂二氧化硫及其相应的盐基组成的酸式盐或正盐的水溶液。最初的亚硫酸盐法制浆，蒸煮中含有大量过剩的 SO_2，常用的盐基是钙、镁等，其起始 pH 值较低，所以人们习惯上把亚硫酸盐法称为"酸法制浆"。但实际上，亚硫酸盐法除应用 pH 值在 3 以下的酸性药液外，还有 pH 值在 4~6 的微酸性亚硫酸盐法制浆，常用镁、钠或铵等可溶性盐，此外还有其他 pH 值范围的亚硫酸盐法制浆[3]。

亚硫酸盐法蒸煮一般都是在一个具有防腐层的钢或不锈钢蒸煮锅中间歇进行。蒸煮时先用木片装锅，然后用从高压回收锅来的热酸液将蒸煮锅装至预定液位。按照预定程序，使蒸煮液通过一台加热器进行强制循环，以加热蒸煮锅内的物料，使蒸煮锅顶部形成的"气袋"压力上升到预定水平，然后借排放 SO_2 气体而进行调控，排放的 SO_2 气体在回收塔中被吸收。

随着温度和压力的增加，热酸液被木片迅速吸收。在温度小于 110℃ 时，化学反应还比较缓慢，木片组织被化学品充分地浸渍。对酸性亚硫酸盐法蒸煮而言，为避免产生木质素缩合反应，缓慢的升温、较低的最高温度（130~140℃）以及较长的总蒸煮时间（6~8h）都是很常见的。随着蒸煮液 pH 值的增加（即为酸性亚硫酸氢盐蒸煮），可以较快速升温达到较高的最高温度和压力[4]。

蒸煮的程度通常取决于所需脱除的木质素量。需要送去漂白的纸浆，木质素含量应低一些，但如果蒸煮得太过分，超过了最佳点，对纸浆强度、黏度和得率将有不良影响。另外，木材水分和木材质量的波动会造成蒸煮时间的变化。蒸煮的进程是根据蒸煮液的颜色变化和残余 SO_2 判断。

当蒸煮时间持续 1~1.5h 后，不再继续加热，锅压由于向回收锅排放气体和蒸汽而逐渐下降。当压力下降到 0.14~0.18MPa 时，将锅内物料喷入喷放仓，喷放仓有一个滤板，以便排走蒸煮废液，由于蒸煮废液呈红色，称为"红液"。在蒸煮结束时，物料喷入喷放仓中时，蒸煮液中的 SO_2 气体被排放出来，需进行回收利用[2]。

在蒸煮过程中，整个物理化学反应大体分为两种作用：第一种作用为蒸煮液对原料的渗透与磺化；第二种作用为反应生成物的溶出和原料分离成纤维状纸浆。实际上这两种作用都能同时发生，并非截然分开。蒸煮液对原料的渗透既依靠蒸煮液本身的扩散作用和原料的毛细管作用，也借助于蒸煮过程压力升高而强制渗入。蒸煮液渗入原料之后，主要与原料中的木质素发生磺化反应生成木质素磺酸或木质素磺酸盐，统称为磺化木质素，它易溶于酸液中。除此之外，还有纤维中所含的纤维素和半纤维素也在蒸煮液这一酸或碱性介质中不同程度地受到降解，并且部分水解溶出，其他成分如脂、蜡、单宁等也会发生某些化学反应而大部分溶出。从蒸煮的浆料中，通过洗涤分离出来的蒸煮废液，含有蒸煮液与纤维原料反应生成的溶出物及残余蒸煮液。这种废液的生化耗氧量很高，色泽很深，如直接排入水体将造成严重的环境污染。因此，对蒸煮废液的处理和利用，已成为亚硫酸盐法制浆的一个重要组成部分。

红液溶质的组成随所采用的原料和蒸煮液的不同而有较大差异。其中无机物主要是残余的蒸煮液组分以及从原料中溶出的无机盐类。有机物则主要为从原料中溶出的木质素磺酸盐的水解产物，及半纤维和纤维素降解后的水解溶出物。在木浆红液中以己糖类为主，在草浆红液中，则以戊糖类为主，并有少量的低碳醇与糖醛。在红液干固物的元素组成中，碳约占32%，氢占3.5%~4.5%，硫占3%~10%。因而在适当浓度下，红液可以燃烧而具有一定的热值，1g红液干固物的低位燃烧热值为1200~1800J。红液的这些特点使之可以进行综合利用或通过浓缩燃烧进行无机化学品及热能的回收（钙盐基废液不能回收化学品）[5]。

二、亚硫酸盐法大气污染物的产生

亚硫酸盐法制浆除产生水污染外，还会产生大气污染。连续蒸煮系统不会产生较大的大气污染。间歇蒸煮主要是放锅时产生污染物，热喷放时产生的SO_2较多，冷喷放时较少。亚硫酸盐法浆厂蒸煮工序SO_2的排放量见表16-2[6]。

表 16-2　亚硫酸盐浆厂蒸煮工序 SO_2 的排放量

污 染 源	SO_2 排放量/（kg/t 浆）	
	未经控制	经控制
蒸煮放锅　热放法	30~75	1~25
冷放法	2~10	0.05~0.3

亚硫酸盐法制浆过程中除蒸煮的喷放过程中会产生SO_2排放外，在亚硫酸盐法的红液的回收利用以及亚硫酸盐法蒸煮液的制备过程中也会有SO_2的产生和排放问题。此外，在配有热电厂的浆厂里面，热电厂的燃煤锅炉中的烟道气中也存在SO_2的产生和排放问题。

第二节　二氧化硫气体的回收硫技术

制浆造纸厂的二氧化硫的排放主要来源于以下几个方面：一是亚硫酸盐法蒸煮结束时的放料；二是黑液或红液的在燃烧炉中的燃烧；三是燃煤在工业锅炉或热电厂的动力锅炉中的燃烧。含有SO_2废气的含硫化合物若不进行回收而直接排放到大气中，会造成空气污染，需对其中的含硫化合物（主要为SO_2）进行回收硫处理，经处理净化的废气才可进行排空。

一、二氧化硫气体的吸收

1. 气体吸收概述

气体吸收的原理，即根据混合气体中各组分在某液体溶剂中的溶解度不同而将气体混合物进行分离。吸收操作所用的液体溶剂称为吸收剂，以 S 表示；混合气体中，能够显著溶解于吸收剂的组分称为吸收物质或溶质，以 A 表示；而几乎不被溶解的组分统称为惰性组分或载体，以 B 表示；吸收操作所得到的溶液称为吸收液或溶液，它是溶质 A 在溶剂 S 中的溶液；被吸收后排出的气体称为吸收尾气，其主要成分为惰性气体 B，但仍含有少量未被吸收的溶质 A[7]。

吸收过程通常在吸收塔中进行。根据气、液两相的流动方向，分为逆流操作和并流操作两类，工业生产中以逆流操作为主。吸收塔操作如图 16-4 所示。

应予指出，吸收过程使混合气中的溶质溶解于吸收剂中而得到一种溶液，但就溶质的存在形态而言，仍然是一种混合物，并没有得到纯度较高的气体溶质。在工业生产中，除以制取溶液产品为目的的吸收（如用水吸收 HCl 气制取盐酸等）之外，大都要将吸收液进行解吸，以便得到纯净的溶质或使吸收剂再生后循环使用。解吸也称为脱吸，它是使溶质从吸收液中释放出来的过程，解吸通常在解吸塔中进行。

2. 吸收过程的机制

前已述及，吸收操作是气液两相间的对流传质过程。对于相际间的对流传质问题，其传质机制往往是非常复杂的。为使问题简化，通常对对流传质过程作一定的假定，即所谓的吸收机制，亦称为传质模型。

双膜模塑由惠特曼（Whiternan）于1923年提出，为最早提出的一种传质模型[8]。

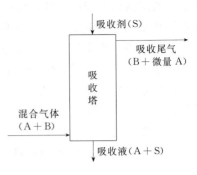

图16-4 吸收塔操作

惠特曼把两流体间的对流传质过程设想成如图16-5所示的模式，其基本要点如下：①当气液两相相互接触时，在气液两相间存在着稳定的相界面，界面的两侧各有一个很薄的停滞膜，气相一侧的称为"气膜"，液相一侧的称为"液膜"，溶质A经过两膜层的传质方式为分子扩散；②在气液相界面处，气液两相处于平衡状态；③在气膜、液膜以外的气、液两相主体中，由于流体的强烈湍动，各处浓度均匀一致。

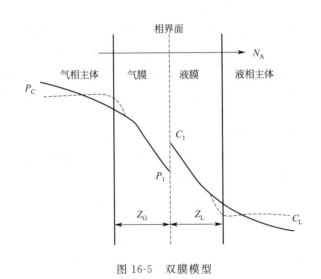

图16-5 双膜模型

双膜模型把复杂的相际传质过程归结为两种流体停滞膜层的分子扩散过程，依此模型，在相界面处及两相主体中均无传质阻力存在。这样，整个相际传质过程的阻力便全部集中在两个停滞膜层内。因此，双膜模型又称为双阻力模型。

双膜模型为传质模型奠定了初步的基础，用该模型描述具有固定相界面的系统及速度不高的两流体间的传质过程，与实际情况大体符合，按此模型所确定的传质速率关系，至今仍是传质设备设计的主要依据。

3. 制浆过程二氧化硫气体的吸收处理方法[9]

亚硫酸盐法制浆蒸煮过程中小放汽和大放汽的气体可以回收，其回收方法有热法和冷热混合法。热法回收是从蒸煮锅放出的气体不经冷却，而借助喷射器直接通入回收锅进行 SO_2 的吸收和热量回收。

回收喷放气中 SO_2 的有效方法是对喷放汽进行洗涤回收。洗涤液可用不同盐基的碱液。

洗涤后的溶液回至制酸系统，SO_2 的回收率可达 97%。这对钠盐基和铵盐基操作甚为方便，但对镁盐基和钙盐基则需要复杂的泥浆洗涤系统。

蒸煮废液回收系统中蒸发浓缩过程的排汽广泛采用的回收方法是将蒸发排汽送至制酸系统。为了降低蒸发时排气的 SO_2 浓度，蒸发前可向废液中加盐基进行中和。

制酸系统排气中 SO_2 的利用一般是在吸收塔后设碱液洗涤装置回收尾气中的 SO_2 保持系统的密封，防止 SO_2 气体的泄漏。

对于废液燃烧炉的粉尘，多采用旋风除尘器捕集，也可用电除尘器或袋式除尘器捕集。燃烧炉烟气的 SO_2 通常用填料塔、文丘里吸收塔和湍球塔回收利用。

二、二氧化硫回收利用技术

含 SO_2 的气体根据其二氧化硫含量的不同，可分为高浓度二氧化硫废气（ϕ_{SO_2} 7%～20%）和低浓度二氧化硫废气（ϕ_{SO_2} 0.5%～5%）两种，它们是制取硫酸和回收硫资源的重要原料。

低浓度二氧化硫废气或烟气处理工艺较多，按其处理烟气浓度的高低，主要有以下几种：①SO_2 烟气脱硫工艺；②非稳态转化制酸工艺；③WSA 湿法转化制酸工艺；④一转一吸＋尾吸处理工艺；⑤常规两转两吸制酸工艺[10]。

对 ϕ_{SO_2} 3.5%以上烟气或废气，可采用一转一吸技术回收二氧化硫制取硫酸；对 7%～12%的废气，可以采用两转两吸技术回收二氧化硫制取硫酸；对 20%左右的富氧气体，国内提出了三转三吸的工艺技术；对 1%～4%的废气或烟气，已成功地开发出非稳态二氧化硫转化技术，回收二氧化硫制取硫酸。对<0.5%废气或烟气的脱硫技术方法可分为湿法、半干法、干法三类。

1. 低浓度 SO_2 气体回收硫工艺

（1）湿法回收硫[11]　湿法回收硫是指应用液体吸收剂，洗涤含二氧化硫烟气/废气吸收其中的二氧化硫。湿法回收硫工艺应用最多，主要有以下几种方法。

1）石灰石（石灰）-石膏法　该工艺是利用石灰石/石灰石浆液洗涤含硫气体，使之与 SO_2 反应，生成亚硫酸钙（$CaSO_3$），经分离的亚硫酸钙可以通入空气强制氧化和加入一些添加剂，以石膏形式进行回收。为了减轻 SO_2 洗涤设备的负荷，先要将气体除尘，然后再进入洗涤设备与吸收液发生反应。通常石灰/石灰石法由三个单元组成：①SO_2 吸收；②固液分离；③固体处理。其典型工艺流程如图 16-6 所示。

石灰石（石灰）-石膏法是目前世界上技术最成熟，实用业绩最多，运行状况最稳定的回收硫工艺，其突出的优点是：①回收硫效率高（有的装置 Ca/S＝1 时，硫回收效率大于 90%）；②吸收剂利用率高，可大于 90%；③设备运转率高（可达 90%以上）。此法在研究和环保上取得了一些成果，但是存在以下几方面问题：工艺流程复杂，投资大，运行费用偏高；当烟气中 SO_2 波动比较大时，石灰石量难以控制，浆液的值很难处于最佳状态，生成的 $CaSO_3$ 和 $CaSO_4$ 容易堵塞管道和设备。所以，此方法适合于大型企业进行烟气/废气回收硫。

2）其他碱性溶液法　其他碱性溶液法主要有氨碱法、双碱法、镁法、磷铵复肥法等。

① 氨碱法　用氨水或亚硫酸铵溶液作吸收剂，吸收二氧化硫后形成亚硫酸铵-亚硫酸氢铵。将洗涤后的吸收液用酸分解（即酸化），得到二氧化硫和相应的铵盐，这就是氨-酸法；将吸收液直接加工成亚硫酸铵产品，代替烧碱回用于蒸煮工段，这就是氨-亚硫酸铵法。氨

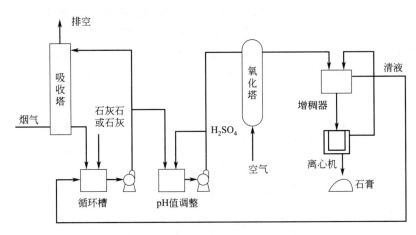

图 16-6　石灰石-石膏法回收 SO₂ 流程

碱法硫回收率较高，采用两段吸收时，可使尾气中二氧化硫比降至 10^{-6} 以下。亚硫酸铵法制浆中二氧化硫的回收采用上述方法。

② 双碱法　通常采用钠化合物（NaOH、Na₂CO₃、Na₂SO₃ 等）溶液吸收 SO_2，生成钠盐，其溶液再与石灰石或石灰反应，生成亚硫酸钠或硫酸钙沉淀。再生后的钠化合物还可回到洗涤设备重新作为吸收剂使用。该法可避免钙盐结垢堵塞的问题，硫回收效率可达 90% 以上。亚硫酸盐法焙烧硫铁矿后 SO_2 的吸收采用该方法。

③ 镁法　此法具有代表性的工艺有德国 Wilhlm Grillo 公司发明的基里洛法和美国 Chemical Construction Co 发明的凯米克法。基里洛法是用吸收性能好并容易再生的 Mg_xMnO_y 为吸收剂吸收气体中的 SO_2，此法所得副产物 H_2SO_4 的浓度可达 98%。凯米克法又称氧化镁法，用串联两个文丘里洗净器除去烟气中微小的尘粒，并用 MgO 溶液吸收烟气中的 SO_2。吸收过程中生成的 $MgSO_4 \cdot 7H_2O$ 和 $MgSO_4 \cdot 6H_2O$ 的晶体与焦炭一起在 1000℃ 下加热分解得到 SO_2 和 MgO。再生的 MgO 可重新用作吸收剂。

④ 磷铵复肥法　该法是利用天然磷矿石和氨为原料，在烟气脱硫过程中副产品为磷铵复合肥料，工艺流程主要包括四个过程，即：活性炭一级脱硫并制得稀硫酸；稀硫酸萃取磷矿制得稀磷酸溶液；磷酸和氨的中和液 $[(NH_4)_2HPO_4]$ 二级脱硫；料浆浓缩干燥制磷铵复肥。工艺流程如图 16-7 所示。

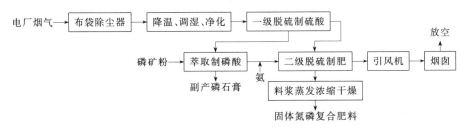

图 16-7　磷铵复肥法回收二氧化硫

3）稀硫酸吸收法　烟气/废气经预除尘和降温后，进入吸收塔，在 50～80℃ 时被 2%～4% 的稀硫酸吸收，由于在吸收剂中加入了 Fe^{3+} 作为氧化剂，并同时向吸收塔内鼓入空气以促进氧化作用，因此，增强了吸收效果。氧化了的 SO_2 生成硫酸，如加入 $CaCO_3$ 则生成石膏。该方法操作简单，二次污染少，无结垢和堵塞问题，硫回收率可达 90% 以上。

4）再生吸收法[12]　　再生吸收法是把吸收后的吸收液经热再生后返回吸收过程循环使用的方法，再生出来的浓二氧化硫气体可加工成液体二氧化硫、硫黄或硫酸等，如亚硫酸钠法、碱式硫酸铝法、柠檬酸盐法等。这类方法在治理二氧化硫污染的同时，又达到了资源综合利用的目的，是很有推广应用前途的方法。柠檬吸收法工艺如图 16-8 所示。

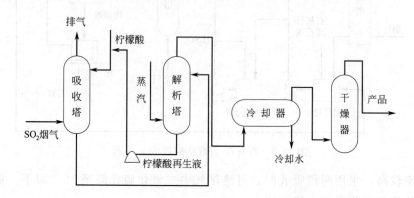

图 16-8　柠檬吸收法工艺流程

（2）半干法回收硫

1）喷雾干燥法[12]　　喷雾干燥回收硫方法是利用机械或气流的力量将吸收剂分散成极细小的雾状液滴，雾状液滴与气体形成比较大的接触表面积，在气液两相之间发生的一种热量交换、质量传递和化学反应的回收硫方法。一般用的吸收剂是碱液、石灰乳、石灰石浆液等，目前绝大多数装置都使用石灰乳作为吸收剂，工艺如图 16-9 所示。利用石灰浆液作吸收剂，以细雾滴喷入反应器，与沿切线方向进入喷雾干燥吸收塔的 SO_2 作用，利用烟气自身的温度，边反应边干燥，在反应器出口处随着水分蒸发，形成干的颗料混合物，该产品是硫酸钙、硫酸盐、飞灰及未反应的石灰组成的混合物。一般情况下，此种方法的硫回收率为 65%～85%。其优点：脱硫是在气、液、固三相状态下进行，工艺设备简单，生成物为干态的 $CaSO_3$、$CaSO_4$，易处理，没有严重的设备腐蚀和堵塞情况，耗水也比较少。缺点：自动化要求比较高，吸收剂的用量难以控制，吸收效率不是很高。所以，选择开发合理的吸收剂是解决此方法面临的新难题。

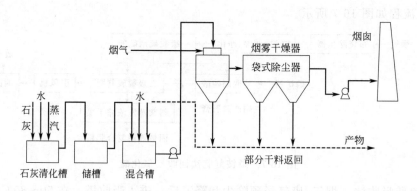

图 16-9　喷雾干燥脱硫流程

2）粉末-颗粒喷动床半干法　　含 SO_2 的烟气或废气经过预热器进入粉粒喷动床，硫吸收剂制成粉末状预先与水混合，以浆料形式从喷动床的顶部连续喷入床内，与喷动粒子充分混合，借助于和热气的接触，吸收硫与干燥同时进行。反应后的产物以干态粉末形式从分离器中吹出。这种硫回收技术应用石灰石或消石灰作硫吸收剂，具有很高的硫吸收率，而且对环境的影响很小。但进气温度、床内相对湿度、反应温度之间有严格的要求，在浆料的含湿量和反应温度控制不当时，会有硫吸收剂黏壁现象发生。

3）炉内喷钙脱硫尾部增湿活化工艺　芬兰 IVO 公司开发了炉内喷钙加尾部增湿活化工艺，即在锅炉尾部烟道上安装活化反应器，将烟气增湿，延长滞留时间，使剩余的吸收剂和 SO_2 发生反应。此法是在炉内喷钙吸收硫工艺的基础上在锅炉尾部增设了增湿段，以提高吸收硫效率。其工艺过程较简单，可以分成两个主要阶段：炉内喷钙和炉后活化。在第一阶段，将硫吸收剂石灰石粉磨至 300 目左右，用压缩空气喷射到炉内最佳温度区，并使石灰石与烟气有良好的接触和足够的反应时间；石灰石受热分解成 CaO 和 CO_2，CaO 再与烟气中 SO_2 反应生成亚硫酸钙和硫酸钙，亚硫酸钙最终也被氧化成硫酸钙。在第二阶段，烟气经一特制的活化器喷水增湿，使未反应的氧化钙与水反应生成在低温下有很高活性的 $Ca(OH)_2$，这些 $Ca(OH)_2$ 与烟气中剩余的 SO_2 反应，最终也生成硫酸钙等稳定的含硫产物。工艺流程如图 16-10 所示，适用于中、低硫煤锅炉，当 Ca/S＝2.5 时脱硫效率可达 80%[13]。

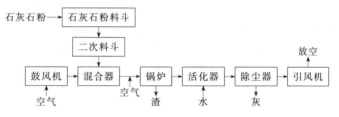

图 16-10　炉内喷钙脱硫尾部增湿活化工艺

（3）干法回收硫　干法回收硫是指应用粉状或粒状吸收剂、吸附剂或催化剂来吸收气体中的 SO_2。它的优点是工艺过程简单，无污水、污酸处理问题，能耗低，特别是净化后烟气温度较高，有利于烟囱排气扩散，不会产生"白烟"现象，净化后的烟气不需要二次加热，腐蚀性小；其缺点是硫回收率较低，设备庞大、投资大、占地面积大，操作技术要求高。主要的方法有如下几点：

1）活性炭吸收法[14]。由于活性炭表面具有催化作用，使烟气中的 SO_2 被 O_3 氧化为 SO_3 再和水蒸气反应生成硫酸。活性炭吸附的硫酸可通过水洗出，或者是加热放出 SO_2，从而使活性炭得到再生。

含 SO_2 尾气先在文丘里洗净器被来自循环槽的稀硫酸冷却，稀硫酸也可稍微浓缩一下，冷却后的气体进入装有活性炭的固定床吸附器，在气流连续流动的情况下间歇喷入水，以脱除炭孔中形成的硫酸，是一种水洗再生法。硫回收率达 90% 以上。此法吸附和脱吸场在同一吸附床进行，活性炭没有化学消耗，稀酸可进一步浓缩。

2）干粉喷射回收硫技术。干粉喷射吸收烟气中二氧化硫技术于 1976 年开始研究。其原理是利用碳酸盐与二氧化硫反应，吸收烟气中的二氧化硫，达到回收硫的目的。干粉喷射回收硫技术的工艺流程如图 16-11 所示[12]。

如图 16-11 所示，干的吸收剂（6mm 矿石级碳酸氢钠）经储槽加入粉磨机，在此研磨成细粉的碳酸氢钠通过风管吹入烟道中。当气流中悬浮着的碱性粉末与二氧化硫接触并进行化学反应，反应后的粉末由后部的布袋除尘器捕集，在烟尘、碳酸氢钠、碳酸钠、硫酸盐的捕集过程中，布袋内气相中的 SO_2 和 SO_3 仍可以继续与碳酸氢钠反应。烟尘和废吸收剂从布袋下部排出，净化后的烟气通过烟道排入大气。

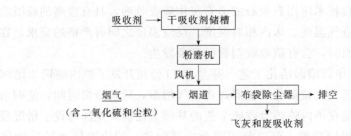

图 16-11　干粉喷射回收硫技术

喷射回收硫技术属于燃烧后脱硫，流程比较简单，不需要增加许多设备，就可以达到回收硫目的，但硫回收率比较低，为 70%。

（4）新型回收硫技术

1）脉冲电晕放电烟气回收硫技术[14]。脉冲电晕放电烟气回收硫技术是利用高能电子对 SO_2 进行回收。其机理是依靠脉冲高压电源在普通反应器中形成等离子体，产生高能电子，这些高能电子可电离、裂解烟气中的 H_2O 和 O_2 等，产生大量的氧化活性粒子 O、OH、HO_2 等，活性粒子与 SO_2 分子经过一系列复杂的化学反应生成 SO_3，并很快与烟气中的水反应生成硫酸。在添加氨的条件下，生成硫酸铵。其工艺流程如图 16-12 所示。

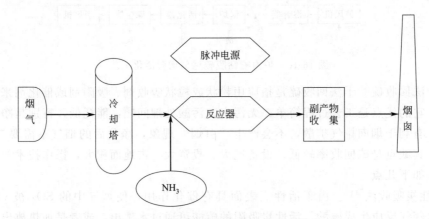

图 16-12　脉冲电晕放电烟气回收硫技术

由于脉冲电晕放电法只需提高电子温度而不必提高离子温度，故能量效率比电子束法提高 2 倍；该反应在普通反应器中就能进行而不需昂贵的电子加速器，投资费用仅是电子束法的 60%。研究表明，脉冲电晕放电法净化 SO_2 气体时，脉冲电源的电压幅值越高、脉冲的上升越短，其净化效果越好，因此，该法对电源要求很高。要实现该脱硫技术工业化应用，关键是在保证脱硫率的基础上，最大限度地降低能耗。

2）膜吸收法。膜吸收法是膜分离技术与吸收技术相结合的一种新技术，能耗低，操作简单，投资少。该技术主要采用微孔膜。膜吸收法中的气体和吸收液不直接接触，两者分别在膜两侧流动，微孔膜本身没有选择性，只是起到隔离气体与吸收液的作用，微孔膜上的微孔足够大，理论上可以允许膜一侧被分离的气体的分子不需要很高的压力就可以穿过微孔膜到另一侧，该过程主要依靠膜另一侧吸收液的选择性吸收达到分离混合气体中某一组分的目的。其吸收 SO_2 原理如图 16-13 所示。

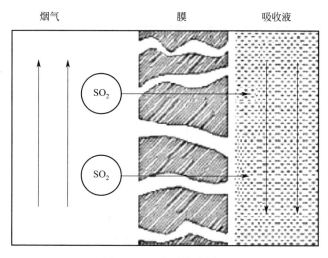

图 16-13　膜吸收法原理

与其他传统吸收过程相比，膜吸收技术有以下特点：①气液两相的界面是固定的，分别存在于膜孔的两侧表面处；②气液两相互不分散于另一相；③气液两相的流动互不干扰，流动特性各自可以进行调整；④使用中空纤维膜可以产生很大的比表面积，有效提高气液接触面积。

在膜吸收法中，最早采用的吸收液是氢氧化钠水溶液。随着研究的深入，各国学者在简单的利用强碱进行 SO_2 吸收研究后，将注意力集中在了弱碱或具有弱碱性质的吸收剂上，这主要是由于弱碱或具有弱碱性质的吸收剂与 SO_2 发生的化学反应均为可逆反应，所生成的弱联合物可以在一定条件下重新分解成 SO_2 和吸收剂，从而实现吸收剂的重复利用。华东理工大学熊丹柳等[15]研究了以柠檬酸钠、亚硫酸钠、亚硫酸氢钠溶液为吸收液，在同等条件下对烟气中二氧化硫的吸收率，研究结果发现，柠檬酸钠溶液是较理想的吸收液，其良好的缓冲性能，使之成为优良的二氧化硫促进剂。

由于目前膜材料均价较高，膜的抗污染能力、可清洗性、稳定性和动力消耗等方面制约了膜吸收技术在脱除烟气二氧化硫领域的应用。因此国内外学者正在努力来发新材料、新工艺的中空纤维膜，一旦研究成功将会对环保领域带来巨大的革新。

3）微生物脱硫技术。硫是微生物体中必不可少的元素，微生物参与硫循环的各个过程，并获得能量，所以根据微生物参与硫循环这一特点，利用微生物进行烟气脱硫，工艺如图 16-14 所示，其机制如下：在有氧条件下，通过脱硫细菌的间接氧化作用，将烟气中的 SO_2 氧化成硫酸，细菌从中获取能量。其工艺如下[14]。

反应机理如下：

$$SO_2(g) \longrightarrow SO^{2-}$$

$$O_2(g) \longrightarrow 2O^-$$

$$SO^{2-} + O^- \longrightarrow SO_3^{2-}$$

$$SO_3^{2-} + O_2 + 2H_2O + 细菌 \longrightarrow 3SO_4^{2-} + 2H^+ + 能量$$

生物法脱硫与传统的化学和物理脱硫相比，基本没有高温、高压、催化剂等外在条件，均为常温常压下操作，而且工艺流程简单，无二次污染。国外曾以地热发电站每天脱除 5t 量的 H_2S 为基础；计算微生物脱硫的总费用是常规湿法的 50%。无论对于有机硫还是无机

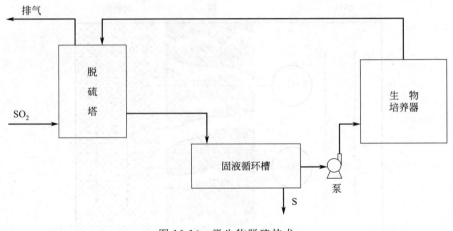

图 16-14　微生物脱硫技术

硫，一经燃烧均可生成被微生物间接利用的无机硫——SO_x，因此，发展微生物烟气脱硫技术，很具有潜力。

2. 非稳态转化制酸工艺

为了适应烟气二氧化硫浓度低、波动变化大的特点，前苏联西伯利亚催化研究所于 20 世纪 80 年代初期研究开发了非稳态转化工艺，解决了低浓度二氧化硫转化过程的自热平衡问题。

（1）工艺原理　对于烟气 ϕ_{SO_2} 为 $0.9\%\sim4.0\%$，平均 ϕ_{SO_2} 为 2.5% 左右的低浓度烟气是无法用常规两转两吸或一转一吸制酸工艺实现自热平衡的，但非稳态转化制酸工艺可利用该浓度范围的 SO_2 烟气生产硫酸。在开车时，先将特制的非稳态转化器中的催化剂层用热空气预热到 $420\sim450℃$，然后通入温度 $60\sim70℃$ 的干燥 SO_2 烟气，该烟气沿催化剂层移动过程中，从催化剂层中吸热并达到起燃温度后开始氧化反应；反应中释放出热量使催化剂层温度逐渐升高，当达到操作控制的规定值时，立即改变冷 SO_2 烟气进入催化剂层的方向（即换向），使催化剂层高温热力区向相反的方向移动；进转化器的冷 SO_2 烟气受热后温度逐渐升高，而高温催化剂失去热量，温度逐渐降低，两者在催化剂层之间达到换热的目的。经过冷 SO_2 烟气流动方向的几次变换后，在催化剂层的两端形成换热区，在催化剂层的中间形成稳定的热力区，这样，SO_2 烟气从催化剂层任何一端进入都能进行氧化反应，并实现非稳态转化过程的自热平衡[7]。

（2）工艺过程　典型的非稳态转化制酸工艺流程见图 16-15[10]。

含 SO_2 的烟气经电除尘器除尘后进入内喷文氏管洗涤器，用 $W_{H_2SO_4}$ 为 5% 左右稀硫酸绝热增湿洗涤，随后在填料洗涤塔内与稀硫酸逆向接触，经电除雾器除去酸雾；再用 $W_{H_2SO_4}$ 为 92.5% 硫酸干燥后由 SO_2 鼓风机经换向阀送入非稳态转化器转化，转化后的 SO_3 气体在吸收塔内用 $W_{H_2SO_4}$ 为 98.0% 硫酸吸收，生成产品硫酸，尾气经脱硫装置处理后排放。

（3）工艺特点[10]

a. 非稳态转化器兼有催化反应和蓄热作用，进转化器平均 $\phi_{SO_2}>1.4\%$ 时即可维持转化工序自热平衡，无需庞大的外部换热设备，从而节省了投资和运行费用，处理同等气量烟气比常规转化装置可节省 50% 左右钢材。

b. 转化系统阻力小，比常规转化约低 50%，因此可降低动力消耗；生产 1t 硫酸可节电

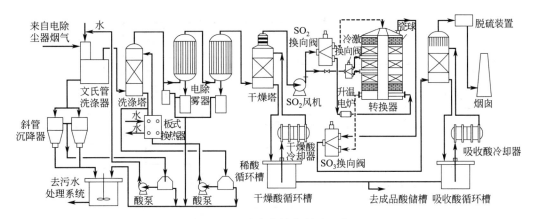

图 16-15　非稳态转化制酸工艺

约 16kW·h。

c. 由于沿催化剂床层深度达到最高反应温度后还存在一个低温区，对提高 SO_2 转化率有利。

d. 催化剂装填定额较大，而且催化剂具有较大的热容量，因此非稳态转化工艺能够处理浓度和气量波动较大的冶炼烟气，特别是处理低浓度 SO_2 烟气；装置停车 24h 仍能维持操作温度，无需启动电炉，开车容易。

e. 由于冷热交换频繁，催化剂受损快，转化低，目前在国内应用中，转化率在 80%～90%，尾气仍不能达标排放，须加尾气处理设施。

3. WSA 湿法转化制酸工艺

（1）工艺原理　由于 SO_2 的转化起燃温度约 400℃，因此，净化后的洁净烟气靠 WSA 系统内部产生的热加热。在小于 3% 的情况下，需用一燃烧加热器来维持反应温度。在气体中 ϕ_{SO_2} 3%～5% 或更高时，该工艺可保持热平衡（自热平衡）。在这种情况下，无需加热，如果需要的话，可以蒸汽形式回收过量的热量。在催化反应器（转化器）的催化剂层，SO_2 的反应如下：

$$SO_2 + \frac{1}{2}O_2 \longrightarrow SO_3 + 98.3kJ/mol$$

反应后的气体通过气/气换热器时，部分冷却，反应如下：

$$SO_3 + H_2O \longrightarrow H_2SO_4(g) + 101kJ/mol$$

然后，气体经过 WSA 冷凝器冷凝成硫酸：

$$H_2SO_4(g) + 0.17H_2O(g) \longrightarrow H_2SO_4(l) + 69KJ/mol$$

（2）工艺过程　净化后的 SO_2 烟气，首先通过预热器与 WSA 冷凝器出来的热空气换热升温，在进入一级风机以前，经热气体直接加热温度升至 180℃，然后经二级风机加压，再加热至 400℃ 以上进入转化器，工艺流程如图 16-16 所示[11]。

燃烧器的设置是为了开车或由于系统自热不平衡时调节烟气温度，以满足催化剂的起燃温度。

转化器设三段催化剂层，各层均装有 VK-WSA 催化剂，经过 2 层催化剂反应的烟气通过各自的中间层冷却器换热降温后去三段催化剂层。离开三段催化剂的烟气通过工艺气冷却器换热降温，温度降至 300℃ 后进入 WSA 冷凝器。在冷凝过程中，所有的三氧化硫水合成

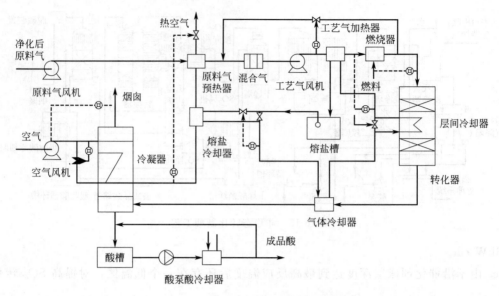

图 16-16　WSA 湿法转化制酸工艺流程

硫酸并沿着冷凝器的玻璃管冷凝成酸。冷凝的浓硫酸经过酸槽后由泵打到酸冷却器使其温度降低，再由成品酸泵打到储酸工段储存。

　　SO₃ 的反应热以及气体冷却器中因水合作用而产生的热量均通过熔盐带给气体加热器。通过这种方式，既利用了反应热，又利用了水合热，使含 SO₃ 的气体温度始终保持在酸的露点以上。

　　在 WSA 工艺系统中，热载体为熔融盐，含有 KNO_3、$NaNO_2$ 和 $NaNO_3$ 低熔点混合物。该盐的熔点为 145℃，由于在操作温度下浓度很低，容易用泵输送。采用该系统，可以在热量不足和热量过剩的情况下，正常操作 WSA 装置。热量仍不足时，通过燃烧器供热，使气体温度达到转化器的入口温度。热平衡由熔盐冷却器来调整，过多的热量在熔盐冷却器以蒸汽的形式回收。

　　离开 WSA 冷凝器的工艺气体直接送往烟囱排空，被加热的热空气离开冷凝器的温度约200℃，部分用来加热冷的空气，其余用来在预热器中加热原料气。

　　4. 一转一吸加尾吸工艺

　　在处理 ϕ_{SO_2} 2.0%～4.0% 的烟气时，可以采用一转一吸加尾吸工艺。与两转两吸工艺相比，该工艺虽然转化率（一般不超过 97.0%）没有两转两吸（99.5% 以上）高，但投资较省，SO₂ 排放量较低，可更快的环保开车，主鼓风机能耗较低[11]。

　　该工艺副产的亚硫酸氢盐或硫酸盐溶液，可直接用于亚硫酸盐法制浆的蒸煮工段，若浆厂采用的非亚硫酸盐法制浆，则相关产品需进行外销处理。

　　5. 两转两吸制酸工艺

　　（1）工艺过程　两转两吸工艺是一种成熟的烟气硫回收工艺，典型的两转两吸烟气回收利用制酸转化工艺流程如图 16-17 所示[7,12]。

　　SO₂ 烟气经过净化、干燥后，由 SO₂ 主鼓风机送入转化系统。风机出口烟气温度 50～65℃，经Ⅲa、Ⅲb 和Ⅰ热交换器预热后，温度达到 420℃左右进入转化器，在钒催化剂的催化作用下，先经三层催化剂进行一次转化，生成 SO₃ 后送至一吸塔进行一次吸收，吸收后

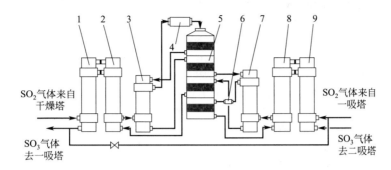

图 16-17　两转两吸"3＋1"制酸转化工艺流程示意图

1—第Ⅲa换热器；2—第Ⅲb换热器；3—第Ⅰ换热器；4—一段电炉；5—转化器；6—二段电炉；

7—第Ⅱ换热器；8—第Ⅳb换热器；9—第Ⅳa换热器

的烟气经过Ⅳa、Ⅳb和Ⅱ热交换器预热后再进入第四层催化剂进行二次转化，SO_2 进一步转化成 SO_2，再送入二吸塔进行二次吸收。烟气经过两次转化和两次吸收后，SO_2 总转化率达到 99.70％以上，合格的尾气经烟囱排空。

（2）技术特点[13]　低浓度 SO_2 烟气采用常规两转两吸制酸工艺，必须满足两个要求：一是烟气必须连续；二是烟气在进转化器之前必须保证 ϕ_{SO_2} 在 4％以上。为此，可通过加强冶炼设备密闭性，对低浓度 SO_2 烟气进行返烟操作、富氧冶炼、焚硫配气，对 SO_2 气体进行富集等措施来尽量提高烟气中 SO_2 的浓度。

对于 ϕ_{SO_2} 在 4.0％～6.0％的冶炼烟气，采用两转两吸工艺，主要问题在于如何解决 SO_2 浓度低且波动大的问题、如何调节好系统的自热平衡。对此需要采取大量有效的措施，具体如下：

a. 转化器尺寸加大，降低气体流速，以减轻对催化剂的磨损，催化剂厚度及催化剂上部空间均较大，烟气在转化器内停留时间较长，使反应时间延长；b. 转化器内壁全部衬砌耐火砖或保温层，有效增大转化器的蓄热能力和热稳定性，使系统对 SO_2 浓度的波动有较强的适应能力；c. 设置冷、热副线对各段温度进行调节，适当加大换热器面积，增强系统调节能力，以适应烟气波动；d. 采用高温吸收技术，将进二次转化的烟气温度提高至 100℃，以提高系统的自热平衡能力；e. 加强设备保温，有效利用气体经压缩后产生的部分热量，并对风机出口的管道、一吸进出口管道和二吸进口管道进行保温；f. 在一吸塔的进出口管道之间增设旁路管线和阀门，当 SO_2 浓度长期偏低，两转两吸无法正常运转的情况下，可切换为一转一吸进行生产；g. 为确保最终转化率，二次转化（最后一段）适当增加催化剂总装填料，充分延长接触反应时间，并利用催化剂良好的蓄热作用。

参考文献

[1]　刘秉越. 制浆造纸污染控制 [M]. 北京：中国轻工业出版社，2008.

[2]　詹怀宇. 制浆原理与工程 [M]. 北京：中国轻工业出版社，2009.

[3]　陈嘉翔. 制浆原理与工程 [M]. 北京：中国轻工业出版社，1990.

[4]　Gullichsen John, et al. Papermaking Science and Technology, Book 6. Chemical Pulping [M]. Jyvaskyla：Gummerrus Pringting，2000.

[5]　汪苹，宋云. 造纸工业节能减排技术指南 [M]. 北京：化学工业出版社，2010.

[6]　刘洪斌，等. 造纸技能减排技术 [M]. 北京：化学工业出版社，2010.

[7]　郭静，等. 大气污染控制工程 [M]. 北京：化学工业出版社，2008.

[8]　蒲恩奇. 大气污染治理工程 [M]. 北京：高等教育出版社，1999.

[9]　曹邦威. 制浆造纸工业的环境治理 [M]. 北京：中国轻工业出版社，2008.

[10]　童志权. 工业废气净化与利用 [M]. 北京：化学工业出版社，2001.

[11]　肖文德，等. 二氧化硫脱除与回收 [M]. 北京：化学工业出版社，2001.

[12]　雷仲存. 工业脱硫技术 [M]. 北京：化学工业出版社，2001.

[13]　钟秦. 燃煤烟气脱硫脱硝技术及工程实例 [M]. 北京：化学工业出版社，2002.

[14]　陆震维. 有机废气的净化技术 [M]. 北京：化学工业出版社，2011.

[15]　熊丹柳，等. 中空纤维含浸液膜渗透器烟气脱硫 [J]. 华东理工大学学报，1998，24 (6)：623-626.

第五篇

制浆造纸过程节能与余热综合利用技术

第十七章 推荐中浓造纸技术

我国造纸工业多数制浆厂仍沿用传统的方法，在低浓条件下运行，即纤维浓度在7％以下（一般3％～5％）。由于浓度低，工艺流程复杂，废液量大，又无法采用中高浓少污染漂白技术及其他中高浓技术，这使得制浆厂存在水耗大、能耗大并污染环境等严重问题。水耗大、能耗大是低浓制浆工艺的最大问题[1]。

从环境保护和节能两方面的要求来看，应从低浓操作转为中浓操作。例如连蒸、扩散洗涤、中浓氯化、置换漂白等为目前中浓操作中典型示例。今后还要发展到精选、净化、成型等系统[2]。

国外自20世纪70年代以来一直对浆料制备过程开展研究和探索，其主要目标之一就是降低能量消耗、降低生产总成本、减少环境污染、降低总投资和减少废液排放量，建立高效率、少污染、低能耗的制浆新工艺。其中，中浓度制浆技术（medium consistency technology）是一项值得研究和推广的实用技术[3]。

中浓度制浆技术简称中浓技术或称MC技术，是20世纪80年代初期首先在北欧应用的制浆技术[4]。它是制浆（蒸煮或磨浆）之后在7％～15％的中浓度条件下进行的泵送、储存、洗涤、筛选、漂白和打浆等工艺过程。该技术具有如下优点：①提高了纸浆浓度，减少了不必要的稀释和浓缩，大幅降低用水量，工艺过程简化，降低了电耗和废液排放量，减少了车间面积；②实现了中浓无污染或少污染漂白工艺，降低了废液污染程度；③提高了废液浓度，使废液更易处理；④中浓技术各单元作业基本在同一浓度下进行，使制浆过程处于稳定平衡状态，可以提高纸浆的质量和得率。因此，中浓度制浆技术是高效、低耗、少污染的制浆技术。中浓技术的经济效益主要表现在大幅度节电、节水，降低热能消耗，降低总操作成本等方面；另外，由于减少了废液排出量，降低了废液污染程度，改善了周围环境，也在一定程度上减少了经济开支。

中浓技术的关键就是浆料的流体化技术。中浓浆料流体化技术的基本原理是根据浆料流动的特点。对低浓浆料，在塞流状态下具有与水流完全不同的特性，其压头损失与同样流动条件下的水流相比大得多；而在湍流状态下具有与水流相同的流动特性，并出现阻力减小现象。研究成果表明，对中浓浆料，如能使其也处于湍流状态，将和低浓浆料一样，具有水流的流动特性。如把中浓浆料置于剪切力场中，当剪切力达到某一临界值，纤维网络受到破坏，纤维产生高强度脉冲，纤维之间速度梯度增大，缺乏流动性的浆料进入湍流状态，具备了水膜滑移流动的流体特性，实现了流体化。对具有流体特性的中浓浆料，由此就可进行各项如同低浓一样的工艺处理[5]。

第一节 中浓打浆技术

打浆是制浆造纸的重要环节，优良的打浆工艺依赖于良好的打浆设备和合理的工艺操作来实现，而打浆浓度又是打浆过程中应该很好控制的重要参数。目前国内多数纸厂采用的低浓双盘磨打浆，对纤维的切断所引起的纸页强度较差，以及比较高的能耗都使企业的生产处于不利的境况。

较之于双盘磨低浓打浆，中浓打浆具有诸多优势：首先，是在原料方面，中浓打浆较好地保留了纤维长度，在良好的分丝帚化的同时避免了纤维固有强度的损失，提高了短纤维浆种的使用品质及范围，从而使得在生产上增大短纤维配比成为可能；其次，在纸页质量方面，中浓打浆较之于低浓打浆，在同样的条件下抄造同种纸张，纸页物理强度指标提高15％～35％，且纸页表面性能改善；第三，打浆能耗可降低30％～50％；第四，因为中浓打浆成浆的滤水性能优于低浓打浆，从而有利于提高纸机车速、增大产量而获得规模效益；第五，中浓打浆采用自吸式进浆，浆池中的浆料无需搅拌，从而节省了设备投资及运行费用；第六，采用液压方式调整磨片间隙并实行定压打浆，有利于劳动生产率的提高[6]。

一、各种浆料的中浓打浆技术

（一）木浆中浓打浆技术

虽然国内造纸原料中木浆比例已经超过22％，但在这部分原料中，60％～80％都是阔叶木浆。该浆种的纤维细短，平均长度为1.0mm左右，直径一般小于0.02mm，两端尖锐，细胞壁较厚，所含的导管、木薄壁等非纤维细胞也较多[7]。针对阔叶木浆的这些特点，刘士亮[8]对国内某造纸企业生产使用的阔叶木商品浆板和自制的硬杂木浆采用中浓打浆来处理，并与传统的低浓打浆生产使用效果进行了对比，如表17-1～表17-4所列。

表 17-1　阔叶木商品浆板中、低浓打浆后浆料的筛分分析

打浆类型	浆浓/%	湿重/g	打浆度/°SR	各筛分所占比例/%				
				<16目	16～30目	30～50目	50～100目	>100目
中浓打浆	9.0	4.4	40	3.3	14.0	19.0	49.5	14.2
低浓打浆	3.5	3.2	40	1.2	10.0	12.3	40.5	36.0

表 17-2　硬杂木浆中、低浓打浆后浆料的筛分分析

打浆类型	浆浓/%	湿重/g	打浆度/°SR	各筛分所占比例/%				
				<16目	16～30目	30～50目	50～100目	>100目
中浓打浆	9.0	4.5	41	3.5	14.8	18.9	48.2	14.6
低浓打浆	3.5	3.0	42	0.8	9.5	9.8	37.5	12.4

表 17-3　阔叶木商品浆板中、低浓打浆抄造纸张性能和打浆电耗的比较

打浆类型	打浆浓度/%	打浆度/°SR	定量/(g/m²)	紧度/(g/cm³)	尘埃度/(个/m²)	裂断长/km	撕裂指数/[mN/(m²·g)]	伸缩率/%	打浆电耗/(kW·h/t)
中浓打浆	9.0	40	80	0.76	6	4.25	6.40	4.0	170
低浓打浆	3.5	41	80	0.68	15	3.66	4.20	3.4	268

表 17-4　硬杂木浆中、低浓打浆抄造纸张性能和打浆电耗的比较

打浆类型	打浆浓度/%	打浆度/°SR	定量/(g/m²)	紧度/(g/cm³)	尘埃度/(个/m²)	裂断长/km	撕裂指数/[mN/(m²·g)]	伸缩率/%	打浆电耗/(kW·h/t)
中浓打浆	9.0	41	80	0.78	7	4.35	6.50	4.2	180
低浓打浆	3.5	42	80	0.75	16	3.86	4.40	3.5	278

由表 17-1、表 17-2 不难看出，无论是阔叶木商品浆还是自制硬杂木浆，与低浓打浆相比，在打浆至相近的打浆度时，中浓打浆成浆湿重较大，这说明短纤维阔叶木浆自身长度保留较好，纤维的固有强度损失较少。另外，表 17-1 和表 17-2 不同打浆浓度的纤维筛分分析也同样说明了这一点。

从表 17-3 和表 17-4 不难看出，与低浓打浆相比，虽然中浓打浆的打浆度值稍低，但抄造出来的纸张强度指标仍有较大幅度的提高，对于阔叶木商品浆、自制硬杂木浆两种浆种的统计来说，纸张强度指标如裂断长、撕裂指数提高范围为 16%～53%。纸张强度指标的提高，一方面说明了纤维表面结合能力大大改善，另一方面也说明纤维的固有强度保留较好。对于阔叶木浆种而言，这两方面性能的提高无疑可以提高该浆种的使用范围和使用品质。此外，中浓打浆对纤维束有很强的疏解能力，这也有利于改善纸张的匀度；从打浆能耗来看，中浓打浆比低浓打浆能耗降低 36% 左右，具有显著的节能优势。

以硬杂木浆为例，对中、低浓打浆后的纤维形态也进行了电镜观察（见图 17-1 和图 17-2）。从图 17-1、图 17-2 的纤维形态照片可以看出，在打浆至 41～42°SR 左右的打浆度时，较之于低浓打浆，中浓打浆纤维表现出更加明显的细纤维化特性，纤维的挠曲性改善，纤维压溃显著，结合面积变大，而低浓打浆纤维表面较为光滑，内部细纤维化不显著。中、低浓打浆纤维形态的对比说明了中浓打浆增加了游离羟基，更适应抄造，可赋予纸张较好的强度指标和良好的匀度。

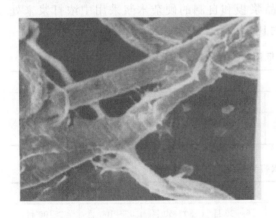
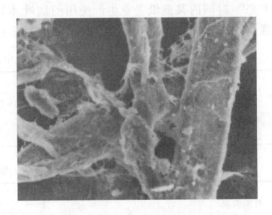

图 17-1 硬杂木浆低浓打浆纤维形态　　　　图 17-2 硬杂木浆中浓打浆纤维形态

（二）非木材浆料的中浓打浆技术

1. 麦草浆中浓打浆

麦草浆纤维较为短小，杂细胞含量较高，纤维细胞壁初生壁较厚，所以在传统低浓打浆时，由于磨片间隙较小、机械剪切力较强及低浓浆料的流动特点，常导致纤维切断严重、不均匀，杂细胞碎化，虽然成浆有较高的打浆度，但纤维结合力不强，纸页强度较差，纸机车速难以提高。曾有人提出麦草浆不经过打浆而直接抄纸的建议，但不经过打浆的麦草浆的各项强度指标很难达到生产要求。最佳的麦草浆打浆方法是在较好地保留纤维形态（包括各种杂细胞）基础上发展其纤维结合能力，最直观的要求即是在达到和低浓打浆同样的打浆度时，湿重下降比较少[9]。宁夏某纸厂采用 ZDPM450-90 中浓液压盘磨机进行麦草浆中浓（8%～9%）打浆并与原来使用的 ZDP450-90 低浓（3%～3.5%）双盘磨打浆的成浆、成纸性质做了对比（见表 17-5）。

表 17-5　麦草浆中、低浓打浆成浆参数及筛分分析

打浆类型	打浆度/°SR	湿重/g	各级筛分纤维所占比例/%				
			<16 目	16～30 目	30～50 目	50～100 目	>100 目
中浓打浆	39	3.3	1.8	12.5	15.0	47.2	23.5
低浓打浆	40	2.4	0.7	8.0	8.5	38.2	54.6

从表 17-5 可以看出，对于同一种麦草浆，在打浆至相近的打浆度时，低浓打浆后纤维湿重仅为 2.4g，而中浓打浆后纤维湿重则为 3.3g，说明中浓打浆能较好地保留纤维的长度，另外，通过对中、低浓打浆后成浆的纤维筛分分析可知，中浓打浆后长纤维比例较高。例如，中浓打浆留在 100 目以上的纤维组分占 76.5%，而低浓打浆仅为 45.4%，这进一步验证了中浓打浆成纸时可减少纤维流失，在抄造上减轻了纸页两面差，提高了纸页的匀度和外观。

对中浓打浆成浆纤维形态进行 SEM 扫描电镜观察，并与低浓打浆做对比（见图 17-3～图 17-6）。从图 17-3～图 17-6 可以看出：在打浆至相同的打浆度时，低浓打浆与中浓打浆后纤维形态存在较大差别。从不同放大倍率的扫描电镜照片来看，低浓打浆时纤维切断多，纤维挺硬、表面光滑，细纤维化不明显且大都集中在断口部位；而中浓打浆时纤维纵向撕裂明显，易于吸水润胀，挠曲性好，柔顺性强，从而使得纤维结合力增加。

与传统双盘磨低浓打浆相比，麦草浆经中浓液压盘磨打浆后，无论是纤维细胞还是杂细胞，其形态保持都较好。另外，纤维纵向由于压缩出现了明显的皱折和撕裂，增强了纤维的吸水润胀，另一方面使得成浆的伸缩性增大，这对于短纤维麦草浆成纸减少脆性有益。

图 17-3　麦草浆中浓打浆（39°SR）纤维形态 ×600

图 17-4　麦草浆低浓打浆（40°SR）纤维形态 ×600

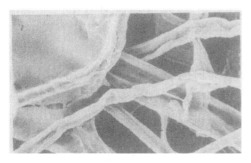

图 17-5　麦草浆中浓打浆（39°SR）纤维形态 ×1200

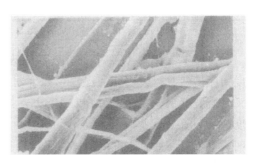

图 17-6　麦草浆低浓打浆（40°SR）纤维形态 ×1200

2. 竹浆中浓打浆

一般而言，竹浆纤维略短，所含杂细胞，如石细胞等较多。从外购漂白竹浆的检测来看，蒸煮后的硬度较高，木质素残留量较大。如仍然采用传统的低浓打浆，则会造成纤维被切碎、成浆质量较差且打浆能耗过大等弊病。因此，笔者对原有的低浓打浆工艺流程进行了改造，增加了浓缩设备（采用圆网浓缩机），用中浓盘磨打浆替代原有的低浓盘磨打浆[10]。

漂白竹浆原浆的打浆度较低、湿重较小（打浆度为 $15°SR$，湿重为 6g），说明蒸煮的硬度较高，原浆的打浆性能较差；较小的湿重数值说明该浆种纤维较为短小、纤维强度较差。因此，生产上使用中浓打浆时应尽量提高其打浆浓度，以求得较好的打浆效果。打浆后成浆性质与低浓打浆情况的比较见表 17-6～表 17-8。

表 17-6　竹浆中、低浓打浆参数的比较

打浆类型	浓度/%	湿重/g	打浆度/°SR	吨浆打浆能耗/kW·h
中浓打浆	8.5	4.7	42	256
低浓打浆	3.8	3.1	43	390

表 17-7　竹浆中、低浓打浆成浆筛分比较

打浆类型	浓度/%	各筛分所占比例/%				
		<16 目	16～30 目	30～50 目	50～100 目	>100 目
中浓打浆	8.5	3.3	16.4	19.2	40.8	20.3
低浓打浆	3.8	1.2	10.5	12.8	39.0	36.5

表 17-8　竹浆中、低浓打浆抄造纸张性能比较

打浆类型	浓度/%	定量/(g/m²)	紧度/(g/cm³)	尘埃度/(个/m²)	裂断长/m	撕裂度/mN	伸缩率/%
中浓打浆	8.5	80	0.76	9	4500	610	4.0
低浓打浆	3.8	80	0.70	18	3650	375	3.6

由表 17-6 不难看出：中浓打浆较之于低浓打浆，在打浆至相近的打浆度值时成浆湿重数值较大，说明纤维长度保留较好，纤维强度损失较少，这对于强度较差的竹浆而言尤为重要。另外，从表 17-7 知道，在竹浆低浓打浆时，留在 100 目上的较长的纤维组分仅占 63.5%，而中浓打浆在相近的打浆度值下留在 100 目上的纤维组分的比例却高达 79.7%，这从另一方面说明了中浓打浆较好地保留了纤维强度。从打浆能耗来看，中浓打浆吨浆能耗由低浓时的 390kW·h 降低到 265kW·h，降低的幅度为 32%，节能效果显著。

综合表 17-6～表 17-8 不难看出：虽然中浓打浆成浆打浆度值稍低，但抄造出来的纸张强度指标仍然有较大幅度的提高，如裂断长由低浓打浆时的 3650m 提高到 4500m，提高了 23%；撕裂度从 375mN 提高到 610mN，提高了 63%；尘埃度从 18 个/m² 降低至 9 个/m²；紧度从 0.70g/cm³ 提高到 0.76g/cm³。裂断长、撕裂度的提高，特别是撕裂度的大幅提高说明了中浓打浆后竹浆纤维的固有强度保留较好，纤维结合力大大改善。这无疑可以扩大短纤维浆种的适用范围，提高使用品质。此外，从尘埃度的变化也不难推断，中浓打浆对纤维束的疏解能力很强，有利于纸张匀度的提高。

我们也对中、低浓打浆的纤维进行了电镜扫描，以观察纤维的细纤维化情况（见图

17-7、图 17-8）。由图 17-7、图 17-8 不难看出：中浓打浆成浆纤维断头较少，表面起毛、分丝现象明显，纤维纵向撕裂，纤维的挠曲性改善；而低浓打浆成浆纤维表面较为光滑、纤维切断明显。两图的比较说明了中浓打浆可明显增加游离羟基和纤维的结合面积，从而赋予纸页较好的物理强度。

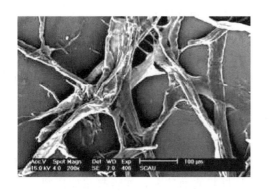
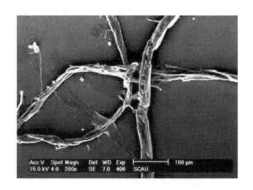

图 17-7　中浓打浆成浆纤维电镜扫描照片　　　　图 17-8　低浓打浆成浆纤维电镜扫描照片
42°SR，×200　　　　　　　　　　　　43°SR，×200

（三）废纸浆的中浓打浆

我国对废纸的需求日益增加，这使得回收废纸的品种范围日益扩大，回收废纸的质量日趋低下。表现在两个方面：一是废纸中所含杂质种类较多，从而增加了处理的难度；二是废纸的多次回用造成纤维的物理强度大大降低，多次回抄纤维发生"角质化"等现象也使抄造性能下降，影响成纸的质量指标[11,12]。

因此，对废纸的处理要想取得较好的效果，则要采取两个方面的措施：一是尽量去除废纸中的杂质以获得洁净的纸浆；二是采用新技术装备优化废纸浆的使用品质以扩大其使用范围。利用中浓打浆技术可以优化二次纤维的使用效果（见表 17-9）。

表 17-9　废纸浆中、低浓打浆效果的比较

打浆类型	打浆度 /°SR	湿重 /g	打浆能耗 /(kW·h/t)	裂断长 /m	环压指数 /[N/(m·g)]	撕裂指数 /[mN/(m²·g)]
低浓打浆	28~30	3.5~3.7	90~110	3500~3600	4.5~5.0	6.5~7.5
中浓打浆	28~30	4.3~4.5	40~60	4000~4300	6.5~7.5	9~9.5

由表 17-9 不难看出，中浓打浆生产的纸张物理强度增加，纤维的湿重较大，同时打浆能耗显著降低，这对生产厂家降低生产成本极为有利。

二、中浓打浆设备

实验室用中浓打浆设备主要是 PFI 磨。PFI 磨由打浆辊、打浆室及加压装置构成，基于以相同方向旋转的打浆辊和打浆室之间的圆周速度差，使浆料在打浆辊和打浆室间隙中受到机械作用而达到打浆的目的[13]。

工业上目前常用的中浓打浆设备是中浓液压盘磨机[14]。磨片直径为 450~550mm，主电机功率为 90kW、110kW、132kW 或 160kW，转速 1480r/min，生产能力 30~150t/d，适用浆料浓度 6%~12%。打浆浓度为 6%~8% 时就能有效地显示出其优点，即低电耗、高质

量的效果。如果能够在 9%～12% 的浓度下操作，则打浆效果会更加显著。

（一）ZDPM 型中浓液压盘磨机的结构特点及优势

ZDPM 型中浓液压盘磨机具有如下的结构特点[15]：

① 三片式磨室，便于制造装配时检查磨盘的平行度和临时停机时检查磨室情况；

② 二片式磨区，由两个磨片构成单磨区，便于装拆、更换磨片；

③ 大口径进出口通畅，适应纸浆浓度范围广，适用各种浆料进出磨区；

④ 主轴悬臂短，该段与轴承间距的比例合适，运行时整机平稳度好；

⑤ 液压式调节，操作省力方便，灵敏可靠。既可调节磨盘运行的微小间隙，又可调节打浆比压，实现定压打浆先进工艺；

⑥ 水冷却系统冷却轴承座滑座，有利于主轴承散热，延长轴承使用寿命。

ZDPM 盘磨较之于双盘磨具有如下优越性。

（1）液压调节磨片间隙，操作方便、灵活，生产效率提高。传统的双盘磨靠手轮调节磨片间隙，调节过程慢、费力大，一般工人很难操作且打浆波动较大，如若打浆比压很大，则进刀更加困难，双盘磨虽然以后发展了电动进刀调整磨片间隙，但由于生产上故障较多，调节不灵活而往往起不到实际作用。而 ZDPM 盘磨调速盘磨间隙则采用液压调节，该系统具有操作方便、反应灵敏、能够灵活自如地调整磨片间隙大小，故深受厂家欢迎，大大提高了生产过程中的效率。

（2）ZDPM 盘磨独有的自吸式中浓打浆方式。双盘磨对浆料浓度要求苛刻，特别是对长纤维浆料，浓度一般为 2.5%～3.0%，浓度稍高则易发生浆料堵塞现象，故产量受限、无用电耗增大。ZDPM 盘磨独特的结构不仅避免了此现象的发生，而且可以节省泵送装置，直接从浆池中自吸进浆，故不存在浆泵与盘磨机的适应问题，浆料进浆顺畅，通过量大且打浆质量稳定。目前这种 ZDPM 盘磨自吸式进浆方式已在多个厂家成功推广使用。

（3）ZDMP 盘磨的磨片设计科学，既充分考虑到对纤维的分丝帚化，又兼顾合理地对纤维切断。

（二）中浓打浆生产中应注意的问题

在 ZDPM 盘磨中浓打浆过程中，为了保持生产的连续性、稳定性及设备的正常运行，应注意以下几个问题[16]。

（1）保持浆池中液位的稳定性及较高液位。中浓打浆由于浆浓增大，浆中含气量增加，如浆池中液位过低，液位不稳定，则盘磨室进入空气导致真空度下降，易造成进浆不畅，故在打浆过程中应适当平衡进浆量与浆池出浆量一致，保持浆池一定液位及其稳定性，从而保证盘磨正常运行及打浆质量的稳定。

（2）选用合适类型的磨片、打浆比压及打浆电流。对不同的原料，不同的打浆要求应选择合适类型的磨片，要求较好地保留纤维长度的浆，如阔叶木浆、草浆及废纸浆则选择切断作用弱的磨片类型，反之亦然。打浆比压、电流亦应随浆种、打浆要求的不同而随之变化。

（3）ZDPM 盘磨转速较高，生产中应注意定时添加润滑油脂。

三、中浓打浆机制

对于草类浆、废纸浆来说，中浓打浆较之于低浓打浆具有诸多的优点，比如能较好地保留纤维长度，扩大草浆、废纸浆使用范围及使用品质，纸的物理性能大大改善，打浆能耗大幅降低等。那么，中浓打浆为什么会具有如此明显的优越性呢？人们在原有的打浆理论的基础上对此进行了长时间的研究，从实验室小试、中试及生产规模进行了一系列的探索，希望所得到的研究结果能对中浓打浆的机制作出较为清晰的解释。

由于中浓打浆设备结构的特殊性，磨盘之间纤维密度大。纤维形态变化依赖纤维与纤维之间的摩擦，使纤维产生压溃、细纤维化等一系列变化，而受齿纹刀刃直接作用引起纤维形态变化的概率大大减弱。因此，中浓磨浆的纸浆纤维平均长度较长、纤维分丝帚化作用较强、纤维受切断较少、细小纤维较少。这种纤维与纤维之间剧烈摩擦引起纤维形态的变化称为"纤维间的内摩擦效应"[17]。中、低浓打浆机制有明显差别，低浓打浆主要以磨齿的机械剪切为主，中浓打浆是以机械剪切力与"摩擦形变效应"的协同作用，且"摩擦形变效应"是主要动力。"摩擦形变效应"有三种主要的作用形式：磨齿的机械剪切作用、高速湍流的剪切力作用及高速湍流场的摩擦形变作用。浆料浓度越大，其偏离于水流的物理力学性质就越远。中浓打浆时，浆料的流动性已完全不服从于牛顿黏性定律，而是服从于非牛顿液体的内摩擦定律[18]。在中浓（6％～12％）打浆情况下，动盘与定盘之间的速度梯度很大，纤维之间会产生非常大的内摩擦力，动盘与定盘之间的浆料纤维反复流动运行，整体上看浆料呈现较强的湍流流动，每根纤维在中浓打浆过程中除了受到磨齿的机械剪切作用以外，更多的是受相邻纤维之间的内摩擦力作用。在内摩擦力的作用下纤维细胞壁发生位移、压溃、分丝帚化及内外细纤维化等。总之，中浓打浆成浆纤维长度保留较好，帚化率明显提高，纤维自身强度很少损失[19]。

流体的内摩擦定律可用下式表示[20]：

$$\tau = k \left(\frac{\mathrm{d}u}{\mathrm{d}y} \right)^n$$

式中　τ——非牛顿剪切应力，中浓打浆时可看作是浆料纤维间的内摩擦力；

　　　k——非牛顿液体的均匀系数；

　　　n——流体流态特征系数。

均匀系数 k 表示非牛顿流体的一致性程度，亦即非牛顿液体的"浓度"，k 越大即浓度越大，流体内质点间的力亦即纤维之间的内摩擦力也越大。由于流体动力、纤维间内聚力和纤维表面静电力等的作用使得每根纤维进行平移和旋转运动，进而在纤维间交缠、联结而形成纤维网络体。随着浆浓增大，这种纤维网络的稳定性增强。在中浓（6％～12％）打浆情况下，由于动、定盘之间极大的速差，使得纤维在垂直于两盘的方向上速度梯度 $\mathrm{d}u/\mathrm{d}y$ 极大，而由上式可知在纤维间会产生巨大的内摩擦力；再者，由于磨片的结构使得浆料在动、定盘之间跳跃迂回运行。在该过程中，浆料整体来看呈现较强的湍流运动，就单根纤维而言，在中浓打浆过程中虽然也会受到机械剪切作用，但更主要的是受与之相邻的纤维间巨大的内摩擦力。在该力的作用下，草浆较厚的初生壁被脱除，使细胞壁层之间发生位移，进而压溃、纵向分丝帚化乃至进一步的内外细纤维化等。较之于低浓打浆，中浓打浆成浆帚化率明显提高，纤维长度保留较好，纤维本身强度损伤较小。

显然，中、低浓打浆流体性质的差别导致打浆效果的明显差异，而造成这种差异的主要原因是浆料浓度不同而导致的浆料力学及浆料内部作用的迥然不同。基于这种看法，我们把中浓打浆表现出的明显优于低浓打浆的细纤维化、分丝帚化现象称之为

"流变效应"[21]。

第二节　中浓洗涤与筛选技术

一、中浓洗涤与浓缩技术

中浓洗涤与筛选的进浆浓度 $1\%\sim4\%$，出浆浓度 $10\%\sim17\%$，主要的设备有真空洗涤浓缩机、压力洗涤浓缩机、水平带式真空洗浆机等。这些设备的特点是利用真空或压缩空气在滤网内外所产生的压力差进行浆料的洗涤和过滤脱水浓缩[22]。

（一）真空洗涤浓缩机

真空洗浆机是国内大中型纸厂普遍使用的洗涤设备，是一种具有较好效果和成熟可靠的设备。其洗浆工艺条件：木浆的进浆浓度为 $0.8\%\sim1.5\%$，草浆的进浆浓度为 $1.0\%\sim3.5\%$，出浆浓度为 $10\%\sim15\%$，水腿内黑液流速 $1\sim3m/s$，木浆和漂后浆洗涤取高值，草类浆取低值，真空度为 $26.7\sim40kPa$。

1. 真空洗浆机的工作原理

真空洗浆机的鼓体由辐射方向的隔板分成若干个互不相通的小室。随着转鼓的转动，小室通过分配阀分别依次接通自然过滤区（Ⅳ）、真空过滤区（Ⅰ）、真空洗涤区（Ⅱ）和剥浆区（Ⅲ）（见图 17-9），从而完成过滤上网、抽吸、洗涤、吸干和卸料等过程。

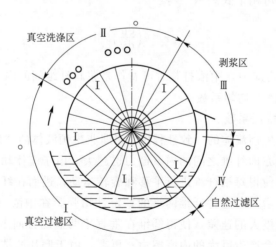

图 17-9　真空洗浆机的工作原理

2. 真空洗浆机的结构

真空洗浆机有转鼓、分配阀、槽体、压辊、洗涤液喷淋装置、卸料装置、水腿及其真空系统等部分组成（见图 17-10）。

3. 操作与维护

注意槽内的浓度与浆位。可根据浆料的滤水性能来调节进浆浓度，易脱水的浆料可以用较低的进浆浓度。

多台串联洗涤，各段的转速要根据产量和洗涤的难易进行调整。一般是两头快，中间

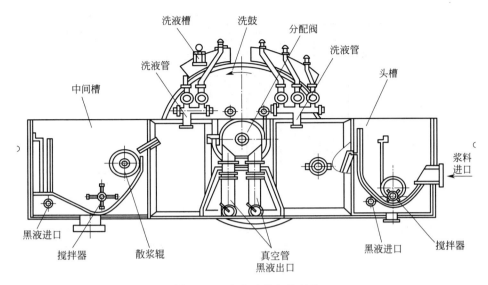

图 17-10　真空洗浆机的结构

慢。应经常调节分配阀，以免长期不动被黑液黏住，引起操作困难。

剥浆辊与网面距离为 3～5mm，必须在全长范围内保持一致。调节此间隙时应同时由两边调节。

洗涤水温度要适当。洗涤水温度高洗涤效果好，一般为 70℃左右。

（二）水平带式真空洗浆机

水平带式真空洗浆机（简称带式洗浆机）可用于各种纸浆的废液提取和漂后洗涤。其操作工艺条件：进浆浓度为 2.0%～4.0%，一般木浆取高值，草浆取低值，出浆浓度为 12%～17%，稀释因子为 1.5～2.6，提取率在 95% 以上，热水温度 70～80℃，过滤压差 9.8～29.4kPa。

1. 水平带式真空洗浆机的工作原理

水平带式真空洗浆机是利用逆流置换洗涤原理进行纸浆洗涤的。纸浆中的废液经过置换过程中的扩散作用和过滤作用而被清洁的热水所洗净。浆料离开时的浓度达 12%～17%，由第一段出来的废液送往回收工段，形成段的废液送往喷放锅作为稀释浆料用。喷淋液通过浆层的推动力是真空箱内和气罩空间的压力差，真空箱内的真空度是由排液水腿和真空设备共同产生的。

2. 水平带式真空洗浆机的结构

水平带式真空洗浆机的结构类似于一台长网纸板机的网部，脱水元件全部为湿真空箱，过滤面是由一无端的紧贴真空吸水箱板面移动的橡胶履带和一无端滤网组成，由履带牵引，履带和滤网在其下方回程中借助于导网辊使履带与滤网分开。与其配套的还有网前箱、洗涤液喷淋装置、废液收集装置、传动系统、真空系统及传动辊和尾辊（张紧辊）等（见图 17-11）。

3. 水平带式真空洗浆机的特点

（1）操作简单　操作一台多段水平带式真空洗浆机比操作一台单段鼓式洗浆机还简单。操作者只需保持适当的进入流浆箱浆料浓度和供料速率及在给定浆料供应速率下的适当的洗涤水量即可保证其在最佳操作条件下操作，不会出现鼓式洗浆机常出现的冒槽、前槽堆浆或

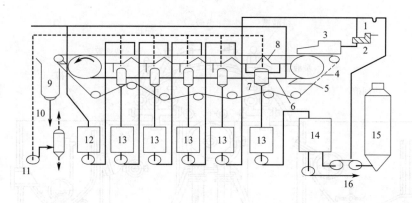

图 17-11 水平带式真空洗浆机的结构

1—调浆箱；2—振动平筛；3—流浆箱；4—滤网；5—喷水管；6—覆带；7—气液分离罐；

8—真空箱；9—出液槽；10—去储浆槽；11—真空泵；12—清热水槽；13—黑液槽；

14—浓黑液储槽；15—喷放锅；16—送蒸发

浆不上网等现象。

（2）稀释因子小　一般只有 1.5 左右。滤液浓度高，可使蒸发设备减少 30%，并降低蒸汽消耗，节省回收设备投资和运行管理费用。

（3）投资少　一台水平带式真空洗浆机的造价仅为一列相同能力的 4 台串联的鼓式洗浆机组造价的 1/2～1/3，而其系统的总投资（包括厂房建筑费用）仅相当于鼓式洗浆机系统的 1/3～1/5，且经常性的生产费用也较低，但洗涤效果基本相近。

（4）占地面积少　由于各段之间不需混合稀释，设备紧凑，占地少，另外因滤液浓度高，泡沫少，需要滤液槽体积小，甚至可以不需要中间滤液槽，所以占地面积少。

（5）细小纤维流失小　由于是一次上浆形成较厚滤层，其余各段为置换洗涤，不破坏滤层，故纤维流失少，废液中所含细小纤维亦少，所以可以不经过滤而直接送去回用。

（6）洗涤效率较高　因水平带式真空洗浆机完成一个洗涤过程只需稀释一次，混合浓缩一次，所以其总面积利用率高，洗涤效果好，而且滤网在回程中被高压水反正面冲洗，消除糊网问题，使洗涤效率高。

目前国内水平带式真空洗浆机用于洗涤草浆的提取率已达到 90% 以上，木浆达 96% 以上。

4. 使用时注意事项

稳定上浆量：稳定的上浆量是一切洗浆设备稳定操作的基本条件。上浆量是浆料的体积流量和浓度的乘积，所以要使上网浆料的流量和浓度都要稳定。

要稳定各段液位和洗涤液的喷淋量，对于真空箱和废液槽的液位均需稳定。一般真空箱和废液槽的液位控制在其高度的 1/3～1/2 为宜。

确定适当的真空度并使真空度稳定。真空度是置换洗涤的推动力，一般控制在 5.5～7.0kPa 之间，且应逐渐增大。

确定洗涤水的温度和用量。洗涤水温度高，可降低废液的黏度，加快废液扩散和过滤速度。但洗涤水温度过高，产生的蒸汽分压高，会降低真空箱真空度，一般应控制在 75℃ 左右。

履带打滑，会使运转不正常。原因可能是：张紧力不足；履带与辊之间有滤液造成摩擦力不足；因履带跑偏或浆层过厚使过滤阻力大而造成真空度过大造成的。这时可根据具体情况采取具体措施。如张紧履带，在主动辊面上开一定数量的沟槽、降低真空度等。

5. 水平带式真空洗浆机的进展

水平带式真空洗浆机作为一种新型洗涤设备，尽管使用时间不长，但在其结构上也有许多改进，主要表现在原有橡胶履带衬托的水平带式洗浆机发展成无橡胶履带衬托的长网式洗浆机。还有用钻孔的无端钢带代替滤网而形成水平钢带式真空洗浆机。

水平长网式真空洗浆机在原来水平带式真空洗浆机的基础上将其衬托橡胶履带除掉，而使其滤网直接与真空箱板面接触脱水，结构上更像一台长网纸机，其优点：①机台的宽度不受限制，可生产产量更大的机台。②结构更简单，价格更便宜。③免去更换橡胶带履的麻烦，因橡胶履带自重大，更换费时。

水平钢带式真空洗浆机是在上述的长网洗浆机的基础上用带有 1mm 滤孔的无端钢带代替滤网而成的，设有防止钢带摆动和校正装置，同时去掉导辊、张紧辊和校正辊。在真空箱表面上覆盖约 40mm 厚的高强度塑料层，以减慢磨损，钢带宽 6m，长 70m，钢带用耐腐蚀易焊接的合金钢制造。其进浆浓度约 3%，出浆浓度 12%～14%，浆层厚度约 3000g/m²，生产能力为 1000t/d。

二、中浓筛选

当对浆料悬浮液施加足够大的剪切力（使之流态化）时，悬浮液的表现就如同液体一般。为了成功地进行分离，浆料中不希望有的纤维束必须能在纸浆悬浮液中自由地移动。这在传统的低浓度（0.5%～2%）筛中很容易达到。然而，对于较高的浓度，则需要强烈的剪切力来实现纤维束的自由移动。中浓筛就施加了这样的强烈剪切力，因而在筛面上能达到完全流态化[23]。

中浓筛选的优点是它能在一台很紧凑的机器中完成。它要处理的体积流量只是传统筛的 1/5。这就不再需要有大的稀释系统及继之而来的浓缩段。因而中浓筛选的结果是能耗降低、流程简化、系统布局更佳和装备投资费用较低。

按"流体化"设计的要求，中浓筛浆机的浓度 7%～15%，中浓筛选是继中浓储存与运输、中浓漂白、中浓洗涤之后的中浓制浆技术的又一重要的操作单元。利用纸浆"流体化"原理，使得处于中浓筛浆机中的纤维、杂质彼此自由相对运动，完成像低浓条件小纤维与杂质的有效分离。目前中浓筛浆机已经在机械浆和化学浆的筛选中的得到普遍应用。

圆筒式中浓压力筛在筛鼓内装设有可较高速度旋转的转子，转子旋转所产生的离心力、周期性脉冲以及由泵压或液位差所产生的径向拉力能在筛板表面产生纸浆的切向流动和尾渣沿轴向移动的功能，即能使纸浆保持"流体化"状态，就是与低浓筛浆机一样能顺利地进行纸浆的筛选。为了使排放压力不小于进浆的压力，同时使排放阀之前的尾渣保持完全"流体化"，压力筛转子延伸到尾渣室内，并设计成具有破碎粗浆能力的特殊结构。良浆通过筛孔（缝）进入环形的良浆室，然后以等于或者略大于进浆的压力排放，这样通过压力筛的压头降低等于或低于转子产生的压头。尾渣到尾渣室后，由尾渣阀控制排放。这种中浓筛浆机的筛缝宽 0.5～3mm 范围，取决于纸浆的种类及筛选的质量。筛选浓度在 10%～12% 的范围内。

另一种已得到推广使用的中浓筛浆机是圆盘式中浓筛浆机。纸浆靠浆泵的输送压头送入，良浆通过筛鼓进入良浆室，尾渣室和筛选段之间装有转动圆盘，圆盘表面设有破碎机构。圆盘的作用有两个：一是给筛选段的纸浆施加一定的摩阻，纸浆停留时间延长，使纸浆得到充分的筛选；另一个作用是对尾渣进行分散破碎，防止尾渣的堵塞，以利于尾渣的排放。

中浓筛可用于未漂化学浆及 TMP、CTMP 等机械浆的筛选，同低浓筛选相比，其筛选效率相似，但水耗只有低浓时的 1/10，能耗只有低浓时的 1/2。

中浓筛还可以作为机械浆的纤维分级机，以适应印刷用纸、生活用纸与绒毛浆要求含长纤维或细小纤维不同组分的要求，所以中浓筛的分级功能已受到重视与应用。

第三节　中浓漂白技术

中浓纸浆（10%～12%）清洁漂白是目前在我国推广及应用的漂白技术。中浓纸浆和液态、气态漂白剂的混合是中浓纸浆清洁漂白的关键技术之一。中浓纸浆的纤维交织成网络结构，浓度 12% 的纸浆中有 40% 以上的水存在于细胞腔及细胞壁中，其余在纤维表面形成水膜或在纤维之间形成水桥，这层水膜和水桥是不连续的，要使漂白剂与纸浆起反应，只依靠漂白剂的扩散很难达到纤维聚团的内部，而常规的搅拌装置很难破坏纤维网络聚团，会使纸浆与这些漂白剂混合不均匀，必须施加较高的剪切力破坏纤维网络结构，使漂白剂均匀分布在纤维网络内，再通过扩散作用使漂白剂到达纤维内部与之产生相应的漂白反应[24]。

目前，国内外正在推广应用的清洁漂白技术有下列几项。

中浓氧脱木质素技术，利用氧气在碱性条件下对蒸煮后粗浆进行更深入的脱木质素，可减少后期漂白段的化学品用量，其废水可并入碱回收系统进行处理，从而减轻整个制浆系统的污染负荷。

中浓纸浆无单质氯漂白技术（简称 ECF）。在中浓氧脱木质素技术的基础上，采用无单质氯漂白技术，可使纸浆漂白废水中的 AOX 含量降低 80% 以上。在严格的环境要求下，这一技术已在发达国家引起广泛的重视，并为相当多纸厂所采用[25]。

中浓纸浆全无氯漂白技术（简称 TCF）。TCF 漂白技术是 ECF 技术的进一步发展，纸浆在中浓条件下以对环境友好的漂白剂（如过氧化氢及臭氧）进行漂白，从根本上消除了AOX 产生的根源，可满足最严格的环保要求。

一、中浓氧脱木质素技术

应用氧脱木素技术可以简化后面的漂白程序，降低污染负荷，减少漂白化学品消耗，又不会产生 AOX。因此进行中浓氧脱木质素技术的国产化研究，特别是在非木浆漂白方面的应用研究迫在眉睫。早在 20 世纪 80 年代末期，国外就应用氧脱木质素技术于纸浆漂白中，我国于 20 世纪 90 年代开始也引进了多条氧脱木质素生产线（产能 $5.0 \times 10^4 \sim 10.0 \times 10^4 \, t/a$）。我们于 1995 年开始氧脱木质素技术的研究，并于 2002 年研制成功年产 $5.0 \times 10^4 \, t$ 用于苇浆的双升流塔氧脱木质素生产线，成为国内首条双塔氧漂生产线[26]。

（一）中浓氧脱木质素工艺过程

洗选后的粗浆从洗浆机输送到氧脱木质素段的喂料槽，采用带真空泵的中浓泵输送，在中浓泵前加入白液或商品碱液，经过中压蒸汽混合器和化学品混合器，与氧气、化学品均匀混合。由中浓泵输送到第一段氧脱木质素反应器，所需氧气量由进料的卡伯值和氧脱木质素段后所要求达到的浆料的卡伯值所决定。浆料从第一段氧脱木质素反应器顶部由卸料装置卸下。再经过蒸汽混合器和化学品混合器后进入第二段氧脱木质素反应器，氧气和中压蒸汽通过第二段的蒸汽混合器加入浆料中，在进入化学品混合器前加入白液或氢氧化钠，在第二段氧脱木质素反应器的顶部通过卸料器将氧脱木质素后的浆料送入氧脱木质素喷放仓，在中浓泵的作用下以 10％的浓度从氧脱木质素喷放槽泵送到洗浆机，经洗涤后进入漂白工段进行漂白。洗浆机的洗涤水采用蒸发工段的二次冷凝水和热水（清水）洗涤，洗涤滤液除用来做氧脱木质素段的浆料稀释外，剩余的滤液送入洗选工段进行粗浆的洗涤，最后送入蒸发工段，经蒸发浓缩后送入碱回收炉燃烧以回收碱和蒸汽[27]。

（二）中浓氧脱木质素设备

1. 喂料立管

喂料立管是中浓泵的进浆口。其工作过程属自动控制，当液位达到高位给定值时，中浓泵出口阀开大或电动机频率加大；当液位到低位给定值时，中浓泵出口阀自动关小或电动机频率降低。喂料立管的主要作用是保持立管中浆料的稳定，避免浆料波动[28]。

2. 中浓泵

在氧脱木素系统中，中浓浆泵是关键设备之一，同时也是中浓制浆技术推广的关键设备，中浓浆泵有容积式泵和离心式泵，容积式中浓浆泵因维护费用较高而较少采用。目前较为成熟的离心式泵有 Andritz 公司和 Ahlstrom 公司生产的中浓浆泵。

离心式中浓浆泵系统的原理通过浆料流态化装置调质器或湍流发生器的高速旋转，使中浓浆料流态化，同时除去浆料中的空气，从而满足离心泵连续稳定即正常工作的需要。中浓浆泵系统的结构包括立管、浆料流态化装置调质器（或湍流发生器）、除气系统真空泵、离心浆泵。中浓浆泵系统连续稳定工作的三要素是立管浆位的稳定、中浓浆料的流态化、除气。

3. 高剪切中浓混合器

在氧脱木质素系统中，中浓纸浆与氧气的混合效果是决定氧脱木质素工艺操作效果的关键，而确保混合效果的关键设备是中浓混合器。江苏华机环保设备股份有限公司在消化吸收国外混合技术的基础上，对中浓高剪切混合器进行开发，发展了适合我国草类纸浆氧脱木质素及中浓漂白的混合设备。如盘式混合器、搅拌棒式混合器、直通式混合器等。

4. 氧脱木质素塔

中浓氧脱木质素工艺中，反应器的作用主要有两个：一是为脱木质素反应提供压力条件，以提高氧在碱溶液中的溶解度；二是提供反应必需的停留时间。通常氧脱木质素塔的尺寸是根据工艺的要求、处理量、反应时间等工艺参数，再根据经验的塔体高径比确定高度和塔的直径。

（三）中浓氧脱木质素技术的影响因素

1. 温度

提高温度可加速脱木质素过程，在其他条件相同的情况下，温度越高，纸浆的卡伯值越低。生产上一般采用的温度在 90～120℃之间，过高的温度会导致糖类的严重降解[29]。

表 17-10 是温度对大麻芯秆硫酸盐浆中浓氧脱木质素的影响。

表 17-10　温度对大麻芯秆硫酸盐浆中浓氧脱木质素的影响

一段温度/℃	二段温度/℃	卡伯值	木质素脱除率/%	黏度/(mL/g)	黏度降低率/%	白度/%SBD
80	90	10.26	47.33	973.1	6.87	52.71
	100	9.83	49.54	942.3	9.82	54.36
	110	9.46	51.44	895.7	14.28	56.17
90	90	9.59	50.77	903.1	13.57	55.73
	100	9.01	53.75	875.4	16.22	57.25
	110	8.02	58.83	753.8	27.86	61.88
100	90	9.04	53.59	833.7	20.21	58.47
	100	8.25	57.65	804.3	23.03	60.07
	110	8.24	57.70	723.6	30.75	61.92

注：两段的压力为 0.6MPa、0.3MPa；两段的用碱量为 3%、1%；所有药品用量均指对绝干浆。

　　提高温度可以加速脱木质素过程，当一段温度在 80～100℃ 之间时，随着温度的升高，木质素的脱出率升高比较明显，黏度下降缓慢，而超过 100℃ 以后则脱出率增加比较缓慢，但是黏度的下降率明显增加，所以一段温度控制在 100℃ 比较好。二段反应是一段的继续，温度不应低于一段，这样才能进一步脱除残余的木质素。由表 17-10 可以看出，采用 110℃ 对纸浆的质量并没有明显的改善，所以二段温度也控制在 100℃。

2. 用碱量

　　用碱量对氧脱木质素初始阶段和后续阶段的脱木质素和糖类降解有密切的关系，如表 17-11 所列。提高 NaOH 用量，脱木质素加速，糖类降解也加快，因此，用碱量高，卡伯值低，纸浆黏度和得率也随之降低。用碱量应根据浆种和氧脱木质素其他条件而定，一般为 2%～5%。

表 17-11　用碱量对大麻芯秆硫酸盐浆中浓氧脱木质素的影响

一段用碱量/%	二段用碱量/%	卡伯值	木质素脱除率/%	黏度/(mL/g)	黏度降低率/%	白度/%SBD
1	0	11.57	40.61	940.2	10.02	51.79
	1	11.14	42.80	927.0	11.28	54.22
	2	9.43	51.59	885.3	15.27	55.48
2	0	10.72	44.97	900.3	13.84	54.61
	1	9.22	52.67	872.4	16.51	56.68
	2	8.53	56.21	851.8	18.48	57.62
3	0	8.93	54.16	862.7	17.44	58.28
	1	8.25	57.65	804.3	23.03	60.07
	2	7.86	59.65	705.6	32.47	61.29

注：两段的温度均为 100℃；两段的氧压分别为 0.6MPa、0.3 MPa；所有药品用量均指对绝干浆。

　　氧脱木质素的快速阶段的脱木质素反应主要取决于化学药品的浓度，在这个阶段可以适当提高用碱量，而在第二个降解木质素的溶出阶段，可以采用较低的用碱量。在本次试验中，控制总用碱量不高过 4%，以避免引起黏度急剧下降。同时，要严格控制两段间用碱量配比，若第一段用量太高，对白度提高没有明显效果，若第二段用碱量过高，则黏度下降明显，影响成浆强度。由表 17-11 可以看出，当一段用碱量为 3%，二段用碱量为 1% 时，木质素脱出率为 57.65%，而黏度为 804.3 mL/g，基本上满足后续漂段对浆料的要求，而且白度较高，可以在一定程度上减少后续漂段药品的用量、降低成本。

3. 压力

如表 17-12 所列，氧压越高，脱木质素率越大，糖类的降解也越多。但与用碱量和反应温度相比，氧压的影响相对较小。生产上使用的氧压为 0.6～1.2MPa。

表 17-12　用碱量对大麻芯秆硫酸盐浆中浓氧脱木质素的影响

一段用氧压 /MPa	二段用氧压 /MPa	卡伯值	木质素脱除率 /%	黏度 /(mL/g)	黏度降低率 /%	白度 /%SBD
	0.3	9.14	53.08	891.2	14.71	57.42
0.5	0.4	9.02	53.70	874.3	16.33	58.26
	0.5	8.72	55.24	842.1	19.41	58.76
	0.3	8.25	57.65	804.3	23.03	60.07
0.6	0.4	8.61	55.80	786.3	24.75	60.72
	0.5	8.15	58.16	756.4	27.61	61.83
	0.3	8.30	57.39	801.8	23.27	59.62
0.7	0.4	8.27	57.70	783.6	25.01	60.91
	0.5	8.01	58.88	739.6	29.22	62.31

注：两段的温度均为 100℃；两段的用碱量为 3%、1%；所有药品用量均指对绝干浆。

由于氧脱木质素的反应是在气、液、固三相物质中进行，氧压的大小关系到反应过程中氧气在气、液、固三相物质中质量的传递，所以选取合适的氧压是非常重要的。在氧脱木质素开始阶段采用高氧压，可以急剧地脱除木质素，在较短的时间内，卡伯值明显下降；第二段实际上是一个抽提的过程，可以在较低的氧压下继续脱木质素，而且浆的强度损失比较小。在同一用碱量的条件下，提高一段氧压可以使木质素脱出率提高，但是纸浆黏度下降也较快，所以一段氧压不宜过高，选用 0.6MPa，而二段脱木质素只是对一段的加强，考虑到工厂的动力消耗以及实际应用，选用 0.3MPa 已经可以满足要求[30]。

二、中浓二氧化氯漂白技术

为了减少漂白废水中 AOX 排放量以满足环保的要求，国外，首先发展了以二氧化氯全部替代氯作为漂白剂的中浓二氧化氯漂白技术（记为 D）。常用多段 D 与中浓氧脱木质素段配合，形成中浓纸浆少污染漂白生产系统。目前，这一技术在发达国家已为相当多纸浆厂所采用。

CD_2 是一种具有很强的氧化能力的高效漂白剂，其漂白特点是能够选择性地氧化木素和色素，在相同有效氯用量条件下，所产生的 AOX 的量仅为 Cl_2 漂白的 1/5，而对纤维素没有或很少损伤。漂白后纸浆白度高、返黄少、浆的强度好。

（一）中浓二氧化氯漂白系统

常用的漂白系统有升流式和升-降流式，分别如图 17-12、图 17-13 所示。

（二）中浓二氧化氯技术的影响因素

影响中浓二氧化氯漂白的因素有 ClO_2 用量、反应温度、反应时间、pH 值及浆浓。

以针叶木硫酸盐浆漂白为例，对第一段常用的工艺条件如下：终点 pH 值为 2～3，反应温度为 40～70℃；浆浓为 10%～13%；反应时间为 30～80min；反应压力为常压；ClO_2 加入量为 1%～2%。对第二、三段的工艺条件如下：最终 pH 值为 3.5～4.5；反应温度为 55～75℃（对第三段为 60～85℃）；浆浓为 10%～15%；反应时间为 2～4h；压力为常压；

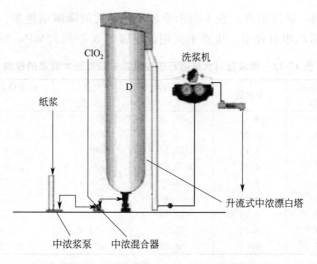

图 17-12　中浓纸浆升流式二氧化氯漂白

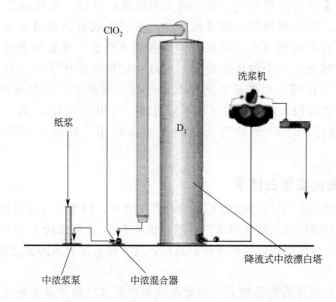

图 17-13　中浓纸浆升-降流式二氧化氯漂白

ClO_2 加入量为 $2\%\sim4.5\%$。

(三) 目前存在的问题

中浓二氧化氯漂白虽具有明显优点，但由于下列原因，目前在国内推广这一漂白技术还存在一定困难。

(1) 由于 ClO_2 容易分解，且浓度越高分解速率越快，具有爆炸性，这就决定了 ClO_2 需要现场生产。目前生产 ClO_2 的设备全都从国外引进，还没有完全国产化，价格相当昂贵，这是阻碍中浓二氧化氯漂白技术在我国发展的一个原因。

(2) 由于 ClO_2 具有很强的腐蚀性和剧毒性，在漂白纸浆时 ClO_2 浓度大于标准态，漂白温度又高，这就加速了 ClO_2 对设备的腐蚀，从国外进口的二氧化氯漂白段及下游操作段的设备常用钛钢制造，价格也相当昂贵，这是阻碍中浓二氧化氯漂白技术在我国推广的又一原因。

（3）ClO_2 制备成本高（一般接近 10000 元/t），用量又大，这就提高了纸浆漂白的生产成本。

三、中浓过氧化氢漂白技术

（一）中浓过氧化氢漂白的流程

由于环境对含氯漂白剂使用的限制，过氧化氢用于纸浆的漂白发展迅速，H_2O_2 既可作脱木质素剂，也可作漂白剂，中浓纸浆过氧化氢漂白（记为 P）已成为纸浆清洁漂白的重要组成部分。P 漂白已是一个较成熟的技术，它具有投资成本低，不产生 AOX，容易操作（常压）等特点，特别适用于非木浆的漂白。但 P 漂白还需要进一步解决下列问题。

（1）如何提高中浓过氧化氢漂白效率，这是关键问题。为达到这一目的，近几年我国各研究单位在不断探索，希望找出高效的激发 P 漂白的助剂，对纸浆进行 P 漂白前的预处理（记为 Q）。经 Q 处理后，可提高纸浆 P 漂白效率。

（2）针对非木原料化学组分特点研发相应的过氧化氢漂白预处理剂。这是目前造纸科技工作人员面临的重要课题。

（3）纸浆在高浓条件下进行过氧化氢漂白，与中浓相比，漂白效果好，白度增值高，但由于高浓过氧化氢漂白所需要的纸浆浓缩设备、高浓混合器及疏解机等价格高，流程复杂，增加了建设投资。

P 漂白段的工艺流程如图 17-14、图 17-15 所示，其流程结构与 D 漂白段的类似，但其相关设备不需用钛钢，可以用 304 钢制造，可节省投资。

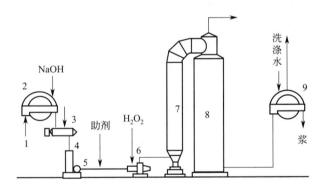

图 17-14　中浓纸浆过氧化氢漂白流程（1）

1—纸浆；2—洗涤浓缩机；3—蒸汽混合器；4—中浓浆泵立管量；5—中浓浆泵；
6—中浓高剪切混合器；7—升流漂白管；8—降流漂白塔；9—洗涤浓缩机

（二）中浓过氧化氢技术的影响因素

影响 P 漂白的因素有漂白反应温度、反应时间、H_2O_2 用量、NaOH 用量、浆浓以及相关漂白助剂用量。

用于芦苇浆的典型工艺条件如下：浆浓为 10%～12%；温度为 90～95℃；时间为 1.5～

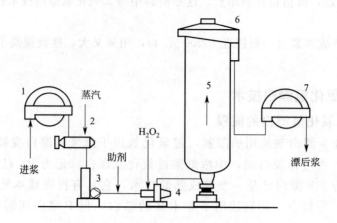

图 17-15　中浓纸浆过氧化氢漂白流程（2）

1—洗涤浓缩机；2—蒸汽混合器；3—中浓浆泵；4—中浓高剪切混合器；

5—漂白塔；6—塔顶排料装置；7—下一段洗涤浓缩机

2h；NaOH 用量为 $0.8\%\sim1.2\%$；$MgSO_4$ 用量为 0.5%；Na_2SiO_3 用量为 $2\%\sim3\%$；DTPA 用量为 $0.05\%\sim0.1\%$；H_2O_2 用量为 $2\%\sim4\%$。

参考文献

[1] 汪苹，宋云. 造纸工业节能减排技术指南 [M]. 北京：化学工业出版社，2010.

[2] 刘秉钺，曹光锐. 制浆造纸节能技术 [M]. 北京：中国轻工业出版社，1999.

[3] 崔红艳. 纸浆中浓混合技术与设备 [J]. 造纸化学品，2011，23（5）：6-11.

[4] 陈克复. 中高浓制浆技术与装置 [M]. 广州：华南理工大学出版社，1994.

[5] 陈克复，薛宗华. 中浓技术问答 [J]. 中国造纸，1989，8（3）：63.

[6] 刘士亮，李世扬，曹国平. 中浓打浆现状及前景 [J]. 纸和造纸，2000，（6）：19.

[7] 陈嘉川，谢益民，等. 天然高分子 [M]. 北京：科学出版社，2008.

[8] 刘士亮. 木浆中浓打浆技术应用效果研究 [J]. 中国造纸，2008，27（6）：41-44.

[9] 刘士亮. 麦草浆中浓打浆抄造生活用纸的生产实践 [J]. 中国造纸，2006，25（5）：31-33.

[10] 刘士亮. 竹浆中、低浓打浆效果的比较 [J]. 中华纸业，2008，（14）：57-58.

[11] 刘士亮，李广胜，雷利荣，等. 中浓打浆对废纸浆的优化处理 [J]. 中华纸业，2002，23（10）：38-39.

[12] 李世扬，刘士亮，李广胜，等. ZDPM 盘磨中浓打浆优化处理废纸浆 [J]. 造纸科学与技术，2003，22（1）：30-33.

[13] 石淑兰，何福望. 制浆造纸分析与检测 [M]. 北京：中国轻工业出版社，2009.

[14] 魏亚静. 不同浓度下中浓打浆对木浆纤维和纸页性质的影响研究 [D]. 广州：华南理工大学，2011.

[15] 李世扬. 高效节能中浓打浆技术及其生产应用 [J]. 轻工机械，2001（3）：35.

[16] 曹国平，刘士亮，李世扬，等. ZDPM 盘磨中浓打浆的生产使用效果（四）[J]. 广东造纸，2000，（4）：41-44.

[17] 李世扬. 高效节能中浓打浆技术及其生产应用 [J]. 轻工机械，2001，（3）：33-35.

[18] 刘涛. 多变量广义预测控制在打浆过程中的应用研究 [D]. 济南：山东轻工业学院，2002.

[19] 刘士亮，曹国平，陈中豪，等. 中浓打浆机理初探 [J]. 黑龙江造纸，1999，（3）：16-19.

[20] 陈克复，等. 造纸机湿部浆料流体动力学 [M]. 北京：轻工业出版社，1984.

[21] 刘士亮. 中低浓打浆的使用效果及打浆机理差异 [J]. 中国造纸学报，2008，23（4）：70-74.

[22] 陈克复，等. 制浆造纸机械与设备 [M]. 北京：中国轻工业出版社，2009.

[23] 张国光，译. 中浓筛选将减少浆厂所需设备 [J]. 轻工机械，1989，（3）：39-42.

[24] 李军，陈克复，莫力焕，等. 中浓纸浆漂白过程混合技术的研究 [J]. 中国造纸，2005，24 (12)：1-5.

[25] 陈克复，李军. 中浓纸浆清洁漂白技术的理论与实践 [J]. 华南理工大学学报，2007，35 (10)：1-5.

[26] 李军，陈克复，宣征南，等. 浓氧脱木素塔的设计与研究 [J]. 中国造纸，2004，(12)：1-6.

[27] 葛念超，王桂林. 中浓氧脱木素装置及 ECF 漂白控制系统的开发 [J]. 纸和造纸，2009，28 (8)：61-63.

[28] 史军伟，张奇媛，赵丽. 中浓氧脱木素技术与装备 [J]. 湖北造纸，2010，(1)：7-12.

[29] 谢来苏，等. 制浆原理与工程 [M]. 第 2 版. 北京：中国轻工业出版社，2008.

[30] 褚媛媛，等. 大麻芯秆硫酸盐浆两段中浓氧脱木素 [J]. 纸和造纸，2006，25 (6)：18-20.

第十八章 | 推荐制浆造纸过程 废汽综合利用技术

制浆蒸煮的浆料无论是对空放汽卸压倒料或是全压喷放放料都有大量恶臭气体排入大气层中，特别是废汽中所含的甲硫醇、甲硫醚、硫化氢等气体对人体的中枢神经系统有着强烈刺激，引起多种疾病，严重危害人民的身体健康和生产、生活，同时有大量的热汽散放在大气层中，不但造成环境污染，同时白白浪费了大量能源[1]。

第一节 制浆造纸过程中产生的废汽

一、 蒸煮过程中产生的废汽

（一）碱法制浆

传统的碱法制浆工艺，采用木料与碱液混合，利用锅炉产生的蒸汽进行蒸煮，锅炉产生的烟气则要进入脱硫塔，经石灰乳液喷淋后，方能排放。碱法制浆的蒸煮过程中产生大量的蒸煮废汽即碱性蒸汽，用 pH 试纸测试废汽冷凝液，得到的 pH 值是 10，说明其含碱量很高。碱性蒸汽虽然没有毒害，但会使空气中含有碱味，给周围环境带来一定的气味污染。在硫酸盐法制浆过程中有大量废汽排放到空气中，废汽中含有少量的硫化物，如硫化氢（H_2S）、硫醇（CH_3SH）、甲硫醇（CH_3SCH_3）等，这些含硫气体气味很大，对人体的危害也很大[2]。表 18-1 为硫酸盐法制浆造纸厂各工段排入大气的污染物量[3]。

表 18-1 硫酸盐法制浆造纸厂各工段排入大气的污染物量

污染物排放源	排气量/(m^3/t 浆)①		蒸汽量/(kg/t 浆)		硫含量/(kg/t 浆)	
	无控制	控制后	无控制	控制后	无控制	控制后
间歇蒸煮锅	9	—	1136	—	1.1	—
连续蒸煮锅	4	—	682	—	0.7	—
洗浆机	1980	—	114	—	0.2	—
蒸发站	9	—	—	—	1.6	—
碱回收炉	9340	9340	1954	1954	4.0	0.5
溶解槽	850	850	318	318	0.1	0.05
石灰窑	1270	1270	386	614	0.5	0.1
树皮锅炉	8500	8500	1363	1363	0.005	0.005
CEHDED 漂白	2270	2270	100	100	0.9②	
纸机	12200	11320	1227	728		
黑液氧化	—	990		318		0.1
合计	36400	34500	6280	5400	8.80	0.775

①标准状况下的气体体积。

②0.9kg Cl_2/t 浆。

H_2S 是硫酸盐浆厂污染气体中危害最大的污染气体，其毒性可与氰化氢相当或者更高，它除了引起局部刺激作用外，还危害呼吸器官，会引起血液中毒现象。

甲硫醇具有极大恶臭味，有催眠作用，高浓度会麻痹中枢神经，人体反复吸入甲硫醇后，由于与身体组织中的重金属有极强的亲和性，能使生命所需要的微量元素失去活性而排泄，因而十分危险；甲硫醇能被皮肤吸收，长期接触则致癌；甲硫醇还能使蛋白质发生变质。

（二）亚硫酸盐法

亚硫酸盐蒸煮液中，含有二氧化硫和相应的盐基（Ca^{2+}、Mg^{2+}、Na^+、NH_4^+ 等）。当二氧化硫溶解在水中，相应于不同的 pH 值，可以形成一系列的平衡形式。二氧化硫溶解在水中仅生成少量的亚硫酸（而往往又以磺酸的形式存在），这些溶液的酸度低的原因就在于此，而不是由于亚硫酸的离解度小的缘故。在温室下加入不同数量的不同盐基，由于盐基的溶解性不同，首先形成亚硫酸氢盐，然后再形成亚硫酸盐。二氧化硫的水溶液和含有大量亚硫酸氢盐的溶液中，在温度升高时更多的亚硫酸转化成二氧化硫和水，液面的二氧化硫分压上升，pH 值升高[4]。

在亚硫酸盐蒸煮过程中，连续蒸煮系统不会产生较大的空气污染，间歇蒸煮主要是放锅时产生大量蒸汽，含有污染物，热喷放时产生的二氧化硫较多，冷喷放时较少。亚硫酸盐浆厂各工序二氧化硫的排放量如表 18-2 所列。

表 18-2　亚硫酸盐浆厂排放的 SO_2 污染

污染源	SO_2排放量/(kg/t 浆)	
	未经控制	经控制
蒸煮放锅：热放法	30~75	1~25
蒸煮放锅：冷放法	2~10	0.05~0.3
多效蒸发站	1~30	0.025~1.0
酸回收系统	80~250	6~20
洗涤系统	0.5~1.0	
制酸系统	0.5~1.0	

二、洗涤过程中产生的废汽

蒸煮放锅后的纸浆在洗涤过程中会散发出大量的气体，其中有水蒸气、空气、易挥发的硫化物和萜烯类气体等。另外，洗浆机的黑液槽也排放少量臭气。洗涤过程中排放气体的量主要取决于洗浆设备和工艺、蒸煮黑液中挥发的硫化物的含量、洗涤液的 pH 值和温度等。黑液中挥发性硫化物含量高，相应排气中的硫化物就多；浆料洗涤水一般接近中性，黑液用水稀释后 pH 值降至 10 左右，该 pH 值低于甲硫醇电离平衡点，因而造成平衡向甲硫醇方向移动，但 pH10 左右仍在硫化氢平衡点（pH＝8.0）之上；洗涤液温度升高，硫化氢及甲硫醇挥发增强。此外，浆料及洗涤液的混合、湍动情况同样可增加气液两相接触界面，从而加速污染物的气化和扩散。

三、造纸车间产生的废汽

纸张抄造和涂布过程中的排气，主要是水蒸气及少量挥发性的有机物（与涂料和助剂有关）。

目前，造纸机是利用蒸汽进入烘缸来干燥成纸。当热气进入烘缸后，其蒸气压力逐渐变小，一部分蒸汽做功变成水，大部分成为低压蒸汽从烘缸内排出放掉。为使烘缸保持一定的高温，需要不停地向烘缸里输入蒸汽，同时烘缸也不停的排出低压蒸汽和冷凝水。烘缸所排出的低压蒸汽也称为乏汽或废汽。所排出的蒸汽量至少在输入蒸汽量的 20%～25%，正常情况下，造纸行业每制造 1t 纸约需要 1t 煤，按此比例，造纸中每使用 1t 煤，其中最少有 20% 的煤被浪费掉。如一座月产 500t 的造纸厂每月使用的煤是 500t，那么，所浪费的煤等于 100t，每年等于损失浪费 1200t。如果是月产 1000t 的工厂，那么每年损失浪费 2400t 煤。根据我国现实的统计资料表明，在不计新闻、文化、工业包装用纸，仅生活用纸（餐巾纸、卫生纸等），每年人均生活用纸量约 10kg（美国平均约 50kg），全国每年用于生活的用纸量为 $14 \times 10^8 \times 10kg = 140 \times 10^8 kg$，其中有 $140 \times 10^8 kg \times 20\% = 28 \times 10^8 kg$ 的煤被浪费掉[5]。

四、碱回收产生的废汽

碱回收工艺过程主要包括黑液蒸发、黑液燃烧、绿液苛化和白泥回收（石灰煅烧）四个部分。在这几个过程中，蒸发过程中产生废汽较多。在多效间接蒸发过程中，产生大量蒸汽，而且其中低沸点的污染物（主要是硫化氢和甲硫醇）随蒸汽及不凝性气体一起气化排出，污染气体一部分转移于冷凝水中，另一部分则呈不凝性气体状态。

直接蒸发过程中，碱回收炉的高温烟气与黑液直接接触，虽然烟气中的烟尘得到了净化，但是烟气会解吸黑液中溶解的硫化物等污染气体，因而排气中含有还原性硫化物，造成大气污染。因此，直接蒸发逐渐被取消。

第二节　蒸煮废汽的回收利用

蒸煮是一个高温、高压的化学反应过程，蒸煮结束后锅内的物料处于高温状态（160～175℃），其中蕴含很多热能。不少工厂对废汽的热能利用没有引起足够重视，把生产换热后的废蒸汽直接排入废水沟中，造成不小的浪费和污染环境[6]。一般情况下，1t 浆要放出 900～1000kg 蒸汽，蒸煮小放汽放出 100kg 左右（这要视小放汽的时间长短和放汽次数而定）由蒸煮的最高温度 160～170℃，下降到 100℃ 左右，每吨浆可排出 2303MJ 的热量。还有造纸厂对废汽的回收利用大部分是将蒸煮废汽直接通入装有水的罐中冷凝吸收，其弊病一是在吸收罐内产生剧烈的水锤和较大的噪声，既缩短了设备使用寿命，又造成了工作环境的噪声污染；二是在放汽过程中，随着球内压力的不断降低，废汽排出速率减慢，延长了放汽时间，同时接近放汽终了时尾汽不再逸出使废汽不能全部回收；三是不凝有害气体仍可逸出，污染环境。因此，解决制浆造纸过程中产生的废汽的利用问题迫在眉睫[7]。

一、废汽热回收

在制浆造纸中，一般采用的蒸煮工艺，有大量蒸汽产生，为回收蒸汽的余热，目前有各种废汽余热回收设备，在这些废汽余热回收设备中的废汽余热回收器最典型的为喷水管加隔板式，其主要缺点是[8]：① 喷水管容易堵塞，对水质要求较严；② 容易结垢，易堵塞喷水管上的喷水孔，最后使喷水效果不佳；③ 堵塞后不易维修，甚至只能更换，提高了使用成本；④ 隔板设计不合理，蒸汽、水运行阻力大，并易产生振动。

浆料在热喷放时，每吨浆闪蒸的蒸汽量为1t，这部分热量可冷凝为热水加以利用。余热回收方法有直接利用法和间接利用法，直接利用法是蒸汽与冷水直接接触，变成污热水，多用于配碱；间接利用法是将污热水经过热交换器把热量传递给清水，得到清洁热水，多用于洗浆和漂白。

现代漂白硫酸盐木浆厂的热电平衡数据见表18-3，以一个日产1615t漂白硫酸盐木浆厂为例[9]。

表 18-3　漂白硫酸盐木浆厂的热电平衡数据

项　目	单独纸浆厂（树皮出售）	单独纸浆厂（树皮焚烧）	制浆造纸综合厂（树皮焚烧）
(1)蒸汽产生量			
黑液燃烧炉(以吨风干浆计)/kJ	18.0	18.0	18.0
树皮等焚烧炉(以吨风干浆计)/kJ	—	4.2	4.2
(2)蒸汽消耗量			
制浆过程(以吨风干浆计)/kJ	11.7	11.7	9.0
造纸过程(以吨纸计)/kJ	—	—	6.5
背压发电机组(以吨风干浆计)/kJ	3.2	3.2	4.4
转变为电力(以吨风干浆计)/kJ	3.1	7.3	2.3
(3)发电量			
背压机组(以吨风干浆计)/(kW·h)	870	870	1200
抽汽冷凝机组(以吨风干浆计)/(kW·h)	300	710	225
合计(以吨风干浆计)/(kW·h)	1170	1580	1425
(4)耗电量			
制浆过程(以吨风干浆计)/(kW·h)	660	700	550
造纸过程(以吨纸计)/(kW·h)	—	—	650
出售电力(以吨风干浆计)/(kW·h)	510	880	225

该厂设有碱回收燃烧炉及流化床燃烧炉（以树皮等为燃料）各一台，生产的高压蒸汽（9.1MPa、490℃）先经抽汽、背压机组发电。抽出的中压汽（1.25MPa、205℃）用于蒸煮、氧漂、蒸发站（少量用于冲散熔渣）及苛化工段（少量用于冲洗滤网）等；低压蒸汽（0.41MPa、145℃）用于备木、洗浆、漂白、漂白纸浆干燥、蒸发站、石灰回收炉、塔罗油回收、碱回收炉及空气压缩机等。

（一）利用废汽的回收系统

如图18-1所示为喷射式冷凝器热回收系统，系统主要由汽-水直接接触的喷射冷凝器（又名混合式冷凝器）、污冷凝水收集槽、螺旋热交换器、热水槽等组成。从喷放锅来的废汽，从切线方向进入旋浆分离器，分离后的浆料回流到喷放锅，废汽进入喷射式冷凝器，热量被冷水吸收，污热水经过过滤器进入热交换器，污热水冷却后回污水槽，清洁热水在温水槽中后送洗浆或漂白工段[10]。当然也可以使用其他形式的热交换器，如板式交换器。

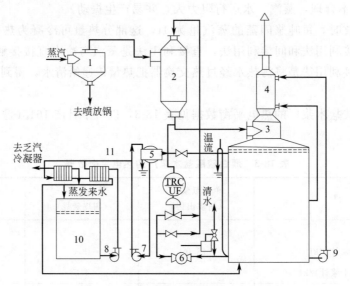

图 18-1 喷射式冷凝器热回收系统

1—旋浆分离器；2—喷射式冷凝器；3—污水槽；4—后位冷凝器；

5—过滤机；6—放锅泵；7—热污水泵；8—温水泵；

9—冷污水泵；10—温水槽；11—板式换热器

该系统的余热回收率达 75%，洗浆用水达 85℃。旋浆分离器和喷射式冷凝器是系统中利用热能的主要设备，其常用规格如表 18-4 所列。

表 18-4 热回收旋浆分离器及喷射式冷凝器规格

名称	旋浆分离器	喷射式冷凝器	
型号	ZJF$_{12}$	ZJF$_{15}$	ZJF$_{16}$
器体内径/mm	2500	1150	1400
器体高度/mm	4700	5228	5450
进汽口直径/mm	600	—	—
出汽口直径/mm	800	—	—
出浆口直径/mm	200	—	—
冷凝能力/(kg/min)	—	1200	1800
配用喷放锅容积/m³	—	225	330

采用喷射泵吸收废汽的主要优点是：在喷射泵内汽、水接触充分，吸收良好，避免了在吸收罐内汽、水直接混合产生的水锤噪声，并由于循环水的真空作用，加快了尾汽的排出速度，缩短了放汽时间，有利于生产。在操作时注意送入喷射式冷凝器的冷却水，温度应不超过 40~45℃，而喷射式冷凝器的水温应不超过 90~95℃，此外，小放汽和大放汽时放出的气体可以通过另外的螺旋热交换器加热清水，在松木蒸煮时可同时回收松节油。缺点是：它靠进入冷凝器的冷却的冷凝液的流量来保持热冷液的温度恒定，但是当喷射器中水流速度发生变化时它的喷射作用将变差。

蒸煮中大气污染物的控制方法是先对蒸煮小放汽、大放汽和喷放气体进行有效地冷凝，然后，将冷凝后的不凝性气体收集起来进行燃烧处理。此方法在减轻或者消除大气污染物的同时也回收了大、小放汽的热量。

典型间歇蒸煮小放汽及喷放气体冷凝和热回收系统流程参见图14-19。若蒸煮针叶木，小放汽的气体从锅顶排出，经分离器将药液与气体分离，气体进入冷凝器冷凝，所得液体通过松节油分离器将松节油与冷凝水分离得到松节油。

浆料喷放时，浆料与气体由蒸煮锅喷入喷放锅。蒸汽从喷放锅顶部排出进入一级冷凝器（为防止蒸汽夹带黑液和纤维进入冷凝系统，国内工厂多在喷放锅与一级冷凝器之间安装旋浆分离器，将蒸汽与纤维和黑液分离后。蒸汽再进冷凝器），从冷凝器出来的污热水与清热水在热交换器中进行热交换。便得到清热水，可用于纸浆洗涤等。

（二）间接利用废汽

采用喷放锅的大、中型纸浆厂，一般采用间接利用法。

1. 汽相转注

对于间歇蒸煮设备可以采用汽相转注的方法，就是把蒸煮终了时锅内高温高压蒸汽（包括一部分碱液）经减压而转移注入到初温锅内，即把通常大放汽时产生的蒸汽直接用于另一初温锅的升温。从理论上，转注是简单易行的，而在实际运行中实施高效率的"转注"则并非易事，它需对不同的生产系统具体分析、统筹安排。采用"汽相转注"可使初温锅升温10~12℃，平均转注汽量约为220kg/t浆。

徐建华[11]发明了一种蒸煮废汽回收设备，涉及制浆废汽的处理和废汽热量的回收，它由蒸球、热交换器、黑液反应器、泛能回收器、气动执行器、能使废汽作二次蒸煮利用的汽相转注和带配汽室的热能回收槽等几部分组成，蒸球内设径向喷射管和单向阀。热交换器的加热管大端部设一定位圈，并水平置于热能回收槽中。既克服了密闭的回收网络阻力，又能快速回收因减压蒸发产生的二次蒸汽和低压废汽。达到了只需朝天放汽1/3~1/2的时间内完成卸压放料，并使噪声降低至排放标准之内的效果[12]。

2. 蒸发黑液

蒸煮大放气或喷放锅与浆分离的废汽，可送至双效蒸发器，用来蒸发废液。稀黑液浓度为固形物含量16%，每吨风干浆可提取10t黑液，放锅排汽送双效蒸发器，其热衡算见图18-2。

由图18-2可以看出，利用放锅蒸汽2303MJ的热量可以把固形物含量为16%，10t的稀黑液增浓至19.3%，每吨风干浆可蒸发出1.73t污冷凝水，并可把13.7t的20℃冷水加热至70℃，用于洗浆。对于黑液浓缩来说（由16%浓缩至64%），每吨浆的蒸发量为7.5t水，使用放锅排汽用于双效蒸发可减轻负荷大约23%。

蒸发放汽还可以利用带汽提的降膜蒸发器来蒸发稀黑液，如图18-3所示。通过降膜蒸发器，并辅以热泵，可以将固形物含量为16.2%的黑液，蒸发到浓度为22.6%的半浓黑液。每吨黑液要蒸发去除0.283t水。而对于要蒸发到64%浓度的黑液，要去除0.747t水而言，由降膜蒸发器辅以热泵所蒸发的水量可占总蒸发水负荷的37.9%。这种降膜蒸发器还带有汽提去除BOD的作用。稀黑液带入的175kg/h的BOD和蒸煮排汽带来的77kg/h的BOD，约80%204kg/h的BOD从占进入蒸汽10%的不凝气中带出，可由废汽处理系统处置后消除污染，而污冷凝水的BOD负荷可大大降低，为废水处理系统减轻了负担。在美国和新西兰

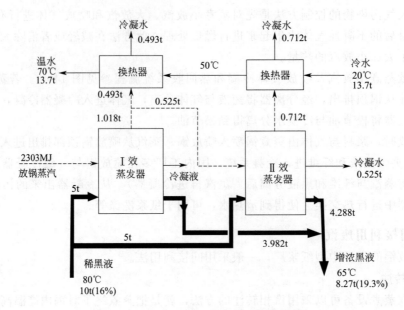

图 18-2　放锅排汽双效蒸发黑液热衡算

的造纸厂有使用这种降膜式蒸发系统的。据统计，回收系统的投资在 2～3 年的时间就可回收，而且对环保带来好处。

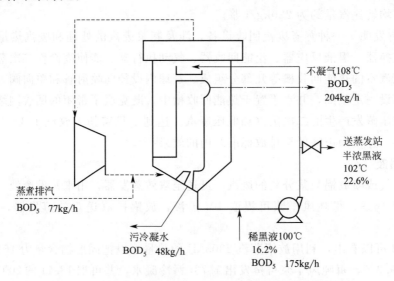

图 18-3　降膜蒸发器——热泵系统利用放锅排汽蒸发稀黑液

四川宜宾造纸厂经过与国内设计科研单位合作，也成功地采用了低能耗间歇蒸煮技术，运行的实践表明该技术与常规的间歇蒸煮相比，其有如下显著的优点。

（1）通过热能复用，可大幅度降低制浆能耗，节约蒸汽达 50%。

（2）减少升温时间，从而缩短蒸煮时间 20%，提高了生产能力。

（3）冷喷放比热喷放的纸浆质量高而稳定，纸浆强度提高 5%～10%，这对于以草浆为主的制浆造纸厂是个非常重要的指标。

（4）减少臭气对大气的污染，使气态硫少飞失 90%，这是热喷放不易解决的技术难题。

（5）热置换后的纸浆洗涤效率可提高 25%。

（6）在汽蒸和预浸后，能明显降低碱耗，可节碱20％。

（7）可防止过煮，保持浆的质量。

（8）置换热黑液提取的浓度、温度比一般真空洗涤高，可降低黑液蒸发的能耗。对于年产3×10^4t浆的制浆厂，100万元的改造费用，不到一年的时间就可从节能、节碱的效益中收回全部投资。

3. 采暖

20世纪60年代我国研制成功亚铵法制浆技术，目前，亚铵法制浆废液处理国外采用高压多效蒸发器蒸发，国内也引进高压多效蒸发器蒸发制浆废液，该方法存在着投资大和操作不易掌握的问题；国内还采用亚铵法制浆废液常压蒸发，此方法存在着耗能高和污染环境的问题。鲁远镇等人[13]发明亚铵法制浆废液常压蒸发排出的废汽回收利用方法，该发明主要解决投资与耗能比不合理和污染环境的问题。该发明用集汽罩回收废汽，利用回收废汽第一次蒸发废液，利用废汽第二次蒸发废液加热水，加热的水用于采暖。

亚铵法制浆废液采取引进的高压多效蒸发器蒸发废液的方法，日生产100t的纸厂蒸发废液需投资1000多万元，蒸发1t水需用0.3t汽，该方法具有耗能低的优点，存在着投资大的问题。亚铵法制浆废液常压蒸发废液方法，日生产100t的纸厂蒸发废液需投资30～50万元，蒸发1t水需用汽1.4t，此方法虽然投资少，但是，存在着耗能高和污染环境的问题。该发明蒸发1t水需用汽0.5t，日生产100t的纸厂蒸发废液需投资100多万元，该方法与上述两种方法比，具有投资与耗能比合理、无环境污染的优点。该发明2年左右可以收回投资。图18-4是亚铵法制浆废液常压蒸发排放的废汽回收利用方法。

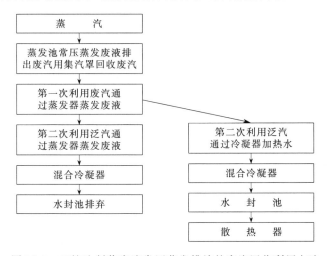

图18-4 亚铵法制浆废液常压蒸发排放的废汽回收利用方法

（三）直接利用废汽

直接利用法是蒸汽与冷水直接接触，变成污热水，多用于配碱。

间歇蒸煮喷放时释放的蒸汽量，一般情况下，每吨浆要放出900～1100kg蒸汽，蒸煮小放汽放出100kg左右（这要视小放汽的时间长短和放汽次数而定）。由蒸煮的最高温度160～170℃，下降到100℃左右，每吨浆可排放2303MJ的热量，这部分热量可采用直接接触法回收热能，或直接用于化碱，或通过换热器产生净温水。图18-5为使用喷射冷凝器回收喷放锅放气的工艺流程。为使该流程达到较好的节能目的，应当做好下列工作。

① 设备选型要合适，如污热水泵的流量、污热水槽的容积、高度和热交换器交换面积

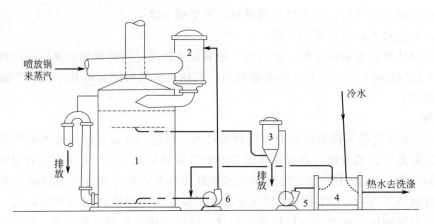

图 18-5　喷放锅余热回收工艺流程设备

1—污热水槽；2—喷射冷凝器；3—过滤器；4—换热器；

5—污热水泵；6—冷凝水泵

的计算及选型与实际余热数量及排放废气的速率相适应。

②从喷放锅带入污冷凝水中的少量纤维堵塞热交换器的问题，可以通过更换固定过滤器为过滤机来解决，以提高传热效果。

③选择易拆洗的、传热效率高的波纹板式换热器。

④适当提高∩形溢流管的高度，以保证污水槽的最低水位，防止污热水泵出现"喘气"而不能正常工作的现象。

⑤安装自控仪表，对喷放锅所需的冷凝水的数量进行自动调节[14]。

如果把每吨喷放的 2303MJ 余热用来把 20℃的水加热至 70℃，则可生产出 11t 的 70℃的温热水。也可以直接利用污热水配碱，这样既利用了余热，节省了能源消耗，还可以达到节水的目的。表 18-5 为污热水利用前后的对比。

表 18-5　污热水利用前后对比

项目	洗浆与化碱用汽 /(t/锅)	节汽/(t/锅)	日放 6 锅节汽/t	月节汽/t	折合标准煤/t
污热水利用前	4.4	—	—	—	—
污热水利用后	2.335	2.065	12.39	371.70	40.85

黄艺、谢庆发明了一种浆粕蒸煮废汽的综合利用方法。该发明在于：各蒸球的进气端、配碱装置分别与蒸汽总管通过管线并联连接，使蒸球和配碱装置可以分别使用一次蒸汽；蒸球的出汽端分别与废汽收集罐连通，使蒸煮后的废汽可以进入废汽收集罐；废汽收集罐与浆粕配碱装置的升温管连通，使废汽收集罐内的废汽可以直接用于配碱装置配碱消耗。图18-6是该装置的结构。

如图 18-6 所示，在蒸汽总管 1 与蒸球 2 之间分别用蒸汽管路连接，目的在于对蒸煮管网采用多回路布置设计方式，以增加进汽总管与蒸球主蒸汽管之间的蒸汽进入量，解决多个蒸球同时升温时蒸汽通入量不足问题。同时，蒸煮废汽通过管路连接进入到配碱工序，将原配碱使用的一次蒸汽升温，改为使用蒸煮废汽升温，既可节约蒸汽消耗量又可缓减热交换器换热能力不足所带来的环境污染问题。

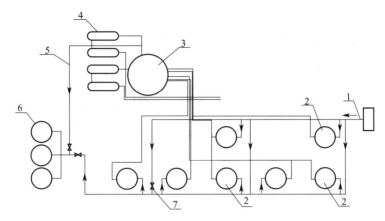

图 18-6　浆粕蒸煮废汽利用装置

1—蒸汽总管；2—蒸球；3—废汽收集罐；4—热交换器；

5—升温管；6—浆粕配碱装置；7—阀门

二、　废汽中有毒气体的控制

对于制浆造纸企业来说，废汽中的污染物主要是恶臭气体。恶臭主要产生于硫酸盐法制浆的企业，包括蒸煮放汽、多效蒸发器不凝气和碱回收炉排气。来自蒸煮器和蒸发器的废汽和冷凝水浓度较高，溶剂较小，这类气体属于高浓度低容积气体（HCLV），称为高浓臭气[15]。我国现在还没有制浆造纸企业臭气等有害气体排放的国家标准[16]。

硫酸盐法制浆生产过程中，除节机、洗浆机、黑液储槽、塔罗油回收系统、黑液氧化等排放的废汽量大、污染物浓度低；蒸煮、蒸发和污冷凝水汽提排出的不凝性气体，虽然数量不大，但污染物浓度较高。通常可在每一污染源装设集气系统，并将各污染源连接起来，进行集中处理。

处理方法有燃烧法、氯化法、空气氧化法、液体吸收法、微生物法等。其中以燃烧法最经济，效果最好，应用较普遍。液体吸收法比较安全，并可回收硫。燃烧法是将收集的恶臭气体送到锅炉、石灰窑或碱回收炉内燃烧分解，其中石灰窑和碱回收炉内燃烧处理，有利于含硫气体分解，最为有效和可行，不需要另建燃烧装置，并可回收部分热量。

在硫酸盐制浆过程中，高浓臭气是从蒸煮器和蒸发器排除，一般送去石灰窑或碱回收炉焚烧[17]。典型的不凝性气体燃烧系统如图 18-7 所示。不凝臭气从流量平衡装置引入了冷凝洗涤器，除去水蒸气和松节油，经火焰灭阻器，再进入石灰窑的一次风管，与空气混合而稀释，最后在窑内燃烧。生成的二氧化硫大部分与石灰结合，变为亚硫酸钙。具生产实践证明，不凝臭气在石灰窑内燃烧，无论对回收的石灰质量或对苛化系统的操作都无不良影响。为了避免未被吸收的二氧化硫排放对大气的污染，石灰窑的废气应装设碱液（或白液）洗涤器洗涤。

不凝性气体洗涤的目的在于除去其中部分硫化物和残余水蒸气，以进一步回收硫，并冷却气流，减少气流体积，同时可防止松节油烟雾引起燃烧装置故障。洗涤液可以用碱液或者白液，常采用填料塔进行逆流洗涤。

高浓不凝性臭气可与三次风回合送至碱回收炉燃烧，烟气中二氧化硫浓度比石灰窑燃烧排气中低得多。不凝臭气还可用液体吸收法处理，即先用白液洗涤吸收其中的硫化氢和甲硫

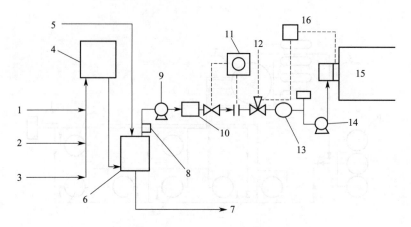

图 18-7　典型不凝性气体燃烧系统

1—蒸煮锅小放汽及喷放不凝气体；2—多效蒸发器的不凝气体；
3—松节油滗析器不凝气体；4—流量平衡装置；5—洗涤液进口；
6—冷凝洗涤器；7—洗涤液出口；8—破裂片；9—辅助鼓风机；
10—冷凝水捕集器；11—流量记录及控制装置；12—旁通阀；
13—火焰阻灭器；14—鼓风机；15—石灰窑或回收炉；16—火焰阻灭控制器

醇，再用氯水或者漂白废水吸收处理剩余的有机硫化物。

目前潍坊恒联浆纸有限公司发明了一种碱法制浆蒸煮废汽的处理方法，这种方法是将碱法制浆产生的蒸煮废汽通入脱硫塔，使之在脱硫塔内与脱硫塔喷淋的石灰乳液和进入脱硫塔内的锅炉烟气相混合，以使从脱硫塔排出的烟气中，Na 含量在 $100mg/m^3$ 以下，K 含量 $50mg/m^3$ 以下。利用该方法将碱法制浆产生的蒸煮废汽预处理，即蒸煮废汽先流经汽水分离器，汽水分离后进入热交换器进行热量交换，热量交换后蒸煮废汽进入温水罐，经热交换器产生的冷凝水喷淋后，蒸煮废汽再进入脱硫塔。在进入脱硫塔的锅炉烟气流量为 $154000m^3/h$ 和浓度为 8% 的石灰乳液喷淋量一定的情况下，利用控制蒸煮废汽进入脱硫塔的阀门，控制蒸煮废汽的流量，使进入脱硫塔的蒸煮废汽的流量为 $5086m^3/h$，使蒸煮废汽与烟气和石灰乳液混合。经测量，从脱硫塔排出的烟气中 S 含量为 $288.7mg/m^3$，Na 含量为 $82.1 mg/m^3$，K 含量为 $8.9mg/m^3$。

三、回收松节油

硫酸盐木浆在蒸煮过程中放汽时，低沸点易挥发有机化合物随同逸出，主要是粗松节油，蒸煮松木时每吨纸浆可产 7～12kg，含有 α-蒎烯、β-蒎烯、单环萜烯、混有甲硫醚、硫醚等杂质。生产中经冷凝放出的气体及倾析分离即可收到粗松节油，收集后先进行分馏，然后用漂粉处理清洗，用活性炭脱色和吸臭，制得纯净的松节油，可用作溶剂合成香料和精细化工品。从蒸煮废汽中回收硫酸盐松节油，是根据国内大纸厂的经验，结合小纸厂的设备而设计的，设备简单，投资少，见效快，具有显著的经济效益、社会效益、环境效益[18]。

梧州市造纸厂在生产硫酸盐木浆中成功使用一套粗松节油回收系统（投资 10 多万元），每吨木浆可回收 5.2～8kg 松节油。这对环境保护和回收副产品增加经济效益有着积极的意义[19]。

第三节　机械法制浆中废汽的回收利用

如表18-6所列为几种机械浆的单位能耗，从表中可以看出，各种机械浆的单位能耗，主要消耗于磨浆过程，据研究，消耗于磨浆能量的95%是以废热蒸汽的形式散发出来，可分为回流蒸汽和喷放蒸汽，这些废热蒸汽具有热值高，热蒸汽集中的特点。虽然这部分热蒸汽还夹带着纤维、木屑、空气及其他杂质，并呈酸性，但仍然很有回收价值。这些回流蒸汽和喷放蒸汽可以分别收集，单独或混合加以利用。考虑到回收装置的热损失，大约有80%的能耗可以被回收和利用，这样可使TMP制浆的总能耗减少18%，如果处理得好，甚至会比SGW的能耗还低[20]。

表18-6　几种机械浆的单位能耗（游离度CSF100mL）

项目	SGW	PGW	RMP	TMP
剥皮/（MJ/t）	35	38	35	35
削皮与筛选/（MJ/t）	—	—	55	55
木片的洗涤/（MJ/t）	—	—	20	20
磨石磨木机磨浆/（MJ/t）	4105	4335	—	—
盘磨机磨浆/（MJ/t）	—	—	4930	6370
筛渣盘磨机械浆/（MJ/t）	540	650	900	900
辅助机械/（MJ/t）	540	540	540	540
压缩空气/（MJ/t）	—	20	—	—
总计/（MJ/t）	5220	5580	6480	7920

一、　回收方法

预热木片磨木浆（TMP）是把洗涤后的木片在蒸汽压力为0.1~0.25MPa，110~125℃加热2~3min，并在此压力下送入盘磨机磨解成浆；也可在第一段后，在常压下，再用盘磨机经过第二段磨浆后成浆。和其他机械浆比较，该方法具有强度大、纤维束低的特点。TMP制浆过程需消耗大量的电能用于解离及帚化纤维，其中部分电能转化为热能，致使磨浆过程产生大量的蒸汽（简称TMP蒸汽）。特别是一段的带压磨浆，产生的蒸汽量大且带有一定压力，蒸汽与浆料混合在一起，还夹带有部分细小纤维、有机物等，经过旋风分离器将蒸汽与浆料分离后，进入蒸发器的管程，与壳程流动的脱盐水进行间接热交换，所得的热回收蒸汽供其他车间使用[21]。通常在木片预热器的上面可得到300~400kg/t浆的蒸汽。这蒸汽含有很少的空气，压力不大，温度可达120℃，第一段盘磨机之后的旋风分离器出来的蒸汽量为600~1000kg/t浆。这蒸汽含有一些空气，常压，温度95~99℃。从第二段盘磨机、螺旋输送机和浆槽可以得到很多蒸汽，其数量400~800kg/t浆。然而，这些蒸汽含有很多空气，温度通常为90℃[22]。

TMP热回收系统回收的热能的数量，回收热能的参数（主要是蒸汽的压力），回收热能的洁净度直接影响回收热能的使用及经济效益。机械制浆的废热回收，根据其性质，可采取直接加热和间接加热的方式进行。

直接回收是把排出的蒸汽直接用于加热木片或白水。由于蒸汽是酸性的，并夹带纤维等杂质，所以直接回收蒸汽的用途是有限的。特别是为了防止树脂的积累，直接回收蒸汽用于生产过程受到限制。

间接加热是用换热器，间接加热空气和水。当要加热的空气与制浆系统距离较远时，可以考虑用乙二醇-水作为热交换的介质，因为乙二醇具有沸点高，比体积小的优点，间接加热它，然后泵送至使用点，用后再送回热交换器用废热再间接加热，以提高其温度。

间接加热可用来加热空气，用于纸机的袋通风，锅炉喂料，车间的取暖和顶部的通风，间接加热还可以用来加热清水，用作锅炉供水，生产喷淋水、洗涤水、制浆用水及生产用水。上述回收的热能品质较低，使用的范围有限。更有利的热能回收方式是通过压力旋风分离器，回收压力较高的废热蒸汽，通过降膜式蒸发器或其他形式的换热器以生产出清洁的新蒸汽，用于纸机的干燥部，由于采用这种方法回收的新蒸汽压力较低，仅 0.26MPa，所以往往还要采用热泵（蒸汽喷射式热泵或蒸汽压缩式热泵），把新蒸汽压力提高到 0.41MPa，用于纸机干燥部。图 18-8 为机械制浆废汽热回收热量及其用途。

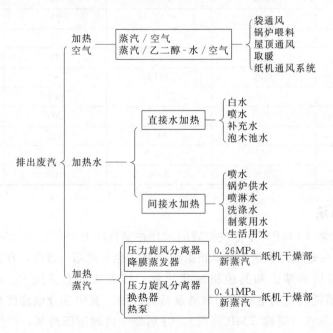

图 18-8　机械制浆废汽热回收热量及其用途

二、　回收系统

机械制浆的热回收技术虽然已进入工业化阶段，实际采用的流程，根据回收情况和工厂条件的不同，各个工厂也有较大的差异。图 18-9 为 Tandem 方式的 TMP 生产流程，这种 Tandem 方式使用两段压力磨浆，可以直接获得高压蒸汽，经过压力旋风分离器，通过煮沸器，1t 浆可获得 0.41MPa 压力 2.1t 送纸机干燥部。还有一部分热量用于加热木片。由于不使用热泵，所以以这种方式更有利于废汽的热回收。

三、　热回收设备

为了净化从 TMP 系统回收的热能，保持废汽较高的压力，与带压磨浆相匹配的主要设备有旋风分离器、煮沸器等。

为动力，可把 0.28MPa 的蒸汽压缩为 0.34MPa 供纸机的干燥部使用。

第四节 造纸废汽的回收利用

国内老式纸机普遍采用单段、一段或二段通气方式的常规供热干燥系统。其中一段通气供热系统中，纸机干燥部全部耗用新蒸汽，在每段缸前采用阀门来调节进入烘缸的蒸汽压力和蒸汽量，从烘缸排到大气中的蒸汽凝结水中夹带大量的废热蒸汽，浪费热能，还造成环境污染[23]。在一段或二段通汽供热系统是多段串联逆向蒸汽供热，在各段烘缸间依靠汽水分离的闪蒸蒸汽与凝结水系统的压差推动蒸汽进行热力循环。高温段烘缸排出的蒸汽凝结水通过汽水分离，产生的一次蒸汽供给低温段烘缸。存在以下缺点：①无法单独调节纸机各段烘缸温度，不利于建立适合各种纸张要求的最佳烘缸温度曲线。低温段烘缸利用一次蒸发汽为热源，不利于单独调节各段烘缸所需要的蒸汽压力和流量；②烘缸中的凝结水难以通畅排出，烘缸内积水造成表面传热强度降低，影响成纸质量和产量；③浪费能源污染环境，用蒸汽吹出烘缸中的凝结水，破坏了烘缸各段用汽的平衡，同时热力系统排出的凝结水中带走大量的蒸汽。

一、 纸机干燥部废汽的热回收

在纸页的生产过程中，纸机干燥部是整个造纸厂能耗最大的部位，其蒸汽消耗占纸生产成本的 5%～15%[24]。烘缸干燥部是通过蒸汽方式供热干燥纸页脱除水分的，当热蒸汽进入烘缸后，其蒸汽压力逐渐变小，一部分蒸汽做功变成水，大部分成为低压蒸汽从烘缸内排出放掉。为使烘缸保持一定的高温，需要不停地向烘缸里输入蒸汽，同时烘缸也不停地排出低压蒸汽和冷凝水。

现代造纸机干燥部的通风系统中设有这种废蒸汽的热回收装置，利用排出的热空气来加热送入车间的室外空气和加热生产上所需要的热水，经过生产实践，这也是一项有效的节能措施。

如图 18-11 所示是一个与水加热器结合的热回收装置。废汽一般在垂直方向通过热回收器。而新鲜空气一般是水平的与废汽垂直通过，两股气流用有波纹的不锈钢板隔开，水加热器与空气热交换器结合可以达到较好的回收效果。在空气热交换之前，把冷水喷洒到湿热蒸汽中，大量的热释放出来，并且有些水分从空气中冷凝出来。在流过空气热交换器之后再向湿热气体喷洒更多的冷水，回收剩下的热量。湿热气体的进一步冷凝出现在空气热交换器和第二次水加热器之间。由空气热交换器预热后的新鲜空气。再经过一个用生蒸汽加热的补充加热器，供给纸机或车间通风之用。

二、 烘缸废汽循环利用

针对现有技术的不足，王翠萍发明了一种造纸烘缸废汽循环利用装置，包括烘缸、锅炉蒸汽输出管，其中在烘缸侧设有废汽储罐，该废汽储罐与烘缸的废汽排放口之间设有管道连通；锅炉蒸汽输出管与高低压射流混合器的进汽口连接，废汽储罐的下部或顶部与高低压射流混合器的吸汽口管连接，烘缸的进汽口与高低压射流混合器的出汽口之间设有管道连通；在高低压射流混合器的进汽口、出汽口两边分别设有控制阀门；在锅炉蒸汽输出管与管道之

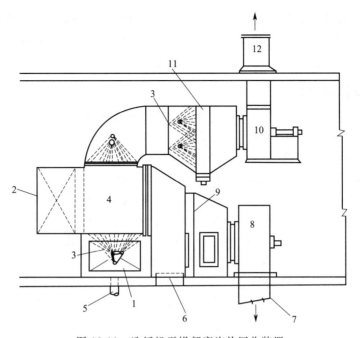

图 18-11 造纸机干燥部废汽热回收装置

1—气罩排气管道；2—新鲜空气入口；3—水加热器；4—热回收器；5—热水出口；

6—循环调节风门；7—干毯、车间和屋顶空气供给管；8—供气风机；

9—用蒸汽加热空气的盘管；10—排风机；11—消雾器；12—排风道

间设有旁通管道连通，旁通管道设有控制阀门；在废汽储罐下部设有带阀门的排水管。图 18-12 为造纸烘缸废汽循环利用的装置。

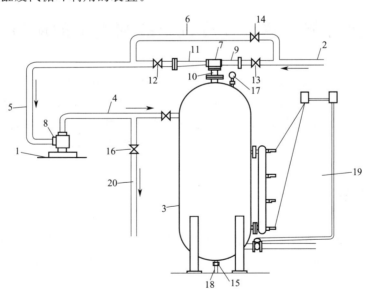

图 18-12 造纸烘缸废汽循环利用装置

1—烘缸；2—锅炉蒸汽输出管；3—废汽储罐排放口；4、5、6—管道；

7—高低压射流混合器；8、9—进汽口；10—吸气口管；11—出汽口；

12、13、14、15、16—控制阀门；17—气压表；

18—排污管；19—液位控制器；20—排空管道

本装置在具体使用时，是利用废汽储罐 3 来储存烘缸 1 排出的低压废汽，并进行汽水分离，再利用高低压射流混合器 7 将废汽储罐 3 中的低压废汽与锅炉的高压蒸汽混合后重新进入烘缸 1 内循环使用，连续运行，以降低能源消耗。

三、 蒸汽制冷技术

对三次蒸汽（低压蒸汽）进行有效利用，可以实施蒸汽制冷工程，例如广州造纸集团的蒸汽制冷工程选用三台溴化锂为制冷剂的蒸汽制冷机组，以蒸汽制冷代替电力制冷（即电空调），实施了热、电、冷三联供。电空调设备用电制冷量，每供 1kW 冷量，冷气耗电为 0.3583kW·h。而利用热能配合溴化锂制冷机组每供 1kW 冷量，冷气耗电为 0.08415kW·h（主要是蒸汽制冷机组水泵用电量）。外供入多于蒸汽供四台溴化锂制冷机组，每小时制冷量为 8140kW，供全公司所有生产车间设备和办公冷气，1 年可节约用电 1120×10^4 kW·h，相当于一年节标准煤 1376t，节电量的节约价值为 400 万元。另外，集中蒸汽制冷后，原 700 台电空调全部取消，一年可减少电空调的维修费用约 40 万元。

溴化锂制冷机组有以下特点[25]。

（1）用 85℃ 以上热水或常压、微压蒸汽作为热源，制取 5℃ 以上低温水，供工业生产或中央空调使用。整机只有两台小型屏蔽循环泵用电，因此耗电极小。

（2）无环境污染，安全可靠。因机组内是溴化锂水溶液，且在负压下运行，无毒无味，更无爆炸、泄漏的危险，噪声低，运行安全。

（3）负荷调节范围广，机组可在 10%～100% 范围内调节制冷量，性能稳定。

（4）机组结构紧凑，占地面积小，易于安装。

第五节　热泵在废汽回收利用中的应用

热泵是近年来得到人们重视的一项节能技术，发展较快。通过热泵，可以变低温热为高温热，或将原无法利用的热量重新加以利用[26]。热泵制取的有用热能，总是大于所消耗的电能或燃料能，而用燃烧加热、电加热等装置制热时，所获得的热能一般小于所消耗的电能或燃料能，这是热泵与普通加热装置的根本区别，也是热泵制热最突出的优点[27]。

一、 热泵原理

热泵的工作原理与制冷机相同，但使用的目的和工作范围不一样。制冷循环中的上界限为周围环境介质，下界限为需要冷负荷场所。而热泵循环的下界限为低温热源，上界限是耗热场所。热泵循环所消耗的机械功不是完全丧失掉，而是部分的增大了它的供热量。

根据逆向卡诺循环的理论基础，结合压缩型开路循环式热泵的特点，其基本工作原理就是使被蒸发的料液所产生的一次蒸汽，经过压缩机的绝热压缩，使其压力、温度有所上升，热焓也有所增加，然后使其作为加热蒸汽再送回蒸发器的加热室与被蒸发的料液进行热交换，使料液得到继续蒸发，而蒸汽本身则被凝结成水再加以利用，从而节省了大量的热能，提高了热效率，简而言之，以少量的高值能，如机械功、电能等，通过热力循环，把大量的低温位热能转化成为有用的高温位热能加以利用。

按热泵的工作原理，热泵可分为空气压缩式热泵、蒸汽压缩式热泵、蒸汽喷射式热泵、吸收式热泵和半导体热泵。传递热量的介质有空气、水蒸气或制冷剂（氨水、溴化锂溶液等）；驱动热泵工作的高品位能量可以是电能、机械能或高温高压的热能[28]。

二、热泵在回收利用制浆造纸废汽中的应用

（一）使用热泵回收利用 TMP 废汽

磨浆过程中产生的压力蒸汽，用于加热白水效率太低，使用高效热回收装置将脏的蒸汽通过间接热交换生产出新鲜蒸汽，热效率更高，用途更广[29]。在 TMP 磨浆生产中产生的废汽，经过压力旋风分离器后，通过换热器后将废汽转化为新鲜蒸汽。换热器要求低温差、高传热效率，有的纸厂采用板壳式加热器。换热器出来的新鲜蒸汽，蒸汽压力一般在 0.15MPa，再经蒸汽喷射式热泵加压后使蒸汽压力上升到 $0.20 \sim 0.50$MPa，一般为 0.36MPa，送纸机干燥部使用。这种系统的热效率不高，只有 11.24%。

法国北部的 Corbehem 造纸厂年产 28×10^4t 磨木浆涂布印刷纸，其中 TMP 8×10^4t。于 1979 年决定订购机械式热泵以节约热能，得到欧洲共同体节能委员会能源机构的支持，从法国公司订购 2 台水环式压缩机。经过运行，发现此种新型热泵问题很少，每小时产汽 $1 \sim 3$t，能耗 $65 \sim 200$kW。TMP 废汽先经水洗，除去部分废渣、有机酸，污水用于洗涤木片，污汽通过换热器转化为 126℃ 的洁净蒸汽，再经过水环式热泵提温 138℃，回用于造纸机。该厂 TMP 系统使用 2 台热泵，年节汽 1.875×10^4t，净节能 104.1×10^4t 2 号燃料油，约 763.2 万桶，折价为 120 万法郎（约 20 万美金）。

（二）利用热泵回收纸机干燥部废汽

干燥的过程中，湿纸页被加热，纸页中的水转化为蒸汽而离开纸页，使得湿纸页得到干燥。纸机干燥部排出的热湿废汽，由于其中蒸汽含量大、温度高，所以具有很高的热焓[30]，在传统的生产中将其直接排放到大气中，这样不仅造成环境的污染，而且也使能源的利用效率降低。造纸机干燥部产生的废汽，尽管其温度很低，但其中仍含有一定的能量，是可以利用的。如图 18-13 所示，纸机烘缸罩排出的湿热废汽，经过换热器，加热氟里昂后通过热

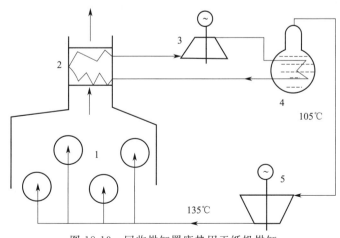

图 18-13　回收烘缸罩废热用于纸机烘缸

1—烘缸；2—换热器；3—氟里昂压缩机；4—蒸发器；5—蒸汽压缩机

泵，加热水生产蒸汽，蒸汽再经过蒸汽压缩式热泵加压后，提高温度、压力后回用于造纸机。

参考文献

[1]　肖衍民．蒸煮废汽余热回收装置 [J]．湖南造纸，1996，(1)．

[2]　马修国，周传宝，等．碱法制浆蒸煮废汽的处理方法 [P]．CN 102517952A，2012-6-27.

[3]　刘秉钺．制浆造纸污染控制 [M]．北京：中国轻工业出版社，2009.

[4]　谢来苏，詹怀宇，等．制浆原理与工程 [M]．北京：中国轻工业出版社，2008.

[5]　王翠萍．造纸烘缸废汽循环利用装置 [P]．CN 2775097Y，2006-4-26.

[6]　蔡余森．废汽热能的回收利用 [J]．设备管理与维修，1997，(2)：38.

[7]　沙建琇，杨国富，孙成义．采用喷射泵回收制浆废汽 [J]．纸和造纸，1991，(3)：50.

[8]　李瑜．造纸蒸煮废汽余热回收器 [P]．CN 2503105Y，2002，7，31.

[9]　刘洪武，王松林，张瑞霞．造纸节能减排技术 [M]．北京：化学工业出版社，2010.

[10]　陈克复，等．制浆造纸机械与设备 [M]．北京：中国轻工业出版社，2009.

[11]　徐建华．蒸煮废汽回收设备 [P]．CN 7204055U，1988-3-2

[12]　徐建华．蒸煮废汽、废液回收技术及设备 [J]．纸和造纸，1992，(1)：47.

[13]　鲁远镇，赵时来，秦世学．亚铵法制浆废液常压蒸发排出的废汽回收利用方法 [P]．CN 1391968A，2003-1-22.

[14]　刘秉钺，曹光锐．制浆造纸节能技术 [M]．北京：中国轻工业出版社，1999.

[15]　汪苹，宋云．造纸工业节能减排技术指南 [M]．北京：化学工业出版社，2010.

[16]　张勇，曹春星，冯又英，等．我国制浆造纸污染治理科学技术的现状与发展 [J]．中国造纸，2012，31 (2)：57-64.

[17]　曹邦威．制浆造纸工业的环境治理 [M]．北京：中国轻工业出版社，2008.

[18]　《浙江科技简报》编辑部．造纸厂木浆黑液、蒸煮废汽的综合利用 [J]．浙江科技简报，1984，(2)．

[19]　杨发华．木材制浆废液和废汽的综合利用 [J]．广西林业，1998，(4)．

[20]　刘一山．造纸工业环境污染与控制 [M]．北京：化学工业出版社，2008.

[21]　陆荣旺．TMP 热回收过程中的蒸汽回收及热泵供热系统运行 [J]．中国纸，2009，28 (10)：53-55.

[22]　林一亭译．采用热回收系统降低能量消耗 [J]．造纸技术通讯，1981，(1)：65-66.

[23]　刘俊杰．热泵在造纸工业节能减排中的应用 [J]．天津造纸，2011，(3)：22-25.

[24]　卢谦和．造纸原理与工程 [M]．北京：中国轻工业出版社，2008.

[25]　徐犇．废汽制冷，效益可观 [J]．江西能源，1998，(4)：42.

[26]　张管生，李生谦，刘振义，等．造纸机干燥部热泵余热回收系统 [J]．节能技术，1992，(3)：21-24.

[27]　杜占．热泵的应用及其发展 [J]．化学工程与装备，2010，(2)：128-130.

[28]　何北海，等．造纸工业清洁生产原理与技术 [M]．北京：中国轻工业出版社，2007.

[29]　张宏政，李新平．马尾松热磨机械浆的节能降耗 [J]．中国造纸，2005，24 (3)：30-32.

[30]　张秀文．纸机干燥部余热回收技术与设备 [J]．中国造纸，2012，(31) 5：56-62.

第十九章 推荐烟道气热能回收技术

从碱回收炉排出来的烟气，一般温度为 $250\sim350℃$，有的甚至高达 $400℃$，每吨纸浆的黑液燃烧时的烟气还会带出 $40.5\sim90kg$ 的 Na_2CO_3 和 Na_2S 以及 $15.5\sim22.5kg$ 的具有恶臭气味的硫化物气体。如果将这些物质随烟气直接排入大气，势必会造成化学药品的损失及较为严重的环境污染。在国家大力倡导"节能减排"能源利用政策的大环境下，对碱回收炉烟气进行处理回收、利用其中的热能及化学药品，对于碱回收过程的经济效益及减轻环境污染负荷具有重要的意义[1]。

第一节 烟道气热能的初步回收方法

在碱回收过程中，燃烧是整个回收过程的核心。黑液燃烧会产生大量的烟道气。现代燃烧炉都配有锅炉以回收燃烧产生的烟道气中的热能，锅炉系统用黑液燃烧产生的热能产生蒸汽，可供多效蒸发器蒸发系统或者蒸煮系统以及生产过程中使用，也有用回收锅炉产生过热蒸汽供汽轮机组发电。锅炉系统一般由上汽包、下汽包、水冷壁管、锅炉管束、水冷屏或凝渣管、过热器、省煤器、吹灰器等部分组成。其中对烟道气热能起到回收作用的是省煤器。省煤器是利用锅炉尾部的烟气热量来加热给水的一种热交换装置，如图 19-1 所示。

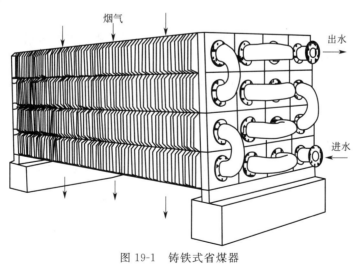

图 19-1 铸铁式省煤器

一、省煤器的作用

省煤器是利用锅炉排烟余热加热锅炉给水的热交换器，它的作用主要有以下几个方面：

① 吸收烟道气中的热量，降低排烟温度，减少排烟损失，以提高喷射炉的热效率；

② 由于给水进入汽包之前先在省煤器加热，因此减少了给水在受热面的吸热，可以用省煤器来代替部分造价较高的蒸发受热面；

③ 提高给水温度，减小进入汽包时的壁温差，减小热应力，延长汽包使用寿命。

二、 工作原理

利用省煤器给循环增加一个回热过程，提高吸热平均温度，从而增加循环效率。

在锅炉的启动过程中，由于其汽水管道的循环没有建立，即锅炉给水处于停滞状态，此时省煤器内的水处于不流动的状态，随着锅炉燃烧的加强，烟气温度的提高，省煤器内的水容易产生汽化，使省煤器的局部处于超温状态，为了避免这个情况的出现，从汽包的集中下水管再接一管道到省煤器的入口，作为再循环管道，使省煤器内的水处于流动状态，避免其汽化。

三、 省煤器的结构及分类

（一）结构

省煤器一般由上、下箱和省煤器管束组成，上联箱与上汽包相连。由于沸腾式省煤器出口的水温接近沸腾，所以从省煤器上联箱到上汽包间的连接管上不用任何阀门，以保证汽水的畅通。

（二）分类

省煤器分类方式有多种，按如下分类方式可分为以下几类。

① 按给水被加热的程度可分为非沸腾式和沸腾式两种。

② 按制造材料分为铸铁和钢管省煤器两种。非沸腾式省煤器多采用铸铁制成的，但也有用钢管制成的，而沸腾式省煤器只能用钢管制成。铸铁省煤器多应用于压力≤2.5MPa 的锅炉。如压力超过 2.5MPa 时，应当采用钢管制成的省煤器。

③ 按装置的形式分为立式及卧式两种。

④ 按排烟与给水的相对流向分为顺流式、逆流式和混合式三种。

⑤ 按结构形式分为光管省煤器和翅片式省煤器。翅片式省煤器包括 H 型省煤器（用得较多）和螺旋翅片省煤器。

现在的喷射炉一般采用立式沸腾式省煤器，这种省煤器比卧式省煤器的传热效率低，因此要达到相同的排烟温度，需要更大的加热面积，但主要优点是吹灰方便。如果锅炉后面采用直接接触式蒸发设备净化烟气及增浓黑液，则排烟温度应降至 250℃左右，如无直接接触蒸发，直接进入静电除尘器，则应降到 150℃左右。

喷射炉的给水全部由省煤器下联箱进入，在省煤器下联箱与下汽包之间有再循环管，再循环管上装有阀门。当喷射炉启动时，由于水的蒸发量小，锅炉不能连续正常给水，应将再循环阀门打开，使水在上汽包、下降管、下汽包、省煤器之间形成自然循环，保证省煤器得到冷却。如果不将阀门打开，省煤器会因缺水而过热烧坏。当喷射炉正常运行后，应关闭再循环阀门。

国外近期设计的省煤器出口烟气温度为 160℃，立管管束中没有任何挡板，只是在省煤器的设计上考虑了在管束中有一定的错流，以增加传热效率。为增加加热面起见，也常采用纵向翅片管子[2]。

第二节 烟道气热能回收系统

烟气排出系统主要用于回收烟气中的化学药品（及碱尘）和热能，烟气净化后排入大气。该系统一般由黑液增浓设备、烟气净化设备、引风机、烟道及烟囱等组成。

对于烟气中化学药品及热能回收，目前一般采用接触式直接蒸发黑液的方法进行，再通过进一步的除尘处理，达到净化烟气的目的。

一、 烟道气热能回收流程

烟道气热能回收基本工艺流程有以下几种。

① 锅炉烟气→文丘里系统→引风机→烟囱。

② 锅炉烟气→圆盘蒸发器→静电除尘器→引风机→烟囱（如图 19-2 所示）。

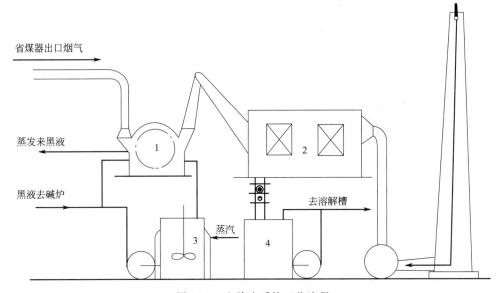

图 19-2 电除尘系统工艺流程

1—圆盘蒸发器；2—电除尘器；3—黑液循环槽；4—碱灰溶解槽

该系统安装在喷射炉的锅炉后部烟气出口处。圆盘蒸发器的结构有槽部、转鼓及传动装置三个部分。圆盘蒸发器转动时，将槽中黑液黏附在转鼓表面上再带出液面，黑液吸收由省煤器来的高温烟气中的热量使水分蒸发，同时部分碱尘也被黏附，从而达到黑液增浓、降低烟气温度、增加烟气湿度和除尘作用，处理后的烟气进入电除尘器。

电除尘器具有放电极（阴极）和收尘极（阳极）。在高压电场作用下，阴极将周围空气电离形成电晕而产生带电离子，当含尘气体通过电场时，尘粒与带电离子相碰撞并且充电而成为荷电粉尘，在强电场的电位差作用下，迫使荷电粉尘向阳极移动，吸附于极板上。然后，通过振打使粉尘下落，再由刮板运输机、螺旋输送机送出除尘室外回收。可见电除尘器的作用是以电场的作用力施加于尘粒上，迫使粉尘与气流脱离，以达到净化烟气的目的。

以上两种流程属于黑液直接蒸发型的烟气净化和黑液增浓系统，其优点是把降温、除尘、黑液增浓结合起来，还可以吸收烟气中的二氧化硫和三氧化硫气体，不但利用烟气中余热进一步对黑液进行蒸发，同时又回收了烟气中的化学药品。缺点是由于气抽使黑液 pH 值降低，又会散发出很多的 H_2S 及 CH_3SH 等恶臭气体，加重了对环境的污染。我国目前广泛采用第一种系统，个别厂采用第二种系统。

③ 锅炉烟气→静电除尘器→引风机→烟囱。

该流程属于除臭式碱回收工艺的烟气净化系统，直接接触蒸发器热效率是 1∶1，热效率低，并且由于直接蒸发散发出大量恶臭气体，为此改进蒸发并增设增浓器，提高黑液出蒸发站的浓度至 60%～63%，不采用直接接触蒸发。为了提高热效率，还采用了大面积（约为普通的 6 倍）的立管式高压省煤器，用省煤器本身的循环水预热送碱回收炉的空气到149℃。由于不采用直接接触蒸发，即使燃烧未经氧化的黑液，只要控制恰当，由碱回收炉散发出来的恶臭气体，也可降到很低的浓度，能有效地减轻环境污染。

这种生产流程在国外已采用，如北美式的碱回收炉，都带有直接接触蒸发器，吸收了北欧式的碱回收炉的经验，设计了除臭式碱回收炉机组，其流程如图 19-3 所示。

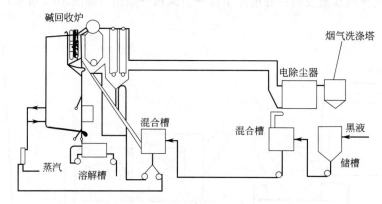

图 19-3　除臭式碱回收工艺流程

由黑液提取工段送来或经调整后浓度为 13% 的黑液，经过多效蒸发系统及增浓器后，浓度可达 60%～63%，此浓黑液与碱灰及芒硝混合后，浓度可达 65%。经直接蒸汽加热，然后送入喷射炉燃烧。无机物熔融流入溶解槽成绿液，烟气进锅炉产生饱和蒸汽，经过热器，变成高压过热蒸汽，即可送入汽轮发电机发电。由汽轮机抽出的低压蒸汽，送各车间使用。降温后的烟气约 150℃，送入静电除尘器回收碱尘，净化后的烟气经烟气洗涤器由引风机引入烟囱排空。

二、 文丘里系统

1974 年美国 Thilmany 厂首先将以水为洗涤介质的文丘里用于碱回收炉，直到 1953 年，以黑液为洗涤介质的文丘里才用于碱回收炉。20 世纪 60 年代，美国、前苏联均使用这种除尘系统，而我国则在 20 世纪 60 年代末、70 年代初有了喷射炉之后才将其应用在生产上[3]。

文丘里系统（见图 19-4）主要包括文丘里管和旋风分离器。文丘里管由收缩管、喉管和扩展管三部分组成。一般都用 10mm 厚的钢板卷成，喉管最好用不锈钢板制作。收缩管的倾斜角一般是 25°，扩散管的倾斜角一般是 7°，进收缩管口的烟气流速，一般为 10～20m/s；喉管的流速，一般为 60～100m/s，常用 80m/s；扩散管出口烟气流速，一般为20m/s。旋风分离器内的烟气流速在 2.5～5.5m/s 之间。文丘里管的内壁应该很光滑，收缩管及喉管、喉管及扩散管之间的焊接头应铲平棱角，表面光滑，可以减少阻力，防止结焦[1]。

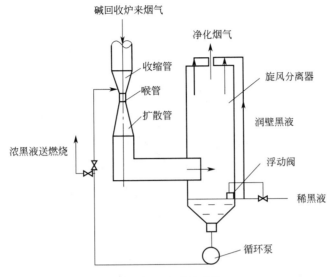

图 19-4　文丘里系统

文丘里系统是一种降温、除尘效率较高的设备。通过文丘里系统，黑液浓度由 42％～45％增浓至 62％～65％，除尘效率可达 85％～90％，烟气温度可降低到 85～120℃，压力降 500～700mmHg（1mmHg＝133.322Pa，下同）。

烟气进入收缩管后，由于管径逐渐减小，烟气流速逐渐加快，到进喉管时速度最快，黑液在喉部由径向与气流流动方向垂直喷入。黑液进入后，由于高速气流的冲击，使黑液雾化成无数微小的液粒，并与高温高速烟气充分混合；又由于液粒直径小，表面积大，高温烟气的热很快的传给液粒，液粒升温，水分蒸发，由于表面积大，蒸发速率快。由于液粒分散度高，又与烟气高度混合，烟气中带来的碱尘与液粒相碰的机会多，与钠盐组成的碱尘亲水性强，因此碱尘比较容易的为液粒黏附聚成较大的粒子被分离出来，这就是烟气在文丘里系统中能迅速降温、除尘、黑液能快速被浓缩的基本原理。旋分离器把增浓的黑液与降温的烟气分离，净化的烟气排出，增浓的黑液一部分送燃烧炉，一部分再循环到文丘里管喉管部。

影响文丘里系统效果的主要因素有黑液黏度、烟气流速、液气比以及烟气温度、喷液方式等。

（一）黑液黏度

如喉管处的压力降相同，黑液的浓度高、温度低、黏度大，比浓度低、温度高、黏度小的黑液更难雾化。如雾化不好，黑液的分散度低，形成的液粒大，液粒数量小，总的表面积小，即传热、传质、黏附碱尘的表面积小（或与碱尘相碰的机会少）。如图 19-5 所示，压力降相同，黑液浓度 60％的除尘效率比黑液浓度 45％低；黑液浓度 45％的比水的除尘效率又低。要达到相同的除尘效率，则压力降升高，即动力消耗增加。如图 19-5 所示，除尘效率 90％、黑液浓度 60％时压力降为 810mmHg；黑液浓度 45％时压力降只需 560mmHg；当用水时压力降更进一步降低。当然生产上不可能用降低黑液浓度的办法来提高效率，因此有的厂用蒸发系统送来的浓度较低的黑液喷入喉管而不用浓度较高的循环液喷入喉管，也有的厂用蒸汽喷头使黑液升温并帮助雾化。

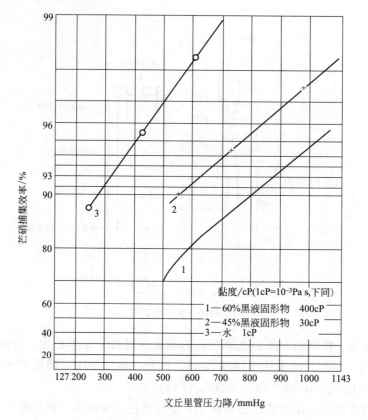

图 19-5 流体性质和文丘里管压力降对除尘效率的影响

（二）烟气流速

黑液的雾化，主要是由于高速气流对黑液的冲击，气流速度高，冲击力大，则雾化好，传热、传质、除尘效果好。因此要在喉管内，烟气的平均流速在 $60 \sim 100 \mathrm{m/s}$ 之间，雾化成的液粒直径仅为 $20 \sim 80 \mu \mathrm{m}$，但气流速度高，动力消耗大。

（三）液气比

液气比即黑液喷入量与烟气通过量之比，以 L（黑液）/m^3（烟气）表示。液气比高，则单位体积烟气中黑液量增加，有利于除尘及蒸发。但液气比过高，由于黑液量增加，雾化不好，总的体积表面积小，也不利于提高效率，特别是不利于捕集微小尘粒。此外喷液量高，压力降大动力消耗增加。所以，液气比不能过高。液气比太小也不好，单位体积烟气中液量少，不利于捕集尘粒（相碰机会少），热量也不能充分吸收。液量少还可能造成局部缺液产生结焦，堵塞系统。另外由于黑液黏度不同，要求的液气比也不同。木浆黑液黏度小，液气比是 $0.8 \sim 1.2 \mathrm{L/m}^3$，一般推荐（$1.5 \sim 2$）∶1000，草浆黑液黏度大，液气比为（$2 \sim 3$）∶1000，即 $2 \sim 3 \mathrm{L/m}^3$。

（四）烟气温度

烟气温度高对增浓黑液有好处，但从合理使用热量及工艺控制的角度考虑，烟气温度不应太高，因直接蒸发的热效率是 1∶1，如果烟气的温度低一些，使之在锅炉部分生产更多的蒸汽用于多效蒸发，其热效率高得多；而且烟气温度太高，液粒表面水分迅速蒸发，碱尘不易为液粒黏附，尘粒周围气膜黏度增加不利于被黏附；烟气温度太高，还容易产生结焦。所以一般认为比较合适的温度是 250～300℃，出口温度为 100℃ 左右。

（五）喷液方式

喷液方式有轴向喷液和径向喷液两种。前者是黑液顺文丘里管轴向与烟气同向喷入，优点是压力降小，但效率较低；径向喷液又分为四周喷液（由喉管四周向中央喷）及中央喷液（由中央向喉管四周喷液）。径向喷液雾化较好，效率较高，但压力降较大。目前我国广泛采用四周喷液，也有轴向喷液及四周喷液同用的。

旋风分离器为一个直立锥底圆筒，从文丘里扩展管出来的烟气、蒸汽、黑液的混合流体，在靠近旋风分离器底部的位置，沿切线方向进入，然后沿内壁螺旋状上升，黏附了碱尘的黑液粒在离心力作用下被甩到壁上，与由顶部喷下的润壁黑液一起下流到旋风分离器的底部，通过过滤器送出。一部分送至碱回收炉燃烧，另一部分再送到文丘里喉管循环。旋风分离器的内壁要保持均匀润湿状态，防止局部黑液蒸干结块造成堵塞，影响正常运转。为了防止循环泵抽空及稳定进入文丘里管的流量，旋风分离器底部应保持一定的液位并有液位控制装置。

文丘里系统由于具有结构简单、操作方便、投资少、维修费用低、占地面积小等优点而得到广泛应用。它的主要缺点是动力消耗大，排出烟气含水率较高。为了避免烟气中水分和酸性冷凝物对引风机烟道和烟囱等设备的腐蚀，排烟温度应控制在露点温度以上 40～50℃，110℃ 左右。

在使用文丘里系统时，要十分重视结焦问题，必须严格操作规程[4]。喉管喷嘴不宜断液，不得已时可喷饱和蒸汽持续连吹；喷液润壁管要有足够的黑液压力及流量，不能断液，以防结焦；出泵压力应大于旋风分离器顶的环形管高度形成的黑液液柱压力 1.2 倍。排渣管要每天试排一次，如因天冷凝结管不通，可用氧炔焰加热管外壁；根据不同情况水洗系统流程，间隔不宜超过 2d；停用的泵及管道要即用蒸汽"吹扫"。

三、圆盘蒸发器

圆盘蒸发器是利用碱炉尾烟气余热，对黑液进行增浓，并对炉气净化除尘的重要工艺设备[5]，若与静电除尘器串联使用还可起到烟气的预除尘作用，其结构如图 19-6 所示。

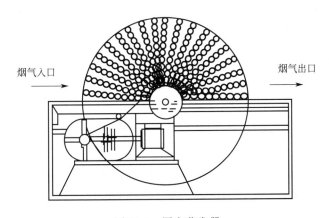

图 19-6　圆盘蒸发器

圆盘蒸发器直接与蒸发设备接触，用于黑液碱回收在我国已有二十多年的历史。近年来又广泛用于电除尘配套。圆盘蒸发器作为黑液再蒸发设备，在运行中起到使黑液增浓和烟气降温增湿的双重作用，直接影响到电场、碱炉以及多效蒸发器的生产运行，是十分关键的设备。圆盘蒸发器作为一种直接接触式的蒸发设备因操作简单、投资省，目前仍在国内碱回收系统广泛应用。国内取消圆盘蒸发器低臭炉的只有青州纸业、佳木斯纸厂等为数不多的厂家。对于绝大多数草浆碱炉，由于黑液热处理降黏技术尚未得到工业化应用，蒸发出来的黑液浓度不能达到碱炉的喷液要求，仍要设置圆盘蒸发器，利用直接接触蒸发以提高浓度[6]。

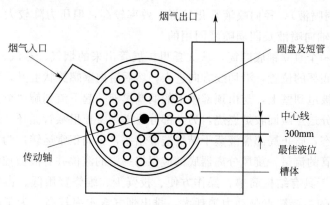

图 19-7　圆盘蒸发器的结构

（一）设备结构

圆盘蒸发器主要由蒸发圆盘、圆盘槽、短管、密封盖及传动装置等组成。如图 19-7 所示。圆盘蒸发器的结构，是在转轴上装有圆盘，整个圆盘装在 1 个密闭的半圆形槽中，以 5～7r/min 的速度旋转。在圆盘与圆盘之间垂直方向装有许多短管，短管在圆盘面上，圆盘上装有密度为 30 根/m²，规格为 $\phi 76mm \times 3mm$ 的管子，短管在圆盘面上排成同心圆。整个圆盘蒸发器除了黑液进出口和烟气进出口外，处于全密封状态。

（二）技术参数（以工厂 A 为例）

工厂 A 技术参数见表 19-1。

表 19-1　工厂 A 技术参数

指　标	数　值
入口黑液浓度/%	45～50
出口黑液浓度/%	55～60
黑液温度/℃	90～95
烟气进口温度/℃	230～250
烟气进口温度/℃	140～150
液位控制	中心线下 300mm

（三）工作原理

黑液由其入口进入圆盘槽中，烟气则以蒸发圆盘轴垂直的方向通过蒸发圆盘。当蒸发圆盘转动时，其短管上黏附着一定量的黑液，在高温烟气的作用下直接蒸发，这些增浓后的黑液又进入到圆盘槽子中，这样循环往复，使进入圆盘槽黑液的浓度进一步提高。

现在使用的圆盘蒸发器一般都是在转轴上的两端或中间装有圆盘，整个圆盘安装在一个密闭的半圆形槽中，在圆盘之间与圈盘垂直方向装有许多短管。在圈盘旋转时，黑液黏附在短管上，当转出黑液液面时与通入的高温烟气接触，黑液吸收热量而使水分蒸发，达到增浓的目的，同时碱尘也被黑液吸附而起到除尘作用。

这样的圆盘蒸发器没有充分利用烟气热重，也没有充分地黏附烟气中的碱尘，其主要原因是在一定时间内，短管转出液面时，黑液被黏附力不足，拉膜效果差；同时由短管形成的"帘"的空隙较大。若黑液能拉成一片片的薄膜，则增浓、除尘效果会更好。

为使黑液能形成一片片的薄膜，只要将短管两端封口，在管壁上开一宽 10～20mm 的长缝，我们把外面两同心圆短管开缝，这样的圆盘蒸发器，当短管转出液面时，短管内的黑液随圆盘的转动而逐渐倒出，形成一薄膜，这样就能更好地利用烟气的热量和充分地黏附碱尘；同时也可以减少短管数量，节约钢材[6]。

与文丘里蒸发系统相比较，由于圆盘蒸发器中烟气和黑液的接触不是很充分，所以无论除尘、降温还是黑液增浓，其效果均不如文丘里蒸发系统，但由于圆盘蒸发器结构较为简单，能耗较低，使用管理较为方便，所以在采用静电除尘器进行补充除尘的工艺流程中仍广泛应用。

影响圆盘蒸发器操作的主要因素除了文丘里系统的主要影响因素外，蒸发盘上单位面积的短管数以及圆盘的转速等也直接影响操作效果。

（四）圆盘蒸发器的结垢问题

1. 圆盘蒸发器的结构现象及危害

当管壁的黑液受热增浓过热，造成结焦或角质化，便逐渐在外管形成坚硬的黑色垢层。随着碱炉一次运行中、后期的引风机负荷（即指抽力）增加，使得烟气流速提高，蒸发强度加大，结垢速率也加快，最后管与管之间的垢层相互搭接，使碱炉本体与电除尘间的烟气通道堵塞。所以，圆盘蒸发器在使用的过程中常常存在结垢包芯的问题。这样势必造成圆盘蒸发器的运行电流升高，炉膛负压下降，甚至出现严重的正压，引风机的开度就要不断增加，其负荷也急剧上升，致使碱炉无法进行正常生产，甚至停炉。

2. 结垢过程及原因

由于圆盘转动后黏附在管壁上的黑液受到高温气流冲击，使管壁上黑液中的水分迅速蒸发，造成黏附在管壁的黑液局部蒸干或结焦；另一方面，烟气中的碱尘与黑液中的钠盐组成的碱尘亲水性强，使碱尘较为容易地黏附在黑液上，造成管间缝隙由内层到外层逐渐变小，最后与管间垢层相互搭接。因此，结垢产生的原因基本上可归纳为：①因黏度上升而产生粘管抱管：从结垢物质的成分分析得知，垢层物质中除了具有黑液特有成分外，还包含一定数量的 Na_2SO_4 和 Na_2CO_3，它们主要来自碱炉灰斗和电除尘回收的碱灰，由于这些物质的存在，使黑液固形物含量增加，造成黑液黏度上升。黑液储存时间长或在圆盘内停留时间过长都会造成黑液的有效碱浓度下降。有效碱下降不但会造成黑液黏度上升，而且还会发生沉淀现象。另外 Na_2SO_4 和 Na_2CO_3 都具有很强的亲水性，它们的存在还会使黑液的吸附能力不断提高。因此，一旦黑液和碱灰被黏附于管子表面，在较高的烟气环境中是极易凝固的，同时这种作用经不断曼延扩散，最终发生架桥堵塞，即黏结抱管。②是因烟气温度过高、黑液超温过热或是黏附在管子上的黑液较长时间暴露在烟气中发生结焦结皮。

3. 圆盘结垢包芯的前期预防

圆盘结垢包芯现象带有普遍性，且有一定的周期性。从南纸等多家纸厂碱回收的生产实践看，圆盘运行 20d 左右就得进行一次水洗，这对延长碱炉的运行周期或是正常生产都带来不利的影响。通过对生产过程调查及理论分析得出，造成圆盘结垢包芯的主要因素有：黑液黏度、圆盘液位、转速；次要因素有：供风风式及风量配比、炉膛负压等。为了有效地延缓结垢速度，有必要针对性地对上述各个因素进行逐个分析，以便采取有效的防范措施。

①　黑液黏度　黑液黏度与黑液温度、浓度具有双重关系，温度低或浓度高，则黏度大。一般来说，为了确保碱炉安全运行，蒸发站出浓黑液浓度大都维持在一个较为固定的范围，以工厂 B 为例，蒸发站出浓黑液浓度控制在 $32.0\sim33.5°Bé$ (20℃)，但是由于场地原因，3 个浓黑液槽却分两地布置。由于生产平衡等原因，经常造成浓黑液在 2 个新槽中储存时间过长，黑液经过一段时间的储存之后，有效碱及其温度都会发生不同程度的下降。研究表明，有效碱降低，会使黑液黏度相应提高，还会使黑液发生沉淀。另外黑液温度下降，造成黏度上升，而黑液黏度升高会加速圆盘的结垢速率。为了有效抑制这个因素的影响：首先，加强对黑液的使用管理，避免长时间存放，尽量做到即产即用；同时对黑液储存槽增设加热设备及循环装置，确保浓黑液温度保持恒定。其次要稳定工艺，减少波动，尽量避免碱炉较长时间的低负荷运行或频繁临时焖炉。以免黑液不在圆盘内停留时不断吸收烟气中的 CO_2 等酸性气体，使有效碱含量下降，黏度增大；同时黑液与烟气接触时间越长，也越易产生盐析和沉淀。另一方面，由于新旧黑液置换慢，在高温烟气冲击下，黑液浓度增大，黏度也增大。此时操作人员要严密监视圆盘蒸发器的负荷变化，必要时要加入适量温水稀释，以免发生严重的结垢或结焦。切记进行这样的操作时，在恢复喷液前要确保入炉黑液浓度控制在合格的范围之内。

②　圆盘液位　从圆盘蒸发器工作原理分析，在黑液进一步蒸发过程中，黏附在圆盘蒸发器液面之上管子表面及从管壁淋下的黑液与高温烟气发生热交换。为了达到最佳的热效率，从理论上说，圆盘蒸发器内的液位应控制在其中心线下约 300mm 处。液位过高，烟气阻力加大，蒸发能力下降；液位过低，黑液不能充分润湿管壁，易结焦结垢而产生抱管。但在实际生产中液位波动在所难免，例如对于圆盘蒸发器与芒硝混合器连通的工艺流程，圆盘的液位是通过芒硝混合器的液位来控制的，一旦仪表发生故障就会造成圆盘液位的波动，或是由于工作人员的经验不足引起。

近年来，一些设计者对上述缺陷做了一些改进，采用圆盘溢流至芒硝混合器以稳定圆盘液位及稳定圆盘蒸发器的工作环境，对于防止发生局部凝固和结焦具有一定的作用。

③　供风方式和风量配比　工厂 B 150t 的喷射炉，自 1988 年投产以来，因种种原因未能将一、二、三次风的流量计投入使用，造成供风量及其配比的工艺控制存在盲点。原设计的风量配比为 50∶35∶15，而今主要是靠生产经验调节，加上碱炉运行多年，风嘴挡板无法调节，二、三次风风压偏小，为了降低飞失，强化燃烧，二、三次风供风量往往偏大。这样，对于控制飞失本身就存在很大的缺陷，类似的情况在其他的碱回收炉同样存在。因此，做好供风方式和风量配比的优化，有益于抑制碱灰过多地进入圆盘系统。前些年美国的 B.W 公司对多台碱回收炉成功地进行了供风系统改造，其中成功的范例就是采用冷三次风系统。通过降低炉膛出口的高峰温度和高峰流速，有效地改善了炉内温度场的分布，消除了"象鼻子"下面的逆环流现象，因而减少了机械飞失和流速层流化现象。上述改造思路值得国内一些超负荷运行、过热器长期超温、高积灰及高飞失的碱回收炉借鉴。

④　炉膛负压　根据大多数碱回收炉的实际操作经验，炉膛压力一般是微负压或微正压，这对于稳定燃烧和降低飞失都是有利的。要求炉子在运行周期的不同时段加强引风调节，以防炉膛负压升高，造成燃烧区后移，炉膛出口烟气温度升高，碱灰飞失增加，圆盘管壁结垢

状况加剧的情况发生。同时在碱炉吹灰时更需控制好引风机抽力，因为此时的碱灰干燥、量轻，吹落后易被抽走，致使通过圆盘上方通道烟气的碱尘数量成倍增加，黑液的固形物含量上升，结垢速率加快。

4. 圆盘发生结垢后的处理

一旦发生了严重的圆盘包芯结垢现象就得进行焖炉处理或停机水洗。

（1）隔离圆盘　水洗程序如下。

① 关闭 a 及 b 阀门，打开 c 阀，使蒸发增浓器生产的 $35.5\sim37.5°Bé$ 的高浓黑液进入碱灰混合槽与碱灰混合后直接进芒硝混合器管线，用增浓器产出高浓黑液供碱炉燃烧，以达到隔离圆盘并对其进行水洗的目的。

② 利用锅炉给水（或温水）对圆盘进行高压清洗，至少 1h。

③ 高压清洗后保持 $1\sim2h$ 的浸泡。

④ 圆盘排空，再次重复清洗、浸泡、排空程序直至结垢被洗净为止。

此种方式的优点为：无须进行停、焖炉处理，可边水洗边生产。

缺点为：长时间生产高浓黑液，可能会给蒸发站的生产带来一定的压力，如加速蒸发器结垢等问题。同时在水洗期间，泡沫进入电除尘器，也会造成多孔板堵塞等障碍。

要求：a. 采取这种处理方式对一般纸厂有局限性，即必须要求其所配套的蒸发站具备生产高浓黑液的能力（木浆黑液浓度＞52%），否则，出蒸发站的低浓度黑液直接入炉极易使碱炉发生过稀、灭火，甚至爆炸的危险；b. 要严格控制炉膛负压，防止水洗期间产生的泡沫进入电除尘器；c. 水洗时会造成一定的碱流失，要尽可能进行回收，做到零排放。如果不具备上述临时生产流程或蒸发站不具备生产高于 52%（木浆）以上的浓黑液，则需采用焖炉或停炉处理。

（2）焖炉处理　碱炉停喷黑液可靠烧油维持一段时间，以便对圆盘进行水洗。可用锅炉给水或温水对圆盘结垢进行高压冲洗，在圆盘内保持一定液位进行浸泡，整个过程需几个小时至 1 个班的时间。但这种处理方法不够彻底，在水洗过程中还要严格控制炉膛负压，避免水洗期间黑液泡沫进入电除尘器。这种方式一般是在系统不允许碱炉长时间停机的情况下采取的。否则，可配合系统停机定期进行较长时间的水洗。在实际生产中，采取何种方法，应依具体情况而定。

5　圆盘蒸发器结垢的治理

（1）改进黑液工艺流程　工厂 A 碱回收炉现有的黑液工艺流程见图 19-8。

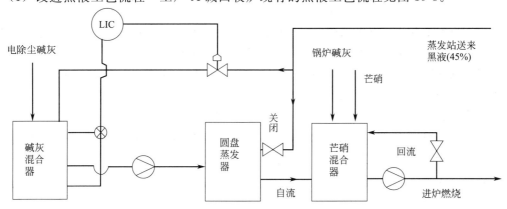

图 19-8　工厂 A 碱回收炉现有黑液工艺流程

从图 19-8 可看到，由于电除尘器回收的大量碱灰进入碱灰混合器，造成进入圆盘黑液固形物含量增加，结垢速率加快。

a. 改进之一　将蒸发来的黑液先送入圆盘蒸发器内，再次进入碱灰、芒硝混合器，如图 19-9 所示。

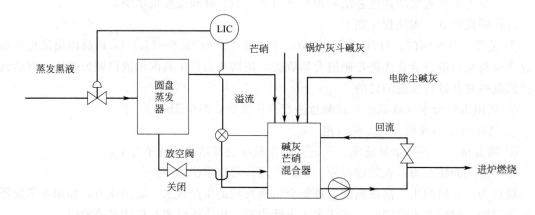

图 19-9　改进的工艺流程

改进后，碱灰改为由圆盘蒸发器之后进入黑液系统，可降低圆盘蒸发器内黑液的固形物含量，有利于降低圆盘运行负荷及结垢速率；另外炉前黑液还要回流至碱灰、芒硝混合槽，以免发生黑液的二次固形物负荷积累。但是采取上述流程也有一定的缺点，即黑液进入圆盘后靠溢流进碱灰、芒硝混合器，因碱灰、芒硝混合器的液位是靠进入圆盘蒸发器的黑液量大小来控制的，因此反馈的信号将严重滞后，会造成黑液浓度周期性的波动，影响碱炉黑液燃烧。

b. 改进之二　使用新流程，改善圆盘运行环境。近年来，麦草浆碱回收炉设计出一种可改善圆盘运行环境的生产流程，这种流程把电除尘回收的尘灰和碱炉本体的碱灰溶解后，送入绿液系统，减少了因碱灰进入黑液系统而导致黑液的固形物含量增加，使圆盘运行环境得以改善。

（2）降低黑液黏度　黑液进入圆盘蒸发器经增浓后浓度可提高 10％左右。因此，如能有效降低黑液黏度，一则可大大改善圆盘的结垢状况，同时也可使蒸发站出站黑液浓度达到入炉要求，从而达到取消圆盘蒸发器的目的。1985 年芬兰奥斯龙公司开发了黑液有机大分子热裂解的方法，使黑液黏度明显下降。目前全世界正在运行的多套木浆黑液高温热处理系统，均收到良好的效果。近年来国内对于降低黑液黏度做了大量的研究，并已取得实质性的进展。兰州节能环保工程公司已开发出麦草浆黑液的降黏技术，并申请了国家专利。未进行降黏处理的麦草浆黑液浓度 50％时其黏度高达 300mPa·s 以上，而经过处理后可降至 200mPa·s 以下，从而使降黏处理后 50％以上的浓黑液可以得到良好的雾化，便于燃烧控制。由天津科技大学等研究出麦草浆黑液湿法裂解降低黑液黏度的新技术，于 1998 年在山东泰山造纸厂进行了工业性试验，并取得了成功，使黑液黏度降低幅度达 80％，同时还可大量除去黑液中的硅。此项技术对于木浆黑液也同样适用。带热处理降黏装置的麦草浆黑液板式降膜蒸发站流程见图 19-10。

（3）采用低臭炉，取消圆盘蒸发器

① 取消圆盘的可行性

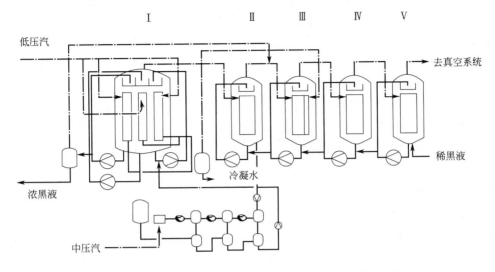

图 19-10　带热处理降黏装置的麦草浆黑液板式降膜蒸发站流程

a. 碱回收炉制造技术日趋成熟近年来，我国麦草浆碱回收炉技术逐渐成熟，武汉锅炉集团研制出了多种形式的麦草浆碱回收炉，尤其是第三代麦草浆碱回收炉取得重大突破，先后在山东、河南等多家纸厂稳定运行，锅炉容量不断扩大，入炉黑液浓度可降低至 45% ～ 48% 而无需喷油助燃。

b. 板式降膜蒸发器可望得到广泛的应用。江苏华机集团、兰州节能环保工程公司、天津轻机厂生产的板式蒸发器在国内碱回收系统得到了广泛的应用：用于麦草浆碱回收的有山东华泰集团碱回收 2 号蒸发站，河南银鸽公司 2 套碱回收蒸发站；用于木浆蒸发站的有青山纸业老系统 2 号蒸发站以及出口印度尼西亚的大型 9 体 6 效的板式降膜蒸发器等。无论是生产技术还是设备性能已达到进口同类产品的水平，蒸发站生产的浓黑液完全达到直接入炉的要求，而不必经过圆盘蒸发器再增浓。因此对于新建或扩建的木浆厂来说，只要条件许可，可考虑采用全板蒸发器，取消圆盘蒸发器，从而保证电除尘器的正常运行。这对于回收碱尘提高碱产量，减少大气污染都是有利的。在木浆厂中，国内已经采用低臭炉的有青州纸业（进口）、佳木斯造纸厂（进口）、凤凰纸业（进口）、思茅浆厂（国产）、贺县浆厂（国产）。

目前我国碱回收蒸发系统大致可以分为两类：一是管式蒸发器系统，大多数老厂广为使用，这种配置的蒸发站生产出的浓黑液其浓度无法直接达到入炉的要求，一般要配套圆盘蒸发器进一步提浓；二是板管结合，典型的组合方式为"两板三管"，这种方式组合的 5 体 5 效的蒸发近年来得到广泛的使用，主要用于麦草浆、苇浆碱回收。这种形式组合用于麦草浆碱回收，其出浓黑液浓度也可达到 45% 左右，对苇浆、木浆碱回收，出效浓度还会进一步提高。特别值得指出的是，近年来还涌现了多家全板降膜蒸发站，如邵武制浆有限公司、青纸扩建系统、凤凰纸业等，对于木浆黑液，其浓度可以达到 60% 以上，对于苇浆黑液，浓度也可达到 50%。因此，采用先进的蒸发系统，使入炉黑液浓度达到碱炉的要求，从而使取消圆盘蒸发器成为可能。

② 对现行运行设备进行改造　对于带圆盘蒸发器的现有的碱回收炉来说，要取消圆盘蒸发器，可采取多种应对措施：如在碱炉的尾部增加一级省煤器，以降低碱炉的尾部温度，

烟温由 250℃降至 180℃；对草浆碱炉进行改造，可增加烟气-空气预热器。这样就可有效降低进电除尘的烟气温度，以满足电除尘的正常运行要求。

圆盘蒸发器在运行过程中存在诸多问题，如易产生结垢、包芯、沉淀、结块等，需定期水洗、清渣，由于启动转矩大，还易发生机械故障。直接接触蒸发热效率低，运行过程会散发具有恶臭的气体，而低臭炉由于加大受热面积，降低排烟温度，可多产汽、多发电，利用蒸发站直接生产入炉浓黑液热效率比直接蒸发高。因此，国外绝大多数碱回收已取消圆盘蒸发器，采用低臭炉生产工艺。随着我国综合国力的提高，环保意识不断增强，加上近年来我国制造业通过吸收、引进国外先进技术，完全有能力生产出适合低臭炉生产的蒸发设备。相信在不远的将来，低臭炉生产工艺也会在我国广泛使用[7]。

四、静电除尘器

静电除尘是利用静电力量，从含尘气流中分离悬浮的粉尘粒子的一种方法。静电除尘器的作用是净化烟气、回收碱尘、提高碱回收率、减少烟气对大气的污染。其分离的能量是通过静电力直接作用于尘粒上，而不是整个气流上，因此分离尘粒所消耗的能量很低。一般处理 1000m³/h 含尘气体，所耗电能只为 0.1~0.8kW·h。

（一）工作原理

静电除尘器主要由放电电极（电晕极）和集尘电极组成，放电极是阴极，集尘极是阳极并接地，烟气从电极间通过。当在电极间加上一较高电压，则在放电电极附近的电场强度很大，而在集尘电极附近的电场强度相对很小，因此，两级之间的电场是不均匀强电场。静电除尘器的工作原理就是在电场的负极加上直接电源，将正极接地，在负极周围形成"电晕"，产生带电离子。气体在电极丝周围电离，产生一个正离子和负离子活动区。除尘板是接地的，正离子就向放电电极移动，负离子向除尘电极移动。在丝和板之间的全部区域中，只有负离子，悬浮于烟气中的烟雾粒子在其中通过。粒子就带有负电荷，从而受到除尘电极的吸引。在放电电极丝周围的一些粒子，就带有正电荷，受到电极丝吸引。但是，大多数的粒子收集在除尘电极板上。其除尘原理如图 19-11 所示，它包括气体电离、粒子荷电、荷电粒子的迁移、颗粒的沉积与清除四个过程[10]。

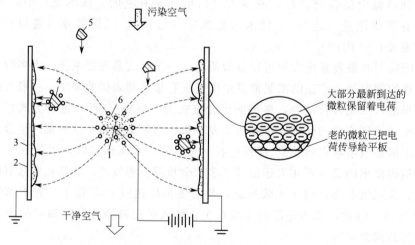

图 19-11　静电除尘器的基本原理

1—电晕极；2—集尘板；3—粉尘层；4—荷电的尘粒；5—未荷电的尘粒；6—电晕区

1. 气体电离

大气中由于宇宙线、放射线、雷电等作用而存在极少量的正、负离子。当向阴阳两极施加电压时，这种离子便向电极移动，形成电流。当电压升高到临界电压和临界电压以上时，具有足够能量的电子撞击通过极间的中性分子，使中性分子外层分离出一个电子，从而产生了一个正离子和自由电子。如此重复多次，使电晕极周围产生大量的自由电子和气体离子，这一过程称为"电子雪崩"。在电子雪崩过程中，电晕极表面出现紫色光点，并发出嘶嘶声，这种现象叫电晕放电。这些自由电子和气体离子在电场作用下，向极性相反的方向运动。在电晕极上加的是负电压，则产生的是负电晕；反之，则产生的是正电晕。

2. 粒子荷电

粒子有两种荷电过程，一种是离子在电场力作用下做定向运动，并与粒子碰撞而使粒子荷电，称为电场荷电；另一种是由离子的扩散而使粒子荷电，称为扩散荷电。这种扩散荷电主要是依靠离子的无规则热运动，而不是依赖于电场力。粒径大于 $1\mu m$ 的颗粒，电场荷电占优势；粒径小于 $0.2\mu m$ 的颗粒，扩散荷电占优势；粒径为 $0.2\sim1.0\mu m$ 的颗粒，两种荷电都必须考虑。

粒子荷电的形式也主要有两种：一是电子直接撞击颗粒，使粒子荷电；另一种是气体吸附电子而成为气体负离子，此离子再撞击颗粒而使粒子荷电。在电除尘中主要是后一种荷电形式。

3. 荷电粒子的迁移和沉积

荷电粒子在电场力的作用下，将朝着与其相反的集尘极移动。颗粒荷电越多，所处位置的电场强度越大，则迁移的速度越大。当荷电粒子到达集尘极处，颗粒上电荷便与集尘极上的电荷中和，从而使粒子恢复中性，此即粒子的放电过程。实践证明，粒子的电阻率在 $1\times10^4\sim5\times10^{10}\Omega\cdot cm$ 范围内，最适宜静电除尘。

4. 颗粒的清除

气流中的颗粒在集尘极上连续沉积，基板上颗粒层厚度不断增大，最靠近集尘极的颗粒已把大部分电荷传导给极板，因而使集尘极与这些颗粒之间的静电引力减弱，颗粒将有脱离极板的趋势。但是由于颗粒层电阻的存在，靠近颗粒层外表面的颗粒没有失去其电荷，它们与极板所产生的静电力足以使靠近极板的非荷电颗粒被"压"在极板上。因此，必须用振打的方法或其他清灰方式将这些颗粒层强制破坏，并使其落入灰斗，从除尘器中排出。

一般在除尘板顶上，装有气动或者机械振动的敲打锤，定时敲打除尘电极板，把收集到的粉尘清除下来。理想的情况是，收集到的粉尘从板面均匀下落，落入下面的碱灰收集区，但总有一些粉尘在下落时再被烟气带走，这是除尘器的一个主要而应予以解决的问题。

（二）静电除尘器的分类

（1）按集尘极的结构　静电除尘器可分为圆管型和平板型。管式电除尘器电场强度变化均匀，一般皆采用湿式清灰；平板式电除尘器电场变化不均匀，清灰方便，制作安装比较容易，结构布置较灵活。

（2）按荷电和放电的空间布置　静电除尘器可分为单区式和双区式两种。单区式是除尘的荷电和带电尘粒的放电除尘在同一电场中进行。双区式是荷电和放电除尘的电场为两个。

双区不发生反电晕现象，但在捶击集尘极时，发生粉尘的二次飞扬。单区式防止二次飞扬有效，但不能避免反电晕现象。现在工业上一般采用单区式静电除尘器。

（3）按气流方向　可分为卧式和立式两种。前者气流方向平行于地面，占地面积大，但操作方便，故目前被广泛采用；后者气流垂直于地面，通常由下而上，圆管式电除尘器均采用立式，占地面积小，捕集细粒易产生再飞扬。

（4）按清灰方式　可分为干式和湿式两种。干式电除尘器采用机械、电磁、压缩空气等振打清灰，处理温度可达 $350\sim450℃$，有利于回收较高价值的颗粒物；湿式电除尘器，通过喷淋或溢流水等方式清灰，无粉尘飞扬，除尘效率高，但操作温度低，增加了含尘污水处理工序。

（三）静电除尘器的结构和性能

1. 静电除尘器结构

静电除尘装置分为电场和电源两部分。平板干式静电除尘器的本体结构如图 19-12 所示，主要由电晕极、集尘极、气流分布装置、清灰装置和灰斗所组成。在电源装置方面，目前所用的都是用可控硅自动控制的高压整流器。在电场方面，从电场形式上分为立式和卧式两种。在碱回收炉后大都采用卧式。从电场内极板的结构形式来看，正极结构分 G 型、麟型、棒帏型三大类，以及它们的变型。负极结构分为直线、星型、棱型、螺旋型、单芒刺和双芒刺等多种。

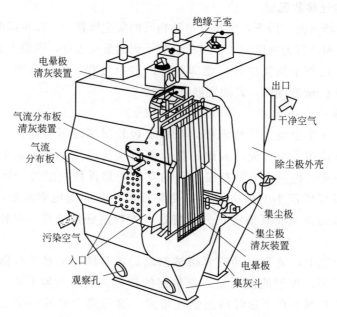

图 19-12　平板干式静电除尘器的本体结构

2. 静电除尘器的性能

静电除尘器的除尘效率高，可达 99.9％以上；因为相对大的静电力作用于粒子上，即使对极微小的粒子也能有效地捕集，能捕集 $0.1\mu m$ 或更小的烟尘；压力损失（为 $100\sim1000Pa$），干式约为 100Pa，湿式约为 200Pa；处理气量大（处理气量为 $10^5\sim10^6 m^3/h$ 是很常见的）；维护简单，运行费用低，虽然基建费用高，但处理气量大，与运行费用比起来还是合算。因此，一般处理大容量烟气时多采用静电除尘器。此外，静电除尘器可处理各种不同性质的烟雾，可用于高温、高压的场合，温度可高达 500℃，湿度可达 100％，而且也能处理易爆气体。但静电除尘器不宜用于高比电阻粉尘的捕集。另外，静电除尘器设备庞大，占地面积大。

　　碱回收炉烟气成分复杂，除含有碱尘外，还有 H_2S、CH_3SH、SO_2、SO_3 等酸性气体污染物，为使烟气得到良好净化，常常是几种设备串联使用。我国某厂的静电除尘设备在电源方面采用可控硅自动控制高压整流器；在电场方面采用正极板为 G 型，负极为双芒刺型。其静电除尘设备采用干法、双电场串联的卧式平底混凝土结构，带有振打和刮灰装置。我国某纸厂静电除尘器的流程如图 19-13 所示。

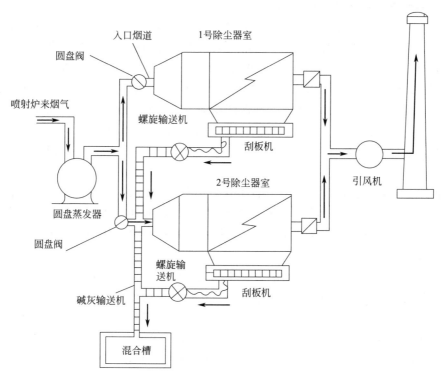

图 19-13　某纸厂静电除尘器流程

（四）影响因素

1. 影响静电除尘器除尘效率的因素

　　静电除尘器是一种较为可靠的高效除尘设备，除尘效率可达 90％～98％。影响静电除尘器效率的因素有：电场强度，电场长度，沉淀电极的振动情况，烟气的温度、水分、流速，以及烟气的最初含尘量等。

　　（1）电场强度　电场强度主要取决于电压值的高低，一般静电除尘器的电压为 75000～100000V 或运行电压为 65000V。电场强度短了，也就是尘粒在电场内充电的时间及充电后尘粒在电极上沉淀的时间短了，影响除尘效果。

　　（2）沉淀电极的振动情况　如正电极上已经沉淀的尘粒不能及时振掉，则影响带负电荷的尘粒与正极的中和作用，从而降低效率，所以沉淀电极要经常有力的振动抖掉已沉淀的尘粒。

　　（3）烟气的温度、水分　烟气的温度低，水分高，尘粒水分也高，导电性增大，有利于沉淀。因此，在静电除尘器前面设有直接接触蒸发器时，静电除尘效率较高。但是温度太低，水分太大，会使尘粒发黏，不易从正极上振下，又影响沉淀效果，而且增加设备腐蚀。即排烟温度与电除尘器的除尘效率有较大关系，实践证明调整排烟温度可以使电除尘器达到最佳的除尘效率[11]。所以，规定静电除尘器的进口烟气温度不低于150℃，出口温度不低于116℃，即露点温度以上40~50℃。

（4）烟气最初含尘量　烟气的最初含尘量高，特别是细小尘粒浓度高，容易引起反电晕作用，降低除尘效率。因此最初含尘量大的烟气，宜采用两段除尘，即先经过圆盘蒸发器除尘，然后再进静电除尘器除尘[1]。

2. 影响静电除尘器正常运行的因素

（1）电压　电晕电流的大小是决定除尘效率的主要因素，然而电晕电流的大小除与介质有关外，主要是由电压值的大小决定，所以当电压越高时则除尘效率也越高。可是，电压的升高有一定的限度，那就是升到电晕的极限情况时发生"闪络"而不是"电晕"现象了。"闪络"的极限情况就出现了"电弧"，"电弧"是静电除尘器除尘不允许出现的危险现象。为了解决除尘效率与安全生产的矛盾，即保证设备在安全的情况下，尽可能提高电压到接近"闪络"的电压值，以求获得最大的除尘效率。目前的电源装置都用可控硅自动就控制的高压硅整流器，它能较准确地控制电场里"闪络"情况，以使电除尘装置得到最高的除尘效率。

（2）腐蚀　当壳外为钢板时，由于烟气中水分较高，如果烟温偏低，或者安装时密封不严导致冷风漏入，就会使烟气结露，碱灰发黏。除潮湿的碱性物质对钢外壳产生腐蚀外，电场还可能被击穿，静电除尘器无法正常工作。因此，进静电除尘器的烟温不宜太低。安装时要注意密封及保温的施工质量。

（3）气流不均匀　静电除尘器内若气流不均匀，则会降低除尘效率，应调整静电除尘器内的气流分布板乃至进出口烟道的布置形式，包括弯头内增设导流板，使气流分布均匀。

电除尘系统与文丘里系统相比，优点是电能消耗低，以某厂为例，电除尘系统总装机容量，与文丘里系统相比减少68kW，日耗电量减少386 kW·h。日产碱以5t计，吨碱节电7kW·h，单耗平均以850kW·h计，吨碱电耗下降9%，平均年产碱量以1500t计，节约电量达$10×10^4$kW·h以上[12]。

文丘里系统与电除尘系统电能消耗比较见表19-2。

表19-2　文丘里系统与电除尘系统电能消耗比较

	主要用电设备名称	台数	装机容量/kW	耗电量/(kW·h)
文丘里系统	排风机	1	135	46
	黑液泵	3	43	14.5
	合计	4	178	60.5
	日消耗量		60.5×24=1452(kW·h)	
电除尘系统	排风机	1	30	
	圆盘蒸发器及泵类	4	44.5	44.4
	电场所属设备	10	22.58	
	合计	15	97.08	44.4
	日消耗量		44.4×24=1066(kW·h)	

五、引风机

典型的碱回收炉是在轴力平衡下运行的。用一台或多台鼓风机供应炉膛内燃烧用的空气；用一台或多台引风机排出炉膛内的燃烧产物。控制引风机，是要保证炉膛稍有一点负压，保证在大多数时候，空气通过各种开孔漏入炉内，不要让含尘很多的烟气漏出炉外，以保持碱回收炉室内的清洁；并且在观察孔、辅助门和黑液喷枪口附近可以不用气封。

大多数碱回收炉的引风机装在文丘里系统或静电除尘器等除尘设备之后，它的作用是将炉内烟气引出，通过烟道和烟囱排入大气。引风机通过挡板或用变频调速电动机液力调速器来调整炉内的负压，运行中应避免烟道漏气，温度过低出现露点而造成引风机的叶片挂上碱灰而产生热振动。

碱回收炉所采用的风机均为离心式风机，根据其空气进入方式的不同，可分为单面式风机和双面式风机两种。出口风压在 $100mmH_2O$（$1mmH_2O = 9.80665Pa$，下同）以下的，称为低风压机；出口风压在 $300mmH_2O$ 以上的称为高风压机。碱回收炉一般采用高风压机。

采用离心式风机有两种叶片形式，即前倾式和后倾式。前倾式叶片风机的全压比后倾式高，但效率低。碱回收炉引风机一般采用后倾式[13]。

参考文献

[1] 刘秉钺，曹光锐. 制浆造纸节能技术 [M]. 北京：中国轻工业出版社，1999：314-315.

[2] 造纸工业碱回收编写组. 造纸工业碱回收 [M]. 北京：中国轻工业出版社，1979：181-185.

[3] 雷丹青. 碱回收炉的烟气净化 [J]. 中国造纸，1983，(2)：44-56.

[4] 付国元. 文丘里旋风分离器除尘系统的运行体会 [J]. 纸和造纸，1998，(4)：67-68.

[5] 吴成玉. 圆盘蒸发器筒轴的改进 [J]. 轻工机械，1993，(4)：40-41.

[6] 林先存. 圆盘蒸发器结垢的预防和治理 [J]. 纸和造纸，2002，(5)：42-46.

[7] 涂善义. 小改圆盘蒸发器 [J]. 纸和造纸，1992，(4)：44.

[8] 赵玉香. 造纸厂圆盘蒸发器的改进 [J]. 设备管理与维修，1995，(4)：14-17.

[9] 李科谷，卓跃煌. 圆盘蒸发器的事故和改进措施 [J]. 中国造纸，1993，(6)：58-59.

[10] 杨淑慧，刘秋娟. 造纸工业清洁生产·环境保护·循环利用 [M]. 北京：化学工业出版社，2007：191-192.

[11] 李亚林，王玉川. 排烟温度与静电除尘器除尘效率的关系 [J]. 现代营销，2011，(2)：100-101.

[12] 张福书. 圆盘蒸发器——电除尘装置在草浆碱回收中的应用 [J]. 中国造纸，1987，(6)：5-10.

[13] 汪苹，宋云. 造纸工业节能减排技术指南 [M]. 北京：化学工业出版社，2010：92-94.

第二十章 | 推荐预热机械浆的热能回收与利用技术

第一节 概　述

预热机械浆（TMP）是由木片磨木浆（RMP）发展而来的，把洗涤后的木片在蒸汽压力为 0.1～0.25MPa，110～125℃加热 2～3min，并在此压力下送入盘磨机磨解成浆；也可在第一段后，在常压下，再用盘磨机经过第二段磨解后成浆，和其他机械浆比较，该方法具有强度大、纤维束低的特征。

表 20-1 给出了几种机械浆的单位能耗[1]。从表中可以看出，各种机械浆的单位能耗，主要消耗于磨浆过程。据研究，消耗于磨浆能量的 95% 是以废热蒸汽的形式散发出来，可分为回流蒸汽和喷放蒸汽。这些废热蒸汽具有热值高、热蒸汽集中的特点。虽然这部分热蒸汽还夹带着纤维、木屑、空气及其他杂质，并呈酸性，但仍然很有回收价值。这些回流蒸汽和喷放蒸汽可以分别收集，单独或混合加以利用。考虑到回收装置的热损失，大约有 80% 的能耗可以被回收利用，这样可使 TMP 制浆的总能耗减少 18%。如果处理好，甚至会比 SGW 的能耗还低。

表 20-1　几种机械浆的比能耗（游离度 CSF100mL）　　　　单位：MJ/t

项目	SGW	PGW	RMP	TMP
剥皮	35	38	35	35
削片与筛选	—	—	55	55
木片的洗涤	—	—	20	20
磨木机磨石磨浆	4105	4335	—	—
盘磨机磨浆	—	—	4930	6370
筛渣盘磨机磨浆	540	650	900	900
辅助机械	540	540	540	540
压缩空气	—	20	—	—
总计	5220	5580	6480	7920

TMP、CTMP 等预热处理盘磨机械浆，纸浆得率高，化学药品消耗少[2]，具有较好的纸浆性能，发展十分迅速。但预热机械浆电耗比化学浆高得多，其较高的能耗是一个突出的问题，日益引起广泛的关注[3]。

在机械浆的生产中，主要能量消耗于磨浆过程。TMP 制浆过程需消耗大量的电能用于解离及帚化纤维，制成 1t 纸浆需耗电 1000～2400kW·h。在磨浆过程中，在高速旋转的盘磨内，由于木片之间或纤维之间、木片或纤维与磨片之间的剧烈摩擦作用有 85%～90% 的电机主轴动力变成热能，蒸发稀释水、水封水、木片或纤维中的水分而产生大量的蒸汽，以回流汽（与木片喂料成逆流方向）和喷放汽（随盘磨浆喷放出来）两种形式排放出来[4]。特别是一段的带压磨浆，产生的蒸汽量大且带有一定压力。据研究，消耗于磨浆的能量 95% 以废热蒸汽的形式散发出来。因此，热能的回收具有十分重要的意义。另外，造纸过程的能耗要占整个制浆造纸能耗的 43%，有效回收热能并加以利用对节能十分重要。

第二节　预热机械浆的热能回收系统

预热机械浆在磨浆过程中会产生大量的蒸汽热能，均需配套经济适用的热回收系统[4]。热回收有 2 种基本工艺：①盘磨机产生的污蒸汽与加入喷射冷凝器的水热交换产生热水；②利用再沸器将污蒸汽与热冷凝水进行热交换产生新鲜蒸汽，同时利用污冷凝水热量生产热水。

一、 TMP 的热回收方式

TMP 的热回收，根据其性质，可采取直接加热和间接加热的方式进行[5]。

直接加热是把 TMP 排出的蒸汽直接用于加热木片和白水。由于蒸汽是酸性的，并夹带纤维等杂质，所以直接回收蒸汽的用途是有限的。特别是为了防止树脂的积累，直接加热方式回收蒸汽用于生产过程受到限制。

间接加热是用换热器间接加热空气和水。当要加热的空气与 TMP 系统距离较远时，可以考虑用乙二醇-水作为热交换的介质。因为乙二醇具有沸点高，密度小的优点，间接加热，然后泵送至使用点，用后再送回热交换器由废热再间接加热，以提高其温度。

间接加热可用来加热空气，用于纸机的袋通风、锅炉喂料、车间取暖和顶部的通风。间接加热还可以用来加热清水，用于锅炉供水、生产喷淋水、洗涤水、制浆用水及生活用水。上述回收的热能品质较低，使用的范围有限。更为有利的热能回收方式是通过压力旋风分离器，回收压力较高的废热蒸汽，通过降膜式蒸发器或其他形式的换热器以生产出清洁的新蒸汽，用于纸机的干燥部。由于采用这种方式回收的新蒸汽压力较低，仅 0.26MPa，所以往往还要采用热泵（蒸汽喷射式热泵或蒸汽压缩式热泵），把新蒸汽压力提高到 0.41MPa，用于纸机的干燥部。

热回收方式的选择主要取决于浆的生产规模和磨浆负荷等因素。图 20-1 给出了 TMP 系统回收的热量及其用途。回收的蒸汽用于直接与间接加热白水与清水处，还用于木片加热及空气加热，热空气用于纸机通风系统和锅炉给水等处。

二、 TMP 热回收系统

目前，TMP 热回收流程主要有以下几种[6]，如图 20-2～图 20-4 所示。

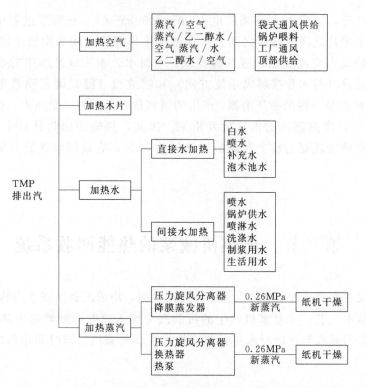

图 20-1 TMP 系统废热回收热量的用途

如图 20-2 所示的 Rossenblad 热回收系统是回收新鲜蒸汽用于纸机的系统。它使用降膜蒸发器蒸发纯水，再进一步压缩升压以制造抄纸用蒸汽。

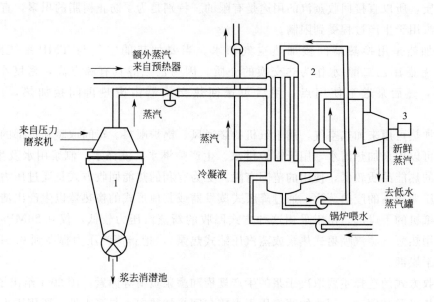

图 20-2 Rossenblad 热回收系统
1—分离器；2—降膜蒸发器；3—压缩机

图 20-3 为另一回收新鲜蒸汽，用于纸机干燥的流程。该系统由于设置了 2 台蒸发器，进行低温低压蒸发，有较好的热回收效率。

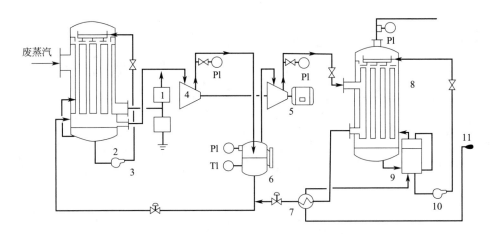

图 20-3　Cyclotherm 热回收系统

1—涤汽器；2，8—换热器；3，10—水泵；4，5—压缩机；

6，9—汽水分离器；7—预热器；11—新鲜水

图 20-4 为 Tramden 热回收系统，这种 Tandem 方式使用两段压力磨浆，可直接获得高压蒸汽，经过压力旋风分离器，通过煮沸器，产生的新鲜蒸汽一部分送纸机干燥部，还有一部分热量用于加热木片。由于使用热泵，这种方式更有利于废汽的热回收。

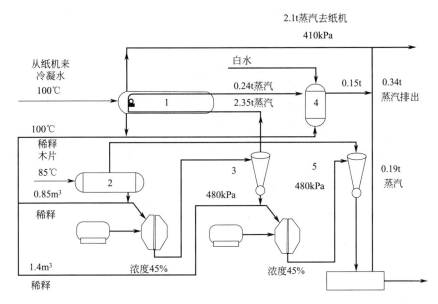

图 20-4　Tramden 热回收系统

1，4—热交换器；2—蒸汽释放器；

3—第一段压力旋风分离器；5—第二段压力旋风分离器

图 20-5 为一个日产 150t TMP 系统两段磨浆的热能平衡。从图 20-5 中可以看出，进入系统的热能为 1462.5MJ/min。回收净汽热能为 484.0 MJ/min，占输入能量的 33.1%；温白水带走的热能为 81.6 MJ/min，占 5.6%；磨木浆带走的热能 855.8 MJ/min，占 58.5%；其他为热损失[5]。

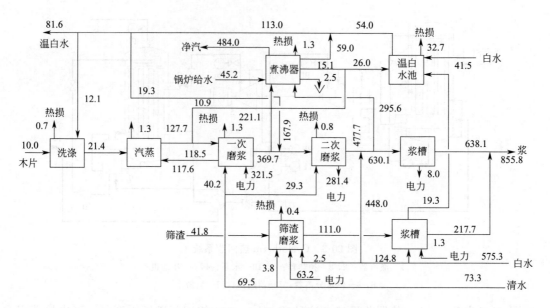

图 20-5 150t/d TMP 系统两段加压磨浆系统热能平衡

一般 TMP 热回收流程，只能获得低压蒸汽，即使通过热交换器，也只能获得 260kPa 的低压蒸汽。要想应用于抄纸机上，需要压缩机升压，可获得 410kPa 的蒸汽，生产 1t 浆大约可以回收 2.1t、410kPa 新蒸汽。图 20-6 为 TMP 蒸汽回收对纸张干燥的能量系统[7]。

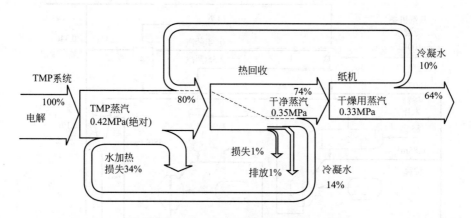

图 20-6 TMP 蒸汽回收对纸张干燥的能量系统

热回收蒸汽的应用，一般按以下次序排列：纸机干燥部蒸汽、纸机袋通风、建筑取暖及通风、水加热。压力磨浆回收的高压蒸汽，可用于纸机干燥部的加热；而常压磨浆的废汽，可用于纸机袋通风、木片的预热、车间的取暖通风及生产用水的加热等。

三、 热能回收系统应用实例

1998 年某纸厂投产的日产 200tTMP 生产线，该生产线配备 1 套原 SUNDS 公司的高效热回收装置，2001 年将此热回收系统投入运行[8]。该装置将一段压力磨浆产生 450kPa 蒸汽送入蒸发器，与各车间收集来的蒸汽冷凝水进行间接热交换，生产出 300kPa 新鲜蒸汽，产量约 8t/h（磨 1t 浆能产出 1t 新鲜蒸汽），节能效果十分显著[9]，流程见图 20-7 和图 20-8。

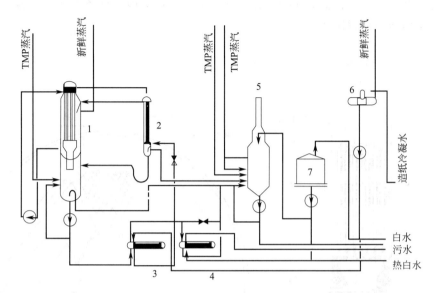

图 20-7　某纸厂 TMP 热回收系统

1—蒸发器；2—给水热交换器；3—给水预热器；4—白水加热器；

5—涤气器；6—除氧器；7—白水槽

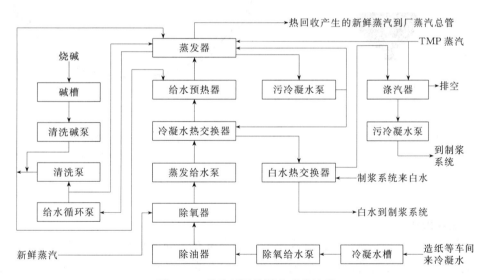

图 20-8　某造纸厂热回收系统流程

1. 主要设备

（1）蒸发器　热回收系统核心设备是蒸发器，蒸发器下半部分的作用相当于旋风分离器，TMP 蒸汽沿切线方向进入，蒸汽与可能带入的纤维分离，纤维进入蒸发器底部污冷凝水中（TMP 蒸汽的凝结水，因带细纤维及其他杂质称其为污冷凝水），随污冷凝水一起排入涤汽器，TMP 蒸汽向上进入蒸发器管程，经过管程将热量传递给壳程的脱盐水，生产新鲜蒸汽。蒸发器结构如图 20-9 所示。

结构参数：立式直管型，ϕ1750mm×1600mm，壳程设计压力（0.5～0.1）MPa，管程设计压力 0.5～0.05MPa，设计温度160℃，与 TMP 蒸汽接触部分为不锈钢，如图 20-10 所示。

（2）涤气器　立式喷淋式，外壳直径 2000mm，高 8m，烟囱直径 700mm，高 20m，设计温度 120℃，常压不锈钢制作。

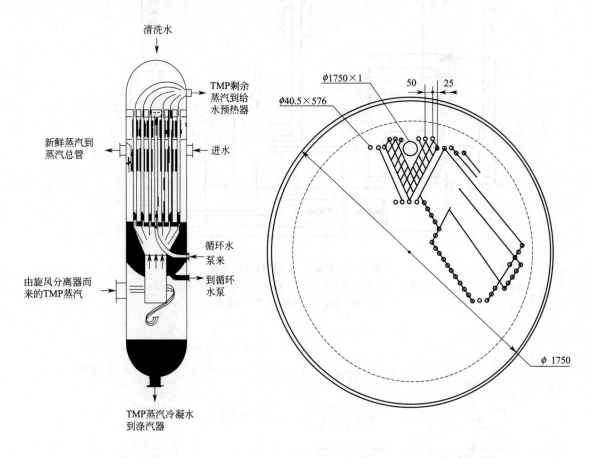

图 20-9　蒸发器

图 20-10　蒸发器剖视
总高约 16000mm，管束长 6600mm，
锥部高 1000mm，锥下柱体高 1412mm，
锥下柱体直径 700mm

2. 热回收流程

机械磨浆产生的蒸汽与浆料混合在一起，还夹带有部分细小纤维、有机物等，经过旋风分离器将蒸汽与浆料分离后，进入蒸发器的管程，与壳程流动的脱盐水进行间接热交换，所得的热回收蒸汽供其他车间使用。

TMP 蒸汽热交换后的余热，用来加热蒸发器给水及 TMP 制浆白水。TMP 蒸汽热交换后的污冷凝水排入涤汽器。蒸发器没有投入使用或蒸发器能力下降时，经阀门自动调节，TMP 蒸汽通过涤汽器排掉。通过热回收系统回收的蒸汽回用后，可节省大量能源[10]。

国内某制浆生产线，设计生产能力为 300～350t/d，主要原料为意大利杨，生产的浆料主要用来配抄低定量涂布纸（LWC）。其磨浆系统采用了两段大功率压力磨浆机（电动机功率15000kW）。该磨浆系统废热回收流程如图20-11所示[11]。

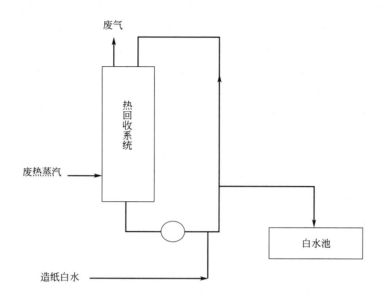

图 20-11　废热回收流程

图20-11中，由造纸工段来的白水泵送到热回收塔的顶部，磨浆机产生废热蒸汽则从塔底部进入，造纸白水与废热进行热交换，加热后的白水进入白水池。白水池的液位可通过气动调节阀进行开度调节，以保证白水池的液位。该系统在调试运行初期，由于热回收塔顶部没有安装排汽风机，白水泵功率偏小而导致启动后电流偏大，致使热回收系统无法连续运行，造成磨浆产生的废热蒸汽的回收效率很低。后来，通过将白水泵电动机增容（由90kW增加至132kW），在热回收塔顶部增设排汽风机、合理控制热回收塔液位（≤40%）等改进措施后，热回收系统能正常运行。

第三节　影响 TMP 热回收的因素

TMP车间的热回收是磨浆操作的副产物，因此，在改善TMP热回收系统时不能干扰主要目的，即应以生产出高质量的浆为主。磨浆时有85%～90%的电动机主轴动力转变成热能。这个热能用来蒸发稀释法、水封水、木片或纤维中的水分。盘磨机产生的蒸汽以两种形式排放出：一种是与木片喂料成逆流的方向排出，称为回流汽；另一种是随盘磨浆喷放出来，称之为喷放汽。

TMP热回收系统回收的热能的数量，回收热能的参数（主要是蒸汽压力），回收热能的洁净度直接影响回收热能的使用及经济效益。影响TMP热回收的因素有[5]以下几点。

一、　磨浆设备

生产TMP的关键设备是盘磨机，选择节能型盘磨机，由于其制造结构和装配的特点，使之能降低非生产性能耗和大幅度回收磨浆时产生的热量。

由瑞典 Sunds Defibrator 公司开发的 RGP60 型是带平面盘齿的盘磨机，RGPTOCD 型是带锥形面齿盘的盘磨机，均为能改善热回收、节约能耗的新型盘磨机。它们在结构上是将盘磨机机座、机壳和定盘作为一个整体，使机械结构特别稳定，以保证在整个磨浆区域有固定不变的磨浆间隙，能连续获得均匀的高质量的浆。另外在结构上的主要特点还有：①需要维修的零部件最少，以保证最多的工作时间；②轴上转盘伸出部分很短，增加了机器的稳定性；③轴、轴承和水压装置，可作为一个整体更换下来，工作寿命长，更换容易；④专利的填料函设计维修简单，使用寿命长。这些特点无疑有助于节约非生产性能耗。

使用盘磨机磨浆的压力也直接影响到 TMP 的热回收。使磨浆机的磨浆压力由 0.1MPa 提高到 0.3~0.4MPa，从而可以扩大蒸汽的使用范围。与常压磨浆相比，常压磨浆有利于热的回收和提高经济效益，是发展的趋势。

二、 热回收设备

为了净化从 TMP 系统回收的热能，保持废汽较高的压力，与常压磨浆相匹配的有压力旋风分离器。该分离器下部装有锥形紧实螺旋，以保证高压蒸汽的顺利输出。由于输出的是高压蒸汽，分离器的外形尺寸可相应减小。此外螺旋给料速率缓慢，并可连续用水冲洗以防止黏附在器壁上和浆料在器内架桥。这就可保证顺利操作，减轻输出蒸汽被纤维污染。

用来净化被纤维污染了的 TMP 废汽的设备可采用煮沸器。煮沸器是一种间接换热的设备。它使用来自压力磨浆机的喷放汽和回流汽加热锅炉给水，以产生清洁的新鲜蒸汽。例如某厂在 0.412MPa 压力下磨浆，可产生同压力的喷放汽，通过煮沸器后能产生 0.343MPa 的新鲜蒸汽。也可将 0.412MPa 的喷放汽通入压力旋风分离器产生 0.343MPa 的废汽，再经过煮沸器，生产出压力为 0.288MPa 的清洁新鲜蒸汽。盘磨动力输入变成煮沸器新蒸汽的总效率约为 75%。

自煮沸器排出的污冷凝水也是一种热源，可用于木片洗涤和泡木池，用以加热木片和保持水温，也可用于水的间接加热。冷的污冷凝水不宜作为生产补充水，因为它含有系统中不允许存在的树脂和有机酸。

由煮沸器回收的新蒸汽有时压力不够，用于纸机干燥部有困难，这就需要通过热泵来提高压力。根据提供的动力不同，又可分为两种：一种是蒸汽喷射式压缩机（又可称为热压缩机），使用来自动力锅炉 1.13MPa 的蒸汽，把回收的 0.26MPa 的蒸汽压缩为 0.41MPa 供纸机干燥部使用；另一种是蒸汽压缩机（又称机械压缩机），是以电能或机械能为动力，可把 0.28MPa 的蒸汽压缩为 0.34MPa 提供纸机的干燥部使用[12]。

三、 磨浆的工艺条件

磨浆机磨浆压力会对热能回收产生较大影响。将磨浆机的磨浆压力由 0.1MPa 提高到 0.3~0.4MPa，回收的蒸汽压力也相应较高，使其使用范围拓宽。与常压磨浆过程相比较，压力磨浆过程产生的热能回收更具有经济性，表现在回收过程热效率更高，回收的热能利用价值更大和应用范围更广。

盘磨机产生的蒸汽量，除了受输入的电能和盘磨的压力影响外，喂入木片的温度和含水量、稀释水的流量和温度、水封水的流量和温度也会对废热蒸汽量产生较大的影响。

图 20-12 所示为稀释水温度对盘磨废汽及煮沸器新鲜蒸汽的影响。由该图可以看出，当

输入木片温度由 82℃下降到 71℃时，盘磨蒸汽和煮沸器新蒸汽量约降低 3.5%；当输入稀释水温度降低 10℃，盘磨蒸汽和煮沸器新蒸汽量约减少 2.0%。回收的新鲜蒸汽量也取决于锅炉给水温度，水中可溶性固形物的排出量及盘磨机释放的废热蒸汽中不可凝结物质的量等。

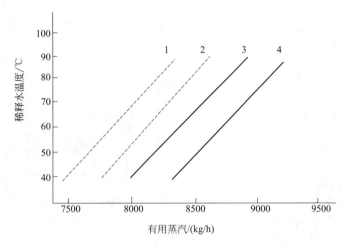

图 20-12　稀释水温度对盘磨、废汽及煮沸器新鲜蒸汽的影响
1—煮沸器蒸汽（木片 71℃）；2—煮沸器蒸汽（木片 82℃）；
3—盘磨机蒸汽（木片 71℃）；4—盘磨机蒸汽（木片 82℃）

第四节　TMP 热回收的进展

为了进一步提高热能的回收利用效率，净化回收蒸汽及提高蒸汽压力，一些新设备，如压力旋风分离器、再沸器、热压缩机等相继应用于热回收系统。

一、　压力旋风器

压力旋风分离器对热回收系统正常工作有十分重要的作用。旋风器结构设计不合理易造成飞浆[13]，图 20-13 为压力旋风分离器。分离器下部装有锥形紧实螺旋，以保证高压蒸汽的顺利输出；另一个特点是螺旋进料速率缓慢，并可连续用水冲洗。以防止浆料在器壁上黏附及在器内架桥，保证高压蒸汽顺利洁净地输出。

二、　再沸器

再沸器是热回收系统的关键设备，作用是将污蒸汽的大部分转化为冷凝水，并将清洁冷凝水转化为饱和蒸汽而回收利用。设备结构有多种形式，名称也不尽相同，但基本原理相同，其中 R-二次闪蒸器的再沸器设备结构和运行原理见图 20-14。该设备是一个立式圆柱形的壳体管式换热设备，热回收单元为管状降膜式，主要由壳体、降膜管、缓冲喷嘴池、洗涤喷嘴、微滴分离器和供水预热器等组成。污蒸汽在管内流动，给水在降膜管之间通过，整个系统可分为清洁冷凝水闪蒸区、污蒸汽闪蒸区、热交换区和供水预热等几个区域，结构较为复杂。根据再沸器设备热交换的功能与原理，可将设备热交换系统分为管侧（污蒸汽侧）、壳侧（清洁蒸汽侧）和供水预热器三大部分。

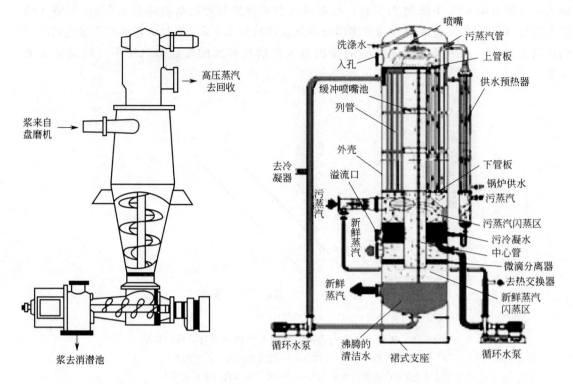

图 20-13　压力旋风分离器　　　　　　图 20-14　再沸器结构及工作原理

（一）管侧结构与功能原理

污蒸汽入口约在再沸器的中间部分，入口为切线方向。再沸器的中间部位和下面的污蒸汽闪蒸区的圆柱空间有 2 个功能：①上部作为旋风分离器，处理进入的污蒸汽；②下部作为蒸汽冷凝池。污蒸汽进入再沸器后从中间部位流向换热管。再沸器顶部设有喷射嘴，具有洗涤管侧的作用。在设备顶部和污冷凝水区的壳体上各设有一个孔，供维修观察用。

污蒸汽沿切线方向进入再沸器，通过旋风分离作用分离纤维后向上流动而到达热交换区的入口端，沿换热管往上流动。热交换区的管束包括两个通道，污蒸汽首先进入第一个通道向上流动（第一通道约占总管 95%），与交换介质的流向相反，到达再沸器的上部转向进入第二通道向下流动，与交换介质的流向相同。在第二通道下端的污蒸汽闪蒸区，冷凝水和未凝结的蒸汽及不可凝结的气体分离。未凝结的蒸汽和不可凝气体沿污蒸汽排放管从再沸器顶部流入供水预热器，冷凝水进入冷凝水池。在一般情况下污冷凝水经液位控制下的循环泵送出再沸器，经循环泵排出的冷凝水除进入喷射冷凝器外，大部分污冷凝水又循环回到再沸器，循环的目的是搅动再沸器内的冷凝水，以免其中残留浆料沉降。如污冷凝水停止正常的排出，那么就会直接由再沸器流入喷射冷凝器。

（二）壳侧结构与功能原理

3R-二次闪蒸器的一个独有特点是具有缓冲喷嘴池，每一个缓冲喷嘴池包括一个联合喷嘴和缓冲板。在中心位置设置了一个中心管连接壳侧和再沸器底部清洁蒸汽闪蒸区，该部位还起到循环水泵冷凝水池的作用。在该区的上部嵌有一个板状微滴分离器。设备壳体上的不同部位设有四个孔供维修和观察用。再沸器支撑架为裙状结构。

经供水预热器加热后的清洁锅炉供水，由再沸器的上部进入热交换区，在换热管的外侧向下流动，到达清洁蒸汽闪蒸区，通过循环水泵使循环水从该区域循环到上部缓冲嘴池，从交换管外侧不断产生向下流动的蒸汽，之后的缓冲嘴池会通过收集所有的循环水打破蒸汽。循环水从下部的管板向下流动，经过中间管流到再沸器的清洁蒸汽闪蒸区。重新分配循环水的目的是确保列管从上到下全部都是湿的，使所有换热表面都充分利用起来，循环水的循环速率约是蒸发速率的 10～13 倍。循环交替热交换过程所产生的水、汽混合物通过再沸器的中间管进入再沸器的下部，闪蒸的蒸汽通过内嵌的微滴分离器排出再沸器。再沸器内的冷凝水液位由液位控制器控制调节进入再沸器的水量。

（三）供水预热器结构与功能原理

该设备的作用是尽量完全地冷凝残余的污蒸汽，并预热供水至沸点。预热器是一个立式的壳-管换热装置，附着在闪蒸器上的支架上。设备由管壳、列管、清洗喷嘴等组成，列管配置在壳内，顶部的封头上设有一个喷嘴用来清洗列管。预热器两头都用法兰连接在外壳上。管壳上有观察孔，以便观察和清洗管子一侧。

从再沸器出来的残余蒸汽和不凝气体被引到供水预热器的顶部，通过与供水热交换而被冷却，并且使大部分蒸汽在列管间往下运动时被冷凝。换热后的热水由壳的上部被送到再沸器中。预热器的下端起到分离不凝气体和冷凝水的作用，不凝气体被排到喷射冷凝器，冷凝水则通过一个水封被引回到再沸器。供水在壳体内沿着列管间与污蒸汽逆向流动，并由一块缓冲板引导。

三、第一段压力磨浆的热能回收系统

图 20-15 为用于第一段压力磨浆的热能回收系统，来自盘磨机的回流蒸汽与喷放蒸汽，共同进入压力旋风分离器，输出蒸汽，一部分送至预汽蒸器用以加热木片，其余部分进入再沸器生产洁净新蒸汽，送至纸机系统。

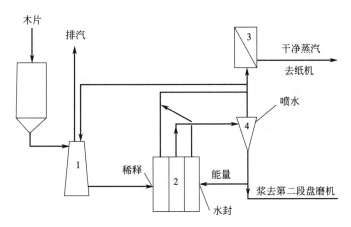

图 20-15　第一段压力磨浆的热能回收系统

1—汽蒸器；2—第一段压力磨浆机；3—煮沸器；

4—压力旋风分离器

四、热回收系统新进展的应用实例

图 20-16 为生产新鲜蒸汽的热回收生产工艺主要包括供水加热、蒸汽产生和热水产生等几个单元，主要设备有热交换器、喷射冷凝器、再沸器、空气压缩机等。

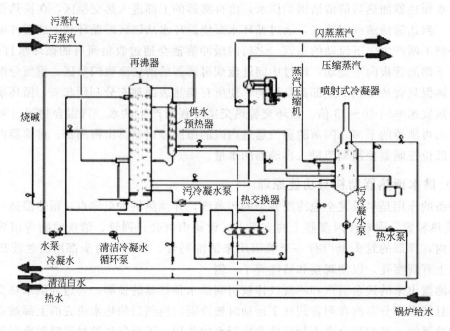

图 20-16　生产新鲜蒸汽的热回收系统

(一) 热交换器

热交换器是热回收系统的辅助加热设备，作用是利用冷凝水的残余热量来加热供水而保证再沸器的高效运行，设备结构和运行原理见图 20-17。该设备是一个水平的壳体列管卧式结构，里边是水平排列的热交换管。管板与管壳间嵌有热膨胀补偿膜。换热器有两个支撑腿，一个是固定的，另一个可以滑动。

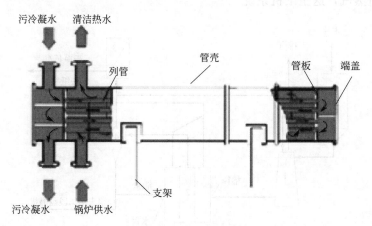

图 20-17　热交换器

污冷凝水在管内流动，锅炉供水在管外流动，利用两介质温差完成热交换任务。被加热的热水进入再沸器单元，污冷凝水则进入喷射冷凝器生产热水。最近几年出现了一种新型的换热器——Compabloc 型换热器[14]，它既可用作冷凝器，也可用作重沸器，该型号的热传递系数是管壳式技术的 2～4 倍，这使工厂中这些装置的尺寸降低了 1/5 或以上。

根据与传统换热器完全不同的创新理念，Compabloc 被包在波纹管热传递板中，这些板子通过激光焊接形成凹槽。液体或蒸汽在流过这些凹槽时，产生高度的紊流，使介质之间的热传递最大化。此外，反向流动使得冷流体被加热到高温流体的近似温度，这两种温度之间的相近性是热回收效率的判断标准。这种非凡的热传递效率使得Compabloc120仅需要相当于管式换热器的25%～50%的热传递面积。在仅仅3m³的体积中，Compabloc120装置提供的热传递面积相当于管壳式产品的1000m²的热传递面积。

（二）喷射冷凝器

喷射冷凝器（亦称洗涤器）的主要作用是在再沸器部分或者全部旁路时，洗涤蒸汽以除去其中的纤维和利用污冷凝水热量生产热水。它能够在连续运行中闪蒸出一部分污蒸汽，蒸汽的热量被传递到白水而产生热水。另外，该设备还具有污蒸汽直接排入时的消声作用。喷射冷凝器的结构和运行原理见图20-18。该设备是一个立式的常压容器，上下均为圆锥体。一个内部的锥形隔板把该容器分成上下两部分，上部的锥形体上有一个喷嘴，顶部是一个出口排气囱。污冷凝水沿底部的切线方向入口经过文丘里管而进入器内，下部为污冷凝水闪蒸冷凝区。设备有一个裙式支架支撑，下端有一个孔以供观察和维修。

一般情况下，从供水预热器出来的蒸汽、不凝气和从再沸器出来的污冷凝水被送到常压冷凝器，还有一小部分污蒸汽也被送到冷凝器。另外，如果经过供水预热器的污蒸汽排放口被阻塞或关闭，那么冷凝水就会

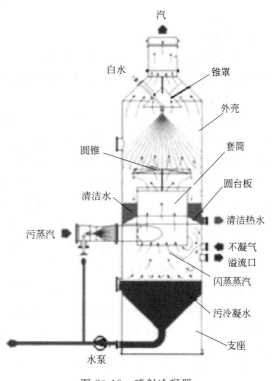

图 20-18　喷射冷凝器

通过一个备用的排放管道送到喷射冷凝器。污冷凝水进入冷凝器后约8%的热污冷凝水被闪蒸成蒸汽。

来自再沸器的污冷凝水沿切向方向进入冷凝器，或在盘磨中产生的蒸汽直接排放到冷凝器的时候（污蒸汽沿切向进入较大直径的冷凝器后，会在低速旋转时将大部分纤维分离出来），产生的闪蒸蒸汽自下往上流动，同时，从设备顶部加入的白水通过喷嘴的喷射流作用，起到了良好的冷凝效果而被加热成热水。加热后的清洁热水通过液位自动控制用热水泵送往用水点。没有冷凝的蒸汽和不凝气体则通过上端的气囱排放到大气中。下端锥部的冷凝水/白水混合液体通过底部的循环泵用液位控制而被排放出去，但大部分的水又重新循环到冷凝器进口流经文丘里管而进入器内，并通过冷凝水循环起到搅动作用而防止洗涤器中的纤维沉降。洗涤器设有的溢流管是防止液位自动控制失灵或过载现象。

（三）蒸汽压缩机

蒸汽压缩机是热回收系统对产生的新鲜蒸汽通过压缩作用而提高蒸汽压力的关键设备，目前均是从国外配套引进。作用是将从再沸器出来的清洁蒸汽加压，以达到工艺所需的汽压要求。该设备总体构成较为复杂，主要由压缩系统、蒸汽降温器和润滑系统三个单元组成。

再沸器内产生的蒸汽经过内嵌式微滴分离器除去蒸汽中的部分液体，然后再进入蒸汽压缩机或相应的用汽点。在工艺设计时可留有不经压缩的蒸汽旁路，以自动控制而满足生产对不同蒸汽压力的要求或在压缩机出现故障时留有维修余地。

1. 压缩系统

蒸汽压缩机是由一个整体的齿轮装置驱动的单级离心压缩机。副齿轮轴由一个三腔浮动碳密封环密封，密封蒸汽来自低压蒸汽网。来自空气网的密封空气防止蒸汽和齿轮驱动装置的润滑油接触。

2. 蒸汽降温器

蒸汽降温器是一个特别设计的喷嘴，安装在回收蒸汽管中。流动的蒸汽使尽量多的水雾化为蒸汽。通向降温器的供水流量由降温器后的蒸汽温度来控制。

3. 润滑系统

润滑系统包括油罐、两个并联的水冷式冷却器、一套并联的油过滤器和两个油泵。主油泵是一个螺杆泵，直接由低速齿轮轴驱动。备用油泵由电动机驱动，在启动时使用。油冷却器是一个管状的换热器，油在换热管中流动。油罐上安装有油除沫器和电加热器，润滑油通过油冷却器和油过滤器从油罐泵送到齿轮箱，油的温度由油冷却器旁路的温度控制器调节。油过滤器上有压差指示器，以检测过滤器中的污染物。

由磨浆系统旋桨分离器分离出的污蒸汽借压力进入再沸器（亦称再生锅炉或闪蒸器），同时通入经换热后约100℃的锅炉供水，污蒸汽与热水进行间接换热，污蒸汽被冷却直至冷凝为冷凝水，通入的清洁热水转化为蒸汽，并通过内嵌的微滴分离器产生干度约99.5%的饱和蒸汽。将清洁的蒸汽送入蒸汽压缩机增压到约0.5MPa的压力而送往用汽点，或将新鲜蒸汽不经过加压而直接送往用汽点。再沸器蒸汽的排空率约1.3%，其中含有约0.1%的不凝气体（NCG），NCG的量将影响到热回收单元的传热系数和排空率，新鲜蒸汽的产量也取决于这个值。

再沸器中冷凝的污冷凝水从喷射冷凝器的底部进入并产生闪蒸蒸汽，同时从冷凝器顶部加入清洁白水与上升的蒸汽逆向流动交换热量，产生清洁热水和污冷凝水。清洁热水的温度约70℃，被热水泵送往制浆系统或其他热水点；冷凝的污冷凝水温度约100℃，被送往木片洗涤系统或漂前洗涤浆料。

生产中为防止纤维在再沸器内沉淀，将污冷凝水用循环泵连续循环使用，未冷凝的蒸汽和一些不可凝气体流经再沸器顶部被引向供水预热器。热交换过程的冷凝水从预热器底部流出进入再沸器污蒸汽闪蒸区，未冷凝的蒸汽（这些蒸汽包括松节油、一些空气和蒸汽等）进入喷射冷凝器。锅炉供清洁温水由液位控制器控制，首先经过供热交换器，继而又通过再沸器前供水预热器进行再次加热后进入再沸器。

第五节　热磨机械浆制浆过程的污水热能回收

热磨机械浆制浆过程中排放的污水主要来自螺旋压榨机滤液槽，具有较高的温度（70~90℃），必须采用适当的处理方法将这些热能资源加以回收利用。

国内某企业马尾松TMP制浆车间通过技术改造，将原有的TMP生产用水系统进行了热能回收方面的技术改造，取得了较好的运行效果，现介绍如下。

一、流程改造

改进前，TMP 制浆污水是从螺旋压榨机滤液泵抽送到洗涤槽后溢流到污水管，也有部分从螺旋压榨机滤液槽直接溢流到污水管而送去污水处理。

改进的原则是不影响制浆的系统温度，因为系统温度高，对马尾松 TMP 制浆减少树脂障碍极为有利。所以，污热水的采点是从原螺旋压榨机滤液泵接管子到板式热交换器，进行热交换降温后的污水直接流到污水管，而用于木片洗涤的洗涤水槽的补充水通过滤液泵出口管的调节阀控制液位，滤液泵到热交换器入口管安装了调节阀以控制螺旋压榨滤液槽液位，这样可最大程度地保证污水通过热交换器而不是直接溢流。选用板式热交换器具有占地面积小、热交换效率高、处理污水时便于拆洗等优点。

二、主要设备

板式热交换器：型号 BR07，传热面积 150m²，传热系数≤6100W/(m²·K)。
滤液泵：型号 CZ-150，流量 252m³/h，扬程 15m，18.5kW。
白水泵：型号 TWZB250-200-350A，流量 350~900m³/h，扬程 24~31m。

三、效益分析

制浆系统原设计为 150t/d 马尾松 BCTMP 浆用于生产 SC 纸，现改为 TMP 浆生产新闻纸，产量提高到 200t/d 风干浆，排放的污水量并没有增加多少，在 100m³/h 左右，由于工艺要求洗涤水槽要有 20% 溢流量，所以实际去热交换器污水量为 80m³/h 左右。热交换器进口污水温度为 89℃，出口为 55~70℃，白水温度进口 42℃，出口温度 55~70℃。设污水比热容为 4.10kJ/(kg·℃)，0.4MPa 废热蒸汽热焓 2741.94kJ/kg，过热蒸汽过热量 15%，保温后设备管道热损失 10%，则热回收后节省蒸汽量 Q 的理论计算值为：

$Q_1 = \{[4.10kJ/℃×80×10^3 kg/h×(89℃-55℃)×0.9]÷2741.94kJ/kg\}×85\% = 3.1×10^3 kg/h$

$Q_2 = \{[4.10kJ/℃×80×10^3 kg/h×(89℃-70℃)×0.9]÷2741.94kJ/kg\}×85\% = 1.7×10^3 kg/h$

根据上述计算可知，改造后的污热水回收系统每小时可回收 0.4MPa 的蒸汽 1.7~3.1t。

污水经过热回收后，温度降幅达 19~34℃，而白水升温 7~11℃，热白水回用到造纸车间用于碎解 BCTMP 浆板时，碎解时间大大缩短，消潜温度得到提高，达到 65℃时只需补充少量蒸汽。由于碎解浆板消潜温度提高，浆板的质量潜能得到充分发挥，纸张的断裂长得以提高。当热白水回到中心白水池并用于调节浆浓、喷水、补充液位时，使得整个上浆系统温度提高，原来冲浆槽（SILO）蒸汽阀开到最大，上浆温度才达到 40~50℃。回收制浆污水热能用于造纸后，关闭冲浆槽蒸汽阀，纸机上浆系统温度可达到 50~52℃，满足了工艺要求。

新的热回收工艺投入运行后新蒸汽消耗从原来的每班 180t 下降到 160t，节能效果较为显著。同时由于排放污水温度下降，大大降低污水处理前期降温负荷，有利于污水处理。

第六节　热回收系统的经济效益

不同的工厂，对 TMP 废热的回收利用系统不尽相同，有的用于水的加热，回收的温水用于洗涤浆、调整浆浓、浸泡原木或作喷淋水、补充白水等；也有用压缩机升压后，提高蒸汽压力送纸机干燥部，有的工厂用 Tramden 方式，将回收的高压蒸汽直接用于纸的干燥。表 20-2 为热回收系统的经济评价[2]。由表 20-2 可知，虽然各工厂在设备布置、热平衡、生产操作条件等方面有所差异，总的来看，压缩机升压方式不如 Tramden 方式的热回收能获得较高的经济效益。

表 20-2　热回收系统的经济评价

实例	投资费用 /百万美元	运行费减少 /(美元/t)	内部回收率 /%	产量 /(t/d)	回收热量 /(桶油/t)	电耗 /(kW·h/t)
Braviken 工厂（现有热水系统）	—	0.30	—	1100	0.2	低
Hallsta（压缩机升压产生烘缸用汽）	2.3	7.4	11.5	138	0.8	100
Kaipola 工厂（二段压力磨浆 Tramden 热回收方式）	1.7	9.8	15.3	100	1.0	5
工厂 A（有热水系统）	0.6	14.9	13.6	262	0.8	0
工厂 A（有喷射式压缩机产生蒸汽用于纸机干燥）	1.2	10.2	53.3	262	0.6	5
工厂 A（有机械压缩机）	1.9	9.22	33	262	0.6	73
工厂 B（Tramden 方式磨浆蒸汽用于纸页干燥）	1.0	16.9	84.7	207	1.0	2
工厂 C（有机械压缩机蒸汽用于纸的干燥）	2.2	3.40	21.5	477	0.3	30
工厂 C（改造成 Tramden 方式压力磨浆,产生高压蒸汽）	9.5	2.00	—	477	0.7	2

参考文献

[1] 刘秉钺，曹光锐．制浆造纸节能技术［M］．北京：中国轻工业出版社，1999：94-95.

[2] 吴福骞．谈造纸工业循环经济（八）——制浆节能新技术［J］．中华纸业，2006，27（2）：12-17.

[3] 谢来苏，詹怀宇．制浆原理与工程［M］．第 2 版．北京：中国轻工业出版社，2008：139-141.

[4] 陈安江．化机浆的热回收工艺及设备［J］．中华纸业，2010，31（6）：62-63.

[5] 刘秉钺，平清伟．制浆造纸节能新技术［M］．北京：中国轻工业出版社，2010：132-133.

[6] 汪苹，宋云．造纸工业节能减排技术指南．北京：化学工业出版社，2010：94-96.

[7] 杨淑蕙，刘秋娟．造纸工业清洁生产环境保护·循环利用［M］．北京：化学工业出版社，2002：86-87.

[8] 徐世荣．日产 200 吨马尾松 TMP 生产线的设计［J］．北方造纸，1997，（3）：50-52.

[9] 张宏政，李新平．马尾松热磨机械浆的节能降耗［J］．纸和造纸，2005，24（3）：30-32.

[10] 陆荣旺．TMP 热回收过程中的蒸汽回收及热泵供热系统运行［J］．中国造纸，2009，18（10）：53-55.

[11] 詹怀宇，刘秋娟，等．制浆原理与工程［M］．北京：中国轻工业出版社，2011：410-413.

[12] 刘一山．造纸工业环境污染与控制［M］．北京：化学工业出版社，2008：163-164.

[13] 周海东．节能减排与蒸煮节能技术探讨［J］．湖南造纸，2009，（4）：35-37.

[14] 冯晓静．新型热回收技术［J］．中华纸业，2010，31（18）：88.

第二十一章 推荐间歇蒸煮喷放热能回收技术

第一节 概　　述

制浆造纸工业是能耗较高的行业之一，无论是制浆或是抄纸，都要耗费很高的能量，特别是对热能的消耗更为突出。目前国内制浆造纸企业的热耗指标都高于世界平均水平，世界平均吨纸综合能耗折合标煤 1.27t 国内平均吨纸煤耗则为 1.7t 相当于平均 1t 纸多耗 0.5t 标煤，一个年产 10000t 的纸厂一年就要多耗标煤 5000t。如果按 1994 年全国纸和纸板产量总数为 2 亿吨计，一年就要多耗煤 $1000×10^4$t，这个数字是相当惊人的[1]。

目前世界上造纸工业较先进的国家中造纸企业的能源自给率都可达到很高水平，如瑞典纸厂的能源自给率为 60%，芬兰为 54%，美国为 47.1%，而我国较好的少数造纸企业能源自给率仅能达到 20%～30%，之所以存在如此之大的差距，一方面是由于我们利用废料、废液为自产能源很少甚至根本没有开发利用；另一方面则是热能没有得到充分利用，余热没有得到回收，造成能源的很大浪费。例如生产 1t 粗浆，其药液预热大约需要热量 119352kJ 蒸汽来预热，这部分热耗要占全部热耗的七成左右；而如果利用蒸煮本身的余热来预热，则可节省两成左右的热能。而目前我们的纸厂，特别是中、小型厂类似的问题是很普遍的，由此可见，降低制浆造纸生产的热耗和合理利用热能，对于提高企业的经济效益是相当重要的，而且也是大有潜力的。制浆造纸工厂热能的综合利用包括改进工艺操作、改革技术装备，以保证热能的充分利用；回收利用余热，以尽可能地节省热能；加强管理维护，以避免热能的浪费[2]。制浆生产过程中的热耗主要消耗在蒸煮部分，约占制浆造纸总能耗的 45%，另外在洗浆部分也需要一定的热耗。因此热能的节约首要的是从蒸煮工艺、操作工艺入手，而大、小放汽和喷放时所释出热量的回收则是不可忽视的另外一部分[3]。

(一) 利用冷喷放降低蒸煮热耗[4]

目前国内除少数几家工厂采用连续蒸煮工艺外，绝大多数厂家是采用间歇蒸煮方式。间歇蒸煮一般吨浆汽耗在 2t 左右，连续蒸煮器的吨浆汽耗则可减少 50% 左右，这主要是由于连续蒸煮器采用冷喷放的结果。如果把间歇蒸煮系统也改用冷喷放技术，是可以取得近似效果的，这在国外已有多家公司采用，国内也有几家进行了试验改造并取得了良好的效果。

冷喷放技术的基本原理是：在蒸煮保温结束后不进行喷放，而是用泵把洗浆机最后一段的黑液由锅底部强制送入锅内，将锅内的热浓黑液由锅上部顶出进入一压力储罐。置换一定量并使锅内温度下降到一定值时，即停止送液，由锅顶用压缩空气（或二次蒸汽）进行喷放，由于是在较低温度下喷放，所以称为冷喷放。由顶部排入压力储罐的黑液具有温度高和固形物含量高的特点。这些热浓黑液通过一台换热器将白液加热，换热后的黑液一部分送碱

421

回收系统，一部分做锅内木片预浸用。

冷喷放系统与传统的蒸煮系统相比，在设备上只需增加一台热浓黑液罐、一台温黑液罐和一台换热器；压力喷放可用压缩空气或二次蒸汽。

其工艺过程及有关条件如下。

装料和预浸：将木片与 90～100℃ 温黑液同时装入锅内，预浸 30～40min，锅内温度可达 80℃ 左右，可节省热量 478865kJ 左右。

换液：预浸后开始用 150℃ 以上的热白液和 160℃ 以上的热黑液从锅底泵入，将锅内 80℃ 左右的预浸液置换出去，送碱回收系统。此过程需 15～20min，锅内温度达 150℃ 左右，吨浆可节省热量 558676kJ 左右。

升温：此阶段与传统蒸煮方式相同，因升温开始时锅内温度已近 150℃，因此不论升温时间还是耗热都较传统的工艺少，此阶段需 25～30min。

保温：停汽进行保温，直至达到纸浆量要求，此阶段需 30～40min。

锅内置换洗涤：保温结束后，即可将洗涤的最后一段稀黑液用泵从锅底打入，使锅内高温的浓黑液从锅顶部排出进入热黑液罐。直至锅顶排出的浓黑液温度降至 100℃ 左右。此时锅内温度在 80℃ 左右，而锅内的浆料也相当于经过了一段洗涤。

喷放：经过置换洗涤后，锅内温度降至 80℃ 左右，压力为零，锅内已不具备喷放的动力。因此，此阶段可采用压缩空气（或二次蒸汽）来将浆料压送至喷放锅，即所谓"冷喷放"。由于是冷喷放，在管道和喷放锅内基本无闪急蒸汽产生，这样可以节省掉后部热回收的许多装置。

热量交换：从锅顶压出后的热浓黑液进入储罐后再送入换热器，与碱回收送来的白液进行换热，使白液温度升至 150℃ 以上，以备蒸煮用，而黑液温度降至 100℃ 左右，送入温黑液罐以备预浸之用和送碱回收。

该系统可在传统间歇蒸煮工艺的基础上加以改造而实现，仅需增加少量设备（主要是储罐类），不需投入更多的改造资金，而在热能节约方面却有明显的效果。如果按蒸煮最高温度 170℃ 计，吨浆可降低热耗量 1037541kJ；按表压 1.0MPa 饱和蒸汽可节省 0.37t 汽。年产 10000t 纸浆的车间可节省 355t 标准煤。冷喷放对于使用立式蒸煮锅进行间歇式生产的单位是一种理想的合理利用能量、降低热耗的方法。

（二）蒸煮中期或终了汽液转注节能

冷喷放的方式较适合于立式蒸煮器，蒸球由于生产能力较小等原因，采用冷喷放在设备投资上有一定的难度，但也可在不增加设备的条件下进行热能及药品等的充分利用。蒸球的蒸煮中期或终了采用汽液转注方法就是较好的一种方式。这种方法在拥有 2 台以上蒸球的造纸厂即可施行，化学浆、半化学浆蒸煮均适用。

中期或终了汽液的基本原理是：在第一球完成第一次升温后，通过其与第二个球间的联通管道，利用两球间的压力差，将汽液同时压入已装完料和药液的第二个球内，利用这部分热量对第二球中物料进行预热，待两球压力平衡后，关闭控制阀门，第一球二次通汽升温，保温直至蒸煮完成，而第二球则重复第一球的过程。这是半化学浆蒸煮或实行两级蒸煮的化学浆蒸煮的中期转注方式。如果是蒸煮终了转注，对第二球中物料进行预热，两球压力平衡后，第一球再放压至零进行倒料。

半化学木浆中期转注工艺过程举例如下。

装料：按小液比将料片与药液装入球内。一段升温、保温：在40min内直接通汽使球内升温至165℃，在此温度下保温40min左右。刚开始生产第一球时，要全通生蒸汽，实行转注后，通入生蒸汽的量就只是作为补充汽量。

转注：打开联通两球间管道阀门，将第一球内的汽液压向第二球，约10min达到两球压力平衡，关闭阀门。

二次升温、保温：向第一球继续通汽使球内温度在20～30min内升温至165℃。停汽保温1～1.5h。

大放汽、放锅：大放汽30～40min，使压力至零后倒料。也可不进行大放汽直接进行喷放，这样最好配置相应的废热回收装置，又可回收部分热能。这种方法可节省用药量，在节能方面可以节省料片和药液在球内预热的热能。吨浆可降低热耗在500000kJ左右，按表压1.0MPa饱和蒸汽计可节省0.18t蒸汽。年产10000t的纸浆车间可节省164t标煤。全化学木浆蒸煮的过程与此相比，节省热量基本可达相同水平。

（三）放汽及喷放热能的回收利用

冷喷放或蒸球蒸煮终了转注都不存在喷放热回收的问题，但在不具备冷喷放或蒸球蒸煮终了转注条件，而实行喷放的操作条件下，喷放热能的回收利用就很重要了，因为放汽和喷放热量之和几乎相当于蒸煮全部热耗的50%。

以硫酸盐法木浆蒸煮的过程为例，取最高蒸煮温度为170℃，吨浆小放汽量为155kg蒸汽左右，温度125℃，其带出热量约为421042kJ，大放汽及放锅时喷放出汽体量780kg左右，按165℃计，其热量约为2159040kJ，这两部分热量合计为2580082kJ。这部分热能可用以预热原料或药液，也可用来加热清水用以洗浆。按1.0MPa饱和蒸汽折0.93t汽计，年产10000t的纸浆车间可节省880t标准煤。实际按目前的回收设备和方式不可能把这部热能全部回收，而连续蒸煮较间歇蒸煮节省50%的热能主要是在此。

国内较为典型的回收方法是将这些蒸汽通过换热器与清水进行间接换热，以得到洗浆用热水。典型的大放汽、喷放汽热回收流程如下。

蒸煮锅大放汽的气体进入喷放锅和浆料经压力喷放进入喷放锅的闪急蒸汽混合在一起，进入一旋桨分离器，将挟带的纤维、黑液分出，蒸汽则进入一混合冷凝器，与器顶喷淋下的冷污水或清水逆流接触，使其冷凝并冷却，下降进入热污水槽，进槽后可能有未凝蒸汽或闪急汽，可再进入槽顶的二次冷凝器使其完全冷凝。将热污水槽中的热污水泵出，经过滤，除去其中细小纤维等后进入板式换热器，此时水在90℃左右。经换热后冷却到40℃，而这部分冷污水则用于混合冷凝器。换热后的清水约为80℃，正适于洗浆用，也可作为生活用水。也有直接用热污水做采暖用水的，但这样易产生管路或散热器堵塞、腐蚀等问题。

小放汽的热回收则往往随原料种类而异，一般草类或阔叶木蒸煮小放汽可直接放入喷放锅。若用针叶木需回收松节油或不采用喷放的其他原料，则要先经一药液捕集器，将汽中挟带的碱液分出排入黑液槽，蒸汽进入螺旋换热器或列管式换热器与清水进行间接换热[5]。

因此，只要我们充分合理利用热能；改进工艺操作、改革技术装备，回收余热，尽可能地节省热能；加强管理维护，以避免热能的浪费，就能达到提质降耗，提高经济效益的目的[6]。

第二节　间歇蒸煮技术

传统的间歇蒸煮具有生产较灵活，机械可靠性较好和投资较低等优点。但随着连续蒸煮的出现，显示了其具有能耗低、纸浆质量稳定和污染少的优点，特别是深度脱木质素理论的提出更使得连续蒸煮技术更臻完善。间歇蒸煮为了自身的生存和发展，数十年来，国际上进行了不少研究和改进[7,8]。产生了 RDH 法、Sunds-Celleco 法和 SuperBatch 法等一系列的改良方法。下面将对这三种改良的间歇蒸煮技术做一概述[9]。

一、RDH 蒸煮技术

RDH 蒸煮技术是美国 Beloit 公司 1980 年研究开发的，目标是生产低硬度和低蒸汽消耗的纸浆。这项技术很好地利用了原有的间歇蒸煮设备，其原理都是采用热置换的方法，实现冷喷放和热量的回收。既提高了纸浆强度，又节约了能量消耗。但该技术需要精确的控制系统和运行可靠的控制阀门。该技术已在美国、加拿大、芬兰和中国台湾一些纸厂使用[10]。其系统流程如图 21-1 所示。

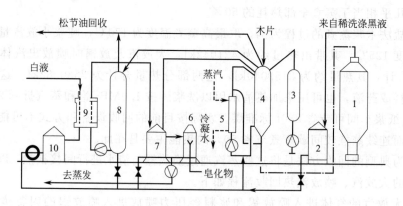

图 21-1　RDH 系统流程
1—喷放仓；2—稀黑液储槽；3—空压机；4—蒸煮锅；5—蒸煮液加热器；
6—皂化物罐；7—温黑液储槽；8—黑液回收锅；
9—白液预热器；10—百叶储槽

（一）RDH 蒸煮的生产操作程序

1. 装木片

木片装入蒸煮锅的同时，加入稀黑液或蒸汽，以增加装锅量，提高每锅纸浆的产量。特殊设计的装锅药液喷嘴可增加装锅量 10%。蒸汽装锅能增加 25% 的装锅量。

2. 加入温黑液

锅内加入温黑液，使温度达 100℃，木片经预热后，增加了能量效率。经稀碱预浸后的木片改进了纸浆的强度，并减少了碱耗。除去了锅中的空气，避免在加入热药液时锅内发生水锤效应。

3. 加入热药液

热白液和热黑液加入蒸煮锅中，取代温黑液，使木片迅速达到 155℃。取代的温黑液被泵送往蒸发器。温黑液贮存槽有一个浮选去皂装置。黑液经除皂后进入蒸发器，这时黑液的温度约90℃。

4. 升温

药液开始循环时，蒸汽直接通入循环管线，使蒸煮锅达到预定的温度。根据预定的蒸煮程序，较低的蒸煮温度，较长的蒸煮时间将更节省能量。由于蒸汽消耗量很少，所以一般不采用间接通气。但在热黑液和热白液贮存槽可加小型加热器，用它加热蒸煮液，致使蒸煮锅内不再加入蒸汽。

5. 保温

连续循环药液，使蒸煮锅内保持蒸煮温度直到H因子达到为止。

6. 热黑液置换

蒸煮全过程中，锅内充入的药液呈压力状态。蒸煮终止时，用压力泵将洗涤后稀黑液由蒸煮锅底部送入锅内，置换锅内165℃的热黑液，并从锅顶部流入特殊设计的热黑液储存槽。

7. 温黑液置换

在继续置换过程中，将低温度的黑液流入温黑液储存槽。整个过程稀黑液加入量相当于洗涤过程中稀释因子。冷却至80℃。

8. 冷喷放

当温度降至80℃时，蒸煮已经终止，纸浆可在任何时间喷放。由锅顶部加入压缩空气，用以喷放纸浆。

9. 预热白液

165℃的热黑液通过特殊设计的热交换器预热白液至155℃，然后储存在热白液槽内。热交换器具有较低的压力降和较高的热传导效率。然后开始下一循环。

（二）RDH蒸煮的特点

RDH系统与常规法相比，在装锅后进行温、热黑液的两次置换预热，使升温前锅内温度达到150～155℃，喷放前同样进行热温黑液的置换，使喷放的浆料温度降至80℃左右，实现了真正的冷喷放。喷放的动力采用压缩空气，使喷放热损失降至最小。

1. 蒸煮周期

RDH系统与常规法相比，其蒸煮周期相同或略小。各操作工序所需时间可见表21-1。RDH系统所需要额外的木片预浸和置换蒸煮液的时间，由快速升温缩短的时间所补偿。RDH系统喷放的时间较常规法缩短1/2，因为冷喷放时锅内充满纸浆和药液。而常规法热喷放时，由于蒸汽闪蒸，需要相当大的容积。

表 21-1　蒸煮周期耗时比较表　　　　　　　　　　　　　　单位：min

项目	装锅	送温液	送热液	升温	保温	热黑置换	温黑液置换	喷放	合计
常规法	15	—	—	75	60	—	—	15	165
RDH法	15	15	15	40	30	6	6	8	140

2. 能量消耗

由于在蒸煮终了置换热黑液用于加热白液，注入热药液使锅内温度超过155℃。以RDH系统比常规法蒸煮大大减少了新鲜蒸汽用量，可节约1.0MPa蒸汽70%～80%。

3. 有效碱用量

在常规的间歇蒸煮中，由于较慢的浸渍和快速升温，致使木片表面过煮而内部煮不透。RDH 法由于采用温黑液压力浸渍木片，然后快速升温。减少了半纤维素的剥皮反应，因此减少了碱耗，提高了浆得率。RDH 系统可节约有效碱 5％～10％，对绝干木材可减少 0.5％的碱。

4．纸浆质量

RDH 系统的高液比使纸浆卡伯值波动减少。温黑液浸渍可除去蒸煮期间产生的甲酸和部分降解的糖类。在温黑液存在时，纤维素不被甲酸所水解。RDH 系统中，木片经温黑液浸渍和加热，而温黑液中—HS 对—OH 的比值很高。当升温时，纤维素不降解，而木质素在 135℃时与—HS 化合，并在 160℃时水解。相当短的升温和保温时间，使纤维素很少降解，所以与常规间歇蒸煮相比，RDH 系统的未漂和漂白浆强度都高出 10％以上。RDH 系统的加入温、热药液以及温、热黑液的置换都是由锅的底部向上置换的。控制置换的速率，可使整个锅中得到很均匀的纸浆，蒸煮的 H 因子更易于控制。RDH 系统在 80℃时由压缩空气进行冷喷放，可保证纤维无损伤。在喷放管线中的压降，RDH 法为（275～413）kPa，常规法为 689kPa。特别当喷放锅为满浆不能喷放时，常规法的纸浆会过煮，使纤维降解。而 RDH 法由于温黑液置换后，温度达到 80℃已停止反应，不会出现因过煮而出现的纤维降解。RDH 法纸浆黏度可比常规法高 10％左右（卡伯值为 15～20）。

（三）RDH 法应用实例

美国 Valdosta 厂的制浆车间原有 9 个间歇式蒸煮锅，日生产能力为 960t 风干浆。采用 RDH 法进行冷喷放改造。新系统连续运行 6 个星期后，不仅提高蒸煮能力，而且在高峰产量时，洗浆系统的碱损失较少。

蒸汽的消耗（1.0MPa 的中压蒸汽）已降低了 70％～80％。该厂原来用 3 台碱回收炉、2 台树皮锅炉和 1 台油、气两用锅炉产汽，自从采用 RDH 系统后，油、气两用锅炉多半时间停止运行、锅炉给水处理设备能力紧张状态已消除，当然燃油消耗也降低了。

采用 RDH 系统后，浆的质量也得到了明显的改善，纸浆卡伯值波动减小，浆的黏度有所提高，改进了 H 因子控制。而且由于在 80℃冷喷放，使喷放锅排出的总还原硫明显降低，这不仅消除了蒸煮喷放对大气的污染，使喷放锅的总还原硫排放有望达到排放标准，而且大大减少了硫损失[11]。

二、 Sunds-Celleco 蒸煮技术

Sunds-Celleco 蒸煮技术是由瑞典的 Sunds 和 Celleco 公司在 1980～1984 年共同开发并在 ASSIKar1 Sborg 工厂完成试验的间歇蒸煮冷喷放系统。

（一）生产操作程序

1. 木片加入

木片装锅时蒸煮周期开始，木片是由安装在蒸煮锅顶部的蒸汽装锅器装入的。

2. 汽蒸

当木片装满蒸煮锅时，锅盖关闭，开始汽蒸。由蒸煮锅顶部通汽，空气通过循环篦子抽出。在汽蒸过程中，产生的冷凝水通过蒸煮锅底部篦子排出。送液前强调适当汽蒸是重要的。由于蒸煮初温高，所以一次彻底的汽蒸将保证蒸煮药剂在木片中快速均匀的分配是十分

必要的；反之，将导致蒸煮锅里出现不合需要的卡伯值分布。

3. 送液

汽蒸后是送液。在大约相同温度下从浓黑液储存罐送来的浓黑液进入蒸煮锅。白液进入蒸煮锅前，在逆流热交换器里预热。送液期间，热交换后的白液和黑液混合，以得到均匀一致的蒸煮化学药品。送液后，蒸煮锅里的温度是 135～145℃。

4. 升温

由于初温较高，因此升温时间比常规间歇蒸煮缩短近 50%。蒸煮锅里的物料能在间接或直接通汽下加热到预定的温度。但是最好安装蒸煮液循环设备，以防止在升温期蒸煮锅内形成大的温度梯度。

5. 保温

当蒸煮锅里的物料已经达到厂蒸煮温度时，开始保温。在保温期间，蒸煮锅内保证温度和压力的恒定，一直达到要求的卡伯值。

6. 热黑液置换

把洗涤工段的低温稀黑液用高压泵充入到蒸煮锅的底部。同时，锅内的原浓热黑液通过位于锅顶部的篦子排出，送到热黑液储存槽，直到预定的热黑液被排出锅为止。

7. 冷喷放

当预定的热黑液被排出锅后，即打开喷放阀开始喷放。由于热黑液储存槽与蒸煮锅顶部气相相通，借助于热黑液储存槽上部的二次蒸汽压力，把蒸煮锅内低温液体和浆的混合物从蒸煮锅底部，经过喷放管线，排到喷放锅。整个喷放过程，温度低于 100℃。热黑液置换与冷喷放所用时间，与常规喷放所用时间大致相同。

（二）Sunds-Celleco 法的特点

与常规的间歇蒸煮相比，Sunds-Celleco 法在送液、热黑液置换与冷喷放有其独特的性质，其流程见图 21-2。白液在注入蒸煮锅之前，首先要用热黑液在螺旋热交换器内加热，然后与来自热黑液储存槽的黑液混合入锅。热黑液的温度略低于蒸煮终点的温度，所以用它来加热白液以及热黑液注入锅内，可迅速地将锅内温度提高到 135～145℃之间。而常规间歇蒸煮送液后的温度仅为 80℃左右。这样就为蒸煮升温节约蒸汽打下了基础。而且从某种意义上讲，这种高温送液操作相当于运行顺利的一段常规间歇蒸煮。

Sunds-Celleco 系统通过用低温的洗浆稀黑液置换出大部分热的蒸煮液来停止蒸煮。置换出的热蒸煮液排放至热黑液储存槽中以供使用。排出的浓黑液不含或仅含有非常少的低温洗浆稀黑液。Sunds-Celleco 系统的最后操作，即喷放，很容易完成，与常规间歇蒸煮的传统喷放技术相比是一项更快的操作。这种喷放比常规喷放实际时间缩短接近 50%。如果把热黑液置换的时间加在一起，总的操作时间与常规热喷放的时间大致相同。在整个喷放期间，喷放管线里的温度在 80～100℃之间，仅在喷放最后几分钟内浓黑液闪蒸蒸汽留在蒸煮锅内，可使温度上升到 100～125℃[12]。

1. 能量消耗

对于一个间歇蒸煮锅的总蒸汽消耗，可分成两个主要部分：蒸汽装锅和汽蒸木片的低压蒸汽，间接升温的中压蒸汽。常规蒸煮与 Sunds-Celleco 系统的汽耗及电耗见表 21-2。从表中可以看出，Sunds-Celleco 法与常规蒸煮消耗的低压蒸汽数量相同，而比常规蒸煮少消耗了 63.2%的中压蒸汽，总的蒸汽消耗可减少 47.6%。电能也可减少 46.1%。

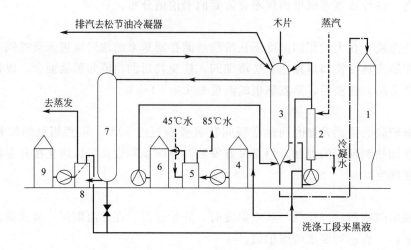

图 21-2　Sunds-Celleco 系统流程

1—高浓浆池；2—蒸煮预加热器；3—蒸煮锅；4—稀黑液槽；5—换热器；
6—冷黑液储槽；7—热黑液储槽；8—白液预热器；9—白液槽

表 21-2　能量消耗比较表

能耗	汽耗/(t 汽/t 绝干浆)		电耗/(10⁹J/t 绝干浆)	
	常规间歇蒸煮	Sunds-Celleco	常规间歇蒸煮	Sunds-Celleco
蒸汽装(0.4MPa)	0.2	0.2	0.46	0.46
蒸汽木(0.4MPa)	0.21	0.21	0.49	0.49
间接通(1.0MPa)	1.25	0.46	2.50	0.91
总计	1.66	0.87	3.45	1.86

2. 蒸煮周期

Sunds-Celleco 系统与常规间歇蒸煮相比较，蒸汽装锅和汽蒸木片所耗用的时间是相同的。仅仅由于送液的初温高而导致升温的时间短。虽然 Sunds-Celleco 法在喷放前需要 15min 的热黑液置换，但由于冷喷放时间的缩短，而使总喷放时间与常规蒸煮相当。蒸煮周期耗时可见表 21-3。由于 Sunds-Celleco 法总的蒸煮时间减少了，对于相同容积的蒸煮锅来说相当于增加了 15％的能力。

表 21-3　蒸煮周期耗时比较表　　　　　　　　　　　　　　　单位：min

项目	升温期	热黑液置换	喷放	总计
常规法	150	—	15	165
Sunds-Celleco	80	15	15	110

3. 洗涤效果

检测常规间歇蒸煮喷放锅管线中，黑液固形物的含量为 23％。而 Sunds-Celleco 法间歇蒸煮在喷放前用洗浆稀黑液置换蒸煮浓黑液，所以检测喷放管线中黑液固形物时仅为 13％，相当于洗涤置换比为 0.75。换句话说，获得的洗涤效果与现有洗涤设备相比，相当于 1 台洗涤过滤机。

4．纸浆质量

常规间歇蒸煮与 Sunds-Celleco 法间歇蒸煮的浆的特性黏度与卡伯值的关系见图 21-3。Sunds-Celleco 法浆的特性黏度有所提高，商品浆的撕裂指数有所增加，尘埃度下降 1/2。

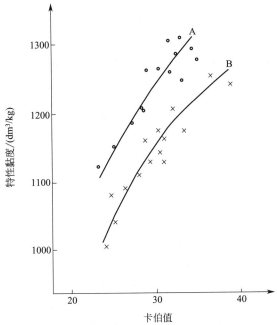

图 21-3 不同蒸煮方法浆的特性黏度与卡伯值的关系

A—Sunds-Celleco 法间歇蒸煮；B—常规间歇蒸煮

（三）Sunds-Celleco 法应用实例

瑞典 ASSI KarlSborg 浆厂采用 Sunds-Celleco 法进行冷喷放改造。改造后浆的卡伯值从 30～32 降到 25。浆的特性黏度从 1160dm³/kg 上升到 1200dm³/kg。浆的撕裂指数有所提高，尘埃度下降 1/2。漂白剂用量降低 20%。浆厂蒸煮汽耗从 4×10^9 J/（t 风干浆）降到 2.7×10^9 J/（t 风干浆），相当于降低了 30%～35%。由于送蒸发站的黑液浓度提高，蒸发站的汽耗也下降。其原因是浆的卡伯值下降，洗涤稀释因子接近于 1m³/（t 风干浆）。

三、超级间歇蒸煮技术

超级间歇蒸煮（Super-Batch Cooking）同 RDH 法相比，最大的特点是在预浸后采用专利的热黑液处理工艺，实现了高温快速脱木素，降低了浆的硬度，提高了浆的得率和撕裂度。总的来说，超级间歇蒸煮较芬兰的 RDH 蒸煮技术全面，工艺更加合理，而同复杂的美国 RDH 相比，其工艺技术更加简单实用。就目前来说，超级间歇蒸煮技术是间歇制浆方法中最先进的[13]。其工艺流程如图 21-4 所示。

（一）超级间歇蒸煮的生产操作程序[14]

1. 装料

蒸煮开始时，首先通过螺旋送料器将木片送入加料仓，再通过蒸汽装锅器装料，同时开动排风机将锅内空气排出。

2. 温黑液预浸

装料完毕后，用泵将浸液罐中的温黑液（100℃以下）抽出，从锅底部加入，达到预热木片和加压渗透的目的，并且排出木片中的空气。

3. 热黑液处理及蒸煮液的注入

温黑液充满蒸煮锅后，关闭浸液泵，打开出口，应将其引入次级热黑液槽用来热交换。

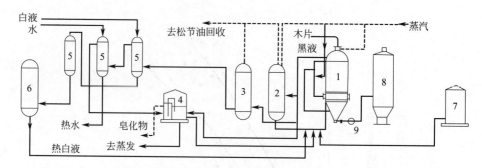

图 21-4　超级间隙蒸煮工艺流程
1—蒸煮器；2—热黑液槽；3—次级热黑液槽；4—浸液罐；5—换热器；
6—热白液槽；7—置换液罐；8—喷放罐；9—卸料泵

当置换出的黑液达到 80% 时，黑液温度明显降低（100℃以下），将这部分黑液直接引入浸液罐。热交换时，用泵将次级热黑液泵出，通过两个管式换热器，先后加热白液和清水，可将它们的温度提高 70℃ 左右。经过热交换后，热黑液温度降至 100℃ 以下成为温黑液进入浸液罐，用于下次预浸。多余的温黑液送蒸发工段。被黑液加热后的温白液再经一加热器，用蒸汽加热至蒸煮所需温度，进入热白液槽用于下锅蒸煮。松节油由热黑液槽及次热黑液槽上部引出去回收系统，皂化物从浸液罐上部引出去回收系统。

4. 卸料

经置换液置换后，锅内压力消失，用卸料泵将锅中浆料抽入喷放罐中储存。

（二）超级间歇蒸煮的优点[15]

1. 节约蒸煮汽耗 65%

主要由于次级热黑液经过热交换系统加热了白液与水，经过温黑液预浸及热黑液处理后，木片不经过蒸汽加热就达到 140℃ 左右，可是蒸煮起始温度提高 70℃ 左右。上述两项综合起来其热能回收利用率比传统蒸煮的热回收系统高。

2. 成浆卡伯值低

蒸煮前先用温黑液预浸木片，且采用热液处理，由于黑液硫化度较高，有利于木质素溶出，加之蒸煮起始温度高，创造了快速脱木质素的条件，使得浆的硬度下降（针叶木浆卡伯值可降至 20～18，阔叶木浆为 18～10）。而粗浆得率在相同的卡伯值时，平均提高 1.5%～2%。

3. 浆的强度及蒸煮的均匀度得到改善

（1）快速脱木质素有利于提高浆的撕裂度。实际生产表明，传统法生产出浆的撕裂度只是同样蒸煮条件下实验室生产出浆的撕裂度的 75%，而超级间歇蒸煮可达 90%～100%。可见同样条件下，超级间歇蒸煮比传统蒸煮强度可提高 10% 以上，且在低卡伯值时强度明显高于传统蒸煮。

（2）进行超级间歇蒸煮时，锅内始终保持一定的液压，并且维持较高液比，加上药液加入过程中的置换作用，使得锅中各处蒸煮均匀，提高了浆的均匀度。生产表明，同样条件下，蒸煮至卡伯值 20，超级蒸煮锅中各处卡伯值的差异较传统蒸煮少 1/2；在卡伯值为 10 时，进行超级蒸煮锅中的硬度相差在 0.5% 以内。

（3）冷喷放降低了废气排放量，较传统的间歇蒸煮减少 95% 以上。同时避免了大放锅对浆质量的影响。

改良间歇蒸煮开始是着重于低能耗与连续蒸煮抗衡，而发展结果不但能节约蒸汽而且能达到深度脱木质素的目的。在获得低硬度纸浆的同时没有降低纸浆的强度和得率，也没有增加化学药品的消耗，这使得间歇蒸煮技术在实际生产中还是具有一定竞争力的[16]。

第三节　间歇式蒸煮器的附属设备

间歇式蒸煮器的附属设备间歇式蒸煮器的附属设备主要有蒸汽装锅器、机械装锅器及喷放设备等[17]。

一、装锅器

装锅器的种类很多，目前主要应用的有蒸汽装锅器、机械装锅器及简易装锅器等。

（一）蒸汽装锅器

蒸汽装锅器蒸汽装锅器有移动式和固定式两种，为减少装卸移动的麻烦，现都使用固定式。如图 21-5 所示为一种固定式蒸汽装锅器。在蒸煮锅的锅颈内固定着环形放汽滤网。在滤网内固定着截面为直角三角形的环形空间，即蒸汽分配室，蒸汽分配室侧壁上接有进汽管，而其下面的环形板上沿圆周焊有 20～24 个蒸汽喷嘴，喷嘴中心线同开孔中心线成一定倾斜角，使各个喷嘴中喷射出的蒸气流构成一个预定的回转双曲面。

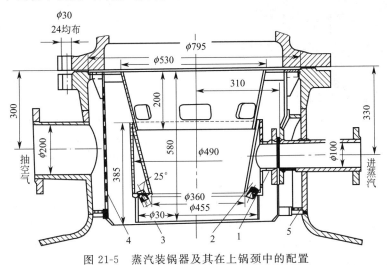

图 21-5　蒸汽装锅器及其在上锅颈中的配置
1—进汽管；2—蒸汽分配室；3—蒸汽喷嘴；4—放汽滤网；5—上锅颈

当往锅中装料时，料片一落入蒸汽装锅器，即为喷嘴喷射出的气流夹带住，使料片下落动能增大，因而将其在锅中压实，并使之均匀分布于整个锅截面上；同时，又使料片升温，排除其中所含部分空气，有利于药液渗入料片内部。蒸汽装锅器所用蒸汽压力为 250～350kPa，每吨浆的蒸汽消耗为 0.10～0.20t。使用这种装锅器，装锅量可提高 25％～30％。蒸汽装锅器结构特征对于料片在蒸煮锅各截面上的压实程度和对成浆质量的均匀性有很大影响。装锅器喷射出来的气流在锅体内构成一个回转双曲面，其沿锅轴方向上的高度是上自喷口处起，下到双曲面同锅体内圆接触之点为止的高度。为使锅内上部和中、下部的料片都能被气流吹布均匀，通常要使装锅器的蒸汽喷口形成的回转双曲面能包容尽可能大的高度[18]。

（二）机械装锅器

机械装锅器机械装锅器如图 21-6 所示。料片经漏斗通过回转盘而落入蒸煮器。回转盘是通过减速器、齿轮箱与电动机连接而转动，以此可以控制装锅速率。一般转速为 20～30r/min。联轴器下端固定有 4 个分布板，与锅口的倾斜角 20°～35°采用机械装锅器可增加装锅量10%～40%。

（三）简易装锅器

中、小型厂蒸煮草类原料时多采用简易装锅器，如图 21-7 所示。

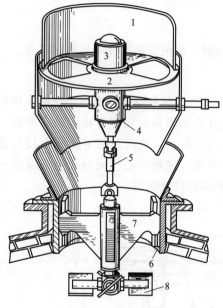

图 21-6　机械装锅器

1—漏斗；2—回转盘；3—减速器；4—齿轮箱；
5—联轴器；6—分布板；7—支架；8—导板

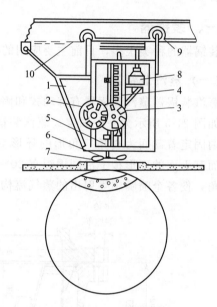

图 21-7　简易装锅器

1—斜型方口装料斗；2—手轮；3—齿轮；
4—升降装置平板牙；5—叶轮传动轮；6—伞形盖；
7—叶片；8—电动机；9—滑轮；10—滑轨

搅拌装置具有回转式叶片 3～4 块，叶片长约 225mm，宽约 143mm。可以升降，依靠 5.5kW 电动机通过三角皮带和槽轮带动，回转速度约为 995r/min。由于搅拌叶轮的不断回转，将草片均匀分散到球内各处。

二、喷放装置

（一）锥底喷放锅

锥底喷放锅的结构如图 21-8 所示。

浆料由喷放管沿切线方向进入喷放锅顶部喷口，锅内气体由顶端排气管排出，可送至热回收系统。在锥形底部上端的环形管上，装有若干喷嘴，以便喷入黑液，稀释浆料。在锥底下部装有螺旋桨式搅拌装置，如图 21-9 所示，转速一般为 100～120r/min。浆料在锅底部侧端通过输浆管用泵抽走。每台喷放锅的容积一般为蒸煮器容积的 2.5～3.0 倍，而喷放锅的总容积，一般为蒸煮器总容积的 1.5～1.8 倍，这种喷放锅大多用于木浆厂。

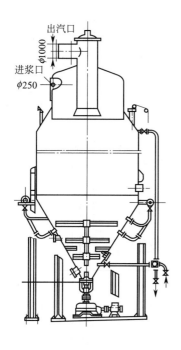

图 21-8　锥底喷放锅

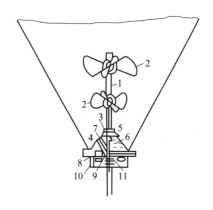

图 21-9　螺旋桨式搅拌装置

1—转轴；2—三叶螺旋桨；3—防漏板；4—轴承座；

5—推力轴承；6—轴承衬；7—不锈钢轴套；8—填料；

9—格兰；10—药液排出口；11—排液板

（二）平底喷放锅

平底喷放锅的结构如图 21-10 所示。由于其结构简单，现被广泛采用。平底喷放锅圆筒体可以坐落地面，在其底部中央设有锥顶，使锅底构成环形浆道，并附有叶轮搅拌器。浆料由环形管来的黑液进行稀释，并经底部一端的出料口，用泵抽走目前国产的平底喷放锅有 $80m^3$、$150m^3$ 和 $225m^3$ 三种规格。这种平底喷放锅制造简单，能保证送出的浆料浓度较均匀。

（三）喷放仓

喷放仓顶部为锥形，有蒸汽出口；中部为圆筒形，喷放浆料入口在圆筒部的上面；底部做成锥形，浆料出口有出料螺旋输送器。喷放时，由蒸球来的浆料喷入喷放仓后，蒸汽从顶部逸出，浆料则落至下部。此时，安装在圆锥形底部的环形小管，根据需要将浆料稀释。目前国产喷放仓有 $30m^3$、$50m^3$ 和 $80m^3$ 三种规格，均由钢板焊接而成。喷放仓主要用于蒸球浆料的喷放（有碱回收设备时，为保持黑液温度均采用喷放锅）。

三、　废汽余热回收装置

浆料在热喷放时，每吨浆闪蒸的蒸汽量为 1t，这部分热量可冷凝为热水加以利用。余热回收方法有直接利用法和间接利用法，直接利用法是蒸汽与冷水直接接触，变成污热水，多用于配碱；间接利用法是将污热水经过热交换器把热量传递给清水，得到清洁热水，多用于洗浆和漂白。采用喷放锅的大、中型纸浆厂，一般采用间接利用法。如图 21-11 所示为喷射式冷凝器热回收系统[19]。

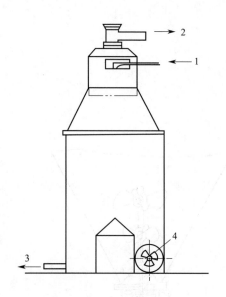

图 21-10　平底喷放锅

1—浆料进口；2—排气管；

3—浆料出口；4—搅拌器

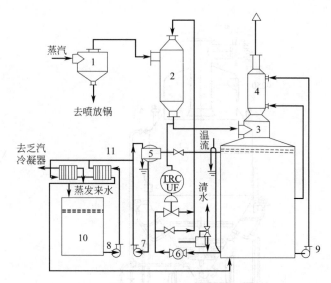

图 21-11　喷射式冷凝器热回收系统

1—分离器；2—喷射式冷凝器；3—污水槽；4—后位冷凝器；

5—过滤器；6—放锅泵；7—热污水泵；8—温水泵；

9—冷污水泵板；10—温水槽；11—热交换器

从喷放锅来的废汽，从切线方向进入旋桨分离器，分离后的浆料回流到喷放锅，废汽进入喷射式冷凝器，热量被冷水吸收，污热水经过过滤器进入热交换器，污热水冷却后回污水槽，清洁热水在温水槽中后送洗浆或漂白工段。该系统的余热回收率达 75%，洗浆用水达85℃。旋桨分离器和喷射式冷凝器是系统中利用热能的主要设备。

四、 喷放锅操作规程

（一）技术操作

（1）开车前的准备和检查　①检查各部减速机，电动机螺栓是否紧固，安全装置安装在指定位置；②各部人孔盖，扫除口阀门应关好无渗漏现象；③各部管路阀门开闭位置正确；④检查与喷放锅送料有关的泵是否完好正常；⑤检查各部送料泵是否正常，是否达到送料条件；⑥检查水泵各部阀门正常，冷水罐、污热水罐是否处于正常生产状态；⑦启动搅拌器，观察电流表电流是否正常，减速机及各部传动声音是否异常。

（2）开车顺序及注意事项　①接到喷放通知后启动各部搅拌及供液泵，空釜应保持釜内有 $30\sim50m^3$ 黑液才允许喷放；②根据喷放情况，依次启动喷射泵、污热水泵、黑液泵等，并根据洗浆机情况做好送料准备；③注意掌握好喷放锅浆位，以免喷冒浆；④注意喷放锅内浆料浓度是否合适，以免浓度大送不正常或损坏搅拌设备。

（3）停车顺序及注意事项　①待喷放锅内浆料送干净后方可停下搅拌；②事故停机也要尽量送出浆料，并稀释浆料降低浓度，以免开机困难；③停机后将各部黑液阀门、浆料阀门关闭，以免进入浆料和黑液。

（二）使用

（1）运转中的检查　①维护工作要保证每日进行巡检，发现问题或其他情况及时填入巡检记录上，并与生产一线有关人员联系，待条件具备情况下及时处理；②按规定路线进行巡检，并按润滑规定对设备进行润滑；③生产工人要保证每 2h 巡检一次，发现问题及时反映给有关人员，及时进行处理；④生产工人在交接班过程中，两班人员共同对所管辖设备进行全部系统检查；⑤值班钳工在交接班时，两班人员共同对设备进行系统检查，并保证每 2h 进行巡检一次；⑥设备润滑每天保证上午、下午各检查一次。

（2）设备使用的注意事项　①每年大修时对喷放锅进行一次全面检查，主要项目有：分离器焊缝检查、锅体厚度检查、各部喷放管检查以及各部阀门检查等；②设备应有完好的保温和防腐，做到无裸露现象；③维护工作每天做好设备检查，按规定保证足够的油脂，坚持定时点检，发现问题及时处理；④每天当班做好设备清洁卫生工作，保证现场文明生产；⑤工艺操作人员必须保证设备正确使用，做好设备的清洁工作[20]。

第四节　间歇蒸煮余热回收改进

我国能源形势与节能减排的重要随着国民经济持续高速发展，中国经济在世界经济格局中的地位越来越重要，中国综合国力也得到显著提高。据有关的数据统计：中国已经成为世界第一煤炭消费大国和第二石油、电力消费大国；中国每年消耗了占世界当年总消耗量50％的水泥、35％铁矿石、20％的氧化铝和铜（但中国的经济总量只占世界 GDP 的 8％）；2001～2008 年，能源消费总量是过去 30 年的总和[21]。

能源紧缺已成为制约我国经济发展的瓶颈。据世界银行报道，2007 年美国、日本和中国国内生产总值（GDP）分别为 13.8112 万亿美元、4.3767 万亿美元和 3.28 万亿美元；统计表明，每创造 1 万美元 GDP 所消耗的能源数量，我国是美国的 3 倍、是德国的 5 倍，是日本的近 6 倍。这一情况说明，中国资源和能源利用的效率远远低于世界先进水平。能源紧缺将成为我国实现可持续发展战略目标的一大瓶颈[21]。

制浆造纸业节能减排面临巨大挑战。制浆造纸是能耗大户，造成我国造纸工业能耗高的主要原因有两个：一是能量使用的优化程度低；二是工艺和装备技术落后。因此，推行造纸行业能量优化技术是节能关键步骤之一。造纸行业的高能耗不仅导致了生产过程的低效益，而且造成了严重的环境污染问题。随着国家一些节能减排政策法规的出台，制浆造纸各种与节能有关的新技术、新产品、新工艺被广泛采用。其中，有关蒸煮节能的最新技术也有不少，如 RDH、DDS 低能耗间隙蒸煮技术，应用这些节能新技术的节能效果显著，但这意味着现有装备的更新和资金投入。岳纸股份公司历年来十分注重节能技术改造和新技术开发，取得了显著的节能效果[22]。

普通间歇蒸煮的热能利用情况。使用普通蒸球或立式蒸煮锅，生产过程是间歇式的，煮好一锅浆然后进行排放，剩余蒸汽也随同浆料起排放，排放温度很高（160～170℃），排放的大量蒸汽流失到大气中，只能通过传统的回收装置进行部分回收，蒸汽回收利用率低。尤其是回收装置设计不合理时，这些蒸汽基本得不到回收，流失量达到 1.5～2GJ/t 浆。

一、　热回收系统存在的问题

制浆厂间歇式蒸煮锅喷放时会释放大量的余热，这部分余热按照传统的工艺流程进行回收，一般是通过喷放锅顶部排出二次蒸汽，进入旋风分离器分离浆液、再经喷射冷凝器直接置换后以污热水的形式回收余热，最后通过板式换热器间接置换回收部分热能。在实际使用中，由于流程中各个环节问题较多回收效率很低，导致热能大量流失，放锅废汽外排（含硫化物）还造成对环境的污染。

热回收系统回收效率低的主要问题[23~26]：① 旋风分离器带浆或堵塞；② 喷射冷凝器换热效率低；③ 污热水槽喷汽、清水用量大；④ 板式换热器运行不正常；⑤ 自动控制失控或仪表失灵。

二、 热回收系统的改进

泰格林纸岳阳纸业股份公司在节能减排过程中对化学浆蒸煮的热回收系统进行系统改造，解决了存在的问题，收到了较理想的节能减排效果[27,28]。

(一) 设备选型设计与改进

1. 喷放锅的容积确定

喷放锅有锥底和平底两种形式，选型需要掌握的原则是保证足够大的锅容，这是防止"飞浆"（即浆、液随蒸汽喷向空中）的基本条件。一般喷放锅容积为蒸煮锅容积的 2.5~3 倍。但实践表明，要使热回收系统正常工作，这个容积远远不够。我们选型时，3 台 75m 立式蒸煮锅选用了 330m³ 容积的喷放锅，另外 2 台锅则配用了 225m 的喷放锅，这样可确保放锅时有足够的锅容来释放浆料和蒸汽，避免产生飞浆，被蒸汽带走的细小纤维也显著减少。

2. 旋风分离器改进

旋风分离器是利用流体在容器内高速旋转所产生的离心力使汽、液（或固）分离，其流态分布相当复杂。从喷放锅高速排出的蒸汽含有相当数量的黑液和细小纤维，必须通过旋风分离器分离，以回收被蒸汽夹带的浓黑液和浆料，对防止喷射冷凝器堵塞和积浆也非常重要。高效率的旋风分离器应选择合理的设计参数，其几何形状和口径大小可参照图 21-12 比例关系确定。由于旋风分离器对热回收系统正常工作十分重要，我们对影响旋风分离器性能的参数进行了分析与改进。

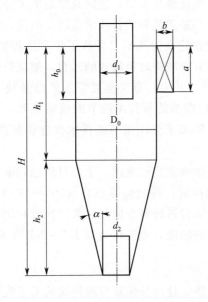

常用旋风分离器几何尺寸比例关系

参数	比例关系
D_0	—
b	(0.20~0.25) D_0
a	(0.40~0.70) D_0
d_1	(0.30~0.50) D_0
h_0	(0.30~0.75) D_0
h_1	(1.50~2.00) D_0
h_2	(1.50~2.50) D_0
d_2	(0.15~0.40) D_0
α	13°~15°

图 21-12　旋风分离器几何尺寸及其比例关系

① 确定筒体直径 D_0。这是旋风分离器的基本参数，根据流量确定为 $D_0 = 2500\text{mm}$。

② 修改高度 H。根据旋风分离器原理，长度越长分离效率越高。较高的长径比不但使进入筒体的颗粒停留时间延长，有利于分离，且能使尚未到达排气管的颗粒，有更多的机会从旋流核心中分离出来，减少二次夹带，以提高分离效率。旧的旋风分离器总高度为 $H = 4500\text{mm}$，筒体高 $h_1 = 2500\text{mm}$，锥体高 $h_2 = 2000\text{mm}$。改进后的尺寸为 $h_1 = 1.6D_0 = 1.6 \times 2500 = 4000\text{mm}$，$h_2 = 21.8D_0 = 1.8 \times 2500 = 4500\text{mm}$，$H = h_1 + h_2 = 4000 + 4500 = 8500\text{mm}$。

③ 将进口管形式改为矩形。旋风分离器有两种主要的进口形式，即圆形进口和方形进口。由于圆形进口管与旋风分离器筒壁只有一点相切，而矩形进口管其整个高度均与筒壁相切。故采用矩形进口管效果要好得多。矩形口宽度 b 和高度 a 的比例为 $1:2$ 以上，通常长而窄的进口管与器壁有着更大的接触面。高度 a 越大，临界粒径越小，分离效率越高。

④ 确定排气管参数 d 和 h。一般 d 越小分离效率越高，但阻力也越大，一般取 d_1（$0.3 \sim 0.5$）D_0 比较合适。由于旋流是在排气管与器壁之间运动，因此，排气管的插入深度 h 直接影响旋风分离器的性能。插入深度过大，缩短了排气管与锥体底部的距离，减少了气体的旋转圈数。同时也增加了二次夹带机会。改进后取插入深度 $h = 0.5D_0 = 0.6 \times 2500 = 1500\text{mm}$。

⑤ 确定排渣管参数 d_2，旋风分离器的锥度处，气流非常接近高湍流，而颗粒体也正是由此排出。因此，二次夹带的机会也就更多。其旋流核心为负压，如果设计不当，极易造成堵塞或产生二次飞扬加剧，严重影响分离效率。原来的排汽管直接插入喷放锅底部，放锅时喷放锅内压力骤然增加，压力通过排渣管直接返回到旋风分离器内，造成排渣管无法排渣并产生堵塞。改进的措施：选择合适的排渣管径 $d_2 = 200\text{mm}$，将排渣管接入一不带压的容器内，这样就确保了旋风分离器的正常工作。

3. 喷射冷凝器改进

喷射冷凝器实际上是一个余热置换器，从旋风分离器输送来的炽热蒸汽，在这里与水充分接触混合，通过直接置换把水加热，然后送入污热水槽储存备用。如果置换不彻底，蒸汽就会从污热水槽顶部排出，造成损失。确保有效置换的条件有两个：一是喷射冷凝器的结构形状有利于水与蒸汽充分混合；二是水的温度比较低，足够把放锅释放出的蒸汽全部吸收，而且置换后水温不超过 $90℃$ 比较好。

为达到这两个条件，采取了如下的改进措施。①改进喷射冷凝器。为了让水与蒸汽充分接触，喷射冷凝器的高度增加了 1m，并将进水口形状进行了改进，设计一个锥形顶盖以利于水的扩散。并将进汽口的位置上移，从而提高了水、汽在器内接触混合的机会，获得更好的置换效果。喷放时蒸汽以很高的速度沿流程管线直冲污热水槽，所以蒸汽在喷射冷凝器内运行路线是向下的。把进汽口上移，正是为了让蒸汽一进入喷射冷凝器内即与水雾接触，在下行的过程中通过筛板的作用进行多次混合 [图 21-13 （b）]。而进汽口过低时，蒸汽进入喷射冷凝器后就只能往下进入排水管，蒸汽与水只能在管子里面混合了，水、汽混合交换区很小 [图 21-13 （a）]，没有发挥喷射冷凝器的作用，这种置换效果是最低的。②加大污热水槽容积，确保蒸汽全部置换为热水。按 75m 蒸煮锅每锅得浆为 9t 计算，则每放一锅浆所排出的蒸汽约为 9t，总热量 $Q = -18286\text{MJ}$。设污热水槽水的温度在放锅前已降到 $t = 50℃$，放锅后使水温加热到 $t_2 = 90℃$，取污热水的比热容为 $q = 3.81\text{MJ/(t} \cdot ℃)$，那么一锅蒸汽所能加热的水量为：$M = Q/q(t_2 - t_1) = 18286/3.81(90 - 50) = 119\text{t}$ 相当于 120m^3 热水，一般应使污热水槽的容积 $\geq M$。这里，将污热水槽容积设计为 150m^3，从而尽可能减少清水加入量，确保放锅时能将热量全部吸收并储存到污热水槽里[29]。

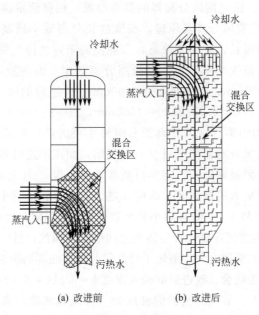

(a) 改进前 　　　　(b) 改进后

图 21-13　改前及改后喷射冷凝器工作状况

4. 板式换热器选型

经过喷射冷凝器的直接置换，已将放锅余热吸入污热水中。进入污热水槽的热水，可直接用于配碱，但绝大部分必须再经过间接置换，才能充分利用污热水中的余热。一般采用板式换热器来回收热能，这种换热器的特点是结构紧凑，接触面积大、换热效率高，但故障率也非常高，很难长期正常运转，大多是用了一段时间就闲置不用了，因而造成大量污热水外排，而且需加入清水降温来保证放锅的需要，这就造成了热能和清水的流失。为了解决这一问题，我们在改造过程中从国外引进了关键技术装备——PHE高效板式换热器（图 21-14），这种换热器较原有板式换热性能提高很多，使热回收真正发挥出效益，而且解决了环境污染问题。

图 21-14　PHE高效板式换热器结构

PHE板式换热器的技术性能特点如下。①材质为标准 316L，表面光洁度很高，不易结垢，提高了单位面积的传热效率。②利用板片之间众多的支撑点，做到板片薄而不降低结构强度。国产板片厚度一般为 0.8mm 以上，该换热器板片厚度仅为 0.3mm。板片越薄，传热效率越好。③波纹形状合理（见图 21-15），改善了流体在沟槽内的分布和流动性能，在整张板片上均匀分配流量，能消除污垢堆积区，阻止结垢。④从流体动力学的角度考虑，波纹组合成的流道更加有利于加大液体湍流，提高传热效率（图 21-16）。⑤密封条采用了强度高、耐老化的优质橡胶材料，可反复拆卸上万次而保持不变形，长期使用仍可使换热器达到良好的密封而不泄漏。⑥在设计上考虑了拆卸的方便性，使拆卸难度降低了。而且由于换热器整体效率的提高，一个 30m 的换热器相当于普通 80m 的换热器，所以总的板片数大大减少，这也使清理的难度降低很多。其次，由于不易结垢，使拆卸的频率也降低不少。

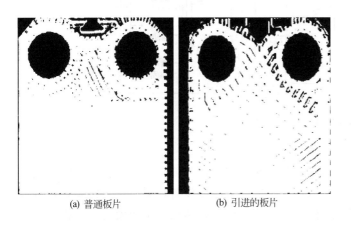

(a) 普通板片	(b) 引进的板片

图 21-15　换热器板片形状对比　　　　图 21-16　流道中的湍流作用

5. 污热水过滤装置

污热水中的细小纤维和颗粒应经过滤再进入换热器，以减少流道堵塞，过滤越彻底换热器堵塞的频率就越小。但目前尚没有一种有效的过滤设备，常用的转鼓式污热水过滤机使用效果不好，因污热水中纤维含量不可能达到形成滤层的浓度，而且水中的细小颗粒很容易使网眼堵塞。有效的过滤装置应该是一种易于上网的、可随时冲洗网面的平面式过滤机，或者用斜筛过滤，但热能散失较大，也存在一些其他问题。最有效的办法是防止系统带浆，提高旋风分离器分离效率很重要。这次系统改进后由于杜绝了带浆现象，污热水内含纤维量很少，只需通过一个过滤筒就可以起到作用。该装置结构简单，没有转动部件，便于分解，只需定期清洗就可以了。

（二）热回收流程优化

1. 提高流程控制水平

流程优化的目的之一是提高控制水平，便于操作和调节，确保系统稳定运行。改进后的热回收流程如图 21-17 所示。图中所有控制点均被纳入蒸煮 PLC 系统进行自动控制，减少了人为因素造成的误操作，主要有如下特点。①控制喷放锅浆位，确保放锅前喷放锅有 1.5～2 倍的蒸煮锅容积供放锅使用，防止产生飞浆。②控制污热水槽液位和温度，放锅前污热水温度不应高于 50℃，主要通过板式换热器置换热量降温，一般根据洗筛用水的温度要求降到 60℃左右，再补充适量清水降温至 50℃。③控制板式换热器的温度，从洗筛来的白水温度一般为 40℃左右，通过板式换热器加热 60～70℃用于洗浆。对洗涤来说，加热的温度越高越好，而对于污热水槽来说，控制的温度越低越有利于回收污热水的余热。一般换热温度控制在60℃比较合适，既可以把污热水温度降得足够低，减少放锅时的清水加入量，又可照顾洗浆的需要（洗筛热水的最佳温度为80℃左右，可通过补充少量蒸汽达到要求）[30]。

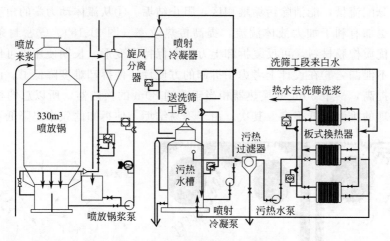

图 21-17　热回收系统控制流程

2. 优化设备布置

原来的旋风分离器、喷射冷凝器等设备均布置在厂房内，与喷放锅离得较远，管线连接复杂，流程不顺畅，现场环境也受到严重污染。改进后将所有设备均紧靠喷放锅布置，分离器、冷凝器等设备支承在喷放锅顶部。这样，连接管线很短，结构简单而紧凑，流程变得很顺畅，对热回收系统正常稳定运行非常有利（图 21-18）。

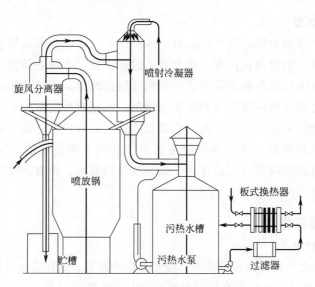

图 21-18　热回收系统设备布置

（三）效果

系统改进后已运行一年多，取得了明显的节能减排效果和可观的经济效益。①节约热能：改进前吨浆汽耗 7.69GJ，改进后吨浆汽耗 6.24GJ，吨浆节汽 1.45GJ，年总节汽 108460GJ，年节能效益 336.26 万元。②减少碱流失：喷放时每吨蒸汽夹带碱液固形物约 30kg，其中 Na_2O 约 6.5kg，按日产量 220t 浆计算，则每天收回碱液固形物约 6.6t，其中 Na_2O 约 1.43t，年减少碱流失达 500t。③减少纤维流失：由于旋风分离器分离效果改善，杜绝了飞浆现象，每年减少纤维流失量约 350t（平均按 0.5％估计）。④改善环境：每年至少减排臭气达 3.57×10^4 t。以前放锅时，噪声和臭气可以随风飘送数里，飞浆现象也时常发生，附近的厂房和设备都受到严重污染和腐蚀。现在，由于系统封闭运行，放锅时非常安静[31]。

参考文献

[1]　柴淑萍．未来的制浆工业 [J]．纸和造纸，1995，(6)：5.

[2]　周东海．节能减排与蒸煮节能技术探讨 [J]．湖南造纸，2009，(4)．

[3]　许易真，吴福利．木片制浆生产中热能的综合利用 [J]．林业调查规划，2004，29 (4)：111-113.

[4]　梁国辉．热能综合利用的探讨与应用 [J]．科技与企业，2012，(14)．

[5]　于钢．制浆造纸工厂热能综合利用（上）[J]．林产化工通讯，1995，(5)：41-44.

[6]　胡受祖．蒸煮技术的飞跃．纸和造纸，1998，(3)：5-6.

[7]　王玉峰，胡惠仁．间歇蒸煮技术的发展 [J]．上海造纸，2007，38 (1)：9.

[8]　王玉峰．浅谈几种现代制浆蒸煮技术 [J]．西南造纸，2006，(6)．

[9]　王玉峰，胡惠仁．间歇蒸煮技术的发展 [J]．黑龙江造纸，2006，(4)．

[10]　John C W Evans. RDH Process Boosts Batch Digester Efficiency at US and Finnish MillS. Pulp and Paper，May 1987，61 (5)：93-95.

[11]　John C W Evans. Batch Digester Heat Displacement System ReduceS Steam Consumption. Pulp and Paper，July 1989，63 (7)：132-135.

[12]　吕定云，韩小娟，汤伟．置换间歇蒸煮的新进展 [J]．中国造纸，2007，26 (12)：63-66.

[13]　AlpoTuomi．超级间歇蒸煮改进制浆 [J]．纸和造纸，1998，(4)．

[14]　钟立斌．超级间歇蒸煮 [J]．纸和造纸，1996，(1)：9-10.

[15]　陈志明．现代蒸煮技术的基本流程及特点 [J]．湖南造纸，1997，(1)．

[16]　制浆技术的未来 [J]．国际造纸，1998，(4)：41.

[17]　王厚忠，高清河．制浆造纸设备与操作 [M]．北京：中国轻工业出版社，1995：56-83.

[18]　陈克复．制浆造纸机械与设备（上）[M]．北京：中国轻工业出版社，2003：181-234.

[19]　汪苹，宋云．造纸工业节能减排技术指南 [M]．北京：化学工业出版社，2010：101-145.

[20]　刘秉钺，曹光锐．制浆造纸节能技术 [M]．北京：中国轻工业出版社，1999：89-135.

[21]　杨懋暹．造纸工业的节能与增能大有作为 [J]．中华纸业，2007，28 (8)：11-13.

[22]　轻工业部计划司．轻工业计划工作手册 [K]．1983.

[23]　张珂，周思毅．造纸工业蒸煮废液的综合利用与污染防治技术 [M]．北京：中国轻工业出版社，1992.

[24]　李金河，徐继光．银河纸业集团变废为宝创效益 [J]．中华纸业，2006，27 (2)：75.

[25]　纸业新闻周刊 [W]．2007-06：(2309)．

[26]　W F Lahner. Pulp and Paper Manufacture [M]．Third Edition，ⅩⅡ Heat Recovery.

[27]　Eric J Connor. A novel low temperature black liquor gasification system for recovery of pulping chemicals [R]．中国造纸学会报告会，中国造纸学会，2004-09-06.

[28]　周海东．间歇蒸煮放锅余热回收系统改进 [J]．China pupl and paper making industry，2008.

[29]　周海东．连续蒸煮与黑液预提取热量平衡分析与节能技术探讨 [J]．中华纸业，2009，(01)．

[30]　赵仁平，何鹏德．造纸厂排风余热的优化应用 [J]．中华纸业，2012，(06)．

[31]　史诺，陈海峰，乔丽洁，等．利用透平回收纸浆蒸煮后的能量 [J]．华东纸业，2009，(5)．

第二十二章　推荐冷喷放间歇蒸煮技术

第一节　概述

一、间歇蒸煮技术的发展

在 20 世纪 80 年代，瑞典的 Radar 公司开始尝试在浆料喷放之前从蒸煮锅中收集黑液，并希望在下一个蒸煮周期中回用黑液里含有的残余热能，以实现降低能耗的目的，最后形成了一种新的技术——radar displacement heating（简称 RDH）；该技术的关键是在喷放之前，用冷的液体来置换蒸煮锅中的热液，被置换出来的液体被储存在一个由压力容器与常压容器所组成的槽区内；根据置换出的液体温度的不同分别把它们装到不同的容器中。该技术还有其他一些优点，如循环的液体中含有残余的化学药品，这些化学品增加了蒸煮反应的选择性，在蒸煮过程中可以脱除原料中更多的木质素，得到较低硬度的浆料，同时可提高浆料强度，减少漂白工段化学药品的消耗。瑞典的 Radar 公司当时隶属于芬兰的 Rauma Repola 公司，Rauma Repola 公司后来把 Radar 卖给美国的 Beloit 公司，并协议约定，Rauma Repola 公司可继续保留使用 Radar 在那时所发展的 RDH 技术；在 RDH 出现的同时，瑞典的 Sunds Defibrator 公司也正发展与销售另一置换技术，名为 Cold Blow；Rauma Repola 公司把 Radar 卖了以后，又收购了 Sunds Defibrator 公司，他们把可继续使用的 RDH 技术与 Sunds Defibrator 的 Cold Blow 系统结合在一起，推出了新系统 Super Batch。与此同时 Beloit 公司仍然以 RDH 为商标在市场上销售该系统，但 RDH 的含义已经改为 Rapid displacement heating；Beloit 公司也对该系统进行了改进，发展形成了一系列 RDH 品牌，如 RDH-II、RDH-III、RDH-IIIM 和 RDH-2000。其他公司也企图用不同商标（如 EnerBatch 和 CBC）采用循环药液的方法来销售间歇式蒸煮系统，但只有 RDH 家族与 SuperBatch 的产品最成功。由于不同供应商对他们提供安装的置换间歇系统都进行了不同程度的改进，使得系统在热能与化学药品的回收、木片的浸渍和产能等方面都得到了不同程度的改善和提高，所以没有任何两套系统是完全一样的[1]。

最初的置换技术专利由 Beloit 公司所拥有，其技术专利的服务范围不包括亚太地区的国家；1998 年 Beloit 解体，被加拿大的 GL&V 公司收购，原 Beloit 公司所拥有的相关专利也同时被 GL&V 公司购买。Cab Tec International llc 公司的专业人员综合多年的置换蒸煮经验，以 Beloit 的 RDH 蒸煮系统为基础，对 RDH 系统多处进行了改进；CPL 公司（Chemical and Pulping Ltd.）又结合 CabTec International llc 所做的改进，推出了更灵活的置换间歇式蒸煮系统——DDS（displacement digester systems），不久又推出以节省蒸汽为主要目的的节能置换蒸煮系统 DSS（digester steam saver）；目前正在申请 DSS 的专利。CPL 公司拥有硫酸盐间歇式蒸煮系统技术，且是 CabTec International llc 公司间歇式蒸煮系统的唯一发行者[1]。

二、传统间歇蒸煮现状

1. 传统间歇蒸煮存在的问题[2]

传统间歇蒸煮存在下列缺点。

（1）生产能耗大，吨浆消耗新鲜蒸汽约 2.2t。

（2）生产过程造成环境污染。在放锅过程中有大量的闪蒸蒸汽释放到大气中，这些闪蒸蒸汽带有蒸煮黑液及含硫臭气。同时由于放锅过程需要用大量的冷水对闪蒸蒸汽进行冷却，从而产生大量的污热水需送污水处理厂进行处理。这些污水排放温度高达 50℃，过高的温度对污水生化处理系统的细菌存活影响很大。

（3）产品质量波动较大。由于生产过程自控水平较低，人为因素干扰影响较大，易造成质量波动，主要表现在粗浆的卡伯值和黏度值波动。

2. 传统间歇蒸煮的发展

常规间歇式反应器是在一个间歇的程序中进行操作。即把反应剂放到反应容器中进行反应生产产品，完成一个周期，然后再不断地重复操作。该反应的产品是纤维，副产品是黑液。纤维是伴随黑液一起从蒸煮锅中排出来的，这些混合物（浆料）含有残余的热量与未全反应的化学药品。传统的间歇蒸煮具有生产灵活、机械可靠性较好和投资较低等优点；而连续蒸煮具有能耗低、纸浆质量较稳定和污染负荷较轻等优点，特别是深度脱木质素理论的提出使得连续蒸煮技术更臻完善。间歇蒸煮为了自身的生存与发展，国际上进行了不少研究和改进。1981 年原 Beloit 公司开始研发快速置换加热系统用于间歇蒸煮的技术，即 RDH（Rapid displacement heating）快速置换加热间歇蒸煮技术，最初是以节约能耗为目标进行研究的。这项技术很好地利用原有间歇蒸煮设备，其原理就是采用热置换的方法，实现冷喷放和热量回收，既提高了纸浆的强度，又降低了能量消耗。本书第二十一章中介绍了 RDH 法、Sunds-Celleco 法和 DDS 法等一系列的改良方法[3,4]。

第二节　改良的间歇蒸煮技术

在 20 世纪 80 年代，瑞典的 Radar 公司开始尝试在浆料喷放之前从蒸煮锅中收集黑液，并希望在下一个蒸煮周期中回用黑液里含有的残余热能，以实现降低能耗的目的，最后形成了一种新的技术——Radar displacement heating（简称 RDH）；该技术的关键是在喷放之前，用冷的液体来置换蒸煮锅中的热液，被置换出来的液体被储存在一个由压力容器与常压容器所组成的槽区内；根据置换出的液体温度的不同分别把它们装到不同的容器中。该技术还有其他一些优点，如循环的液体中含有残余的化学药品，这些化学品增加了蒸煮反应的选择性，在蒸煮过程中可以脱除原料中更多的木质素，得到较低硬度的浆料，同时可提高浆料强度，减少漂白工段化学药品的消耗。

硫酸盐蒸煮技术在间歇蒸煮和连续蒸煮的竞争中不断进步。20 世纪 80 年代，间歇蒸煮和连续蒸煮技术的重大突破是低能耗蒸煮和深度脱木质素蒸煮技术的广泛应用。改良后的蒸煮技术，蒸汽消耗为传统蒸煮的 1/3 左右，特别是 DDS 间歇置换蒸煮是 RDH 蒸煮的升级，蒸汽消耗更低，卡伯值比传统蒸煮降低，污染负荷相应地更小，完全适应国家倡导的绿色、环保、低碳的生产理念。

DDS间歇置换蒸煮是间歇置换蒸煮的典型代表。图22-1为DDS蒸煮工艺流程，通过精确的计算和实践应用，DDS提供效果最佳的槽区设计系数，是能最大程度地回收热能和化学药品的蒸煮工艺。若槽区设计系数太小，就不能达到充分节能和产品质量均一稳定的效果，反之，槽区设计系数太大会造成投资浪费。这正是DDS蒸煮与其他间歇蒸煮系统相比较最有特色之处。DDS蒸煮方式能够适应我国的原料特点（原料品种多而杂，合格率低），从而短时间内赢得了市场。

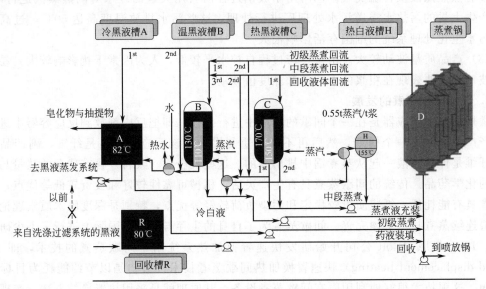

图22-1　DDS蒸煮工艺流程

A—冷黑液槽；B—湿黑液槽；C—热黑液槽；D—蒸煮锅；H—热白液槽；R—回收槽

1. 蒸煮操作

一个蒸煮周期包括以下操作过程。

（1）装料　这个操作与传统的间歇蒸煮一样：把木片、冷黑液和一些冷白液装入蒸煮锅，保证pH≥12。冷液体用于装填木片及中和木片表面的木酸。在操作的后段，装料阀关闭，蒸煮锅与外界常压断开进入带压状态。

（2）温黑液充装　蒸煮锅用温黑液和冷白液来充装，并把锅内装料过程中加入的冷黑液置换出来，同时开始脱木质素。随着蒸煮锅温黑液液体充装，锅内的压力和温度被提高，脱木质素不断进行；当蒸煮锅被提高到足够的温度时，木质素得到最佳的去除。

（3）热黑液充装　用热黑液和热白液来充装蒸煮锅，把前一步温充操作中加进的温黑液置换出来。随着蒸煮锅温度的提高，脱木质素继续进行。高温的黑液由于加入的碱较少，可降低对纤维素和半纤维素的降解。

（4）蒸煮　该操作与常规间歇蒸煮一样。在升温期间，如果需要，就利用蒸汽加热蒸煮锅到需要的最高蒸煮温度。在保温期间，蒸煮锅在一定的蒸煮温度下保持适当的时间。在这个操作期间，根据锅内上中下三部位的温度情况来决定是否需要继续循环蒸煮锅内蒸煮液。总的蒸煮时间可用H因子或CPL公司的脱木质素确定因子DDF来决定。

（5）置换　利用洗浆的滤液把热蒸煮液置换出来，同时锅内料液被冷却。被置换出的热黑液储存在槽区内（170℃到热黑液内槽、150℃到热黑液外槽、130℃到温黑液内槽、110℃到温黑液外槽），并在下一个蒸煮操作中回用。置换最后使得蒸煮锅内容物被冷却至低于常压的闪蒸温度（100℃）。

（6）放锅　在这一操作中，用泵把被冷却至低于常压闪蒸温度的蒸煮锅内容物抽出锅外，进行冷喷放；除此之外，其余的过程与常规间歇蒸煮一样。

2. DDS 蒸煮系统的特点[5]

（1）回用黑液中的热能　DDS 系统用泵输送的药液或黑液经过蒸煮锅内木片层来提高蒸煮锅的温度，使它在常温下开始，一直升温达到或接近最高蒸煮温度。泵送药液的两个阶段被称为初级蒸煮与和中段蒸煮，由于回用了前一蒸煮过程置换出来的黑液，使得黑液中的热能得以利用，大大降低了蒸汽的消耗。

（2）蒸煮浆强度更高，浆料更均一　在初级蒸煮和中段蒸煮所使用的药液中，尽管温度达不到最后的蒸煮温度，但已有化学反应和足够的热能去脱除木材与竹子原料的木质素，此方式使原料在进入蒸煮保温阶段之前已去除超过 50％的木质素。因而，最后去除的木质素可在较高的蒸煮温度、较低的碱浓度下发生，进而可减少对纤维的破坏。即与常规蒸煮相比，DDS 系统可在相同的浆料硬度下能生产较高强度的纤维，或在浆料强度相同的情况下可获得硬度较低的浆料。

DDS 工艺采取多次置换的办法，初始白液浓度和温度较低，白液初步与木片起反应，使木片变得疏松；前期反应溶出的木质素，不断被排出的蒸煮液带走，使木片深度的纤维暴露在蒸煮液中，随着蒸煮的进行，温度和白液浓度逐步上升，木片中一层层的木质素被溶解并被带走，而纤维素和半纤维素被较完整地保留下来。木片能均匀地分散成单根纤维，较少甚至没有纤维束的存在，大大地减少了漂白浆纤维性尘埃的存在。在温充过程中已实现了大量脱木质素，故在热充时的用碱量减少了。意味着对纤维素的破坏减少。DDS 工艺生产是全液相下的循环升温，蒸煮锅各部位反应均匀。采用常压泵送的办法把纸浆从蒸煮锅泵送到喷放锅，纤维之间碰撞较少，纤维不会受到太大的损伤。这是 DDS 能保持纤维强度的另一重要原因。

在较高的温度下采用更低的碱浓度进行最终脱木质素蒸煮反应。高温度、低碱浓度脱木质素与传统蒸煮相比，最重要的特点是减少了对纤维的破坏。这样 DDS 蒸煮比传统蒸煮在相同卡伯值时能够得到强度更高的纤维，或者在相似的强度下可以蒸煮至更低的卡伯值。DDS 蒸煮是 RDH 蒸煮的升级提高版。经过改进，创造了更稳定的温度和充分回用槽区残余化学品的条件；蒸煮锅内的液体通道控制和更有效地放锅，确保了卡伯值的波动更小，浆料更均匀一致；更高的自动控制操作，避免了操作员人为控制。更高级设计在于完善的管道结构、换热器设计等，最重要的是应用了现代的工艺自动控制技术。

（3）技术的先进性　由于 DDS 是从 RDH 的基础上升级而来，它秉承了 RDH 的优点，如不需要喷放的热回收系统；减少了粗渣率；减少了漂白工序的药耗；蒸煮过程就相当于一段的洗浆；可以得到低卡伯值、高强度的纸浆。DDS 实现了生产过程全自动化。采用了先进的数码技术（如槽区液位的预测、放锅采用模糊逻辑预测），实现超前预测，对故障的发生注重于预防，有利于产量、质量的稳定。

（4）环保、节省蒸汽　DDS 蒸煮具有全封闭的余热和废汽回收系统。不需要高的硫化度，如传统蒸煮的硫化度需要 25％的话，用 DDS 只需要 15％左右则可，下调的幅度可达40％，这除了可以节省芒硝添加的成本外，主要是可以减少在蒸煮与黑液浓缩过程中所排放的恶臭物。同时产生低卡伯价的粗浆，后续漂白化学药品用量大幅度降低，中段废水负荷亦大幅度降低。由于其置换效果更明显，回收的热能更多，提高了能源与化学药品的利用效率，每吨浆的蒸汽耗用量自然可以下降。

DDS蒸煮系统通过泵将药液送入蒸煮锅的木片层。使木片具有初始温度，泵送药液通过蒸煮锅与木片进行热交换，直到温度达到或接近蒸煮温度为止。泵送药液分为IC操作和MC操作两个阶段。如果需要，可以在蒸煮MC操作后另外加入蒸汽继续升温蒸煮，直到达到设定的目标H因子为止。DDS蒸煮工艺采用从蒸煮锅的底部进液，顶部回收滤板出液的升流置换方式，实现热能和化学品的交换。进锅的药液由于受到锅内木片及液体自身的重力作用，它像液体活塞那样，均匀平稳地向上置换，木片和药液接触的时间做到先进先出、后进后出的效果，蒸煮锅的上、中、下各部得到的蒸煮工况是一致的。

（5）放锅控制　由于放锅前的热回收过程中蒸煮液的热能进入槽区，使得放锅时没有压力，因此蒸煮锅内的浆料不像传统蒸煮一样"喷放"或快速排出，DDS蒸煮采用放锅泵抽浆的方式放锅。随着放锅的进行，蒸煮锅内的液位下降，浆料浓度波动和浆料絮聚成团的趋势更加频繁，导致放锅泵的抽浆工况不停的波动。DDS采用"模糊逻辑控制"（FLC）技术可以顺利完成放锅。

（6）槽区管理　槽区的作用是储存化学品和提供下一个蒸煮循环所需热能，保持蒸煮生产的连续性。DDS蒸煮系统采用"模型预测控制"（MPC）技术来预测槽区液位，调整泵流量与槽容积关系的同时对蒸煮锅自动排序。DDS槽区内不同温度梯度的黑液安全储存与使用。液体的频繁进出与不同温度的液体的隔离是保证系统正常运行的基础。DDS独有的槽区管理模式，保证了蒸煮工艺的实现。

（7）置换通道　药液在蒸煮锅剖面运动必须保持"液体活塞"的性能，不同流态下尽可能保持最小的干扰。DDS蒸煮系统采用"多变量控制"（MVC）保证药液在蒸煮锅剖面上做液体活塞运动。

由于DDS蒸煮与其他间歇蒸煮相比较具有上述特色，使其成为当今市场上间歇置换蒸煮的代名词。表22-1提供了DDS蒸煮商品桉木片的典型工艺条件。

表 22-1　DDS 蒸煮商品桉木片的典型工艺条件

参数	DDS 间歇置换蒸煮
蒸煮周期/min	180~220
蒸煮温度/℃	155~165
用碱量（以 NaOH 计）/%	17~18
液比	8∶1
硫化度/%	18
卡伯值	18±1
蒸煮得率/%	50
未蒸解/%	0.5
喷放锅浆白度/%	≥36
蒸汽消耗量（1.1MPa）/(kW・h)	650~750

3. DDS 与 RDH 的比较

DDS是一个以间歇式反应器为基础的蒸煮系统，其设计是通过槽罐与热交换器等设备进行化学品与热能的回用。该技术对传统间歇式蒸煮与Beloit的RDH系统不足之处进行了改进，是传统间歇式蒸煮与Beloit的RDH系统的近代升级版本；它秉承了RDH的优点，比如不需要喷放的热回收系统，减少了粗渣率及漂白工段的药耗，蒸煮置换的过程相当于一段洗浆，操作灵活，可以得到低硬度、高强度的纸浆，且对环境友好。

从DDS的运作过程来看，DDS的操作过程与RDH基本一样，都包括装料、温充、热充、升温、保温、置换、冷喷放等[1]；但它采用了先进的计算机控制技术，对药液偏流、槽区液位的预测、放锅过程堵塞等问题有了更好的解决办法，使操作中操作人员的干预大大减少，系统运行更稳定。更关键的是它扩展了温充的作用，提高了纸浆得率，得到了低硬度、高强度的纸浆。因此这套工艺特别适用于 ECF 与 TCF 漂白工艺。另一个改进是槽区的改造，DDS 的槽体采用内外槽相套的结构形式，这样使得槽区结构紧凑、占地面积缩小、操作更方便灵活[10]。具体体现在以下几个方面。

（1）更容易增加产能　产能在 20×10^4 t 以下的项目，采用 DDS 蒸煮投资低，进一步增加产能更容易。例如：DDS 蒸煮系统一套槽区，可以支持 10 台蒸煮锅。一期先做好槽区、安装 5 台蒸煮锅，二期利用现有槽区只需要增加 5 台蒸煮锅及相应的泵就可以使产能加倍，分期投资与一次性新建系统比较，投资节约 30%～50%。相同产能时连续蒸煮设备投资高的原因有两个：一个原因是连续蒸煮的关键设备全套进口，而 DDS 蒸煮设备国内采购，造价相对低很多。另一个原因是 DDS 蒸煮锅和压力容器的材质是压力容器碳钢（16MnR），造价低于连续蒸煮的双相不锈钢（EN1.4462）。

（2）蒸煮生产的可靠性高

① DDS 蒸煮生产的产能相对稳定　连续蒸煮是一条统一的生产线，当有一个环节有问题，整个生产线就会停下来，影响全部产能。DDS 蒸煮是并列的蒸煮锅组成的生产线，有一个锅出问题，只影响系统部分产能。

② DDS 蒸煮装锅简单　DDS 蒸煮只用皮带装锅和料位开关即可完成装锅操作；不需要配套精确度高的木片计量系统。原因是 DDS 蒸煮锅容积确定后，片料的散堆绝干密度也是固定的。因此片料的绝干装锅量是固定的。只用投资低廉的料位开关控制装锅即可。

③ 不存在回收筛板的阻塞问题　DDS 蒸煮完成每一个阶段的操作后，都会启动循环泵。有两个作用，一个作用是改变置换蒸煮的液体通道，均匀蒸煮锅内各点的温度；另一个作用是反冲回收筛板，反向清除堵塞在回收筛板内的"针片"。连续蒸煮存在锅内木片架空（搭桥）的可能性，造成蒸煮浆料中混有大量未蒸解的物质[6]。产生架空的原因是在蒸煮区域内部分成浆的木片被吸附在循环筛板上。有时浸渍区木片过早膨胀也会造成架桥。锅内木片架桥形成的塌陷，大量木片以比正常快得多的速度通过蒸煮区，导致蒸煮好的浆料中混有大量未蒸解物质。DDS 蒸煮的置换属于升流置换，不存在循环筛板堵塞的风险。连续蒸煮的蒸煮区的循环筛板存在堵塞的风险；木片中不可避免地带入锯屑和树皮，当这些成分集中出现时，经常会造成循环筛板的缝孔堵塞，尤其是蒸煮区。过度强化循环也是造成循环筛板堵塞的原因。当循环管路中药液量变小时，说明循环筛板发生堵塞，如果用药液反向冲洗无法消除堵塞，蒸煮锅就得停机，并对循环筛板进行机械清洗或酸洗[7]。

④ DDS 蒸煮是环保友好的蒸煮方式　DDS 蒸煮的硫化度低，对设备腐蚀小，臭气量少。连续蒸煮的硫化度为 25%～30%，而 DDS 蒸煮的硫化度为 18%。

（3）DDS 蒸煮运行比较灵活

① DDS 蒸煮可改变原料和浆种　DDS 蒸煮可轮流和同时用不同的蒸煮锅蒸煮针叶木，阔叶木和竹子。每一蒸煮锅都有独立的配方表，不受其他蒸煮锅的影响。

② DDS 蒸煮开停机容易　DDS 蒸煮开机操作简单，先在槽区装水，把槽区内的水加热到工艺温度，然后在蒸煮锅内加入木片蒸煮。连续蒸煮装置的开停操作应该严格按照专项细则程序进行。一般操作，先装入约 1/2 的木片和药液，利用强制循环系统进行间歇蒸煮，然后启动进料和排料装置，并转入连续工作，而且在一段时间内木片输送量要大于放浆量，直

到锅内达到正常料位。此后，要按既定的连续蒸煮规定程序运行[8]。

③ DDS 蒸煮对木片质量的适应性强　DDS 蒸煮之所以在我国发展得非常快，关键是适应国内的原料质量差、波动频繁、合格率低的情况。连续蒸煮对木片质量要求很高：木片中木屑含量应不大于 3%，树皮含量不大于 2%，腐朽材含量不大于 1%，合格木片（长 15～25mm）所占比例不小于 85%。而小木片和长 5～6mm 的"火柴杆"占的比例尽量小些。小木片、"火柴杆"和木屑会堵塞高压进料器前溜槽中的筛网以及锅内循环筛网，而木屑有时会穿过黑液提取区和热洗涤区的筛网。连续蒸煮要求木片水分及材种的组成不应该有大的变化。当原料的性质波动时，连续蒸煮的蒸煮塔内碱分布的变化难以控制[9]。

④ DDS 蒸煮系统更能适应国内的原料供应现状　国内的原材料供应现状和特点是：没有一个稳定的、足够大的原料供应基地，很多工厂依赖国外进口和国内就近收购相结合的方法。这种情况原料质量很难稳定。DDS 蒸煮系统可以采用原料分类蒸煮，不同种类的原料放在不同的蒸煮锅内，使用不同蒸煮工艺同时进行蒸煮，发挥各种原料的优势。因此 DDS 蒸煮系统更能适应国内的原料现状。

⑤ DDS 蒸煮系统能很方便地转产溶解浆　CPL 公司在现有 DDS 蒸煮的基础上成功开发出了 DDS-Alpha 蒸煮工艺用于生产溶解浆。如果设计时考虑到生产溶解浆，要求蒸煮锅和温黑液槽为复合 316L 的不锈钢板。

（4）DDS 蒸煮维护工作量少　DDS 蒸煮系统的设备主要是压力容器（如蒸煮锅、温黑液槽、热黑液槽、热白液槽）、泵、换热器和阀门仪表，维护非常简单，故障率极低。

第三节　间歇蒸煮的喷放技术

制浆的卸料技术经历了热卸料、热喷放、冷喷放三个阶段。最原始的热卸料方法是在蒸球口下面直接布置带洗鼓的间歇式打浆机，进行洗浆、漂白和打浆。由于没有能量回收装置，蒸汽在蒸煮结束后白白浪费，既不经济也不环保，这种卸料方法已经被淘汰[11]。目前，实际生产中存在热喷放与冷喷放两种形式。

一、热喷放

热喷放技术主要应用在常规间歇蒸煮中，在木片物料被加热至指定温度后，保温一段时间后，锅内的浆料直接经过喷放阀门喷放到纸浆储槽中，这种在蒸煮终了温度、压力条件下直接喷放的方法就是热喷放。在能量回收方面，从喷放锅排出的闪急蒸汽送入凝结槽的顶部与从槽底部泵出的冷凝结水相混合。

蒸汽（以及有机气化物和若干挟带的黑液）冷凝下来形成"污冷凝水"流入凝结水槽的上部。该污热水用于间接加热新鲜的清水，供洗涤纸浆之用，污热水变冷后，又返回到凝结水槽的底部，其原理如图 22-2 所示[12]。

二、冷喷放

1. 冷喷放技术概况

冷喷放技术大大减少了蒸汽耗量，从而得到了广泛应用。对于连续蒸煮系统来说，都采用了冷喷放技术，为了与连续蒸煮抗衡，在间歇蒸煮方面，北欧开发了 Sunds-Celleco 系统、

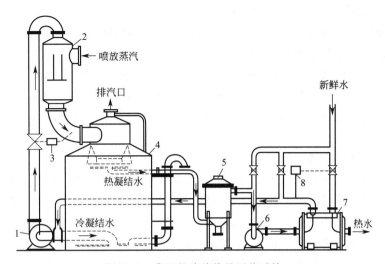

图 22-2　典型的喷放热量回收系统

1，6—泵；2—凝结器；3—温控流量阀；4—凝结水槽；

5—过滤；7—热交换器；8—温控装置

Super Batch Cooking 系统，北美开发了 RDH 系统，这些改进的间歇蒸煮系统的核心都是冷喷放技术。在连蒸设备中，采用冷黑液稀释浆料或锅内热置换洗涤后，浆料温度下降到一定温度时实现冷喷放。在改进的间歇蒸煮设备中，是用洗涤工序的最后一道洗涤液（稀黑液）将放锅之前锅内的热浓黑液顶替出来，然后采用压缩空气或二次蒸汽进行喷放[13]。这种在蒸煮完成后，通过热能置换方法降低纸浆温度，使浆料在较低温度下喷放的方法就是冷喷放。

实现冷喷放需要的设备比较复杂，以国内常见的横管连续蒸煮生产麦草化学浆为例，需要换热器冷却黑液、卸料器、温度和液位监测装置、黑液流量和喷放时间控制器等。对改进的间歇蒸煮系统除了必不可少的蒸煮器外，还需要一定数量的压力罐槽（根据蒸煮阶段的不同，包括冷黑液槽、温黑液槽、热黑液槽、冷白液槽、热白液槽等）、热交换器及一些辅助设备。

热喷放技术的分析：纸浆热喷放时，其能量是由初始状态的静压能和热能自由地转变为纸浆运动的动能、部分溶液闪蒸对环境的膨胀功、所得闪蒸气体蕴含的热能。在能量回收系统中，纸浆运动的动能没有被利用且闪蒸蒸汽迅速膨胀没有做任何有用功，利用的只是经过闪蒸之后的低品位能量且主要是依靠温差传热来进行热回收，其回收效率还受到过滤器、泵的工作状态，凝结器、换热器的换热效率等因素制约，导致能量大量流失。热喷放时，其流动条件（如热量、速度、管道摩擦、蒸汽闪急等）会造成纸浆强度损失，其中，闪蒸是影响纸浆强度的最主要因素。这是因为纸浆纤维细胞中的水发生闪蒸，相的变化对纤维造成很强的冲击作用，导致纤维损伤，纸浆强度降低。所以工业上有时会采用降压喷放来保证产品的质量。

2. 冷喷放技术的分析

冷喷放技术在节能领域取得了一定成功，使吨浆的汽耗量大大减少，但对于浆料能量的利用还仅仅停留于余热能的转换上，从能量分析的观点来看，回收的能量也只是低位能，而蒸煮后浆料蕴含的大量较高品位的能量（包括具有转换成功的能力的压力能）完全没有被利用。冷喷放技术使制浆系统变得很庞大。在改进的间歇蒸煮系统中，以 RDH 系统为例，若蒸煮锅的容积为 V，则冷黑液槽为（2.5～3.5）V，置换滤液槽为（5～6）V，温黑液槽为

$(2\sim3)V$，热黑液槽为 $(2.5\sim3.5)V$，热白液槽为 $(1\sim1.25)V$[10]，且因为锅内的浆层厚度大，热置换洗涤的效率较低，故增加了蒸煮锅的数量。连接罐槽的管道、泵、阀门等使整个系统变得很复杂，对控制系统的要求很高。在连续蒸煮系统中，例如日产 850t 浆的卡米尔系统，总高度82m，上部直径5300mm，下部直径6120mm，总容积1830m³。单位锅容产浆量 0.47t/dm³，仅与间歇式生产能力大致相同，不能体现连续蒸煮装置的优越性[14]。在纸浆的质量方面，由于冷喷放的泄放过程比热喷放相对平缓得多，没有闪蒸现象发生，所以能够保持纤维强度。

3. 喷放技术的改进方案

（1）能量回收后的再利用　蒸煮过后，纸浆蕴含的能量品位较高，如果能够合理利用喷放过程，使高品质的能量得到利用，能够得到很好的节能效果。工业上压力能回收技术从工作原理上分为液力透平和正位移两类。液力透平也称为离心技术，液力透平为旋转式能量回收机，其原理和结构与离心泵相似，只是工作过程相反，比较液力透平机和离心泵的性能曲线发现，两者有一定的相似性。液力透平能量回收过程是通过透平将高压流体的压力能转化为轴功，再利用轴功驱动动力装置运行。正位移原理直接利用高压流体增压低压流体，高低压流体只需要自由活塞分隔，甚至可以利用结构上的设计使高低压流体直接接触但不发生掺混，这种方式可实现压力能-压力能的一次转换过程[15]。

能量回收利用一般是在原有工艺基础上进行的，往往受到工艺条件、场地条件的限制，其原则是技术上可行，经济上合理。由于在制浆造纸厂中广泛应用了纸浆离心泵来进行浆料输送，纸浆离心泵的设计已相对成熟，故设计适用于纸浆的液力透平相对容易。所以，选用液力透平来实现蒸煮后浆料的能量回收，进行全压喷放，使其在透平中做功，推动透平机的叶轮转动来驱动透平轴旋转输出轴功，其原理如图 22-3 所示[7]。

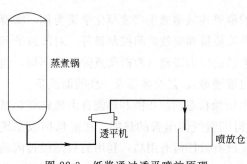

图 22-3　纸浆通过透平喷放原理

在连续蒸煮系统中，回收的机械能可以用来驱动各种输送设备（例如纸浆泵、水泵、风机、药液泵等）的运转来减少动力消耗，在间歇蒸煮中，直接用来驱动各种动力设备运行有一定难度，所以可以通过带动发电机来产生电能，发出的电经过变压器升压输入制浆造纸厂的电网。与传统的热喷放相比，由于透平中没有较大的空间，浆料在透平中的运动也减缓了压力降低的速率，且因为进行能量转换输出轴功后，浆料温度降低，浆料所具有的内能已不具有闪蒸的能量，所以在整个喷放过程中，最大限度地避免了闪蒸蒸汽的产生，这样就保证纸浆强度。喷放过程中，浆料在管道内急速流动及剧烈冲击，相当于一次打浆过程，延长打浆时间或强化打浆条件可引起纤维表面上的或靠近表面的细纤维或细纤维层从纤维上解离或分离出来，这样可以改进纤维与纤维间的结合力，对纸浆的质量来讲是有益的[16]。此外，在浆料推动透平中的叶轮转动时，纸浆纤维会受到叶轮产生的剪切力及纤维之间的摩擦力的作用，这只会对纸浆的性能产生轻微的影响，不会对后续的抄纸过程产生不利影响[17]。

（2）喷放时能量的直接利用　目前的废液提取大多采用冷法提液，它是在浆料喷放完成之后，再由提取设备进行提取操作，操作温度低于100℃。由于浆料喷放后温度降低导致废液的黏度提高，黏附于纤维间的废液难以提取，造成了提液率低，为了提高提液率，需加大洗浆的用热水量,废液被稀释后浓度下降,然后送入蒸发工段进行碱回收,造成基本投资和运行费用的增加,且很难得到高浓度、高提取率的废液。为了改善这种状况,有人提出在不加外来热源的情况下,充分利用蒸煮后浆料蕴含的高温高压能量,在喷放过程中,借助离心机的离心作用,把纸浆与蒸煮废液分离开,提高废液提取的双高效果,完成废液的提取操作,其原理如图22-4所示[10]。

浆料由旋转喷头均匀喷放到高速旋转的离心机转鼓上,转鼓上形成很薄的浆层,在静压力与转鼓离心力的共同作用下,纤维间及细胞间的高温低黏度废液迅速穿越转鼓上的过滤孔到达蒸发空间汽化、蒸发,形成的水蒸气被排汽风机排出。由于充分利用了喷放时浆料所具有的高温高压能量,使得细胞腔内的废液也能够顺利挤出,这是冷法提液做不到的。废液在蒸发过程中带走了大量水分及热量,废液由排液孔进入蒸发工段,其热量可以通过换热器进行回收利用。浆料脱去废液后处于风干浆与绝干浆之间的状态,被环形刮刀刮下,依靠重力落到传送带上送入洗浆工段[18]。

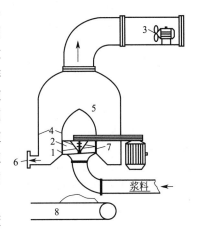

图 22-4 利用喷放能量进行废液提取原理

1—离心机转鼓;2—喷放头;
3—排气风扇;4—离心机外壳;
5—蒸发;6—排液孔;
7—环形刮刀;8—输送带

该技术不仅可以在不加外加热源的情况下提高提取废液的浓度,而且能够大大减少洗浆工段的能量消耗,废液的热量还可以进行回收,所以大幅度地节约了能耗。但是浆料由旋转喷头喷出的瞬间,由于突然扩容,会产生一定程度的闪蒸现象,这对纸浆纤维会造成一定破坏,影响纸浆的质量,所以此技术更适合于在对纸张质量要求不是很高的情况下使用。

通过对纸浆喷放机理的研究,发现蒸煮后纸浆蕴含的高温高压能量有很大的利用价值,以上的两种节能方案的实际效果需在生产中进行检验,但如果能够很好地利用纸浆蒸煮后蕴含的能量,对现有的喷放技术进行挖潜开发,将会得到很好的经济效益与社会效益,对制浆造纸技术的发展产生积极影响。

低能耗间歇蒸煮开发于20世纪80年代,国内通称RDH,其技术的核心是冷喷放及热能的合理回收利用,减少了蒸煮用汽量,提高了成浆质量,降低了浆的硬度,进而减少了漂白化学药品的消耗,减轻了污染负荷。较早开发这项技术的瑞典Sunds公司称这项技术叫超级间歇蒸煮(Super Batch Cooking)[19]。

另外,采用冷喷放可大大减少蒸煮放锅废气的排放,使排入大气的总还原性硫化物减少87%,消除了冷凝放锅闪蒸蒸气的污热水排放,减少制浆车间(不包括碱回收和漂白)污水排放总量的7%和污染负荷35%,还可节省放锅废气热回收和处理装置的投资及费用。

参考文献

[1] 王玉峰,胡惠仁.间歇蒸煮技术的发展 [J].黑龙江造纸,2007,34 (4):41-44.

[2] Evans J. Batch digester heat displacement system reduces steam consumption [J]. Pulp & Paper, 1989, 63 (7): 132.

[3] 胡受祖.蒸煮技术的飞跃——连续蒸煮设备及工艺的发展 [J].纸和造纸,1998,3 (5).

[4] 柴淑萍.未来的制浆工业 [J].纸和造纸,1995,6 (5).

[5]　钟立斌.超级间歇蒸煮 [J].纸和造纸，1996，1：9-10.

[6]　邱富林.常规间歇蒸煮改造为 DDS 置换蒸煮的做法和经验 [J].中华纸业，2009，(008)：70-72.

[7]　时圣涛，江庆生，姜艳丽.DDS 间歇置换蒸煮的特色 [J].中国造纸，2011，30 (9)：44-49.

[8]　Bianchini C，M Azad. Batch Displacement Cooking & Retrofit Solution for Existing Indian pulp mills [J].IPPTA，2007，19 (1)：57.

[9]　吕定云，韩小娟，汤伟.置换间歇式蒸煮的新进展 [J].中国造纸，2008，26 (12)：63-66.

[10]　黄干强.RDH 蒸煮原理与技术 [J].广东造纸，2000，(005)：28-31.

[11]　綦典训，王秋云.碱法制浆喷放技术的探讨 [C].山东造纸学会第十一届学术年会论文集，2006.

[12]　斯穆克，曹邦威.制浆造纸工程大全 [M].北京：中国轻工业出版社，2001.

[13]　刘秉钺，曹光锐.制浆造纸节能技术 [M].北京：中国轻工业出版社，1999.

[14]　聂伯宁.硫酸盐法制浆 [M].北京：轻工业出版社，1995.

[15]　鞠茂伟，常字清，周一卉.工业中液体压力能回收技术综述 [J].节能技术，2006，23 (6)：518-521.

[16]　胡开堂，刘忠.纸页的结构与性能 [M].北京：中国轻工业出版社，2006.

[17]　吴丹，陈克复.中浓纸浆流体化过程对纸浆性能的影响.造纸科学与技术，2003，22 (1)：27-29.

[18]　Jaeger P T，et al. A new frontier for LIS programs：E-government education，library/government partnerships，and the preparation of future in formation professionals [J].Education for Information，2012，29 (1)：39-52.

[19]　张明，徐永建.低能耗的间歇蒸煮技术——DDS-TM 置换蒸煮系统 [J].中华纸业，2008，29 (17)：55-57.

第二十三章 | 推荐热泵干燥技术

第一节 概述

世界各国的能源消耗中，以热能消耗量为最大。在一次能源变成热能再转换成各种形式能量的过程中，约有 58.5% 的能量是以排气、蒸汽、热水（低温）等排热形式而损失的。而这些排热损失中，较低热能占很大比重。热泵技术的开发为利用低温热能提供了有力的手段，而且满足了节约能源和保护生态环境的要求。它是一种在外界能量的协助下，把热能从低温物体转移到高温物体的设备[1]。

1. 热泵技术的发展概况

热泵技术的是继 1824 年卡诺首先提出热力学循环理论之后，1852 年开尔文具体提出了热泵的设计思想。到 1917 年德国卡赛伊索达制造厂首次把热泵应用于工业生产上。在 20 世纪 30 年代，从热泵本身来说由于设备的一次投资比采暖系统的一次投资要高，以及因冬季温度低而使蒸发器表面容易结霜，要用电阻丝加热除霜，这无疑阻碍了热泵在西欧国家的应用。另外当时的发电厂效率低，电能成本高，压缩机和换热器的制造技术也不精良，且燃料的价格相对便宜，因此用热泵技术来采暖在经济上并不合算。

到了 20 世纪 50 年代，科学技术进步很快，电能成本降低，而燃料价格不断上涨，又由于精密工业和公共建筑大量要求进行空气调节。于是国外又积极开展热泵研究工作，并有了较大的发展，这段时间主要发展的是蒸气压缩式热泵，目前已在空调方面获得广泛应用，产品已成系列化。20 世纪 70 年代以来，欧洲各国和苏（前苏联）、日、美、澳等国对热泵研究工作十分重视，各工业国均投入了大量的资金致力于更经济、输出温度更高、工业更为先进的新型热泵的开发。美国研究热泵的两个权威机构是电力中央研究所（EPRI）和煤气研究所（GRI）。电力中央研究所开发的方向是供产业用的新型热泵，探讨供蒸馏过程和较高温加热过程的应用；而煤气研究所的主要研究方向是：采用太阳能为辅助热源的燃气式热泵，以提高商业大楼的采暖和制冷，具体项目有：太阳能/气体连接的吸收式热泵；气体/太阳能、有机流体兰肯循环式热泵；金属氢化物的化学热泵。日本通产省工业技术院开发的超级热泵能量收集系统，其目的主要是提高热泵的性能系数，使供热温度达 $100\sim200℃$，扩大热泵适用范围。此外，前联邦德国也投入大量资金开发新型热泵技术。在此期间，吸收式热泵、吸附式热泵、化学式热泵均得到了较大的发展，在欧洲各国、日本和美国，已进入了商品化生产阶段，但实际应用的数目还很少。

我国热泵技术发展较为落后。20 世纪 50 年代，我国对热泵的研究尚处于起步阶段。那时虽然有一些科研机构（如天津大学）开始了热泵的研究，但一直发展缓慢。到了 20 世纪 80 年代初，随着经济发展和人们生活水平的提高，能源问题变得突出，为了节约能源和有效利用能源，国内部分高校、研究所掀起了对热泵研究的热潮。1989 年中国科学院广州能源研究所举行的热泵在我国的应用发展专家研讨会，肯定了热泵在我国应用发展的可能性和重要性，从而进一步将热泵研究推向高潮。但研究的种类多限于压缩式热泵，而且只有有限的几种应用形式，如干燥去湿热泵、蒸发蒸馏热泵、热水型热泵。近年来，以热源为动力的吸收式热泵、化学热泵、吸附式热泵才有了一定的发展。一些科研院所已经开始着眼于新型热泵技术的研究，如太阳能热泵、地源热泵、吸收压缩复合式热泵等的研究。

（1）压缩式热泵 压缩式热泵按驱动源来分，可分为电动型和动力型两种。电动型蒸气压缩式热泵是依靠马达（电动机）驱动的；而动力型蒸气压缩式热泵是直接由柴油机、煤气机驱动的。它由电动型热泵发展而成。动力型热泵的性能系数比电动型的大，同时还具有能量较大、调节简单、部分负荷性能良好等优点。目前，国内外研究开发工业上用的高温蒸气压缩式热泵重点放在选择和改进现有的制冷机和制冷剂上，对于制热量较小的热泵系统通常选用往复式压缩机，以及在一定工作压力下提高换热器的换热性能。此外，还研制用气体来润滑的压缩机组，选择性能良好的制冷剂等。

（2）吸收式热泵 吸收式热泵是单纯以热能为补偿热能，在吸收式制冷循环基础上发展起来的。常用的制冷剂是溴化锂水溶液。它又分为两种类型：一种是借消耗一部分高温热量将低温热量的温度提高到可以利用的中温程度的一种热泵，其性能系数大于1；另外一种吸收式热泵不需要消耗高温热能就能使低温热量的温度提高，性能系数小于1。吸收式热泵的特点是能量大，主要用于宾馆、大楼、医院、游泳池以及工厂等。目前，世界上在运行的吸收式热泵主要是前一种热泵，但后一种热泵应用前景更为广泛。

（3）化学热泵 化学热泵是利用物质化学反应时产生的吸热和放热来组成热力循环的一种热泵，它可用于加热、制冷及提高能量的品位，具有其他类型热泵所没有的优点，即当化学反应停止时，它具有蓄能的功能。在20世纪80年代初，化学式热泵还处于实验阶段，近年来发展很快。能把废热提高到165℃的化学热泵已在美国、日本、俄罗斯和其他一些欧洲国家商品化，美国火箭研究所工业化学热泵公司研制成了44kW的硫酸水溶液化学热泵，而瑞典则研制了称之为"TEPIDUS0"硫化钠水溶液化学热泵。国内近年来尽管已开展了对化学热泵的研究，但由于已开发优质的化学性能不很稳定，且腐蚀性较强，对热泵系统材料要求较高，增加了热泵的投资费用，故至今实例化例子不多。

（4）吸附式热泵 吸附式热泵的原理与吸附式制冷循环相同。其工质由具有良好的吸附、解吸性能的固体微孔吸附剂和作为制冷剂的吸附介质组成，利用吸附和解吸的温度不同来组成热力循环，吸附介质在被吸附剂吸附时放出热量，解吸时则吸收热量。其热源可直接利用矿物燃料，也可利用太阳能等。国内外对吸附式热泵的研究较多，其发展和生产已有60多年。固体吸附式热泵噪声小、维护方便、寿命长，几乎不受地点限制，广泛用于工厂、农村、牧场、渔场、山区和民用设施的空调系统，对电力不足的地区尤为适用，固体吸附式制冷系统的非氯氟工质选余地大，因此，这一技术成为近年来各国竞相研究开发的热点课题。由于节能的需要，吸附式热泵得到了迅速发展，在欧洲、日本和美国已进入了商品化生产阶段。美国沸石动力公司近几年正致力于高效能的吸附式制冷机和热泵的研究。经济分析表明，吸附式制冷机和热泵的运行费用比电动压缩式热泵低得多，且前者的制造成本与后者不相上下。国内华南理工大学、西安交通大学等单位对沸石/水吸附式热泵进行了变工况模拟优化设计，取得了较好结果[2]。

2. 热泵干燥原理

热泵从低温热源吸取热量，使低品位热能转化为高品位热能，可以从自然环境或余热资源吸热从而获得比输入能更多的输出热能。热泵干燥系统由两个子系统组成：制冷剂回路和干燥介质回路。制冷剂回路由蒸发器、冷凝器、压缩机、膨胀阀组成。系统工作时，热泵压缩机做功并利用蒸发器回收低品位热能，在冷凝器中则使之升高为高品位热能。热泵工质在蒸发器内吸收干燥室排出的热空气中的部分余热，蒸发变成蒸气，经压缩机压缩后进入冷凝器中冷凝，并将热量传给空气。由冷凝出来的热空气再进入干燥室，对湿物料进行干燥，出干燥室的湿空气再经蒸发器将部分显热和潜热传给工质，达到回收余热的目的；同时，湿空气的温度降至露点析出冷凝水，达到除湿的目的。干燥质回路主要有干燥室与风机。热泵干燥系统原理图 23-1 所示。

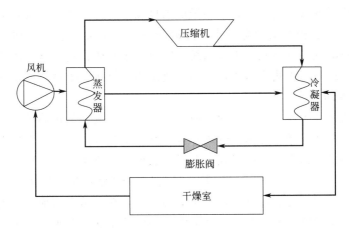

图 23-1　热泵干燥系统原理

3. 热泵干燥技术的特点

（1）节约能源　节约能源是热泵最初应用的出发点，也是主要的优点。热泵低温（15～45℃）干燥木材时可节约能耗 40%～70%。干燥大米的适宜温度为 35～50℃。温度虽低，但是需要大量的热。传统干燥器的效率只有 3%～5%，而用热泵干燥效率将明显提高。布匹对干燥温度有严格的要求，热泵干燥机组不但能满足此要求，而且比传统的热泵干燥机组节能 50% 左右。热泵干燥技术应用在蔬菜脱水中节能高达 90%。近年来越来越多的研究人员也证实了热泵干燥机组的节能特性。

（2）干燥产品品质好　热泵干燥是一种温和的干燥方式，接近自然干燥。表面水分的蒸发速率与内部水分向表面迁移速率比较接近，使被干燥物品的品质好、色泽好、产品等级高。用普通的干燥方法得到的芳香类挥发性物质保留少、耐热性差的维生素保留低、颜色变化较大。例如：用滚筒干燥机得到生姜的生姜素保持率仅为 20%，而用热泵干燥得到的生姜素保持率高达 26%。Van Blarcom 和 Mason 的试验表明，即使在 50℃ 下，采用热泵干燥澳大利亚坚果也不会出现褐变现象，能较好地保持坚果原有的色泽、风味及营养成分。

（3）干燥参数易于控制且可调范围宽　热泵干燥过程中，循环空气的温度、湿度及循环流量可得到精确、有效的控制，且温度调节范围为 -20～100℃（加辅助加热装置），相对湿度调节范围为 15%～80% 适合于热敏性物料的干燥。

（4）环境友好　物料干燥不仅要求提高产品质量和节约能耗，同时必须对环境友好。基于相同的评价标准，热泵对全球变暖的影响与电释放的 CO_2 相比是很小的。对环境的友好是热泵干燥的优点。目前，国外提倡应用热泵来减少 CO_2 的排放，它必将得到进一步应用。

第二节　传统纸机干燥部系统概述

一、纸张干燥

1. 纸张干燥概况

湿纸在网部成型压榨部脱水后仍然含有 $50\%\sim75\%$ 的水分，这些残留的水分需要在干燥部用加热的方法除去。常见是用烘缸作为干燥设备，其干燥过程分为升温、恒速和降速三个阶段。升温阶段纸的水分变化不大，湿纸的温度和干燥速率增长很快，恒速阶段占干燥时间的 $50\%\sim60\%$，是去掉湿纸的游离水。降速阶段主要去掉毛细管水和结合水[3]。对于不同品种、不同定量的纸品有不同的干燥曲线，所以要求对烘缸进行分组供热，以满足合理的干燥曲线，提高生产效率优化产品质量。为解决纸机干燥部传统供热系统存在的问题。

2. 纸幅干燥原理

纸机干燥部的主要干燥方式是接触干燥，是一个比较复杂的传热传质过程。干燥过程可以分成升温干燥、恒速干燥、均匀和变速降速干燥三个阶段[1]。升温干燥阶段的水分变化不大，因这阶段的热能供给大于热能消耗，湿纸的温度和干燥速率增长很快。恒速干燥阶段占纸机全部干燥时间的 $50\%\sim60\%$，主要是去掉湿纸中的游离水。在这一阶段，纸页中的蒸汽压力远远高于周围空气的蒸汽分压，传质动力增大，热能消耗增加，将出现供热和耗热的平衡状态。降速干燥阶段主要是蒸发掉纸页中的毛细管水和结合水，为了克服表面张力的束缚而用于提高分子动能所消耗的热量会增加，供热和耗热之间的平衡状态被打破，蒸发速率降低。在这一阶段，其前期的干燥速率下降是均匀的，且纸页温度会出现下降现象；后期的干燥速率因蒸发耗热量的减少而出现下降趋势减缓的变速降速现象，纸页温度会出现回升，有利于纸页中残余水分的蒸发和扩散。根据上述纸幅干燥过程机制，对于不同品种、不同定量的湿纸，在不同的干燥阶段应供给不同品位的蒸汽。为此，一般做法是对干燥部的烘缸按所需蒸汽压力的高低进行分段（如分成低温、中温和高温等三个烘缸段），形成满足干燥工艺要求的烘缸温度曲线。一般的烘缸温度曲线是一条开始逐渐上升、然后趋于平直、最后稍有下降的曲线。当温度曲线不正常时，纸幅会出现湿纸断头、黏缸强干燥、纸质疏松、气孔率高、湿纸强度降低和施胶度不能达到成纸含水率的要求等现象。因此，保持和便于调整纸机干燥部烘缸温度曲线非常重要。这是纸机干燥部蒸汽冷凝水热力系统设计的核心任务，也是保证成纸质量和节能降耗的前提。

二、传统的三段通汽系统

1. 三段通汽系统

目前国内各类造纸机的干燥部普遍采用单段，二段或三段通汽方式的常规热力系统。单段通汽系统指纸机干燥部全部耗用新蒸汽的热力系统，在每段烘缸或每只烘缸前采用阀门进行节流来调节蒸汽压力和烘缸的用汽量。采用单段通汽系统，从烘缸排出的蒸汽冷凝水夹带大量的废热蒸汽，使蒸汽的热能和有效能都没有得到合理的利用，还会造成环境的热污染。二段或三段通汽方式是一种多段串联逆向蒸汽供热系统，在各段烘缸间依靠闪蒸压力及冷凝水系统的压差推动蒸汽进行热力循环，将高温段烘缸排出的蒸汽冷凝水闪蒸产生的二次蒸发汽作为低温段的热源。蒸汽的能量利用比较充分，但是在生产运行中仍存在明显的问题。

一般认为，纸机干燥部采用三段通汽是热能利用率较高的一种形式，但在传统的三段供汽中，各段供汽回路串联在一起，任何一段供汽调节阀动作都会影响前后各段的运行状态，引起其他各调节阀作相应调整，致使整个调节过程长而复杂，因而使用起来仍有不够理想之处。其表现在烘缸三段通汽各组间的压力差太小或烘缸排水不畅、汽头漏气、烘缸表面温度不符合工艺要求等，致使耗汽量增加，纸病增多，从而导致抄造率、成品率下降或成本增加等现象。因此，许多纸厂尽管采用了三段供汽系统，但因实际使用困难，往往又退回到一段供汽状态[4]。

2. 传统三段通汽存在的问题

传统三段通汽存在的问题主要表现在热能利用不充分，造成能源浪费。

（1）烘缸中蒸汽冷凝水难以通畅排出，纸机烘缸排出蒸汽冷凝水的动力是烘缸和对应的蒸汽冷凝水闪蒸罐的压力差，采用三段通汽的纸机烘缸和对应冷凝水闪蒸罐的压力差同时又是推动各段烘缸热力系统循环的动力，特别是向各段烘缸补入新蒸汽时，闪蒸罐压力不稳定破坏了热力系统平衡，同时会减少烘缸和对应的蒸汽冷凝水闪蒸罐的压力差致使烘缸排水不畅，造成烘缸积水，成为造纸机三段通汽干燥部运行的通病，一方面，蒸汽对清洁的金属表面的传热系数相当大，而蒸汽冷凝水的热导率仅为铸铁烘缸壁热导率的1/87，冷凝水层厚度的增加将影响烘缸的热传导，降低烘缸的传热效率。另一方面，烘缸积水势必造成烘缸表面温度不均，不利于烘缸全幅取得一致的温度，造成纸页整幅水分出现差异；此外，烘缸积水还会使烘缸的传动平衡遭到破坏，从而造成纸机运转中机架产生振动，进而限制了纸机的车速提高。

（2）在三段通汽系统中，采用阀门进行节流减压造成能量的贬值方法，调节供给纸机各段的烘缸用汽压力和进汽量，并且从造纸机烘缸蒸汽冷凝水中夹带废热蒸汽排放到环境中，造成能源浪费和环境污染。

（3）不利于调节造纸机干燥部各段烘缸的供汽压力和用汽量，不利于建立合理的烘缸温升曲线。纸幅的脱水过程是在不同的干燥温度下实现的，必须建立合理的烘缸温升曲线，才能有效地脱除纸幅的水分和保证干燥质量，为此应该向各段纸机烘缸供给所需要的供汽压力及供汽量[5]。

基于以上现状，国内外都做了大量的研究，其中在传统供热系统中加入蒸汽喷射泵的方法改造干燥部，成本低、控制容易、维修方便、节能效果显著，且改善了蒸汽冷凝水排放系统。所以热泵供热系统成为目前干燥部普遍采用的供热系统[7]。

第三节　纸机干燥部热泵供汽系统

一、热泵供热系统概述

目前，造纸机干燥部是制约纸机车速提高的主要瓶颈之一。造纸业是能源消耗大户，纸张干燥过程是造纸过程中能源的主要消耗过程之一。因此，提高干燥部的干燥速率，降低干燥部的能耗仍是当今纸机改造的重点。在增加烘缸组、改善袋通风、改进蒸汽冷凝水系统及虹吸管形式、增加扰流棒等提高造纸机干燥部干燥能力的方法中，以增加烘缸组的代价为最高，以采用热泵供热改进蒸汽冷凝水系统的性价比为最高。本书正是在现有热泵供热系统的基础上对现有纸机的供热系统做了进一步改进。双热泵供热系统，以此来进一步提高干燥部的干燥能力，降低能耗[6]。

热泵的种类很多，在造纸机干燥部通常采用蒸汽喷射式热泵供热系统，在传统的热力系统中采用阀门进行节流式减压造成能量贬值，即将新蒸汽进行节流减压，满足纸机烘缸用汽品位的要求。在热泵供热系统中，蒸汽喷射式热泵作为引射式减压器用于热力系统，同时作为热力压缩机将低品位的二次蒸汽增压后再使用。蒸汽喷射式热泵是一种没有运转部件的热力压缩机，它利用工作蒸汽减压前后的能量差为动力，将汽水分离罐中产生的二次蒸发汽增压后回收再利用，从而降低了汽水分离罐的工作压力，加大了纸机烘缸的排水压差。蒸汽喷射式热泵主要由喷嘴、接受室、混合室及扩压室组成。工作蒸汽以很高的速度通过喷嘴进入接受室，将汽水分离罐中产生的二次蒸汽吸入，同工作蒸汽一并进入混合室，工作流体和引射流体进行速度均衡和压力提高之后进入扩压室。在扩压室中流体的动能转变为势能，将流体的压力提高到烘缸所需要的蒸汽压力，供给各个烘缸用汽。利用能量守恒定理和动量原理，通过实验和模拟计算确定蒸汽喷射式热泵的几何尺寸和工作特性参数[10]。

20世纪80年代中期国外新型纸机干燥部供热普遍采用了蒸汽引射技术[3]，我国于20世纪末在吸取国外先进技术的基础上，研制开发了纸机干燥部的热泵供热系统。与传统的三段式供热系统相比，热泵供热系统的优势在很多文献中都已有报道，其优点主要表现在以下几个方面[4]。

① 利用热泵替代阀门节流减压阀，调节各段烘缸的汽压及供汽量以充分回收利用低品位的废汽和二次蒸汽。同时，在闪蒸罐中将二次蒸汽增压回用可以降低罐内压力，利于冷凝水顺利排出。

② 采用高效汽水分离罐进行扩容闪蒸和汽水分离，并减少湿蒸汽及蒸汽冷凝水进入造纸机烘缸；采用小压差、大流量的疏水装置用于烘缸疏水阻汽，可以连续通畅地排出冷凝水。

③ 设置不凝性气体排出系统，提高蒸汽冷凝速率和烘缸传热强度以及纸幅干燥速率；热力系统自控环路互不干扰；纸幅断纸期间纸机烘缸温升曲线影响小。

二、热泵供热结构和节能原理

1. 热泵供热的结构

国内外都做了大量的研究，其中在传统供热系统中加入蒸汽喷射泵的方法改造干燥部，成本低、控制容易、维修方便、节能效果显著，且改善了蒸汽冷凝水排放系统。所以热泵供热系统成为目前干燥部普遍采用的供热系统[7]。

图23-2为典型的蒸汽热泵式供热系统。锅炉送来的蒸汽通过分汽包分为一股高压蒸汽和一股低压蒸汽，高温段排的蒸汽冷凝水在其闪蒸罐中降压闪蒸，所生成的二次蒸汽经热泵由一部分高压新鲜蒸汽引射增压后仍供给高温段使用，不足部分由低压蒸汽补充，闪蒸罐中余下的蒸汽冷凝水流入中温段闪蒸罐，依此类推。此系统的优点：热泵装置提高了二次蒸汽的利用率，同时降低了闪蒸罐的工作压力，增大了烘缸排出蒸汽冷凝水的压差，有效解决烘缸积水问题；二次蒸汽经由热泵提升品位后供本段烘缸使用，不足部分通过补汽来实现，这样各段烘缸之间的联系几乎完全被切断，相互之间耦合作用小，容易控制。该设备没有转动的部件，本身没有动力消耗，操作简单，运行可靠，维修量小。

采用蒸汽喷射式热泵，用高压蒸汽抽吸低压蒸汽，如图23-2所示。高压工作蒸汽

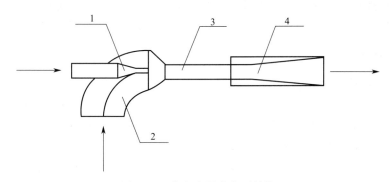

图 23-2　蒸汽喷射式热泵结构

1—喷嘴；2—接收室；3—混合室；4—扩展室

（本文为锅炉供热蒸汽），在喷嘴中高速喷射而造成真空，从而不断抽吸低压蒸汽。在喷射器混合室中，工作蒸汽和低压蒸汽两股共轴流体进行速度均衡和压力提高。在扩压室中，流体的动能转换为势能，压力提高到设备工艺流程所需的压力而进入热力系统中[6,9]。

2. 热泵的工作原理

用高压蒸汽抽吸低压蒸汽，高压蒸汽在喷嘴中高速喷射而造成真空，从而不断抽吸低压蒸汽。在喷射器喉部（混合室）中，低压蒸汽与工作蒸汽两股共轴流体进行速度均衡，从而使低压蒸汽参数提升。在扩散部（扩压室）中，流体的动能转换为势能，压力提高到设备工艺流程所需的压力而进入烘缸中。通过喷射器合理设计，由喷射器出来的蒸汽压力值可以满足。

蒸汽喷射式热泵由喷嘴、接受室、混合室及扩压室等部件组成（如图 23-2 所示）。工作流体（新鲜蒸汽）以很高的速度通过喷嘴进入接受室形成负压，从而可以把引射流体（较低压力的蒸汽如二次汽）引入到接受室。在混合室中，工作流体和引射流体两股共轴流体混合并进行能量交换；在扩压室中，流体的速度降低（即动能减小，势能增大），其压力逐渐升高，使蒸汽压力上升到烘缸和其他换热设备所需要的压力，而进入热力系统中。蒸汽喷射式热泵是一种没有运动部件的热力压缩机，它利用工作蒸汽减压前后的能量差为动力，提高冷凝水二次蒸发汽和废热蒸汽的品位供生产循环使用，明显降低了蒸汽消耗量。

由上面的分析可以知道热泵节能并不是指热泵本身消耗的能量减少了，而是指热泵利用了喷射器的原理，最大限量地将引射蒸汽的品位提升到生产工艺要求的程度之后，循环利用，从而达到节约新鲜蒸汽的目的。纸机蒸汽冷凝水系统通常以高压工作蒸汽作为引射动力源，通过热泵来提升通过各级闪蒸罐闪蒸出的二次蒸汽的压力，以循环利用。

3. 热泵设计和应用理论依据

热泵设计中关键的两个部位是喷嘴和喉节。喷嘴的尺寸应根据最大新鲜蒸汽操作压力点来设计，因为喷嘴处必须产生足够大速度和流量，才能对闪蒸蒸汽产生足够的抽吸力。

而喉节的尺寸应根据最低的操作压力点来设计。因为喉节处的速度必须足够大来获得再压缩，且在低压力时蒸汽的比体积会更高。热泵的功能是在特定的新鲜蒸汽的抽吸作用下，能将烘缸的闪蒸蒸汽（即二次汽）进行充分的利用。这不仅能够降低干燥成本，而且还能有利于烘缸冷凝水的排出。

热泵的设计还要充分考虑到如下几个重要数据，如：①新鲜蒸汽的压力、温度、流量；②闪蒸蒸汽的压力；③排放蒸汽的压力；④喷嘴蒸汽的流量；⑤冷凝水的负荷等参数[10]。

三、热泵种类

（一）质量调节热泵和流量调节热泵

目前纸机供汽系统中常见的为两种形式的热泵，蒸汽质量调节热泵和蒸汽流量调节热泵[11]。质量调节热泵也称不可调热泵，如图 23-3 所示。此热泵要求在工作蒸汽干管上设置阀门，当纸机运行工况发生变化时，控制热泵工作蒸汽进口干管上的阀门开度进行热泵供汽量的调节。由于阀开度变化会改变进入热泵的工作蒸汽压力，从而改变热泵进口新蒸汽做功的能力，造成一定的能量损失。

流量调节热泵，也称可调热泵。影响蒸汽喷射热泵的两个最主要参数为喷嘴出口直径（或者喷嘴出口直径与混合室喉部直径之比）、喷嘴出口距混合室入口的距离。所以流量调节热泵是在质量调节热泵的基础上，进行设计计算的。在工作喷嘴的轴向增加一个针式装置，称之为喷针，利用喷针前后移动调节工作喷嘴的喉部及出口面积，可以改善蒸汽喷射热泵的性能，以适应负荷变化的需要。由于热泵进口新蒸汽压力不变，其单位流量新蒸汽做功能力也不变，纸机在各种运行工况条件下，此结构热泵均可保持高效运行[12]。流量调节热泵的性能优于质量调节热泵，调节范围相对较宽，但价格相对较高，一般是质量调节热泵的 3～5 倍[23]。

为了适应烘缸热力系统对热能需求量的变化，热泵工作蒸汽的加入量要进行在线调节。根据热泵工作蒸汽加入量调节方式的不同，可将热泵分为质量调节热泵和流量调节热泵。质量调节热泵也叫普通热泵和常规热泵，它自身不带调节装置，需要在热泵工作蒸汽的入口管道上安装一只调节阀，通过改变阀门的开度来调节工作蒸汽的加入量，如图 23-3 所示。流量调节热泵是在热泵的喷嘴内安装一针形调节头，通过改变调节头截面与喷口横截面的相对位置来调节工作蒸汽的加入量，如图 23-3（b）所示。即质量调节热泵在调节过程中，蒸汽流通过的横截面积不变，但工作蒸汽的品质会随着阀门开度的减小而明显降低，热泵做功能力和工作效率会相应降低。这是质量调节热泵的一个致命缺点，能量会因阀门开度的减小引起的节流效应而损失，使得热泵处于最佳工况的阀门开度范围小，限制了纸机产量的变化范围。但其优点是结构简单、设计方便、成本低。对于流量调节热泵，其设计的关键之一是设计针形调节头和喷嘴结构，使得在允许的针形调节头行程范围内。也就是说，流量调节热泵是通过改变蒸汽流通过的截面积来调节工作蒸汽的加入量，在调节过程中，它基本不会改变新鲜蒸汽的压力（即工作蒸汽的品质基本保持不变），所以单位流量新蒸汽做功能力不会改变，调节性能好、热泵效率高。这是流量调节热泵最大的优点，但其缺点是结构比较复杂、设计工作量大、成本高[13]。

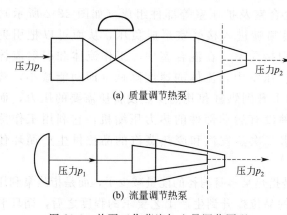

(a) 质量调节热泵

压力 p_1　　　　压力 p_2

(b) 流量调节热泵

压力 p_1　　　　压力 p_2

图 23-3　热泵工作蒸汽加入量调节原理

(二) 单喷嘴热泵和多喷嘴热泵

1. 单喷嘴热泵

目前市场常用的蒸汽喷射式热泵是量调节式单喷嘴热泵,具体结构如图 23-4 所示。

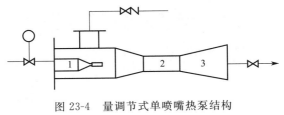

图 23-4　量调节式单喷嘴热泵结构
1—喷嘴;2—混合室;3—扩压段

量调节式单喷嘴热泵由喷嘴、混合室和扩压段组成,在输出蒸汽流量变化时,是利用装在喷射式热泵前的驱动蒸汽调节阀来调节,以保持出口压力不变。热泵前的调节阀是以质调节来改变通过喷嘴的蒸汽流量,即调节阀改变蒸汽压力,阀门关小,阀后压力降低,尽管喷嘴的通流面积不变,但通过喷嘴的流量减小。由于调节阀的节流,损失了蒸汽的作功能力,因此,驱动蒸汽的引射能力大大下降。实验表明,在驱动蒸汽的流量下降50%时,驱动蒸汽的引射能力下降为零。

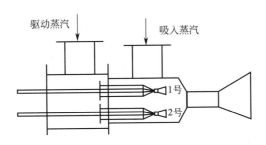

图 23-5　量调节双喷嘴热泵

2. 多喷嘴热泵

与质调节单喷嘴热泵比较,多喷嘴热泵可以多用闪蒸汽,节能效果显著;减少了旁通调节阀,总投资下降。闪蒸罐内的压力靠孔板疏水阀的背压决定,设计时根据烘缸和闪蒸罐的压差及回水量决定孔板疏水孔直径。双喷嘴量调节喷射式热泵在 2500 纸板机上试用已取得满意效果,图 23-5 为量调节双喷嘴热泵。

目前在我国纸机干燥部的改造中,绝大多数采用了热泵供热系统来改进现有的单段通汽供热系统或多段通汽供热系统。常规热泵自身无法进行调节,必须通过安装在干管上的节流阀进行调节,这种节流减压的方式不但存在一定的能量浪费,而且调节范围窄,通用性差,适应纸种变化的范围小。可调热泵本身配置调节机构和热泵喷嘴断面调节阀芯等装置,是通过改变喷嘴有效断面实现对热泵的调节。由于它不会改变新鲜蒸汽的压力,其单位流量新鲜蒸汽的做功能力不变。在纸机的各种运行工况条件下,可调热泵调节性能好,适应纸种变化的范围大,但其结构复杂,设计制造难度较大,成本较高[24~26]。

(1) 多喷嘴热泵的结构　为了达到热泵调节和设计制造容易进行且更加节能这一目的,提出了多喷嘴调节热泵。其喷嘴结构如图 23-6 所示,将普通热泵的一个独立喷嘴改造为多个喷嘴同时工作,至于喷嘴的具体数量应由设计基础参数来确定。其他部件如接受室、混合室和扩压室结构与普通不可调热泵相同，其外观结构如图 23-7 所示。

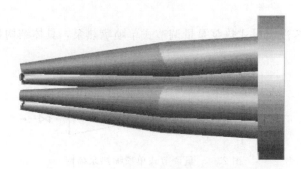

图 23-6　多喷嘴热泵喷嘴的结构

图 23-7　多喷嘴热泵的结构

（2）多喷嘴热泵的理论分析　衡量热泵的一个重要性能指标是喷射系数，喷射系数表示 1kg 工作蒸汽所能引射的蒸汽质量，在一定的膨胀比和压缩比之下，热泵的设计总希望达到的喷射系数越大越好。工作蒸汽状态一定的情况下，如果要抽吸更多的引射流体提高喷射系数，必须使喷管出口处的压力更小即真空度更高。

多喷嘴热泵采用多个喷嘴同时喷射，相当于对工作流体进行了分流，减小了一个喷嘴中工作流体的质量流量。多喷嘴热泵采用了多个喷嘴后，一、二次流的混合面积大大增加，也可有效地提高引射能力增加喷射系数。已有资料表明，蒸汽喷射热泵的核心部件喷嘴的类型，常见的为中心型，此外还有环型和多点型。喷嘴的结构和布置不同对引射效率有较大影响[14]。

通过分析得出，只要多喷嘴的出口截面积设计好，多喷嘴热泵便可发挥出良好的功效。多点型喷嘴的结构和布置不同对引射效率有较大影响[15]。通过分析得出，只要多喷嘴的出口截面积设计好，多喷嘴热泵便可发挥出良好的功效。

（3）多喷嘴热泵的设计　蒸汽喷射热泵通常由喷嘴和扩压管两个基本部分组成。多喷嘴热泵的设计也可采用模块化设计，分为喷嘴的设计和扩压管的设计两部分。多喷嘴热泵采用多个喷嘴并用一个扩压管，在不同的工况下多个喷嘴可有选择的交替运行或同时运行，满足工况的变化，达到调节范围增大且节能的目的。其中扩压管的设计完全依据普通热泵的设计方喷嘴的设计在普通热泵喷嘴设计方法基础上，采用倍数缩小加系数修正的方法。要求让新鲜蒸汽从各个喷嘴喷出后混合过程良好，避免因碰撞扰流等引起能量损失。喷嘴的安装应有一个夹角，均向中心轴线倾斜。各个喷嘴的轴线交会于混合室轴线上一点。此交点距喷嘴出口的距离对多喷嘴热泵的性能影响很大，理论研究此距离应等于喷嘴出口的自由流束长度。喷嘴数量由设计原始参数和热泵尺寸来确定，生产能力高蒸汽消耗多热泵尺寸大的系统喷嘴的数量会相应多些，反之亦然。安装位置也由具体尺寸和射流基本定律决定。同时所有设计可适当参考数值模拟结果，其他一些影响因素可参考普通热泵设计的规律[16]。

四、喷射热泵供汽及密闭式冷凝水回收系统

1. 烘缸疏水状态分析

烘缸内疏水结构一般有两种虹吸管：一种是固定式虹吸管，适用于低速纸机烘缸用汽（以250m/min为限）；另一种是活动式虹吸管，运用于高速纸机。最近有一种新型的虹吸管，是在固定虹吸管的基础上在烘缸内安装扰流棒，其目的是破坏烘缸内表形成的水环，避免传热率下降。不管是何种虹吸管结构，疏水通畅的核心是保持烘缸内外的压差，准确地讲，就是保持烘缸内汽压大于汽水分离器内的汽压，压差保持在0.03～0.1MPa之间，疏水完全没有问题。

其中纸的烘干是造纸工艺中的主要耗能工序，为了提高能源利用率，造纸烘干部分的合理性能受到了热能工作者的重视，在引进国外先进纸机的基础上逐渐推广了蒸汽喷射式热泵在纸机烘干部的应用，它是利用锅炉新汽和烘缸用汽之间的压差作动力，引射烘缸回水的闪蒸汽，使闪蒸汽升压后再利用。热泵式凝结水回收装置的应用效果与很多因素有关，这些因素包括：新蒸汽和进烘缸蒸汽之间的压差、烘缸压力和闪蒸罐之间的压差以及烘缸分组控制方式等。这些因素也都影响热泵的内部尺寸，因此造纸烘干部凝结水回收装置的运行效果与热泵的性能有重要关系[17]。

目前我国纸机干燥部大多采用的是三段通汽供热系统和旋转式虹吸管，热泵供热系统也有一部分应用。三段通汽系统存在着纸机干燥部各段烘缸的供汽量和供汽压力调节困难，烘缸中蒸汽冷凝水难以通畅排出等缺点。当纸机车速超过700m/min时旋转式虹吸管的排水能力就会大大降低，既浪费能源，同时也影响纸机的抄纸质量，传统的供热系统已不能适用于较高车速的纸机。

2. 悬臂式虹吸管与旋转式虹吸管

随着造纸要求的提高，悬臂式虹吸管应运而生。它是最近研制出来的一种新型固定式虹吸管。在悬臂式与旋转式两者比较之下，悬臂式虹吸管是首选产品，因为其所需的压差不随车速的提高而增大，而旋转式虹吸管却正好相反。旋转式虹吸管在速度超过750m/min时其效率渐减，速度增加，压差会影响烘缸积水的增加。与旋转式相比，悬臂式可以不受烘缸旋转使冷凝水产生离心力的影响，尤其是在高车速下；此外，悬臂式虹吸管可利用此功能和压差进行排水，因此在接近或低于大气压的进汽压力的情况下也能排出冷凝水。降低蒸汽的工作压差，也就是减少蒸汽的通过量，可不必采用高压的动力蒸汽，因而可显著地节省能耗，消除烘缸的积水和减轻零件的腐蚀[20]。

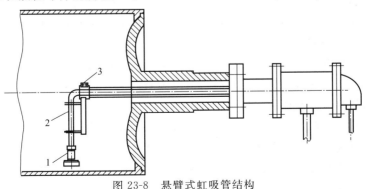

图23-8　悬臂式虹吸管结构

1—吸水靴；2—虹吸管；3—悬臂支撑结构

3. 悬臂式虹吸管

悬臂式虹吸管是固定的，它停留在一个位置上（见图 23-8），定位于烘缸底部，与烘缸入孔的位置无关，其均可连续地排出冷凝水。接头上的锁紧装置保证水平支撑管准确定位，避免横向的负荷，而垂直管的良好支撑可以有效地减少振动和偏转。

悬臂式虹吸管可以进行 30°或 90°的弯曲，其决定于纸页宽度、干燥头设计和扰流棒的使用。弯曲角度不同，会导致支撑结构稍有不同。30°弯曲虹吸管允许将吸水靴布置在平衡线之下，同时使用全范围的扰流棒。对于没有扰流棒的纸机，可将吸水靴移出纸页甚至湿端范围。悬臂式虹吸管是否可靠的关键在于是否有坚固的支撑结构和振动控制。接头可与支架一起安装，这决定于轴承配合面结构。虹吸管支撑管在配合面内大间距的区域中由两个自动定中心进行支撑，其中，一个配合面为圆锥状，另一个为圆柱状。它采用螺钉固定在配合面的背部。无需进入烘缸，即可完成密封工作。支撑管以下是一标准长度的夹钳，它们有助于将虹吸管管子和吸水靴进行固定。虹吸管管子存在一个平滑的双面墙的有效区域来降低由 90°弯曲引起的阻力。双面墙有助于降低腐蚀[18]。

第四节　推荐的双热泵供热系统

一、双热泵供热系统

经过近几十年的实践检验，热泵供热系统在市场上得到了很好的发展和应用。但是随着纸机的发展，热泵供热系统出现了两个明显的不足之处：一是车速的调节受限于纸的定量，如纸的定量增加，纸机的速度降低，纸的定量减小，纸机的速度提高；二是二次蒸汽的利用率相对较低。

此外，当需进一步提高纸机的速度或是加大生产纸的定量时，并不是所有的烘缸或烘缸组都不满足要求，而是有一组或很少几组烘缸的干燥能力达不到要求。若为此增加烘缸的数量来加大干燥部的干燥能力，那就需要对整个供汽系统进行重建，从经济学角度来看这是不可取的；若为此增加整个供汽系统的蒸汽压力来加大干燥部的干燥能力，从长远来看这虽是未来纸机提速的必然途径，但是就目前尚要改造的设备来看是不可取的。我国很多造纸机还是 20 世纪 60～70 年代的老设备，加大供汽压力还要看整个供汽设备的承载能力，尤其是要看那些老的干燥部的供热系统以及用了多年的烘缸[19]。加大供汽压力也需要很大的经济投入，而且还会增加二次蒸汽的产量，造成一些不必要的能源浪费和环境污染。

1. 双热泵供热系统的描述

目前，国内热泵供热系统中使用的热泵绝大多数为不可调式的热泵，在很大程度上限制了不同品种纸的生产，这里我们提出了应用可调式蒸汽喷射式热泵。可调式蒸汽喷射式热泵与蒸汽喷射式热泵的工作原理一样，也是用高压蒸汽来抽吸低压蒸汽，只是结构稍有不同。可调式蒸汽喷射式热泵在蒸汽喷射式热泵前面加了一个调节阀，其结构如图 23-9 所示。应用可调式蒸汽喷射式热泵的一个显著优势就是在一定范围内，在不改变车速的条件下，可以通过调节调节阀来控制高低压蒸汽进汽量的比例，以适应纸的不同品种（定量）。

2. 双热泵供热系统

吸取三段式供汽系统改热泵式供热系统的经验，开发了双热泵供热系统。双热泵供热系统的工作原理与单热泵供热系统的工作原理一样，只是在 1、2 管道中蒸汽压力不变的情况下，增大了供给烘缸组 3 的蒸汽压力。传统纸机中，1 管道中的蒸汽压力在 0.1～0.6MPa，2 管道中的蒸汽压力在 0.5～1.5MPa，1、2 中的蒸汽混合加压后一起供给烘缸组管 3，烘缸组管 3 中所能承受的最大蒸汽压力为 0.7MPa。纸机干燥过程中所需的蒸汽压力要根据不同纸机类型和烘缸组的材质、新旧等来确定，总的说来，进入到烘缸组的蒸汽压力在 0.1～0.5MPa 范围内均属正常，但是通常使用的蒸汽压力在 0.3～0.5MPa[5]。进汽管 1 上设有调节阀 9，可以方便地控制 1 与 2 中蒸汽混合的比例。通常情况下，1 进汽管中的进汽量占供给烘缸组总量的 75%～90%，2 进汽管中的进汽量占供给烘缸组总量的 10%～25%。管道 1、2 中的进汽量各占多少，需要根据烘缸组 3 中所需的蒸汽压力来确定。在管道 1、2 中蒸汽压力一定的情况下，烘缸组 3 中所需的蒸汽压力越高，则管道 2 中的蒸汽量占的就越多；若烘缸组 3 所需要的蒸汽压力一定，管道 2 中的蒸汽压力越高，则需要 2 中蒸汽的量就越少。可调式热泵 13 也可作为备用热泵，当生产较低定量的纸时，在用一个热泵就能达到所要求的车速的条件下，可以将热泵 13 通过调解阀 20 关闭。当烘缸组 3 中的蒸汽压力大于管道 1 中的蒸汽压力时，烘缸组 3 中的蒸汽就会倒流入管道 1 中，阻隔阀 10 便有效防止了这种事情的发生。阻隔阀 11 的作用同 10。调节阀 12 通常状况下处于关闭状态，只有当烘缸组需要较大的蒸汽压力时才会将其开启，将管道 2 中的部分高压蒸汽直接供给烘缸组 3[20]。

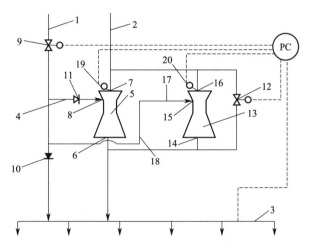

图 23-9　双热泵供热系统结构
1—低压蒸汽管；2—高压蒸汽管；3—烘缸组管；
4，18—支进汽管；5，13—可调式热泵；
6，14—出汽口；7，16—高压蒸汽进汽口；
8，15—低压蒸汽进汽口；
9，12，19，20—调节阀；10，11，17—阻隔阀

双热泵供热系统除有单热泵供热系统的优势外，其自身还有以下特点。

（1）结构简单，安装方便　双热泵供热系统的安装过程和将多段式供热系统改为热泵供热系统的过程基本上相同，不需要对原有的管道做大的改动。可以针对以前的系统做出多种组合如：若以前的系统已经是固定式热泵供热系统，则可将其改进为热泵-可调式热泵双热泵供热系统；若以前就已经是较先进的可调式热泵供热系统，则可将其改进为可调式热泵-

可调式热泵双可调式热泵供热系统。总之，可根据现实情况，有选择的进行改进。

（2）容易控制　使现有蒸汽的可调节范围变得更加宽广，可在同一车速下进行不同纸种（定量）的生产。此系统采用最新的吹贯蒸汽控制[6]，更加方便于单独调节供给造纸机干燥部各段烘缸的供汽压力和供汽量。

（3）经济效益高　采用此系统投资少，周期短，见效快，一般情况下只需要停机几天。

（4）降低能耗　此系统能将蒸汽循环利用的更加充分，进一步降低汽水分离器的工作压力，增大烘缸排出蒸汽冷凝水的压差，因此更加有利于主烘缸组的排水通畅；同时还提高了烘缸的传热强度，使供热系统的蒸汽耗量降低，充分利用了热能[21]。

二、纸机热泵供热过程控制

纸机干燥部供热系统以前都是采用直通新蒸汽的方法，利用疏水阀进行疏水阻汽，进行纸幅干燥，这样易使烘缸形成积水，造成纸机产量低，吨纸汽耗高。后经过技术改造，采用了先进的热泵供热系统，使得纸机烘缸排水通畅，吨纸汽耗明显降低，车速也得以提高，产品质量得到稳定，而且降低了操作人员劳动强度，经济效益明显增加。但该系统能否正常工作，能否达到最佳工况，完全取决于对该系统的控制[22]。

1. 纸机热泵供热自控系统的实施过程[17]

根据热泵不断抽吸二次闪蒸汽及贯通汽，充分利用蒸汽潜热的工作特点，设计了三个方面的控制回路，所有的显示及调节都集中在计算机中进行。根据产品种类和纸机运行情况的不同，实时地在计算机中设定各类技术参数，经过和检测仪表的反馈数据相比较，计算机进行处理后向执行机构发出动作指令，进行调节控制，使热泵出口工作蒸汽压力、闪蒸罐内的液位及热风温度得到保证，满足纸机烘缸用汽的实际需求，实现了对成品纸含水率的有效控制。

（1）压力控制　计算机将纸机烘缸部各段蒸汽压力需求值与各段热泵出口的压力变送器检测值进行比较处理，实时地调节进汽调节阀的开关度，通过阀位发送器的反馈显示信号，反映出实际执行情况。对热泵供出的蒸汽量和压力进行调节，满足纸张产品含水率的要求。因此，压力控制的好坏，直接影响到产品的质量。

（2）液位控制　各罐水蒸气二次蒸发利用后，剩下的蒸汽冷凝水如不进行有效处理的话，就会造成热泵的效能大大降低，热力平衡不能得到保证，使汽耗增加，所以此点的控制很重要。计算机根据液位变送器的反馈值与液位保持值的比较情况，调节排水阀的动作量，使液位得到有效保证，满足热力平衡需求，并为最终冷凝水通过变频电动机打回锅炉再利用创造了条件，降低了产汽成本。

（3）温度控制　由于进入热风散热片的蒸汽是直通新蒸汽，所以对热风温度的控制也直接影响汽耗量。经过温度变送器的测量，计算机根据实际需求，调节进汽阀的开度，保证热风用汽量。

2. 热泵实际应用中的几个突出问题及应用效率探讨

（1）热泵的设计和选型与纸机的要求不匹配，如不同规格的造纸机竟然配置了相同规格大小的热泵。尤其是某些热泵的制造商根本没有对纸机的要求进行计算，也根本不清楚该纸机的冷凝水流量、闪蒸汽流量，而是想当然地为客户安装了不匹配的热泵。

（2）国内某些热泵厂商提供的热泵是不可调节的，而纸厂的生产参数是经常变化的，所以即使原来设计是有针对性的，但实际上由于使用参数的变化而导致实际应用的效果不理想。针对此情况，热泵的设计和配备类型，应是在一定范围内可调整的，以适应实际不同参数变化的要求。

（3）某些纸厂对热泵的性能和应用不够重视，致使在制定干燥条件的工艺参数时流于形式，如热泵的 3 个连接口的实际操作压差太小，热泵的作用几乎等同于一个"三通"，热泵的作用已经全无。而烘缸内的冷凝水又积聚过多，直接影响到了烘缸的干燥效率和纸机的正常运行。

（4）没有考虑不同类型虹吸管的应用对热泵选型的影响。因为在正常的、相同的情况下，若使得烘缸的冷凝水排出良好，固定式虹吸管要求的喷贯蒸汽占排出的汽水混合流量的比率为 12%～15%，而旋转式虹吸管要求 20%～30%。这样若仍使用旋转式虹吸管配备热泵，那么，要求必须有更高压力的新鲜蒸汽才能将这么大比率的闪蒸蒸汽夹带走，否则过量的闪蒸蒸汽必将会浪费掉。因此，更经济的办法是将旋转式虹吸管改为固定式虹吸管，这样热泵在运转时只需较低压力和流量的新鲜蒸汽，即可将全部的喷贯蒸汽夹带走。

（5）虹吸管与烘缸内壁的间隙过大常常被忽略。这种情况下会使得更多的蒸汽随冷凝水一起排出而变为闪蒸蒸汽，而要将这些二次蒸汽充分夹带走，那么又需要更多流量或更高压力的新鲜蒸汽，除非会有更大蒸汽需求，否则会产生较大蒸汽浪费。

参考文献

[1]　张勇，刘群生，李云苍．热泵技术的发展与应用 [J]．能源工程，2001，4：32-35.

[2]　鞠茂伟，常字清，周一卉．工业中液体压力能回收技术综述 [J]．节能技术，2006，23 (6)：518-521.

[3]　隆言泉．造纸原理与工程 [M]．北京：中国轻工业出版社，1994

[4]　张国顺，马海量，杨海．造纸机干燥部喷射热泵供汽及密闭式冷凝水回收技术 [J]．黑龙江造纸，2001，4：35-37.

[5]　阎尔平．造纸机热泵干燥技术的研究 [J]．中国造纸，1994，13 (006)：47-52.

[6]　费继友，孟祥兆．蒸汽喷射式热泵在纸机干燥部供热节能的研究 [J]．贵州工业大学学报：自然科学版，2001，30 (005)：50-54.

[7]　党睿，董继先．蒸汽喷射式热泵供热系统在纸机干燥部的应用 [J]．科学技术与工程，2011，11 (9)：2025-2029.

[8]　李茜，赵恒西．用工控机实现纸机干燥部热泵供热系统控制 [J]．自动化仪表，2000，21 (10)：46-47.

[9]　Espinosa G, Ortega. R State observers are unnecessary for induction motor control [J]. Systems & control letters, 1994, 23 (5): 315-323.

[10]　阎尔平，于少平．长岗八缸纸干燥部热泵供热系统的研究和运行 [J]．中国造纸，2000，19 (003)：40-43.

[11]　欧阳玉霞，董继先，热泵供热系统与悬臂式虹吸管在纸机干燥部的应用研究 [J]．嘉兴学院学报，2008，19 (6)：57-61.

[12]　阎尔平．热泵供热及烘缸干燥强度的研究 [J]．中国造纸，2006，25 (11)：39-41.

[13]　浦晖，李学来，朱彻．可调式引射器流量调节特性研究 [J]．制冷，2005，24 (003)：15-18.

[14]　沈胜强，张琨．新型可调式喷射器性能的计算与分析 [J]．热科学与技术，2007，6 (003)：230-234.

[15]　王汝武．一种用于纸机烘干部的新型热泵 [J]．中国造纸，2006，25 (3)：69-70.

[16]　王忠厚，吴毓琳．制浆造纸工业计算手册 [M]．北京：中国轻工业出版社，1994.

[17]　沈军港，魏贤金．计算机自控系统在纸机热泵供热过程中的应用 [J]．江苏造纸，2005，(1)：28.

[18]　闫永志，任雪鸿．可调喷射式热泵及其在纸板机干燥部的应用 [J]．中华纸业，2007，28 (7)：39-41.

[19]　董继先，党睿．多喷嘴热泵用于纸机蒸汽系统 [J]．中华纸业，2009，30 (9)：76-78.

[20]　聂彪．蒸汽喷射式热泵在多段通汽系统中的应用 [J]．中华纸业，2008，29 (4)：68-70.

[21]　党睿，董继先．纸机干燥部蒸汽热泵喷射系数的计算模型 [J]．中华纸业，2008，29 (16)：44-47.

[22]　邱书波，尹盛华．纸机热泵供汽系统的计算机控制［J］．中华纸业，2001，22（8）：38-39.

[23]　王权，姜宝伟．造纸机干燥部热泵供汽系统节能效益分析［J］．节能，1993，(6)：27-30.

[24]　沈维道，蒋智敏，童钧耕．工程热力学［M］．北京：高等教育出版社，2001，(6)：242.

[25]　王汝武．一种用于纸机烘干部的新型热泵［J］．中国造纸，2006，25（3）：69-70.

[26]　陈健．多喷嘴超声速引射器数值仿真与试验研究［D］．长沙：国防科技大学，2006.11.

第二十四章 温室气体减排与指数核算

气候变化逐渐成为人们高度关注的问题。在过去的 100 年中，人类活动造成了 CO_2 及其他温室气体排放水平有了显著增加。温室气体是在指大气当中可以吸收来自地面反射的太阳辐射，并将吸收的太阳辐射送回地表的一类气体。正是因为这类气体的存在，才使我们地球能够保持一个相对稳定的、适宜的温度，常见的温室气体既包括我们自然界中本身就存在的，如二氧化碳、水蒸气、甲烷、氮氧化物等；也包括自然界中本不存在，完全由于人类活动所产生的，比如氢氟碳化物（HFCs）、全氟碳化物（PFCs）和六氟化硫（SF_6）等。尽管最初温室气体的存在，使地球保持了一个很好的生存温度，但随着人类社会的不断发展，温室气体在种类和数量上大幅增加，使我们地球的温度不断升高，甚至"发烧"了。政府间气候变化委员会（IPCC）认为这些行为是造成全球气温升高的主要原因。基于此，国际上需要一个标准、标签或者对于相关排放活动进行量化的方法。

我国正处于工业化高速发展期，能源消费处于"高碳消耗"状态。因此，我国深入实践科学发展观，提出将节能减排、推行低碳经济作为国家发展的重要任务。中国科学院发布的《2009 中国可持续发展战略报告》中提出 2020 年我国低碳经济的发展目标为单位 GDP 能耗比 2005 年降低 40％～60％，单位 GDP 的二氧化碳排放降低 50％左右。低碳经济的发展，离不开低能耗、低排放、低污染的基本特征，低碳经济的实质在于提升和应用能效技术、节能技术、可再生能源技术、温室气体减排和储存技术，以促进产品的低碳开发和维持全球的生态平衡。这是从高碳能源时代向低碳能源时代演化的一种经济发展模式。

此外，中国是温室气体排放量增长最迅速的国家之一，作为一项全球抵御气候变暖的自觉行为，企业"碳足迹"的评估有助于量化并深入了解企业生产、经营活动对气候变化所产生的影响，以采取有效措施减少生产经营活动中的碳排放。低碳产业的重要指标是碳汇率。所谓"碳汇率（carbon-sinksratio）"，就是一个企业（或一项生产）的"碳汇（carbon-sinks，碳吸收和储存量）"与"碳源（carbon-source，碳产生和排放量）"之比。如果企业的碳汇率大于 1，则该企业运行和发展过程中具有低的二氧化碳排放量，当然也是低碳企业。

在全球，已有 20 多家跨国公司进行了"碳足迹"评估。但在中国，"碳足迹"还是一个相对陌生的概念，很多企业不但不太了解其碳排放的情况，企业活动对环境的影响也不透明。在中国，正在接受碳足迹评估的公司都是环境保护和社会责任领域的领军企业。随着越来越多的公司开始接受碳足迹评估，中国减少温室气体排放的能力也将不断得到加强和改善。

过去，造纸工业曾是传统制造业中能耗较大、环境污染较重的行业之一，我国造纸工业发展的起点较低，"高耗能、高排放、高污染、低效率"曾是我国造纸行业存在的较普遍的问题。随着碳足迹评价的兴起以及评价标准的日趋完善、成熟，碳足迹评价也逐渐被引入造纸行业。纸产品作为可再生和可循环使用的产品，可以扩大生物质能源的使用，减少对化石燃料的依赖，减少二氧化碳的排放。购买纸制品相关的消费者以及其他利益方对所购买产品和产品生产所产生的温室气体对环境的影响也十分关注。以至于近年来对于了解产品"碳足迹"的诉求声逐渐高涨。所谓"碳足迹"(carbon footprint)，是指个人、组织的活动和产品直接或间接导致的碳耗用量，其"碳"耗越多，导致地球变暖的 CO_2 也就越多。

因此，了解我国造纸行业的温室气体排放量，减小行业"碳足迹"对我国造纸行业节能减耗乃至完成国家降低 40％～45％的二氧化碳排放强度的任务具有积极的促进作用。

第一节　造纸工业温室气体排放概述

一、国外造纸工业温室气体排放情况

1. 国外造纸工业温室气体排放概述

国外对研究对象的温室气体核算多采用生命周期的研究方法，即不但考虑对象的直接排放，还要考虑与之相关的间接排放。生命周期评估法是评价一个产品对环境的潜在影响力有效途径，而减少环境影响最直接的办法就是降低产品在生命周期中消耗的能源。其他可以采取的措施还包括减少原料的使用以及提高材料的使用效率等。关于产品和企业碳足迹的 ISO 国际标准目前也正处于紧锣密鼓的制订过程中。该方法能够更全面地分析研究对象"摇篮-坟墓"不同生命周期阶段的温室气体排放情况。

芬兰国家技术研究中心发布的研究报告显示：大约有 50％的报纸碳足迹都来自造纸和印刷中的电能等能源消耗；一本书的碳足迹大约与一辆汽车行驶 7 km 所排放的温室气体相当。该中心此次对报纸、杂志、相册、图书和广告传单等印刷品的碳足迹和产生的其他环境影响进行了详细分析，并对产品从诞生到废弃的整个生命周期进行了研究，涉及的领域包括纸浆供应、纸张生产、印刷、运输、使用、回收和垃圾管理等。碳足迹是气候变化的主要指标，此次研究结果衡量的是印刷品在生命周期中产生的温室气体。芬兰国家技术研究中心的研究成果有助于人们对印刷品的环境影响产生全面了解。例如，在报纸所产生的所有环境影响中，首先就是对气候变化的影响，其次分别是造成环境酸化、化石和矿产资源枯竭以及颗粒物的形成。这些影响主要来自于能源生产和印刷过程中的能源消耗，例如电、热和燃料。由此可见，报纸的碳足迹大多来自产品生产所需要的电力和热能以及运输过程中排放的温室气体。此外，报纸在降解过程中产生的甲烷也是一大污染源[1]。

此外，有国外学者测算，一个印刷品（例如书）的碳足迹可能会在它诞生 5 年之后依然存在，而且仅仅可能会下降 5％；100 年后，它的碳足迹大约可以减少 75％。需要指出的是，芬兰国家技术研究中心在测量书刊的碳足迹时，只计算了它从原料采集到进入零售商库房这一阶段的温室气体排放量，没有计算它在生命周期最后阶段（回收和垃圾管理阶段）的碳排量。

2. 我国造纸行业能耗概述

我国造纸工业所消耗的能源以外购为主，主要包括原煤、外购电力、天然气、重油及蒸汽。表 24-1 为我国造纸行业能源消耗统计[2]。

我国在 1985 年每吨产品的综合能耗为 1.76t 标准煤，远高于当时美国、日本及欧洲的 0.6～0.8t 标准煤。1985～2005 年的 20 年间，我国造纸行业所需要的能源以平均 3.5％的速率递减；纸和纸板的产量在同一时期以 9.4％的速率递增。虽然纸和纸板的产量递增迅速，但由于能耗非常高的纸浆，有非常大的比例是依靠进口木浆、进口废纸以及国内废纸的再生纸浆来支撑，它们占据了浆产量的52.9%～62%，因此在很大程度上降低了我国造纸产品的平均综合能耗。此外，我国近些年引进和新建的具有国际先进水平的纸浆造纸生产线，大约占我国纸和纸板产量的1/3，它们的能耗水平较低，综合能耗可以达到世界先进水平，这也在一定程度上降低了我国造纸工业的平均能耗[3]。2008年我国每吨产品综合能耗为0.5t标准煤，与1985年相比降低了71.6%。

表 24-1　我国造纸行业能源结构消耗统计

年份	能源消耗总量 /10^4t 标准煤	煤炭 /10^4t	焦炭 /10^4t	原油 /10^4t	汽油 /10^4t	煤油 /10^4t	柴油 /10^4t	燃料油 /10^4t	天然气 /10^8t	电力 /10^8kW·h	单位产品综合能耗 /t(标准煤/t 产品)
1989	1697	1644	2.7	1.4	10.6	0.2	7.9	20.4	0.2	114.4	1.25
1990	1694	1640	2.5	1.2	11.5	0.2	8.1	21.1	0.2	119.8	1.22
1991	1376	1331.2	2.6	1.2	12.6	0.2	8	17.4	0.2	127.1	0.92
1992	1470	1418.8	3.2	0.8	14.1	0.3	9.4	15.5	0.2	139.7	0.84
1993	1598.41	1585.54	3.43	0.5	11.88	0.18	9.58	14.68	0.36	139.38	0.86
1994	1981.1	2013.77	3.25	0.21	10.9	0.12	16.64	15.97	0.35	141.11	0.93
1995	2138.4	2132.2	3.84	0.26	14.59	1.78	27.59	16.62	0.06	169.06	0.76
1996	2200	2108.79	1.68	0.6	11.3	1.77	19.21	14.56	0.12	167.82	0.82
1997	1943.4	1934.1	6.96	1.61	11.13	1.61	19.04	12.84	0.09	167.7	0.70
1998	1915.98	1849.44	3.39	0.24	14.03	2.95	19.78	17.01	0.08	183.73	0.68
1999	1741.12	1628.48	1.48	0.53	11.08	3.39	19.98	18.98	0.26	192.88	0.60
2000	1826.84	1715.94	1.5	0.48	12.02	3.61	22.54	19.72	0.3	228.22	0.60
2001	1937.27	1691.22	1.56	0.51	12.2	3.7	22.2	21.67	0.26	251.35	0.61
2002	2180.54	1747.3	1.73	0.6	15.65	3.93	29.73	21.85	0.27	284.97	0.58
2003	2371.45	1835.91	2	0.63	18.65	1.9	35.81	22.56	—	311.62	0.55
2004	3081.35	2713.93	6.81	0.38	8.88	0.91	25.7	26.85	0.37	359.33	0.62
2005	3274.13	3027.87	4.09	0.51	8.41	0.91	26.6	28.6	0.54	406.76	0.58
2006	3443.68	3332.69	4.29	0.5	8.56	0.81	25.76	32.02	0.64	447.3	0.53
2007	3342.68	3379.23	4.72	0.52	10.49	0.76	22.45	32.25	0.74	442.35	0.45
2008	3998.65	3858.05	5.66	0.6	11.96	0.6	36.32	23.91	1.11	471.79	0.50

二、我国造纸工业温室气体减排历程及潜力分析

1985年中国造纸工业原料和能源供给不足使得纸厂生产能力不能充分发挥。据调查，当时全国纸厂烧碱供应十分紧张，能源供应不足影响了企业的正常生产。

近十年是中国日益重视节能工作的十年，尤其是在"十一五"期间，《中华人民共和国国民经济和社会发展第十一个五年规划纲要》提出了"十一五"期间单位国内生产总值能耗降低20%左右，主要污染物排放总量减少10%的约束性指标，全国先后出台了《中国节能技术政策大纲》（2006）、《国务院关于加强节能工作的决定》（2006）及《关于印发千家企业节能行动实施方案的通知》（2006）、《能源发展"十一五"规划》（2007）、《可再生能源发展"十一五"规划》（2007）、《"十一五"资源综合利用指导意见》（2007）、《节能减排综合性工作方案的通知》（2007）等相关政策。其中在千家企业节能行动共有24家造纸企业被列入，到2008年，已有14家企业完成了"十一五"期间的节能指标。因此这十年，虽然造纸行业产量快速增加，能源消耗总量也有所增加，但产品单耗却逐年下降。

根据造纸行业特点，造成行业温室气体排放主要原因仍为能源的使用。随着造纸行业燃料结构的进一步优化，企业自供能源量的提高，中国造纸行业能耗水平也因此有所下降（见表24-1）。根据行业能源使用情况，可计算得到1985～2008年造纸行业综合能耗及温室气体

排放情况[4]，如图 24-1 所示。

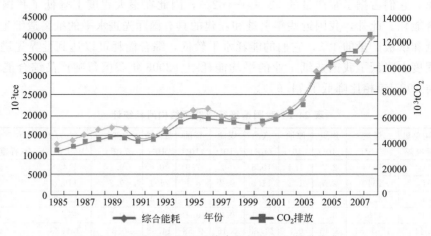

图 24-1 我国造纸工业综合能耗及 CO_2 排放变化

　　随着中国纸及纸产品生产能力的不断扩大，纸及纸产品能耗水平也逐年递增。综合能耗由 1985 年的 1295.2×10^4 t 增加到 2008 年的 3998.65×10^4 t，增幅达 67.7%，而我国造纸行业的 CO_2 排放情况同综合能耗变化具有很大相关性。

　　造纸业"十二五"规划将"结构调整、提升改造、绿色发展"作为关键词，一些规模小、技术落后、污染治理差、耗能大的造纸企业，必定会受到国家产业政策的严厉调控，并最终为市场所抛弃。与此同时，一批符合国家未来造纸产业规划的造纸企业，将进一步发展壮大。

　　"十二五"期间，中国还将继续加大淘汰造纸行业落后产能的步伐[5]，根据目前国内淘汰落后产能及原料供应情况，"十二五"期间中国将淘汰落后产能 800×10^4 t，而新增产能中也会着重提高废纸原料及木浆原料比例，减少非木浆原料比例（主要是禾草浆），木浆原料和废纸浆原料会增加 2% 的比例，非木浆将减少 4% 的比例。基于这一预测，仅淘汰落后产能和调整原料结构就能够减少 CO_2 排放量 1254.33×10^4 t。

　　然而，未来中国造纸行业的 CO_2 减排量潜力不止这些。国家进一步鼓励规模以上具备先进技术的企业投建，这些都会在一定程度上提高单位产品的能源效率。目前，根据现有信息还无法对 2015 年末影响中国造纸行业 CO_2 减排的所有方面进行定量化的研究，但是，行业能源结构的调整、加大行业淘汰落后产能的力度、优化原料结构，以及造纸工业管理方法、技术和装备水平的提高等都将为中国造纸行业的节能减排起到因势利导的作用。

第二节　纸及纸制品温室气体核算方法

一、国内外温室气体核算的工具与标准

　　在全球范围内，碳足迹还是一个相对陌生的概念。到目前为止，碳足迹还没有准确的、学术性的定义。各国学者对其有不同的认识和理解。WRI（世界资源研究所）/WBCSD（世界可持续发展工商理事会）将碳足迹定义为三个层面：第一层面是来自机构自身的直接碳排

放；第二层面将边界扩大到为该机构提供能源的部门的直接碳排放；第三层面包括供应链全生命周期的直接和间接碳排放。在碳基金公司（CarbonTrust）的定义中，碳足迹是衡量某一种产品在其全生命周期中（原材料开采、加工及废弃产品的处理）所排放的 CO_2 以及其他温室气体折算成 CO_2 的总量[6]。

虽然很多的国际大公司很快就采取了相应的实际行动（在很大程度上是为了满足消费者/利益相关者的需求），但在中国，这个概念还没有那么深入人心。中国的公司还不太会报告其碳排放情况，公司活动对环境的影响也还没有那么透明。一家国际碳排监测组织向中国公司发放的 2008 年碳排放调查问卷的回收率仅为 2.5%。中国碳足迹评估的不足会让中国的公司很难有效地减少其温室气体排放量。在中国，正在接受碳足迹评估的公司都是环境保护和社会责任领域的领军企业。随着越来越多的公司开始接受碳足迹评估，中国减少温室气体排放的能力也将不断得到加强和改善。

碳足迹是用来对抗气候变化的一个重要工具。它让个人和组织能够评估自己对环境造成的影响，也能帮助他们了解自己在哪些地方排放了温室气体；碳足迹也为评估未来的减排状况设定了一个基线，也是确定未来可在哪些地方采用何种方式减少排放的一个重要工具。计算碳足迹还可以用于向第三方提供精确的排放报告。现在，越来越多的投资者、政府和其他利益相关者会要求组织量化其对环境的影响。此外，也有越来越多的公司将评估"碳足迹"作为其企业社会责任（CSR）项目的一部分，目的就在于确保自己是一个负责任的、合格的企业。因此，由第三方提供的精确、独立的碳足迹报告能够为利益相关者提供他们所需的信息，也能够让企业承担起对利益相关者以及对社会应负的责任。

在国外，"碳足迹"已经不再是一个陌生的名词，英国、美国等国家都已相继开展了碳足迹评价的相关研究。WBCSD 和 WRI 于 2002 年正式公告了《温室气体议定书》，宗旨是制定国际认可的企业温室气体核算与报告准则并推广其应用；2006 年 3 月，国际标准化组织（ISO）发布了 ISO 14064 标准。ISO 14064：2006 是一个由 3 部分组成的标准，其中包括一套温室气体（greenhousegas，GHG）计算和验证准则；2008 年 10 月，英国标准协会（BSI）、碳基金公司和英国环境、食品与农村事务部（Defra）联合发布了一项公众可获得的规范：《商品和服务在生命周期内的温室气体排放评价规范》（PAS 2050）。企业可利用该规范对其产品和服务在整个生命周期内（从原材料的获取，到生产、销售、使用和废弃后的处理）的碳足迹进行评估，从而在应对气候变化方面发挥更大的作用。该规范的宗旨是帮助企业在管理自身生产过程中所形成的温室气体排放量的同时，寻找在产品设计、生产和供应等过程中降低温室气体排放的机会。温室气体盘查议定书（GHG protocol）是由 WBCSD 和 WRI 共同发起和完成的。温室气体的核算方法在国际上比较权威的或者国际上认可的主要有两种，ISO 14064 系列标准和世界资源研究所（WRI）的温室气体核算议定书（GHG protocol）。国际通行的 WBCSD 和 WRI 的标准在此基础上，美国气候注册组织开发了温室气体报告通用议定书（GHG general reporting protocol），这个议定书在整个北美地区有非常好的应用实践，目前北美地区大概有 330 个企业、地方政府、高校等实体单位都在应用这套系统核算和报告他们的温室气体排放。

2013 年 4 月 9 日，欧盟委员会发布了新的环保法令通知——"Communication on building the single market for green products"（建立统一的绿色产品市场），未来欧盟市场将采用统一的方法评估绿色产品，从而建立统一的绿色产品市场[7]。由此，可以避免因评价方法的不同，给消费者和采购方带来混乱的环境信息，同时也减少企业披露产品环境信息的成本。

欧盟同时发布了评估绿色产品和绿色企业的方法指南，分别为产品环境足迹评价方法

（product environmental footprint，PEF）和组织环境足迹评价方法（organization environmental footprint，OEF）。其中，PEF 方法完全基于产品的生命周期评价方法（life cycle assessment，LCA）。

二、PAS 2050/ISO 14067 产品碳足迹评估和碳标签

英国标准协会、节碳基金会和英国环境、食品与农村事务部在企业中联合制定了 PAS 2050 标准（PAS 2050 标准采用英国标准协会的程序严格按照 ISO 14064《企业温室气体盘查和管理》定而成，是计算产品和服务在从原材料的获取到生产、分销、使用和废弃后的处理整个周期内温室气体排放量的一项标准，有近 1000 位业内专家参与该项标准的制定）。根据新标准，企业今后可以对其产品和服务的"碳足迹"进行评估。

PAS 2050 是目前确定的、具有公开具体的计算方法、也是人们咨询最多的评价产品碳足迹标准。它是建立在生命周期评价（life cycle assessment）方法（由 ISO 系列标准）之上的评价物品和服务（统称为产品）生命周期内温室气体排放的规范。PAS 2050 规定了两种评价方法：企业到企业 B2B（business-to-business）和企业到消费者 B2C（business-to-consumer）。计算一个 B2C 产品的碳足迹时需要包含产品的整个生命周期（"从摇篮到坟墓"），包括原材料、制造、分销和零售、消费者使用、最终废弃或回收。B2B 碳足迹到产品运到另一个制造商时截止，即所谓的"从摇篮到大门"。

ISO 14067 是为解决"碳足迹"具体计算方法，国际标准化组织（ISO）制定的标准。目前该标准正在筹备中，尚未颁布实施。该标准适用于商品或服务（统称产品），主要涉及的温室气体包括《京都议定书》规定的六种气体二氧化碳（CO_2）、甲烷（CH_4）、氧化亚氮（N_2O）、六氟化硫（SF_6）、全氟碳化物（PFCs）以及氢氟碳化物（HFCs）外，也包含《蒙特利尔议定书》中管制的气体等，共 63 种气体。该标准主要分为两部分内容：ISO 14067-1：Quantification 量化/计算、ISO 14067-2：Communication 沟通/标识。这项标准的内容架构则以 PAS 2050 为主要参考依据。

1. 温室气体核算体系

温室气体核算体系（GHG protocol，GHGP）是国际上较为广泛使用的温室气体核算工具，旨在帮助政府和企业理解、测量与管理温室气体排放。温室气体核算体系项目（greenhouse gas protocal initiative）是一个由企业、非政府组织、政府和其他组织形成的合作关系，由总部设在美国的非政府环境组织的世界资源研究院（World Resources Institute，WRI）和总部位于瑞士日内瓦的 200 多家企业联盟的世界可持续发展工商理事会（WBCSD）召集。该动议于 1998 年发起，旨在为企业温室气体排放许可目录建立一项国际公认的核算和报告标准和准则，并促进这些标准和准则在国际上推广使用。温室气体核算体系项目制定了下列标准和准则（图 24-2），这些标准和准则相互独立相互补充[8]。

（a）温室气体核算体系公司核算和报告标准（2004）；是公司的一个标准化的方法，定量和报告企业温室气体的排放。

（b）用于项目核算的温室气体核算体系（2005）；定量温室气体减排项目中的减排指南温室气体核算体系 2008 年提出一项新动议，旨在开发两个新标准。

（c）企业价值链（范围 3）核算和报告标准的温室气体动议书（2011 年发布）（简称为"范围 3 标准"）。一种标准化方法，为公司提供定量和报告企业价值链（范围 3）的温室气体排放，拟与温室气体核算体系企业核算和报告标准一并使用。注：公司层面，包括报告公

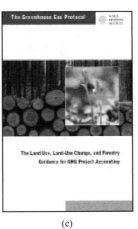

(a)　　　　　　(b)　　　　　　(c)　　　　　　(d)

图 24-2　温室气体核算体系标准和准则

司上游和下游的排放量。

（d）产品核算和报告标准的温室气体核算体系（2011 年发布）（简称为"产品标准"）：

一种标准化的方法，定量和报告产品整个生命周期的温室气体排放。其中，温室气体核算体系范围 3 标准和温室气体核算体系产品标准都采用全面的价值链或寿命周期方法进行温室气体核算。范围 3 标准从企业层面解释温室气体排放，而产品标准从单个产品层面解释温室气体排放。

温室气体核算体系是一项工具，企业通过这些很快地定期将温室气体排放因素纳入所有产品设计与采购决策中。它是世界上几乎所有温室气体核算标准和管理计划的基础——从国际标准化组织（ISO）到气候登记处（the climate registry）——也包括个体企业编制的数以百计的温室气体清单。该体系也为我国及其他发展中国家提供了国际认可的管理工具，帮助我国的企业在全球市场上竞争，帮助政府部门针对气候变化做出决定。除了能源消耗引起的温室气体排放计算工具以外，GHGP 还为企业免费提供一系列的标准和工具，以协助企业核算温室气体排放量。目前，在这些标准中《企业核算与报告标准》被认为应用较为广泛。

在《温室气体核算体系：企业核算与报告标准》（《企业标准》）中，公司层面的温室气体排放计算流程如图 24-3 所示。

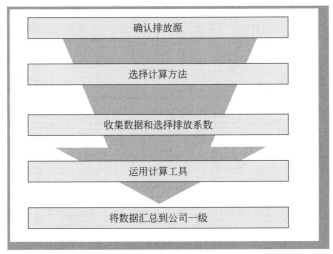

图 24-3　公司温室气体排放核算步骤

其中，温室气体议定书网站提供一部分温室气体计算工具和指导，这些工具定期会得到

表 24-2　国外对纸浆/纸制品的关注面及采取的行动汇总表

纸浆和纸制品	供应链中所关注的核心问题				所关注的地理区域	关注的首要问题											简要描述
	林业生产	加工/制造	零售/使用	贸易		可追溯性	监督和认证	合法性	可持续森林管理	特殊地区	森林转型	社会问题	污染	回收的成分	气候	源头削减	
欧洲纸工业同盟碳足迹框架	√	√	√	√	欧洲	√	√		√		√			√	√	√	框架为每个 CEPI 成员企业估算其产品相关的温室气体净排放（碳足迹），以及就此问题与利益攸关方进行交流沟通提供了全面的结构、概览及指导。碳足迹评估依据贯穿产品供应链的十个要素进行
环保纸张评估工具® 2.0 版	√	√	√		全球但主要在美国和加拿大	√	√		√		√			√	√	√	全面的在线决策支持工具。它协调生产者及购买者之间就不同问题进行直接对话和合作。用户也可以用它权衡采购决定的利弊
环保纸业网	√	√	√	√	全球	√	√		√	√	√	√		√	√	√	就纸业的不同方面，该组织网络提供信息和指导。这些信息和指导是建立在一个共同框架（共同愿景）之上——纸浆、纸制品制造和消费的环境以及社会可持续性。环保纸业网维护并推广多种基于互联网的应用程序。它们评估并推荐供应链的目标并为纸张购买者提供指导和实用工具
新西兰政府纸张采购者指南	√			√	新西兰，具有全球意义			√	√		√		√	√			为新西兰纸张购买者选择产品提供的环境及核心问题的概览及实用指导
纸张计算器	√	√			北美（加拿大与美国）								√	√	√	√	基于回收成分的使用及源头削减，此在线工具量化计算了 13 种纸张选择的环境影响。计算则是依据纸张特别工作组的分析。该分析审视了贯穿纸张整个生命周期的环境影响及环境蕴意

续表

纸浆和纸制品	供应链中所关注的核心问题					关注的首要问题											简要描述
	林业生产	加工/制造	零售/使用	贸易	所关注的地理区域	可追溯性	监督和认证	合法性	可持续森林管理	特殊地区	森林转型	社会问题	污染	回收的成分	气候	源头削减	
纸张概况	√	√			欧洲/全球	√	√		√								向消费者提供关于特殊的纸产品的各种环境指标的自发系统
世界自然基金纸张购买指南	√	√	√	√	全球	√	√	√	√	√	√		√	√	√	√	与世界自然基金会纸张分数卡相辅相成。针对不同事项提供指导并以就所讨论问题展开实践的企业为例进行演示说明
世界自然基金纸张分数卡	√	√		√	全球								√	√	√		纸张评分系统
世界自然基金薄纸计分	√	√	√		欧洲								√	√		√	分析薄纸来源的评分系统

更新，量化温室气体排放时可运用网站提供的相关工具。这些工具可分为主要两类。

① 跨行业工具　可用于不同行业，包括静止燃烧、移动燃烧、冷藏及空调的氢氟碳化物用量以及测量与估算的不确定性。

② 具体行业的工具　用于计算具体行业的排放量。

网站提供的各个跨行业和具体行业的计算工具具有统一的格式，并有关于测量和计算排放数据的分步指导。各个工具由指导部分和说明使用方法的自动工作表组成。在具体行业的工具中，提供了纸浆造纸行业的计算工具。

2. 与纸制品相关的碳排放要求及核算工具

(1) 木材与纸制品可持续采购中碳足迹的核算需求　"碳足迹"是一种新的用来测量因消耗能源而产生的 CO_2 排放对环境影响的指标。因此确定"碳足迹"也就成为减少碳排放行为的第一步。企业只有了解 CO_2 的形成过程，才能有效降低其排放量，从而节省费用。也只有以此为基础，才能做出相应的低碳改进措施。通常情况下，消费者要求了解与生产供应链、分配以及产品后期处置的"碳足迹"提供给他们。欧洲有些纸及纸板生产商已出版了各自碳足迹报表。一些品牌在欧洲被晋升为碳中和产品。在国内，造纸行业中目前也有多家企业完成了"碳足迹"评估。陆续还会有更多企业通过"碳足迹"核算表了解自身碳排放情况。

木材及纸制品可以是对环境和社会有益的购买选择。可持续采购的核心是挑选具有环境和社会可接受的甚至有益于环境和社会的产品。可持续采购是为了更美好的世界的投资，同时也可以是经济上有益的投资。指南中的一项为"产品是否关注了气候变化问题"。欧洲造纸工业联邦委员会为欧洲纸和纸板产品的碳足迹评价制定了一个体系，该体系包括了纸和纸板产品的碳足迹定义、碳足迹评价的系统边界以及计算方法。

购买及使用木材和纸制品决定具有长期而深远的影响。消费者、销售商、投资者和社会团体对于他们的购买决定如何影响环境越来越感兴趣。他们今天的购买决定是否会有助于或损害后代人自然资源的可能。正值森林被认为是解决全球变暖问题和提供可持续能源的重要的可持续资源之时，这些决定的范畴也在迅速扩展。2009 年 6 月世界可持续发展工商理事会 (WBSCD) 与世界资源研究所 (WRI) 共同发布的《木材与纸制品的可持续采购指南和资源库》中对愿意实施可持续采购政策的组织进行了采购方面的指导。该指南旨在解释围绕木材和纸制品的可持续采购的中心问题——气候和森林具有内在联系，并指导采购者应该关注的产品的 10 个方面的信息。其中一项为采购对象是否关注了气候变化问题。

表 24-2 列出了国外一些国家对纸浆及纸制品在环境影响等方面的评判工具及这些国家所采取的行动内容。

气候变化带来的年平均气温增加、降水类型的改变和越来越频繁和极端的天气事件使森林承受着压力。与此同时，森林在气候变化中扮演着双重角色。森林可以吸收碳，同时，如果可持续地生产，木质类生物能源可以替代化石能源，这样森林可以减缓气候变化。尽管如此，林地使用转化和森林过度采伐促进碳排放加剧气候变化。森林从大气中吸收碳（碳汇）并将其储存为森林所产生并积累的生物质（木材和泥炭）。某些碳可以在它们的整个生命周期内储存在木制品中，但不同的产品种类在这方面有很大的不同（平均而言，实木制品比纸制品存在时间长）。森林和产品中的碳会通过分解（慢）或者燃烧（快）重新释放到大气中。在开阔地培育新的森林和在原有林区重新种植树木可以储存更多的碳。

碳库和碳库之间的交换木质类生物燃料向大气中循环释放通过树木生长而存储的碳（图 24-4）。燃烧木质类生物燃料不会带来大气中二氧化碳数量的净变动。化石燃料把蕴藏地的碳排放到空气中，当生物燃料的原产森林未受到破坏，木质类生物燃料与化石燃料相比可认为是"碳中和"的。人们对使用从森林里获取的生物燃料越来越感兴趣；尽管如此，如果过于极端，对木质类生物燃料的需求可能产生负面影响：① 生物燃料的不可持续生产；② 碳汇减少；③ 由于有限木材供应引发的市场畸形。

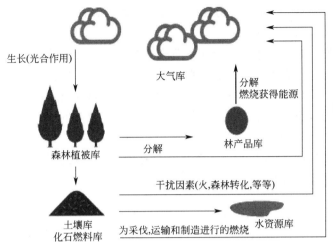

图 24-4　碳库和碳库之间的交换

　　一些人建议应该用茁壮生长的小树来替代稳定的老龄林以促进碳汇。这样会减少陆地上存储的碳的数量，但是新的森林来重新存储碳需要几十年甚至几（Mt CO_2/a）百年时间。与其他产品相比，出自可持续管理的森林里的林产品被认为是碳中和的，因为木材里含有回收的碳，例如，从空气中获取的碳（而不是从地下的化石蕴藏中）。根本在于是要有尽可能多的碳的存储和尽可能少的碳的转移（这样会存储更多的碳），而不是尽可能少的碳的存储和尽可能多的碳的转移当衡量木制品的整个供应链影响时，发现有相当数量的二氧化碳源，这与其他竞争产品的生产类似（图 24-5）。与林产品相关的释放源包括以下 4 点。

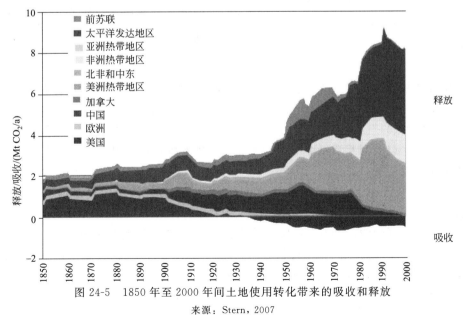

图 24-5　1850 年至 2000 年间土地使用转化带来的吸收和释放

来源：Stern，2007

① 采伐运作　采伐中使用的燃烧化石燃料的机器和设备。

② 交通运输　使用化石燃料。

③ 生产　如果使用生物能源或其他不产自原来森林区域的非化石燃料替代品作能源，一些生产过程可以认为是碳中和。尽管如此，机械化制浆（用作新闻纸或目录纸）不会产生可燃残渣，因此通常需要外界能源。

④ 处理　产品在垃圾场里腐化分解的时候可能会释放碳。从另一方面讲，在现代垃圾处理场里被合理处理掉的纸产品可以长期固碳。

森林产业是木制燃料的主要使用者。锯木厂和纸浆厂都燃烧掉那些不能转化为可买卖产品的那部分树木，同期产生热和电是较普遍的，并且一些厂甚至向电网输出电能。

就能源与气候变化而言，生物质燃料总体被认为是可取的。然而，目前真切的忧虑在于林地向不可持续的生物制燃料作物（例如玉米或甘蔗）转化，或是农业边界的扩展。后者将会导致施加更高的压力给森林土地使用变化。

纸制品生产相关的碳排放情况如图 24-6 所示。包含了从森林生长，原料制备制浆造纸，产品使用和回收环节中的二氧化碳排放和储存情况。

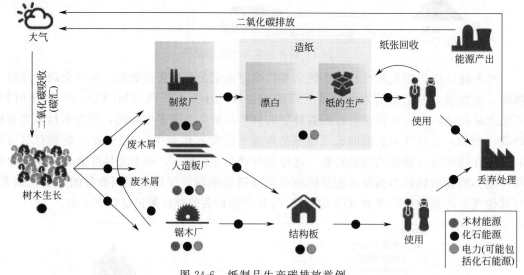

图 24-6　纸制品生产碳排放举例

（2）国外造纸行业温室气体核算工具　木材和纸制品在碳循环过程中是储碳的载体，具有"碳储存效果"。其碳储存作用可以净减少排放的二氧化碳。木材利用和林产工业具有"替代化石燃料的效果"。在木材的生命周期内，林地剩余材、加工剩余材、产品废材及循环利用材等林产品，以及制浆造纸业等林产工业所产生的废物，如黑液、边皮木屑等几乎都可有效利用为生物质能源，替代化石燃料。

国际上有不少学者就木材和造纸产业对发展低碳经济的作用问题进行过许多研究和讨论。有代表性的是联合国粮农组织（FAO）、国际能源署（IEA）和国际森林与造纸协会联合会（ICFPA）共同组织的 2006 年 10 月在罗马召开的"国际能源和林产工业研讨会"，会议一致认为，林产工业通过优化原材料使用、提高能效、生产生物质能源和扩大生物质精炼产品的利用范围，可以在减缓气候变化方面起到非常重要的作用。

① 欧盟纸业联盟（CEPI）　2007 年 9 月，欧盟纸业联盟发布了《纸及纸板产品碳排放框架》，该框架包含 CEPI 欧洲的 17 个成员国 800 家公司，涉及中小企业及国际化大企业的 1200 家纸厂。该框架针对纸及纸制品产品在不同生命周期阶段的碳排放量化方法进行了详

细描述，并对其不同阶段的排放量化方法进行区分，将影响碳足迹排放的 10 个因素形象地比喻为 10 根脚趾，为纸及纸制品的碳足迹计算提供了详细的量化方法[9,10]。

框架中指出纸及纸板产品碳足迹的计算需要考虑以下 10 个方面因素：森林固碳量；产品碳存储量；产品生产设备温室气体排放量；与纤维生产相关温室气体排放量；其他原料、燃料生产相关温室气体排放量；外购的电、蒸汽、热气、冷热水温室气体排放量；与运输相关温室气体排放量；与产品使用相关的温室气体排放量；与产品废弃处理相关的温室气体排放量；温室气体减排与中和量。

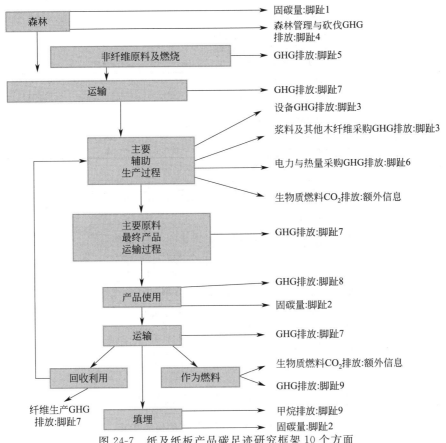

图 24-7　纸及纸板产品碳足迹研究框架 10 个方面

以上 10 个要素贯穿纸及纸产品生命周期的不同阶段，是建立其不同层次温室气体排放的基础。如果把产品整个生命周期的温室气体排放叫做产品留下的"碳足迹"，那么这 10 个要素可形象地理解为与碳足迹相关的脚趾。图 24-7 可以解释 10 个脚趾与林产品价值链中不同元素之间的关系。

②　GHGP　2005 年 7 月，GHG protocol 发布了一个估算纸及纸板生产温室气体排放工具 Version 1.1 版。该工具是由国际林产与造纸联合会（ICFPA）的气候变化工作组编制的。该工具的主要特点是：计算生产纸浆和纸张的直接二氧化碳、甲烷和氧化亚氮的排放量。包括计算静置设备中化石燃料、生物燃料和废旧产品燃烧产生的直接与间接的二氧化碳排放量。

③　日本　日本政府 2010 年宣布了到 2020 年将温室气体排放量在 1990 年的基础上减少 25％，并在 2010 年 4 月将《应对全球变暖基本法》提交至国会。为了应对此次减排目标，日本造纸协会通过一系列减排措施来保证目标的实现，其中已有一项就是建立了碳足迹制度。纸及纸板的碳足迹的商品类别计算标准（见表 24-3 和图 24-8），由三菱制纸技术环境部

长作为召集人的 LCA/环境标签研究会（从 2010 年开始改称 LCA 委员会）负责制定。公开征求意见已经结束，近期将正式实施[11]。

表 24-3　碳足迹的构成

阶段	主要因素	计入范围	
		中间材	消费材
原料的采购			
木材	木材种植、削片、运输	○	○
废纸	废纸回收、包装、运输	○	○
生产过程			
制浆	蒸汽、电力、给排水、各种产品	○	○
抄纸	蒸汽、电力、给排水填料、颜料、药品	○	○
加工	蒸汽、电力、颜料、树脂、溶剂、包装	○	○
能源	燃料、买电、卖电、药品	○	○
一次物流	运输用燃料、仓库内移动燃料等	○	○
二次物流、销售	运输用燃料、店铺照明等	—	○
使用	电力、自来水	—	○
废弃、循环利用	运输用燃料、废弃物负荷	—	○
采伐木材制品	木材制品的碳元素固定评价	▲	▲
造林吸收碳	植树造林碳元素固定量增加评价	▲	▲

注：○代表需要计入；—代表不作为计入对象；▲代表今后研究是否计入。

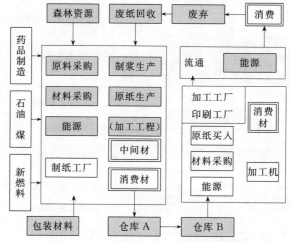

图 24-8　计算纸和纸板碳足迹的构成基准

第三节　典型纸制品碳足迹核算案例研究

以下案例均采用生命周期评价方法对我国典型纸产品进行了碳足迹的核算[12]。

一、复印纸碳足迹核算

1. 目标和范围的确定

研究目标：通过量化评估产品在原材料的获取、生产、运输等过程中的资源、能源的使用和环境排放，为企业对生产过程的生态辨识及工艺的改进提供科学的依据。

系统边界的确定：采用商品浆生产复印纸的系统边界如图 24-9 所示。即从商品浆的生产到复印纸产品运送至一级经销商，其中除商品浆生产和复印纸生产两个主要过程以外，还包括化学品生产、能源生产、运输以及废水处理。由于我国相关数据的缺乏，使得数据获取存在困难，森林种植、林木砍伐，燃料生产，交通工具生产，以及产品的使用、回收、处置等过程不在研究范围内。

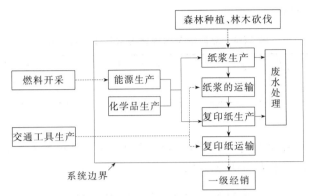

图 24-9　商品浆生产复印纸系统边界

① 纸浆生产主要为商品浆厂内制浆、漂白、碱回收等过程。

② 复印纸生产主要为抄纸过程，包括打浆、成型、压榨、干燥、压光、卷取等过程。

③ 化学品生产为制浆、抄纸过程中所用的辅助化学品的生产过程。

④ 能源生产为制浆、抄纸过程中所消耗电力、蒸汽等能源的生产过程，如发电厂。

⑤ 运输包括商品浆到纸厂的运输，以及复印纸到一级经销商的运输。

⑥ 废水处理主要指纸厂内生产废水的处理过程。

功能单位：本研究结合国际惯例，满足可测量、与产品系统的输入输出数据直接相关的要求，参考国外关于复印纸 LCA 相关的研究案例，最终选择 1000kg 复印纸为功能单位。

分配原则：本着尽量避免分配的原则，在无法避免的情况下，采用物理关系进行分配。使分配程序在实际操作中简便、可行。

2. 生命周期清单分析

数据收集：根据所确定的系统边界，将复印纸产品系统分为制浆、抄纸、化学品生产、能源生产、运输、污水处理 6 个单元过程，并对每个单元过程中资源、能源与原材料的消耗量以及环境排放（包括废气、废水、固体废物等）进行原始数据的收集。

清单分析：对所收集的数据进行核实后，利用 KCL-ECO 软件进行数据的分析处理，该软件为芬兰制浆造纸研究院研发的最新版本的 LCA 分析软件，用以建立生命周期评价科学完整的计算程序。

清单分析需要利用 KCL-ECO 软件建立各个过程单元模块，输入各过程单元的数据参数或关系方程，连接各单元过程的关系变量等一系列操作。另外数据分析过程还涉及分配程序的处理，本节所涉及的分配包括能源生产过程中资源能源消耗，以及环境排放需分配至各个不同的过程单元，具体分析步骤如式（24-1）所示。

$$Q_{ij} = \frac{E_i}{E} \times C_j \qquad (24\text{-}1)$$

式中　Q_{ij}——第 i 单元过程对能源生产过程中污染物 j 排放的分担量（i 单元过程，j 污染物的种类）；

　　　E_i——第 i 单元过程的能源消耗量；

　　　E——复印纸或新闻纸生产系统中能源总耗；

C_j——能源生产中第 j 种污染物的排放量。

通过分析处理后，最终得到由商品浆生产的 1000 kg 复印纸为功能单位的清单结果，即各个单元过程中生产 1000 kg 复印纸的所消耗的资源、能源和气体、水体、固体废物的环境排放情况，如表 24-4 所列。

表 24-4 复印纸生命周期温室气体排放清单

种类	单位	制浆	抄纸	化学品	运输	能源生产	污水处理	合计
CO_2	kg	400.62	1005.22	166.92	79.25	97.34	6.82	1756.18
CH_4	kg	1.23×10^{-4}	8.6×10^{-3}	0.21	6.14×10^{-2}	8.27×10^{-4}	5.79×10^{-5}	0.28

3. 碳足迹核算

结合复印纸产品生命周期清单结果，结合 IPCC、EDIP 模型对复印纸生命周期不同阶段的温室气体排放进行了汇总（表 24-5）。

表 24-5 复印纸生命周期碳足迹核算

环境类别	单位	指标	特征化因子	评价方法	汇总	碳足迹
全球变暖	CO_2 当量/kg	CO_2	1	IPCC 2006	1756.18	1763.18
		CH_4	25		7	

二、新闻纸碳足迹核算

1. 目标和范围的确定

研究目标：通过量化评估产品在原材料的获取、生产、运输等过程中的资源、能源的使用和环境排放，为新闻纸企业对生产过程的生态辨识及工艺的改进提供科学的依据。

系统边界的确定：对企业实际调研情况，采用全脱墨浆生产新闻纸的系统边界如图24-10所示。即从制浆原料废纸运的运输到新闻纸产品的运输，其中包括脱墨浆生产、新闻纸生产、化学品生产、能源生产、废水处理等过程。由于我国目前没有形成健全的废纸回收体系，使得相关数据的获取存在困难，故前端过程废纸的产生与回收，不在研究范围内。另外我国缺乏数据积累，故产品的使用、回收、最终处置，以及燃料生产，交通工具生产等过程不在本研究的范围内。

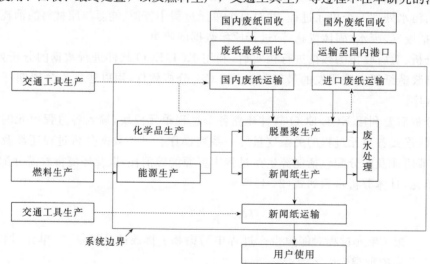

图 24-10 新闻纸生产系统边界

（1）脱墨浆生产主要包括除砂、筛选、压榨、漂白、浮选等过程。

（2）新闻纸生产主要为抄纸过程，包括除砂除气、筛选、成型、压榨、干燥、压光、卷取、复卷等过程。

（3）化学品生产为制浆、抄纸过程中所用的辅助化学品的生产过程。

（4）能源生产为制浆、抄纸过程中所消耗电力、蒸汽等能源的生产过程，如发电厂发电。

（5）运输包括制浆原料废纸的国内运输以及新闻纸产品运送至报社，其中废纸运输包括国内废纸从回收站运送到新闻纸厂，国外废纸从国内港口运送到新闻纸厂两部分。

（6）废水处理主要指新闻纸厂内制浆、抄纸等过程废水的处理过程。

功能单位：确定 1000kg 新闻纸为功能单位。

分配原则：本着尽量避免的分配的原则，在无法避免的情况下，采用物理关系进行分配，使分配程序在实际操作中简便、可行。

2. 生命周期清单分析

数据收集：根据所确定的系统边界，将新闻纸产品系统分为制浆、抄纸、化学品生产、能源生产、运输、污水处理 6 个单元过程，并对每个单元过程中资源、能源与原材料的消耗量以及环境排放（包括废气、废水、固体废弃物等）进行原始数据的收集。

清单分析：对所收集的数据进行企业核实后，利用 KCL-ECO 软件进行数据的分析处理。数据分析过程涉及分配程序的处理，该部分所涉及的分配有两方面，首先为能源生产过程中资源能源消耗及环境排放需分配至各个不同的过程单元；其次为废水处理过程中废水的污染负荷需分配至不同来源的过程中。

由于能源生产数据采用基础数据库中数据代替，并且环境排放已分配至各个不同的单元过程中，电厂本身所需能源的环境影响折算至产品系统中可忽略不计。因此本研究按照制浆、抄纸、化学品生产、运输、污水处理 5 个过程进行数据的分析处理。最终得到由全脱墨浆生产的 1000kg 新闻纸为功能单位的清单结果，即各个单元过程中生产 1000kg 新闻纸所消耗的资源、能源消耗和气体、水体、固体废物的环境排放情况，如表 24-6 所列。

表 24-6　新闻纸生命周期温室气体排放清单

种类	单位	制浆	抄纸	运输	化学品生产	污水处理	合计
CO_2	kg	548.29	907.25	76.86	124.76	10.16	1667.32
CH_4	kg	5.16×10^{-3}	8.69×10^{-3}	0.15	0.13	9.50×10^{-3}	0.29

3. 碳足迹核算

结合复印纸产品生命周期清单结果，结合 IPCC、EDIP 模型对复印纸生命周期不同阶段的温室气体排放进行了汇总，见表 24-7。

表 24-7　新闻纸生命周期碳足迹核算

环境类别	单位	指标	特征化因子	评价方法	汇总	碳足迹
全球变暖	CO_2当量/kg	CO_2	1	IPCC 2006	1667.32	1674.57
		CH_4	25		7.25	

第四节　纸制品碳足迹核算的意义
及现有核算方法在我国应用中存在的问题

包括我国在内的很多国家将造纸工业视为国民经济的重要工业之一。制浆造纸生产是以大量植物纤维为原料，经过化学化工、机械物理等许多复杂工序的处理，并添加许多化学品和填料，加上生产过程废水废渣等废物的处理与回收环节，工艺复杂、流程长，单个企业规模大，需要消耗大量水、电和蒸汽能源。因此，制浆造纸生产过程涉及许多生物质能、化石能和化学品的消耗及与外界的交换。纸产品生产过程，碳足迹测量估算的复杂性及其节能降耗的巨大潜力为国际所公认，一直被发达国家和造纸技术与装备先进的国家所重视。研究造纸工业的碳足迹具有综合性意义，也被国内外环境保护机构所关注。

然而，目前国际上常用的温室气体核算工具及指南大都基于木浆纤维造纸技术。我国现有纸浆原料中，非木浆原料所占比重随着我国制浆造纸原料结构调整虽有所下降，但在整个行业比重却不可忽视。以 2011 年为例，2011 年全国纸浆消耗总量 9044×10^4 t，其中木浆 2144×10^4 t，较上年增长 15.33%，比例占 24%；非木浆 124×10^4 t，较上年下降 4.39%，比例占 14%；废纸浆 5660×10^4 t，较上年增长 6.69%，比例占 62%。而我国生产的纸及纸板、纸制品、纸浆产品也有大部分出口至国外。随着中国造纸行业在世界造纸行业作用逐凸现，国内一些研究虽涉及原料生产及产品供应链中有关温室气体研究，但一些环节采用忽略性误差进行估算[13]，或尚未取得研究成果。而有研究表明，世界 20% 的温室气体排放都与土地利用有关，因此考虑原料种植及开采中造成的温室气体排放对纸产品温室气体排放的量化。

欧美地区的国家纸及纸制品核算工具和指南中提供的影响要素大部分为森林产品相关的制浆参数，而我国纸浆原料品种除了木浆外，还有草浆、竹浆、苇浆、废纸浆等，不同纤维原料纸浆的温室气体排放特征数据库的建立及其碳足迹的核算体系的建立还有待进一步研究。此外，造纸工业的产业链广，涉及林业、农业、能源、运输等部门，在评价纸产品政策的制定、节能减排、纤维原料的合理利用价值、造纸工业碳足迹时需要以上各方面的碳足迹数据提供依据和支持，数据收集需要耗费大量人力物力。

目前国际发达国家建立了较完善的基础数据库，如国际参考生命周期数据系统（IL-CD）、欧盟 LCA 数据库清单、芬兰 KCLEcoData、丹麦及德国 National LCI Databases、欧洲瓦楞纸箱制造商联合会 FEF C02006 "European Database for Corrugated Board Life Cycle Studies" 等，这些数据为造纸产品碳足迹评价提供了充分的技术支持。而我国碳足迹评价的基础数据库尚未建立起来，在进行造纸产品碳足迹评价时需要通过各种途径来收集所需的基础数据，影响了结果的可靠性。

因此，我国造纸行业为应对国际碳减排越来越高的呼声，提升行业低碳竞争力，未来相关部门及研究人员应注重行业发展过程中基础数据的分析和积累，及早建立符合我国造纸行业现状的温室气体分析核算系统。

参考文献

[1]　芬兰报纸碳足迹造纸印刷能耗占一半. http://www.chinairn.com/ckc.

[2]　1995—2008 年能源消耗数据来源于国家统计年鉴；1985—1994 年能源消耗数据来源于能源统计年鉴.

[3]　刘秉钺. 国内国际制浆造纸能耗现状分析 [J]. 中华纸业，2010，31 (13)：14—21.

[4]　电力排放系数采用国家发改委应对气候变化司《关于公布 2009 年中国区域电网基准线排放因子的公告》；其他能源排放系数采用 IPCC 2006 公布数据，1MW·H 电排放 $1.0069tCO_2$ 气体；附录 A 中不同燃料单位热值的 CO_2 排放量采用 IPCC 2006 中排放系数.

［5］ "十二五"国家将加大造纸落后产能淘汰步伐．中国纸业网 http：//www．chinapaper．net/

［6］ 马倩倩，卢宝荣，张清文．碳足迹评价及其在造纸行业的应用［J］．中国造纸，2011，30（11）：64-68．

［7］ http：//ec．europa．eu/environment/eussd/smgp/index．htm

［8］ 世界资源研究所．木材和纸制品的可持续采购指南和资源库［M］．2009．

［9］ 《温室气体核算体积—产品核算与报告标准（试行草案）》．

［10］ Framwork for the development of carbon footprint for paper and board products．CEPI．Sept．9．［M］

［11］ 刘文．日本纸浆造纸工业应对气候变暖的措施［J］，国际造纸，2011，30（2）：49-54．

［12］ 任丽娟．生命周期评价方法及典型纸产品生命周期评价研究［D］．北京：北京工业大学，2011．

［13］ 张欢，张辉．论造纸工业碳足迹研究之基本方面［J］．中国造纸学报，2012，27（2）：53-59．

第六篇

废纸再生"三废"综合利用技术

第二十五章 | 废纸分选与废物利用技术

废纸再生过程固体废物的产生量与所用废纸的种类有关，还与所要生产的产品有关。当所用的废纸比较干净、夹带物较少，如旧报纸、白边纸等，则产生的固体废物较少；如果使用高涂布的杂志纸时，则夹带的书钉、塑料皮、胶黏剂及无机涂料较多，则产生的固体废物较多。当生产档次较低的瓦楞原纸或纸板时，由于对洗涤、筛选、净化等的要求不高，去除的固体废物相对要少一些；而如果生产档次较高的再生文化纸时，由于对洗涤、筛选、净化等的要求高，还要进行脱墨处理，所以分离出的固体废物较多，废纸造纸过程中产生的废物和污泥数量见表 25-1[1]。

表 25- 1 废纸造纸产生的废弃物和污泥数量

产品	回收纸品	废物/%（干质量）				
		全部	废物		污泥	
		废弃物和污泥	重质和粗	轻质和细	浮选脱墨	白水澄清
图纸	报纸、杂志	15～20	1～2	3～5	8～13	3～5
	高级纸	10～25	<1	≤3	7～16	1～5
卫生纸	报纸、杂志、办公用纸，中级	27～45	1～2	3～5	8～13	15～25
商品脱墨浆	办公用纸	32～46	<1	4～5	12～15	15～25
挂面纸、瓦楞纸	牛皮纸、旧瓦楞纸	4～9	1～2	3～6	—	0～1
纸板	混杂纸、旧瓦楞纸	4～9	1～2	3～6	—	0～1

这些固体废物，以干度 60％计算，每吨纸产生 84～416kg 的废物[1]，主要分为粗细废物两类。粗废物主要来自碎浆与粗筛阶段，废物一般保持其原始状态。细废物主要来自于后面的生产过程，如洗涤、精筛等流程。粗固体废物又分为轻重两种，重的粗废物是各种类型、形状和大小的金属，没碎的石头，电线等；轻废物包括纤维束、塑料片、金属箔片、聚苯乙烯等。细废物也分轻重。重细废物主要是从除渣器或筛选机排出的砂子、玻璃、订书钉和其他办公废物。轻细废物包括蜡、填料、纤维块等。这些固体废物大部分是可以回收利用的。

而随着生产技术的发展和人们对于包装材料要求的不断提高，废纸除了传统意义上的废报纸、废杂志、废包装等废纸外，越来越多的复合包材废纸产生了，如利乐包。这些复合包材被废弃后的处理及回收利用技术也越来越重要起来。

第一节 传统废纸的分选和废物利用

一、废纸的分选

由于用于回收利用的废纸的成分很复杂，其中夹杂的金属、木屑、砂石、塑料片、绳索、泡沫塑料、热熔性树脂等非纸成分很多，剔除这些杂质不仅有利于后续工段工作的正常进行，同时也延长了设备的使用寿命，所以在对废纸进行专业化处理之前，要根据废纸的种类、性质和用途，对废纸进行分级分类、分别存放、分别处理，这就是废纸的分选。

废纸分选首先要做的是去除废纸中的非纸成分，分为人工和机械两种，人工分选即将废纸放于输送带上，工人站在输送带旁将废纸中的非纸成分剔除出去，但这种方法生产效率较低。所以现在去除非纸成分的操作一般使用机械设备，再辅以人工。

目前，在碎浆阶段使用较多的是水力碎浆机和鼓式碎浆机，这些设备可以将废纸的大部分粗废物分离出来。而随后进行的粗筛，是把这些粗废物进一步从纸浆中分离出来。

废纸分选还包括的工作是对废纸原料进行分类，这是为了对不同种类的废纸进行分别处理及对不同的纤维原料进行合理的搭配使用。一般将废纸分为 4 类：旧瓦楞废纸、新闻书刊等印刷废纸、包装及广告等彩印废纸、垃圾纸及被严重污染的废纸。印刷废纸必须经过浮选及脱墨处理，在水力碎浆机中或在原有的打浆池内加入一定量的脱墨剂（$NaOH$、Na_2SiO_3等）以除去大部分油墨，才能提高纸浆的白度。

二、废物的利用

废纸分选产生的固体废物包括铁块、石块、订书钉、绳子、金属丝、金属网、木片、塑料片、玻璃、钉子等。这些固体废物可以分为无机废物和有机废物。无机物主要是指金属类固废、玻璃和石块等；有机固废包括塑料、木片等。无机废物的量较少，利用价值不高，一般做填埋处理。

在有机废物中，部分干度较高、热值较高（>11MJ/kg）的废物适于焚烧（如轻粗废物）。当然这些废物要经过脱水干燥才能获得上面提到的焚烧需要的热值。此外，废物的大小也要符合焚烧的要求，而焚烧可与制浆造纸厂的其他固体废物一起进行。

在废纸造纸的有机固废中含有大量的塑料，根据废纸的等级范围在 20～60kg/t 之间。塑料燃烧产物为水和 CO_2。有些塑料制品因含有氯或氮，其燃烧产物会含有氯化氢和氰化氢，如表 25-2 所列，塑料被认为是有效燃料。

表 25-2　塑料燃烧的空气量和有效热

废物组分	有效热/(kJ/kg)	空气消耗量/(kg 空气/kg 废物)
纤维素塑料	16000	4
聚乙烯	44000	16
聚苯乙烯	38000	13
聚氨酯	26000	9
聚氯乙烯	23000	8

塑料燃烧是一个复杂的过程，而且污染物很多。燃烧时，氧气与塑料中的碳结合生产 CO_2，与氢结合变为水，硫生产 SO_2，氮生产氰化氢或分子氮，氯生产氯化氢。由于塑料中都含有碳和氢，所以塑料燃烧产生的气体中主要是 CO_2 和水蒸气。不管怎样，塑料和其他燃料都不会在理想状态下燃烧，所以废气中都会产生对人体和环境有害的

不完全燃烧产物。

如果混合不充分，完全燃烧是不可能发生的，在形成最稳定物质前就离开炉膛和冷却。塑料不完全燃烧的产物大部分是烃类，具有其单体的性质。但只要有良好的燃烧控制，就可以避免这种情况的发生。

（一）废纸分选废物的焚烧技术

山东临沂锅炉厂的韩秀梅[2]等根据该厂开发研制的造纸工业固体废物锅炉，对造纸工业固体废物的焚烧技术进行了初步探讨。此焚烧技术是将纸厂的草渣、废纸渣和造纸污泥一起进行焚烧的技术。

1. 焚烧系统设计

整个系统设计包含进料系统、燃烧设备、汽水系统、烟气处理等。

（1）进料系统　由于草渣和废塑料皮物理特性有较大的差异，因此应分别进料。草渣密度小，通过皮带输送机由料场输送到螺旋给料机的料仓，然后通过螺旋给料机在二次风的帮助下喷向炉膛，草渣喷入炉内的量是通过改变螺旋给料机的转速来控制的，通过冷态调试可事先计算出螺旋给料机的转速与输料量之间的关系，根据每个厂的草渣量确定喷料量的大小，从而确定螺旋给料机的转速。

废纸渣由于具有缠绕性，是通过皮带输送机由料场输送到煤斗，在推料器的作用下输送到往复炉排上。其给料量是通过调节推料器的推料周期来控制的，计算出一个推料周期的间隔时间即可算出 1h 的推料量。

在两套进料系统前应加筛选装置，以便尽可能多地除去草渣中的砂土、麦粒以及废塑料皮中的金属、石块等物。

（2）燃烧设备　根据草渣和废纸渣燃烧特性和国内外固体废物焚烧炉的实际运行经验，该系统采用室燃加往复炉排燃烧的组合技术。

对于草渣，由于挥发物含量高、析出速率快、所需温度低，所以采用风力吹送的炉内悬浮燃烧加层燃的燃烧方式。草渣进入喷料装置，依靠高速喷料风喷射到炉膛内，调节喷料风量的大小和导向板的角度，以改变草渣落入炉膛内部的分布状态，合理组织燃烧。为了使大量快速析出的挥发分能及时与空气充分混合，在喷料口的上部和炉膛后墙布置有三组二次风喷嘴，喷出的高速二次风具有较大的动能和刚性，使高温烟气与可燃物充分地搅拌混合，保证燃料完全充分燃烧。比较难燃烧的固定碳则下落到炉膛底部的往复炉排上，继续燃烧。通过合理组织二次风，形成合理的炉内空气动力场，可使草渣中的大颗粒物及固定碳下落到炉排较前端，使燃料在炉排上有较长的停留燃烧时间，保证固定碳完全充分燃烧。同时下落的可燃物也对刚刚进入炉内的废塑料皮有加热引燃作用，有利于废塑料的及时着火燃烧。而着火后的废塑料皮很快进入高温主燃区，形成高温燃料层，为下落在往复炉排上的大颗粒燃料及固定碳提供良好的高温燃烧环境，有利于这部分大颗粒物及固定碳的燃烧及燃烬。

废纸渣通过推料机送入炉内的往复炉排上。燃料在往复炉排上的燃烧时间通过调节往复炉排的移动速度来控制。往复炉排采用倾斜 15° 的布置方式，燃料从前向后推动前进的同时有一个下落翻动过程，起到自拨火作用。

污泥经适当干燥后，可混入废纸渣一起推到往复炉排上燃烧，但应注意不要将大块泥团送入炉内，以免大块泥团无法燃尽。混入的比例可根据现场燃烧情况调节，混入比例过大，可能造成炉内燃烧恶化。

由于草渣及废纸渣的挥发物含量高，固定碳含量比例相对较少，往复炉的配风与燃煤锅炉也有较大不同。干燥阶段风量仅占一次风量的 15％左右，主燃区风量占 75％以上，而燃烬区风量仅占 10％左右。为了保证废纸渣挥发分大量集中析出时的充分燃烧，二次风必须占总风量15％～20％以上。该焚烧系统设计的二次风既可帮助草渣在炉膛空间的燃烧，也可帮助从炉排废塑料层析出的挥发分完全充分燃烧，在每组二次风喷嘴的总风道上装有调节阀门，以便在实际运行时根据现场燃料的燃烧情况及时调节各段风量及每组的二次风量。

（3）炉膛结构　草渣和废纸渣挥发物含量都比较高，草渣采用室燃为主，层燃为辅。大量可燃物在炉膛悬浮燃烧需要足够的炉膛空间和一定的炉膛高度，使可燃物在炉膛内有足够的停留时间。而废纸渣的主要成分是废塑料，如果组织不当，很容易生成二噁英等有害气体。为符合垃圾焚烧炉的设计规范要求，该厂锅炉设计的炉膛高度为 7.7m，炉膛宽度为 1.65m，平均深度为 3m，是一个细高型炉膛。经理论计算烟气在炉膛内的停留时间大约 2s。

由于所燃烧的燃料均为水分高、热值低的固体废物，为保证炉膛温度，上部炉膛布有水冷壁，下部为绝热炉膛，以减少吸热量，提高炉膛温度。

为了保证喷入炉膛的物料有一个充分的燃烧空间，在下部炉膛设置了一个前置炉膛，前置炉膛的前墙布置物料的抛料装置，物料主要在前置炉膛内燃烧。前置炉膛顶部的二次风喷嘴，一方面对草渣燃烧有搅拌混合作用；另一方面可促使大颗粒可燃物落到下部炉排上，避免直接飞出炉膛造成不完全燃烧损失，降低炉膛出口处烟气中的飞灰含量，减少对流受热面的磨损。

由于草渣中的固定碳较难燃尽，废纸渣也需一个较长的燃烧过程。该系统采用低而长的绝热后拱，有利于燃料的燃尽。在后拱出口上部设有一组二次风喷嘴，这组二次风的作用是将从后拱出来的高温烟气及从喷料口下落的燃料吹向前墙处，有利于物料的干燥着火燃烧，也促使从喷料口下落的燃料落到炉排前端，增加燃料在炉排上的燃烧时间，有利于燃料的燃烧。

（4）锅炉受热面　对于日焚烧量在 60t 以下的焚烧锅炉，该系统采用组装结构，上部锅炉本体采用双锅筒纵向布置，日焚烧量在 60t 以上的焚烧锅炉，则采用散装结构，上部锅炉本体根据固体废物种类采用双锅筒纵向或横向布置。

由于草渣在悬浮燃烧过程中，一部分颗粒状飞灰及草渣中细灰砂容易被带出炉膛进入对流受热面，根据对流受热面飞灰磨损机制，磨损与烟气速度的三次方成正比。为了防止对流受热面的磨损，可根据灰量大小采用合理的烟速。对于管束的前区和炉膛部位布置检修门，便于清灰和检修必要时加装防磨和自动清灰装置。

由于燃料的含水率较高，尾部采用空气预热器以利于物料的燃烧。物料燃烧的一次风和二次风均来自空气预热器产生的热风。为防止空气预热器的低温腐蚀采用较高的排烟温度和热风温度。

（5）烟气的处理和净化　该焚烧系统由于物料决定了其烟气飞灰量大、颗粒细、质量轻且含有 HCl 等有害气体，因此对烟气分两级处理。烟气首先进入半干式脱酸塔，酸性有害气体在该塔内得到综合处理，脱酸烟气再进入布袋除尘器进行处理然后由烟囱排入大气。

2. 焚烧系统的经济效益

此系统的投运，不但可以使造纸厂的固体废物得到减量化、无害化处理，减轻环境污染，减少固体废物的运输费用，而且还具有非常显著的节能效果。以日焚烧量60t下脚料计，每日可节煤25t多，按一年运行时间300d计算，一年可节煤7500t。每吨煤价格按400元计算，一年仅节煤效益可达700万元，运行不到一年即可收回全部投资。

（二）废纸废渣中废塑料再生利用技术[2]

如前面所说，废纸分选废渣中含有大量的塑料，这些塑料除了可以进行焚烧外，还可以进行再生利用。

塑料再生利用技术比较成熟已得到广泛应用。再生利用技术主要有两类，一是直接再生利用；二是化学改性再生利用。

直接再生利用中废旧塑料的来源分为两类：一是由树脂厂、塑料加工厂的边角料回收的清洁废塑料的回用；二是经过使用后混杂在一起的各种塑料制品的回收再生。前者称为单纯再生，可制得性能较好的塑料制品；后者称复合再生，一般只能制备性能要求相对较差的塑料制品，且回收再生过程较为复杂。但可通过改性来提高塑料的性能。具体流程如图25-1所示。

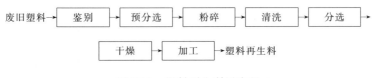

图25-1　塑料再生利用流程

化学改性就是将回收的废旧塑料通过化学改性的方法拓宽再生利用的渠道，改性方法包括氯化改性、交联改性、接枝改性。氯化改性即对聚烯烃树脂进行氯化，制得含氯量不同而特性各异的氯化聚烯烃；交联改性即对聚烯烃树脂通过一定方法进行交联成热塑性或热固性塑料，交联后其性能有很大改变；接枝改性即用接枝单体通过一定的接枝方法对聚丙烯进行接枝，其接枝改性的聚丙烯性能取决于被接枝物的含量、接枝链的长度等，但其基本性能与聚丙烯相似，其他性能有很大改变。

本书只介绍直接再生利用技术，直接再生利用是指废旧塑料直接塑化、破碎后塑化或经过相应前处理破碎塑化后，再进行成型加工制得再生塑料制品的方法。制浆造纸厂而言，其废纸筛选时产生的废旧塑料，一般为使用过的各种废旧塑料的混合物，对于这些废旧塑料必须经过鉴别、分选、清洗、干燥、破碎后造粒或直接塑化成型。

1. 破碎及其设备

破碎就是通过相对运动对物体进行剪切、冲击、压缩、撕裂、摩擦而达到使物体碎裂的目的；破碎分粗破碎、中破碎及细破碎（即研磨至50μm以下）。粗破碎就是对大型废旧塑料制品（如汽车保险杠等）利用切割机切割成可以放入破碎机进料口的过程。

废旧塑料的破碎按功能大致可分为剪切破碎和冲击破碎。当物料太大时，不能直接使用破碎机，需先利用切割机把物料切割成可以装入破碎机进料口的程度。切割有射流切割法、气割法、等离子切割法、激光束切割法等。新型破碎机往往兼有剪切和冲击破碎的功能，可将主要功能为剪切作用的称为剪切破碎机，而主要功能为冲击作用的称为冲击破碎机。常见的破碎机见表25-3。

表 25-3 常见破碎机的类型及使用特性

类型	破碎机械	干式破碎	湿式破碎	施力方式	被粉碎物特性						破碎品粒度/mm	粒度分布			磨耗程度		
					脆	韧	橡胶状弹性体	纤维状	柔软	非均质	复合体		宽	中	小	大	中	小
粗破碎	颚式压碎机	○		a	○							500~15		○				○
	环动式压碎机	○		a	○							200~50		○				○
	圆锥破碎机	○		a	○							100~10		○			○	
	滚筒破碎机	○																
	平滑滚筒	○		a	○	○						10~1			○			○
	带齿滚筒	○	○	a	○	○		○	○	○								
	冲击破碎机	○							○	○	○	>30					○	
	锤式破碎机	○		e							○	>20		○				○
	切割式碾磨	○		e		○	○	○			○	10~1			○	○		
细破碎	棒磨机	○	○	b	○						○	>1		○				○
	球磨机	○	○	b	○						○	>1		○				○
	振动棒磨机	○	○	b	○						○	>1		○				○
	振动球磨机	○	○	b	○						○	>1		○				○
	盘磨机	○	○	d	○							>10	○				○	
	辊磨机	○		d	○						○	>1		○			○	
	冲击磨	○		e								1~0.005		○		○		
	圆盘形磨	○		c				○		○		>0.01			○		○	
	搅拌式磨碎机	○	○	d								>0.1	○			○		
	气能磨	○		e	○	○						>0.1						○

注：a~e 表示不同的施力方式，a 表示压缩；b 表示打击；c 表示切割、剪断；d 表示摩擦；e 表示冲击；○表示此项可适用。

2. 预洗

预洗就是将废旧塑料中的杂质（砂土、石块和金属等）去除，洗后进行离心脱水。

3. 精洗

精洗是去除塑料上的油污等污染物，精洗的原理是将清洗的废旧塑料制品放入含洗涤剂的热水中浸泡数小时，再用机械搅拌，通过彼此摩擦和撞击，一边粉碎一边洗涤，除去杂质和污物，洗涤剂的加入量、水温、洗涤时间等视洗涤效果而定。精洗的方法有手工和机械两种。

4. 干燥

干燥就是将材料中的水分、溶剂等可挥发成分去除的操作。干燥设备一般采用热风、红外线、氮气等惰性气体为干燥介质，常用电加热空气法。常用的干燥设备有热风干燥机，圆桶形、方形真空干燥机等。

5. 塑料泡沫材料的预处理

作为防震包装材料的泡沫塑料，一般要进行脱泡处理，压缩体积。常使用旋转式脱泡及进行脱泡。

6. 塑炼、均化与造粒

废旧塑料经过分选、破碎、清洗、干燥等一系列预处理后，有的可直接塑化成型，有的需进行塑化、造粒，有的要经过均化工艺。

（1）塑化　将固态的粉料或颗粒转变为具有一定流动性的均匀连续熔体的过程。

（2）均化　将废旧塑料及其助剂或改性剂实施混炼使其均匀混合的一种塑化过程。分为两种方式：一种是混炼与塑化一步完成，即将破碎的废旧塑料与各种助剂（稳定剂、润滑剂、增塑剂、改性剂等）经捏合、均化后直接成型加工成制品；另一种为均化后造粒制成半成品再生塑料。

（3）回收废旧塑料的塑化与熔混设备　塑炼、塑化是指热塑性塑料与各种助剂在离子热塑性塑料流动温度下的混合与均化，也是指热塑性塑料自身再塑化的过程；而熔混则仅指热塑性塑料及各类助剂在热塑性塑料的熔融温度下混合和均化的过程。当然，在热塑性塑料流动温度下的混炼也包括不同高聚物之间的共混性均化。总之，塑化混合都是通过加热和剪切力的作用，使热塑性塑料熔化、剪切、混合（有时也逸出物料中的挥发分），最后使物料各级分充分均化。

混合设备根据其操作方式，一般可分为间歇式和连续式两大类。根据混合过程特征，可分为分布式和分散式两类。根据混合物强度大小，又可分为高强度、中强度和低强度混合设备。

1）间歇式和连续式混合设备

① 间歇式混合设备　间歇式混合设备的混合过程是不连续的。混合过程主要有三个步骤：投料、混炼、卸料。此过程结束后，再重新投料、混炼、卸料，周而复始。间歇式混合设备的种类很多，就其基本结构和运转特点可分为静态混合设备、滚筒类混合设备和转子类混合设备。而这些间歇式混合设备是高分子材料的初混设备，是物料在非熔融状态下进行混合所使用的设备。此外还有用于溶液或乳液混合的各类桨叶搅拌器，其结构与一般化工混合中的搅拌器相似。

间歇式混合设备中的两种最主要的设备是开炼机与密炼机，从结构角度来看，应属于转子类混合器，其用途广泛，混合强度很高。间歇混合设备还有 Z 形捏合机、高速混合机。

② 连续式混合设备　连续式混合设备的混合过程是连续的，主要设备有单螺杆挤出机、双螺杆挤出机、行星螺杆挤出机以及由密炼机发展而成的各种连续混炼机，如 FCM 混炼机等。而单螺杆挤出机是聚合物加工中应用最广泛的设备之一，主要用来挤出造粒，成型为板、管、丝、膜、中空制品、异型材等，也用来完成某些混合任务。由于是连续操作，可提高生产能力，易实现自动控制，减少能量消耗，混合质量稳定，降低操作人员的劳动强度，尤其是配备相应装置后，可连续混合-成型，减少了生产工序，又可避免聚合物性能的降低，所以连续式混合设备是目前的发展趋势。尽管连续式混合设备较间歇式混合设备有许多优点，但是，目前聚合物加工过程中的许多工序仍是间歇式的，加之间歇式混合设备发展历史较早，在操作中可随时调整混合工艺，特别是某些间歇式混合设备具有很高的混合强度，因

而间歇式混合设备的使用仍很广泛。

2) 分布式和分散式 分布式混合设备主要具有使混合物中组分扩散、位置更换、形成各组分在混合物中浓度趋于均匀的能力，即具有分布式混合的能力。代表性设备有重力混合器、气动混合器及一般用于干混合的中、低强度混合器等。分布式混合设备主要是通过对物料的搅动、翻转、推拉作用使物料中各组分发生位置更换，对于熔体则可使其产生大的剪切应变和拉伸应变，增大组分的界面面积以及配位作用等，从而达到分布混合目的。

分散式混合设备主要是使混合物中细分粒度减小，即具有分散混合的能力。分散式混合设备主要通过向物料施加剪切力、挤压力而达到分散目的，如开炼机、密炼机等。

分散混合能力与分布混合能力往往是混合设备同时具有的，因为任一混合过程总是同时有分散与分布的要求，只是要求的侧重点不同而已。

3) 高强度、中强度和低强度混合设备 根据混合设备在混合过程中向混合物施加的速度、压力、剪切力及能量损耗的大小，又可分为高强度、中强度和低强度混合设备。强度大小的区分并无严格的数量指标，有些资料建议以混合单位质量物料所耗功率来标定混合强度，如对间歇式混合设备，所耗功率相同，能混合物料的批量多的混合设备定为低强度混合设备；反之，能混合物料的批量少的混合设备则定为高强度混合设备。习惯上，又常以物料所受的剪切力大小或剪切变形程度来区分混合强度的高低。

使用各种混熔设备，应掌握好剪切力、熔化温度和混炼时间。在确定混炼设备时，应知道开炼机的剪切力取决于辊距，密炼机取决于上顶栓的压力和转子转速，挤出机则取决于螺杆的转速。另外，还应注意温度、时间的等效性原则，即混炼效果在某种条件下的等效作用。例如，较低温度下较长时间的混炼与较高温度下较短时间的塑化效果是等效的，当然，也存在着相对应的匹配值。混炼中应防止时间过长、温度过高、剪切力过大，否则会使高聚物发生相应的热降解、化学降解和氧化降解。

4) 各种混熔设备

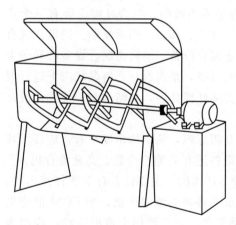

图 25-2 螺带式混合机结构

① 转鼓式混合机 这类混合机的形式很多，其结构形式常见的有筒式、斜形筒式、六角形、双筒式、锥式、双锥式等，该类混合机的共同特点是，混合作用靠盛载混合物料的混合室的转动来完成。该类混合机只适用于非润性物料的混合。

② 螺带式混合机 螺带式混合机的结构如图25-2所示。它的机体是一个两端封闭的半圆筒形槽，槽上有可启闭的盖，作装料用。槽体附夹套，以供加热或冷却用。在半圆形槽的混合室内一般装两根结构坚固、方向相反的螺带。当螺带转动时，两根螺带即各以一定方向将混合室内的物料推动，使物料各部分的位移不一，从而达到混合的目的。螺带的转速一般为 $10\sim30\text{r/min}$，混合室下部开有卸料口。此混合机可用于润性或非润性物料的混合，容量范围自几十升到几千升不等。

③ 捏合机 捏合机的结构如图 25-3 所示。捏合机主要由一个具有鞍形底的钢质混合室和一对反向旋转的 Z 形搅拌器所组成。混合室槽壁附有夹套，以供加热或冷却用。捏合机卸料用钢槽倾倒装置，可使钢槽倾倒120°。混合时，物料借两个搅拌器的相反转动（一般

主轴 20r/min ，副轴 10r/min），使物料沿混合室的侧壁上翻，而在混合室的中间落下。这样，物料受到重复的折叠和撕捏作用，从而达到均匀混合。捏合机可用于润性或非润性物料的混合，容量范围 5～2500L，最常用的为 250～1000L 规格的。

④ 高速混合机　高速混合机的结构如图 25-4 所示。它是由混合容器、盖子、折流板、搅拌装置、排料装置、电动机等组成。混合容器外附加热冷却装置（一般为夹套）。搅拌装置由 1～3 组叶轮组成（分别装置在同一转轴的不同高度上），每组叶轮

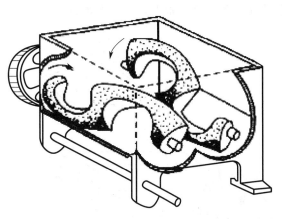

图 25- 3　捏合机结构

的数目通常为两个。叶轮的转速一般有快慢两挡，两者转速比为 2：1 ，快速约为 860r/min。混合时，物料受到高速搅拌，在离心力的作用下物料沿混合室侧壁上升，至一定高度时落下，然后再上升和落下，从而使物料颗粒间产生较高的剪切作用和热量。除起到物料混合均匀的效果外，还可使物料温度上升而部分塑化。混合时间较捏合机大为缩短，一般仅需 8～10min 即可。高速混合机也可用于润性或非润性物料的混合，容量范围 10～500L 或更大。

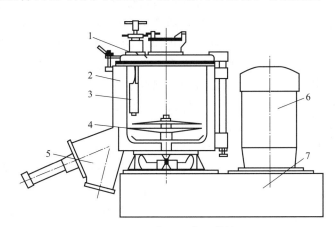

图 25-4　高速混合机结构

1—容器盖；2—容器；3—挡板；4—高速中轮；5—放料口；6—电动机；7—机座

⑤ 开炼机　开炼又称塑炼，开放式塑炼机结构简单、操作容易、清理方便，其构造见图 25-5。经过配料、捏合、密炼的物料在开炼机混合理化，可以压片制造颗粒或为压延机供料。

开炼机是由一对做相向旋转的辊筒，借助物料与银筒的摩擦力，将物料拉入辊筒，在剪切、挤压力及辊筒加热的混合作用下，使各组分得到良好的分散和充分的塑化。

开炼机的两只辊筒，前辊为操作辊，辊速较低，辊温较高，后辊速度较快，辊温较低，如图 25-6 所示，物料在辊筒上受力情况，当前辊速度 V_1 大于后辊速度 V_2 时，圆周力 p_1 也大于 p_2。

$$p_1 - p_2 = \Delta p$$

Δp 越大，两辊速差也越大，因此剪切力也越大，这有利于物料的塑化，但由于受机械负荷和操作的限制，两辊速差不宜过大。高速辊物料圆周力大，承受的离心力也大，所以物

料大多在低速高温辊上，使操作也方便。

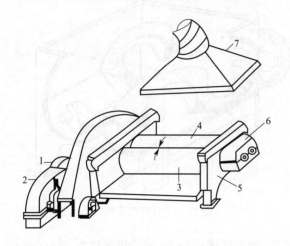

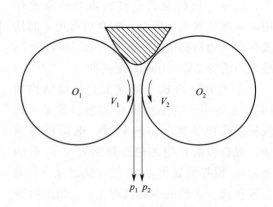

图 25-5　开炼机的构造

1—电动机；2—减速箱；3—前辊；

4—后辊；5—机架；

6—速比齿轮罩；7—排风罩

图 25-6　物料在辊筒上受力情况

开炼机两只辊筒可用蒸汽、电、煤气加热，采用蒸汽加热，通常蒸汽压力为 0.6~1MPa，RPVC（软聚氯乙烯）塑炼温度为 160~180℃，UPVC（硬聚氯乙烯）塑炼温度为 170~190℃，拉片厚度 2~3mm，也可调节两辊辊距，制造不同厚度的成型片。

开炼机结构简单，对多种工艺适应性强，换色清理容易，因此使用较方便，也可不经过密炼，直接用捏合的粉料塑炼成片，这种工艺混炼效率及生产能力较低，自动化程度低，劳动条件差，敞开作业，粉尘飞扬，易落入杂质，质量不宜稳定。

⑥密炼机　密闭式塑炼机是密闭式间歇的塑炼设备，使混合好的物料进一步混合，预塑化。密炼机的基本构造如图 25-7 所示。它主要由混炼室、转子、压料装置、卸料装置、加热冷却装置及传动系统组成。

密炼机的工作过程大致如下：预混料经加料斗进入混炼室，随着压料装置下降，并以一定压力作用于预混料。预混料在具有一定速比［一般为 1：（1~1.18）］的相向旋转的转子的作用下，在混炼室内得到混合塑化，塑化好的物料经卸料门排出。根据塑料品种的不同，可对混炼室进行加热和冷却。物料在密炼机内受到连续的剪切、撕拉、混合、塑炼作用。转子也可制成各种特殊形式，使预混料做复杂的运动，提高塑炼效果。

密炼机主要优点有混炼效果好、时间短，每次只

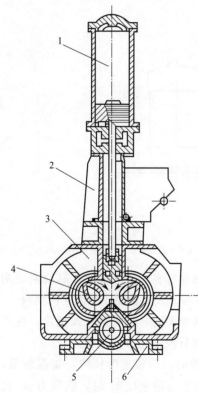

图 25-7　密炼机的基本构造

1—压料装置；2—加料斗；

3—混炼室；4—转子；

5—卸料装置；6—底座

要 4～5min，不易混入灰尘、杂质、粉尘飞扬少、生产环境较好。但是它调换色泽、品种、清洗困难、工艺流程长、间歇式生产、生产工艺不易稳定、结构复杂、设备投资大，因此密炼适宜大批量、更换品种少时使用。

（4）造粒　粒料的成型方法很多，按成型方法分为冷切法和热切法两类。冷切法又分为片冷切、挤片冷切、挤条冷切；热切法也可分为干热切、水下热切、空中热切。粒料要求颗粒大小均匀、色泽一致，外形尺寸不超过 3～4mm，颗粒过大，会造成成型困难。各种造粒法的特点见表 25-4。

表 25-4　各种造粒法的特点

	方法	形状	特点
冷切	片料造粒	圆片状	启动容易,切口形状不良,粒料流动性差
	料条造粒	圆柱状	适用于多数树脂,产量大,料条根数增多时操作困难
热切	空气中切粒,空冷	圆柱状	操作简单,不需干燥,限用于 PVC 或高黏度物料挤出
	空气中切粒,水冷	围棋棋子状	易发生粒料的熔接,此法使用较少
	水中切粒	圆柱状、球状	适用于高产量,尤其适用于聚丙烯

除拉片冷切法用双辊塑炼机切片然后用切粒机切粒，其余粒大多用挤出法，挤出法造粒可利用普通单螺杆挤出机进行挤出造粒，具有连续、密闭、机械杂质混入少、劳动强度小、噪声小等优点，但产量不如塑炼机高。

1）冷切法　主要采用拉片冷切法，是经两辊塑炼机压成片，冷却后经切粒机切粒，该法主要用于 PVC 造粒，工艺流程如图 25-8 所示。

图 25-8　冷切法工艺流程

该工艺料塑化好、产量高，但工序较多，易混入杂质，劳动强度大且粉尘大。

2）热切法　将旋转的切刀紧贴于机头模板上，直接将刚从挤出机挤出热的圆条状料切成粒，然后冷切而制得颗粒。

① 干热切　机头处装切刀 2～8 把，切刀形状可以是长条形或镰刀形。此法只适用于 PVC。

② 空中热切　与干热切相似。为防止颗粒黏结，在切粒罩内用鼓风机或喷淋温水冷却颗粒。用鼓风机冷却适用于 PVC 的造粒，特别是含铅稳定剂，碳酸钙等用量较多时，切粒后不易互相粘连。

③ 水冷热切　适用于聚烯烃造粒，料一经挤出马上切断并喷水，防止料粒互相粘连并粘在机头上，水与料一起落下，经脱水后送储槽。

④ 水下热切　适用于聚烯烃。该法是把机头和切刀都放置在循环的温水中进行生产。

第二节　纸塑铝复合包材的分离技术[4]

无菌复合纸包装现已被广泛应用于食品、药品、日用品包装等领域，随之而来的是废旧纸塑铝复合包装材料产生量逐年增加。以利乐包（占中国无菌包装市场 87%）为例，废旧利乐包经水力碎浆后的剩余铝塑复合材料从外到内结构依次为聚乙烯层（PE）、LDPE（黏结层）、铝箔、EMAA（黏结层）、聚乙烯层。其中聚乙烯选用无添加物、黏合性和密封性等加工特性好、相对密度为 0.917～0.925 的低密度聚乙烯（LDPE）。利乐包生产过程中采用的复合工艺是利用高周波和热压合等方式使聚乙烯塑料层熔融，再使其与铝箔表面形成的氧化铝黏结在一起，形成的复合材料结合强度大，物理性能稳定，分离较困难。

我国对于废旧铝塑材料的分离起步较晚，但发展迅速，并在某些方面取得了一定的成果。目前有报道的废旧铝塑分离技术有几十种之多。但规模化生产的技术较少，典型的半化学半机械法废旧铝塑分离技术工艺流程如图 25-9 所示。废旧铝塑复合材料在风力输送下，进入装有分离剂的反应罐，反应一定时间后，经两级分离筛将铝和塑料分离，分别回收。

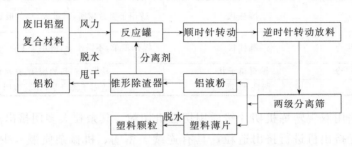

图 25-9　国内典型的铝塑复合材料分离流程

一、国内主要研究的分离技术

（一）酸液浸透湿法铝塑分离技术

酸液浸透湿法分离是通过酸的浸泡，将铝塑膜结合层的氧化铝溶解，达到铝和塑料分离的目的。

中国环境科学研究院张翼飞等人，在比较多种铝塑分离剂的分离效果后，发现采用弱酸配置的分离剂浸泡铝塑，分离率可达到 100%。该法通常采用甲酸或乙酸等弱酸，其原理为弱酸首先电离，然后溶解掉铝塑膜结合层的氧化铝层，从而使铝塑分离。

铝箔和塑料层间的三氧化二铝是一种两性氧化物，能接受由酸电离产生的质子，生产溶于水的 $[Al(OH_2)_6]^{3+}$（aq），反应过程如下：

$$弱酸溶液＋Al_2O_3 \longrightarrow [Al(OH_2)_6]^{3+}(aq)＋弱酸根离子$$

另外一些研究人员使用无机酸如 HNO_3、HCl 这类强酸，来溶解结合面的 Al_2O_3，但这种方法会溶解掉较多的铝箔，对环境的污染和设备的腐蚀较为严重。而中南大学顾帼华等从湿法冶金的角度，对药片铝塑包装板、光盘等废弃铝塑复合材料进行酸法浸出分离研究，并尝试研究了铝的浸出机制。研究认为，在酸体系下，药片铝塑包装板中铝的浸出过程受界面化学反应控制，浓度和温度是铝浸出过程的主要影响因素。在酸体系下，光盘中铝的浸出过程界面化学反应控制。

（二）碱液浸透湿法铝塑分离

碱液浸透湿法分离与酸液分离类似。因为 Al_2O_3 是两性氧化物，广东省环境监测中心何群华采用碱醇体系，对铝塑复合膜中的铝塑进行了分离研究。结果表明，在无搅拌、浸出温度约为 30℃的情况下，NaOH 的浓度为 79g/L、工业酒精与水的比例为 1∶2 的条件下，铝塑复合膜中铝与塑料在 1.5h 内，即可达到较好的分离效果。

(三) 有机溶剂浸透湿法铝塑分离

铝塑复合材料中的黏合层使用的是高分子聚合物，根据相似相容原理，某种溶剂能够溶解高分子物质，则该溶剂与被溶的高分子材料的溶度参数应彼此相近。当有机溶剂的溶度参数与铝塑片中塑料及铝片间所用的胶黏剂的黏度参数相近时，有机溶剂就可用来分离铝塑复合材料。因此适当的有机溶剂能够作为铝塑分离剂，这类分离剂有氯仿、丙醚、乙醚及芳香烃类的苯、甲苯，它们在一定的反应条件下能够将铝塑有效地分离。采用有机溶剂分离铝塑方面的报道资料较少，所用试剂的具体配比相关信息也不完全，因而没有形成系统的理论。在实验过程中，分离剂的选择非常重要，应综合考虑各项因素，如铝塑分离效果、铝损失率、所需反应时间和温度等。另外，分离剂的价格和化学性质，如热稳定性、分离废液的循环回用等也在考虑的范围之内。基于这些因素，张素风等在有机溶剂分离方面进行了深入的研究，利用苯和乙醇、水的混合液作为分离剂，反应效果较好，反应后的溶液静止分离，分别回收，大大减少了回收的难度。

使用弱酸、碱或有机溶剂作为分离剂，在铝塑分离领域占主导地位，主要的分离机制为：铝箔和塑料的结合一般采用热压合或胶黏结压合，在加入上述溶剂并浸泡后，由于铝和塑料具有不同的曲张系数，在外力和高温作用下，或将塑料溶胀与铝箔错位分开，或是溶剂将铝塑之间的黏胶溶解，使压合处失去黏性，塑料和铝箔分开。然而，上述溶剂法分离技术，对塑料和铝箔之间的界面在解离过程中的具体变化情况没有做进一步的研究，无法了解铝塑分离过程界面或表面存在的具体反应和变化等信息，对实验过程不能有效控制。

二、国外主要分离技术

(一) 国外溶剂法分离技术

早在 20 世纪 80 年代末，美国 Riverside 纸业公司和日本 Tagonoura Sanyo 公司就已成功地使用了溶剂萃取法来处理复合纸张、牛奶盒等，蜡和聚乙烯树脂被萃取的同时，纤维得以回收。美国 Riverside 纸业公司用的溶剂是三氯乙烯，日本 Tagonoura Sanyo 公司用的是己烷，萃取的条件是 900 kPa，105℃，10 min。该类方法是用有机溶剂将复合包装中的塑料薄膜等物质溶解并萃取出来后，获得回收纤维。虽然纤维得以回收，但是塑料被溶解，资源被浪费，而且缺乏相应的溶剂回收工艺，给环境带来较大的负担。美国 Hans Johansson 采用甲酸、乙酸、丙酸、丁酸以及类似的挥发性有机酸，与铝塑废料混合后，分离铝塑，其中醋酸的效果最好。

日本 Aditya 等以水为分离剂，利用亚临界水（sub-critical water，100～374℃）和超临界水（super-critical water）的低极性和强电离性，从铝塑膜片中分离出铝。

在超临界区，水的各种物理化学性质（如氢键、密度、黏度、热导率和溶解度等）相比常温常压下有很大变化。超临界水可以显示出非极性物质的性质，成为对非极性有机物质具有良好溶解能力的溶剂。该方法以水为分离剂，将塑料部分（PET、PE、PP）等降解为单体后溶出，分离出铝片。通过元素分析仪检测回收铝箔表面的氧元素和碳元素含量，分别表征了产品表面被氧化的程度和表面黏结的残余塑料聚合物；并用耦合等离子体发射光谱法（ICP-OES）检测溶液中可能溶解的铝离子含量。结果表明，临界水可以有效地降解塑料，并完整地回收铝。该研究工作采用临界水为分离剂，铝塑的分离效果明显。但是在分离过程中，塑料被部分降解。

（二）氩气电解或高温气化分离等技术

巴西科学家 Crisfina MA Lopes 研究发现，铝塑界面由聚乙烯和甲基丙烯酸共聚物黏结在一起，使得铝塑复合材料比单独的塑料具有更好的兼容性，与其他热塑性产品有良好的混合性。这个结论能很好地解释铝塑材料的物理性能稳定、难以分离。在巴西和西班牙采用 PLASMA 等离子技术，通过电解惰性气体氩气产生高温，使铝和塑料气化，从而得到高纯度的铝锭和石蜡。其工艺过程为：铝塑复合材料在经过水力碎解后形成铝塑筛渣，然后电解氩气，产生 15000℃ 的高温，使铝塑筛渣气化，得到液态的铝和气体的石蜡，最后冷凝形成铝锭和高纯度石蜡。

芬兰最大的 Corenso 纸板生产厂，投资 3400 万欧元建成一条专门进行纸塑铝材料的回用线，采用鼓式碎浆，回收纤维生产纸板；铝塑渣作为燃料，通过高温气化，塑料燃烧产生高温蒸汽，发电供纸板厂利用，同时在炉底部得到铝粉。韩国、日本、瑞典等也有纸厂在多年前开始进行废弃纸塑铝包装盒的再生利用，产品为包装纸、信封纸、瓦楞原纸、水果套袋纸和浆板等；对铝塑膜的回用也以高温燃烧为主。日本丸富制纸株式会社还采用过氧化氢和加热的处理方式，将纤维回收，剩余的铝塑成丝状，塑料送入锅炉进行处理，铝产品以污泥状态经过燃烧后造粒送入炼钢厂。这些分离技术虽然实现了铝塑的规模化，然而在分离过程中耗费大量的能源。

（三）高压静电分离技术

图 25-10 压静电分离流程

在意大利，研究工作者 Vincenzo Gente 在分离医用的"泡罩包装"时采用了一种叫"高压静电"的分离技术。泡罩包装的主要组成部分是塑料薄膜和铝箔复合物，其分离的工艺过程如图 25-10 所示。其原理是用物理机械法将废弃泡罩包装碾碎成颗粒状，根据铝和塑料的导电性的不同利用电场使它们分离，分离的过程是：首先用磨粉机将废弃材料碾碎成一定尺寸的颗粒（为避免产生的高温影响塑料和铝的效率，碾磨过程中要不断充入 CO_2 或在反应前将材料浸入液氮）。此时碾磨机提供的剪切力将铝和塑料颗粒分开。由于铝是一种良好的导体，而塑料不是导体，当铝和塑料的混合颗粒落入一个转动的接地辊筒，并在辊筒上方固定一个高压电极给粉碎的颗粒提供一个稳定的电场，铝和塑料颗粒同时被极化。当它们离开电场区域时，铝颗粒会迅速地失去电荷，塑料颗粒则仍带着电荷，在离心力和重力的作用下，铝颗粒被抛出辊筒，塑料颗粒沿着辊筒落下，高压静电分离过程如图 25-11 所示。

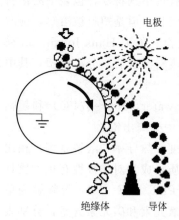

图 25-11 铝和塑料颗粒经过
高压静电分选时分离

这种电场分离方法具有易操作、无污染、效率高等特点，但是也有一定的局限性。虽然废旧无菌复合包装材料主要部分是由塑料和铝箔复合而成，但是不同的包装所含的塑料性质区别很大，而且铝和塑料复合方式也有所不同，这就导致了不同的包装材料剥离强度区别很大。因此用这种分离技术应用到其他无菌复合包装上，不一定会有同样的效果，很有可能会出现分离不彻底的现象。

参考文献

[1]　Dan Gavrilescu. Energy from biomass in pulp and paper mills [J] . Enviromental engineering and Management，2008，5 (1)：537-546.

[2]　韩秀梅，刘乃宝，付海涛 . 造纸固体废物焚烧利用系统设计 [J] . 中华纸业增刊，2006，27 (11)：64-66.

[3]　周凤华 . 塑料回收利用 [M] . 北京：化学工业出版社，2005：46-70.

[4]　张素风，梅星贤，张璐璐 . 废旧无菌复合包装材料铝塑分离技术研究进展 [J] . 中国造纸，2012，31 (2)：65-68.

第二十六章 制浆过程废水回用技术

第一节 废纸制浆生产中水的分级循环利用

在废纸浆生产中，废纸通常是以 85% 左右的干度进入，经一系列的处理后，最后以 3.5%～4% 的浓度离开。在这个过程中有一系列的稀释、浓缩过程，通过对废纸浆生产中工艺水的分级循环利用，可减少清水的用量。废纸浆生产典型的水循环利用可分为内循环和外循环。内循环是指浆料制备过程中产生的白水的循环使用，主要是指圆盘过滤机出来的浊滤液用于废纸的稀释和碎解，清滤液或流程后部的滤液经过气浮处理后用于系统的喷淋洗涤和稀释。外循环主要是指将纸机产生的白水应用于浆料制备。

但伴随着废水的不断循环使用，水中的有害物质逐渐积累，可达到很高的浓度。而这些有害物质的积累会带来以下问题。

(1) 微生物生长问题 水循环后，有机物大量积累，同时水温上升，从而为微生物的生长创造了条件。黏液和丝状生长的微生物因为可以附着在容器壁面而更易于生长，成团的带黏液的微生物与纤维一起形成所谓的腐浆。腐浆会严重干扰造纸过程，导致纸面出现空洞等纸病；厌氧微生物的生长，会将硫化物还原成 H_2S，并产生大量的挥发性脂肪酸（VFA），还散发出臭气，污染操作环境。

(2) 盐的积累和腐蚀 盐类的积累会引起设备结垢、堵塞毛布和铜网、产生气泡，干扰造纸过程。而伴随着盐积累的另一个问题是腐蚀。

(3) 二次胶黏物 二次胶黏物是废纸造纸时会产生的典型问题，它们来自于印刷油墨、胶黏剂、涂布组分、各类添加剂等，这些物料广泛存在于废纸当中。二次胶黏物可存在于水中，也可沉积于设备表面。它们虽然憎水，但大部分却也带有离子电荷，这使它们能暂时稳定于水中，在一定条件下危害造纸过程。

(4) 阴离子垃圾 阴离子垃圾是指对造纸过程有害的溶解或胶体状态的阴离子。它们是亲水的，带有较高电荷和较高分子量的阴离子物质。阴离子垃圾来源于半纤维素的降解组分、涂布纸中的涂料和油墨等，它能导致湿部添加剂的增加或车速的降低。

在对过程水的循环利用的同时，必须注意并解决这些问题所带来的干扰。

一、新闻纸浆生产中水的分级使用

（一）内循环

广东某新闻纸厂脱墨车间水循环使用流程见图 26-1[1]。

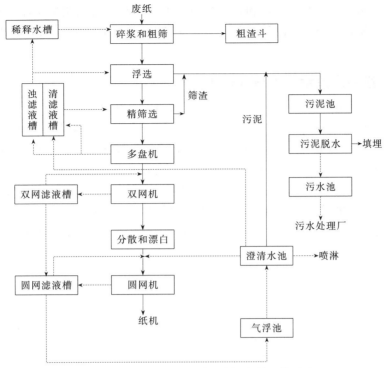

图 26-1　广东某新闻纸厂脱墨车间水循环使用流程

图 26-1 为废纸浆浆料制备的内部循环的流程。对于脱墨制浆生产来说，生产过程用水的合理安排与设备及稳定高效的废水处理系统是减少清水用量的关键。图 26-1 流程中采取的措施如碎浆、粗筛和浮选用水完全使用多盘纤维回收机的浊滤液，不足部分由清滤液补充。清滤液用于脱墨浆的精筛选，补给水全部使用纸机白水，脱墨污泥滤液经处理后再加以利用。纸浆双网压滤机滤液用于双网机前浆料的稀释，其余废水再送气浮池。气浮池的澄清水用于喷淋系统及纸浆漂白后的稀释与多盘纤维回收机滤液的补充。精筛选后的尾渣与气浮污泥一起进行脱水，其滤液送污水处理厂，不再进入系统循环。这样在脱墨制浆过程中就可不使用清水，其脱墨车间废水量为 8m³/t 产品。

（二）外循环

国外某脱墨浆生产水的循环使用流程如图 26-2 所示。

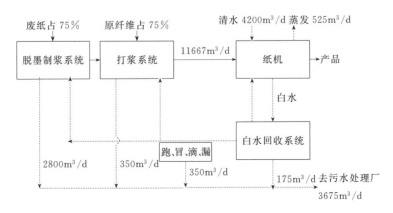

图 26-2　国外某厂有脱墨制浆生产水的循环使用流程

如图 26-2 所示的也为制浆系统和造纸机组成的外循环，脱墨制浆工序和打浆工序都不使用清水，而是使用白水回收系统的白水，该厂的用水量为 12m³/t，而废水排放量为 10.5 m³/t。

二、包装纸生产过程水的分级使用

广东某大型废纸造纸厂，主要产品为高强瓦楞原纸，规模 40×10^4 t/a。其造纸生产线主要设备采用的为国外先进设备，整条生产线及产品检测全部实行自动化控制。其中废纸制浆部分采用美国 KBC 废纸处理系统，使用的纸机净纸幅宽 5.49m，运行车速 1000m/min，属于国际 20 世纪 90 年代一流水平。通过对水的分级使用使其废水排放量达到 10m³/t 纸，白水回用率达到 90%。如图 26-3 所示流程既包括内循环又包括外循环。从图 26-3 可以看出，在浆料制备阶段，除机械密封使用部分清水外，浆料制备阶段用水全部使用纸机白水和过程水。其中浆料制备时浓缩产生的滤液直接回用到前面工序，其他生产用水则来自纸机产生的白水。

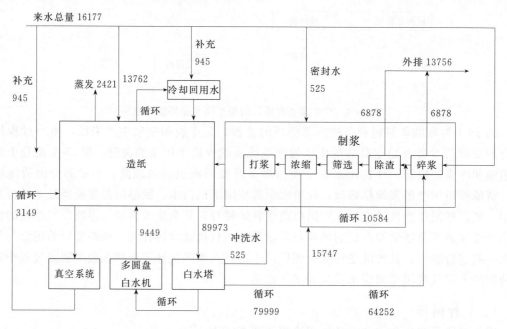

图 26-3　广东某废纸造纸厂高强瓦楞纸车间水平衡
单位：t/d

第二节　气浮法处理脱墨制浆废水[2]

在脱墨制浆生产的工艺水中大部分固体物质为尺寸较小的胶体物质，这些胶体物质随着工艺水的循环利用，其浓度不断加大，这些胶体物质如果不被去除将会干扰废纸制浆过程和成纸质量，其主要危害表现如下：产生二次胶黏物障碍，削弱阳离子助剂的使用效果；增加水处理负荷和化学品用量。要消除这种危害就要对工艺水进行净化。净化的方法有过滤、沉淀和气浮，而气浮是去除工艺水中这些胶体物质最有效的方法。

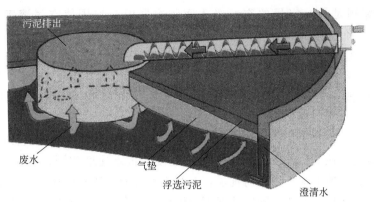

图 26-4　超效浅层气浮法原理

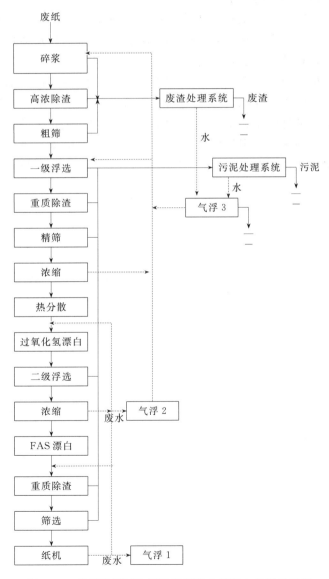

图 26-5　某用废纸制造新闻纸厂的水循环中气浮的应用

气浮法的原理是将一定量的空气吸入密闭容器内,加压使空气溶于水中,然后在减压的情况下,将溶解在水中的空气重新释放出来,形成直径为 $30\sim50\mu m$ 的细小气泡,这些细小气泡吸附到悬浮粒子上,从而降低了各种粒子的密度,当相对密度小于 1 时,使它们浮至表面。被分离的固形物然后形成一个由固形物和气泡组成的漂浮层。在漂浮层被撤走前,由被夹带的空气所施加的漂浮力还起到将固形物体积压缩的作用。

目前最常用的气浮方法是超效浅层气浮。其原理是废水从池中心的旋转进水管进入,通过旋转布水器沿气浮池圆周布水。布水管移动速度和进水速度相同,从而产生了相对零速度,这样布水不会对池中水产生横向扰动,有利于颗粒的悬浮和沉降。溶气系统将压缩空气切割成微细气泡,在扰动非常剧烈的情况下与池中水混合,水中的悬浮物黏附在气泡上并随气泡上浮,而浮至池面的这些浮渣由螺旋浮渣斗收集,然后排到池中心进水管外的静止圈内,由排渣口排出。图 26-4 为超效浅层气浮法原理。

从气浮系统处理出来的水一般比较干净,但其效率却决定于几个方面:pH 值、流量、气泡的大小。气浮法的优点之一是可去除非常细小的胶体物质,所以通过在水循环系统中的适合的位置使用气浮法可使过程水满足制浆系统对水的要求。另一个好处是过程水中饱和氧的存在可抑制厌氧菌的形成。图 26-5 为某新闻纸厂使用气浮系统的水系统。

从图 26-5 中可看出,整个新闻纸制造过程中共有三个气浮装置,它们分别处理纸机来水、浓缩后的废水以及处理污泥和废渣时产生的过滤水。经过处理后的水又回用于脱墨制浆造纸系统,从而减少了清水的使用和废水的排放。其中气浮 3 是对来自尾渣和污泥的水进行处理然后进入浆料制备系统循环使用;而浮选后浓缩时产生的滤液经过气浮 3 净化澄清后回用于浆料制备系统。

参考文献

[1] 武书彬. 造纸工业水污染控制与治理技术 [M]. 北京:化学工业出版社,2001:181.
[2] IPPC. Reference document on best available techniques in the pulp and paper industry [R]. 2001:278.

第二十七章 脱墨废渣综合利用

废纸再生利用过程中，碎浆、筛选净化、脱墨过程中会产生大量的废渣，其发生量因废纸种类、等级以及制浆工艺和目标产品的质量要求的不同而差别较大。据调查统计，废纸制浆废渣的发生量占脱墨浆总量的29.2%，而其中量最大的是浮选槽排出的脱墨废渣。

在典型的废纸脱墨制浆工艺中，除较易处理的大杂质（如塑料、防撞泡沫等）外，每吨脱墨浆产生脱墨污泥80～150 kg，其中包括脱墨过程和筛浆过程中产生的污泥以及筛渣。脱墨污泥的主要成分包括印刷油墨颗粒、废纸中的矿物填料和涂料、随油墨一起浮选流失的纤维以及筛选过程中产生的少量粗渣。对旧新闻纸脱墨污泥及污泥灰分的化学元素组成分析表明（见表27-1），脱墨绝干污泥中除C、H、O三种元素外，Ca、Al含量也较高，其中C、H主要来源于污泥中的纤维，Ca、Al则主要源于矿物填料和涂料。另外，从表27-1还可看出，脱墨污泥中含有Cu、Pb、Cr等重金属元素，可能会在填埋处理时造成重金属离子积累和污染。

表 27-1 脱墨污泥及其灰分的元素组成与含量[1]　　　　　　　　单位：%

项目	C	H	O	N	Ca	Al	Na	Mg	Si
I	41.56	4.37	32.69	0.091	6.20	0.97	0.42	0.14	0.046
II	8.14	0.71	18.30	0.079	20.40	3.18	1.38	0.46	0.15
项目	Fe	K	Cu	Zn	Sr	Mn	Ti	Cr	Pb
III	0.41	0.32	0.16	0.091	0.069	0.044	0.022	0.020	0.019
IV	1.36	1.06	0.52	0.29	0.22	0.14	0.071	0.065	0.059

注：I、III为绝干污泥中含量；II、IV为污泥灰分中的含量。

第一节 利用脱墨污泥生产造纸用填料和涂料[2]

英国 ECC. International 公司利用脱墨污泥生产造纸用填料和涂布颜料的方法是控制温度煅烧回收法。就是利用脱墨污泥中的碳酸钙和瓷土在不同温度下燃烧彻底，不含炭粒，也不会过度煅烧，即形成水泥状煅烧物。

一、脱墨污泥制无机颜料的途径与关键事项

脱墨污泥中无机成分主要是瓷土和碳酸钙，它们都是无机颜料，如果回收后纯度高，可以用作造纸填料和涂布颜料。根据污泥的成分，除了白土和碳酸钙外，还有细小纤维和粗渣（筛渣），这是可以燃烧的有机物。许多油墨粒子也是可以燃烧的。因此，采用燃烧或煅烧的方法，除去有机物后，留下来的应当就是不能燃烧的无机颜料。但是，采用燃烧或煅烧的方法应当注意以下两点。

（1）不能留有有机物燃烧后的残余物——炭粒（炭黑）。如有 0.1 ％的炭黑残留，颜料的白度将会降低 25 ％ISO（见图 27-1）。图 27-1 中实线是根据 Kubelka-Munk 公式计算出来的白度，图 27-1 中的测定数据基本上都在实线上。这说明炭黑对白度的影响是很大的。通常，脱墨污泥的颜色由深灰至黑色，其白度仅 20 ％ISO 左右。要使白度提高，达到纯颜料本身的白度，就必须把有机物烧透，都变成 CO_2 和其他气体氧化物逸出。

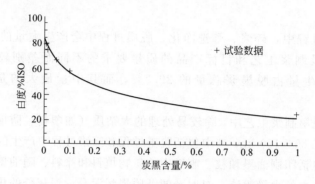

图 27-1　炭黑含量对颜料白度的影响

（2）在燃烧时无机物燃烧的得率要高，而且还要不起化学变化。因为在燃烧和煅烧时将会有很多化学反应，如图 27-2 所示。

$$Al_2O_3 + 2SiO_3 \cdot 2H_2O \xrightarrow{550℃} Al_2O_3 \cdot 2SiO_3 + H_2O$$

白土　　　　　　　　　失水白土
（Kaolin）　　　　　　（Metakaolin）

$$CaCO_3 \xrightarrow{750\sim850℃} CaO + CO_2$$

碳酸钙　　　　　　氧化钙
（Calcite）　　　　（Lime）

$$Al_2O_3 \cdot 2SiO_2 \xrightarrow{900\sim950℃} 2Al_2O_3 \cdot 3SiO_2 + SiO_2$$

失水白土　　　　　　硅、铝尖晶石　　无定形二氧化硅
（Metakaolin）　　　（Si，Al Spinel）（Amorphous silica）

$$CaO + SiO_2 \xrightarrow{800\sim1000℃} CaSiO_3$$

氧化钙　　二氧化硅　　　硅酸钙
（Lime）　（Silica）　　（Calcium Silicate）

$$2Al_2O_3 \cdot 3SiO_2 \xrightarrow{1000\sim1150℃} 3Al_2O_3 \cdot 2SiO_2 + SiO_2$$

硅、铝尖晶石　　　　　　富铝红柱石　　　方石英
（Si，Al Spincl）　　　　（Mullite）　　（Cristobalite）

$$2Al_2O_3 \cdot 3SiO_2 + 2CaO \xrightarrow{1000\sim1150℃} 2CaO \cdot Al_2O_3 \cdot SiO_2 + 4SiO_2$$

钙黄长石
（Gehlenite）

图 27-2　所发生的化学反应

从以上这些反应来看，温度应当控制在 750℃以下才较合适，因为这时有机物可以彻底燃烧，最后变成 CO_2 和其他气体氧化物逸出，而不残留炭粒（炭黑）。然而，

在纤维材料燃烧时，往往放出大量热量，使局部温度超过900℃，在这种情况下，Ca-CO₃分解了，并能与白土反应，像在生产水泥时那样，产生了另一些硅酸盐，这将导致粒子的烧结或熔融成粗、硬、玻璃状的烧结物，这样的烧结物就不能再用于造纸作填料或涂料了。

二、脱墨污泥控制温度煅烧,回收无机颜料

为了避免上述烧结物的出现，该公司开发了在高度控制温度下的焚烧脱墨污泥的技术，结果是碳酸钙的分解减少了，并防止了无机物之间的反应。焚烧分为两个阶段：在第一阶段，大部分有机物很快、很有效地烧掉，避免了污泥产生局部高温的可能性；第二阶段，第一阶段焚烧成的灰进行深度煅烧，在这一阶段，所有残留的痕迹量的炭和有机物消灭了，得到了清洁的颜料。

在焚烧以前，不需将污泥干燥，有些水分存在有利于燃烧时局部温度的控制。但是，这仅是污泥单独燃烧时有利，用树皮、木材或木炭作辅助燃料时会导致产品的污染。

三、回收无机颜料的性质

控制温度焚烧防止了无机物粒子的大量烧结，但是，白土脱水成脱水白土是其产品，其结构与煅烧白土相似，事实上这是有利的，因为这将给再生颜料增加光散射性，很可能从油墨来的非可燃的残渣，也有可觉察的光散射系数，它是含磨木浆纸的优良不透明剂。根据脱墨污泥的来源，这种颜料的白度为70%ISO～85%ISO。无磨木浆的废纸脱墨污泥，其颜料的白度较由旧报纸和旧杂志纸来的颜料的白度要高。来自任何特殊污泥来源的产品，通常有一致的白度值，颜料的磨蚀值（abrasion value）也决定于污泥的来源和所用的方法，但与原涂料和填料白土是相似的。粒子大小分布在生产阶段可以调节，以适于预期的应用。

四、回收颜料用于造纸填料的试验结果

旧报纸和杂志纸脱墨污泥回收来的颜料作为新闻纸和SC杂志纸的填料，其白度可与碳酸钙相当，但比煅烧白土低些，但回收颜料具有较高的不透明度（见表27-2）。

表 27-2　SC（B）纸使用不同填料时的性能比较

填料种类	白度/%	不透明度/%	抗张指数/(N·m/g)	撕裂指数/(mN·m²/g)	粗糙度/PPS10μm	油墨穿透性
回收颜料	63.5	96.6	22.5	4.8	2.25	0.0175
白垩	63.1	94.8	28.0	4.7	2.7	0.0275
白土填料	64.0	94.6	22.0	4.6	3.0	0.025
滑石粉	62.1	93.2	22.5	4.4	3.25	0.045

从表27-2可以看出：回收颜料的不透明度最好，此外，粗糙度低（即平滑度高）和油墨穿透性好。

五、回收颜料用于造纸涂料的试验结果

上述回收颜料可用于胶印和凹印LWC的涂布。含磨木浆原纸定量为42g/m²，涂布量为8g/m²，涂布速度800m/min的实验室试验胶印涂布结果见表27-3。

表 27-3 不同颜料配比对胶印 LWC 原纸涂布结果

颜料配比	涂料固含量/%	白度/%	不透明度/%	粗糙度/ PPS10μm	光泽度/%
100 白土涂料	59	71.9	89.0	1.55	50
80/20 白土涂料/回收颜料	54	70.9	89.9	1.35	54

表 27-4 是不同颜料配比对凹印 LWC 原纸的涂布试验结果，原纸定量 40g/ m²，涂布量 7g/ m²，涂布速度为 800m/min。

表 27-4 不同颜料配比对凹印 LWC 原纸涂布结果

颜料配比	涂料固含量/%	白度/%	不透明度/%	粗糙度/ PPS10μm	光泽度/%
50/50 白土/滑石粉	50	72.1	89.0	0.86	51
85/15 白土-滑石粉/回收颜料	50	72.0	90.7	0.90	43

从表 27-4 可以看出，使用 15％回收颜料后，不透明度提高了，白度没降低，光泽度有了较大的降低，粗糙度稍有增加。印刷性能见表 27-5。

表 27-5 LWC 凹版印刷纸的印刷性能

颜料配比	印刷光泽度/%	印刷密度	消除网点/%
50/50 白土/滑石粉	71	2.0	1.90
85/15 白土-滑石粉/回收颜料	67	1.83	1.20

从表 27-5 可以看出，使用 15％回收颜料后，改进了纸的印刷网点，印刷光泽度和印刷密度稍有下降。对胶印用 LWC 的中试情况是：原纸定量 40g/m²，涂布量每面 6g/m²，刮刀涂布机涂布速度 1400m/ min。涂布结果与印刷性能见表 27-6 和表 27-7。

表 27-6 LWC 胶印纸中试涂布结果

颜料配比	涂料固含量/%	白度/%	不透明度/%	粗糙度/ PPS10μm	光泽度/%
100 白土涂料	56	70.0	88.6	1.01	58
80/20 白土涂料/回收颜料	52	68.9	91.0	1.05	61

表 27-7 LWC 胶印纸印刷性能

颜料配比	印刷光泽度/%		印刷密度	
	干版	石版	干版	石版
100 白土涂料	65	57	1.4	1.3
75/25 白土涂料/回收颜料	59	51	1.4	1.3

从表 27-6 和表 27-7 可以看出，配用 25％回收颜料时，涂布后的白度有所下降，但不透明度增加，粗糙度略有增加，光泽度增加较多。印刷后光泽度有较大下降，印刷密度不变。

六、总结

从脱墨污泥回收的无机颜料可适用于造纸填料和涂料，其关键技术是控温煅烧，无副产品，因此有效地消除了脱墨污泥的污染问题。回收颜料的特点是具有优良的光散射性能，对含磨木浆的纸是有效的不透明剂。在涂布时可代替部分原颜料，能改进纸页光学性能和可印刷性能。

第二节　脱墨污泥的其他利用途径

一、脱墨污泥制高质量板材[3]

将脱墨污泥和胶合剂混合可生产环境友好的建筑板材，污泥中的大量纤维和矿物质通过胶合剂可制成中密度板，有很好的强度和耐火性及可钉、可钻性。此项技术现已应用于工业化生产。

丹麦 Full circle Products 公司与他人合作开发了脱墨污泥制建筑板的方法[2]，其生产的建筑板，不需要用脱黏剂、水泥或任何有害的助剂。车间没有固体废料，所有边角料砂磨残余物均在生产中循环利用，水耗和废水污染降至最少。从污泥带来的水（污泥含水约70%，污泥中纤维含量一般为25%～40%）将循环利用，建筑板应用后，也可回收循环利用。其生产流程为：原料进入→原料分析→原料调节→混合配料→脱水→第一次压榨→切断→干燥→第二次压榨→干燥→加热→冷却→修边→砂磨→切块→包装→入库。此方法要求污泥质量均匀、来源稳定，污泥中的纤维含量一般在25%～40%（如若超过50%板材易挠曲），需外加阻燃剂。

国内也有研究人员对利用脱墨污泥制造纤维板进行了研究，刘贤淼等人[3]利用造纸厂脱墨污泥为原料，以脲醛树脂为胶黏剂制造纤维板，分析密度、施胶量、温度、时间4个工艺参数对纤维板物理力学性能的影响，表27-8为正交实验的工艺因子和水平。

表 27-8　工艺因子及水平

水平	密度/(g/cm³)	施胶量/%	温度/℃	时间/min
1	0.8	12	120	4
2	1	15	150	6
3	1.2	18	180	8

其正交设计方案和研究结果见表27-9。

表 27-9　纤维板性能测试结果

方案	密度/(g/cm³)	含水率/%	MOR/MPa	MOE/GPa	IB/MPa	IBb/MPa	TS/%
1111	0.83		3.83	0.13	1.38	0.67	4.32
1222	0.84		4.14	0.51		0.71	
1333	0.84	7.88	3.54	0.62	1.66	0.65	4.05
2123	1.03	7.77	4.53	1.12	2.32	1.11	6.61
2231	1.02	7.63		1.30	2.28	0.70	6.16
2312	1.02	7.85	5.77	1.48	2.60	1.56	5.28
3132	1.25		7.01		2.00	1.03	7.65
3213	1.25	7.30	11.87	2.64	2.82	1.58	6.71
3321	1.25	7.50	12.88	2.68	3.16	1.86	5.70

（一）工艺参数对静曲强度（MOR）的影响

四个工艺参数对纤维板 MOR 均有非常显著影响，尤其是密度和时间所取3个水平之间均有显著差异。

随着密度增大及施胶量增加，材料 MOR 呈现显著上升趋势，密度增大可以增加抵抗弯曲的物质的量，而施胶量增大纤维之间胶合点增多，有利于增加粉末之间的连接性能，但二者增大会增加材料制造的成本。随温度升高，MOR 略有上升然后急剧下降，这是由于污泥的热导率 [1～2W/（m·K）] 远大于木材的热导率 [0.1～0.2W/（m·K）]，温度过高水分析出速率太快，而污泥比纤维透气性差很多，因此很容易引起板子鼓泡、分层等内部缺陷，另外，在 180℃部分脲醛树脂胶已经开始分解，因此温度过高，纤维板性能反而下降。随时间增加，MOR 呈现先降低后上升趋势，可能的原因是由于污泥热导率高，随着时间增加有利于板子中水分的缓慢析出，保证芯层达到所需温度，胶黏剂固化完全，这有利于 MOR 提高；但同时脲醛树脂胶随着时间增加也开始分解，因此时间过长不利于 MOR 提高。

（二）工艺参数对弹性模量（MOE）的影响

工艺参数对材料 MOE 影响顺序从大到小依次为密度、施胶量、温度和时间。密度、施胶量、温度对材料 MOE 均有非常显著影响，但时间仅在 $a=0.1$ 水平下显著，随着密度和施胶量的增大，材料 MOE 呈上升趋势；温度升高，材料 MOE 先上升后下降，其原因与工艺参数对 MOR 影响相同。

（三）工艺参数对内结合强度（IB）的影响

工艺参数对材料 IB 影响顺序从大到小依次为密度、施胶量、温度和时间。各个因素对材料 IB 影响均非常显著，随着密度和施胶量的增大，材料 IB 呈上升趋势；温度增大，材料 IB 先上升后下降，其原因与工艺参数对 MOR 影响相同。

（四）工艺参数对沸腾实验后内结合强度（IBb）的影响

工艺参数对材料 IBb 影响顺序从大到小依次为密度、温度、施胶量和时间。除时间外，工艺参数对材料 IBb 影响均非常显著。随着密度和施胶量的增大，材料 IBb 呈上升趋势；温度升高，材料 IBb 先上升后下降，其原因与工艺参数对 MOR 影响相同。

（五）工艺参数对 24h 吸水厚度膨胀率（TS）的影响

工艺参数对材料 TS 影响顺序从大到小依次为　密度、温度、施胶量和时间。密度、温度、施胶量对材料 TS 影响均非常显著。时间对材料 TS 影响显著。随着密度增加，TS 呈上升趋势，原因是密度增加，热压时压缩比大，吸收水分后膨胀也大，施胶量增加，TS 呈下降趋势，是由于施胶量增加有利于胶合。提高温度，TS 先上升后下降，原因与温度对材料 MOR 影响相似。随着时间增加，材料 TS 略有上升趋势，可能原因是污泥的热导率大，时间过长可能使脲醛树脂胶过度固化变脆甚至分解。

通过表 27-9 的数据可知，所制得的纤维板其内结合强度、沸腾实验后内结合强度、吸水厚度膨胀率和弹性模量都能达到或超过《国家中密度纤维板标准》（GB/T 11718—1999）所规定的室内型纤维板标准，但静曲强度未能到达国家标准，还需进一步研究以增强纤维板的静曲强度。

二、利用脱墨污泥改良土壤[4]

利用脱墨污泥改良土壤的方法：直接利用和经过堆肥处理后利用。直接利用脱墨污泥改良土壤所需的时间比较长，研究表明，这种方法一般要 3 年以上时间才能起作用。用堆肥法处理脱墨污泥，可以在堆肥过程中添加含氮物质，降低脱墨污泥的碳氮比，促进脱墨污泥堆肥的成熟，提高脱墨污泥改良土壤、增加肥效的能力。

但利用脱墨污泥改良土壤最令人关注的问题为是否会造成污染。研究表明，脱墨污泥与其他纤维素废弃生物质以一定比例混合堆肥 24 周后，原脱墨污泥中的重金属、苯酚、氯化和芳香族糖类、二噁芑、呋喃和多氯联苯族化合物都低于检测限值。因此，原脱墨污泥和未完全堆肥成熟的污泥不会对周围的地表水和地下水造成污染。因此，脱墨污泥是一种优良的土壤有机改良剂。

三、脱墨污泥焚烧回收能量[5]

有研究表明，脱墨污泥焚烧回收的潜在能量与黑液接近。如果脱墨污泥的水分含量降低到一定程度，也可视为一种理想的燃料。为解决此问题，杭州某公司发明了焚烧废纸脱墨湿污泥的方法，将湿污泥改性为容易燃烧的燃料，然后采用普通层燃锅炉焚烧。主要步骤：脱水，将湿污泥脱水使干度达到 $42\%\sim75\%$[4]；加助燃剂，然后将脱墨污泥挤压成能够满足燃烧要求的成型污泥，然后将成型的脱墨污泥在普通层燃锅炉连续焚烧。脱墨污泥焚烧不仅回收了能量，还可以降低固体废物的填埋量。

关于脱水能力，脱墨污泥与一级污泥和二级污泥是不同的。脱墨污泥中包括油墨微粒、黏结剂、无机填料（如黏土、碳酸钙、纤维素纤维等）。脱墨污泥的脱水较困难。相比之下，纸厂废水处理厂污泥，其含纤维较多，更容易脱水。这表明，污泥中纤维含量越高，脱水后的干度越高。污泥处理方法是普遍适用的。脱墨污泥经常与废水处理厂污泥一起处理。在焚烧之前，污泥必须尽可能脱去水分。

目前在脱墨浆厂，流化床技术应用于湿污泥的燃烧。循环流化床技术与传统锅炉比，可以产生较少的 SO_2 和氮氧化物排放。燃烧污泥可以减少污泥填埋量，其灰渣处理量为原污泥量的 25%。此外，脱墨污泥产生的炉灰可用做水泥的骨料。

而在焚烧过程中浓缩了污泥中的重金属，如果其浓度达到危险水平，则污泥焚烧后的炉灰需特别处理。

每吨回收纤维约产生 $200\sim400kg$（干重）的废弃物和污泥，产品不同、使用的回收纤维不同，其产生的废弃物和污泥量也不相同；进行脱墨处理的产品，其产生的废弃物和污泥量较多，详见表 27-10。

表 27-10　废纸造纸产生的废弃物和污泥数量

产品	回收纸品	废物/(%干重)				
		全部	废弃物		污泥	
		废弃物和污泥	重质和粗	轻质和细	浮选脱墨	白水澄清
图纸	报纸、杂志	15~20	1~2	3~5	8~13	3~5
	高级纸	10~25	<1	≤3	7~16	1~5
卫生纸	报纸、杂志、办公用纸，中级	27~45	1~2	3~5	8~13	15~25
商品脱墨浆	办公用纸	32~46	<1	4~5	12~15	15~25
挂面纸、瓦楞纸	牛皮纸、旧瓦楞纸	4~9	1~2	3~6	—	0~1
纸板	混杂纸、旧瓦楞纸	4~9	1~2	3~6	—	0~1

虽然生产的产品不同，使用的回收纤维种类不同，产生的脱墨污泥数量存在差异，但脱墨污泥的成分基本相同，包括油墨（黑色和彩色颜料），填料和涂料，纤维，细小纤维，胶黏剂等。其中浮选渣中 55% 以上为无机物，主要是填料和颜料，如黏土和碳酸钙。纤维含

量较少。脱墨污泥热值的大小由灰分含量决定，干物质的热值为 $4.7 \sim 8.6 GJ/t$。由于脱墨污泥中硫、氟、氯、溴和碘的含量都较低，因此，在焚烧脱墨污泥时，不必安装昂贵的烟气净化系统。与废水处理厂污泥相比，脱墨污泥的氮和磷的含量也很低。与市政污水相比，镉和汞的浓度也很低，只有铜的浓度与市政污水相当。脱墨污泥中的铜主要来源于含酞菁化合物的蓝色颜料。

在脱墨污泥焚烧的烟气中检测到卤化有机物，如多氯联苯、二噁英和呋喃。其中 PCB 的浓度低于 $0.3 mg/kg$（干固体），二噁英和呋喃的浓度也不高。由于漂白剂从元素氯到二氧化氯的改变，脱墨污泥中二噁英和呋喃已显著减少。目前，脱墨污泥中二噁英和呋喃的浓度为 $25 \sim 60$ ng I-TE/kg（干固体）。与市政污水处理厂的污泥中二噁英和呋喃的浓度差不多。由于大部分化学浆厂已不采用元素氯漂白剂，所以在废纸造纸过程中二噁英的排放已很低，并会继续减少。

四、脱墨污泥配抄纸板[6]

梁立丹[7]等人研究表明，脱墨污泥中纤维的含量比较高，为 59.5%（对绝干污泥），其纤维平均长度为 0.24mm，长度小于 0.20mm 的组分占总数量的 72%；13% 的纤维长度分布在 0.20 ~ 0.40mm 之间。虽然细小纤维的组分含量高，但纤维短通过与其他纤维混配，可以抄造一些满足建筑和包装等用途的纸板。将这部分流失的纤维回用于抄纸，即可以处理脱墨污泥，又可以资源回用，降低成本。因此，贺进涛[6]等人使用脱墨污泥和其他纸浆，按照不同比例配抄，并研究成纸的物理强度等性能的变化规律。

（一）实验原料和方法

（1）实验原料

① 脱墨污泥　取自广州造纸厂 250t 脱墨生产线，含水率为 44.63%，打浆度 34°SR，取回后放在冰箱中保存备用。

② CTMP　取自广州造纸厂 CTMP 车间第 Ⅱ 段磨浆，含水率为 17.58%，打浆度 15°SR。

③ OCC 浆　将进口仪器的包装箱纸板撕成 25mm×25mm 的小片，然后用 100℃ 的水浸泡 12h 后，碎浆、筛浆后备用，打浆度 22°SR。

④ 办公废纸浆　办公室碎纸机产生的 2mm×10mm 的废纸屑，用室温的水浸泡 3h 后，碎浆，筛浆后备用，打浆度 31°SR。

（2）实验方法

① 碎浆　将经过浸泡包装箱纸板和废纸屑，分别加入高浓碎浆机中碎解，碎浆浓度为 12%。碎解完后，用密封袋装好，平衡水分，并测量水分含量。

② 抄片　将脱墨污泥与 3 种纤维按一系列不同比例混合，疏解浆料，稀释后用标准抄片器抄片，纸板定量 $130 g/m^2$。

③ 性能测试　测试指标有紧度、透气度、撕裂指数、耐破指数、抗张指数、挺度和 30s 吸水性（Cobb 值），均按照国家标准进行检测。

（二）结论

在对脱墨污泥和 3 种纤维不做任何处理的情况下，从撕裂指数、耐破指数和抗张指数 3 种强度指标来看，脱墨污泥与 OCC 浆配抄优于与 CTMP 和办公废纸浆配抄。OCC 浆和办公废纸浆的效果在紧度方面比较相近，可通过提高 OCC 浆的打浆度来改善紧度，而在挺度方面，以 CTMP 最佳。透气度和吸水性都反映了纸板的多孔性，均以 CTMP 的透气度和吸水性最大，但不同功能要求的纸板，对透气度和 Cobb 值的要求不同，应根据要求选择配抄纤维。同时可以通过提高打浆度，添加防水剂，来达到要求的透气度和 Cobb 值。

参考文献

[1]　武书彬，孔晓英，等 . 脱墨污泥的化学组成与热解特性分析［J］. 中国造纸，2002，21（1）：12.

[2]　陈嘉翔 . 彻底消除脱墨污泥污染的研究和生产实践［J］. 中华纸业，2000，21（2）：35-38.

[3]　刘贤淼，江泽慧，费本华 . 造纸脱墨污泥制造纤维板研究 . 应用基础与工程科学学报，2011，19（1）：104-110.

[4]　贺进涛，武书彬，王少光 . 脱墨污泥资源化利用新技术［J］. 中国造纸，2006，25（6）：51-53.

[5]　Dan Gavrilescu. Energy from biomass in pulp and paper mills［J］. Enviromental engineering and Management，2008，7（5）：537-546.

[6]　贺进涛，武书彬，郭秀强 . 脱墨污泥配抄纸板的性能［J］. 纸和造纸，2006，25（6）：77-80.

[7]　梁立丹 . 造纸工业两种剩余物的理化性质及资源化利用研究［D］. 广州：华南理工大学，2003.